城乡规划

（第二版）

上 册

“城乡规划”教材选编小组选编

中国建筑工业出版社

图书在版编目（CIP）数据

城乡规划/“城乡规划”教材选编小组选编. —2版.—北京：中国建筑工业出版社，2012.9
ISBN 978-7-112-14423-5

Ⅰ.①城… Ⅱ.①城… Ⅲ.①城乡规划-中国 Ⅳ.①TU984.2

中国版本图书馆CIP数据核字（2012）第129556号

责任编辑：黄 翊 施佳明 陆新之
责任设计：叶延春
责任校对：张 颖 陈晶晶

本书根据《城乡规划》1961年版再版。

清华大学建筑与城市研究所审定。

城乡规划
（第二版）
“城乡规划”教材选编小组选编
*
中国建筑工业出版社出版、发行（北京西郊百万庄）
各地新华书店、建筑书店经销
北京嘉泰利德公司制版
北京建筑工业印刷厂印刷
*
开本：787×1092毫米 1/16 印张：30 ½ 字数：727千字
2013年8月第一版 2013年8月第一次印刷
定价：**86.00**元（上、下册）
ISBN 978-7-112-14423-5
（22490）

对50年前编写《城乡规划》教学用书历史背景的追忆

中国建筑工业出版社拟重印1961年出版的《城乡规划》教学用书，约请50年前本书的“当事人”写一篇说明文章，我踌躇甚久，本不愿将旧事重提，但后来又想到，把这件事回忆起来也有好处，好让年青一代知道我们今天的一切，包括城市规划这一专业的理论等，是怎么得来的。

1. 编写背景（建国后到1960年代初）

自1949年新中国成立到20世纪60年代，取得了一系列的建设成就：包括长春第一汽车制造厂等在内的156项重大项目次第建设；1956年，提出“向科学进军”；1959年，庆祝国庆10周年的工程建设等取得一系列胜利。但是，后期的大跃进、高指标、浮夸风等带来了巨大的灾害，也影响到高等学校的教育。1960年，周恩来总理提出“调整、巩固、充实、提高”八字方针，意图恢复重整正常秩序。

1960年，面对当时教育的混乱，高等学校教育在此方针下确立了两大举措：第一，整顿教学秩序；第二，重新编写教材。前者要解决相当一个时期来学生已不正规上课的混乱状态，“按人头计算，填平补齐”（指按每个学生受业的情况，拟定自身的补课计划）；后者就是大规模编写主要课程的教学用书，这在当时确实是明智之举。在清华大学建筑系，我是主管教学的副系主任，这两项任务都落在我的肩上，在此期间，清华大学建筑系集体编写了《建筑构图原理》、《建筑画绘图》两本教材，在我的筹划下，经过参与教师的积极努力，最终通过梁思成先生审查修正，顺利出版。

2. 编写过程

在编写教材过程中唯独《城乡规划》一书情况比较特殊，建设部教育司司长数度和我洽商，希望我来编写，但当时清华党委坚决不同意我接受此任务，认为“政策性太强”，不能从命（我当时对清华党委异常坚决的意见也心存困惑不解，文革后才知道，这是因为，当时国务院副总理李富春在1960年11月的第九次全国计划会议上提出“城市规划三年不搞”，学校领导才如此坚决）。直到1961年下半年，曹洪涛同志从轻工业战线刚调任国家计委城市规划局局长，他对此领域业务不熟悉，一到任就遇到《城乡规划》教材编写工作这一难题，据说他为此事还特意见了李富春副总理。后来，他召集有关建筑院校的老师开会讨论教材编写工作，当时参会的有南京工学院（今东南大学）的齐康、夏祖华，同济大学的李德华、宗林，重庆建筑工程学院（今重庆大学）的黄光宇，清华大学则由我代表参加。曹洪涛为人诚恳，把大家团结在这一任务下共同努力。这时他已胸有成竹，本意是由我主持编写，但我告知他学校坚决不同意，不能受命，他仍然以“年岁最长”为由一再要我先来“主持会议”，会上各校交流了对全书的看法，讨论的结果是：由清华大学来编写上册（“总论和城市总体规划”部分），由同济、南工两校合编下册（“城市详细规划设计和农村人民公社规划”部分），关于下册的编写我基本未太具体过问。

回到清华大学后，我即组织城市规划教研组教师开始编写工作，确定书名为“城乡规划”（虽然后来涉及乡村内容较少，人民公社等内容移至下册，但仍坚持原意）并提出总纲。除了以我在清华曾经讲授的教材为基础外，中国城市史部分及总体规划部分由我执笔，世界城市史由程应铨执笔，朱畅中编写苏联及东欧有关部分，其他参加人有杨秋华、陈保荣等（因为这一时期城市规划教研组已将规划方向重点转入住房与社区研究，此项工作只能在力所能及的条件下开展）。昼夜赶工，颇为辛苦。完稿后，有关方面将稿件送国家计划委员会审查，程子华副主任批示由当时的城市规划研究院成立小组对书稿进行审核，主要由院长史克宁和安永瑜等主其事，邹德慈作为联系人。由于我过去在业务活动中就与规划院有较多联系，比较熟悉，但是他们骤然接到这项任务，仍严肃以赴。记得在审核过程中出现了观点的分歧，例如：此书应以政策为主还是以科学规律为主，我坚持认为，既然作为教科书，就应以综合的科学知识基础及城市的发展规律为纲。规划院审查中涉及面逐渐缩小，后来也较放松，仅及与政策有关的内容，当时安永瑜负责改写我国建国以来城市建设方针等内容［即本书第一篇总论第二章第二节《（四）十年来城市建设的伟大成就和几点重要经验》］，我还记得定稿后他很慎重地亲自来清华将稿子交给我。

整个编写的过程非常艰苦，重要的是，在当时大的政治、社会背景下，正处在对城市规划大批判的时期，观点上莫衷一是。后来，曹洪涛在一篇文章中说我是此书的主编，事实上，我承担了主编的工作，如前所述，因为清华党委有言在先，我一直没有正式亮出这一名义，但又勉为其难地尽可能作一切需要做和可以做的事，规划院渐渐也极其慎重，在我与清华城市规划教研组几位同志的共同努力下，总算完成任务。

可喜的是，书出版后，听说有较好的反响。这时我已在病中，被告知出版社原本要加印，后发现书中有一处案例的地名与“赫鲁晓夫”音相近，其实完全无关，但在当时视为畏途，遂作罢。

3. 反思与评价

建国后到文革前的城市规划与建设成绩伟大，当然也存在一些消极方面。就规划专业来说，从无到有，还是取得长足的进步，包括学习苏联及与民主德国、波兰等国的学术交往，有关城市规划文献的翻译与介绍等在学术水平上也有一定进步，并且普遍重视实践，包括与政府管理部门的联系等。例如：兰州市规划（任震英主持）与杭州市规划（清华参与），作为新中国的成就，参展1958年在莫斯科召开的国际建协第五届大会等；我率领几位同学参加保定市规划，在市长郝铁民及规划局帮助下制定的保定旧城保护与西区发展规划，虽经过文革的波折，终于得到实施，至今得到保定市的肯定；1964年，清华与北京市建工局合作的左家庄小区规划，由朱自煊与韩守询主持，包括建筑、规划、基础设施等，提出“先地下，后地上”的方法，领先全国取得好的成绩。以上是个人初步回忆所及，全国也当如是。

因此，可以说，从建国到文革前夕，城市规划取得了相当的成就，并非一无是处。在1957年前，对城市建设中一些不良现象也不是没有批评，如当时城市建设部提出“反四过”（指“标准过高、规模过大、占地过多、求新过急”），我就亲自聆听过城市建设部万里部长的相关报告。因此，就李富春提出的“城市规划三年不搞”，我现在推想，主要针对的是大跃进、人民公社运动所造成的不良后果，这一段时期规划波动，头脑发热，一度将城市规模盲目做大，规划流于空想，甚至要消灭家庭、取消厨房等，导致后来城市商品粮短缺，管理困难，不得不紧缩城市人口。在当时的“浮夸风”下，对规划刹一刹车，是很必要的。但是，现在看来，李富春所提出的绝对的时间：“三年”，绝对的手段：“不搞”，贻害很大，波及全国，规划机构解散，人员流失，资料丧失，造成城市规划的灾难。批判所及，对当时城市规划全盘否定，在文革中更变本加厉，似乎一无是处，直到改革开放，规划才面临“重建”的局面。

在对教科书审查的过程中，我与规划院的同志有所交流，曾去看了史克宁院长，看到他用毛笔蘸红墨水在稿子上认真圈点。虽然由于他们对教学工作不熟悉，存在如前所述的一些分歧,包括一度认为卫星城是西方资本主义的产物，主张删去等,但经交换意见不难取得一致。

关于本书，今天回头来看，还有几点要特别提出的：

——关于第二章《社会主义的城市建设》，当时中苏关系已经紧张，但对于苏联（包括东欧国家）城市建设还没有中肯的加以否定的观点，如果删去，缺一大部分内容，思考所及，暂时不动。

——第十四章《城市的总体规划》是在对 1950 年代规划实践的认识的基础上写成，特别在当时，尽可能访问规划界一些实际工作者，听取其对建国 10 年来规划工作的反思，对城市规划工作缺陷的认识，如：对经济问题等重视不够。此章中将“总体规划的经济问题”列为第一节（将“城市规划功能问题”列为第二节,“城市总体规划中的建筑艺术问题”列为第三节），这在当时是颇有创意的。今天看来城市规划“以经济建设为中心”已经是理所当然，但当时把它作为第一位是前所未有的，几易其稿，得来不易，并且将经济合理的原则分别展拓到城市功能与布局原则中，煞费苦心。

——区域规划部分,在第一个五年计划期间相关部门负责人等到有关区域“联合选厂”，为此做了大量工作，颇具创意，实际上即具有区域规划性质，但当时无文字总结，又涉及保密，故未便细加发挥。

——书中将一些技术细节列为附录，当时的想法是，根据我建国以来的授课经验，宜尽可能使教材内容实在些，好使学生不仅仅知道一些技术原则，还多少了解其来源和关键内容，这在建国初期技术资料缺乏的情况下很有必要，今天应当属另一情况。

——在编写过程中还存在保密的困扰，案例的选择颇受限制，本国城市插图一再审定，有关内容简之又简，有些图在今天已不识是何地方。

这本书几经磨难，最后总算交卷，从当时清华建筑系的人力与学术水平来看，写出比这本书现有内容充实一些、实在一些的教材是有条件的，但限于当时“震荡”的客观条件，限期紧迫，仓促出版，也只能如此，已经尽了最大的努力。

书稿交卷之日，总算松了一口气，但是当晚我就睡不着觉，失眠、虚汗，渐渐浮肿、四肢无力、心跳加速，去了小汤山疗养院三次（当时幸在工会照顾下获得的唯一可能的去处），又染上肝炎……得病的原因是当时经济困难，按定量，一顿只能吃一个馒头，“国家在带领六亿人民渡荒”，“按热量办事”。我硬着头皮，鼓足干劲总算把任务完成，未想到一病三年多，各种医药无效，后幸听从我母亲的建议，不再吃药，而是将各种豆子混合就食，慢慢调理，再半年后体力才逐渐恢复。这场病使我认识到“民以食为天”，工业要发展，城市要发展，不能没有农业。没有足够的商品粮，就养不活城市。这件事在我们经历者是记忆犹新的，对于我更有切肤之痛。

以上所说似乎是题外话，但是与这本定名为“城乡规划”的教科书有着直接联系，它说明了某些真理，也正是由于这一点，我对今天大手大脚占用耕地持有由衷的痛心与反感，而对“城乡统筹”这一要义倍感亲切且有所期待。

4. 对今天的启示

50 多年前的事处在忘却的边缘，花了三四个月的时间渐渐点点滴滴回想起来，总算勾画出一个模糊的轮廓，提供为阅读本书的提示。思想既已开动，便有点不可收止，人们难免会问，为什么当时那么多学科的教材全都刊印出来，并未像这本书这样折腾？这说明城乡规划这一学科本身的政治敏感性。

当时在“鼓足干劲，力争上游，多快好省地建设社会主义”的旗帜下，全国要赶英超美，提出要炼多少吨钢，农业增产多少公斤粮食，“一天等于二十年”，农村要人民公社化，要干部读康有为的《大同书》，要消灭家庭等，农村拆除家庭厨房，办公共食堂，粮食多到“吃饭不要钱”，等等。这在当时即给社会带来很大的困惑，对于规划工作者更是如此（这样一个“闹剧”还是逐步得到了纠正，在报上见到陈毅副总理对消灭家庭的纠正说明）。保定的徐水县提出“提前实现共产主义”，毛泽东、刘少奇先后到此视察。在此形势下，有一阵全国各学校几乎都大搞人民公社规划，徐水县商庄人民公社在某一新华社下放蹲点干部的鼓动下要搞共产主义新农村，当时，具体的目标就是“楼上楼下，电灯电话”，在清华某领导的支持下，建筑系一部分师生在校宣传部一位园林专业毕业的干部的主持下，就选大寺各庄这个点干起来。建平房不过瘾，一定要建楼房。没有地板就用附近白洋淀盛产的芦苇，用细铅丝捆扎成串，拼成楼板，没有自来水管就用玻璃管代替。就这样不仅盖二层，还要盖三层，刚性差，走起来有点摇晃。当时施工也很困难，没有脚手架，就把当地住户的门板拆下来做脚手板，时已近寒冬，家家户户不得不把床单当作门帘。周总理某次特作安排，途经徐水视察这所谓的新农房建设，一连串问了许多问题：为什么没有炕？农民冬季取暖怎么办？燃料哪里来？农民养猪怎么办？许多实际问题都应答不上来。因为当时面对的都是青年教师和学生，总理的问题严肃而温和。当时在设计建设过程中，不是没有不同意见，持不同意见者后来被当作右倾被批判。以上只是身边实际的例子，说明当时的规划建设的实际情况和“城市规划三年不搞”的背景。

这一篇“追忆”的文章花了许多笔墨，目的在说明城市规划的前提或基本原则。

（1）要有一个正确的政治纲领，这是先决条件，这个纲领不能超前，大跃进就过度地超前了；规划也不能滞后，否则建设走在前面，规划就边缘化了，未起到指导、引导、督导的作用。

（2）城市规划有一定的基本理论，学术思想是核心，但是在不同的时代要有相应的发展变化。

（3）规划要有理想，但不是空想，要理想与实际统一，城市规划只能立足于现实的基础上，当实际经济水平、生产力还未达到的情况下，依靠主观臆断是不行的。如徐水，当时的县领导提出“提前实现共产主义”，建设“共产主义新农村”，在无经济实力、无技术的条件下，无论用什么漂亮的口号，树这样的“样板”是树不起来的，徐水一度成为参观的“亮点”，但没几年就不得不被拆除。当时的县委书记被判定为“阶级异己分子”，县委全部改组，但苦的是徐水的老百姓，谁来补偿他们的损失？这是一个教训，现在似乎已经逐渐被遗忘，但那个时候都是相当一批人认认真真地去干的。历史不会一模一样地重演，但当时各种“风”是一步步刮起来的，并且愈演愈烈，我至今每思至此，心中就压下一个重担。这类事不能不令人反思，仅能希望违背基本原则的事不要再犯吧。

这篇前言拖延了半年，未想当时负责审书的安永瑜病逝，但从那时我们就结下了事业上的友谊；又史克宁同志在文革期间下放当中学校长，为救溺水的学生而身亡，我至今仍不忘对他的尊重。

吴良镛
2013年1月24日

前　言

学习城乡规划必须以马克思列宁主义和毛泽东思想作为指导，运用辩证唯物主义的观点和方法来认识我国城乡建设的规律，研究、解决城乡建设与规划中的问题。在理论学习与实践中，应不断地学习和贯彻党的社会主义建设总路线和党对城市建设的各项方针政策，并需具有广泛的科学技术知识和艺术素养。

城乡规划是一门年轻的学科。新中国成立以来，我国在城市规划与建设上，进行了巨大的实践，取得了不少经验。但对于中国的、社会主义的城乡建设规律还需要一定时期的探索。因此，编写一本比较成熟的，能够系统总结中国及国外先进经验的城乡规划教材，不是短时间内一蹴而就的，还有待于长时间的努力。本书的编写，是在目前的条件下，试图比较系统地介绍城乡规划工作的一些必要的理论知识。

本书分为上下册。上册包括总论和城市总体规划两篇，下册包括详细规划及农村人民公社规划两篇。本书是按规划阶段进行阐述的，目的是使学生便于理解各规划阶段的性质、内容及工作方法，并便于不同专业的学生学习时可有所侧重。但这一系统还存在一些问题，如有些问题在总体规划中涉及，而在详细规划中又需作必要的叙述。因此，难免有所重复和不够衔接之处。本书的系统尚须在教学实践中进一步研究及探索。

由于城乡规划是一门综合性的科学，它是建立在其他许多技术科学的基础上。因此在本书中必然要引用一些有关学科的基本知识，为了不使本书过于庞杂，将这一类的内容作为附录，为学习时补充、参考之用。

本书系由建筑工程部组织清华大学、同济大学、南京工学院和重庆建筑工程学院四个院校成立教材选编小组进行编写。主要参加编选工作的有吴良镛（清华）、李德华、宗林（同济）、齐康（南工）、黄光宇（重庆建筑工程学院）五位同志。此外，夏祖华（南工）、朱畅中（清华）等同志也具体参加了部分章节的编选工作。

本书在编写中，综合了以上四校该课程教材的部分内容，并参考了《城市规划和修建》[1]，《城市规划和公用设施》[2]，城市设计院资料室所编写的“城市规划小丛书”[3]等书籍。

国家计划委员会城市规划研究院为这次教材编写组织人力，提供了宝贵意见和有关资料，特此致谢。

由于选编小组人员的水平有限，经验不足，加以时间仓促，所涉及的一些问题，研究得不够深透，其中有些问题一时难以作出结论，因此，本书中的缺点和错误在所难免，深切地希望读者批评指正。

---

[1] B.B. 巴布洛夫等著，建筑工程出版社。

[2] A.E. 斯特拉缅托夫、B.A. 布嘉庚著，建筑工程出版社。

[3] 建筑工程部城市设计院资料室编，共十一册，建筑工程出版社。

随着我国经济建设的不断发展，以及人民公社的巩固和发展，城乡建设经验的不断积累，这门学科在理论及实践上也必定不断发展。因此，本学科的教材亦有待今后不断修改、补充。我们深感，编写一本比较成熟的、中国的城乡规划原理教材，还需要进行巨大的科学研究工作，进行长时期的努力。

为了适用于不同专业的教学和便于学生自修，正文中采用不同字号的铅字排印。小号字印的段落，非本专业可以省略不讲。

"城乡规划"教材选编小组
1961年8月于北京

上 册 目 录

第一篇 总 论

第二篇 城市总体规划

第一篇　总　论

第一章　城市的产生和发展

第一节　城市的产生

在人类历史中，城市只是在社会发展到一定阶段才出现的。在相当长久的年代中，一般说来，人类还没有固定的居住地点。

第一次社会大分工，游牧部落从整个部落分化出来的基础上，才出现了最初的固定居住地点。但是这些最初的居住地点还不是城市。社会分工使社会劳动生产率大大提高，人类有可能生产比自身直接生存所需数量更多的产品。这样就产生了人剥削人的可能性。氏族公社开始关心到增加生产者的人数，首先把战俘变成从事生产的奴隶，从而形成了社会的最初大分裂——主人与奴隶、剥削者与被剥削者二大阶级。

随着第一次社会大分工，社会生产力有了显著的发展，人们从使用石制的劳动工具进步到使用金属工具。因此纺织、打铁、制陶器、建筑业等手工业得到了发展，并逐渐从农业中分化出来,这就出现了人类历史上第二次社会大分工。此时,在公社所有制存在的同时,出现了对牲畜、土地和奴隶的私有制，出现了私有财产和财产不平等现象。

随着第二次社会大分工以及商品交换的进一步发展，社会上出现了不从事生产而只经营商品交换的商人。商人阶层的分化，是第三次社会大分工。

手工业和交换的发展引起了城市的形成。城市是在远古、在奴隶占有制生产方式初期产生的。最初，城市和乡村没有多大区别。但是，手工业和商业逐渐集中到城市里。在居民的职业上，在生活方式上，城市同乡村日益分离，城市成了剥削广大劳动者的奴隶主贵族、商人、高利贷者、奴隶占有制国家官吏们聚居的中心。这样就奠定了城乡对立的基础。

城市的分布、类型和规模，都受到生产力发展水平和生产关系性质的制约，随着不同的社会经济形态而异。建立在经济基础上的上层建筑（如政治、法律、宗教、文化艺术等意识形态）也直接影响城市的发展与演变。奴隶社会、封建社会、资本主义社会和社会主义社会的城市，都具有不同的内容与含义，都为不同的统治阶级的利益提供服务。

过去一些资产阶级学者曾企图创立关于城市产生和发展的学说，但是他们都没有考虑到城市产生的基本因素，即生产力的发展。资产阶级学者不能正确地理解人口分布形式对于社会生产力性质和发展水平的依赖关系，因此他们也不能根本揭露城市起源和发展的实质。

马克思和恩格斯最先揭露了城市发展的基本法则：就是生产力的发展、社会劳动分工加深和生产关系改变的结果。马克思列宁主义的历史科学是把城市作为一个首先是受社会经济结构所制约的历史范畴来加以研究的。

因此，在全部社会发展史上，城市的规划与修建，首先取决于生产力发展水平、社会经济制度和上层建筑的性质，同时也受现状条件、自然条件和历史传统等影响。在阶级对立的社会里，阶级剥削和土地房屋私有制，在城市规划与修建的方式、城市公共福利设施、居住建筑类型以及城市的建筑面貌等方面，都有深刻的反映。

第二节　阶级剥削社会的城市

一、奴隶社会的城市

随着奴隶制度社会的发展，最初的城市在公元前 3000– 前 1000 年左右诞生于埃及、西亚、中国、印度以及中亚细亚一带。

（一）西方奴隶社会的城市建设

灌溉农业为古埃及的经济生活基础，当时人口都集中在尼罗河流域的狭长地带。因而城市也都沿着尼罗河两岸分布，当时的城市大都是作为行政和宗教中心而发展起来的。

埃及城市除少数短期内修建的小村镇外，大都是在长时期内自发地生长起来的，其中只有宫殿、庙宇群经过规划设计。有的城市在居住上有明显的阶级分区，充分反映了当时阶级的对立。

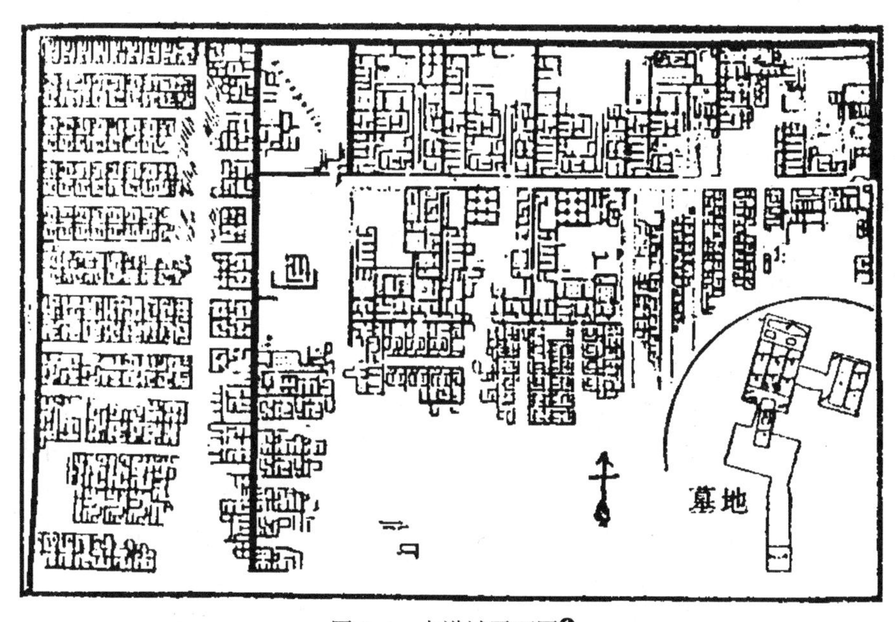

图 1–1　卡洪城平面图[1]

卡洪城（图 1–1）便是一个典型的例子。它是公元前约 3000 年以前中王朝修建依拉洪金字塔而产生的一个小村庄，平面布置显著地反映了阶级分化和对立。城市的一部分为奴隶居住，拥挤狭小；另一部分为贵族和自由民居住，其中贵族居庄的宅院特别宽敞舒适。两区中间有一道坚固的墙隔开。

[1] 图片来源：沈玉鳞 . 外国城市建设史 . 北京：中国建筑工业出版社，1989.5。

大约在公元前 2300 年以前，两河流域（底格里斯河和幼发拉底河流域）一带古代苏末人的城市是几个由原始氏族公社联合而成的小型公社的中心。它们有着公社所有的土地、大规模的灌溉工程，大量的奴隶和牲畜，同时，有大量的土地和奴隶已归公社社员或个别的家族私有。公社的首领和指挥官就住在城市中。古代苏末人的历史记载，这种具有各自的城市中心的土地公社共有数十个，其中规模最大的是乌尔和尼普尔。

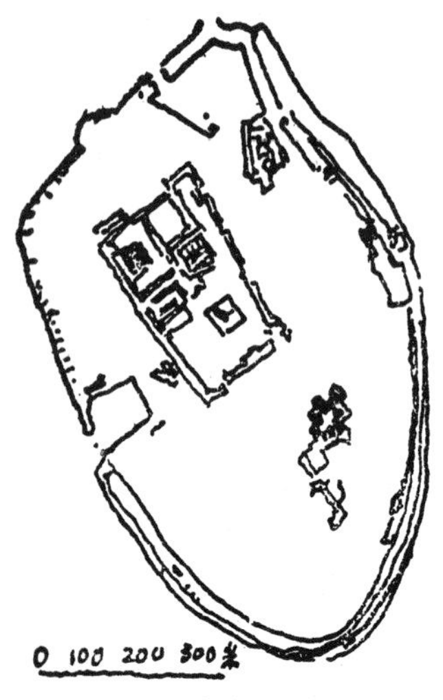

图 1-2　乌尔城平面图

乌尔城（公元前 2200—前 2100 年）（图 1-2）的中央是建有高耸的有阶梯的金字塔形建筑物、神堂和帝王宫殿的城堡。从城堡中可以监视耕种帝王或寺庙土地的奴隶和自由公社社员们干活；从乡村居民那里征收来的产品都运入城堡保管起来。城堡四周是用城墙围起来的，城外则是城郊地带。

古代巴比伦也是在灌溉农业的基础上发展起来的。当时的城市是作为行政、宗教、经济的中心而出现的。而且大多数都有农业用地，因此，城内通常占有很大的面积。城市的组织结构和平面布局反映了阶级对立。

巴比伦是新巴比伦王国的首府，占地很广，据历史学家希罗多德证明，巴比伦在全盛时期的面积达 88 平方公里，人口约 50 万 ~60 万人，有三道城墙围着，城外有护城河，平面布置比较规则。统治阶级占用的地区和手工业者、奴隶的住区有着显著的差别。城市中心是宫殿和庙宇群，宫殿、庙宇和夏宫之间还有御道联系。

印度的城市，大约诞生于公元前 3000 年左右，一般都是一些小的印度邦国的首都，同时又是商业和手工业的中心。奴隶制的贵族便住在这些城市里面。在印度河流域发掘出来的莫恒约达罗城（Mohenjo Daro），大约建于公元前 3000 年。在城内发现了有铺砌的街道、下水道、导水管等公用设施。

公元前 3000 年以前，在希腊就已经有了城市。在公元前 1500—前 1000 年间，古代希腊的城市是农业和渔业的氏族公社和公社联合的中心。在公元前 9—前 8 世纪，在手工业和商业发展的影响下，产生了对土地和奴隶的私有制，开始了古代氏族公社的阶级分化，于是古代希腊的城市就愈来愈成为奴隶占有和买卖极为发达的手工业和商业中心了。像米利都、雅典、科林斯等城市，都是在公元前 8—前 7 世纪就已经成为商人阶级集中、手工业发达的海上贸易中心。在古典时期，城市是经济生活和政治生活中心。希腊城市主要在爱琴海沿岸一带发展起来，由于殖民化结果，在黑海和地中海沿岸也都出现了希腊的城市。

希波战争之后，在雅典进行了大规模的城市建设，雅典山城的辉煌建筑群就是这个时期修建起来的。公元前 479 年重建了米利都城（Miletus）。建筑师希波丹姆发展了重建米利都城的经验，在庇列依城（Piraeus）采用了方格形规划形式。这就是“希波丹姆规划形式”。

这时期的城市建设反映了奴隶占有者民主社会生活的新特点，出现了许多不同类型的公共建筑：如剧场、竞技场、市政厅、体育馆等等。这些公共建筑和神庙、市场等组成了城市的公共活动中心。但是这些公共建筑只有富裕有闲的城市公民才能享受。在古代奴隶制的社会里，即使是在奴隶主民主高度发达的雅典，也不可能有真正的群众性和民主性的社会文化生活。

在公元前4世纪末到公元1世纪，即所谓希腊化时期，城市一般都统治着毗连的农业地区。马其顿及其继承者保留了东方那些古老的城市并建设了若干新城市。这一时期希波丹姆规划形式得到了进一步发展。最能代表这个时期城市建设完整性的是小亚细亚的浦南城（Priene）（图1–3）。

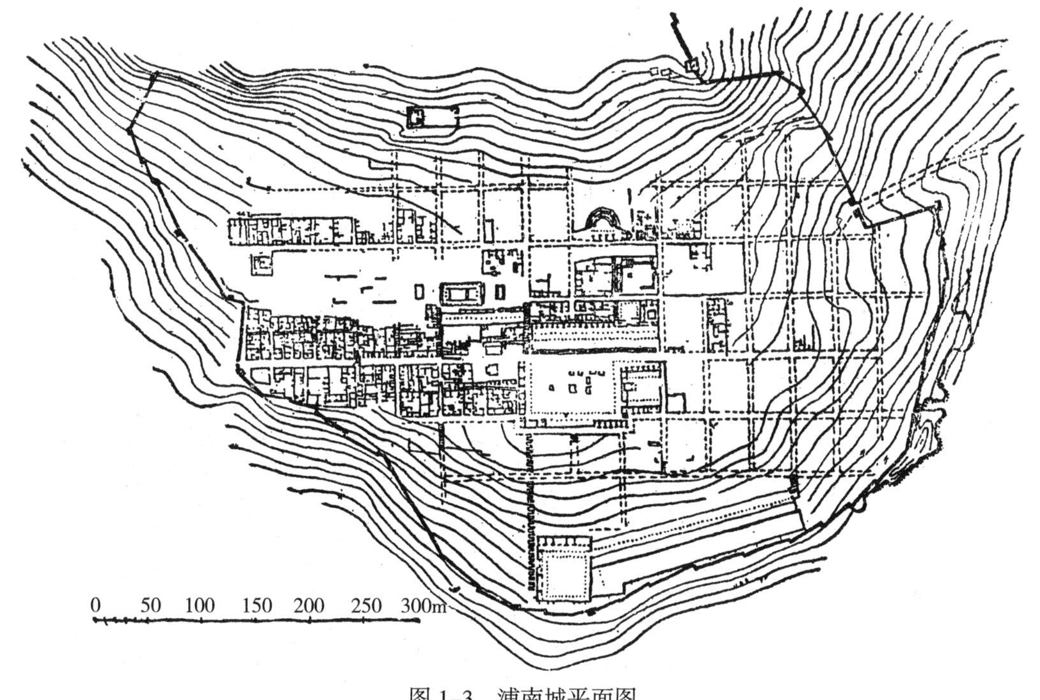

图1–3　浦南城平面图

浦南城位于背山面水的南山坡上，不但可以避免强烈的北风，便于排泄雨水和污水，而且可以获得温暖的阳光。街道网是方格形规划系统。街坊很小，以适合山坡的地形条件。东西干道宽7.5米，经过中心广场，可以行车；南北街道宽3~4米，因坡度大，只可步行。城市中心由一个广场和一些在建筑艺术上有联系的公共建筑所组成，成为全市的一个社会生活中心和建筑艺术中心。公共建筑中包括剧场、竞技场、市政厅、体育馆、神庙、宙斯庙等。中心广场主要是供人民集会和商业使用，它与鱼肉市场分开。广场东、西、南三面有柱廊，柱廊后面是商店和庙宇（东头）；北面是神庙，建在平台上，是人民休息、交易的地方。神廊上面紧接着是市政厅，是市民代表开会的地点，为全市的重点建筑。

在古罗马帝国，奴隶社会的发展达到了最高峰。城市的经济生活和社会生活比古希腊要复杂得多。古罗马的城市有下列几种类型：①行政中心，如罗马、巴里米拉（Palmyra）；②营寨城，如提姆加得（Timgad）（图1–4）；③商业城，如欧斯吉亚（Ostia）；④休养城，如庞贝等。古罗马的城市大多是消费城市，充分反映了古罗马帝国的掠夺性质。古罗马城市都有广场或广场群，在广场上修建有裁判所、庙宇、市场、市政厅等公共建筑物。罗马广场群内容复杂，建筑装饰极为豪华繁琐，反映了古罗马帝国统治阶级的豪华生活和审美观点。古罗马帝国繁荣时期，公共生活非常发达，修建了许多供寄生阶级享乐的剧场、斗兽扬、公共浴场等公共建筑。这些建筑连同神庙、帝王庙、广场等组成罗马的公共中心（图 1–5）。除了这些享乐中心和那些豪华富丽、设备完善的贵族居住区外，在罗马也有许多肮脏和拥挤的城市贫民住区。古代罗马城是在自发生长的过程中逐渐形成起来的，没有一个统一的合理的规划系统。中心区非常拥挤，没有宽阔的道路，车辆在白天是很难穿过市中心的。

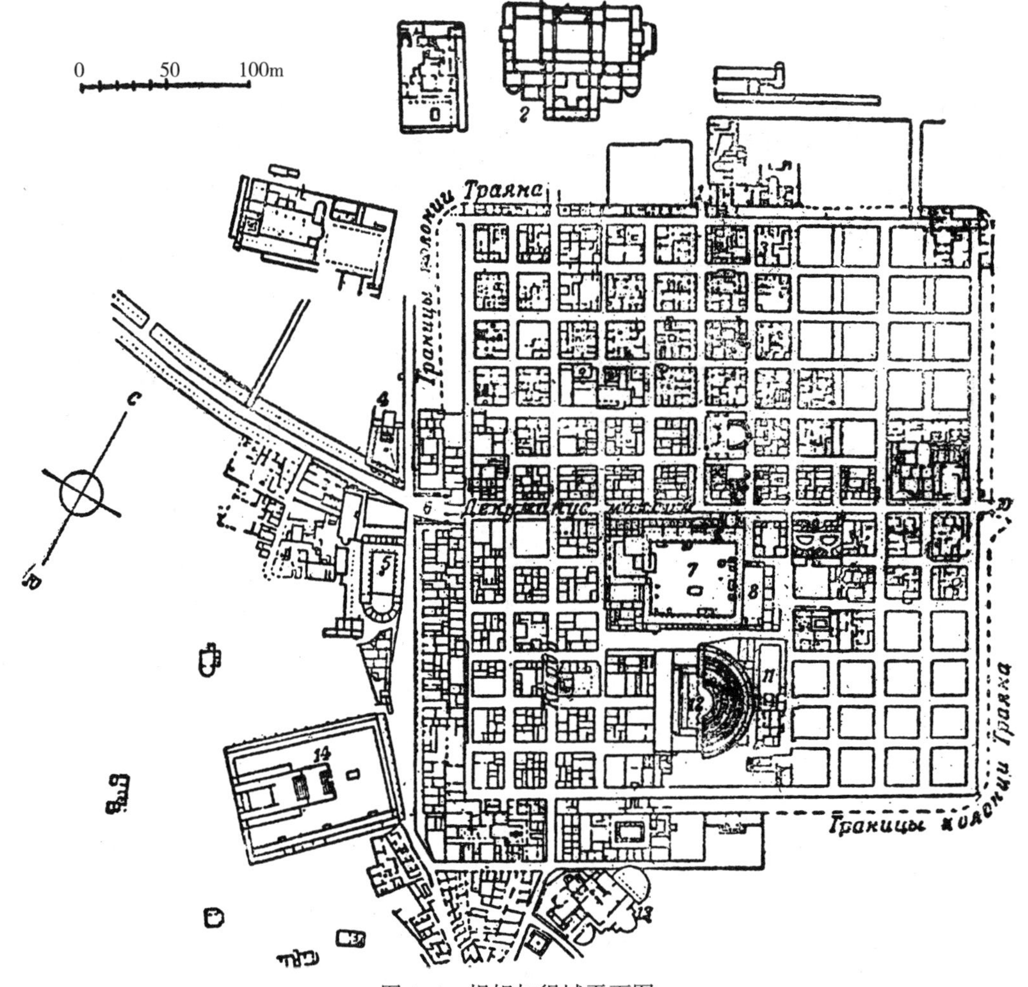

图 1–4　提姆加得城平面图

罗马很早就有了市政设施。公元前 5 世纪修筑了第一条上水道。下水道在 6 世纪也开始修筑。除了排水总干道外（至今仍然是罗马下水道系统的一部分），还有为各种公共建筑（浴堂、游泳池等）服务的分支下水道网。

罗马人在各省建设新城市或发展当地的市镇时，也采用方格形的规划系统，如营寨城提姆加得、欧斯吉亚等城市都是采用方格形规划系统。

早在古埃及、古希腊的奴隶社会里产生的城乡对立现象在古罗马帝国更加尖锐化了。城市——奴隶主阶级的聚居中心——剥削了千百万从事农业的奴隶劳动。

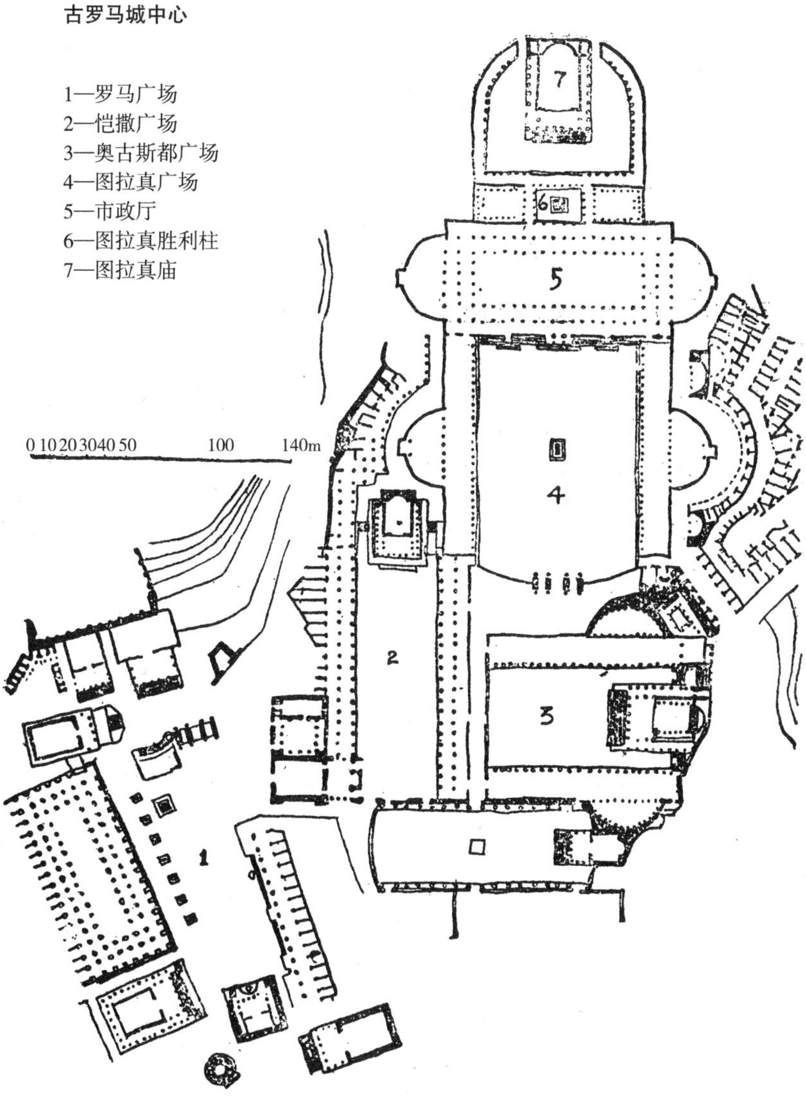

古罗马城中心

1—罗马广场
2—恺撒广场
3—奥古斯都广场
4—图拉真广场
5—市政厅
6—图拉真胜利柱
7—图拉真庙

0 10 20 30 40 50 100 140m

图 1-5 古罗马城中心平面图

随着奴隶制度的解体和古罗马帝国的灭亡，历史上的新社会制度——封建制度开始发展。欧洲封建制度大约经历了 13 个世纪，从 5 世纪起到 18 世纪而告终。

（二）中国奴隶社会的城市建设

我国最早的城市也是诞生在奴隶制萌芽时期。在我国历史文献上关于古代社会城市建设的记载是很多的。

1955 年在郑州发现的规模相当大的商代城址以及新中国成立前安阳殷墟的发掘，证明文献的叙述是正确的。我国奴隶社会时期由于农业已经成了社会经济的主要部门，手工业和商业已相当发达，城市建设也具有一定的规模。

早期城市的规模很大，以郑州的商代城址为例，大约在 35 平方公里的范围内，都断断续续地分布有居住遗址。根据初步判断，可能就是商代帝仲丁的“隞”都。它位于郑州旧市区的中心和城北关一带。根据在城址四周的钻探和试掘，城墙呈长方形，四周不甚规则（南北约2000米，东西约1700米）。城墙周长约7100米，城内面积约计320万平方米，较郑州现在的旧城约大三分之一强。城郊还有城濠，在北、南、西三面城墙外，分别发现了两处较大规模的商代冶铸铜器工场；一处商代制骨器工场；一处规模相当大的商代制陶器工场；以及一处商代的酿造工场。此外还发现有房基、窖穴、墓葬等。从遗址分布之大、遗物埋藏之丰富（不仅有大量的日常生活用具和生产工具，还有不少为统治阶级所享用的青铜器皿、瓷、玉、象牙器等），说明这是一个手工业相当发达、人口相当集中的城市。它成为奴隶制国家的政治、军事中心。

在安阳殷墟中发掘出了殿堂和作坊遗址，证明殷都当时既是政治中心，又是一个发达的手工业中心。建筑的技术比前期也有了显著的改进。从郑州地区发现的用来贮藏粮食的大型窖穴、酿酒作坊，从殷墟一个窖穴中曾经发现了上千把镰刀（这些镰力一般都有使用的痕迹，是属于王室所有而为王室奴隶使用的），这说明当时城市的发展是以农业发展为基础的。

二、封建社会的城市

（一）欧洲封建时期的城市建设

在公元最初的几个世纪中，在古罗马帝国甚至整个古代世界，发生了历史上的一次大转变，奴隶占有制度崩溃了。整个古代社会制度和国家制度崩溃的原因是社会发展到这样的阶段：建立在残酷剥削基础上的奴隶占有制生产方式，已遭到奴隶日益强烈反抗，社会生产率不断下降，使奴隶占有制的大生产收入不能补偿所消耗的劳动，不论农业或手工业生产日益衰落破产，古代奴隶占有制社会进入走投无路的绝境。“奴隶制已经没有益处，因而灭亡了……奴隶制在经济上已经成为不可能的了，而自由人的劳动却在道德上受到轻视。前者已不复存在，而后者还不能成为社会生产的基本形式。只有根本的革命才能打破这种绝境。”❶

公元3世纪，这个革命以受到城市贫民支持的奴隶起义、农民起义和战士起义的形式而爆发了。这里必须强调指出城乡对立在3世纪的各项事件中所起的作用。城乡对立在罗马帝国更是特别尖锐。驻有卫戍部队的城市，是罗马帝国的统治者利用赋税、劳役、代役租等办法从帝国的各行省和农业地区榨取民脂民膏的据点。奴隶主阶级几乎完全住在城市中，依靠人数众多的奴隶强制劳动耕作的大片领土，榨取大量的金钱来过奢侈寄生的生活。此外还有来自城市的高利贷资本，无情地摧残并窒息着小农经济。总之，罗马的城市只是榨取乡村，对乡村是没有一点点好处的。

因此不难理解，在3世纪，许多次起义主要都是反对城市，首先是反对罗马帝国的统治和反对城市的奢侈和寄生性的。其实早在公元1–2世纪，由于奴隶占有经济的逐步瓦解，贸易联系的解体，以及奴隶主收入的急剧缩减，居民已经开始逃出城市，城市逐渐荒凉起来。奴隶主离开城市回到了自己的领地；穷人有的回到乡村，有的逃到森林，城市于是开始缩小，随后就全部解体了。

在古代奴隶占有制社会废墟上建设起来的新的经济制度和社会制度，基本上已经不再依赖城市，而是依赖乡村，依赖半自由的小农经济了。

---

❶ 恩格斯：“家庭、私有制和国家的起源”，人民出版社1955年版，第145页。

“城市在罗马帝国存在的最后数百年间，丧失了自己从前对乡村的统治权，而在德意志人统治的最初数百年间，也没有恢复这一统治权。这是以农业与工业发展阶段的低下为前提的。这样的一般情势必然地产生了具有权力的大土地占有者与隶属的小农民。”❶

在西欧封建社会的最初几个世纪中，城市失去了统治地位，继续瓦解，人口逃散，逐渐变成乡村。甚至在罗马这样曾达 100 万 ~120 万人口的大城市中，经过了内部动荡和外族入侵以后，到 7 世纪时仅剩下 3.5 万 ~4 万人。

作为手工业和商业中心的城市，是在 10–11 世纪由于生产力普遍增长，社会劳动分工——手工业和农业的分离的结果而开始发展起来的。

封建社会的基本阶级矛盾是封建主和农民之间的矛盾。城市在阶级斗争中成为镇压广大农民的工具，是封建统治阶级大小地主聚居的堡垒。它通过独占价格、苛税制度、行会制度、高利贷等剥削农村。城乡对立的矛盾就更趋尖锐化了。

由于当时社会的封建割据，经济上的闭塞性和贸易范围的狭小，封建社会初期的城市都很小，一般不超过 5000~10000 人。城市的发展也很缓慢。此外，中世纪城市（居民部分地也从事农业）曾长期保存了半农业的痕迹。

当时社会秩序很不安定，战争频繁，因此城市多在易守难攻的有利地点（如山巅、高原、小岛、河边）修建。城市布局亦都适合地形条件。中世纪的宗教势力很大，教会有统治全欧物质和精神的权威，人为神权所支配。这在城市建设上的反映就是教堂成为城市的中心，教堂前的广场有时也作为市场，后来市政厅和行会就修建在它的附近或单独修建市政厅广场或市场广场。很多西欧封建城市的道路就是以教堂广场或市政厅广场为中心向外辐射出去的。如德国的诺林根（图 1–6)、波兰的克拉科夫和意大利的锡耶那城就是这种布局的典型例子。

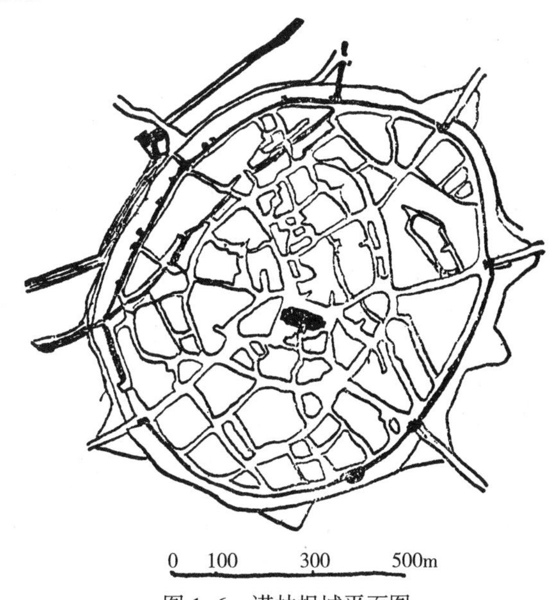

图 1–6 诺林根城平面图

中世纪城市受城墙的束缚，居住建筑密集毗连，手工作坊和居住建筑是连在一起的。水源不方便，多用井水。没有下水道，污水往街上泼，环境卫生不好。

中世纪城市是在长时期内自发地分布建筑物的过程中形成起来的。大多数为放射形街道系统。城市的主体轮廓——耸立的教堂等给人很深的印象，街道景色有时也很动人。广场一般很小，这样就显得教堂巍然耸立，造成高不可攀的神圣气氛。

到 14–15 世纪，封建社会内部已经起了变化，新的生产方式——资本主义开始萌芽了，产生了新兴的城市资产阶级——银行家、商人、手工业家。他们利用了自己的经济势力组织了“商人共和国”。中世纪的城市结构已不能适应新的生活需要，因而提出了改建旧城

❶ 恩格斯：“家庭、私有制和国家的起源”，人民出版社 1955 年版，第 149 页。

的要求。由于生产力水平限制，改建一般主要集中在城市中心广场，为资产阶级和贵族的政治、经济和文化生活服务。如威尼斯的圣马可广场（图 1–7），虽然从 8 世纪就已经开始建造，但主要是这时期形成的。

这个时期的建筑理论家也曾经探讨了许多“理想城市”的方案，反映了新兴资产阶级的要求。例如，在斯卡莫齐规划的理想城市方案中，城市中心为人民集会用的主要广场，在中心广场的两边布置了两个正方形的商业广场；城北有交易所广场，城南有卖燃料的广场。这充分反映了这个理想城市的商业性质。文艺复兴时期的理论家都把城市理解为社会经济和建筑的统一体，但是随着资本主义生产方式的迅速发展，以及当时的经济力量还不足以提出改建或建设整个城市的任务。因此这种理想并不能实现。

由于经济的发展，这时期的城市迅速成长，人口增加了。如 14 世纪的佛罗伦萨，从 4.5 万人增加到 9 万人。由于城市人口增加，建筑拥挤，环境卫生恶化，瘟疫流行。这时期在城市建设上反映的阶级对立也日益显著（图 1–8）。

15 世纪末、16 世纪初，伟大的地理发现使地中海失去了欧洲贸易的主要地位。意大利的一些繁华城市如威尼斯、佛罗伦萨都衰落了。这时罗马由于教皇权力的兴起，是唯一不受经济危机影响的一个城市。为了表现教皇的权威，在罗马进行了大规模的城市改建工作。修建了干道和广场（如卡比多丽广场，圣彼得广场等）。树立了许多方尖碑、纪念柱等纯粹装饰性的纪念建筑物。

17–18 世纪，在许多欧洲国家，大量财富集中到了中央集权的专制皇帝手中，有可能进行大规模为皇室贵族服务的建设。法国是当时最典型的代表，它是欧洲政治、文化中心，在路易十四统治时期，修建了有名的凡尔赛宫，表彰他个人功绩的路易十四广场和胜利广场等等。路易十五统治时期，在巴黎规划了一个广场系统，并修建了不少广场，其中最有名的有路易十五广场（现名协和广场）等。巴黎的广场、街道建筑群和园林的建设给城市建筑艺术写下了新的一页。

图 1–7　圣马可广场

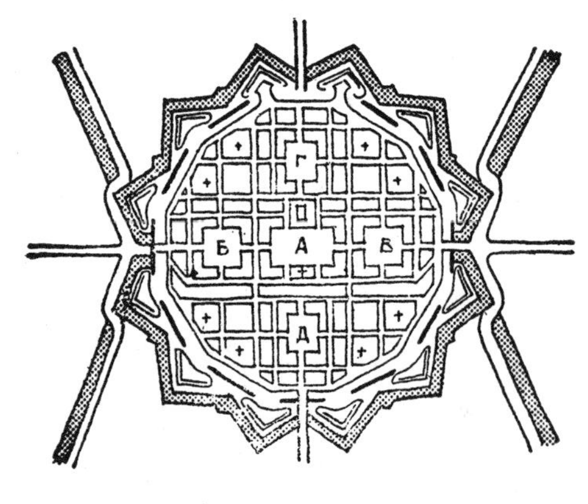

图 1–8　斯卡莫齐的理想城市方案

（二）中国封建社会时期的城市建设

我国封建社会的时期很长，自秦以后全国统一的政治局面，使得中国封建时期的城市建设有着不同于西方封建城市的一些特点。

这时期的城市，就其性质可以分为四类：①作为政治中心的都城；②各州府或县级城镇；③商业城市（海外贸易的市场和内河航运的要道）；④集镇。

都城是大封建主的居住地，集中地代表了封建时代城市建设上的成就。

我国春秋战国时，奴隶制度逐渐瓦解，开始向封建社会过渡。社会制度的变革，促进了生产力的发展，因而城市的数量和规模也都得到相当的发展，作为统治阶级的政治、军事和文化中心的都城更有了前所未有的繁荣。例如，齐临淄就是一个不小的城市。据记载“临淄之中七万户……临淄之涂，车毂击，人肩摩，联袂成帷，挥汗成雨，家殷人足，趾高气扬。”[1]反映了当时的城市生活的繁荣情况。

这些大都市都是茁起于农业生产发达的地区，如关中平原、黄河中原地区等。大都市是工商业者集中的地方，也是贵族、官僚大地主聚居的地方。大都市的工商业首先是为上述封建统治者和寄生者服务的。这些城市是封建的消费城市，是靠剥削农村兴盛起来的，它充分反映了封建社会城乡对立的新特征。

战国城市有“城”“廓”之分。“城”指中心部分，也就是皇宫、贵族府邸的防御城垣，“廓”是外围一般平民居住区的防御城垣。《周礼·考工记》对当时城市规划有如下的叙述：“匠人营国，方九里，旁三门，国中九经九纬，经涂九轨。左祖右社，面朝后市，市朝一夫”。由此可见，封建时代以“天子”为中心的城市规划思想，很早就奠定了。它充分反映了封建社会的阶级对立和阶级矛盾。在平面规划中关于划分不同功能的用地，不同性质的主要建筑物位置、道路系统和宽度都有了考虑。这是我国最早的城制，是一个理想的封建都城的规划方案（图 1–9）。它对以后的平面布局有很大影响，例如元大都和明清北京城的某些布局形式即遵循了这个制度。

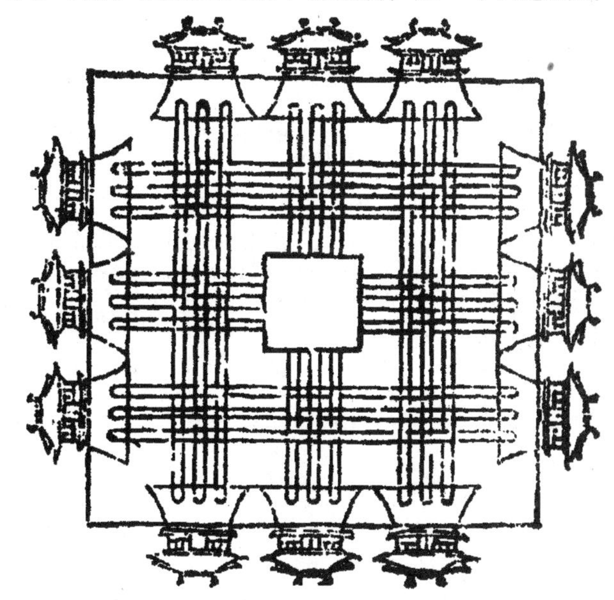

图 1–9 《三礼图》中的周王城图[2]

秦汉结束了长期混战局面，统一了全国，建立了中央集权统治，开始了我国封建社会的繁荣进步时期。

秦的咸阳是我国历史上中央集权的民族国家成立后的第一个大都市，当时的城市建设，主要集中在宫廷和园囿的建设上。

西汉长安，是当时全国最大的政治中心和商业城市。规模宏大，比西方的罗马大三倍多，在世界城市史上有重要的地位。它除了有“天子以四

---

[1] 战国策、齐策。

[2] 图片来源：董鉴泓．北京：中国建筑工业出版社，2004.13。

海为家，非壮丽不足以重威”的宫室建设外，当时城内还开始了有严整的“坊里”规划。市内有手工业作坊和出售一般居民生活用品的列肆，有两层楼房以及可容十二辆大车并进的八条大街，砖石砌筑的下水道和齐整的行道树等，可见城市建设已进一步有了一定的体制（图 1–10）。

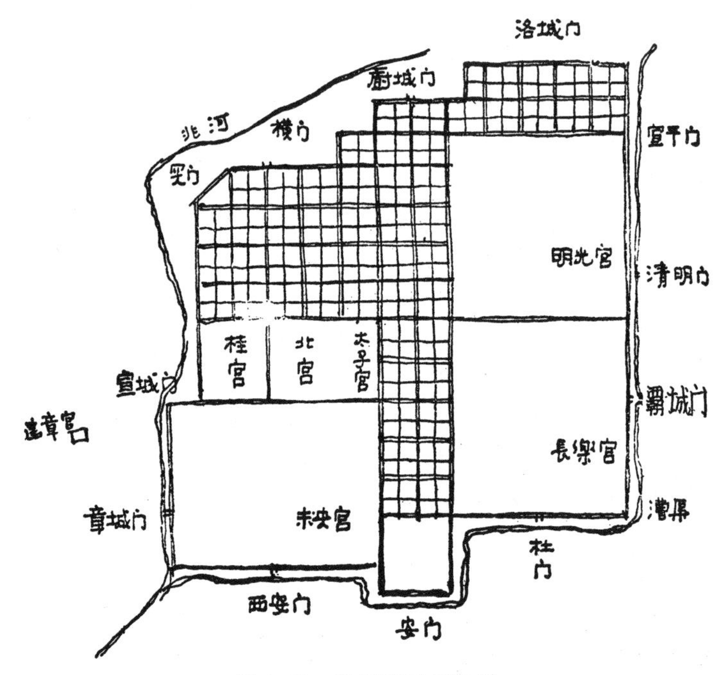

图 1–10　汉长安城想象图

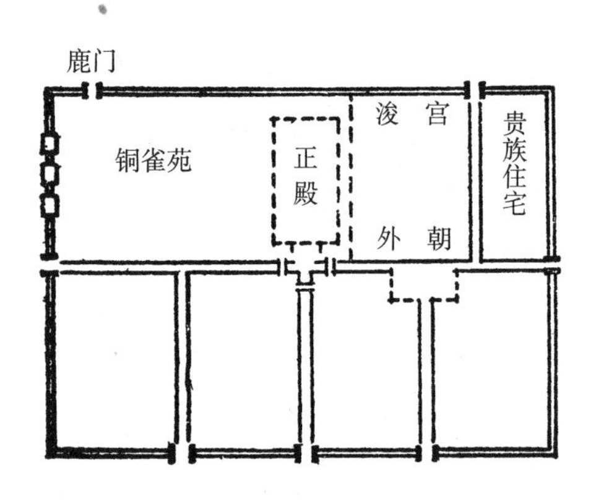

图 1–11　曹魏邺城想象平面图

封建前期我国著名的都城，有三国时曹魏的邺城（图 1–11）和隋唐的长安（图 1–12）和洛阳。

曹魏邺城东西七里，南北五里，城市北半部中心是宫城，其东有宫苑，西为行政区及贵族居住区，南半部是民居和商业市场。全城划成正方的街坊，道路分工明确。南北有三条纵轴线和东西横干路相交。城内有广场、园林、水道系统。全城布局结构严谨，井然有序，充分反映了曹魏的军政集权制，比起过去的城市规划显然又前进了一步。

唐初一百多年的恢复时期中，由于水利专业的大量兴修，耕作面积的扩大，农业以及相联系的手工业的发展，奠定了城市建设雄厚的经济基础。

唐长安城是继邺城的经验进一步发展而成的，是我国封建社会全盛时期的政治文化中心。也是最大的商业都市和国际商人聚居之地，人口共有三十多万户。它集中了前时期城市建设的最高成就，巨大无比的规模和尺度，整齐严谨的坊里，宽阔平直的街道，官民分区的规划，在当时世界上是少有的，充分反映了一个大封建帝国首都的气魄。

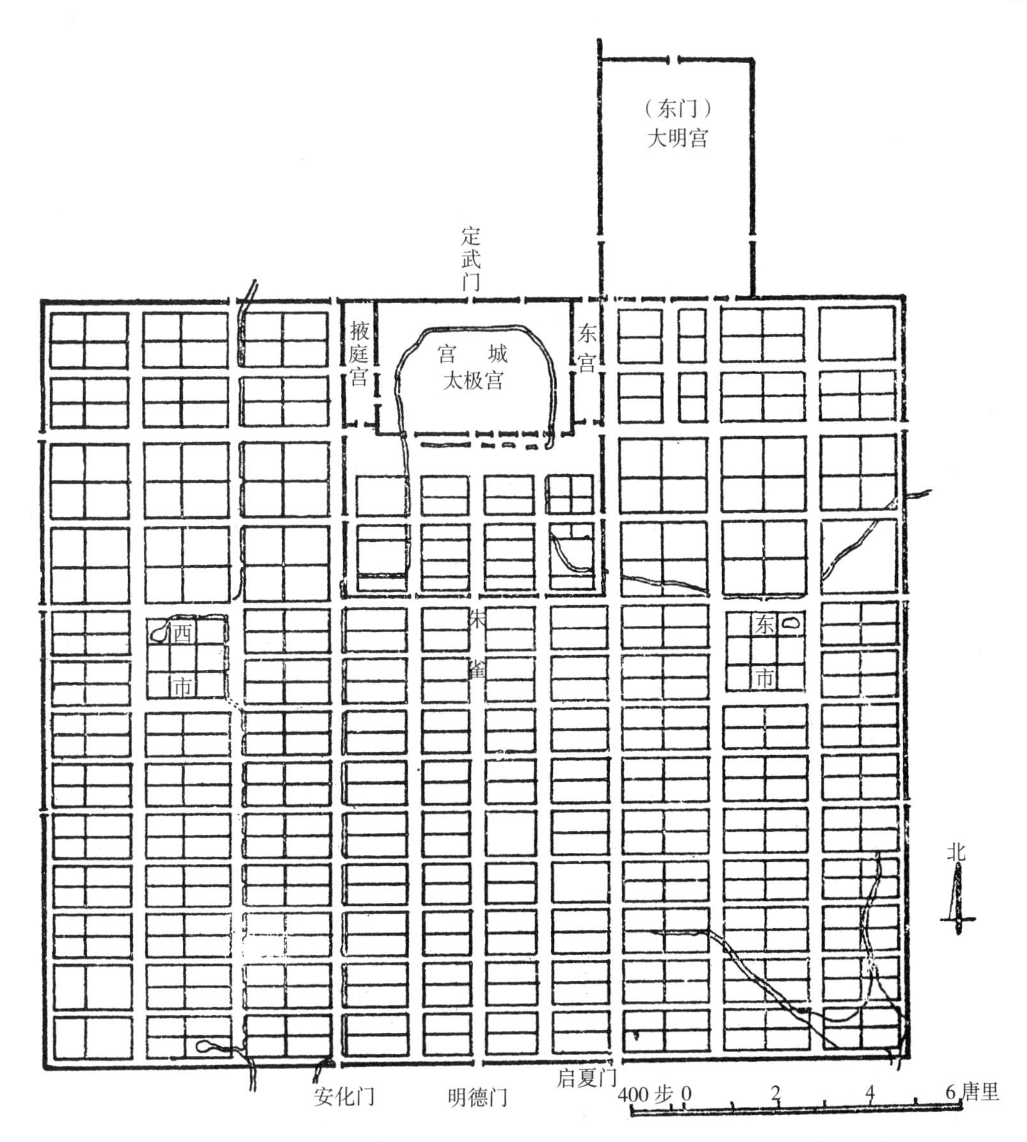

图 1–12　唐长安城想象平面图（据宋朝宋敏求长安城想象绘制）

城南北长 8 公里多，东西宽达 9 公里多。城内南北十一条大街，东西十四条大街，以贯通南北的朱雀大街为中轴，把城市分为东西两部分。规划布局集中表现了为统治阶级服务的思想；宫城和禁苑占据城市的主要部分，王公贵族占用皇城东西两区，南部外围才是平民居住区。城区划分为许多坊里，坊里有高墙围绕夜闭坊门以保治安。城市中轴干道为皇帝通行的御道。所有这些，反映了阶级对立和封建等级制度的特征。反映城市商业特征的商业区分东西两市，市内有很多“邸店”（即相当于后来的货栈和商店）和陈列出售货物的“肆”还有集中在一个区域里出售同样货物的“行”。西市并有中亚波斯、大食等外国商人聚居，足见城市商业的繁荣。

从北魏洛阳开始的城市中带有半公共性质的建筑——佛寺和塔，在长安城中也有大量出现。

由于农业和手工业的发展，北宋的商业更发达起来了。城市人口比过去加多了。在唐朝十万户以上的城市只有十多个，北宋增加到四十多个。

北宋的汴梁（今日之开封）是宋代城市的代表（图 1–13）。到宋徽宗时，已有 26 万户，全城以皇宫（大内）为中心向四周发展，宫城居中偏北，自大内宣德门南朱雀大街为城市的中轴线。当时官僚商贾等剥削者纷纷投商牟利，竞相建筑，因而商业兴盛，市街繁荣。唐长安的商店集中在东西两市，至此到处可以开设商店，遍地皆市了。旧有的坊里也发展成今日一般城市所习见的里巷形式了。并且如汴梁这样的大城市，商业区还扩至“城厢”，娱乐场所在城内也有分布，充分反映了消费城市的繁荣景象。

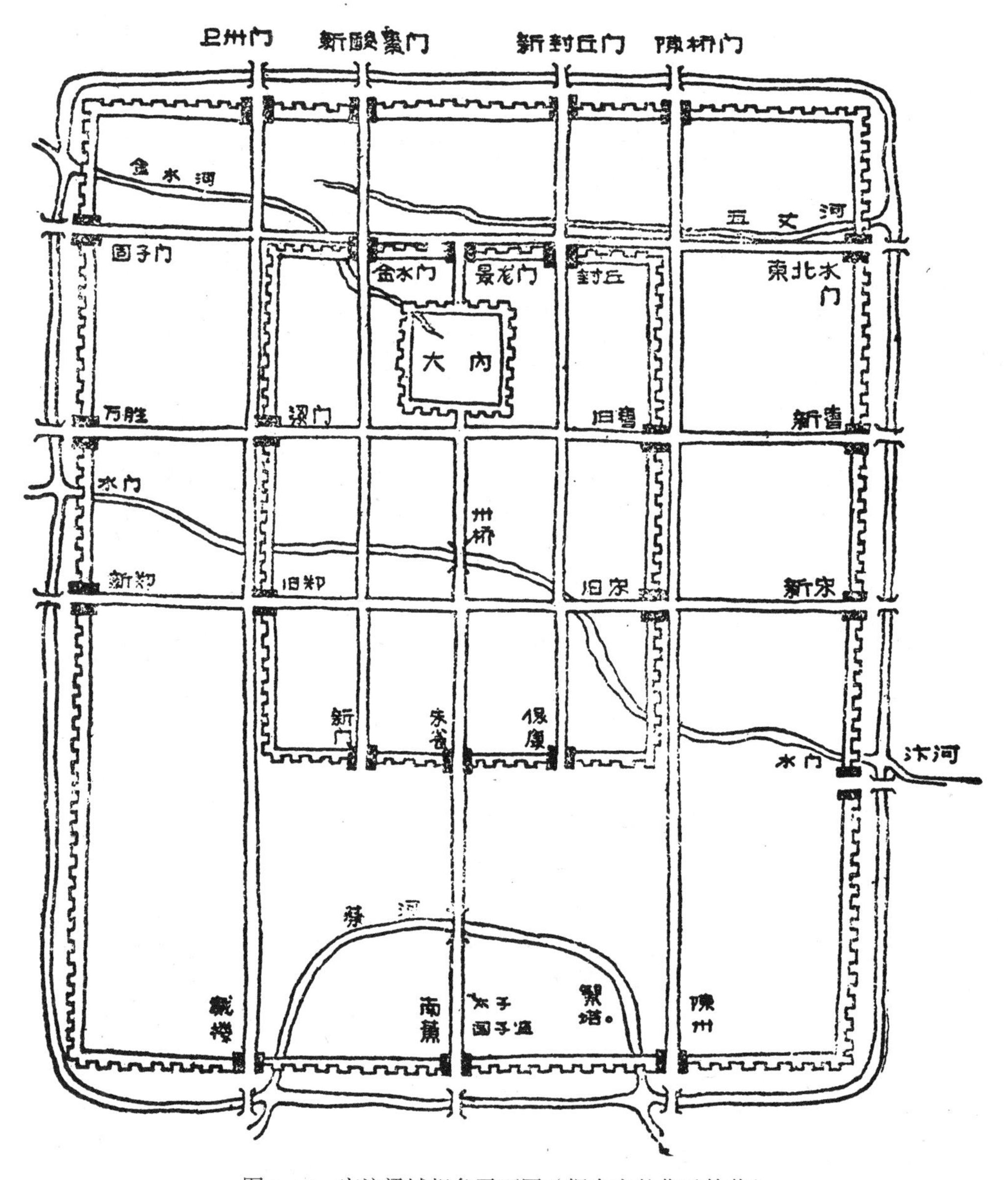

图 1–13　宋汴梁城想象平面图（据东京梦华录等著）

元末农民起义以后，社会生产关系得到较大调整，农业和手工业生产有了发展，商业和城市也随之繁荣起来。城市经济发展的特点是一方面宋元以来旧城市更加扩大，一方面新兴的中小市镇逐渐增多。北京自明成祖奠都后发展得最迅速。弘治年间统计，全国人口为 5382 万，而北京就有 66.9 万，占全国总人口 1.4%。

封建后期明清的北京城代表了中国封建时期城市建设的最高成就。它是在元大都的基础上发展起来的。当时北京的规划有如下的一些特色（图 1–14）。

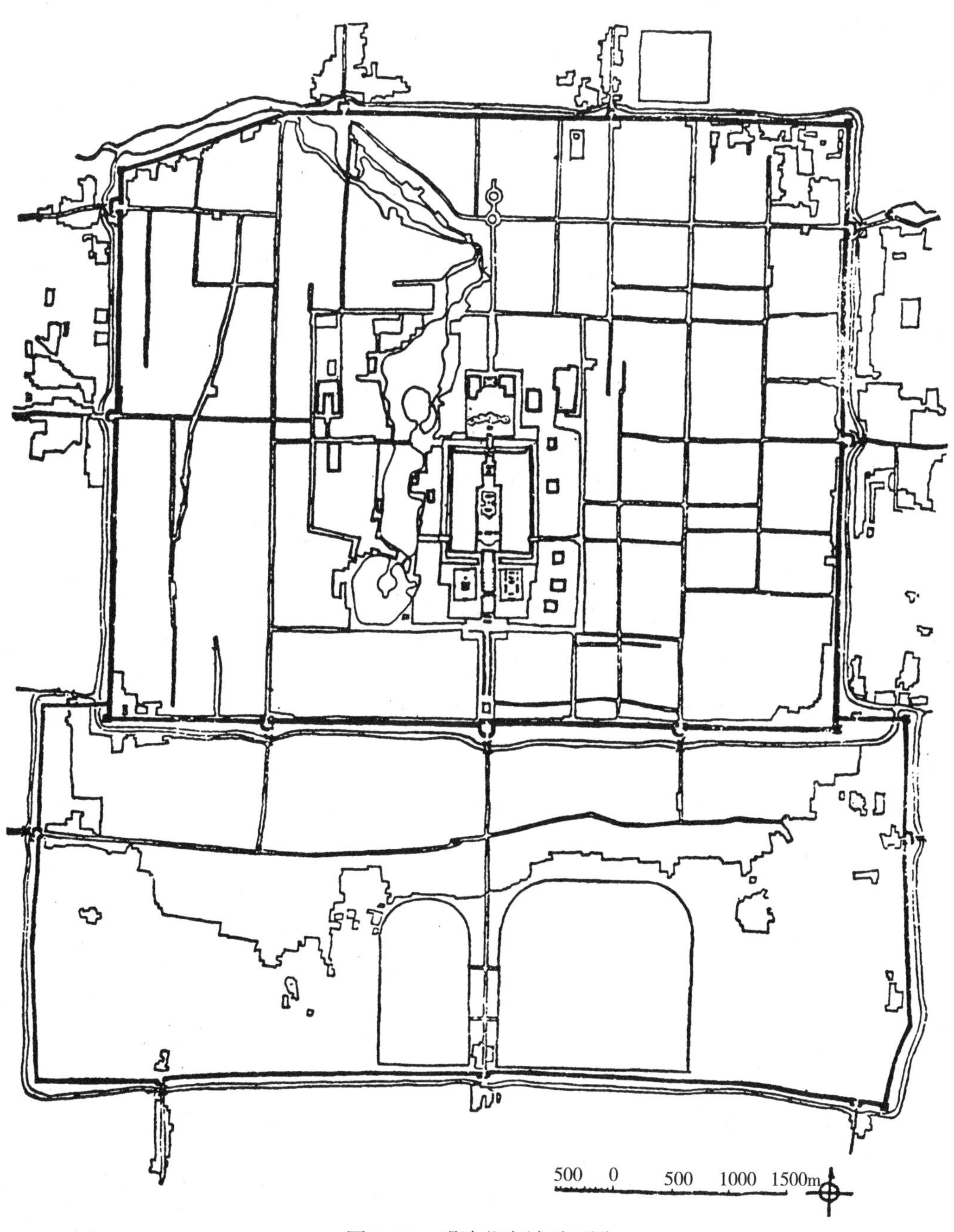

图 1–14 明清北京城平面图

北京城是按照规划建设起来的，城市布局明显地反映了封建思想内容和阶级特点：全城以“天子”居中，天坛、地坛、日坛、月坛各在它的四周，代表“天南地北日东月西”；用地分区反映了封建社会的重重阶级矛盾，这里有“天子”居住的皇宫（紫禁城），有内府官员的住区（皇城），有衙署官员的住宅区和贵族区，穷人则住在城外。清代内城只有满族才可居住，汉人住在外城，反映了民族矛盾。在建筑体制上包括建筑形式、规模、色彩、建筑材料都分皇帝、公侯、士大夫、平民等不同等级。内城有完整的下水道，外城则污水淤积，环境卫生条件恶劣。御用的道路、干线为宽阔的石板路，而市场街道则大都是狭窄的土路，“无风三尺土，下雨一街泥”的情景也反映了它们之间的悬殊差别。

北京的中轴线：北京城是以故宫为中心而部署的，贯穿全城有一条长达 8 公里的中轴线，它突出地表现了北京城的独特风格。布置在这条中轴线上的建筑有城门楼、大牌坊、大石桥、长廊、御道和券门等，一层又一层的大殿、内院、宫门等，这些建筑群组成的大小不同的空间和建筑物的高低错落，造成多种多样的空间和城市立体轮廓以及雄伟的建筑气氛，以表现帝王无上的威严。

街道系统：北京街道系统的主要特征在于大街小巷的分布。大街平直宽阔，小巷幽静，街巷主次分明，秩序井然。但由于故宫居中，干道南北向多于东西向，增加了东西间交通的困难。这反映了规划服从“天子”需要的阶级特点。街道布局的另一特点在于街道建筑的艺术处理，用牌楼、券门、门楼等办法来分隔漫长的空间，用对景的手法创造突出的街景。

自然条件的利用：北京规划的另一特色是善于利用自然条件，北京有广阔的水面（如三海、金水河……），它同城市中心密切地结合起来，对美化城市和改善小气候起了重大作用。北京的树木布置特色是普遍栽植，主要建筑群附近重点密植（如天坛、社稷坛等），而建筑中心广场则少栽或不栽，以突出主题。

北京近郊皇帝和私家园林建设的成就，也是极为出色的。

中国封建时期的城市，除了都城以外还有：①地区封建统治中心，如成都、济南、西安（图 1–15）、南京、杭州、开封等城市，这些城市多属历代古城，或者曾经是历史上某一时期的都城，是一个地区的封建统治的政治、军事、经济、文化的中心。有坚实的城垣作为防御，市内官府集中，有一定的工商业基础，规模大、人口多。城市平面除受自然地形等条件影响不规则外，多为方正的或近乎方正的规则式平面。至于一般府县，这类城市较多，为封建地方统治的中心和地主的集中地，如保定、苏州、扬州、镇江、大同、赣州、襄阳、安阳（图 1–16）等。这些城市一般规模不大，均筑有城墙，以防御农民起义和保护地主阶级。这里也是一个地区的工商业和农产品交流集散中心。②工商业城镇，这类城镇多位于交通要道、河道交叉处或沿海口岸，是传统的手工业中心。由于海内外贸易的发展，工商业的繁荣，城市也迅速地得到发展，因而城市有一定规模，有些甚至比一般府县还大。如汉口镇、景德镇、佛山镇等。这类城市多不规则、一般沿江河带形发展，城镇手工业和土窑业与居住区混杂。③集镇，它是由交通要冲地区的市集发展而成的固定市镇，起着组织农村副业、手工业的交换作用，也起着城市和农村的桥梁作用。这种集镇一般规模不大，也有随着经济的发展成为兴盛的工商业城镇。

上述这些封建社会的城市一般说来都具有如下一些共同点：城市布局多少受古代传统有关城制的影响；宫室官府在城市中居显要位置，建筑物的大小高度和形式都有一定的规

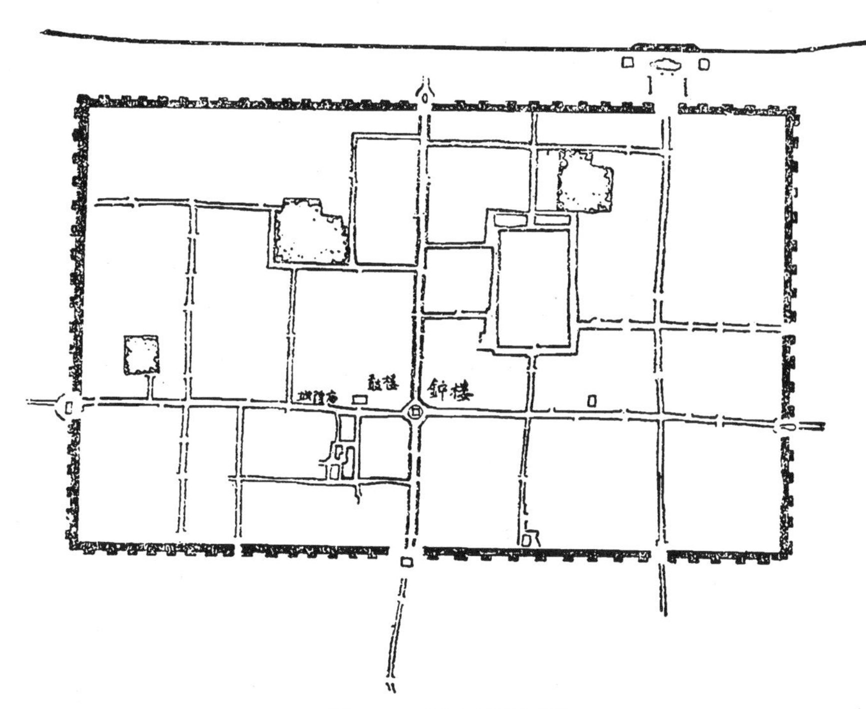

图 1–15　西安城平面图

定；市内庙宇、鼓楼、钟楼、宝塔等建筑特别突出，形成中国封建城市特有的立体轮廓；街道系统大都是方格形，街巷主次明确；交通工具为轿子和兽力车，因此街道狭窄；居住建筑都是院落式布置，建筑密度高，人口密度低，公共绿地和公共建筑极少，统治阶级和劳动人民居住水平相差悬殊；沿大街布置商店、服务行业和手工业作坊，城门口形成以城乡交流为主的商业街或关厢；城市公用设施水平低，供水多靠井水和天然河流，排水多用明沟或天然河流，环境卫生条件一般较差，市内园林多系私人所有。

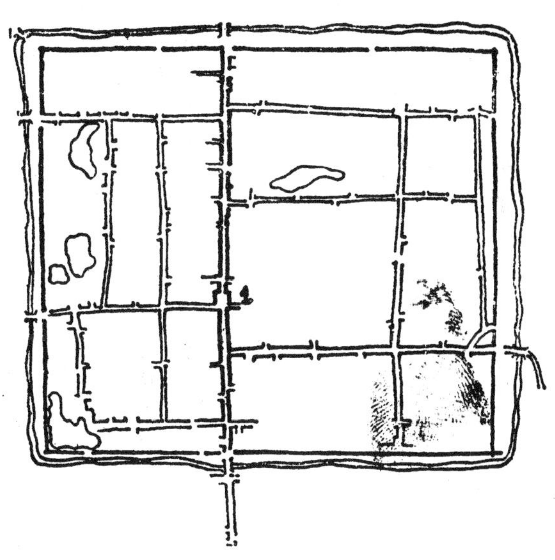

图 1–16　安阳城平面图

研究中国封建时期的城市还必须注意下面两点：

（1）城市的发展和农业、手工业发展的关系。从中国封建社会城市的发展可以看出：农业是城市发展的经济基础。由于各时期各地区经济发展不平衡，城市的分布也很不平衡。西汉武帝时候，全国有二十个比较著名的城市，分布在关中，三河、燕赵、齐鲁等地区，大多数集中在农业经济最发达的黄河中下游一带。东汉时期随着南方地区的逐渐开发，北方人口有逐渐南移的趋势，但在全国范围内，北方黄河流域仍然是经济重心，大部分人口还集中在黄河中下游一带，城市建设的活动也以这一地区为主。元明以后，定都北京，这时北京是全国政治的中心，但长江一带经济大为繁荣，为了便利东南地区粮食对北京的供应，元明统治者，曾作了很大的努力。元世祖开始试行海运，又曾开凿运河利用漕运，沟通南北的运河开成后因运输量不能适应需要，又试行海运。明永乐初，为了保证南粮北运，重整运河故道，使北运河重新畅通。从这些例子可以看出，城市的发展和繁荣，在很大程度上是依赖农业的发展和支持的。自东晋和南朝政权建立以后，手工业与商业的发展，促进了城市的发展，许多城市（例如建康）是政治中心，也是最重要的商业中心，延续到清代随着商品经济的活跃，许多工商业都市也更加繁荣起来。必须认识到手工业生产，仍然是和农业生产紧密地联系的。为什么长期以来长江的中下游工商都市特别繁荣，这是和地区经济开发直接有关的。

（2）由于中国封建时代的经济制度和政治制度有着自己的特点，因此在城市建设方面也区别于欧洲封建时期的城市。由于“自秦始皇统一中国以后，就建立了专制主义的中央集权的封建国家；同时，在某种程度上仍旧保持着封建割据的状态。”[1]由此在中国历代城市中，既有其他封建国家无与伦比的规模的都城建设（特别是唐长安，元明清的北京），又有作为各个地区封建统治据点的一般州、府、县镇等建设。

三、资本主义社会的城市

（一）垄断前资本主义时期的城市建设

18 世纪中叶，工业革命开始，由于机器在工业上的应用，提高了社会生产力，促进了劳动和生产的社会化。资本逐渐积累和集中，农民失去土地而流入城市，成为无产阶级，资本主义城市迅速成长和发展起来。恩格斯在《英国工人阶级状况》一书中谈到：“人口也像资本一样集中起来……大工业企业需要许多工人在一个建筑物里面共同劳动；这些工人必须住在近处；甚至在不大的工厂近旁，他们也会形成一个完整的村镇……于是村镇就变成小城市，而小城市又变成大城市。城市愈大，搬到里面来就愈有利……这就决定了大工厂城市惊人迅速地成长。”[2]

当时西方许多国家的城市人口急剧增长，从下面的统计表中可以看出几个主要资本主义国家城市人口增长的情况：

城市人口占总人口的百分比（%） **表 1-1**

国　家	1801 年	1851 年	1881 年	1901 年	1921 年
英格兰和威尔士	32.0	50.1	67.9	78.0	79.3
法　国	20.5	25.5	34.8	40.1	46.7
德　国	—	—	41.4	54.3	62.4
美　国	4.0	12.5	28.6	40.0	51.4

资本主义城市的形成和发展，由于受到生产力和生产关系之间的根本矛盾的影响，带有极大的盲目性。工农差别、城乡对立、阶级对立也由于生产力的进一步发展而更加深化了。这主要表现在以下几个方面：

---

[1] “中国革命和中国共产党”.《毛泽东选集》第 2 卷，人民出版社 1952 年第 2 版，第 618 页。

[2] 恩格斯:《英国工人阶级状况》. 人民出版社 1956 年版，第 55—56 页。

1. 城市的分布由于生产力发展的不平衡而盲目畸形地发展，城乡对立进一步加深和尖锐化

资本主义国家生产力分布的自发性，造成城市在发展和分布上的不平衡。例如美国东北部以纽约、费城、芝加哥为中心的工业地区，面积仅占全国领土的 14%，但工业产值和产业工人却分别占全国的四分之三和三分之二以上。在这个地区内有九个百万人口以上的大城市，其中大纽约的人口已达 1350 万人，而且还在继续增长。此外，英国以伦敦、格拉斯哥和伯明翰为中心的城市集团（CONURBATION），以及西德以鲁尔区、汉堡为中心的城市集团等，都是资本主义城市分布和发展不平衡的例子。

城市发展不平衡还表现为大城市的畸形发展。列宁在指出资本主义城市发展的最后一个特点时写道："那些成为大工商业中心的城市，其人口的增长较之一般城市人口要快得多。" ❶

19 世纪和 20 世纪初西方大城市人口增长情况如下表：

西方大城市人口增长表（万人） 表 1-2

城　市	1800 年	1850 年	1900 年	1920 年
伦　敦	86.5	236.3	453.6	448.3
巴　黎	54.7	105.3	271.4	280.6
柏　林	17.2	41.9	188.9	402.4
纽　约	7.9	69.6	343.7	562.0

大伦敦集中了英国全国六分之一的人口（图 1-17），四分之一的工业生产。巴黎集中了 15% 的法国人口和四分之一的工业生产：其中有些工业部门竟占全国的二分之一到四分之一。

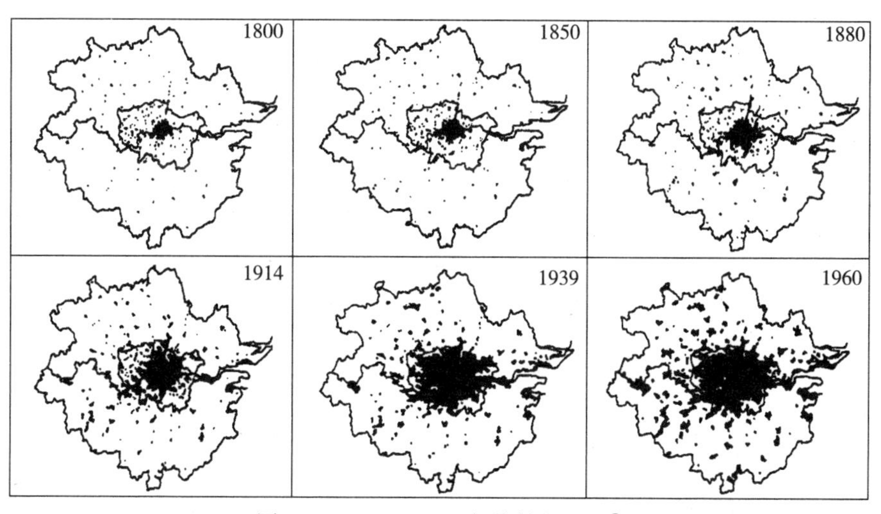

图 1-17　1800~1960 年伦敦发展图❷

❶ 列宁："俄国资本主义的发展"。人民出版社 1953 年版，第 516 页。

❷ 图片来源：彼得 · 霍尔 . 城市和区域规划 [M]. 邹德慈，李浩，陈熳莎译 . 北京：中国建筑工业出版社，2008.8。

资本主义社会生产的发展在乡村中形成了“剩余人口”，这是资本主义国家中城市人口增长的来源。列宁说：“工业从农业中抽走最有力、最强壮、最有知识的工人，这是一个普遍的现象。不仅工业国如此，农业国也如此；不仅西欧如此，美国和俄国也是如此。资本主义所造成的文明的城市和野蛮的乡村的矛盾，必然会产生这种结果……”❶

资本主义的生产方式要求经常不断地缩减农业人口的比重。这种人口变化的规律，表现出城乡对立的进一步加深。

农业落后于工业是资本主义制度固有的特征。为了解决这个矛盾，资产阶级采用了发展殖民主义，依靠国外农业的发展来解决工业原料、粮食、资金和市场问题；此外，还对本国农业进行了资本主义生产方式的改造，提高农业生产技术，促进农业的发展，以适应资本主义工业化的要求。尽管如此，正如列宁所指出的：“城市资本主义竭力提供一切现代化科学方法来发展农业技术，但是生产者的社会地位仍旧像从前一样悲惨；城市资本不能有系统有计划地把城市文化输入农村。”❷

不仅如此，资本主义城市还是剥削乡村的中心。城市不仅在政治上和行政上直接统治乡村，同时还在经济上对乡村进行奴役和剥削。在乡村中征收的赋税流入城市只有极少数部分返回农村；农村对居住在城市中的地主要交纳地租；对银行贷款要交付利息；城市资产阶级从农村中取得农产品和劳动力来发展工业，却通过高昂的工业产品价格和较贱的农产品价格来剥削农村……

资本对农业的胁迫以及农村受到城市的剥削，是资本主义社会城乡对立急剧加深的主要原因。资本主义城市以它在经济上的优越性为基础，集中掌握现代技术和文化的一切成就，城市是科学技术和文化艺术的中心。在城市里集中着高等学校、博物馆、剧院、电影院等公共建筑以及现代化的公用设施，而农村则处于“与世隔绝，荒僻和粗野”（列宁语）的落后状态。

2. 城市布局的混乱

资本主义的基本矛盾——生产的社会性和生产资料的私有制之间的矛盾——主要表现在资产阶级与无产阶级之间的阶级对立上。它在城市建设上鲜明地反映在城市中心区和边缘地区的对比上。在城市中心区集中了大量的银行、证券交易所、公司以及其他资本主义工商业的管理机构。在市中心附近的广场和主要街道上则集中了许多豪华的商店、餐厅、旅馆及娱乐场所；在它们附近通常就是统治阶级幽静的住宅区。所有这一切就组成了资本主义城市的中心区。它与广大劳动人民居住的贫民窟形成了极为强烈的对比。

城市边缘地区（除去资产阶级的别墅区外），由于工厂盲目集中，出现了大片的河港、码头、仓库、铁路支线和站场等设施，建筑混乱，环境卫生恶劣，严重地影响了劳动人民的居住环境，因而使市中心和城市边缘地区的对立更加尖锐化。早在 19 世纪中叶，资本主义城市市中心和边缘地区的对立，已变成了非常尖锐的社会经济、环境卫生和建筑上的矛盾，这是资本主义社会制度所不能消灭的。正如斯大林所说：“资产阶级国家各大城市不可避免的特征就是那些破烂矮屋，即城郊一带所谓的工人住宅区……”❸恩格斯说：“贫

---

❶ “农业中的资本主义”。列宁全集，第四卷，人民出版社 1958 年版，第 133 页。

❷ “农业中的资本主义”。列宁全集，第四卷，人民出版社 1958 年版，第 131 页。

❸ 斯大林：“列宁主义问题”，人民出版社 1953 年版，第 719 页。

民窟是城市中最糟糕的房屋。”❶贫民窟（图1–18）的特点是通常处在城市中的低洼、潮湿、邻近工厂铁路的地区；建筑密度极高，缺乏阳光、空气、绿地；建筑物年久失修，危险不堪，而且没有起码的公用设施。经常可以看见一家或几家挤住在一间小屋里的情况。由于卫生条件恶劣，贫民窟的死亡率比资产阶级住宅区高许多倍，婴儿死亡率则高得更多。

图 1–18　资本主义国家城市中心的贫民窟❷

工厂不仅侵占了城市边缘地区，而且还渗透到城市内部（图 1–19），占据了滨河地区、绿地、普通住宅区，结果使许多城市（如伦敦、纽约、阿姆斯特丹等）的中心区和住宅区就完全同水面隔离开来。由于私有制和地产商人的投机，城市土地价格昂贵异常，致使建筑稠密不堪，缺少空地，建筑只得向上发展，这是资本主义城市不可避免的普遍现象。上述一切不仅反映了资产阶级和无产阶级之间的对抗性矛盾，而且也反映了资产阶级之间的矛盾——自由竞争和生产的无政府状态，以及资产阶级追求利润的阶级本质。

图 1–19　烟雾笼罩的纽约市中心❸

但是，资本主义城市建设并不是一开始就这样糟的。19世纪前半期的圣彼得堡市中心改建也反映了资本主义初期的进步特点，它奠定了今天列宁格勒的基础。某些资本主义城市为了显示资产阶级的文化和其他目的，在城市的某些地区也进行了所谓城市美化运动，以道路广场和公园的建设来点缀市容，但其成就是极其有限的。

3. 城市建设的阶级性

资本主义城市发展的混乱和阶级矛盾的日趋尖锐化，迫使

❶ 恩格斯：“英国工人阶级状况”，人民出版社 1956 年版，第 61 页。

❷ 图片来源：Jose Luis Sert. Can our cities survive：an ABC of urban problems，their analysis，their solutions，based on the proposals formulated by the CIAM（International Congresses for Modern Architecture）. London：Oxford University Press，1947.19.

❸ 图片来源：Jose Luis Sert. Can our cities survive：an ABC of urban problems，their analysis，their solutions，based on the proposals formulated by the CIAM（International Congresses for Modern Architecture）. London：Oxford University Press，1947.117.

资产阶级提出了改建城市的问题。从1853年起，法国赛茵省省长奥斯曼执行路易波拿巴的城市建设政策，在巴黎市中心进行了大规模的改建工程。由于害怕日益增长的革命运动和讨好巴黎的资产阶级，路易波拿巴决定采取根本改建巴黎的措施，这些措施有下述几个目的：

①在巴黎中心迁出无产阶级，在改建过程中消灭便于进行街垒战的狭窄街道；

②开拓宽阔的大道，以便工人起义时调动骑兵和炮兵；

③给失业工人以工作，减轻巴黎的失业现象，缓和阶级矛盾；

④改善巴黎的环境卫生和交通状况。

奥斯曼的城市改建计划丝毫没有解决主要的社会问题——消灭贫民窟。恩格斯曾对巴黎改建和其他大城市中心改建的结果作了极深刻的评论。他在"论住宅问题"一书中写道："我这里讲到'奥斯曼'，不但是指巴黎的奥斯曼所采取的那种特殊波拿巴主义的办法，即穿过密集的工人区开辟一些又长、又直、又宽的街道，并在街道两旁修建华丽的大厦；除了使街垒战难于进行的战略目的以外，用意还在于造成一批依靠政府的特殊的波拿巴主义建筑业无产阶级，并把都市变为一个多半是奢华的都市。我讲到'奥斯曼'，还指把工人区尤其是把我国大城市中心的工人区隔开的那种已经普遍实行起来的办法，不论这起因是着眼在公共卫生或美化，是由于城市中心需要大商业场所，或是由于交通需要，如敷设铁路、修建街道等等。不论起因如何不同，结果总是到处一样：最不成样子的僻街陋巷归于消失，资产阶级就因这种巨大成就而极其自鸣得意，但是……这种僻街陋巷立刻又在别处出现，并且往往是就在紧邻的地方出现。"（马恩文选，第一卷，第584页。）

奥斯曼实现的巴黎改建工作有非常明显的阶级性。它给大规模营私舞弊和个人发财致富创造了良好的机会。但是广大劳动人民的生活条件却更加恶化了。

由此可见，即使是在垄断前资本主义时期，在资本主义国家要解决巨大的城市建设任务也是不可能的。资本主义社会经济制度产生的矛盾，必须通过社会主义革命才能解决，这是颠扑不破的真理。

（二）帝国主义时期的城市建设

帝国主义是资本主义发展的一个新的历史时期，是资本主义发展的最后阶段，其基本特征就是垄断统治代替了自由竞争。

在帝国主义时期，强大的资本垄断组织已在资本主义各国生活中起着决定性的作用。财政资本已成为资本主义国家里的主人翁。财政资本需要有新的市场，需要侵占新的殖民地，需要有输出资本的新市场，需要有新的原料出产地。

资本主义时期的主要特点：如自由竞争、生产的无政府状态、资本对雇佣劳动的剥削、无产阶级的贫困化等等，在帝国主义时期发展到了空前尖锐的程度。城市建设在这时益发成为谋取利润的手段。

1. 大城市的畸形发展，中小城市的衰落，市中心与边缘地区对立的进一步尖锐化

列宁曾经指出："用发展得很快的大城市近邻的土地来做投机生意，也是财政资本的一种特别有利的业务。在这方面，银行的垄断同地租的垄断，也同交通运输业的垄断结合起来了。因为地价的上涨，以及土地能不能分成小块有力地卖出去等等，首先要看同城市中心的交通是否方便，而这里交通运输业又操纵在那些通过参与制和担任经理职务同这些

银行联系的大公司手里。”（列宁全集，第22卷，第228页）。

由于土地投机的结果，纽约中心区的地价已经达到3万美元1平方米的惊人价格。土地投机的恶果之一就是城市中心和边缘地区的对立更加尖锐化。

在市中心不仅住宅逐渐被排挤出去，由于垄断资本的吞并，中小工商业的办事处也紧接着被排挤出去。在中心区起主导作用的是银行和交易所，这是财政资本的堡垒，占据着市中心最重要的地点。

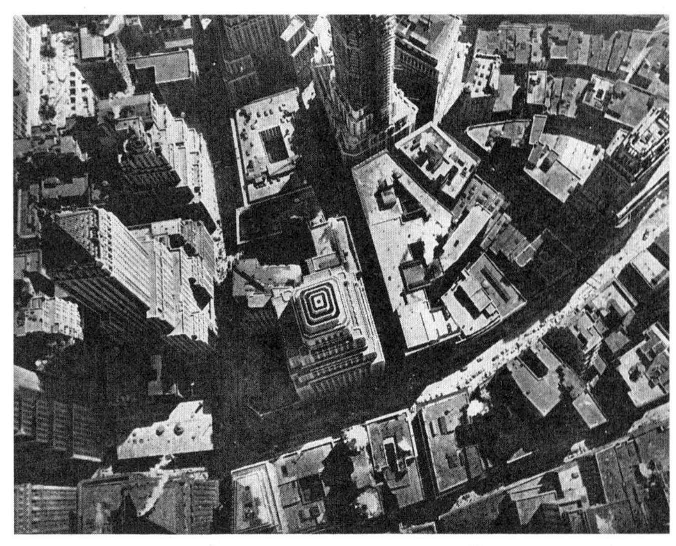

图1–20　纽约市中心鸟瞰[1]

大城市地价上涨的直接后果是建筑高度密集和层数不断增加。在1900年，美国还没有高于25层的建筑，现在纽约曼哈顿岛的南半部差不多全是60~80甚至100层的建筑，而且建筑高度达到350米以上（图1–20）。为了追求利润就尽量利用地皮，建筑业主从来不会考虑到起码的公共卫生要求。美国建筑法规事实上不限制摩天楼的高度，它们耸立在市中心，彼此剥夺阳光和空气，把市中心街道变成了黑暗的峡谷。纽约市中心区和其他欧美资本主义的大城市中心，早在19世纪末，由于建筑密集，土地利用不合理，交通阻塞已经成为城市的一种严重病症。随着汽车交通的盲目发展，这种病症日益加深，到现在已经使得许多资本主义大城市完全处于交通瘫痪的状态（图1–21）。交通事故已成为资本主义城市的严重灾祸之一。在资本主义城市中虽然建造了一些复杂的立体交叉，但它不能解决交通的根本问题。

图1–21　资本主义国家城市中心区交通混乱的情景[2]

据统计，英国在第二次世界大战前十年中，有200多万人遭到车祸，如每日以16小时活动时间计算，平均每分钟要死或伤一个人。美国在1946年，平均每日有900人死于车祸，4000人受伤；此外，美国每四小时

[1] 图片来源：Jose Luis Sert. Can our cities survive：an ABC of urban problems，their analysis，their solutions，based on the proposals formulated by the CIAM（International Congresses for Modern Architecture）. London：Oxford University Press，1947.43.

[2] 图片来源：Jose Luis Sert. Can our cities survive：an ABC of urban problems，their analysis，their solutions，based on the proposals formulated by the CIAM（International Congresses for Modern Architecture）. London：Oxford University Press，1947.173.

火车和汽车要相撞一次。

近 60 年来，城市郊区有了很大的改变，尤以西欧和美国的迅速增长的大城市为甚。一些风景优美的郊区已变成了舒适的资产阶级别墅区，在伦敦附近修建的一些所谓花园城市或花园郊区，如威尔文、勒琪窝尔斯、汉姆斯特德等实际上是伦敦的“卧城”，在那里居住的大多数是在伦敦工作的工人贵族、职员、自由职业者和资本家。这些规划措施根本不可能改变城市郊区的基本性质。恩格斯所谈到的那样的贫民窟现在不是减少了，而是增加了许多倍。伦敦东区沿泰晤士河 15 公里几乎全是工人居住的贫民窟。工人居住条件的恶劣比之过去更加严重。市中心和郊区的对立不是减轻了而是更加尖锐化了。

在帝国主义时期，大城市在政治和经济上的统治地位日益集中和突出，垄断资本由于追求最大限度利润的阶级本能，利用大城市作为阶级压迫和剥削的基地，并形成在一定地区的财阀势力范围。

如英国由利物浦和曼彻斯特为中心的 60 个城市组成的兰开夏集团；美国以纽约、芝加哥、费城为中心的城市集团，它们控制了全国或主要地区的经济命脉。如纽约控制了对外贸易和轻工业，匹兹堡控制了煤炭和钢铁业，底特律控制了汽车制造业。其中有些城市实际上已经成为某个财团的御用工业和大企业的附属物，如美国威明敦是化学大王“杜邦”的城市，德国的埃森城是钢铁大王“克虏伯”的城市等等。

城市发展的这一趋向，绝不是大城市的分散和消失，恰恰相反，它的实质是与城市相邻接的整个地区的城市集中化的过程。

资本主义大城市的恶性膨胀是和土地的投机垄断以及交通运输商业公用事业的投机垄断息息相关的。纽约“区域规划”协会的经济学家发表了一篇论文，其中有这么一个建议：“提高任何工业区工业就业人数的方法之一，就是提供更大的经济利益，如廉价的劳动力，较廉的动力、材料、运输费用、建筑地段，低额的捐税等，而把其他城市的企业吸引进来。南部就是用这种方法把纺织工业从新英格兰吸引过来的。”❶这个建议的实质就是要不择手段使那些同纽约竞争的其他城市的企业遭到破产，以便达到增加纽约就业人数，发展集团工业、获得最大利润的肮脏目的。这就是资本主义大城市无限制恶性膨胀的根本原因。

资本主义大城市的恶性膨胀，使城市与乡村间的对立极端尖锐化起来。在垄断资本主义的压力之下，粮食与其他农产品的收购价格之间，以及与工业生产的商品销售价格之间的剪刀差达到了使农业破产的地步，城市在赋税方面对乡村的剥削也达到了顶点。至于许多中小城市，其中大部分都由于农村的贫困和破产，以及排挤中小企业的垄断组织之间的竞争而趋于衰落。

关于资本主义中小城市趋于衰落的情况的例子是很多的，1961 年 7 月美国《工人周报》登载了的一篇描写生产已告停顿的一个美国煤矿城镇的凄凉景象可见一斑“肯塔基州曼科镇已经从地图上被抹掉。它已经死亡……”“在镇上的肮脏街道上，一片死气沉沉。一半的房屋已用木板钉起来。狗在街上睡觉，铁路轨道上杂草丛生，矿山机器生了锈……山脚下的老炼焦炉像古代文明的残迹。”……“老年人，一生已经完了，比较年轻的一些人随即离开了城镇。有些家属不久也跟着走了。但是还有许多人走投无路……他们成了这个鬼城中的幽灵”。笔者指出这个“鬼城”的成因说：“以煤炭为基础的经济”并没有真正消逝，问题在于：矿山老板发现利用更多的机器，雇用更少的工人，开采较少的矿山，他们就可以增加生产和利润。

---

❶ “1944 年纽约区的经济状况”，纽约 1945 年版，第 43 页。

早在第二次世界大战前，美国政府就开始大肆宣传分散美国大城市的工业和人口的计划和措施，并企图使工人相信分散是为了改善纽约、芝加哥、费城等大城市贫民窟的状况。实际上，这时美国正处于经济危机时期，失业工人大量增加，提出分散工业的真正目的在于害怕无产阶级的觉醒和团结，从理论上论证从大城市分散出一部分无产阶级（特别是失业者），利用这种手段，使工人产生一种幻想，似乎分散工业就能有可能克服贫困和失业，终结贫民窟的悲惨生活。

但是在资本主义制度下，工业和人口从大城市迁出，就要使现有工业企业和公用事业受到损害，而且还会引起为大城市服务的铁路交通运输等企业的衰落。因此在一般情况下，这种分散工业和人口的企图常常受到工业、公用事业和铁路交通垄断集团的反对。尽管有个别工厂由于政府的津贴迁出市区，但立刻就被其他企业补上。大伦敦的所谓改建规划和新城运动实质上就是如此。

在帝国主义时期，主要的资本主义国家日益成为“食利国”。大城市既然是集中财政资本的中心,资本主义经济的发展过程自然首先在大城市中反映出来。一直到19世纪末叶，城市主要是依靠地方城市工业的增长而发展起来的。现在像伦敦、巴黎、纽约等大城市大多是依靠输出资本剥削殖民地而得到发展的。

2. 殖民地和半殖民地城市的产生和矛盾

帝国主义时期，资本大量向落后国家和殖民地输出，这表示城乡对立的扩展已达到了国际规模，实质上就是掠夺成性的帝国主义城市对落后的被奴役的乡村进行扩大剥削的表现。由于殖民地和半殖民地国家直接受帝国主义的侵略，以及工业资本和银行资本的侵入，于是一种新类型的城市——殖民地和半殖民地城市就发展起来了。新中国成立前的哈尔滨、天津、上海，印度的孟买、加尔各答，以及非洲的某些城市均属此类。

在这些城市中，除了资本主义城市的一般矛盾外，还特别明显地表现出尖锐的民族矛盾。它的表现形式就是“租界”或“欧罗巴区”与被压迫被剥削国家居民的居住区之间的对立。这种“租界”或“欧罗巴区”是城市中帝国主义国家所占据的地区，有他们自己的管理机关、警察、法院和武装力量。这些特殊地区一般都建得很豪华，而本地人居住的地区，则没有福利设施，建筑质量也很差，缺乏绿地和公共建筑，环境卫生条件一般都很恶劣。

（三）对资产阶级城市规划理论的批判

在帝国主义时期，由于资本主义城市已发展到极端混乱的地步，于是出现了形形色色的改造资本主义城市的理论。它一方面揭露了资本主义城市的某些不合理现象，另一方面企图从规划中寻找解决城市危机的出路。早期的一本理论书是一位维也纳的建筑师卡密罗·西特（CAMILIO SITE）所著，书名《城市建设的艺术》（THE ART OF BUILDING CITIES 出版于1889年），写于巴黎和维也纳改建以后城市建设衰落的时期，他严厉地批评了当时的资产阶级城市建设实践；指出了规划手法的贫乏，广场规模过大，不善于布置纪念像，在布置建筑物时忘记了起码的构图规律及建筑物的装饰处理等等。这些批评所揭露的现象，有一部分是说对了，但由于资产阶级的局限性，他的批评只停留在表面的建筑艺术上，而就这一点来说，他的观点也不是完全正确的。他认为当代城市规划应采用中世纪的手法，规划弯曲的街道和封闭的小广场，保持中世纪城市的幽静气氛，而这是同城市历史的发展规律不相符的。其后出现的许多资产阶级建筑师或社会学家如霍华德、勒·柯布西耶、伊利尔 · 沙里宁、芒福德等人的理论著作就更是内容贫乏了。

这些形形色色的理论主要可分为两种流派，兹分述如下：

1. 城市分散主义

属于这一流派的有霍华德、沙里宁、赖特等人。其中以霍华德的“明日的田园城市”为代表，作于 1898 年（图 1–22）。他的要点是：有计划地疏散大城市的工业和人口到 3.2 万人的田园城市中去；市中心布置公园；围绕公园的是行政建筑；再外面是住宅区，修建一二层的住宅，每家都有小花园；住宅区外围是工业用地；城市四周以农业用地围绕，其中禁止建筑，如城市要进一步发展，就要在农业地带以外围绕中心城市建设类似的田园城市，形成卫星市系统。城市用地属于一个股份公司，以便统一规划和修建。

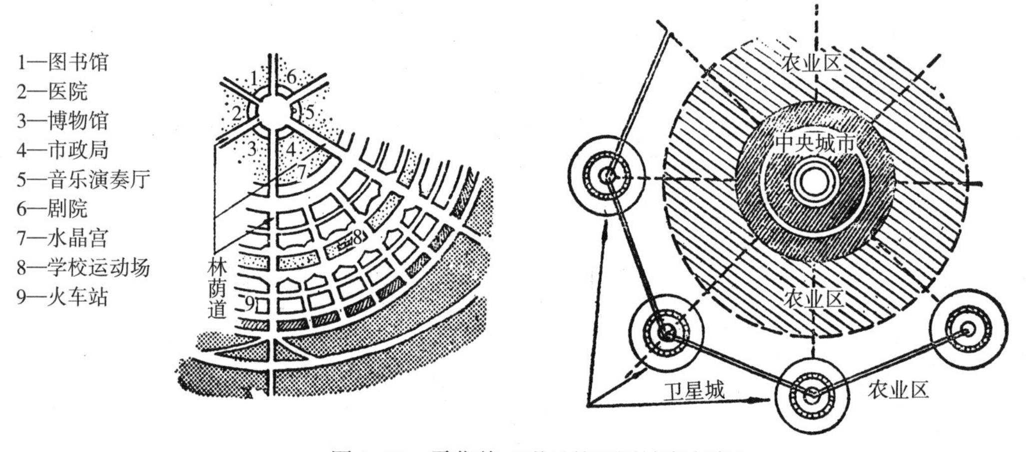

图 1–22　霍华德“明日的田园城市方案”

在霍华德的筹划下，虽然在英国也修建了两个田园城市，但一点也不能减轻资本主义城市的危机。这两个田园城市经过了三四十年也没有达到原计划的人口数。

2. 城市集中主义

以勒 · 柯布西耶为代表，他在 1922 年出版《明日的城市》一书中，阐明了他的理论：在市中心修建 60 层高的摩天楼，其中布置银行、商店、办事处和行政机关，围绕着摩天楼的是 5~6 层的住宅。由于建筑密度过低，市内大部分土地都划作绿地（图 1–23）。

在南美巴西也曾按这种理论修建过一座军事工业城，但同样是丝毫也不能挽救资本主义城市的危机。

这些理论具有鲜明的阶级性，毫无实践意义。它企图在不触动生产资料和土地私有制以及资产阶级的既得利益的条件下，用改良主义的规划方案来谋求解决资本主义城市暴露出来的大量矛盾。客观事实早已证明，不变革社会制度，这些矛盾是解决不了的。这些理论除了在资本主义国家起模糊劳动人民的阶级意识、掩盖资本主义社会的阶级矛盾外，就起不到别的作用了。

（四）半殖民地半封建时期的中国城市建设

从鸦片战争起，我国就沦为半封建半殖民地的悲惨境地。以英、法、日、美为首的帝国主义曾发动了多次的侵略战争，对我国进行了残酷、野蛮的经济、政治和文化上的侵略，企图使中国人民永远受它们的奴役和剥削。城市就成为它们侵略和掠夺的据点。在这段时期形成的城市与封建时期形成的城市有显著的不同。帝国主义迫使清政府将我国的上海、天津、汉口等七十几个城市划为商埠，大量地推销它们的商品，把中国变成它们的原料市场。同时，还在中国兴办了许多轻、重工业，直接利用中国的原料和廉价的劳动力以榨取中国人民的财富，排挤中国民族工业，以阻碍中国生产的发展。

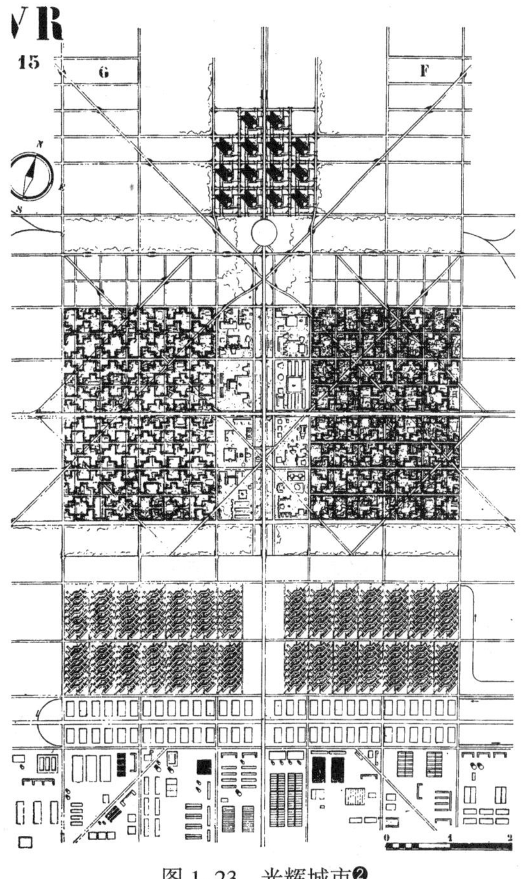

图 1–23　光辉城市❷

由于帝国主义的侵略和封建统治阶级的压榨，中国农村经济也加速崩溃，城乡对立日益尖锐化。形成了毛主席所说的："近代式的若干工商业都市和停滞着的广大农村同时存在，几百万产业工人和几万万旧制度统治下的农民和手工业工人同时存在，管理中央政府的大军阀和管理各省的小军阀同时存在……"❶的畸形现象。而且大中工商业城市大部分都集中在沿海和长江流域一带，分布极不平衡。

城市是社会经济的产物，它的产生、发展和变化直接受生产力的发展和生产关系的性质的影响。中国在两千多年封建社会中形成的城市，过去变化都很迟缓。鸦片战争后，由于社会经济的剧烈变化，传统的封建城市依据不同的具体条件也跟着发生了变化；同时也出现了一些新类型的城市。概括起来，这些城市的类型和特点如下：

1. 一个帝国主义独占的城市

此类城市以哈尔滨、旅大和青岛为代表。其主要特点是：①有明显的建设意图。如旅顺是军港，大连是商港，青岛是军事基地和商港。这些城市均按帝国主义的侵略意图进行过规划。②城市中的主要矛盾是民族矛盾。帝国主义住宅区和中国区严格分开，两个地区在建筑质量、人口密度、建筑密度、绿化标准、公用设施水平方面都有显著的不同。如青岛的德国区，面积 80 公顷，居民 1531 人，人口密度仅 19.1 人 / 公顷；中国区大鲍岛附近面积 36 公顷，居民 15000 人，人口密度高达 417 人 / 公顷。中国区建筑密度（净密度）甚至超过 75%，而德国区则为独院型花园住宅，建筑密度仅 20%~25%。德国区绿化面积占全部用地的 72%，平均每人 14.2 平方米；中国贫民区的台西镇仅有 1200 平方米的绿地，占全市绿地的 0.05%，每人仅 0.01 平方米。德国区道路宽，中国区道路窄，至于建筑质量的差别就更悬殊了。帝国主义分子住的都是高楼大厦，花园别墅，而中国区的一般人民则住在里弄大院、贫民窟和棚户里，卫生条件极为恶劣。除了民族矛盾外，也反映出中国买办和民族资

❶ "第二次国内革命战争时期"，《毛泽东选集》第 1 卷，人民出版社 1952 年第 2 版，第 182 页。

❷ 图片来源：勒 · 柯布西耶著；金秋野，王又佳译 . 光辉城市 . 北京：中国建筑工业出版社，2011.5。

产阶级与劳动人民之间的阶级对立。“高等华人”的花园洋房同劳动人民的简陋棚户形成了强烈的对比。③土地私有，投机极为严重。如青岛的台东区，街坊划得极小，显然是为了取得最长的临街店面。开辟马路不是为了交通方便，而是为了增加出租店面的面积，因而大大超过交通需要。该市的大鲍岛区道路密度高达 37%，商业区在城市中占有突出的地位。密集的商业街道、虚假店面的广告等等也反映出资本主义的自由竞争。商场、交易所、银行成为城市的活动中心，为资产阶级腐朽生活服务的娱乐场所、舞厅、饭店都集中在这里。④建筑形式有着浓厚的殖民地色彩。由于只有一个占领国，建筑面貌还较统一，中间改变占领者，也反映两个不同占领国的不同建筑形式。⑤一般都有规划，道路和公用事业也都成系统，但都是当时占领国的手法，反映出明显的殖民地色彩。

2. 几个帝国主义共同侵略下的城市

这些城市多由租界发展而成。可以上海、天津、汉口为典型。这类城市除了强烈地反映出帝国主义与中国人民之间的民族矛盾以及中国买办阶级和民族资产阶级同劳动人民的阶级矛盾以外，还反映出各帝国主义之间的矛盾。租界和中国旧城之间无论在建筑质量和密度、公用设施等各方面都形成强烈的对比。如上海闸北区是棚户集中的地区之一，居住环境极为恶劣，没有起码的公用事业设施，在这里居住的是贫苦的劳动人民。在旧上海，像这样居住在每公顷达 800~3000 人的地区的人口竟有 300 万人之多。但另一方面，在公共租界内的所谓高等住宅区，房屋宽敞，公用设备齐全，居住在这里的却是少数帝国主义者和官僚资产阶级分子。其次，在广大市区内，尤其是劳动人民的住宅区内，公园绿地面积极少，缺乏最低限度的公共福利建筑，居民休息条件极差；可是在公共租界内就拥有最完善的文化福利设施。在上海南京路就集中了全市数十个最大的百货公司、剧院、娱乐场所等。

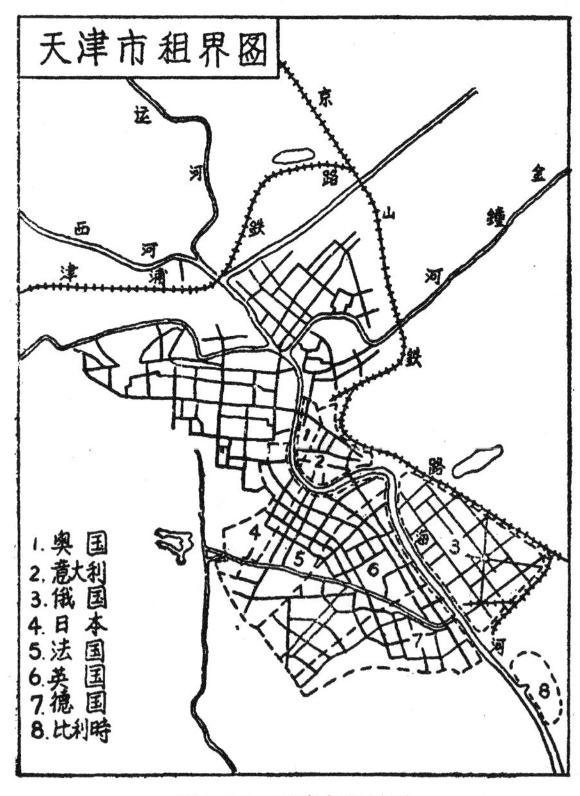

图 1–24　天津市租界图

由于各国租界的盲目发展和各自为政，全市的用地功能分区混乱不堪。如天津就有俄、英、法、德、意、日、奥、比等八国的租界，道路系统混乱不堪，宽度既不相同，标准也不一致，城市交通条件恶化；建筑形式五花八门，无奇不有；公用事业也是各自为政，形成了在一个市区内极端支离破碎的局面，充分反映了帝国主义瓜分割据、各自称霸的矛盾状态，也反映出半殖民地城市的悲惨面貌（图 1–24）。

3. 发生局部变化的封建传统城市

具有中国封建传统的大城市，一般都是国家或地方政治、军事的统治中心，在规划上有着强烈的封建色彩。这些城市大都以宫殿或衙署、寺院等为城市中心。商业、手工业都集中在若干专业性街道上，住宅按街巷系统布置，绿化和公用事业都很落后。近百年来由于帝国主义势力的侵入，社会经济的畸形发展和资本主义经济文化因素的成长和发展，这些城市无论在内容或是形式上都在逐步起变化，向着半封建半殖民地的城市发展。属于这类城市的有北京、西安、成都、太原、济南等许多城市。它们的变化特点为：①帝国主义在这些城市设立一些特殊地区（如北京的“使馆区”、济南的“商埠区”等），区内大量修建使馆、洋行、银行、教堂、俱乐部、“慈善”机关、住宅和工商业建筑等，形成整条的“洋人街”或成片的“洋人区”。它们占据着整个城市最良好的地段，用高墙厚垒或深水环绕，与中国区隔离，炮口枪口对着中国人民，区内用剥削中国人民得来的金钱修建的高楼大厦、别墅等等和中国人民居住的贫民窟、棚户区形成强烈的对比，反映出中国人民和帝国主义之间的尖锐的民族矛盾。②随着帝国主义政治、军事、经济的侵略和中国社会资本主义经济因素的生长和发展，中国官僚资本和民族资本的工商业在这些城市中也有了一定的发展。因而城市中的工商业已不像典型的封建城市那样只集中在一两条街道上，而是散布在所有的主要街道上，建筑形式不中不西，街景杂乱不堪。随着工商业发展而来的里弄住宅、棚户和花园住宅分布在城市中不同的地段，改变了原来封建城市的面貌。③由于新兴工商业的发展，在这些城市中出现了铁路、工业区、商埠区等等。铁路往往包围和分割城市，工业区与住宅区混在一起。新的建筑类型如“议会”、“商会”、“商场”等等也出现了。充分反映了城市的资本主义性质。④在封建社会，这类城市的建筑几乎都是中国传统形式的平房。皇宫、衙署、庙宇、官府宅第和一般民房等建筑，等级限制严格。由于帝国主义势力入侵和工商业的发展，洋式建筑大量出现，造成这些城市的建筑面貌的混乱情况。⑤这类城市也有一些现代化的市政工程，如高级路面、上下水道、供电、电话等，新的交通事业也有了一定的发展。但由于帝国主义的侵略和国内反动政府的统治，这些建设速度都极端缓慢，规模极小，而且带有明显的阶级性。

由于帝国主义势力较集中的只限于城市的某些地区，以及封建统治势力在这些城市中比较牢固，因此这类城市在近百年的变化与帝国主义直接侵略的城市比较起来，还是局部的和缓慢的。

4. 因商业的发展与交通枢纽的建设而兴起的城市

我国工矿企业和交通运输业，近百年来也有一定的发展。随着这些事业的发展，出现了不少新型城市，其中有因开矿而新建起来的城市如河北的唐山、河南的焦作；也有因发展轻工业从小镇发展成城市的如江苏的南通。现代化的交通特别是铁路，对城市的发展影响较大，原来国内远程交通主要依靠水运、驿站和国道，沿线有很多工商业城市。铁路修筑后，铁路沿线特别是铁路枢纽所在地的城市如郑州、徐州等发展特别迅速。铁路与重要河流的交叉处由于水陆联运发展也使一些原有的小村镇发展成为交通枢纽城市，如蚌埠、浦口、四平等。这类城市的主要特点是：①城市发展迅速，出现了新的工厂、商业区、银行、洋行以及供剥削阶级享乐的公共娱乐建筑，出现了大批工人阶级队伍，他们居住的贫民窟和里弄住宅也相继出现了。②这类城市是随着工商业和交通运输业而自发地发展起来的。除南通等少数城市，由于几乎由一个资本家独占，在布局上大致有一些分区规划外，其他绝大多数城市都没有经过规划，往往是为了交通运输便利，沿着江河铁路线布置工厂仓库和住宅区。这些城市被铁路或河流分割成数块，交通混乱，建筑密集，住宅、工厂、仓库、商店混成一团，环境卫生极为恶劣。③帝国主义分子和资本家居住的住宅区同劳动人民的贫民窟对比鲜明，充分地反映了民族矛盾和阶级矛盾。

除了上述四类城市外，还有一些传统手工业、商业和旧的交通要道上的城市，由于经不起新兴资本主义的冲击，或由于新的现代化交通的出现，城市地位变得不重要了，因而呈现相对衰落的现象，如大运河沿线的一些城市（山东临清、江苏淮阴、上海附近的嘉定等城市）。

广大内地的城镇，由于地区经济发展的不平衡，受到帝国主义侵略和资本主义的影响甚微，经济基础仍然是封建农业经济，因而变化不大。这类城市分布极广，如安徽的阜阳、寿县，陕西、甘肃的大部分城市等。

在旧中国的个别城市如上海、南京、重庆等，虽然也做了一些所谓的“都市计划”，但这只是国民党反动派作为巩固政权，麻痹人民和粉饰太平的点缀品而已，根本没有任何现实意义。

× × ×

综上所述，在阶级剥削社会的各个历史时期城市建设的简短论述中可以看出，城市建设总是为阶级利益服务的。在城市的分布和规划结构中反映了一定时期的生产力发展水平，生产关系和上层建筑的性质，以及历史、现状和自然条件的特点，其中反映得最明显的是城乡对立、阶级对立和民族矛盾。这些矛盾在不同时期、不同条件都有不同的表现。

第二章 社会主义的城市建设

第一节 苏联和各社会主义国家的城市建设

一、苏联的城市建设

十月社会主义革命在人类历史上开辟了新的纪元，消灭了生产资料私有制，废除了人剥削人的制度，建立了无产阶级专政的社会主义社会，从而从根本上改变了城市的性质。社会主义城市同资本主义和历史上任何阶级社会的城市有着根本的不同。

社会主义城市已经不再是剥削阶级统治和剥削工人阶级和广大劳动人民的工具，而变成了为工人阶级和广大劳动人民服务的工具。资本主义制度所根本不能解决的住宅问题，只有社会主义制度才能解决。正如恩格斯所预言的：“并非解决了住宅问题同时就解决了社会问题，而是由于解决了社会问题，即由于废除了资本主义生产方式，解决住宅问题才有可能”。[1]十月革命后，苏维埃政府为了根本改善劳动人民的生活条件，首先批准了关于废除城市不动产房屋私有权的法令，使广大工人有计划地从地窖和贫民窟中迁到市中心的资产阶级的住宅和大楼中去，从而改变了城市中心区和边缘区、“富贵区”和“贫穷区”的对立现象。城市中的一切文化、艺术成就和福利设施，不再是只供少数剥削阶级所享受，

---

[1] 恩格斯：“论住宅问题”。

而成为广大劳动人民共享的财富，并且力求符合劳动人民的需要。

由于形成城乡对立的根源——私有制消灭了，在社会主义国家，城市与乡村、工业与农业在利益上的根本对立也就随之消灭了。在政治上和经济上，城市与乡村不再是统治与剥削的关系，而代之以建立在工农联盟基础上的城市支援农村、农业支援工业的相互支援、相互结合的关系。社会主义社会，不仅消灭了城乡的对立，而且为更进一步地逐步消灭城乡差别创造了条件。

由于社会主义城市的建设和发展是建立在社会主义计划经济的基础之上的，因此，社会主义的城市建设，就能够按照社会主义的原则，根据国民经济的发展计划，有计划有步骤地建立和改造符合生产力发展和劳动人民利益的新旧城市。社会主义城市计划建设的这个优越性，是资本主义城市所无法比拟的。

社会主义生产力的均衡分布，要求社会主义的人口分布与之相适应。社会主义的人口分布是建立在社会主义生产方式、计划经济、生产力的均衡配置和最大限度地利用国家一切天然资源等的基础之上的，是建立在开发落后地区、改造农业和消灭城乡差别的基础之上的。将人口均匀分布，将城市与乡村的生活优点结合起来，是社会主义人口分布的根本要求。“只有把人口尽可能地平均分布于全国，只有把工业生产和农业生产密切结合起来，并使交通工具随着需要扩充起来——当然是在资本主义生产方式已被废除之下——才能把农业人口从他们几千年来几乎没有变化地生长在里面的那种孤立和蒙昧的状态中摆脱出来”。[1]恩格斯的这些预言已经成为社会主义国家的现实任务。而在资本主义生产方式的条件下，由于资本主义经济本质所决定，人口分布的不平衡、人口分布与生产力之间的矛盾是无法消除的。

由于消灭了土地私有制，社会主义城市有可能最合理地分配和使用土地，实行综合的规划和统一布局。

因而也才能使城市规划成为一门具有实践意义的真正的科学。

× × ×

从苏联建国的最初年代起，苏联党和政府就特别重视城市规划、建筑和市政建设等方面的工作。

还在 1919 年国内战争时期，第八次党代表大会就决议：“用全力来争取改善劳动群众的居住条件；消灭旧街坊拥挤和不卫生的现象，拆除不宜住人的房屋，改造旧的，兴建新的、适合工人群众新的生活条件的房屋，合理地分布劳动人民。”[2]

1920 年，莫斯科苏维埃就决定编制莫斯科的规划。在莫斯科近郊，第一个设备完善的工人住宅区建立起来了。同时，几乎在所有从白匪手中解放出来的城市里，都开始了修复旧住房和建筑新住房的工作。

在几个五年计划中的社会主义工业和农业以及国家全部生产力的有计划的发展，是决定苏维埃城市面貌及其经济文化作用的主要因素。

在第一个五年计划时期（1928—1933 年），苏联开始建设 60 个新城市和规模巨大的工人住宅区，并积极改造 30 个大城市。

---

[1] 恩格斯：《论住宅问题》。

[2] 《联共（布）党决议案汇编》，上卷，俄文六版。1941 年，第 294 页。

1931年6月，联共（布）党中央全会通过了“关于莫斯科城市经济和关于发展苏联城市经济”这一重要决议，提出了城市建设的基本任务是：①为生活习惯的改造创造条件；②必须大力开展城市规划工作；③组织扩建和新建城市的建设。在决议中还指出要在农业区建立新工业基地和城市，适当地分布生产力，充分利用全国自然资源和动力、原料，开发落后地区，发展现代化工业，并创造社会主义的城市文化，从而接近最后消灭城乡差别，并为建立社会主义的生活创造条件。这个决议在以后许多年代中，一直成为苏联建设社会主义城市的纲领。会议还对提出大城市“虚幻计划”的“左派”空谈家——城市集中主义者进行了斗争。同时还反击了曲解马列主义关于消灭城乡对立学说而提出城市“衰亡”的各种有害理论——城市分散主义。拟定了对旧城市进行社会主义改造和建设新城市的宏伟计划。

在第一个五年计划期间，已有2350万平方米面积的新住宅交付使用，并且建成了许多文化生活和公共建筑物。

1935年7月，联共（布）党中央和苏联人民委员会批准了改建莫斯科的总计划（图2–1），

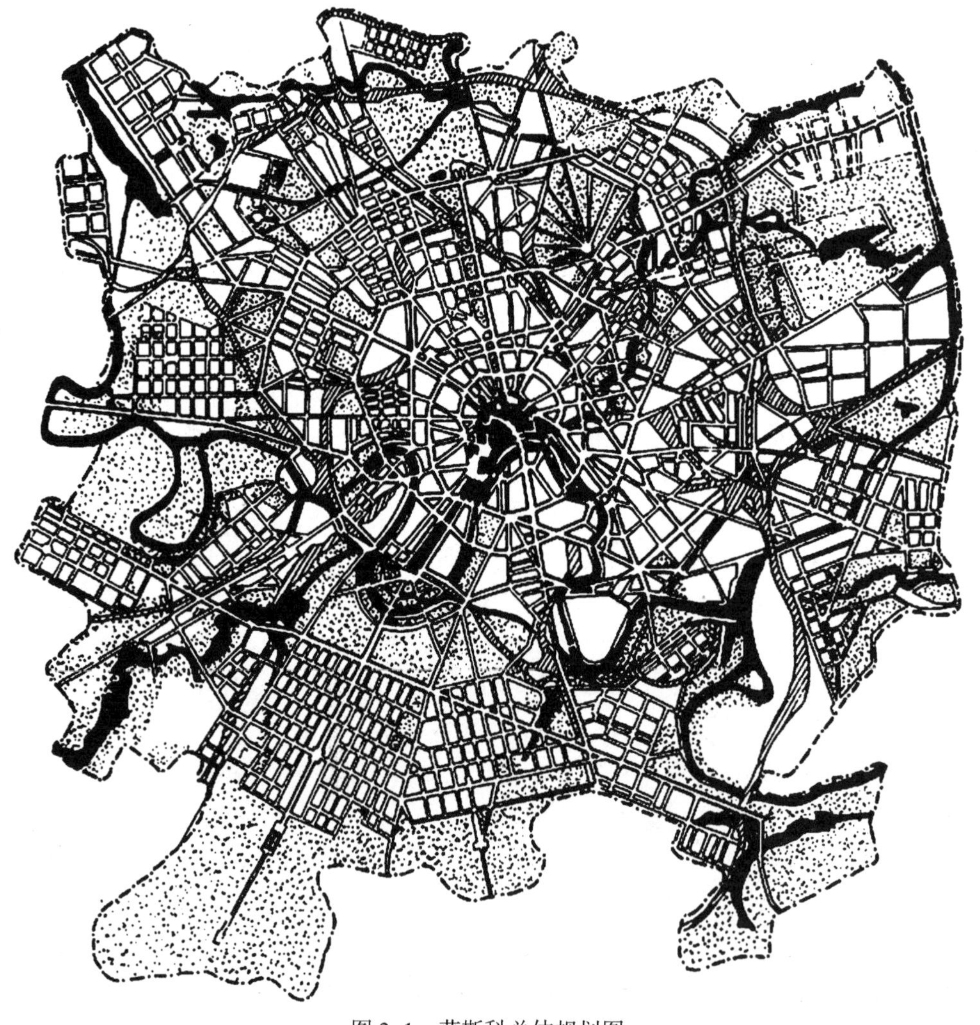

图2–1　莫斯科总体规划图

为社会主义城市发展的新阶段奠定了基础。改建莫斯科总计划规定要保存历史形成的城市结构，但要根本改造干道和广场，并提出要求合理布置住宅、工业、铁路运输和仓库，扩大用地，疏散并合理地组织居住街坊，把有害于卫生的工厂企业搬出居住区，在最卫生优美的城市用地上发展居住区，扩建旧的和开辟新的街道，绿化全市和引水入城。该计划包括广泛的建设计划，包括全面修复居住建筑和公共建筑、公用事业和服务性建筑、运输设施、滨河路、桥梁和各种市政工程设施计划。改建莫斯科总计划还指出，修建居住建筑和公共建筑时应当利用古今建筑典范以及建筑工程技术方面的一切成就，使广场、干道、滨河路具有艺术上有完整性的建筑群，充分反映伟大的社会主义时代的面貌。

根据改建计划，在 20 世纪 30 年代中，在莫斯科进行了大规模的社会主义改建工作，建设新干道、住宅区、地下铁道、运河、桥梁、公共建筑、公园、滨河路以及完善的市政工程设施。使莫斯科成为一个雄伟、美丽的社会主义城市。

在第二个五年计划期间（1933—1937 年），还完成了四百多个城市的改建新建计划，在列宁格勒、基辅、哈尔科夫、明斯克、车里雅宾斯克、喀山、诺沃西比尔斯克以及在高加索、中亚细亚、乌拉尔等旧城市中，进行了大规模的改建工作，并且有很多新城市开始修建起来，例如马格尼托哥尔斯克、斯大林格勒、共青城等。在第二个五年计划期间，有 6600 万平方米的住宅面积交付使用。

由于大规模的城市建设和发展，城市居民大大地增加了。从 1926 年到 1939 年，城市居民增加了一倍多。

第三个五年计划在城市建设方面的工作，预定远远超过第二个五年计划中实际所完成的工作。由于德国法西斯匪帮的进攻未能继续完成。

在卫国战争年代里（1941—1945 年），苏联的城市建设工作并未停止，随着工厂企业的东迁，巨大的建设工作在东部的乌拉尔、西伯利亚、中亚细亚一带地区进行，那里的旧工业中心得到了迅速的发展，并出现了很多新城市。

德国法西斯侵略者使苏联很多城市受到巨大损失，在苏联建筑工作者面前产生了新的巨大任务，就是要迅速进行被破坏的城市和乡村的恢复工作。

在 1943 年为了便于在战后负责领导被破坏城市的恢复工作，成立了苏联人民委员会所属的建设事业委员会。从 1944 年起就开展了大规模的城市规划工作。

伟大卫国战争胜利后，被希特勒匪帮破坏了的城市和乡村的恢复，是苏联城市建设史上最光辉的一页。在党和政府的关怀下，在极短的时期内修复了著名的英雄城市——斯大林格勒和塞瓦斯托波尔；乌克兰的首府基辅和白俄罗斯的首府明斯克；以及像诺夫哥罗德、沃龙涅什、加里宁、顿河畔的罗斯托夫、斯摩棱斯克、库尔斯克、奥廖尔等数百座城市。苏联城市建设者一面修复城市，一面对城市规划和修建进行了彻底的改进，采取了改建措施，并提高了城市福利设施水平。每一个城市，都结合自然条件和历史形成的结构布局编制了规划方案。在 1951 年顺利完成第一个战后五年计划以后，在苏联领土上共有 1451 个城市和 2300 个工人镇，而 1914 年在沙俄领土上却只有 720 个城市和 54 个工人居住区。

为了使居民的物质和文化需要有更大的保证，苏联共产党和政府对住宅和一切文化福利设施的建设给予很大注意。从战后到 1954 年，单住宅一项，共建造了两亿平方米（居住面积），并为集体农庄建造了 490 万幢住宅。

1954 年和 1955 年召开了全苏建筑工作者会议及第二次建筑师代表大会。在这两次会上，在肯定建筑工作者巨大成绩时，党及时地指出了在建筑工作中所出现的严重偏向：在城市建设中忽视实用经济而片面强调建筑的豪华装饰，轻视标准设计和工业化施工问题，忽视住宅建设中的文化生活服务设施，忽视交通问题，绿化和公用事业的设施等。所有这些偏向严重地影响了城市建设的速度，影响了对劳动人民生活的改善速度。

苏联人民要求建筑工作者建设得既快又省而又有高质量，而解决这问题的主要条件就是建筑的工业化。

会议指出今后必须大力推广居住建筑和公共建筑的定型设计，进而为工业化施工创造条件，加快建设速度，降低建筑成本，发展建筑工业和建筑材料工业，并提出了城市建设的新方向：

①加强区域规划工作：限制大城市继续扩展，建立卫星城，对大城市进行疏散和改建；

②扩大居住街坊，布置完善的生活福利设施，绿化及现代化的市政工程设施；

③发展综合成套的规划和建筑设计；

④充分考虑街坊规划中的卫生条件，采用混合层数的自由式规划布局方式；

⑤进一步改善城市道路系统和交通组织。

这些城市建设方面的问题，在 1960 年夏举行的城市建设工作者大会上得到了进一步的阐述，大会提出了下列问题：

①现代苏联城市的规划结构应反映社会制度，并应该有助于进一步发展家庭、住宅和整个城市生活中的共产主义因素；

②会议认为居民点的发展规模应有所限制，控制特大城市的扩展和建立卫星城；

③要求节约用地和合理的用地分区，考虑城市分散布局，合理分布和组织城市公共中心，对城市道路应进行明确分工；

④要求建设带有全套文化福利服务设施的完整的居住区；

⑤会议提出城市美观问题，指出在城市规划和建筑艺术中应反映时代、人民的理想和国家的文化水平；会议提出在采用标准设计的条件下，加强规划来取得丰富美观的城市面貌。

大会还提出了城市工业区规划，提高公用事业设施，旧城改建等问题。

在战后的年代中，苏联城市建设的主要工作之一，就是对首都莫斯科的大规模的建设，大片的崭新的住宅区，出现在莫斯科西南区和其他地区，每天在改变着莫斯科的建筑面貌。

在苏联其他大城市如列宁格勒、基辅等也进行了规模巨大的城市建设工作。为了有效地解决大城市的发展问题，在莫斯科、列宁格勒等大城市都进行了卫星城的规划和建设工作。

在苏联东部地区，随着工业建设和巨大水电站的建设，出现了很多新城市，如安卡尔斯克，布拉斯克等。

四十多年来，苏联人民走过了艰巨而光辉的道路，城市建设工作随着国民经济的巨大发展也取得了伟大的成绩：

（1）由于国民经济的发展，尤其是工业的巨大发展，城市人口从 1926 年的 2600 多万增加到 1959 年的 1 亿多。在四十多年中苏联新建城市 900 多个。这些新城市的产生有力地促进了工业的生产，使生产力分布更加合理，过去落后的地区得到了开发，为今后逐步消灭城乡差别创造了条件。同时对旧城市也进行了大规模的改建工作。

（2）四十多年来，苏联人民的物质文化生活水平得到了很大的提高。在四十多年中（1917–1959 年）共建造了住宅 71430 万平方米（居住面积），使劳动人民脱离了低矮狭小、卫生条件恶劣的住宅，而搬进了具有现代设备阳光充足的住宅中。各种公共文化福利设施如学校、医院、托儿所、幼儿园、电影院、商店、食堂等的普遍建设，使人民能广泛参加政治文化教育活动，和有方便的生活条件。

（3）由于城市建设是根据国民经济计划而按计划进行的，因此避免了资本主义城市的极端混乱的状态，消灭了市中心和边缘地区的悬殊的差别，使城市成为一个完整的有机整体。在宽广街道上的雄伟、整齐而亲切的公共建筑和住宅建筑，构成了社会主义城市的新面貌。苏联建筑艺术在表现社会主义时代精神和苏联人民对共产主义建设的伟大气魄方面，取得了很大的成就。

（4）在城市建设理论方面也作出了不少的贡献：

①城市建设的计划性

在社会主义条件下的城市规划是整个国民经济计划工作的继续和具体化，并且是国民经济中一个不可分割的组成部分。它是根据发展国民经济的年度计划、五年计划和远景计划来进行的。在建设新城市选择位置时，也是按照在全国范围内合理地均衡地分布工业、动力资源和经济区域规划的任务出发的。这样就为提高国内各地区的经济、文化、科学技术水平，为提高人民物质文化生活水平创造必要条件，同时也为逐步消灭城乡差别创造条件。

②城市规划的科学性

在编制城市的总体规划和各部分详细规划前，对城市人口、用地规模、城市发展的技术经济依据、工程地质情况、工程准备工作、房屋的拆除改建的合理性和可能性等，均需进行细致的调查研究工作。城市规划工作就是在这样的科学的调查研究的基础上进行的。

③综合性的规划和设计

综合性的规划和设计方法，是在社会主义条件下，规划和建设城市的一种基本的、具有实践和理论根据的先进方法。这种方法的实质就是同时解决社会生活、技术经济、公共卫生和建筑规划问题。并在统一的城市发展的总图上，体现出这种有机的不可分割的联系。这种方法的目的不仅是考虑到合理均衡地布置城市各种要素，并且要保证城市建设在物质技术和建筑艺术方面取得协调的发展。

④城市建设的整体性

整个城市及其各部分均按照建筑物群体布置的原则进行规划，并使城市具有一定的完整的建筑艺术形式和独特的面貌，来体现社会主义社会人民的精神和物质生活的空前繁荣和建设共产主义的前景。

⑤批判地接受城市建设遗产

苏联建筑和城市建设的科学基础之一，就是研究和批判地学习和运用苏联各民族的以及世界文化宝库中的建筑和城市建设中优秀遗产。在苏联的许多城市中保存了许多优秀的建筑古迹和整组的建筑群，如莫斯科、列宁格勒、基辅、诺夫哥罗德等很多城市的古代建筑群，不仅受到谨慎地保存，并且还把它们有机地组合在城市新的规划和修建计划中。

四十多年来，苏联的城市建设，在苏联共产党的正确领导下，随着国民经济建设的发展，得到不断发展和积累了极其丰富的经验，并在同资产阶级建筑规划思想的不断斗争中，形成了一套完整的城市规划理论，这一切是建立在与我国的社会制度完全相同的基础上的，因而值得我们研究和学习。

二、各社会主义国家的城市建设

苏联城市建设的宝贵经验给予社会主义兄弟国家的城市建设以极好的先例。

波兰的首都华沙，曾经被法西斯德国几乎全部破坏，但是波兰人民在很短的时期内以惊人的速度进行着恢复和改建工作，从 1951 年起在华沙就开始建筑地下铁道，高大的科学文化宫早已建成了。由于国家工业化的迅速发展，城市人口从 1946 年占全国人口的 32%，增长到 1955 年的 43%，建筑事业获得了迅速的发展，到 1954 年为止，已经进行了华沙、罗滋、革但斯克、波兹南、克拉科夫等城市的改建工作，并且在大型工业基础上出现了像诺瓦胡塔、诺瓦提赫等这样的新城市。

匈牙利首都布达佩斯在短短的时期中完成了恢复工作，居住总面积比 1941 年增加了很多，地下铁道恢复了，并进行了改建，同时还新建了许多新的街坊和公共建筑物。

战争一结束，在保加利亚就进行了城市的恢复工作，首先编制了索菲亚的规划总图，以后又编制了 10 个城市的规划总图，1947 年底开始的保加利亚城市建设工作，不断取得了顺利的发展。由于工业建设的蓬勃发展，出现了一系列新的工业城市，如季米特洛夫格勒，季米特洛夫斯托克，鲁多泽姆等。1951 年后又开展了首都新中心的设计和建设工作，1956 年又开展了索菲亚及其郊区的规划，与此同时，其他城市以及乡村的规划建设工作也正在进行之中。

在捷克斯洛伐克的布拉格和其他城市中，政府将大批的工人从贫民窟中迁居到市中心设备齐全的住宅区。在过去的郊区和工厂集中的地区进行了大规模的住宅建设和公共福利设施工程。几世纪来这些城市中存在的市中心和郊区之间的对立已经逐渐地消失。在钢铁城市俄斯特拉发的附近地区，也进行了好几个卫星城的建设，出现了大规模的新工人住宅区。

在罗马尼亚的首都布加勒斯特和其他很多城市，也进行了大规模的改建和住宅建设工作。

蒙古人民共和国城市和乡村的面貌和内容也在急剧地改变着。乌兰巴托过去是一个在亚洲中部沙漠地带的小城市，但现在却已成为一个设备齐全的大城市了，市内有剧院、电影院、学校、宽敞的干道和宽广雄伟的广场。

朝鲜民主主义人民共和国在恢复建设方面也已获得了巨大的成就，以平壤为首的很多城市正在废墟上建设成为现代化的城市。战后已建设了 1300 多万平方米的住宅，此外还建设了 5400 余所学校和 1700 余所医院，美帝侵朝期间很多城市受到极大的破坏，但停战后已作出了以平壤为首的 14 个城市的总体规划，其中平壤的规划早在 1951 年就开始，现在正着手进行制定 44 个城市的规划。目前平壤已消除了战争的创伤，而且变得更美丽、雄伟，在咸兴、兴南地区和清津、江界、南浦等其他城市也开展了大规模的建设。

在德意志民主共和国，1950–1952 年在柏林开始了城市中心建设工作，建设了斯大林大街，并且还进行了居住区的改建和新建工作。同时还产生了新的社会主义工业城市——斯大林城、霍依尔斯维达城。除此以外，在德累斯顿和莱比锡等城市也进行了建设，目前已有 52 个城市进行了规划，主要是在建工作。在居住建筑方面也有很大的发展，1949—

1955年恢复和修建了92万户住宅。

在越南和阿尔巴尼亚随着国民经济的发展，城市规划方面已经有了很大的成就，城市建设工作也在大规模地开展着。如越南已就河内等若干城市进行规划，随着新工业的建设也着手进行新城市的建设，此外并已开展区域规划及农村规划工作等。

第二节　新中国成立十年来我国城市建设的成就

新中国成立十多年来，我国的城市建设事业，和其他社会主义建设事业一样，在党和毛主席的英明领导下，经过全国人民的积极努力，取得了光辉灿烂的成就。城市建设为发展生产创造了有利条件，劳动人民的生活环境，有了显著的改善，城市的面貌也大大改观了。

随着大规模城市建设的发展，我国的城市规划工作，摸索了许多重要经验，我们每一个城市规划工作者，必须对新中国成立以来党对城市建设的各项重要指示，各个时期的建设成就，进行认真的学习。

一、经济恢复时期的城市建设（1949-1952年）

新中国成立后，我们接收了一百几十个大中城市，其中居住着大约5000万左右的居民。这些城市充分反映了旧中国半殖民地半封建社会的特点：广大劳动人民的生活环境极端恶劣；城市主要为消费服务，而且成了统治和剥削劳动人民的工具。从新中国成立之日起，这些城市发生了本质的变化。它们从为剥削统治阶级和帝国主义服务而变成了为人民服务的城市。城市建设已成为整个经济建设和文化建设工作中的一个重要组成部分。

在国民经济恢复时期，由于长期战争的创伤尚待恢复、人民的觉悟尚待提高、半殖民地半封建的残余尚待扫除，所以这一阶段的基本任务就是集中力量，创造必要的条件，迅速恢复和发展生产。这时期城市建设工作的重要方针是“把消费城市改造成为生产城市”，“为恢复和发展工业生产服务，为改善劳动人民生活服务”。

早在1949年3月，党的七届二中全会就明确地指出：“党的工作重心由乡村转向城市；并号召全党必须以极大的努力去学会管理城市和建设城市”、“管理和建设城市的中心关键是恢复和发展生产，只有将城市的生产恢复和发展起来，我们的政权才能巩固”。还指出“城市建设应为工业生产服务”。伟大而英明的党，早在革命胜利的前夕，就已经明确了城市建设的性质和任务。随着新中国成立，就立即提出了“城市建设为生产服务，为劳动人民生活服务”的正确方针。

从1949年到1952年的国民经济恢复时期，基本建设的任务，首先是迅速恢复被破坏的工厂，并根据国家计划，重点地扩建和新建一批工厂，如规模巨大的鞍山钢铁联合企业、小丰满水电站、太原重型机械厂和郑州纺织厂等重大工业企业就是在这个时期内修复和新建起来的。在集中力量于工农业的恢复基础上，对原有城市也进行了维修改善和进行局部的建设工作。虽然当时的经济状况困难和复杂，城市建设工作还不可能大规模地进行，但是在这一段时期内，无论在城市民用建筑和公用事业的修建以及环境卫生的改善上，都作了不少的工作，是历史上任何反动统治时期所不能比拟的。据不完全统计，东北各城市截至1952年止，民用建筑修建量已达1500万平方米，仅1952年，北京、天津、沈阳、鞍山、上海五个城市共修建了约500万平方米的工人住宅。在上海就修建了曹阳新村等完整的工人住宅区。在改善劳动人民居住环境卫生方面，也进行了巨大的工作。例如北京在三年中建设了自来水管道88公里，能得到自来水供应的居民由新中国成立前的60万人，增加到150万人，新建下水道54公里，整修200公里，同时还疏浚了三海、龙须沟，清除了长时期遗留下来的垃圾；天津整修了墙子河、金钟河；南京疏浚了秦淮河等。这一切，对国民经济的恢复起了配合作用，并改善了人民的生活，为第一个五年计划的城市建设工作，奠定了一个有利的基础。

为了配合大规模经济建设的准备工作，纠正当时由于建设任务紧迫，有些建设单位各自为政到处建设的现象，前中央人民政府政务院财政经济委员会于1952年9月曾召开了全国城市建设座谈会。会议正式提出了建立城市规划工作。根据国家工业建设分布，进行了城市分类，酝酿了城市建设的重点，并在中央、大区和重点城市，建立城市建设机构，加强城市建设的领导工作。这一切，对我国的城市建设工作起了极大的推动作用。

二、第一个五年计划时期的城市建设（1953–1957年）

1952年党中央提出了过渡时期的总路线。毛主席明确地指出了党在这个过渡时期的总路线和总任务是："要在一个相当长的时期内，逐步地实现国家的社会主义工业化，并逐步实现国家对农业、手工业和资本主义工商业的社会主义改造。"

在党的过渡时期总路线的光辉照耀下，我国从1953年开始执行发展国民经济的第一个五年计划。全国人民以无比的热情进行了我国有史以来的第一次有计划的大规模经济建设。

我们必须在原来工业十分落后的基础上，实现我国的社会主义工业化。因此，必须优先发展重工业，保证重点项目的建设，因为它是整个工业发展的基础。环绕着这一中心任务，党对城市建设工作，提出了相应的政策方针和各种具体措施。

（一）城市建设应根据党在过渡时期的总任务，结合第一个五年建设计划来进行工作

在第一个五年计划中规定："为改变原来工业地区分布的不合理状态，必须建设新的工业基地，而首先利用、改建和扩建原来工业基地是创造新工业基地的一种必要条件。"根据这个方针，有计划地建设新城市和改建旧城市，成为国家经济建设工作中一个重要的组成部分。

在第一个五年计划期间，由于新工业基地的建立，使原来生产力分布不合理状态有了一定程度的改善。在1956年，即国家大规模经济建设进入第三年后，为了正确地配置国家生产力，合理地部署第二个和第三个五年计划时期内新的建设任务，1956年5月8日国务院通过了"关于加强新工业区和新工业城市建设工作的几个问题的决定"，指示要迅速开展区域规划工作。决定中提出，要对工业企业和城市进行合理的分布，在进行区域规划布置工业和新工业城市时，必须贯彻经济和安全兼顾的原则……工业不宜过分集中，城市规模也不宜过大等等。这些指示，对今后的城市建设的战略部署有着极深远的意义。

（二）城市建设应贯彻有重点、有计划、有步骤地进行建设的方针

党一再指出必须反对城市建设中的盲目性和分散现象。但在第一个五年计划建设初期，有些城市过分强调现有城市不合理的地方，脱离当前的经济可能和现实条件，企图在一朝一夕将城市全然改观。又如，有些重点工业建设的城市，认为既然是重点，就可齐头并进，一心求大求新，不注意利用旧有城市的原有基础。我国的建设资金是有限的，在过渡时期中，首先要集中力量保证重点工业的建设。只有工业发展了，农业发展了，才能带动交通运输业、文化教育事业等等的发展，才能在发展生产的基础上，逐步提高城市劳动人民的物质和文化生活水平。因此，社会主义城市的建设和发展，必然要从属于社会主义工业和农业的

发展，社会主义城市的发展速度必然要由社会主义工业和农业的发展速度来决定。因此，我国城市建设也应分别轻重缓急，有重点、有计划和有步骤地进行建设，而不能齐头并进。几年来党对重点建设的方针不断地作了指示，1953 年 11 月 22 日《人民日报》社论中曾指出："必须迅速加强重点工业城市的总体规划设计工作"；1954 年 8 月 11 日又发表了"贯彻重点建设城市的方针"的社论。在这个正确方针的指导下，首先建设与 156 个骨干建设项目有关的城市。就是这些城市，也是有步骤有重点地进行建设，首先集中力量进行给水、排水、道路交通、住宅等最重要的项目。至于一般城市基本上维持现状，加强维护和管理工作。此外，在城市建设工作中，应充分利用原有物质基础，尽量利用旧市区，同时有重点有计划地建设新市区。在建设步骤上，采用了"由内而外"、"由近而远"的方式等。这些正确的措施，使得城市建设能够密切配合工业建设的需要，避免混乱和少犯错误。

（三）城市建设应坚持勤俭建国厉行节约的方针，贯彻中央关于在城市规划和建筑设计中的"适用、经济和在可能条件下注意美观"的方针

勤俭建国是党的一贯的建设方针。几年来的建筑设计、城市建设和城市规划工作，在增产节约上是取得一些成绩的，造价逐步有所降低。但是在另一方面，还存在着严重的浪费现象。这表现在，在建筑设计中曾出现形式主义复古主义歪风，追求古老的建筑形式，滥用虚假的装饰，毫无限制地提高建筑标准，增加建筑造价；在城市规划中把城市规模定得过大，城市用地过多，标准定额过高，求新求成过急，以及"重远轻近""重艺术轻经济"等错误倾向。这些都是和我国当前的经济水平和劳动人民的生活水平不相适应的，浪费了国家大量的建设资金。几年来，党一再提出勤俭建国厉行节约的号召，为了纠正这种错误倾向，又提出了"降低非生产性建设的造价""严格节约暂设工程的投资""加强城市规划工作，降低城市建设造价""在基本建设中节约土地"等各项指示，并提出在城市规划和建筑设计工作中，应贯彻"适用、经济和在可能条件下注意美观"的方针。中央的这些指示及时扭转了城市建设工作中的浪费现象，从而保证了重点建设项目的正常进行。

同时党不断地教育规划和设计工作者，作好社会主义建设工作，必须反对脱离国情、脱离群众的主观主义的工作方法，要求城市建设工作必须树立面向实际、因地制宜、实事求是的工作作风，树立面向群众、便利人民的群众观点，发扬重视调查研究的科学精神，学会勤俭建设的本领，从而使城市规划工作，更能切合实际，更好地为生产、为劳动人民服务。

遵照党的指示，根据城市建设的方针，从 1953 年起，在苏联专家的帮助下，就进行了几个重点城市的勘察及资料搜集工作，并作了初步规划，如包头、西安、兰州、洛阳、太原、富拉尔基、成都、武汉、大同、株洲等城市。及时保证了一些重点建设项目，特别是苏联援助的 156 项重点工程的建设，取得了很大成绩。鞍山、沈阳等有一定工业基础的城市，随着工业的扩建也进行了城市的扩建工作。而南京、济南等原有工业比重不大的城市，为配合生产的发展，也进行了局部的改建工作。

总计在第一个五年计划时期内，我国共完成了 150 多个城市的规划工作，使得这些城市中的工业及其他建设项目，得到了比较合理的安排；新建城市共 39 个，大规模扩建的城市有 54 个；一般扩建的城市有 185 个。与此同时，对许多城市和准备建立工业基地的地区，进行了大量的勘察和规划资料搜集工作。

由于第一个五年计划的建设，全国出现了大批新建、扩建和改建的城市及县镇。其中如内蒙古的包头、戈壁滩上的克拉玛依、森林里的牙克石、草原上的海拉尔、滨海城市湛

江等几十个新城市，都迅速发展起来。此外，洛阳、兰州、郑州、南宁、呼和浩特等许多新兴工业城市，都得到高速度的发展，新建的建筑面积超过了原有的一倍、二倍甚至十几倍。总计在五年中，在全国各城市中，共建住宅8000万平方米以上。还建了8000万平方米的公共建筑，如办公楼、学校、医院、文化宫、剧院等。城市的公用事业也有了好几倍的增长。这些成绩的取得，为迎接第二个五年计划的社会主义建设的大跃进，打下了基础。

三、工农业生产大跃进时期的城市建设（1958–1960年）

自1958年起，在我国取得了经济战线、政治战线和思想战线的伟大胜利的基础上，党的八大二次会议总结了社会主义建设的经验，制定了“鼓足干劲，力争上游，多快好省地建设社会主义”的总路线，并向全党全民提出了进行技术革命和文化革命的新任务。这标志着我国社会主义建设已经进入一个新的阶段。

在总路线的鼓舞下，全国范围内出现了一个工农业生产大跃进的高潮，工业遍地开花，农业也获得了空前的丰收。随着工农业生产的大跃进，城市规划和建设工作，面临了新的任务。全国城市规划工作全面开展，出现了一个大跃进的新局面。有不少省、自治区、专区开展了区域规划工作，许多城市和县镇进行了粗细不同的规划，有些地方对农村人民公社的规划和建设，做了一些试验工作，这些工作适应了当时各项建设万马奔腾、突飞猛进发展的需要。对这一时期的伟大成就，当前还难于全面地进行阐述，但对下列几个方面必须有足够的认识：

（1）为了从全面出发进行城市规划和建设，这一时期的区域规划工作有了进一步的开展。前面已提到，在第一个五年计划的三年后，国务院“关于加强新工业区和新工业城市建设工作的几个问题的决定”就指示了积极开展区域规划工作。1959年3月，陈云同志在“当前基本建设工作中几个重要问题”[1]一文中，进一步阐明了有关工业布局几个重大问题的意义，指出：“在全国范围内有计划地合理地布置工业生产力，是基本建设中具有长远性质和全面性质的问题，是一个带有战略意义的问题。”所有这些指示，对中国的城市建设将产生深远的影响。

（2）为了保证贯彻工农业并举，中央工业和地方工业并举，城市建设应以发展中小城市为主的方针来进行建设，对大城市适当控制发展，对特大城市加以压缩和调整并在大城市周围建立卫星城镇，这样除了可以加速社会主义建设外，还能节约大量建设资金，并为将来消灭城乡差别、为逐步向共产主义社会过渡创造良好条件。

为了积极支援农业，并适应地方工业的发展，作为全县的政治经济文化中心、联系农村和城市的县镇，在经济上亦将有很大的发展，因此县镇规划工作也提上了日程。要求在县区范围内进行各项事业的规划。

（3）如何随着大规模的、工农商学兵相结合的、政社合一的农村人民公社的建立和发展，逐步建设社会主义的新农村，这是大跃进后我国城市规划工作的新课题。规划工作者积极努力进行了多方面的探讨。城市人民公社的出现也给城市规划与建设工作提出了新的要求。通过试点规划，开始了初步的探索。

（4）为了保证工农业及时建设和生产，城市规划工作改变了过去由少数业务部门、少数人参加的做法，在党委领导下，充分发动了群众，虚心向群众学习，并和其他有关业务

---

[1] 见“红旗”杂志1959年第5期。

部门实行协作，打破常规大闹技术革命，从实际出发，因地制宜，根据实际需要采用了先粗后细，粗细结合的快速规划方法，从而加速了规划工作的进行。

在大跃进的形势下，全国城市建设出现了一个新的局面：新工业城市大量出现，各大、中、小城市均有所发展，同时新型的农村居民点也在出现。仅 1958 年一年，建筑安装工作量比 1957 年增加 75%，相当于第一个五年计划时期完成工作量的 42%。北京天安门广场的改建；人民大会堂、中国革命历史博物馆等巨大工程的建设；上海郊区闵行卫星城镇和新工业区、工人新村的建立；广东省新会，由一个破旧的县镇改建成为一个整洁美丽绿化、香化的新城市。这些都是这一时期的重要成就，它标志着我国城市建设事业以飞快的速度不断地发展和提高。

四、十年来城市建设的伟大成就和几点重要经验

新中国成立后十年来，我国城市规划及建设工作的成绩是伟大的。

十年来，我们在 2100 多个城镇和工业区中进行了建设工作，其中新建的有 167 个，大规模改建和扩建的有 124 个。城市人口由新中国成立初期的 4000 多万，增长到 1 亿左右。

十年来，在全国城市和工业区，共建成的住宅和各种公共建筑达 3.5 亿多平方米。其中由国家拨款兴建的住宅就有 1.63 亿多平方米，还不包括由企业投资和“自建公助”所修建的大量住宅在内。

十年来，新建的大、中、小学校建筑面积达 4400 万平方米，比新中国成立前的学校面积的总和增长了三倍。新建的剧院、电影院有 2500 多个，比新中国成立前增加了 1.7 倍。新建医院达 1300 多所，病床总数比新中国成立前增加了 5 倍。此外，还修建了大量的商店、体育文娱及儿童建筑。

在城市市政建设方面，十年来也有很大的发展。新中国成立后十年中，仅在城市中就建设了 126 个自来水厂（新中国成立前 70 年内只建成 75 个自来水厂），铺设了管网 6000 多公里，使城市用水的普及率从解放初期的 14%增加到 80%至 90%。除对旧城市原有的排水系统进行了改建、扩建外，并在 60 多个城市中，新建了排水设施，埋设了 4000 多公里的排水管道。

城市公共交通也有了巨大的发展。十年来，新建了 2 万多公里的马路，其中高级路面达 5400 余公里；增加了各种公共交通车辆 8000 多辆，总数为新中国成立前的 4 倍左右。

城市的绿化工作，出现了前所未有的绿化建设高潮。全国城市植树的数量，据 49 个城市的不完全统计，即达 8.9 亿多株。

十年来，城市规划工作的成绩也是巨大的。185 个设市的城市，1400 个城镇，2000 多个农村居民点都作了深度不同的规划。规划工作的发展过程，可以说是从无到有；从重点到一般；从个别城市的规划发展到对区域、城市、县镇、农村进行全面的规划；从学习外国经验到进一步结合中国实际情况。随着城市规划工作的飞跃发展，一支工种齐全的城市规划工作队伍也正在迅速地成长起来。

所有这些成就，都有力地说明了党中央领导的英明正确，说明了我国社会主义建设事业的伟大胜利。十年来，我国的城市规划与建设工作，坚决地依靠了党的领导，依靠了群众，从我国的具体条件出发，学习了苏联和其他兄弟国家的先进经验，批判了各种错误思想，从而保证了这一工作沿着正确的道路前进。特别是 1958 年大跃进以来，由于工业建设的飞跃发展，更为城市规划与建设工作的发展创造了极为有利的条件，大大地促进了这一工作的开展，并使我们摸索了一系列的重要经验：

图 2–2　北京天安门广场❶

图 2–3　上海闵行新住宅区的建设❷

图 2–4　北京新建陶然亭公园鸟瞰❸

❶ 图片来源：《北京市城市规划图志 1949—2005》。

❷ 图片来源：建筑学报，1960（4）。

❸ 图片来源：《空中看北京》. 北京：北京出版社，1999。

图 2–5　长春第一汽车厂

第一，为生产服务、为劳动人民服务是我国城市规划与建设工作的根本方针。

早在经济恢复时期，党就规定了这个方针。它既最正确地说明了我国城市的性质，城市发展的基础，又最好地体现了关怀劳动人民的原则。因为我们的城市和历史上任何阶级社会的城市之不同处，就在于城市已经不是统治和剥削城乡劳动人民的工具，而成为发展生产、提高人民生活的手段。因而我们的城市建设，必须在充分发展生产的基础上，不断地改善劳动人民的物质与文化生活条件。从新中国成立后的第一天起，我国的城市就在性质上发生了根本的变化，由为反动统治阶级服务，变成了为人民服务的城市。但是，旧社会的阶级烙印，还深深地遗留在城市的各个角落。为了把这些反动统治时期形成的旧城市，改造成为适合劳动人民的新城市，首先就必须把消费的城市，改造成为生产的城市。这是改造旧城市的根本措施，也是城乡劳动人民的长远利益。如果不了解为生产服务与为劳动人民服务的正确关系，而把二者孤立起来。或者只强调发展生产，不顾劳动人民生活的便利；或者不顾生产的发展，强调照顾生活，要求离开生产条件，过多过早地大量地进行生活福利建设。这都是片面的。新中国成立以来，随着生产的发展，对原有的旧城市有计划地进行了改造，改善了劳动人民的居住条件，逐步地消除着旧社会遗留下来的“贫民区”和“富贵区”的差别，为劳动人民建筑了大量的住宅和公共设施。

必须认识，劳动人民生活水平的提高的程度和速度，决定于国家社会主义工业化和农业生产的发展水平。因此要在发展生产的基础上来提高人民的生活水平。城市建设为生产服务，也就是为社会主义工业化和农业生产服务。因此，正确贯彻这个方针，就不能把生产、生活两方面等量齐观，而必须认识生产是基础的方面，不能脱离开当前生产发展的水平来谈为劳动人民服务。

城市规划与建设工作要贯彻好这个方针，就必须坚持从实际出发的原则，就必须对生产建设和人民生活当前迫切需要解决的实际问题有较深刻的认识，而不是只凭主观愿望办事，脱离实际，脱离群众。

第二，城市规划与建设，只有贯彻国民经济发展以农业为基础，以工业为主导的方针，才能更好地为生产、为劳动人民服务。

任何一个城市都不能凭空建设起来，它总是要建立在一定的物质基础上。而社会主义城市最重要最基本的物质基础就是工业和农业。只有工业发展了，才能带动交通运输业、文化教育事业等等的发展，亦才有可能出现为这些事业服务的城市。因此，社会主义城市的建设和发展，必然要从属于社会主义工业的建设和发展；社会主义城市的发展速度，必然要由社会主义工业的发展速度来决定。十余年来，我国城市建设的发展过程，充分反映了这个客观规律。

但是，工业的发展又是以农业的发展为基础的。“如果没有农业的迅速发展，就不可能有轻重工业的迅速发展”。[1]1959年党中央和毛主席进一步确定了国民经济发展以农业为基础，以工业为主导的方针，对城市规划与建设工作有重大的理论意义和实际意义。过去考虑城市的发展，习惯于只从工业出发，考虑矿产资源、建设条件等方面的问题多，对农业方面的问题考虑的少，不了解这两者的内在联系。几千年阶级社会城市发展的历史和我国十余年社会主义城市建设的实践，都说明了城市的发展归根结底要以农业为基础的这一客观规律。我国社会主义城市的发展，首先要考虑商品粮问题、劳动力问题、工业原料问题等。在我国这样一个粮食只能依靠自给的大国中，城乡人口的比例，决定于一个农业劳动力能够供养多少个非农业人口。城市人口的发展，不能超过这个限度。并且城市工业和其他非农业生产的劳动力，主要依靠农业劳动力的转化而来。而农业人口向城市人口转化的多少，又决定于农业劳动生产率的发展水平。1958年以来的大跃进期间，城市人口增长过快（1957年全国城镇人口9900万，1960年增加到12900万），对农业生产有一定的影响，农业生产发生了问题回过头来又影响了工业生产。因此，1960年冬，中央曾指示县以上各级各单位，不许再从农村抽调劳动力，而且要适当压缩城市人口，支援农业。这说明城乡人口必须依照农业生产水平保持一个正确的比例关系。超出这个比例，就会影响国民经济的正常发展和城乡人民的生活。此外轻工业原料，很大一部分要取之于农业。农业经济作物的发展情况，对这一类工业的发展影响极大。

因此可见城市规划与建设工作，必须有全局观点。因为它涉及工农关系、城乡关系等重大问题，只有全面分析研究才能更好地贯彻以农业为基础的方针。首先，在确定城市发展规模、速度和工业配置时，必须联系周围地区以至本省、本经济协作区，对商品粮、劳动力、原料等各方面的问题加以研究，并应作为第一位的因素来考虑，不能脱离和影响农业的发展，以防止盲目性和片面性。

其次，要有为农业服务的观点。在处理工业与农业在用地、用水等方面的矛盾时，必须统筹兼顾，全面安排。在用地方面，应尽量节约农田，防止对用地早占、多占、占好地的现象。工业安排中，要考虑农业生产和农民生活的需要，对农机、化肥、农药等生产资料以及生活资料的供应，应考虑到最便利于适应农民的要求。

再次，确定城市建设标准时，特别是新城市的建设，应当考虑当地农村的生活水平。

第三，勤俭建国，勤俭办一切事业是城市规划与建设所必须贯彻的长远方针。

在我们这样一个人口众多、经济比较落后、人民生活水平较低的大国中，这一点尤其重要。毛主席说：“要使全体干部和全体人民经常想到我国是一个社会主义大国，但又是一个经济落后的穷国，这是一个很大的矛盾。要使我国富强起来，需要几十年艰苦奋斗的时间，其中包括执行厉行节约、反对浪费这样一个勤俭建国的方针”。[2]

贯彻勤俭建国方针，必须严格划清生产性建设和非生产性建设的界限，把这两种标准

---

[1] 刘少奇：《中共中央第八届全国代表大会第二次会议的工作报告》，人民出版社1958年版，第25页。

[2] 毛泽东：《关于正确处理人民内部矛盾的问题》。社会主义教育课程阅读文件汇编，第45页。

区别开来。非生产性建设的标准，必须与当前的生产发展水平相适应，而且应尽可能节省那些不应有的和可以节省的非生产性建设的人力、物力和资金，以增加生产性的建设。“必须批判那种认为‘既要建设现代化的工业企业，则其他非生产性的建设和福利设施，也就必须现代化’的想法。因为生活现代化应该先要有工业现代化的基础，还没有工业现代化的基础和农业的现代化，而过早地要求生活现代化，实际上就会推迟工业现代化”。❶“我们的方针是：近代化的工业和原有的城市相结合，近代化的工厂和现有的适合人民生活水平的房屋、办公室、宿舍相结合。不要以为这样不相称，这是当前最切合实际的社会主义建设方针”。❷

在非生产性建设中，必须首先解决群众最迫切需要解决的问题，如住宅、公用事业等。必须贯彻少花钱多办事的原则。反对那种不重视节约，脱离群众而过多地兴建与当前生产水平不相适应又非群众当前所最需要的那些大规模、高标准的公共建筑，如楼（办公楼）、馆（展览馆）、堂（大礼堂）、院（影剧院）、所（招待所）等。中央曾不断于 1955、1957 和 1960 年指示，坚决降低非生产性建筑的标准，厉行节约。

坚持勤俭建国，对旧城的改建和扩建，应贯彻“充分利用，逐步改造”的方针。“今后城市的改建与扩建，应当在原有基础上逐步进行，充分利用原有的建筑物，道路和其他公用设施，尽量不拆城市原有房屋，严禁不必要地和过早地拆除民房”❸，把旧城市看成“烂摊子”，想统统换掉的那种求新过急的想法是不正确的。如何在城市原有的物质基础上，加强维修，改善居住卫生环境，使之有利于生产、有利于生活，在当前更有其重大的现实意义。

第四，城市发展应贯彻大中小相结合，以中小为主的方针，反对“大城市思想”。

根据工业生产力的分布和发展，有计划地进行城市的规划和建设，是我国城市建设的又一重要原则。党历来主张多发展中小城市，反对盲目发展大城市，曾不断批判“大城市思想”。城市发展以中小为主，可以适应工业建设以中小为主，工业布局大分散小集中的要求，合理地分布生产力，使工业接近原料燃料和销售地区，促进内地和边远地区的经济文化发展。有利于建设一个遍布全国的大中小相结合的城市网，加速全国和各大区经济体系的形成。并可以适应现代国防的要求。工业布局的集中和分散，城市发展的大小不仅是工业内部、城市内部的问题，而且是工业和农业、城市和乡村的关系问题。城市发展以中小为主，便于工农业的互相支援，促进工农结合、城乡结合，为逐步消灭工农差别、城乡差别创造条件。

第一个五年计划期间，我们一方面合理地利用了东北和沿海城市的工业基础，扩大再生产支援全国，另一方面适应国家工业建设的迅速发展，对原有城市分布不合理的状况作了必要的调整，积极地在华北、西北、华中、西南等地区进行了新工业基地的建设。特别是 1958 年的大跃进，使许多地区，尤其是从来没有工业的中小城镇都大量地进行了工业建设，使全国工业生产力和城市的分布状况，发生了很大的变化。

---

❶ 李富春：1955 年 7 月在全国人民代表大会上关于第一个五年计划的报告。见中华人民共和国法规汇编。第二卷 307 期。

❷ 李富春：1955 年 6 月 13 日在中央各机关、党派、团体高级干部会议上的报告：“厉行节约，为完成社会主义建设而奋斗”。

❸ 中共中央关于 1957 年开展增产节约运动的指示。

1956年5月，国务院“关于加强新工业区和新工业城市建设工作几个问题的决定”中指出：“根据工业不宜过分集中的情况，城市发展的规模亦不宜过大。今后新建城市的规模，一般可以控制在几万至十几万人口的范围内；在条件适合的地方，可以建设二三十万人口的城市，因特殊需要，个别地可考虑建设三十万以上人口的城市；有特殊要求的厂矿或因限于地形条件，可以建设单独的工人镇”。这些指示仍然是今后确定城市规模的依据。

第五，城市规划与建设必须从实际出发，贯彻以近期为主，远期近期相结合的原则。

远期规划是城市发展的未来目标，它使城市循着有计划的合理的途径发展，是城市规划必要的组成部分。特别是在城市的总体布局上，如工业区的选择、住宅区的确定、干道网的布置等等，如果缺乏远见必然要造成建设上的浪费和长期的不合理。近期规划是城市建设的现实依据，它为当前建设服务，它必须对当前建设的各方面作切实的安排。因此近期规划有着更重要的现实意义，它是城市规划工作的主要环节。无论远期或近期都必须强调从实际出发，因地制宜，因事制宜，因时制宜。正确地处理近期和远期的关系，是城市规划工作的一个重要问题。两者是辨证的统一，而又必须以近期为主。第一个五年计划和大跃进期间，曾出现过重远轻近的主观主义偏向。着重远景发展的规划，忽视近期建设的规划，对远期规划要求过多过细，而对近期建设缺乏妥善安排，以致造成城市建设上的某些浪费。

实践证明，城市规划的编制应该是近期远期相结合以近期为主。远期对近期有一定的指导作用。反过来近期对远期也有补充和修改的任务。二者之间在不断规划过程中必须相互结合。那种从概念出发主观主义地定个远景的框框，而又硬要近期和当前的建设服从远景的规划思想或做法是不正确的。因为它不从当前的实际情况出发，不仅不能为建设服务，反而可能造成建设上的浪费和使用上的不便。

第六，适用、经济和在可能条件下注意美观是我国城市建设的一条重要方针。

早在第一个五年计划的第一年，党就提出了这一方针。城市的规划和房屋建筑的设计，首先应该注意适用、经济，这是完全必要的。但是对于美观问题也绝对不能忽视。在花钱不多的情况下，把城市尽量搞得美观，是完全应该的，也是可能的。十余年来，我国新城市的建设和旧城市的改建，都贯彻了这条方针。首先注意了城市总体布局的紧凑合理，根据各城市的特点和各项建设的要求，利用地形、地貌、山丘、河湖，作出合理的安排，形成完整和谐的城市面貌。注意了道路的走向、宽度、房屋的类型、建筑物布局的形式，各种建筑的空间组织及相互关系，街坊绿化的配置，文物古迹的利用等。根据适用、经济和在可能条件下注意美观的原则，从各方面为生产和居民生活创造有利条件。但同时必须正确认识适用、经济与美观的主次关系。“适用就是要服从国家和人民的需要，这是建筑中头等重要的问题……经济就是要服从当前国家的财力和人民的生活水平，要最大限度合理地、节省地使用国家的投资……建筑的美观当然也是重要的，我们决不否认建筑艺术而提倡丑陋，但是除了少数以满足艺术要求为主要目的的特殊建筑以外，建筑的美观一般地决不应当违反适用和经济的原则。美观而不适用，就是为次要的利益而牺牲主要的利益；美观而不经济，那不但是浪费了国家的财力，而且往往使需要住房子的人因为费用太高而往往住不起，其结果也就不能算作适用了”。[1]因此必须在当时的生产发

---

[1] 1955年3月28日人民日报社论；“反对建筑中的浪费现象”。

展水平的前提下全面贯彻这一方针。不顾适用和经济，片面追求所谓“美观”的形式主义是错误的。但根本不考虑美观问题，粗制滥造也是不正确的。

第七，坚持党的领导和群众路线的工作方法，是做好城市规划与建设工作的根本保证。

城市规划是一项政策性和地方性很强的工作，结合地方的实际情况，正确地贯彻党的各项方针政策是搞好城市规划的根本前提。因此城市规划工作必须坚持党的领导。十余年来，我国的城市规划，都是在地方党委的直接领导下由生产建设，计划各部门协作进行的。

编制规划的设计过程和实现规划的建设过程，都必须坚持群众路线的工作方法，反对专家路线。几年来特别是 1958 年大跃进以来，城市规划工作者，深入现场，实地调查，发动群众，讨论方案，已初步形成了一套群众路线的规划方法。只有这样，才能反映群众的要求使规划更切合实际，更好地体现为生产、为劳动人民服务的原则。

在建设过程中，采取国家投资、地方投资和群众兴办相结合的办法，依靠群众，自力更生，就地取材，土洋并举，大大加快了建设速度。

以上几点经验，都涉及了城市规划的原则性、理论性的问题，今后仍必须在党的领导下，在社会主义建设总路线和党的各项方针政策的指导下，通过我国社会主义城市建设的实践，不断学习，不断总结，创造出适合我国具体情况的社会主义城市规划的理论和方法。

第三章　城市规划的任务和编制工作

第一节　城市规划的任务

一、为什么要进行城市规划工作

在我们社会主义国家中，为了有计划地发展生产，在发展生产的基础上改善劳动人民的生活，因此就提出了有计划有步骤地进行城乡建设的任务。

要进行城市建设就会碰到多种多样的错综复杂的问题，例如：在什么地方建设城市？城市与所在地区的关系如何？城市的规模该有多大？如何保证城市有计划地建设和合理的发展；城市如何在功能上满足各种生产活动、社会活动和居民生活的需要；如何使城市的各项建设具备可靠的工程技术基础；如何使城市的综合造价及经营管理费用降低到最低限度；如何使城市有适于生产和生活的卫生环境；如何把城市建设成为一个美丽统一和谐的整体等等，所有这些就造成了城市建设的复杂性。

如果不编制城市规规，或者不认真地编制城市规划就进行建设是否可以呢？早在第一个五年计划的初期的建设实践中，就对这问题作出了结论：

“若干地方没有认真抓紧城市规划工作，对城市发展缺乏整体布局和统一领导，使工厂、住宅、交通运输及文教建设等方面的建设地区没有合理的布置，有的地方，工业区内建筑了住宅，住宅区内修建了工厂，上游工厂的排水影响下游工厂和居民的供水；甚至发生前修后拆等混乱现象。这种盲目分散的混乱状况，如再继续发展，就会增加将来改建旧城市的极大困难。”❶

“如果不做好城市规划，对住宅建设的地点、街坊的布置、公共生活福利设施的分布等不能及早确定，厂外工程设计和住宅区的设计就会发生混乱现象。例如道路的修筑，需要在工厂和住宅区施工之前完成，如果城市规划不定，道路的走向、宽度及坡度就无法确定；盲目修建可能造成返工浪费；推迟建设又会给企业建设造成困难。又如供水、排水、供电、供热等各种管线工程的分布，上下左右相互间的距离，也必须预先作统一的合理的安排，否则就会发生相互干扰的现象。过去有些城市缺乏统一的规划，盲目进行各项建设，曾经发生过很多弊病。例如房屋建设分散、公共生活福利设施重复浪费、公用事业配合不上、建筑混乱等等，以致造成了工业生产和职工生活的不合理和不方便，并且浪费了国家的资金。”❷

由此可见，不编制城市规划，或者不认真编制城市规划，盲目地、随意地进行城市建设，不仅会浪费国家的建设资金、浪费土地、延误建设进度，甚至还会造成长时期内难以更改的、不利于生产、不利于居民生活的严重后果。

在社会主义国家，城市为整个社会和全体劳动人民服务。城市建设是国家经济和文化建设的一个重要组成部分。因此，就具备一切必要的前提，就全国和各经济区生产力合理分布的原则确定城市的性质和发展的规模，统一规划和全面安排城市中的各项建设，就能够有计划地、合理地建设城市。

二、城市规划工作的基本内容

我国社会主义的城市规划工作是以下列的指导思想为基础的，这就是：

第一，要体现共产主义的政治方向，我国革命的最终目标是建成共产主义。社会主义城市建设必须为在全国范围内均匀分布生产力，合理分布人口和城镇，为促进工农差别、城乡差别和体力劳动和脑力劳动的差别的逐步消灭创造条件。此外，人民公社的出现，给予城市规划以新的任务，它不仅是社会主义的基层单位，“……可以预料，在将来的共产主义社会，人民公社将仍然是社会结构的基层单位。”“城市人民公社将来也会以适合城市特点的形式，成为改造旧城市和建设社会主义新城市的工具，成为生产、交换、分配和人民生活福利的统一组织者，成为工农商学兵相结合和政社合一的社会组织”❸，城市规划必须适应城市人民公社发展形势的要求。

第二，城市规划要符合社会主义建设原则，坚决贯彻我国社会主义建设的总路线和各项方针政策。

我国目前正在进行社会主义建设，其根本目的是在生产发展的基础上，逐步提高人民的生活水平，城市建设必须贯彻为生产服务，为劳动人民服务的方针。由于社会主义经济是计划经济，城市规划工作是在国民经济计划的基础上产生的，是国民经济计划的继续和具体化，因此规划工作必须贯彻国民经济“以农业为基础，以工业为主导”的方针，根据“全国一盘棋”的精神，就国民经济的发展速度和水平，将城市建设进行统一的部署，正

---

❶ 见 1953 年 11 月 22 日人民日报社论：“改进和加强城市建设工作”。

❷ 见 1954 年 8 月 22 日人民日报社论：“迅速作好城市规划工作”。

❸ 引自中共八届六中全会“关于人民公社若干问题的决议”。

确处理整体和局部，目前需要和长远利益之间，生产性和非生产性建设的关系。统一城市建设中的各种矛盾，使之符合多快好省的全面要求。此外，城市规划工作的目的就是为了更好地进行建设，为建设服务。因此，规划工作必须从实际出发，在考虑到长远利益的条件下，首先要满足当前建设的需要。城市规划的具体工作任务就是根据国民经济发展计划，在全面研究区域经济发展的基础上，确定城市的性质和建设方针，确定城市各部分的组成和数量，选择这些组成部分的用地，并加以全面的组织和合理的安排（即确定工业企业、各种交通运输设施、居住区等用地的位置及布局，拟定联系各个部分的交通系统等等），使它们各得其所互相配合，有计划地，互相协调地进行建设，为生产、为劳动人民的生活创造良好的物质环境。

根据以上所述城市规划工作的基本内容，概括起来，有如下几个方面：

（1）调查研究和搜集城市规划工作所必需的基础资料；

（2）根据国民经济计划，确定城市性质及发展规模，拟定城市发展的各项技术经济指标；

（3）合理选择城市各项建设用地，组织功能结构与道路系统，并考虑城市长远的发展方向；

（4）拟定城市建设艺术布局的原则和设计方案；

（5）拟定对旧市区的利用、改建的原则、步骤和办法；

（6）确定城市各项市政设施和工程措施的原则和技术方案；

（7）根据城市的基本建设数年和年度的计划与投资，安排城市各项近期建设项目，为各单项工程的设计提供依据。

由于每个城市的自然和现状条件、性质、规模、建设的速度各不相同，规划工作的内容应随具体情况而变化。如新建城市，它的建城地点是根据生产力的合理配置而确定的；很可能在某些地区原有物质基础较差，因此用地的选择和对当地自然条件的调查就十分重要。同时，新建城市一般第一期建设任务较大，期限紧迫，这就要求一方面要满足工业建设的需要，另一方面又要考虑生活服务设施的及时配合。此外，施工基地、建筑材料的供应、农村人口的安排及占用农田等问题，都是规划中很重要的内容。在拟进行扩建的旧城市中，由于有一定数量的居民和一定的物质基础，在规划时，必须考虑到潜在劳动力的发挥以及旧城的利用问题；同时，旧城又是历史上形成的，它必然与当前的生产和生活发生矛盾。因此，既要充分利用旧城，又要根据需要进行逐步改建，这就要求对旧城现状进行深入的调查研究，充分掌握各种情况，才能作出切合实际的扩建规划。

又如在工业城市的规划中，要着重经济资源、劳动力来源、原料来源、成品销售以及交通运输条件和工程地质的分析研究；而在作疗养城市中则应多注意气候条件、环境卫生、绿化特点以及适应症和禁忌症等因素对规划的影响。

总之，必须因地制宜，从实际出发，针对城市的不同性质、特点和要求来决定规划的主要内容以及处理方法，防止千篇一律，生搬硬套的现象。

三、城市规划工作的一些特点

从上面所述城市规划工作的任务和具体内容，就可以看到，城市规划关系到国家的建设和人民的生活，涉及政治、经济、技术和艺术等各方面的问题，是内容广泛而复杂的工作，为了对规划工作的性质能够有比较确切的了解，还必须进一步认识规划工作的一些特点。

城市规划是政策性很强的工作：

社会主义城市规划一方面关系到城市中各种生产建设战略部署，另一方面又关系到城市居民物质和文化生活的组织，编制城市规划几乎涉及当地国民经济的各个部门，特别在城市总体规划中一些重大问题的解决无不要关系到国家和地方的一些根本政策方针，例如：该城市主要发展什么工业？建设多少？规模多大？标准如何？劳动力、原料的来源如何？这就不是单纯的技术经济问题，而是关系到生产力配置、工农关系、城乡关系、国防问题等带根本性的战略部署问题以及所属工业系统的生产建设具体方针问题等。又如，要确定住宅的居住面积定额、居住用地指标等问题，也不是单纯的技术经济问题，而是关系到生产力发展水平、工农关系、积累和消费的比例关系等一系列重大的问题……由此可见，城市规划工作者必须坚持政治挂帅，加强政策观点，不断地努力学习党和国家的各项方针政策，并在规划工作中认真地贯彻这些政策。

城市规划是综合性的工作：

城市规划不仅是政策性很强的工作，由于它的服务对象是人，它要满足人们在城市中进行各项生产、生活活动的、物质的和精神的全面需要，因此城市规划工作具有广泛而又深刻的社会科学内容；另外城市规划不仅要在原则上确定如何建造城市，还要具体布置各项建设项目，研究各种建设方案，对这些工作中具体问题的解决，又必须以技术作为手段，特别在解决局部问题时，某些技术问题也常常是关键性的问题，这也说明城市规划又是一项复杂的技术性的工作。

另外，城市规划也是多种工程设计的综合。城市规划既为建筑、道路和各种公用事业福利设施等各单项设计提供建设方案和设计依据，又须统一解决各单项设计相互间技术经济等方面的种种矛盾，因而和各专业设计部门有较广泛密切的联系。规划工作者应具备广泛的技术知识，树立全面观点，在工作中主动和有关单位协作配合。

城市规划是一项地方性工作：

城市建设本身是一项地方性的事业，国民经济各部门的建设任务都是在地方统一领导下进行建设的。由于每个城市在国民经济中任务和作用不同，有不同的历史条件、发展条件及民族与地区特点，各个城市的规划任务，内容和方法也可能各异，因此城市规划应在中央总的方针政策指导下，充分地结合城市的具体情况。在总结和运用城市建设经验的时候，必须注意到我国社会主义城市建设一般性和各个地方的特殊性。规划设计也应从实际出发，因地制宜，满足地方建设的实际需要。

城市规划是长期性的工作：

城市规划既要解决当前建设问题，又要充分估计到长远的发展要求，因此城市规划工作既要有现实性又要有预见性。但是社会总是不断发展的，对很多未来的问题是很难准确地预计的，因此规划方案总是要随着社会的发展，新的情况的产生而需要加以修改或补充，不可能一劳永逸固定不变的。就这个意义来说它不同于一般的单项工程设计，而是一项长期性和经常性的工作。

虽然规划需要作不断地修改和补充，但每一时期的规划方案，还是根据当时的政策和建设计划，在调查研究的基础上而制定的，因而也是现实的，可以作为指导建设的依据。

城市规划工作虽然是复杂的，但只要政治挂帅和具备一定的基础知识，通过规划工作的实践，是可以学习和掌握的。城市规划工作者（以及与城乡规划工作有关的各种工程设计人员），必须正确地认识城市规划工作的这些特点，并不断地总结经验和探索其规律，这将有助于更好地进行城乡规划和建设工作。

第二节 城市规划工作阶段的划分

在城市建设进行时，从提出规划任务到进行各项建设，需要有一个长期的过程，和这个过程相适应的规划设计，也就有不同的阶段。一般包括下列几个阶段：

（1）区域规划；

（2）总体规划；

（3）详细规划；

（4）修建设计。

通常所指的城市规划工作，只包括第二、三两个阶段，也就是说城市规划工作一般分为总体规划和详细规划等阶段。区域规划和修建设计虽然没有包括在城市规划工作的范围以内，但它们和城市规划有着密切的关系。城市规划对区域规划和修建设计而言是一项承上启下的工作。一方面，城市规划应当在区域规划的基础上进行，以便保证城市规划符合国民经济发展的要求；另一方面，城市规划也应当为各个建设项目的修建设计提供依据，起到指导建设为建设服务的作用，以便各项建设在分别设计的情况下也能够相互配合，满足城市建设的整体要求。因此，从城市建设的全部过程而言，区域规划和修建设计是城市规划工作者在进行规划时，必须考虑和参与的。

还应指出，城市规划是为建设服务的。因此，在规划阶段的划分上，必须紧密切合建设的要求，根据需要来确定各阶段工作的重点、作法及内容，以达到密切配合建设需要的目的。

一、区域规划

区域规划是一定的地区范围以内的整个经济建设的总体部署。它从全国或大区性的经济发展着眼，根据国民经济计划和当地的自然、资源条件，有计划地配置生产力，合理地分布城镇，密切城乡、工农关系，为消灭三个差别创造条件。它的具体任务是对一定范围地区的工业、农业、城镇、居民点、运输、动力、水利、林业、建筑基地等建设和各项工程设施，进行全面规划，综合平衡；使该地区内国民经济的各个组成部分及各主要工业项目之间取得良好的协作配合关系，以便城镇和人口的分布更加合理，各项工程的建设更有秩序，以保证工业、农业和城市建设得到顺利的发展。

二、总体规划

总体规划为城市规划工作的主要阶段。它的主要任务是从一定范围的经济区域着眼，根据该城市的自然、资源、现状条件和国民经济发展的控制性计划，对城市中一定期限内的各项建设进行全面安排，综合平衡。它为城市的长远发展指出一个正确的方向和遵循的途径。

总体规划工作的重点，应放在城市发展的原则性问题和城市用地的战略布局上。它对城市近期建设起控制、指导作用，但不能解决近期建设中的具体问题。其具体内容有如下几项：

（1）确定城市发展的性质、人口规模、技术经济指标以及计算城市各项用地的规模；

（2）选择城市发展用地，确定城市功能结构、主要干道走向以及市、区中心位置；

（3）拟定城市工程准备措施和市政工程设施的技术方案；

（4）拟定有关城市规划的经济、技术、艺术、卫生、安全等方面的原则，包括对旧城现状利用和改建的原则和方法。

三、详细规划

详细规划是城市规划工作的一个阶段。它的任务是在近期建设地段上进行建筑规划布局以具体安排各项建筑、市政工程设施、道路、绿地的布置，为各单项设计提供设计依据。

详细规划的主要内容如下：

（1）确定建筑地段的街道、广场位置、坐标、宽度、标高和建筑红线；

（2）确定建筑地段内各项建筑、绿地的位置和用地界线；

（3）考虑房屋标准设计的选择和重复使用，并作出街坊或小区的平面布置；

（4）综合安排建设地段内各项管线、工程构筑物的位置和用地；

（5）编制各项建设的造价概算；

（6）施工组织设计的安排。

四、修建设计

修建设计的主要任务就是在详细规划中以一部分拟进行修建的地区根据详细规划对各项建设项目的要求，来确定这些项目的建设方案，并逐项做出技术设计，绘制施工图，进行工料分析，编制造价预算和施工组织设计，以指导施工的进行。修建设计是施工的依据，它解决各项工程本身的技术经济问题，因此修建设计一般都由各个专业部门担任。至于各项工程在城市中应按照什么要求进行修建，以及它们之间的互相关系，则应按照城市规划中的近期规划和详细规划加以解决。

以上所述，是城市规划工作的几个基本阶段，根据我国若干年来，许多城市规划实践的经验，如果一般地按照以上程序进行工作，仍然存在规划与当前建设脱节的情况，这除了由于在规划思想上或多或少地存在“重远轻近”等不正确的概念以外，在规划的程序和工作内容上，也有着一定的缺陷，因此根据若干设计部门几年来的探索和试验有必要进行近期建设规划工作。

近期建设规划的主要任务是根据已经确定了的或基本确定了的城市数年或年度的基本建设计划和投资计划，拟定城市在相应时期内的各项建设的总部署，它具体地贯彻和体现党在现阶段的各项方针政策，并发挥直接指导当前的城市建设的作用。

近期建设的具体内容如下：

（1）研究分析各基建单位提出的建设计划，进行综合平衡，发现矛盾，提出解决办法，使各项建设能顺利地进行；

（2）选择、部署城市近期拟建项目的修建地段，其中主要的公共建筑、道路、铁路站场线路、工程管线、桥梁等，应确定其具体位置及控制标高，综合解决各项建设之间发生的各种问题；

（3）安排施工场地、临时建筑、工程构筑物、道路等的修建及施工场地的供电、供水及其他管理问题，综合解决临时建筑之间、临时建筑与永久性建筑之间发生的矛盾；

（4）旧城拆迁改建的组织安排。

上面谈到的只是一般城市的规划阶段及其主要内容。在具体工作中，还应该明确下述几个问题：

（一）既要明确规划工作的阶段性，又要承认它的灵活性

城市规划一般均按上述阶段进行工作，这反映了它的普遍规律，它的每一个阶段都有相互联系的作用。但是规划阶段的划分必须以建设的需要为基础，因此在某些特殊情况下，还应灵活掌握。例如，有些地区由于条件限制尚未进行区域规划，但城市有修建任务，需要进行总体规划，这就应该变通执行，先搞总体规划。当然，在工作中就应特别注意研究城市与周围地区的经济关系，避免就一个城市孤立地进行规划，造成某些不合理的现象。有些城市的修建任务紧迫，总体规划由于时间或条件限制尚未深入进行，那就应该先对城市今后发展的情况进行“初步规划”和部署，集中力量进行近期规划和详细规划，并积极为总体规划工作创造条件。如果，仅是机械地按程序进行，没有上一阶段，就不做下一阶段，那势必影响建设的进度。

这里还应该看到，规划的各阶段既有承上启下的关系，也有相互制约，互为补充修改的关系。例如在近期建设规划中，发现总体规划有不切合实际或遗漏之处，那就应该及时对总体规划进行修改、补充。

此外，规划阶段的划分还要看具体情况而定。某些大中城市和问题复杂的城市应该明确工作阶段的划分，另一些城市如小城市和工人镇就不一定严格划分。

（二）各阶段工作内容应该由粗到细，粗细结合

城市规划各阶段的内容，也是根据建设的需要，实行由粗到细，粗细结合的办法，使规划工作不断深入、不断发展。有一些城市，由于条件的限制，暂时不能使总体规划达到预期的深度，但为了及时配合建设，可以着手编制所谓“初步规划”。然后逐步在此基础上发展。“初步规划”仍属总体规划范围，仅深度有所不同而已。

又如详细规划工作，过去一作就必须详细安排五年的修建量，现在看来这只是一种办法，当规划的时间与技术力量不允许时，对全局进行大致的部署的基础上可着重安排近期修建任务。在1958年以后，为了配合工农业生产大跃进的形势，详细规划工作对较长时期的修建范围（如五年）仅作粗略的轮廓性安排，对最近一、二年计划落实的修建任务，就进行细致深入的布置，改正了过去不分轻重缓急一律对待的倾向。这种先粗后细、粗细结合的工作方法是从实际出发的，因而就能更好地为城市建设服务。

（三）各阶段工作应该贯彻近期为主、近远结合的原则[❶]

城市的近期和远景有着对立统一的辩证关系，在城市规划的各个阶段中，都有近远期的问题，都必须贯彻“近期为主、近远结合”的原则。如总体规划尽管在图纸上没有解决近期建设的具体问题，但考虑城市今后发展本身就存在着近远结合问题，必须从城市的现状、当前国民经济的水平出发，离开了当前的具体情况，孤立地考虑远景发展，势必会导致规划脱离实际，造成严重的后果。

近期建设规划主要是安排当前建设任务。但在工作中也必然要结合今后城市的发展问题，如果只孤立地解决近期建设，而不考虑到城市的发展问题，那就会给城市今后的发展带来不利，同时也有可能出现近期建设不合理的现象。

总之，正确地贯彻近期为主、近远结合的原则，就能使规划工作既紧密地配合建设，同时又能预计和适应城市的发展要求，以更好地贯彻为生产、为劳动人民服务的方针。

---

❶ 参看第二章第二节（四）第五条“城市规划与建设必须从实际出发，贯彻以近期为主，远期近期相结合的原则”的一段。

第三节 城市规划的调查研究

一、城市规划调查研究工作的重要性

毛主席一再指示我们："没有调查，就没有发言权……任何一个部门的工作，都必须先有情况的了解，然后才会有好的处理。"❶即先有情况明，才能方法对，而要情况明，就需要进行认真的调查研究，这是作好任何工作的基本条件，对于城市规划工作，自然也不例外。

社会主义城市建设，毕竟是一桩新的工作，要熟悉掌握和运用社会主义城市建设的客观规律，还需要一个过程，还需要时间。过去城市规划工作曾经发生的一些错误，例如在第一个五年计划期间所批判的城市规模过大、占地过多、标准过高、求新过急等所谓"四过"倾向，除了由于缺乏经验等客观原因外，诚如毛主席所指出的："我们所犯的错误，研究其发生原因，都是由于我们离开了当时当地的实际情况，主观地决定自己的工作方针。"❷规划工作脱离了我国国情、地方具体条件和专业技术等要求，不能符合客观的规律性，当然就会在实践中失败。

一个城市的规划，能否很好为生产、为劳动人民服务，能否对建设实践发挥作用，以及规划设计质量的高低，很大程度上取决于调查研究的情况。只有正确地认识世界，才能正确地改造世界，如果没有对情况作全面系统的调查，对城市还缺乏基本认识，缺乏以调查研究的基本事实作为依据，就不可能作出切合实际的规划方案来。调查研究在整个规划工作过程中起着这种作用：它既是作为全面认识城市的手段，也是作为规划设计的依据。它是作好城市规划工作必不可少的重要环节，在整个规划过程中，占用时间也较多。

二、城市规划调查研究工作内容

城市规划各阶段任务不同，调查研究内容和重点也随之而异。在总体规划工作阶段应重点调查：区域生产力部署意图、工农业发展水平、矿产资源的分布、附近地区的经济联系、城市形成的基本特点、城市发展的自然、社会和现状条件等。在近期建设规划工作中应重点调查：国民经济发展项目和投资计划依据、建设条件、各修建单位在设计和建造方面的要求、当前城市建设中的薄弱环节和主要问题等。详细规划工作阶段主要调查内容有：修建项目，设计和施工文件、标准设计和个体设计选用图纸，修建地区详细的自然、现状等资料。

调查研究的内容很多，涉及面也广，但作为规划的基础资料，概括起来可分为四大类：①供政策研究的有关社会经济等情况资料，如工农业生产情况、基本建设投资、劳动力的分配、城市建设的标准和速度、城市居民的经济情况和生活水平以及贯彻执行有关方针政策中存在问题等。②有关城市发展的经济根据的资料。如地区的工农业资源、水电交通条件、城乡人口和劳动力情况、地区经济和生产协作关系及工业和其他各建设项目的计划意图和依据等。③有关城市自然条件的资料。如地形、气象、水文、地质、地震等。④有关城市现状条件的资料。包括城市历史沿革、土地使用情况、物质设施条件和水平，以及当前建设存在的问题等。

---

❶ "改造我们的学习"《毛泽东选集》第三卷，第802页。
❷ "在晋绥干部会议上的讲话"《毛泽东选集》第四卷，第1306页。

上述各项资料可以图纸及文字等形式表述。

三、城市规划调查研究的工作方法

作好调查研究,应具有正确的指导思想和工作方法。即必须树立阶级观点、生产观点、群众观点、政策观点和实事求是的科学精神，见物又见人，详细地占有材料，并作一番去粗取精、去伪存真、由此及彼、由表及里的科学分析和综合研究，认识城市形成和发展的本质问题，分析各个城市具体特点，抓住城市规划和建设的主要矛盾，才能从中引出正确的判断和结论。

对不同的城市进行规划，由于对象不同，任务也就有所区别，调查研究应当从各城市的具体特点出发，提出不同的调查内容和重点；在一个城市的规划过程中，不同的规划阶段，对各项资料要求的内容和深度也有所区别，调查研究也必须从实际出发，分清主次、缓急，循序进行。反之如果目的性不明确，为调查而调查，不仅造成人力和时间的浪费，而迫切需用的资料反而会有所遗漏，不能及时解决实际问题。

由于城市规划资料调查内容很广，工作量很大，调查研究必须广泛走群众路线，充分依靠有关业务部门，依靠城市居民，要向群众学习，切实了解群众需要，必须记住毛主席的话："没有眼睛向下的兴趣与决心，是一辈子也不会真正懂得中国事情的。"❶

城市规划是一项长期性的工作，规划方案付诸实现的过程，也是不断发现矛盾和解决矛盾的过程，同时随着国民经济的发展，社会生活的变化和建设实践的需要，还会不断出现新的问题。"实际工作者须随时去了解变化着的情况"。❷因此规划工作不能一劳永逸，而是一项经常性的工作。

第四章　区域规划

第一节　区域规划的任务

为了适应有计划、按比例、高速度地建设社会主义的需要，必须正确处理工业和农业、重工业和轻工业、沿海工业和内地工业、经济建设和国防建设、中央和地方、汉族和少数民族等重大关系问题，在全国范围内有计划地合理地分布生产力，是高速度地进行社会主义建设中一个带有战略意义的问题。

社会主义国家分布生产力的基本原则是：

（1）尽量使生产接近原料、燃料产地和产品的消费地区，以便有效地利用自然资源，消除不合理的运输，用尽可能少的投资，收到最大的经济效果。

（2）有计划有步骤地把工业分布在全国各地，在农业地区逐步建立起新的工业基础，使工业接近农业，工业和农业密切结合、互相促进，为逐步消灭工业和农业、城市和乡村之间的差别创造条件。

（3）逐步发展和提高少数民族地区和边疆地区的经济。

---

❶ 毛主席："农村调查"序言二。

❷ 同上。

（4）各个地区之间的经济，应当有计划地分工，同时，又使地区内部的经济得到协调的发展。

（5）应当适应于增强国防安全的要求。

工业布局问题，是生产力分布的重要环节。正如陈云同志所说的工业布局合理了，就可以更加充分地利用我国国土广大、资源丰富、气候良好、人口众多等有利条件，使工业能够更多、更快、更好、更省地向前发展；就可以使全国的工业体系能够较快地建立起来，并且逐步改变我国工业生产力分布不平衡的状态，促使全国各地区经济的普遍发展，促进工业和农业、城市和乡村的更好结合。❶

旧中国是一个半封建半殖民地经济极端落后的国家，工业的生产水平很低，工业绝大部分都集中在沿海的几个城市里。新中国成立以来，经过第一个五年计划期间的建设，尤其是第二个五年计划前三年 1958—1960 年国民经济连续跃进，在全国广大地区建起了大量的大中小型工矿企业，工业的生产水平和分布发生了显著的变化。钢铁工业原来 90% 以上集中在东北，现在全国各省、市、自治区都有了数量、规模不等的钢铁工业基地。从前工业基础极为薄弱的内蒙古、新疆、青海、甘肃等许多边疆、内地和少数民族地区，现在也建立了许多新的工业基地。但总的说来，目前我国的工业布局还是不平衡的，从根本上解决工业的均衡布局，还需要在“全国一盘棋”方针指导下，有计划有步骤地逐步实现。

随着社会主义建设的飞跃发展，今后应根据全国一盘棋的精神，在各大协作区逐步建立起比较完整的不同水平各具特点的经济体系。每个省、自治区，也将根据全国和大区的部署，结合资源特点，进行规划部署，分工协作，合理发展。同时，还可以在自己的辖区范围内划分若干经济区，根据全省的部署进行建设。而区域规划正是在这一基础上正确地分布生产力的一个重要步骤。

1956 年 5 月，国务院在“关于加强新工业区和新工业城市建设工作几个问题的决定”中，明确指出开展区域规划的重要性，并对区域规划的任务做了如下的规定，即：“在将要开辟成为新工业区和将要建设新工业城市的地区，根据当地的自然条件、经济条件和国民经济的长远发展计划，对工业、动力、交通运输、邮电设施、水利、农业、林业、居民点、建筑基地等基本建设和各项工程设施，进行全面规划；使一定区域内国民经济的各个组成部分和工业企业之间有良好的协作配合，居民点的布置更加合理，各项工程的建设更有秩序，以保证新工业区和新工业城市建设的顺利开展”。也就是说，区域规划的主要任务是：在一定地区内，根据国民经济发展计划和当地的经济条件、自然条件，对工业、农业、城市以及各项有关建设，做出总的战略部署，以指导地区的经济建设。通过区域规划，使国家关于生产力的部署进一步落实，使国民经济计划在规划地区具体化。

第二节　区域规划的内容

一、区域规划地区范围的划分

区域规划工作一般是在以下几种地区范围内进行的：

（1）综合性的工业地区。这种地区分布着一些生产上密切联系的工矿企业。有的是以本地区丰富的原料和动力资源的利用为主发展起来的；有的地区虽然资源不十分丰富，但

❶　摘自陈云同志“当前基本建设工作中的几个重大问题”一文。

由于具备良好的地理、交通运输条件，有时也会发展成加工工业为主的工业地区。

（2）重要的矿区。由于重要矿区的开发（如煤炭、有色金属、石油等矿），引起的与矿井布置相适应的居民点、冶炼和辅助工业以及矿区的运输、动力系统的建设，需要全面规划。

（3）建设大型水电站地区。由于水电站的建设和电力的利用，将出现新工业区，需要作全面安排。

（4）大城市周围地区。大城市的合理利用与逐步改造所引起的调整工业的布局；压缩和控制市区的人口规模；有关的交通、水利、电力建设；以及供应大城市的农副业生产等问题，都需要从大城市周围地区更大范围内考虑并做出部署。

此外，某些大河流的流域规划、大的森林采伐区规划等，也是区域规划性质的工作。

区域规划地区界线的划分，主要考虑以下几个方面的要求：

（1）经济联系上的要求。便于组织工业与农业之间，工业各部门之间的协作。

（2）某些重大工程的协作要求。工业、农业和城市建设，需要利用共同的交通、供电、水利等工程建设时，为保证彼此间的协调发展，应考虑在一个地区内统一安排。

（3）地理条件。应结合山脉、湖泊、河流等所形成的自然界线考虑。

由上所述，可知区域的界线应从政治、经济、技术条件和地理环境上的联系等多方面因素考虑而定。但在一些地区，也有按行政区划（或以行政区划为基础适当调整）而确定规划界线的，如以一个省或一个专区为范围。这种做法，便于工作领导和研究问题，也可作为划分区域范围的一个因素来考虑。

二、区域规划的主要内容

区域规划包括以下主要内容：

（一）工业企业的分布规划

分布工业，是区域规划的主体。它的任务是：根据国民经济计划，结合地区资源和建设条件，对地区的工业企业特别是主要工业企业进行合理的分布。另一方面，为了合理地分布工业，如发现计划中的项目，尤其是某些应该尽量在区域内进行产、供、销平衡的项目有所疏漏或不当的地方，也可以向计划部门提出修改和补充的建议。

在工业布点问题上，必须在前述生产力分布的五条原则的指导下，根据“适当分散和互相配合”的方针进行。

例如，郑州地区的工业布局，一方面根据市委关于控制市区人口不再增加的指示，在市区不再布置大工业，只建一些高、精、尖的和必须与原有大工业直接协作的工业，以充分利用原有基础。另一方面，把大部分工业都分散在各县城和开辟几个新工业区。避免了工业的过分集中，形成以郑州市为中心，各县城为城乡纽带的全区工业网。又如朝阳地区的工业布局，因为朝阳市工业基础尚差，根据省、市委指示，要求在近期尽快地将该市建设起来，形成全区的政治、经济中心，以加强对全区的领导，所以近期就在该市多分布了一些工业，但是仍然在全区配合以若干小型工矿区，并将一些与农业生产有关的小型农机、化肥和轻工业项目，分散布置于各县城和集镇。这些都基本上体现了生产力均衡分布、工业与农业相结合的方针，为促进地区经济建设的全面发展创造了有利条件。

工业分布，还要求各项建设经济合理，使建设投资省、速度快、成本低、生产协作方便。除了前面所述必须使工业分布尽可能接近原料、燃料产地和产品消费地区外，并须具有方便的水、电、交通条件，尽可能不占或少占良田。

此外，在当前还应切实贯彻“调整、巩固、充实、提高”的方针。在尽可能提高农业发展速度的前提下，加强工业对农业的支援；加快轻工业的发展；在重工业内部，应当抓紧采掘工业，使它们进一步适应加工工业发展的需要；在工业基本建设方面，应适当缩短战线，从各工业部门的现状出发，进行填平补齐，配套成龙，提高综合生产能力。

（二）农业规划

过去编制区域规划，一般都没有着重考虑农业规划问题。自1958年以来，特别是1959年党中央提出发展国民经济“以农业为基础、以工业为主导”的方针后，区域规划的农业规划工作，才开始被提到了重要的地位。

但是，在区域规划中如何进行农业规划，农业规划如何与工业、交通、水利等规划互相结合，都是新问题，尚须不断进行研究。根据近年来的工作实践看来，区域规划中农业规划的主要内容大体上是：

（1）根据“全国农业发展纲要”的规定，研究农业部门的发展计划。通过这一工作，分析本地区可能提供商品粮的数量和核实以农副产品作原料的工业项目的规模和建设速度。

（2）在专业计划的基础上，进行农业用地的分布规划，划定农业用地和林业用地；大体区分粮食作物和经济作物用地；据以安排农副产品加工工业的位置，以及更合理地布置城市及水、电、交通等基本建设用地，各种工程建设的线路走向尽可能不分割成片农业用地和破坏灌溉系统以利农业的技术改造。

（3）研究农业技术改造的措施和步骤，为深入考虑工业和农业相结合、工农之间的相互支援提供依据。譬如，通过对农业机械化、电气化发展水平和速度的研究，可粗略估算由农业战线提供剩余劳动力的可能数量，同时也可以大致估算农业机械的需要量，便于确定农机制造工业的规模和合理分布农机修配网等。通过对农业水利化的研究，有可能更合理地确定大型水利工程的建设进度以及统一安排工农业用水问题。通过对农用化学的研究，可较正确地估算地区化肥和农药的需要量，更好地拟定地区化学肥料和农药工业的发展指标等。

（三）交通运输、水利、电力等专业规划

在区域规划中，对交通运输、水利、电力等需要着重考虑下述问题：

（1）在地区工农业布局及居民点分布的基础上，把铁路、公路、水运、航空等交通运输部门的专业规划，综合在一起，使之互相衔接起来，合理组织相互间的协作与分工。同时，着重安排铁路枢纽用地、站场用地、干线走向以及航运码头、机场用地，以保证工业生产的便利和城市布局的合理。

（2）统一考虑地区的供电问题。电力部门已有的专业规划，多半是大型电站和区域电网的规划。编制区域规划时，还要在这个大框框的指导下，根据地区经济发展的要求，进一步调查供电现状，分析动力资源特点（水电或火电等）估算电力负荷和电力平衡；根据电力资源的合理利用，确定区域内电站分布和统一安排电力系统。

（3）全面地考虑水利资源的综合利用。一般地说，通过流域规划，对于工业用水、农田灌溉、防洪、发电、航运以及大中型水利工程建设的综合效益，考虑得都比较全面。在区域规划中，主要是在原有规划的基础上，通过一定的分析工作，使之进一步具体化。在规划中，应贯彻“蓄水为主、小型为主、地方为主”的水利建设方针，把农田水利规划和大中型水利工程结合起来，组成地区统一的水利系统，调节径流，保证水量，为实现农业水利化创造条件。由于大、中、小型水利工程的大量兴建，特别是大灌溉渠和水库的兴建，在规划中，还应特别注意解决水利工程与铁路、公路、城市、矿山等各项建设之间的矛盾。

（四）城镇居民点和风景、休、疗养区分布规划

城镇居民点的分布规划，总是和工业分布规划同时进行的。分布城镇居民点的主要问题是：如何充分利用现有基础，正确地选择城市位置和用地，贯彻城市建设方针，更好地处理城乡关系。

区域规划中城镇居民点和风景休养疗养区的分布规划主要内容是：在合理分布工农业生产力的基础上，确定新建城镇、工矿居民点的位置和用地以及原有城镇、工矿居民点的发展用地；拟定城镇居民点的性质和人口规模；在综合考虑工业和水、电、交通等工程问题的基础上，大致确定城市的功能组织。

三、区域规划的综合平衡

上述各项规划，并不是孤立进行的，必须统筹兼顾，全面安排。既要满足个别部门、个别企业的要求，更要考虑国民经济的整体利益；既要满足近期建设的需要，也要适当照顾远期的发展；既要考虑经济问题，也要注意国防安全。为此，必须进行综合平衡工作。

区域规划的综合平衡，一般包括以下几个方面：

（1）劳动力的平衡：需要概略计算工业基本建设和生产所需劳动力的数目，研究可能由本区招收和由外区调剂的数目，计算全区人口发展规模、城乡人口的大致比例，据以分析研究本区各项建设事业发展的可能性。

（2）商品粮的平衡：根据规划中的城市人口规模，估算商品粮的需要量，研究本地区可能提供的数量和调出、调入商品粮的可能性，据以进一步分析城市人口发展规模和速度的现实性。

（3）原料的平衡：包括工业原料、矿产资源和农副产品资源的平衡，从而研究各工业部门在本地区内最适当的发展规模。自然，研究这些问题也必须考虑到与其他地区的分工和联系。

（4）燃料的平衡：主要是煤炭的平衡。平衡的目的是为了研究本区的煤炭需要量，分析本区煤炭资源能否满足需要，外地提供的可能性和相应的运输方式。在煤矿区，这一平衡也是为了拟定本区煤矿工业的发展规模。

（5）动力的平衡：主要是电力的平衡。平衡的目的是为了研究本区电力的需要量、供电方法；以确定修建哪些电站和输电、变电工程以及水、火电力的配合等。在修建大型水电站的地区，进行动力平衡，一方面是为了据以拟定水电站的建设规模和进度，另一方面，也是为了研究电力分配和本地区的工业发展规模问题。

（6）建筑材料的平衡：研究本地区主要建筑材料的需要量，以便确定建筑材料工业的发展规模，或者确定由其他地区供应建筑材料的大致数量。

（7）运输的平衡：主要是研究货运量的增长和货流方向，以便确定需要修建哪些新的运输工程（如修建新的铁路），或者改造原有的设施（如改建原有铁路或增加复线等），并且研究在工业分布上如何避免造成不合理的运输。在有些地方，还需要研究铁路运输和水运的分工和配合问题。

（8）水利资源的平衡：在水源比较缺乏，特别是工农业用水有矛盾的时候，需要考虑

水量的平衡问题，研究本区水利资源能否满足工农业的需要，确定工农业用水的分配方案，同时也要统一考虑水力发电、航运等各部门的需要。

（9）建设进度的平衡。工业、交通、水利、电力之间，必须协调发展，因此必须研究相互之间建设进度的平衡，以保证按计划进行基本建设和投入生产。

在区域规划中，有关重大的问题，一般都应作出几个方案进行比较，以便权衡利弊，确定比较合理的方案。

第三节　区域规划与城乡规划的关系

城市建设工作，是国家经济建设总体中的一个重要组成部分。城市的发展，取决于所在地区经济的发展，城市的规划与建设，决不能只从城市本身着眼，而必须从一个地区的经济建设的全面部署出发，密切地注意与周围地区的经济联系和分工。

通过区域规划，一般可为城市规划提供下列依据：

（1）根据工业分布规划，相应地确定城市的位置和用地。

（2）根据主导工业的性质，相应地确定城市的性质和发展方向。

（3）根据工业及其他各部门的发展和对于城乡劳动力的分析，大致确定城市人口发展规模。

（4）根据对于工业企业和交通、动力、供水、排水、水利、防洪等工程的综合布置，可大致确定城市的功能组织。

在实际工作中，区域规划和重点城市的规划工作，往往是同时进行的。这是因为：

（1）区域规划为城市规划提供的依据，正是城市规划首先需要解决的最根本的问题。同时通过城市规划又可以使这些问题考虑得更全面和深入。

（2）区域规划中有关工业厂址、水、电、交通布置中的矛盾，往往发生在城市附近，直接影响到城市的布局和发展，两者结合进行，可以收事半功倍之效。

（3）迫切需要进行区域规划的地方，往往正是城市规划工作任务最紧迫的地方，同时进行，可以节省人力和时间。

综上所述，可以看出，区域规划和城乡规划的密切联系。因此，一般说来，城市规划工作应该在区域规划的基础上进行。但是，有的迫切需要进行城市规划的地方，不一定已有区域规划，在这种情况下，同样必须要求城市规划工作从全面出发，用区域规划的观点和相近的某些方法，处理有关城市发展的重大原则问题。

自 1958 年以来，有些城市在还未做区域规划的情况下，采用了一种作“经济联系图”的办法，用以分析区域经济的发展、交通联系、建设条件对城市的影响，为合理地确定城市性质、规模和有关工程问题创造了有利条件。

由于各个城市所处条件不同，要求解决的主要问题也不尽一致，因而“经济联系图”所反映的内容也有所不同。不过，大体上应该包括：

（1）附近资源的分布情况，包括矿产资源和农业资源。

（2）与本市联系密切的城镇，及其主要的工业类型和规模。

（3）现状和计划的水、电、交通工程和线路走向。

（4）其他对城市发展和布局有影响的各种因素。

第二篇　城市总体规划

第五章　城市的性质与规模

社会主义城市是有计划地进行建设的。在编制总体规划以前，对于城市在一定期限内的发展性质和规模，应进行科学的分析研究，以便为规划方案提供可靠的经济依据。

在我国的规划实践中，结合国民经济的发展计划，一般以10—15年作为期限来考虑城市的发展远景。期限定得太短，在一定程度上会妨碍城市的合理发展；期限太长，则由于形势发展变化很快而难于对远景作出正确的估计。近期的发展规模以近期建设计划作为基础，一般为3—5年左右。

为了正确地确定城市发展的性质和规模，必须首先认识社会主义城市形成与发展的一般规律。

第一节　城市形成与发展的基本因素及基础

在社会主义国家中，城市发展的性质、规模和速度，直接决定于国民经济计划中所提出的工业、交通运输等事业的发展规模及速度。它们通常被称为城市形成与发展的基本因素。

工业是形成与发展城市的最主要的因素。社会主义城市大多数是由于工业生产发展引起人口的集中而形成的。作为城市基本因素的工业是指基本工业，其产品主要是满足城市范围以外地区的需要，这些工业对城市的性质和规模起着直接的决定作用。而那些只为本市居民服务的工业（如食品厂、缝纫厂等），其发展是取决于城市规模的大小，它不是组成城市的基本因素，我国大多数城市是以工业为基本因素而形成的。例如鞍山市的发展即以钢铁工业为基本因素；三门峡水利枢纽的兴建和由它引起的基本工业的布置，促使了三门峡市的形成。

其次，对外交通运输（铁路运输及水上运输等）也是城市形成与发展的基本因素之一。对外交通运输与国民经济各部门的发展有紧密的联系，它将工业与工业、城市与城市、城市与农村互相联系起来。对外交通运输设施的设置及其规模，不只决定于某一城市的要求，而且决定于与其有关系的国民经济各部门的要求。在一般城市中，它的运输量、职工人数、用地面积对决定城市的发展及其规划布局都有很大影响。

我国有些城市中，对外交通运输为其形成与发展重要的基本因素。例如，郑州市的发展与它地处两条铁路干线的枢纽有很大关系。再如湛江新港的建立，直接促使湛江市的进一步发展。

非地方性的行政经济、文化教育及科学研究机构（如中央、大区、省和自治区、专区的机构）也是城市形成与发展的基本因素之一，但在一般情况下它不是主要的因素。这些机构是为所在城市范围以外的地区服务的。如中央所属的高等学校是为全国服务的，省的科学研究机构是为全省服务的。这些机构的人口及占地面积，都影响到城市人口及用地规模。因此一切为该城市范围以外服务的公共机构也都是组成城市的基本因素之一。

其他例如某些大型休疗养机构的设置，也通常是带有全国性的或地区性的。对于以休疗养为主的城市来说，休疗养机构的规模、职工人数及用地，往往在很大程度上决定了城市的人口及用地规模。

基本建设部门（不包括市内一些以养护维修为主的建筑单位），也是形成城市的基本因素之一。基本建设机构在新城市形成的初期阶段或原有城市大规模扩建时，往往成为一项相当重要的因素。

在一定情况下，国防事业也是城市形成与发展的一个重要因素。

实际上，形成一个城市的基本因素总是多种多样的，它们往往共同促使一个城市的产生和发展。

促使城市形成与发展的因素很多，但是城市的发展归根到底还是要以农业生产的发展为基础。因为城市中工业、交通运输、文化教育等事业的发展，都首先取决于农业能够提供多少商品粮食、劳动力、经济作物、短途运输能力以及能提供多大的社会购买力。离开这些条件，仅仅就工业论城市或就城市论城市，都是片面的❶。

首先是商品粮的问题。城市人口必须有足够的商品粮食的供应，才能进行正常的生产与生活。按我国目前一般的粮食消费水平，要维持一个城市人口（包括口粮和工业等其他间接用粮），每年每人大约需要粮食 600—800 斤。这样大量的商品粮食就要依靠农业生产者在满足本身消费之余所提供的剩余粮食。换句话说，就是剩余粮食多少，城市人口也就只能增加多少，超过这个界限，就根本谈不上城市的发展。

其次，与商品粮紧密相关联的是劳动力的问题。城市要发展，就要增加从事工业、交通运输、基本建设及其他服务事业的劳动力。这些劳动力主要是来自农业。农业人口转入城市，主要依靠农业生产力的提高，在保证一定商品粮的前提下能同时提供多少剩余劳动力投入非农业生产。也就是说，城市能发展多大，还必须取决于农业能提供多少剩余劳动力。

第三是经济作物问题。它直接影响着工业发展的规模和速度。在目前我国工业总产值中，以农产品为原料的约占 30%—40%，轻工业有 89%的原料来自于农业，重工业生产所需的辅助原材料，也有相当大一部分是农副产品。同时，城市人口要维持正常生活，还要依赖农业提供必需的蔬菜、肉类等副食品。能否保证需要农产品作原材料的工业继续生产或扩大再生产以及满足供应城市生活所必需的大量副食品，这归根到底还得看整个农业生产发展的水平。既要保证粮食，又要保证工业原材料，还要保证非农业人口的副食品供应。这样，脱离开整个社会商品粮食的供应限度去考虑城市规模，超过经济作物产量去发展以农作物为原材料的工业，不考虑城市副食品的供应而去提高城市人民生活，必然会产生许多难以解决的问题。

---

❶ 参看第二章第二节第（四）项问题中第二条“城市规划与建设，只有贯彻国民经济发展以农业为基础，以工业为主导的方针，才能更好地为生产、为劳动人民服务。”

第四是短途运输问题。这是当前维持城市正常生产、生活的一个十分重要的环节，实际也是劳动力问题。短途运输跟不上，外来的物资卸不下，城市的产品运不出，市内无法调配，城郊的农产品也无法进入，生产生活秩序就会受到严重影响。目前，我国城市的短途运输还大量依靠畜力和人力，非机动车辆一般都占城市车辆总数的95%以上。这样大量的畜力和人力主要也得来自农业。因此在满足农业生产的条件下，要统一安排，能把多少畜力和人力从农业生产领域中转向城市。城市的发展超越了这个限度，就会使城市短途运输紧张，或者就会返回来再影响农业生产。

第五是社会购买力问题。从全国来说，社会购买力主要是5亿农民的购买力。我国目前轻工业产品大约有三分之二是供应农村，重工业产品也有很大一部分以农村为市场。因此，工业生产发展的规模和速度，还必须看农业生产发展的水平。在现阶段，农村主要经济性质仍是集体所有制，以工业品交换农民的产品，乃是我国巩固工农联盟的经济基础。必须根据农民生产生活的需要，生产必要的农业生产资料和生活资料，在等价交换的政策下使工农业结合起来，才能贯彻中央所提的不但在社会主义革命中贯彻工农联盟为基础，而且在社会主义建设中也同样贯彻工农联盟为基础的方针。

由上所述，可以看出，社会主义城市发展的规模和速度，归根到底，必须取决于工农业生产发展的水平。工业生产的发展往往是促使城市发展的直接原因，而其基础却是农业的发展。

第二节　城市性质及规模的确定

城市的性质就是一个城市在国家政治、经济、文化生活中所担负的任务与作用。城市的性质往往是由组成城市主要基本因素的性质所决定的。

我国的城市按其性质，大体上可分为以下几类：

（1）以工（矿）业为主的城市。在这类城市中主要是工业生产，但是对外交通运输、行政、文化机构等也往往是组成城市的因素之一。其中对外交通运输有时也是相当重要的。这一类城市中也有多种工业的综合性工业城市，如黄石（有冶炼、水泥、纺织工业）以及以某一种工业为主的城市，如钢铁工业城市——鞍山，石油工业城市——玉门。

（2）以交通运输为主的城市。如海港城市——湛江，内河港埠——裕溪口等。

（3）县镇。它是一个县的政治经济文化中心。县镇的工业主要是为农业服务的。它是我国数量最多的一种小城市。

（4）以风景疗养为主的城市。

城市的性质往往是综合性的，而同时又以某种性质为主。

城市性质对城市人口的构成、用地组成、规划布局以及公共建筑的内容标准等方面，都在城市建设一般的规律下有其独特的特点。例如，一般工业城市中工业职工是城市人口的基本组成部分；而在休、疗养城市中，休、疗养人口为主要的基本组成部分。又如，交通运输为主的城市中，交通运输设施的用地较多，而在一般城市中就较少。另外，各种性质城市往往在布局上也不相同。再如，省会城市与县镇在公共建筑的内容及标准上均不相同，县镇的公共建筑要更多地考虑周围农村的需要。

因此，明确了城市的性质，可以使城市规划工作者更好地认识城市的不同特点，以便于把规划的一般原则和各个城市的具体情况相结合，使规划作得更切合实际。

城市的发展规模是指一定期限内城市发展的人口数量。规划工作中需要估计远景及近期的城市人口规模。

我国的城市按人口规模大致可分为以下几类：

特大城市　　　　大于 100 万人口。

大城市　　　　50 万—100 万人口。

中等城市　　　　10 万—50 万人口。

小城市　　　　10 万人口以下。

城市规模是城市规划的重要依据之一，它影响到城市用地大小；建筑类型、层数比例；文化福利设施的组成和数量；交游运输量、交通工具的选择和道路的宽度；市政设施等的组成和标准；郊区用地规模和城市布局等一系列重大问题。因此，各种不同规模的城市，在城市规划与建设上具有不同的特点。在规划工作中，正确地确定城市的发展规模是保证规划和建设达到经济合理的关键之一。

确定城市的性质和规模必须从全局出发，根据国家所确定的该城市政治、经济、文化、国防上的任务，在区域的工农业生产力分布及交通运输、动力、水利系统等规划的基础上来进行。因此，假如该城市所在地区已进行了区域规划，城市规划工作者就应充分了解区域规划所确定的具体城市的性质、规模，并以此作为依据。

在我国目前有不少地区尚未编制区域规划的情况下，城市规划工作者应收集有关资料，研究与城市有密切联系的周围地区的资源条件、交通条件及建设条件，分析形成与发展该城市的各基本因素，以明确城市的发展性质，估计城市的发展规模。

国民经济计划的项目是确定城市性质与规模的基本依据。国民经济计划规定了工业与农业、重工业与轻工业、生产资料与生活资料、积累与消费等的比例关系，同时也确定了工业发展的速度、各主要产品的产量和质量指标、劳动力平衡等等，这些都是确定城市性质、规模的基本依据。

城市的建设条件对城市的发展也有很大影响。建设条件一般包括交通运输、动力供应、给水排水、建设用地及城市现状等条件。在有的情况下，该地区虽有丰富的资源或方便的交通运输条件，但往往由于用地不足或水源缺乏，使城市的发展规模也受到限制。

在建设条件中，城市的现状基础，特别是该城市基本因素的现状基础（如工业、对外交通运输等），对于研究改建及扩建城市的性质和规模来说更为重要。

影响城市性质、规模的因素还很多，如行政、经济、文化、科学机构的性质和作用等也有一定影响。所有这些因素往往不是单一的而是错综复杂的，因此进行分析时一定要抓住其中的主导因素。

第三节　城市人口规模的推算

社会主义城市规划中推算城市人口的方法与资本主义国家的方法有根本的区别。

社会主义城市的人口是在有计划地发展生产的基础上发展的，因此推算人口的方法是以计划经济为基础的，它体现了社会主义制度的优越性。

资本主义国家有许多形式主义的计算城市人口的方法，如：根据过去几年的人口发展的统计来推算将来的发展速度；使用各种复杂的百分比公式以及使用渐减曲线来推算若干年后的人口等。这些方法都是错误的。因为即使在资本主义社会，城市人口的发展也是一个复杂的社会经济现象，不能机械地将过去的发展用来推算将来的发展。当然，这种方法也根本不适合于社会主义计划经济条件下的人口变化规律。

社会主义城市采用“劳动平衡法”来计算城市人口。这是苏联早在第一个五年计划期间就采用的方法，新中国成立后，在城市规划工作中，结合了我国的具体情况，也采用这个基本方法。

一、城市人口分类

为了正确地推算城市人口，必须以国民经济计划为基础，来研究城市劳动力的使用和分配的比例关系。因此，按照劳动平衡法的原则，须要把全市居民按其有无劳动能力，划分为劳动人口及非劳动人口。在劳动人口中，又按其参加工作的性质和服务范围划分为基本人口和服务人口。非劳动人口又称为被抚养人口。所以城市的人口共划分为三类：即基本人口、服务人口、被抚养人口。

（一）基本人口

系指主要是为外地服务的厂矿、机关、学校的职工。基本人口的多少不受城市大小的影响，相反地它决定了城市的规模。

基本人口包括：

（1）产品主要为外地消费的工业企业、手工业职工；

（2）对外交通运输职工：包括铁路、空运、水运、公路职工；

（3）基本建设部门（包括勘察、设计、建筑、安装单位）的职工；

（4）非市属行政经济机关、群众团体工作人员：包括中央、大区、省级机构工作人员及外地驻本市的工作人员等；

（5）高等院校及中等专科学校的师生员工；

（6）非市属文化、艺术、科学研究机构工作人员；

（7）非市属的休疗养机构的工作人员；

（8）其他基本人口。

（二）服务人口

系指主要为当地居民服务的职工，服务人口的多少，决定于城市的大小。

服务人口包括：

（1）为本市居民服务的工业及手工业职工；

（2）市属的以养护维修为主的建筑业职工；

（3）市属党政群团机关职工；

（4）商业系统职工；

（5）服务性行业——如旅馆、食堂、饮食业、浴室等职工；

（6）市内交通运输业职工；

（7）公用事业机构人员：包括自来水公司、煤气厂、污水处理厂、消防队、清洁卫生等机构的工作人员；

（8）市属医疗卫生保健机构工作人员；

（9）市属教育机构工作人员；

（10）文化艺术机构工作人员；

（11）其他服务人员。

（三）被抚养人口

被抚养人口包括：

（1）18岁以下未成年人口和60岁以上的老年人（不包括不到劳动年龄和已过劳动年龄的在业职工）；

（2）残废而丧失劳动能力不能从事社会劳动的人口；

（3）从事家务劳动的妇女及未工作人口。

二、城市人口构成

城市人口构成（亦称人口劳动结构）一般是以基本人口、服务人口及被抚养人口占城市总人口的比例来表示。

确定规划期内城市人口的构成，首先要确定劳动、非劳动人口的比例关系，而这一比例关系大体上随着城市人口的年龄结构而变化。为了研究城市人口的年龄结构，一般可以根据统计数字作出年龄分析图（图5-1），其次要确定劳动人口中基本人口与服务人口的比例。这些比例关系随着城市不同时期的规模大小、建设性质（新建、扩建或改建）等而有变化。

影响城市各类人口构成比例，有各种各样的因素。例如大城市的公共福利设施种类多，水平较高，其服务人口比例比一般中小城市大些；随着生产的发展和人民生活水平的逐步提高，也会使服务人口的比例有所变化；流动人口多的城市，往往服务人口的比例也比较大。又如城市人口的自然增长率影响着城市人口的年龄结构，在一定程度上决定了被抚养人口所占比例的高低；城市中家庭妇女的比重及其就业程度也影响着劳动人口与非劳动人口的比例关系。

我国在进行社会主义建设的过程中，新旧城市在人口构成的变化上，反映出一定的规

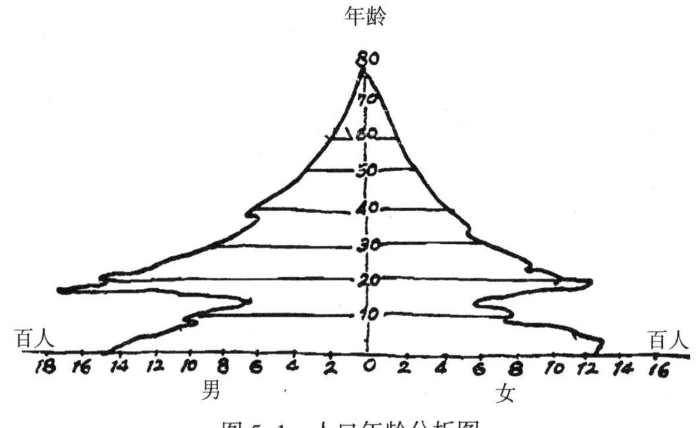

图5-1　人口年龄分析图

律性。一般新城市或扩建较大的城市，在建设初期，由于职工带眷较少，单身职工较多，因此被抚养人口比例较低。另外，由于建设初期的生活福利设施不够完善，服务人口比例也较低，相应地基本人口比例就较高。但是，随着职工家属的迁入，人口的自然增长及生活福利设施的逐步增设，基本人口比例会比初期有所下降，服务人口及被抚养人口比例有所上升。例如，某新建工业城市，1956 年大规模建设开始时，基本人口占 44.8%，1960 年下降到 34.4%。一般情况下，随着城市逐步建成，各类人口的比例就会相对稳定，但这往往需要经过一个较长的过程。

我国的旧城市，在解放以前绝大部分都是消费性的，基本人口比例很低，服务人口和被抚养人口占极大的比重。新中国成立后，消费城市已经逐步改造成为生产城市，基本人口比例也逐年上升，服务人口和被抚养人口比例逐步下降。例如某特大城市，1950 年基本人口仅占 11.8%，1958 年上升为 24.6%；而服务人口和被抚养人口则由 88.2%下降为 75.4%。近年来，随着技术革命与技术革新运动的开展，很多企业都进一步提高了劳动生产率，做到“增产不增人”或“增产减人”，对城市中劳动潜力也进行了充分挖掘，这些对人口比例均有一定的影响。

目前城市服务人口现状比例约为 12%—18%左右（大城市较高，小城市较低），今后由于人民生活水平逐步提高，服务人口的比例还会有所提高。因此一般城市可控制在 15%— 20%左右是较为合适的（苏联为 18%—23%）。

根据各城市的统计，可以确定 18 岁以下少年儿童的比例，约占总人口的 40%—44%左右。老年人约占总人口的 5%—6%左右。随着国家经济的发展，妇女就业的增加，家庭妇女在总人口中的比重也将逐步减少。如某大城市家庭妇女占总人口的比重，1957 年为 13.8%，大跃进后的 1959 年降为 7.3%。估计该城市今后家庭妇女在总人口中大约将占 5%—6%。综合上述，则我国城市被抚养人口比例约为 50%—55%左右（苏联为 47%—52%）。相应地可以确定，基本人口比例约为 30%—35%左右。

近期人口的比例，由于各城市的具体条件不同，难以统一，可根据具体情况确定。

综上所述，远期人口比例可以下表作为参考。

表 5–1

人口分类	小城市（10 万人以下）	中等城市（10 万—50 万人）	大城市（50 万—100 万人）	特大城市（100 万人以上）
基本人口	32%—36%	30%—34%	28%—32%	26%—30%
服务人口	12%—16%	14%—18%	16%—20%	18%—22%
被抚养人口	50%—55%	50%—55%	50%—55%	50%—55%

三、城市人口推算

推算城市人口，大体要进行以下几项工作：

（1）了解基本人口发展的绝对数。根据国民经济发展计划，到各有关部门搜集基本工业、对外交通运输、基本建设、非地方性行政、经济机关、科学文化团体职工和大学、专科、中等专业学校师生员工人数发展计划。搜集此项资料，须要注意计划必须落实，数字必须可靠，防止过高或过低估计职工发展的趋势。如果缺乏长远计划，则应该会同各部门，对远景的可能发展作出一定的切合实际的估计。

（2）分析城市现状人口构成。主要是研究城市现状人口年龄构成，了解劳动人口与非劳动人口的现状比例；研究城市现状劳动力分配的特点，了解服务人口的现状比例；研究城市附近地区农业劳动力的情况，研究城市内部劳动潜力——新劳动力的成长、社会剩余劳动力就业的可能、现有劳动力的调整以及劳动生产率提高的情况等等，以此作为确定今后城市人口构成的依据。这项工作必须深入、细致，尤其是在现有的大、中城市，这些现状情况的调查研究，是控制和压缩城市人口的基本依据。

（3）确定服务人口和被抚养人口的比例。这两个比例的确定，必须在分析现状人口比例的基础上，考虑到城市性质、规模、职工带眷情况、妇女就业条件及城市公共服务设施水平等因素。

（4）在确定基本人口绝对数和服务人口、被抚养人口构成比例之后，可按下述公式推算城市总人口：

$$城市总人口=\frac{基本人口绝对数}{1-（服务人口百分数+被抚养人口百分数）}=\frac{基本人口绝对数}{基本人口百分数}$$

例如：根据国民经济计划，某城市基本人口将达到32000人，确定服务人口比例为16%，被抚养人口比例为52%，则：

$$城市总人口=\frac{32000人}{1-（16\%+52\%）}=100000人$$

城市人口推算仅仅是一种概略地估计，对于近期人口的发展规模，应该根据近期建设计划，作更细致的平衡和计算。

城市人口推算，不单纯是数字计算工作，而更主要的是研究城市经济发展规律和劳动力分配之间的关系。关键在于对城市经济发展的预计是否正确，劳动力分配（包括城乡间、城市内部）是否合理，否则，即使计算再细致，数字再精确，也不可能正确估计城市发展的合理规模。

因此，进行城市人口推算工作最重要的问题在于深入领会国家各时期的方针政策，特别是贯彻国民经济发展以农业为基础和城市发展以中小为主的方针；细致地进行调查研究，切实地进行推算。对于现有的大、中城市，还应该相应地提出压缩城市人口的建议和措施意见。❶

[附录]国务院关于城乡划分标准的规定

关于城市和乡村的划分，现摘录1955年11月7日国务院全体会议第20次会议通过的“国务院关于城乡划分标准的规定”供同学学习时参考。

“由于城市人民同乡村人民的经济条件和生活方式都不同，政府的各项工作，都应当对城市和乡村

---

❶ 参看第二章第二节第（四）项问题中第四条“城市发展应贯彻大中小相结合，以中小为主的方针，反对大城市思想。”

有所区别，城乡人口必须要分别计算。为了让各部门在区别城乡的不同性质来进行计划，统计和其他业务工作的时候有统一的依据，现在规定城乡划分标准如下：

（一）凡符合下列标准之一的地区，都是城镇：

甲、设置市人民委员会的地区和县（旗）以上人民委员会所在地（游牧区流动的行政领导机关除外）。

乙、常住人口在2000人以上，居民50%以上是非农业人口的居民区。

（二）工矿企业、铁路站、工商业中心、交通要口、中等以上学校、科学研究机关的所在地和职工住宅区等，常住人口虽然不足2000，但是在1000以上，而且非农业人口超过75%的地区，列为城镇型居民区，具有疗养条件，而且每年来疗养或休息的人数超过当地常住人口50%的疗养区，也可以列为城镇型居民区。

（三）上列城镇和城镇型居民区以外的地区列为乡村。

（四）为了适应某些业务部门工作上的需要，城镇可以再区分为城市和集镇。凡中央直辖市、省辖市都列为城市，常住人口在2万人以上的县以上人民委员会所在地和工商业地区也可以列为城市，其他地区都列为集镇。

（五）市的郊区中，凡和市区毗邻的近郊居民区，无论它的农业人口所占的比例大小，一律列为城镇区，郊区的其他地区可按第（一）、（二）、（三）三条标准，分别列为城镇，城镇型居民区或乡村。近郊区的范围由市人民委员会根据具体情况确定。”

第六章　城市用地选择和用地组织

城市用地选择和用地组织是城市总体规划的重要工作内容。城市用地选择是在区域规划基础上，在一个小区域范围内，选择城市用地的位置及范围。城市用地组织是在该用地上对城市各功能部分统一组织安排，使各得其所，有机联系，以满足生产、生活的要求。

城市用地的组织，一般是在城市用地选择的基础上进行。但也有可能在进行城市用地组织时，根据某些组成部分的特殊要求，须进一步选择城市用地，或另做选择。因此，这两项工作具有密切的联系。

在城市用地的选择和城市用地的组织工作中，要注意下列几点：

（1）城市用地选择必须克服单纯从城市用地要求出发的不正确观点，争取不占或少占农田，特别是少占良田，应尽量利用市区范围内可能利用的荒地、坡地及其他农业上价值较差的用地。

（2）城市用地的选择和组织，应充分利用现状，为少花钱，多办事，创造条件。

（3）应综合考虑生产和生活上的要求，首先满足生产上的要求。

（4）进行一个城市用地选择与组织的不同方案比较时，既要做经济比较，也要防止单纯经济观点。须把经济比较放在政策的指导之下。

要做好城市用地的选择和组织工作，必须充分地进行调查研究，这是作出比较合理的方案的前提。

第一节　城市用地选择、用地组织与自然条件、现状条件的关系

城市规划与建设受自然条件影响很大，自然条件（气候、地形、地质等等）影响着城市的位置、城市总平面的布置、居住建筑类型、市政工程的设施等各方面。

自然条件中可以分为两类：一类是对于城市规划和修建有影响，但一般对城市用地选择并不一定起决定性影响的，如日照、气温等气候条件；另一类乃是对于城市用地选择起决定影响的，如地形地质等条件。进行城市用地选择时，大多是着重研究后一类自然条件与用地选择的关系。新城市用地选择与自然条件有着更加密切的关系。

一、气候条件的影响

我国地域广大，由于地理位置的不同，各个部分气候条件也殊不同。在东部、东南部沿海基本上是海洋性气候，其他大部分地区属于大陆性气候，大部分处于温带、亚热带。这些多种多样的气候条件，要求城市规划工作因地制宜，利用其有利方面，避免及改善不利的方面，使之对生产、生活有利。

对城市规划与修建影响较大的气候现象有日照、风象、温度、雨量等。

（一）日照

城市中的建筑物，为了获得良好的日照条件，必须有合适的朝向及间距。因此日照条件影响到建筑的布局，同时也影响到道路的走向。

在坡度较陡的地区，最好选择朝阳（向南）的山坡为城市用地。

（二）风象

城市中某些工业排出有害的气体，煤烟和灰尘，为了避免对居住区卫生的影响，有害工业区应布置在城市常年主导风向的下风方向。

在城市中决定街道走向，布置建筑及绿化的时候，也必须考虑到风向的问题。如在有大风沙的地区，或沿海有台风的地区，街道应避免平行风向，并须布置防护林或绿带，以尽量减少对城市的不利影响（图 6–1、图 6–2）。

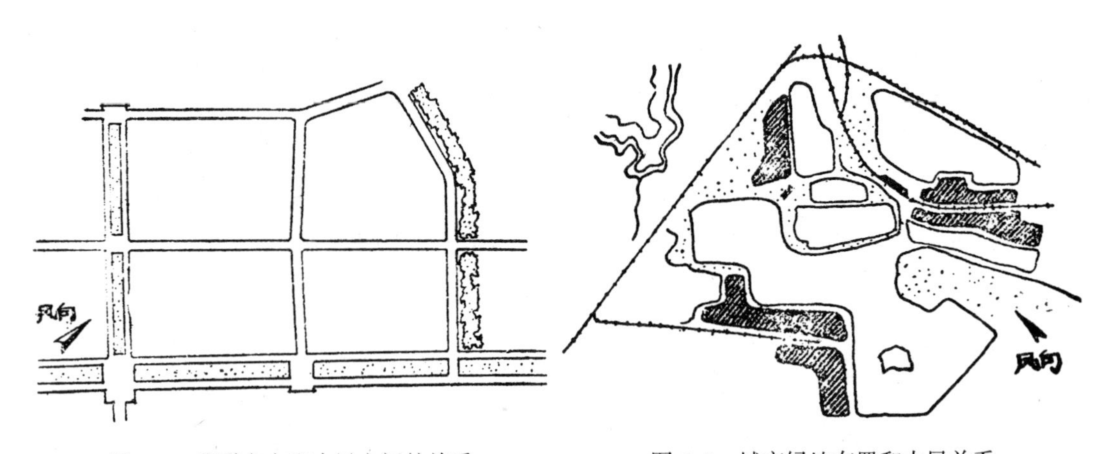

图 6–1　街道方向和大风之间的关系　　图 6–2　城市绿地布置和大风关系

南方炎热地区，沿海的海风由海洋吹向大陆，可以改善住宅区内部的小气候，并可引入新鲜空气，街道方向应在地形条件允许下，平行于这些风向。如上海的一些主要街道，如北京路、南京路、福州路、延安路等，都平行于海风方向，虽是过去形成的，但在这一点上有可取之处。

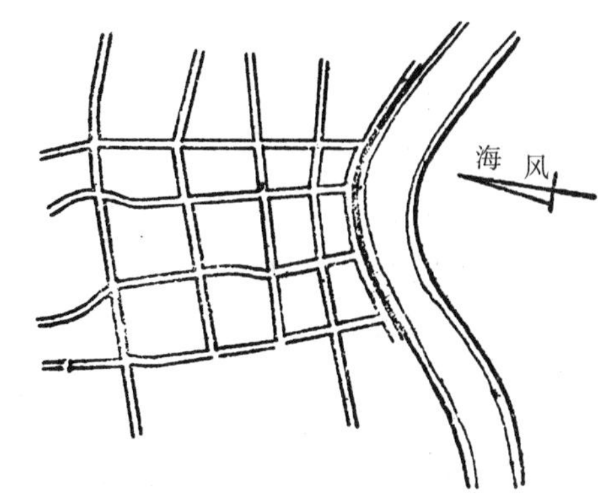

图 6-3　平行于有利风向的街道

（三）温度

气候和土壤温度的变化，对城市生活居住用地选择、城市建筑的形式、建筑及绿化的布置等，均有影响。

气温是由地理纬度，离开海洋远近，和海中的热流，地势高低和其他许多因素来决定的。如南京，在地理位置上来说并不应那么热，但由于它三面环山，形成气温的炎热。

人感到非常舒服的温度范围为 18—20℃，称为最舒适的有效温度。

在北方应注意居住房屋的取暖问题，而居住街坊内的建筑密度可以高一些。在南方由于天气炎热，而冬天又不太冷，因此街坊内的建筑间距最好宽一些，绿化要多一些。

（四）雨水

布置城市街道网时，要考虑有利于排除雨水。雨水的数量和强度影响到排水体制（合流制或分流制）的选择。靠山的城市雨水会引起山洪，要考虑设置排洪沟。沿河湖城市要将城市用地选在不受一般洪水淹没地区，或须考虑防洪措施。

南方雨水多，绿化条件良好，应尽量利用这有利条件，改善居民的工作与生活环境。

二、地形条件的影响

地形条件直接影响城市用地选择及功能组织，它影响城市道路系统的布置，城市管线工程的布置及城市绿化系统及建筑的布局等。

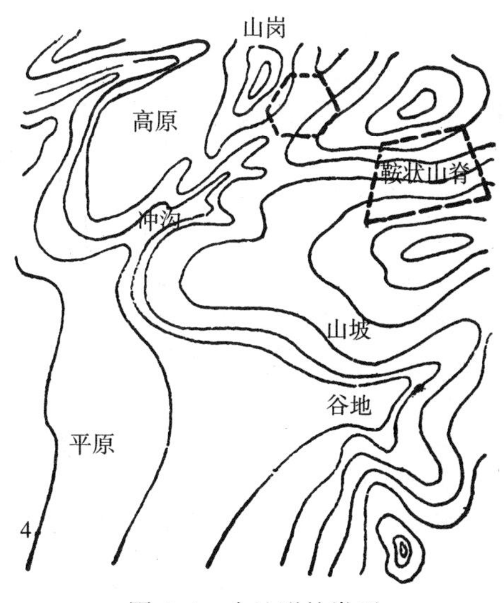

图 6-4　小地形的类型

地形按其特征，分为以下两种：

大地形：具有各种不同的巨大的地形形式，而且标高差别很大。

小地形：具有较小或小块的地形形式，带有地方性的特点。

大地形的基本形式有平原、丘陵、山地三种：

（1）平原。用地较完整，没有山冈、丘陵起伏、凹地和沟谷，河流坡度不明显。

（2）丘陵。是许多不太大的山冈，相对高度不超过 200 米，坡度的轮廓线比较缓和，山脚部分不十分显露。

（3）山地。用地表面较破碎，并被不同宽度的河谷或峡谷所分割。

从城市建设工程来看，平原地形最为有利。丘陵地形对建筑、道路工程及上下水工程，困难较多，土方量比较大。山区地形，则工程上的困难更多一些。而从农业生产上看，平原农田由于便于灌溉等原因，一般都是良田，产量较高，而丘陵次之，山地对耕作就更加困难。因此在考虑用地的地形条件时，应全面、综合地比较，尽量选用坡地、丘陵，争取少占或不占良田，采取一定的工程措施克服修建的困难。

小地形在很大程度上决定了城市的功能组织、街道网、居住建筑的布置。

三、地质条件的影响

（一）工程地质

城市中各种建筑物、构筑物对土壤承载力有一定的要求，有些重型的工厂对承载力要求较高，不同层数的建筑也对承载力有不同的要求。因此土壤容许承载力影响各组成部分的用地布置。规划时要调查城市用地的工程地质条件，并作出分析（图 6–5、图 6–6）。

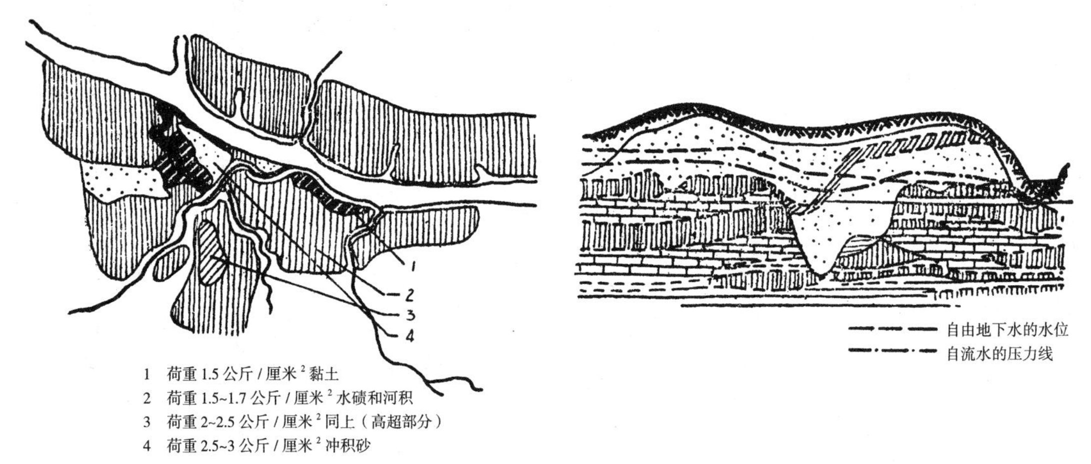

图 6–5　用地岩石分布与容许荷载图

图 6–6　城市用地地质剖面图

几种我国较常见的不同工程地质条件的用地：

（1）戈壁滩，荒地。我国西北分布有大片戈壁滩与荒地。戈壁滩系第四纪的砂砾层，深度往往可达几百米，地形平坦，承载力很高。但它缺乏土粒成分，水源稀少，种植条件差，气候变化较剧，对生产生活影响很大，尤以修建施工时困难更多。荒地与戈壁滩相似，但不含砾石，土质成分较多，间或夹有小的砂丘，施工条件较戈壁滩为好。

选择城市用地时，可考虑选用靠近农田的戈壁滩或荒地，特别是靠近旧有居民点的戈壁滩或荒地。

（2）黄土，又称大孔性土壤。大孔性土壤与其他黏土不同的特点是，当其干燥时有较高的耐压力，但潮湿时会产生大量沉陷，促使建筑其上的建筑物，构筑物发生变形，在某些情况下甚至遭到破坏。因此作为基础时要有良好的防水措施，基础离开压力管需要有一定的距离。黄土按其下沉性质分为三级，在可能条件下，应少选用第三级大孔性土壤作为城市用地。

（3）砂丘。一般分固定和活动两类，已固定的可用作城市用地，但不宜修高层建筑，特别不宜作为机器基础。活动的砂丘（新目性砂丘）往往沿主导风向移动，城市用地在可能条件下，应选择于活动方向的上方，在必须选择活动方向的下方时，必须用机械的或栽种植物的方法加以固定。

（4）盐渍地。地下水位较高，地下水含盐分较多，土壤毛细现象较显著。工程地质条件较差，绿化条件也差些。但是选择此类用地往往与农业的矛盾小些，可以考虑选择盐渍程度较低的用地，作为低层居住建筑的用地。

（5）沼泽地。经常处于水分饱和状态，具有大量有机质的土壤，承载力较低。一般严重沼泽地不宜用做城市用地。如城市的小部分用地为沼泽地时，应降低地下水位，排除积水。

（6）矿区的采空区。矿区的采空区上选作城市用地，一般是不相宜的，但是如果经过与采矿部门共同作详尽的调查研究与分析，采空区对地面建设实属无害的，则亦可选作城市用地，因为在采空区上，布置一些生活居住用地，可以与矿口接近，减少工人上下班往返距离。特别在用地不足的城市中更有特殊的意义。

（二）水文地质

水文地质条件——水源往往对于城市用地选择有决定性的意义。如果水量不够，有可能使城市或某些用水量大的工厂另行选择用地。因此必须了解地面水源及地下水源的蕴藏量、流向与水质情况，考虑采用地面水或地下水作为水源的可能性。

四、自然地质现象的影响

对城市最有影响的自然地质现象有冲沟、滑坡、喀斯特、地震、矿泉等几种。

（一）冲沟

冲沟是土地表面较松软的岩层被地面水冲刷而成的凹沟。稳定的冲沟对城市用地影响不太大，（这些冲沟只要采取一些措施即可用来建筑或绿化。）活动的冲沟会继续分割城市用地，损坏建筑道路、管线及其他构筑物，必须采用引水或者填土等方式，防止冲沟的继续发展。

（二）滑坡

土坡由于坡度过大或因土壤颗粒含水饱和，内聚力减少而发生土体沿弧形下滑的现象称为滑坡（图 6–8）。

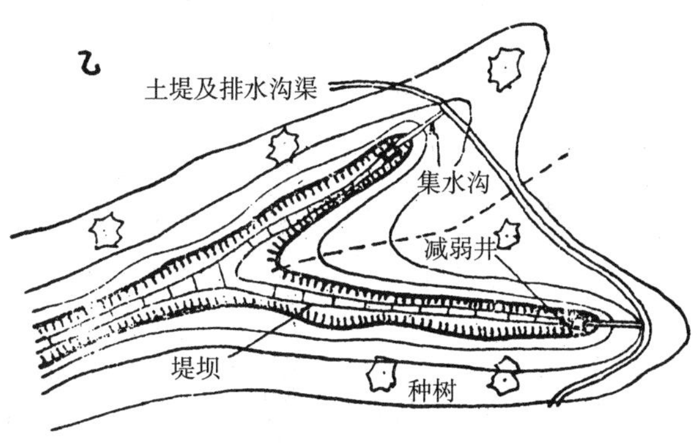

图 6–7　冲沟及其防治示意图

将可能产生滑坡的用地选作城市用地，必须考虑防止滑坡的可能性，并拟出具体措施。

（三）喀斯特现象

是由于含有二氧化碳、硫酸盐、氯等化学成分的地下水的溶解作用，使石灰岩、白云岩、石膏岩内部形成空洞，而导致地面土层沉陷或坍落的现象。

城市用地应尽可能避免用喀斯特用地，如必须使用时，应详细调查喀斯特程度的不同，进行用地分区，规定各地区内允许的承载力（影响工业区位置、建筑层数）并采取可能的措施，防止喀斯特现象的严重发展。

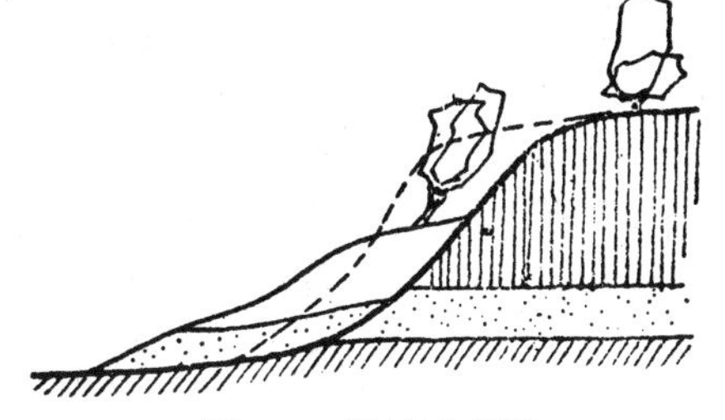

图 6–8　滑坡示意图

（四）地震

地震对城市建设有很大影响，七级以上震区应考虑在结构上采取防震措施。九级和九级以上震区一般不宜作为城市用地。大体上地台性地区比较稳定，地槽性地带，有强烈褶皱和大的断裂，是不稳定的。山地与平原相接处，是升降运动显著的地方，也是不稳定的。必须在区域规划进行城市布点时，考虑这些因素。

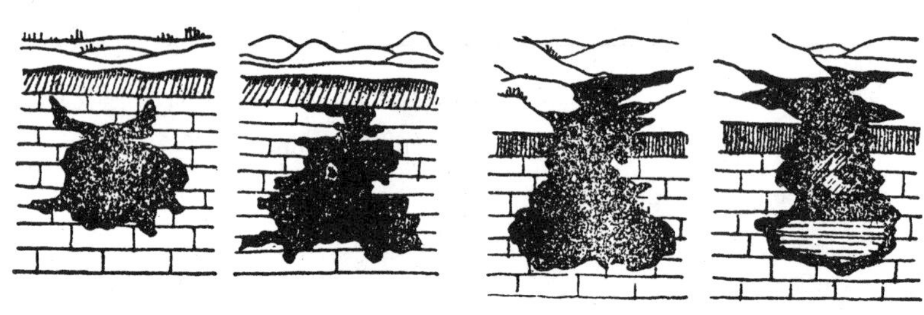

图 6–9　喀斯特现象形成示意图

如城市用地采用七级以上地震区用地时，应考虑选用地质条件较佳，地下水位较深的用地。否则因为地质和水文地质条件不良，受地震危害更大。

（五）矿泉

我国有丰富的矿泉资源，它不但有医疗的功能，而且可提炼工业原料及作为热能的源泉。应利用它作为休疗养用地。我国著名的温泉很多，如重庆的南、北温泉，西安华清池，北京小汤山等。

五、用地卫生条件的影响

水面除了作水运外，对城市小气候有一定的调节作用。但是河湖流速小于 0.2 米 / 秒，或水深不超过 2 米时，有孳生孑蚊，传染疟疾的危害。因此选择城市用地时应考虑湖塘的整治与疏通。

土壤除承载力外，亦要调查是否被粪便、垃圾、坟地、牲畜掩埋场等污染。如要选择被污染的用地作为城市用地，必须迁坟及牲畜掩埋场，使粪便垃圾熟化，在垃圾层较厚，超过基础深很多时，这部分用地不宜用作建筑用地。

六、城市用地的综合评定

评定城市用地，通常是根据用地的自然条件和人为的影响以及修建的要求等全面地进行综合分析。城市用地一般分为下列三大类：

第一类　适宜修建的用地。

适宜修建的用地，是指地形平整、坡度适宜、地质良好、没有被洪水淹没危险的地段。这种地段一般不需要或者只需要采取极简单的工程准备措施，就可进行修建。适宜修建的地段，通常要具备以下几个条件：

（1）非农田或在该地区中农业价值较低的用地。

（2）土壤的承压力能达到一般建筑物地基的要求（建筑物对土壤承压力的要求的参考数值见表 6–1）。

各类土壤的容许承压力，应以建筑工程部所编的“天然地基设计暂行规范”中的规定为依据。

（3）地下水位低于一般建筑物基础的砌筑深度，或者不降低地下水位即可进行修建，而

建筑物所要求的土壤承压力　表 6-1

建筑层数	土壤承压力不小于（公斤 / 平方厘米）
1 层	0.75—1.0
2 层	1.0—1.5
3—4 层	1.5—2.0
4 层以上	2.5 以上

又对建筑物无妨碍。建筑物对地下水位的要求见表 6-2。

建筑物对地下水位深度的要求　表 6-2

建筑层数	地下水位应低于地面（米）
低层建筑	0.8—1.0
3 层以上建筑	1.0—1.5
有地下室的建筑	2.5—3.0
道路	1.0

（4）不会被百年一遇的洪水淹没。

（5）平原地区地形坡度一般不超过 10%[❶]。

各项建设用地对地形坡度大小的要求各有不同，它们一般的最大和最小坡度可见表 6-3。

各项建设用地的适宜坡度　表 6-3

用地名称	最小坡度（%）	最大坡度（%）
工业用地	0.5	2.0
铁路线路	0.3	2.0
铁路站场用地	—	0.6
城市道路：主要道路	0.3	4
次要道路	0.3	6
街坊道路	0.3	8
建筑物：大型建筑	0.3	2.0
中型建筑	0.3	5.0
低层建筑	0.3	8.0
机场	0.5	2.0

工业用地，如各车间可布置在不同高度时，则最大坡度可更提高。

一般的大型、中型、低层建筑，采取建筑设计及规划布置的方法，可使最大坡度值更加提高。

❶ 此处所拟定的坡度偏低，根据某些经验来看，妥善地运用规划布置及建筑设计等方法，可以采用更大坡度的用地，以争取利用坡地，少占良田。适宜修建用地坡度的具体数字，尚须进一步研究，加以确定。

（6）没有沼泽现象，或者用简单方法即可排除积水。

（7）没有冲沟、滑坡和喀斯特等不良地质现象。

必须说明，以上各表中的数值，仅供用地评定时一般参考之用。在规划和设计工作中将根据城市的具体情况而有所变动。

第二类　必须采取工程准备措施加以改善后才能修建的用地。

属于这类用地的有：

（1）土壤承压力较差，布置建筑物时需要修筑人工地基的地段。

（2）地下水位较高，需降低地下水位的地段。

（3）能被洪水淹没，但淹没水深不超过 1.0 米，受百年一遇洪水淹没不超过 1.5 米需采取防洪措施的地段。

（4）地形坡度较大，在平原地区一般坡度大于 10%，但不超过 20%，以及山区地带坡度在 20%以上，但不超过 30%，修建时需采取一定措施的地段。[1]

（5）地面有积水或沼泽现象，需采取专门的工程准备措施加以改善的地段。

（6）有不大的活动性的冲沟、滑坡和喀斯特现象，需采取一定措施的地段。

第三类　不宜修建的用地。

属于这类用地的有：

（1）农业价值很高的农田。

（2）土壤承压力很差，一般容许承压力小于 0.7 公斤 / 平方厘米，如厚度在 2 米以上的泥炭层和流砂层等地段（这类用地需要很复杂的人工基础才能修建）。

（3）地形坡度过陡，须要很复杂的工程措施的地段。

（4）经常受洪水淹没，淹没深度超过 1.5 米的地段。

（5）有严重的活动性的冲沟、滑坡、喀斯特等现象防治时须要很大工程量的地段。

（6）其他限制建设的地段。

所谓不宜修建的用地，并不是说绝对不能进行修建，在现代工程中，几乎没有绝对不能用来修建的用地。但是利用这类土地，从贯彻“以农业为基础”和“勤俭建国”的方针来看，是不合适的。因此通常不选用这类用地进行修建。但如果由于某种特殊的需要，经过技术经济比较，虽增加一些投资和工程量还是合理的，那么这类用地仍可利用。

除了根据自然条件对第三类用地的修建适用程度进行评定外，还有因其他原因而限制修建的地段，如：具有开采价值的矿藏地带、开采时对地表有影响的地带、给水水源防护地带、现有铁路用地、机场用地或其他永久性设施用地等，也列入第三类用地范围之内。

以上三类用地的划分系一般条件下所采用。在进行城市用地选择时，应根据当地具体条件，具体分析，对各类用地的具体标准、数字进行补充、修改，以更切合实际情况。

对自然资料进行收集，分析后，编制城市用地评定图。在该图上，画出洪水线（50 年一遇，100 年一遇）；地下水 1 米、2 米等深线；不同承载力区；不宜修建的陡坡地、冲沟、滑坡（沼泽地）；有用矿藏范围和矿区地表不能修建的地段或其他条件限制不能修建的地段等，分别以不同颜色表示。同时，根据综合评定，在图上表示出三类用地的范围，并附以简单说明。

---

[1] 此处所拟定的坡度数字亦需要进一步研究。

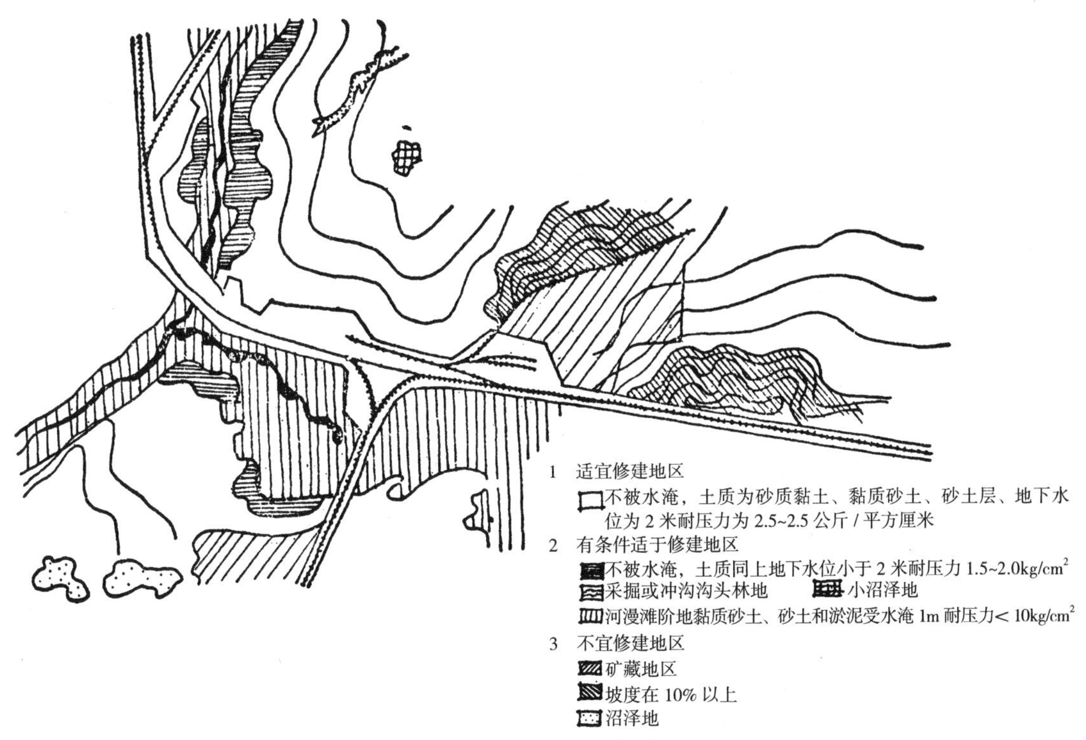

图 6–10 用地评定示意图

评定城市用地，需要搜集的自然资料较多，在实际工作中常常根据实际情况，因时因地制宜地有所增减。但一般分为：

（1）地形图。图纸比例为 1 ： 5000 或 1 ： 10000，通常和总体规划图的比例一致。

（2）水文资料。水文资料包括规划地区和有关地区的河、湖、海、渠道等的水文资料。具体有：

①水位：历年逐月最大、最小以及平均水位，历史上不同周期（如百年一遇、50 年一遇、25 年一遇、十年一遇等）最大洪水水位，洪水淹没范围、面积和淹没区概况；

②流量：历年逐月最大、最小、平均流量，历史上不同周期的最大洪水流量；

③流速：历年逐月最大、最小、平均断面的平均流速；

④含砂量：历年逐月最大、最小、平均断面的含砂量；

⑤河道情况：河道变迁沿革及其主要原因，河床淤塞过程及其主要成因，河岸冲刷位置、范围、主要特征和主要成因。

此外，还需搜集现有的或设计的水工构筑物（如桥涵、闸坝等）的水文计算资料；群众性水利运动和有关水土保持后对水文影响的资料。

（3）地质及工程地质资料，具体有：

①地质构造：地层形成的地质年代，岩层的成因和特征，含矿岩层的分布、露头位置、岩脉走向；

②地震：地震等级，震源和震中的位置，有感半径和破坏半径的范围，历史上发生地震的记录；

③物理地质现象：活动断层，有显著的土层侵蚀，流泥、流石、崩陷、塌方、滑坡、喀斯特、沼泽等现象的位置、范围、成因及活动特性；

④土层构造：地质柱状图、剖面图，土壤颗粒分析和物理化学性质；

⑤土壤承压力（或叫土壤承载力、耐压力、耐压强度）：不同承压力的土壤位置、范围和面积；大孔性土壤、黄土层、泥炭土、腐植土、有机土（即含有有机物的土壤）的位置、范围、土层厚度及其特性。

（4）水文地质资料，包括：

①地下水水位及流向：地下水等水位线和基本流向，不同埋藏深度的位置、范围、面积；

②泉水和自流井：泉水和自流井的位置、流量、流速和水压，最大、最小、平均日涌水量，潜水层厚度和构造概况，水源补给区位置和范围。

（5）矿藏资料。

①地下矿藏：矿藏名称、范围、数量、品位和开采计划；

②古矿井：采掘深度、范围、开采和停止时间、沉陷情况等；

③人工采掘坑和其他破碎，低洼及有碍卫生的地段等；

④建筑材料：包括砂、石、黏土及其他材料的资料。

（6）气象资料。包括风向频率，风速、气温、降水量、暴雨强度及日照等。

（7）地方建设经验资料。包括对本地地质、水文等自然条件的利用经验和评价，现有重要建筑物的建设条件和使用情况等。

搜集上述资料时，应和搜集城市规划基础资料结合起来进行，以免重复。

在搜集资料的同时，还必须进行系统的分析，附入有关单位的结论，并提出对用地总评价和分析的意见。

七、城市用地选择用地组织与城市现状条件的关系

城市的现状是在一定的历史时期建设和逐步形成的，是客观存在着的。

城市的现状一般是指城市生产、生活所构成的现实状况（如生产、生活、交通运输等情况）和已经形成的城市建设的物质及精神要素。（如建筑物、构筑物、街道、城市艺术风格等）。

我国大多数城市是在原有的城镇基础上进行建设与规划的。因此进行城市建设和规划就应考虑这一条件。一般来说，现状对城市建设和规划，有这样一些影响：

首先，它影响城市的进一步形成与发展。

现有城市的性质、规模、劳动力的状况、物质技术条件等等，都是研究该城市改建、扩建的重要条件。

在研究城市发展的各项技术经济指标时，也是脱离不开原有现状基础条件的。

现状对城市发展来说，它一方面是城市发展的因素，但在一定条件下，如该城市规模过大，或用地发展受到某种客观条件的限制，那它又将成为限制城市发展的重要因素。

其次，它影响城市用地选择及规划布局。

在旧城市布置新工业时，就必须考虑新工业与现状之间的相互位置、旧区现状的适用程度，以及现状的利用和改建等问题。如工业靠近旧区，则可充分利用旧区的各项设施条件而减少投资。反之，则要另辟新区增加建设投资，这些都要看旧有现状可利用的程度，用地的具体条件等，来综合研究加以决定。（图 6–11，参阅本章第三节第四段例一）如果，当对旧区原有现状条件的利用达到一定限度时，再继续布置新工业，使城市规模过分扩大，则原有的公用设施等条件不能满足发展的需要，因而必定限制城市规模的继续发展。

研究城市的现状应注意两个方面。一是城市生产、生活的现实状况，如人们的政治、经济、文化生活情况。另一方面是构成现有城市的物质要素。因为，旧有基础的改变，它不只是新旧用地、新旧建筑的代替，而且是人们生产、生活的变更。

对待旧城市的现状，应当采取充分利用和逐步改造的方针。充分地利用旧有现状基础，这是贯彻党的勤俭建国方针的重要方面。

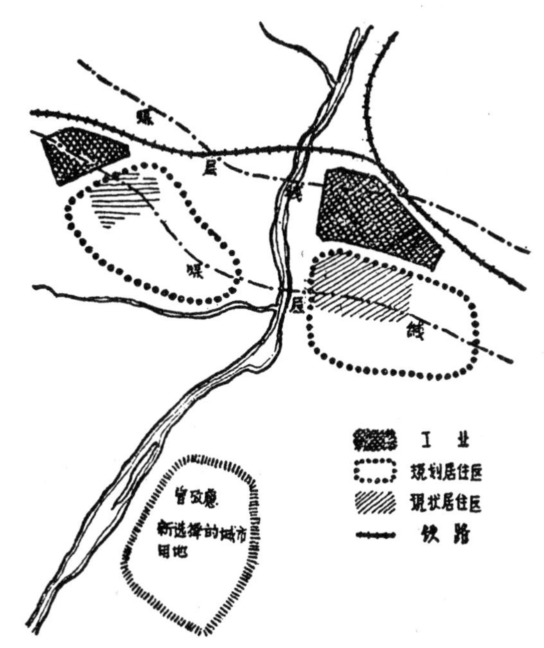

图 6–11　城市用地选择靠旧城

该城市用地选择紧靠旧城。由于采空区的影响，以及为了使城市用地完整，曾考虑远离旧城，选择城市用地。经过详细分析采空区上地段使用的可能性，决定在旧城附近，选择城市用地，既节约了用地，也节省了基本建设投资，贯彻了勤俭建国的方针。

城市的现状是一个时期甚至长期逐步形成的，它形成的内容，新旧程度，利用的价值很不一样，这也就决定我们对待城市现状在利用和改造上采取的方法，步骤应有所区别。如那些今天和将来仍然对城市生产、生活起作用的，则应当进行保留，使之进一步为社会主义建设服务。那些不完全符合生产、生活要求，则需分别情况根据需要与可能，逐步加以调整，改变使用性质或适当改建。至于那些对人们生产、生活确有妨碍的，则应根据其不同的程度及经济的可能性来进行改造。总之，对于现状的利用和改造是一个问题的两方面，利用是基本的，改造的目的也是为了更好地利用，而加以利用后，又会引起必要的改造。因此要搞清它们之间的辩证关系。

如上所述，我们可以了解城市现状对城市用地选择和进行规划有着密切的联系。深刻的认识和掌握现状就需要不断地进行城市现状的调查研究工作，使得我们进行的规划能从实际出发，切实可行。

第二节　城市地区用地组织

一、城市地区居民点布点

在区域规划城市布点的基础上进行城市规划的时候，首先要解决的是在一个小地区范围内，布置一个较大的居民点呢还是布置几个较小的居民点？城市采取集中紧凑的布局形式呢还是采取分散的形式？沿河城市是沿着河流的两岸还是一岸发展……这些问题一般是通过城市地区居民点布点的工作来加以解决的。

城市地区居民点布点工作是在一个小地区范围内进行城市的战略性部署。而居民点本身的结构是在确定居民点布点的基础上，对其各组成部分进行统一的安排，这就是通常所谓的城市功能组织工作，也就是城市的布局工作。因此城市地区居民点布点是城市布局的基础，它在很大程度上体现了城市规划的合理性及经济性。

影响城市地区居民点布点的主要因素有以下几方面：

（一）矿藏资源条件

矿藏资源对于采掘工业城市的居民点布点有决定性的意义。采掘工业城市一般具有分散布点的特点，这是决定于资源分散分布的特点。

采掘方法对居民点布点也有很大影响。露天开采时居民点往往环绕矿区，作带状分布；井下开采时居民点则往往靠近矿井，作点状分布（如图 6-12 甲和图 6-12 乙）。

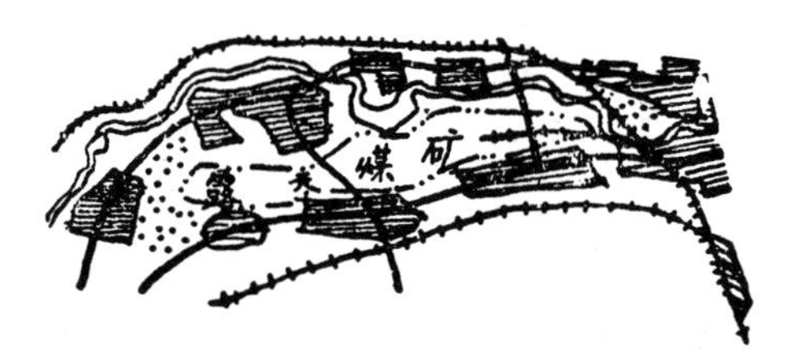

图 6-12 甲　露天开采矿区居民点的分布

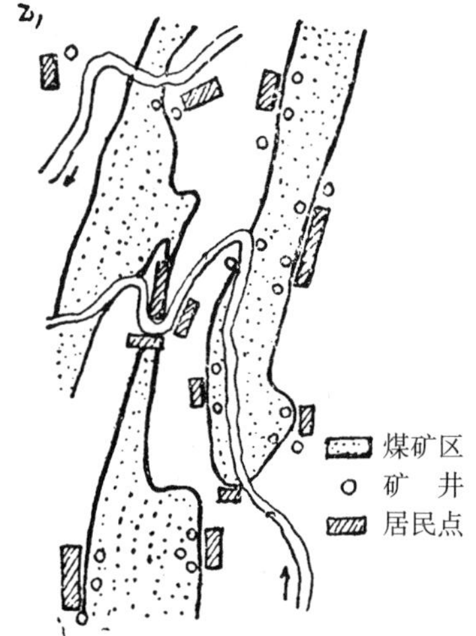

图 6-12 乙　井下开采矿区居民点的分布

倘若不顾矿藏资源条件而不适当地强调集中紧凑的布局，往往会给生产、生活带来很大不便。如图 6-13 南部住宅区用地完整，由于不适当地强调集中紧凑，使矿工上下班距离长达 8 公里，为矿工们带来极大的不便。

大居民点附近有小部分资源时，亦会出现卫星城镇的布点形式。

（二）工业的特殊要求

有些工业性质上的特殊要求，也影响城市地区居民点的布点形式。如易爆炸的工业或某些科学研究的项目需布置在离市区较远处，只能形成一个小居民点分布于大居民点的外

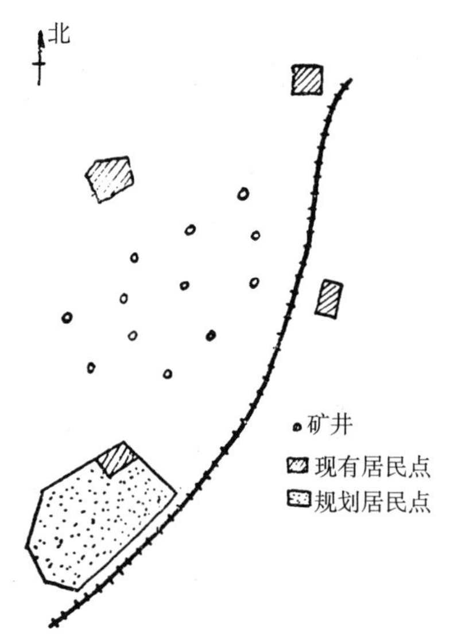

图 6-13　不适当地强调集中紧凑的例子

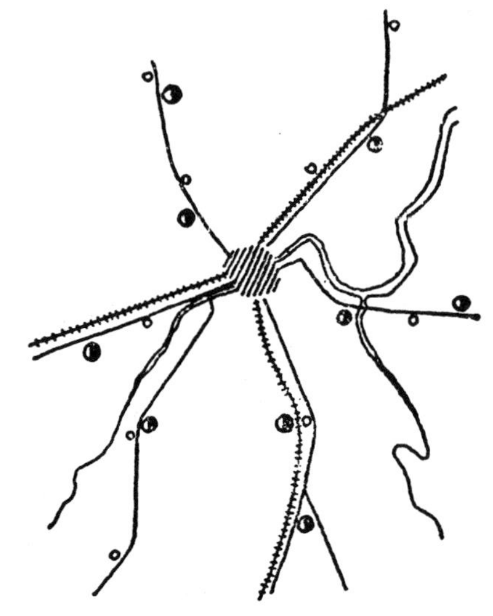
图 6-14　卫星城镇分布示意图

围。有些工厂由于人防上的要求，彼此间需相隔一定距离，也决定了布点要采取分散的形式。

卫星城镇与大居民点应有一定的距离，否则，也容易在发展过程中连成一片，人为地扩大城市规模。卫星城镇的选点往往在铁路或河道沿线等交通方便的地点，与大居民点在生产上和生活上有着较密切的联系。[1]

（三）地形条件

有时地形对于居民点布点影响也很大，特别复杂的地形往往对布点起着决定性的作用。

平原地形的城市，特别是小城市可以比较集中紧凑地发展。

在破碎的河谷用地上的城市，往往沿河布置几个有相对独立性的居民点，形成一组带形的居民点群。其每一个居民点宜于各自安排工业区、居住区和公共福利事业等，但给水排水问题必须通盘考虑，全面安排。这样，既便于居民上下班，对于城市建设经济性意义也很大。

在复杂的丘陵或山地，适宜建设的用地仅是分散的小块，居民点分布也会比较分散。

宽大的河流对于居民点布点也有影响。在河流很宽，不可能或在短期内很难修建桥梁时，城市往往可沿着一面河岸紧凑地发展。如由于矿藏分布等条件，需要在河两岸发展时，则需沿河两岸分散布置独立的居民点。在河流不宽，有条件修建桥梁时，则大多采取沿河道两岸有主有次、紧凑发展的形式（图 6–15）。

图 6–15　河道对于居民点布点的影响

甲——一岸布置；乙—两岸布置

（四）现状条件

现状条件往往对于居民点布点有很大的影响，一般在布点时考虑紧靠旧城是适宜的。但在一些特殊条件下，也有可能要考虑脱离旧城，例如旧城已有一定的规模不宜再发展，而有些工业项目协作很密切，必须结合在一起，可能形成一定规模的独立的居民点。又如某些工厂的厂房或车间，对于承载力、地下水位等自然条件要求较高，如果依托旧城无法满足这些要求时，也可能不得不脱离旧城布置。此外，有的旧城目前远离铁路线，基建任务急迫的工业建设不得不脱离旧城而紧靠铁路线发展。

（五）对外交通条件

铁路对居民点布点有一定的影响。城市的发展一般要依托铁路线，并且随着铁路线的发展而发展新的城市。第一个五年计划期间的城市像兰州、包头等都是与铁路修建密切联系

---

[1] 关于卫星城镇问题可参考本章附录“卫星城镇”。

的。因此小地区内的居民点布点也必须与铁路建设相联系，一般不能脱离铁路而发展。

由于铁路交通上的要求，铁路枢纽站有时需要离城市较远，这样会形成作为城市组成部分的一个新居民点，也就影响到城市的布点。

航运对城市布局也有影响。一般航运发达的地方，也必然有比较繁荣的城市，所以我国旧城市很多都是沿河沿江分布的。航运在社会主义建设中更具有重要的意义，新航道的开辟、运河的兴建，会使沿岸城市得到发展。

航运要求沿河每隔一定距离布置港口，这就影响了沿河居民点的分布。

总之，城市地区居民点布点受着城市的基本因素（工矿业、铁路枢纽等）的分布、适于建设的用地分布及现有居民点状况等因素影响。

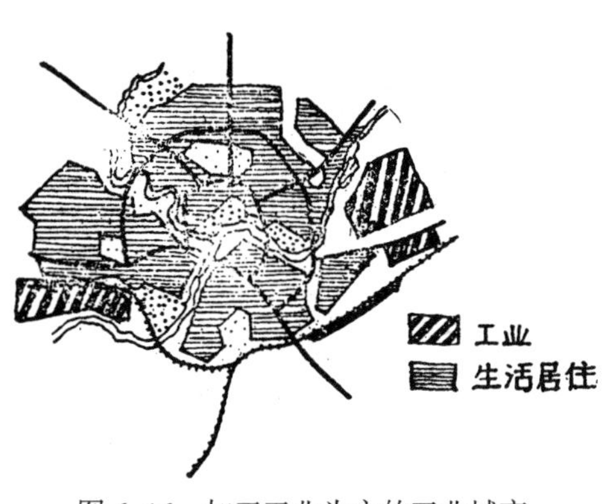

图 6–16　加工工业为主的工业城市

因此，城市的性质及规模对城市的布点也是有影响的。例如，在集中生产的加工工业为主的工业城市，为了生产协作和节省城市建设造价，城市可能比较集中紧凑些（图 6–16），而采掘工业为主的城市，城市布点就比较分散些。休疗养用地最好靠近风景区，因此，风景区的分布对休疗养城市的布点起很大的作用。

小城市本身一般是比较紧凑集中的，只有在某些特殊情况下，才需要适当分散布点。而大城市外围往往分布有采掘工业或大铁路枢纽、特种性质的工业……需要适当分散地布点，因而，往往布置为一组大小不同的，围绕着中心大居民点核心的城市组群。这样，一方面可以使居民接近工作地点，便于解决城市交通运输等等一系列问题，同时，也可以使城市更接近农村，更便于支援农业[1]（图 6–17）。

在每一个小地区范围内，影响居民点布点的因素是不同的，因此，城市地区居民点布点工作必须充分调查研究，就地区本身所具有的各种特点和条件，因地制宜地探求相应的布点形式。

二、城市郊区

郊区是城市重要的组成部分。

“我们的城市不仅有集中的工业、商业、交通运输业和文化教育事业，而且有较大的郊区农业。城市在发展工业、商业、文化教育事业的同时，努力发展农业，积极争取副食品和粮食的部分自给、基本自给以至完全自给，这是我们党在社会主义建设期间采取的一项有战略意义的措施。”“发展郊区农业对促进工农业发展，缩小城乡差别，巩固工农联盟都有极为深远的意义。”[2]

由此可见，在我国，城市郊区提到前所未有的重要地位，郊区规划工作有着重要的意义。

大城市的郊区一般分为“近郊”和“远郊”。

---

[1] 可参看第十四章第一节第一段。

[2] 引自 1960 年 10 月 27 日人民日报社论“加速发展城市郊区农业”。

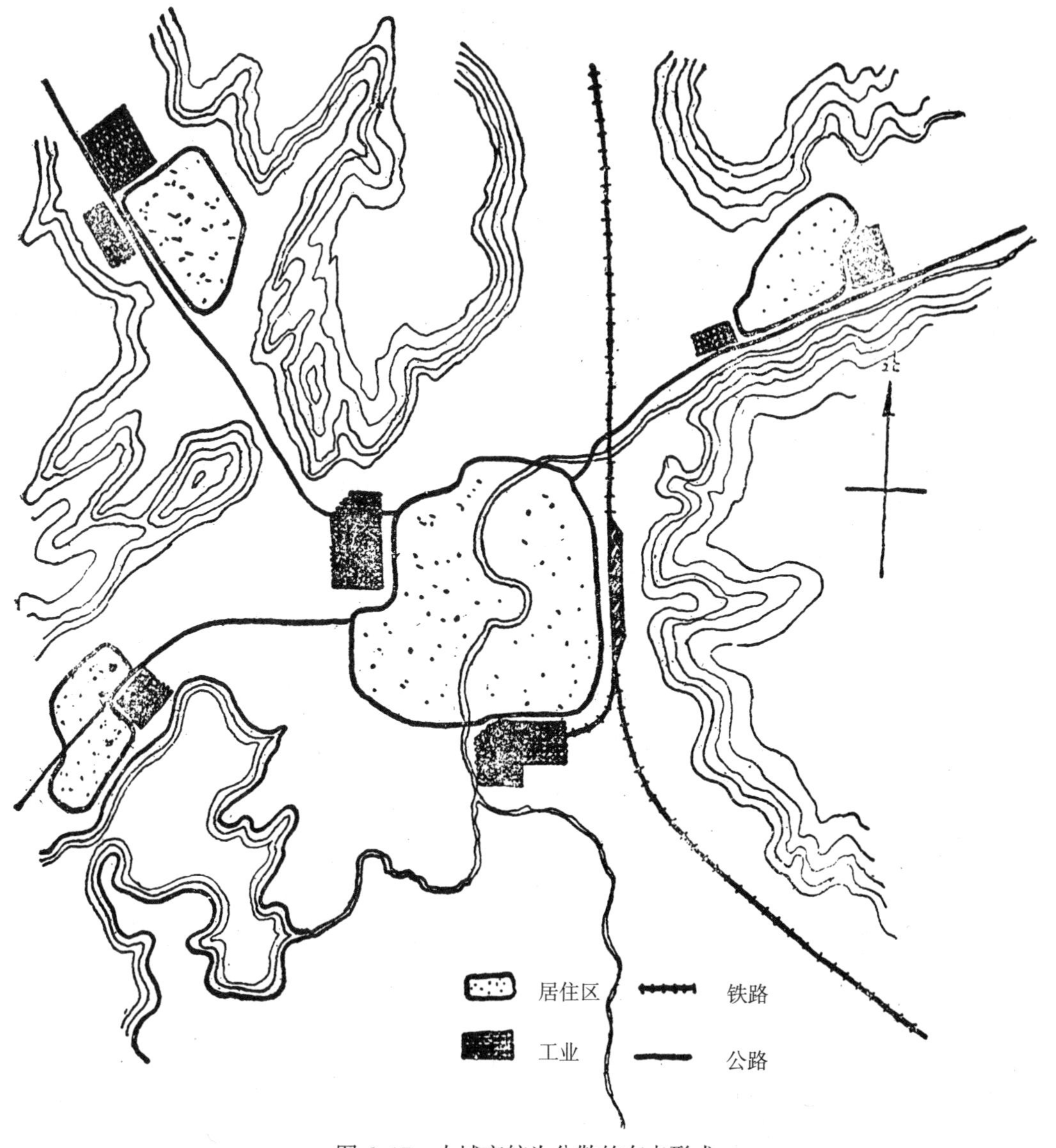

图 6–17　大城市较为分散的布点形式

近郊即指建成区的外围地带，远郊即指远离建成区在市界以内的地带（图 6–18）。

近郊区应该在粮食自给的基础上，以副食品生产为主，布置大片蔬菜园田及副食品基地，供给城市大量副食品。除此之外，还可布置城市某些公用设施、交通枢纽、绿地及城市发展备用地等。

远郊区除了供给城市副食品外，还要供给城市部分粮食，调剂需要，因此远郊区主要为农业地带。除此之外，根据条件，还可以布置一些矿区以及建筑材料供应地等等。

大城市整个郊区的规划是区域规划的一种类型，因此远郊区规划应在区域规划中进行。

一般城市近郊区规划，是一个地区范围的综合规划，它与城市建成区的规划关系非常密切，因此须在城市总体规划布局中进行。

郊区规划包括以下的内容：

（一）工业及其他一些城市物质要素的分布

（1）建筑材料基地。如砖瓦砂灰石等在郊区安排。其他如某些性质上需要与城市隔离的工业用地也可考虑安排。

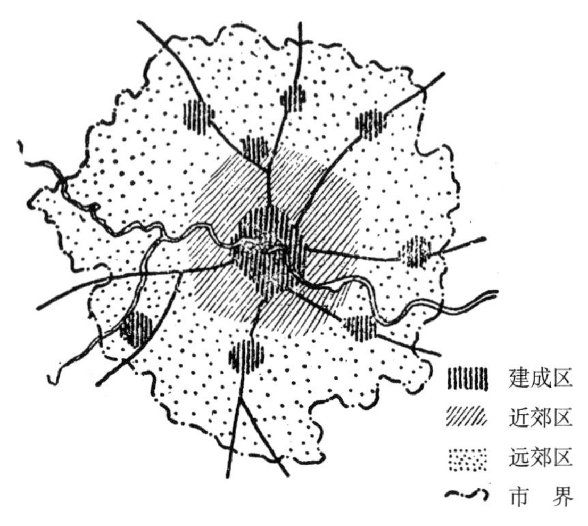

图 6-18　大城市的郊区

（2）公用事业设备用地。例如水源地、污水处理厂、高压变电所等。从工程经济要求考虑，它们应该接近城市建成区。

（3）城市对外交通运输的一些设备布置。如铁路编组站、枢纽站、机场、码头等。

（4）仓库。如国家储备仓库、危险品仓库等。

（5）高等学校和科学研究机关由于密切结合生产，而在郊区建立的基地。

（二）副食品生产基地的安排

根据城市副食品自力更生，以就地生产、就地供应为主，外援为辅的方针，城市郊区必须大力发展副食品生产。近郊区应当以蔬菜副食生产为主。对菜地应该很好经营，特别是老菜田，基建用地尽可能不占、少占或晚占。

此外，在郊区还要布置畜牧场。可以利用山地、坡地、湖塘培植饲料作物，饲养鸡、鸭、牛、羊等以供应城市蛋品及乳肉。

应充分利用郊区水面如江、河、湖、塘以及人工水库等养殖淡水鱼类。

关于副食品生产应根据用量、生活习惯、生活水平、气候、土质等因素，具体估算。

（三）郊区交通运输网的布置

合理布置郊区交通运输网，对保证城市与郊区之间的短途运输，保证工业生产原料及副食品的运输很重要。

郊区与城市的联系有：铁路运输、水上运输、公路运输及航空运输等等。我国目前情况下一般以公路运输为主。在珠江及长江三角洲一带，水系发达，水运占有重要地位。

郊区交通运输网规划也是城市对外交通运输网规划的有机部分。

（四）市郊绿地

包括郊区公园、休疗养地、疗养区、风景游览地、运动场地、少先队夏令营地、野营地等等。

郊区绿地在可能条件下应该结合生产种植果树等，以供城市之需。

对于郊区的名胜古迹、风景区应该尽量加以保留，可辟为游览休息地。

（五）其他用地的布置

公墓用地：可利用不宜于建筑及农业生产的地区，最好靠近火葬场，并加以绿化。

特殊用地：如军事工程、国防上要求的用地、无线电台基地等。

［附录］卫星城镇

19 世纪末叶，资本主义各国的大城市面临着一系列严重的问题，感到无法解决。由于资本主义社会中生产的盲目发展和土地、生产资料的私有制，大量的工业企业集中在少数几个城市中。城市人口急剧增长，居住条件日益恶化，交通运输由于城市本身的臃肿而陷于阻塞不畅。不少资产阶级建筑师企图设法改善这种状况。英人埃伯尼泽尔 · 霍华德（E.HOWARD）就提出了“花园城市”的理论，设想用疏散人口，增加城市绿化来改善城市处境。这是“卫星城”的早期理论。

第一次世界大战后，资本主义国家大城市的工业继续发展，而住宅问题愈加严重。1919—1920年间，巴黎制订了郊区的住宅建设计划，拟在离巴黎中心十六公里的范围内兴建二十八座居住城镇，这些城镇中除住宅及极少数的福利设施外，没有工业企业，居民不得不每天到中心城市去工作，因此被称为“卧城”。这种把生产地点和生活地点分开的作法，后来逐渐被“半独立式”的卫星城所替代。瑞典斯德哥尔摩的威灵比就是“半独立式的”卫星城。规划中预计部分居民将在当地工作，但仍有部分居民在“母城”工作。

第二次世界大战结束后，资本主义国家由于战争时期被毁坏的固定资本的更新及国民经济军事化的畸形发展，生产力得到了发展。开始了城市的重建和新建工作。1944年英国帕屈里克 · 阿别尔克罗比在编制“大伦敦”规划时，为了疏散伦敦人口，在伦敦市郊规划了八个“独立”的卫星城镇，即在每个卫星城镇中都有相当的工业及必要的文化生活福利设施，英国工党将住宅建设作为获取选票的手段，上台后也进行了少数卫星城的建设工作，如哈罗城的建设等，作为“民主的橱窗”，大肆宣扬。但是，由于资本主义社会不可能真正有计划地分布生产力和人口，所以卫星城的规划实际上没有能控制伦敦人口的继续迅速增长改善居住条件，规划中规定应有41万余人迁到各卫星城镇，而迄1957年一月止，只迁出了12.8万人。

在苏联及各社会主义国家，卫星城镇的规划才真正有可能用来作为疏散大城市的工业，防止人口过分集中，改善劳动人民生活条件的手段之一。在苏联，莫斯科、列宁格勒、基辅、哈尔科夫等城市都相继进行了卫星城镇的规划，有些城市并已开始进行修建工作。

近年来，在我国的某些大城市和特大城市周围，也规划和修建了一些卫星城镇，这些卫星城镇，有的是为了布置不宜放在市内的特殊性质工厂（如易爆炸的为科学研究的工业）而出现；有的是由于母城周围受到地形限制，工业发展用地不够，因而在一定距离以外布置了几个工业区，而形成卫星城镇，如在贵阳周围规划的一些城镇。这些城镇都有自己的工业企业，住宅和必要的文化生活福利设施，和母城有一定联系，但也具有一般中小城镇独立的性质。

关于卫星城镇的性质、规模及其与母城的距离等问题，在规划工作中均常常引起讨论。

第三节　城市布局

一、城市布局的概念

城市布局是对城市各主要组成部分统一安排，使其各得其所，有机联系，以达到为生产、为劳动人民生活服务的目的。它既要经济合理地安排近期建设，又相应地为城市的远期发展留有余地。因此，城市布局是城市规划中带有战略意义的工作。

城市规划中的布局工作是在城市的性质、规模、工业项目（主要是近期的）大体肯定，同时，对城市用地适用性已进行了分析评定的基础上进行的。在旧城市规划中它还包含着调整城市各功能部分的含意。

城市布局工作要同时统一安排工业、对外交通运输、生活居住等各种用地，因此它是一项复杂的综合性的工作，必须在地方党委领导下，与有关部门（如工业部门、铁路运输部门等），密切协作进行。

影响城市布局方案的主要因素有下列几方面：

（1）社会生产方式影响着城市布局的方式。不同社会制度下，城市用地布局的方式是显然不同的。随着生产力水平的提高及生产关系的发展，城市的布局方式也会有相应的变化。例如由于某些工业的工艺过程的改变、卫生条件的改善和运输方式的变化（如管道运输代替车辆运输），对工业用地的组织，工业用地与对外交通用地、居住用地的关系都有一定的影响。

（2）城市布局的方式与城市的性质、规模有密切的关系。如大城市的布局比小城市复杂，它往往有几个工业区及好几种对外交通枢纽。工业城市与休疗养城市在布局上也是显然不同的。

（3）城市布局方式与自然条件和现状条件有密切关系。各种用地对自然条件有一定的要求，一定范围内的用地上不同的自然条件就影响到各组成部分相对位置的选择，因而影响其布局的方式。现状条件对布局方式也有很大影响，例如在考虑城市用地发展方向时，在可能条件下尽量不占或少占多年经营、产量较高的蔬菜地，这就可能在一定程度上影响到城市发展用地的位置及布置方式。

因此，一个城市的布局方案是在分析研究了各种具体条件的基础上得出的。

二、城市用地组成

在进行一个城市的布局时，需要先确定该城市用地的组成。城市用地一般是由下列各部分组成：

（1）工业用地：主要指工业生产用地，在工业用地上布置工业企业、动力设施及仓库、工厂内的卫生防护绿地。

（2）生活居住用地：其中包括居住用地、公共建筑用地、公共绿地及道路广场用地。

（3）对外交通用地：其中包括铁路、公路的线路和各种站场的用地，港口、码头、飞机场用地以及附属设备和防护地段等用地。

（4）公用事业设施和工程构筑物用地：包括自来水厂、煤气厂、变电所、公共交通车辆的保养场和修理厂，以及铺设各种管线工程（给水、排水、电力电讯、输油等管道以及高压输电线的防护地带）用地和防洪堤、排水沟、水库等用地。

（5）仓库用地：包括国家储备仓库、工业储备仓库、市内生活供应服务仓库、危险品仓库及露天堆栈等用地。

（6）卫生防护用地：主要指居住区与工厂、污水处理厂、公墓、垃圾场等地段之间的隔离地带，水源防护用地以及防风沙的林带用地等。

（7）特殊用地：如军事用地、文物保护区与自然保护区。

（8）郊区用地。

各种不同性质、规模的城市，在用地组成的内容及比重上均有所不同（图 6–19）。

三、城市布局的一般原则

（1）全面综合地安排城市各项用地，首先安排城市主要用地。例如，在一般工业城市中首先要统一安排工业区及居住区，以切实地贯彻为生产、为劳动人民服务的方针。国务院在“关于加强新工业区和新工业城市建设工作几个问题的决定”[1]中就曾指出：“在新建的工业城市和工人镇选择工业企业厂址的时候，应该同时确定住宅区的位置……”

---

❶ 1956 年 5 月 8 日国务院常务会议通过。

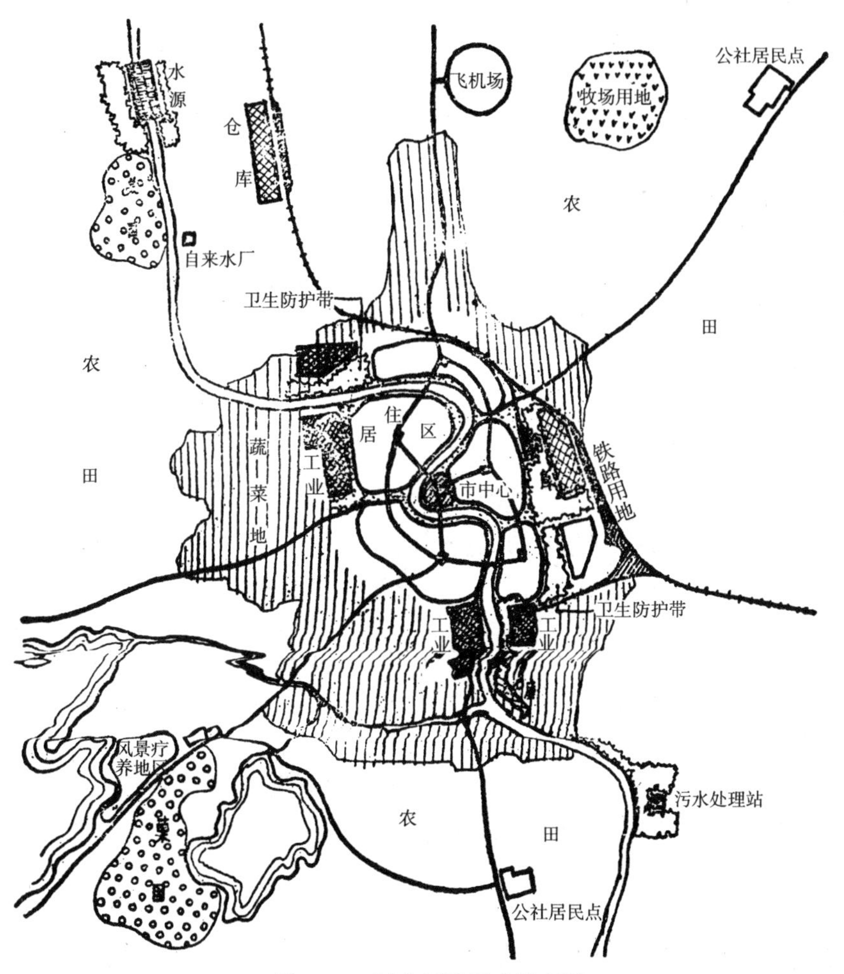

图 6–19　城市用地组成示意图

工业区与居住区的布局有时会出现矛盾，如沿河用地一般环境良好，是居民生活休息的良好用地，但是有些工厂由于用水量大等要求，需占用沿河用地，这就需要权衡轻重，本着首先考虑生产的需要，相应考虑生活上的需要的精神，综合地解决。其他如在以交通枢纽为主的城市中，首先应满足交通枢纽用地布局的要求，在休疗养城市中则要着重进行休疗养用地布局。

另外，对城市修建区及郊区用地、工、农业生产用地也应同时安排，统一部署。如果在规划中只单纯注意了修建区用地、工业用地的安排，忽视了郊区农业用地的安排，不但会影响郊区农业生产，影响城市副食品的供应，而且也会影响工农关系和城乡关系。

（2）城市布局应适当地紧凑集中，达到既便于生产和生活，又能使城市建设造价经济的目的。城市用地布局适当地紧凑集中，可以节约用地，缩短管线工程和铁路专用线，也可使城市交通便利。由于城市的大小、性质及其自然条件，现状条件的影响，各个城市布局的紧凑集中的程度是不同的。

（3）城市各功能部分之间须有良好的相互关系，具有方便的联系，同时也不相互妨碍。

①对居住卫生有害的工业企业应位于生活居住区的下风或河流的下游[1]，这样可以大大减少有害工业对居住区的污染，有助于在居住区创造良好的公共卫生条件，保证居民健康。

一个城市中有许多不同性质和规模的工业，对居住和公共卫生方面的影响程度亦不同，有危害很大的，如肥料工厂、炼焦工厂等，也有对居住区危害较少的，如机械、缫丝等工厂，也有根本没有危害的如钟表、糖果等小型工厂。因此应分别对待。没有危害的甚至也可以布置在居住区中。

有时城市中的河流流向与主导风向相反，这就须要对工业有害气体及污水产生的影响的严重程度及处理措施进行综合分析比较，解决其主要矛盾（图 6–20）。

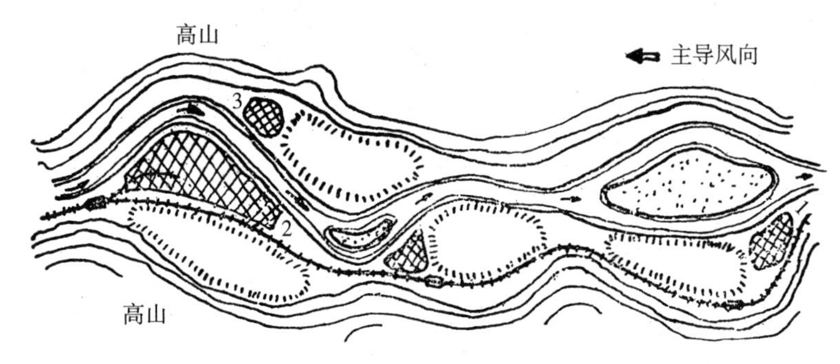

工业区 1　宜布置废气不污染居住区、污水量大而污秽程度严重的工厂
工业区 2　宜布置废气有一定的污染性、污水量小而污秽程度小的工厂
工业区 3　宜布置运输量小的工厂

图 6–20　流向与风向相反的方案

②工业区与生活居住区之间应有合理的距离，以保证工人上下班方便。这首先要考虑以步行的距离为主，且用最少的时间。

对于丘陵地区或山区，除考虑水平距离外，特别应考虑到工业与居住区高差问题。

③对外交通运输应与工业区、居住区有方便的交通联系，同时，应使其对居住区及市内交通的干扰减小到最低程度。对外交通运输与居住用地有时亦会出现较大的矛盾，必须根据具体条件，权衡轻重加以解决。例如，一般来说铁路最好不穿过居住区，但如现状铁路已穿过时，则应研究它对城市影响的程度及对铁路运输本身的妨碍，以及改线的具体条件等，综合地分析比较，以确定铁路与居住区的关系。

（4）各主要功能部分既要满足近期修建的要求又要预计其发展的可能，做到远近结合，具有一定的灵活性。

城市建设是一个相当长的过程。城市用地布局首先应满足近期建设的要求，使近期建设的各组成部分具有正确合理的关系，同时也应使城市在将来有合理发展的可能。

由于国民经济在不断发展，而规划中对发展的因素不可能一次完全预计到，必须不断预计，不断规划。如某些工业项目的规模及在地区内的布点，可能会有变更。有的中小城市，

---

[1] 将排除有害污水的工业布置在下游时，应不使其对下游居民点产生有害影响，当河流水量不足或沿岸居民点分布密集时可考虑采取其他措施，进行污水处理。

特别是小城市有可能由于新的资源的发现，而增设部分工业，应该考虑发展的方向及留有余地。因此城市布局方案必须有灵活性，以便“攻守自如”（图 6–21）。

为了使城市布局方案具有灵活性，留有余地，应尽量避免工业用地及铁路包围生活居住用地。

（5）城市布局应该结合现状，充分加以利用，并为逐步改造创造条件。

结合现状、利用现状，将现状有机地组合在整个规划结构中，这对促进整个城市的发展，城市建设的经济性，均有很大的意义，并且，充分考虑现状条件的规划方案往往也最具有现实意义。

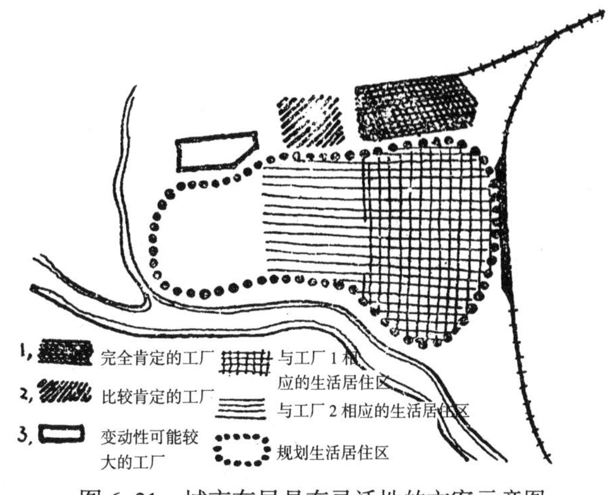

图 6–21　城市布局具有灵活性的方案示意图

规划工作中，必须了解现状用地组织的状况，在布置新工业时，应根据新工业与原有工业的生产协作关系，原有工程设施可利用的情况，采取扩大原有工业区或另辟新工业区的措施，同时也应为有害工业或要求扩大用地的工业的逐步迁出创造条件（图 6–22）。

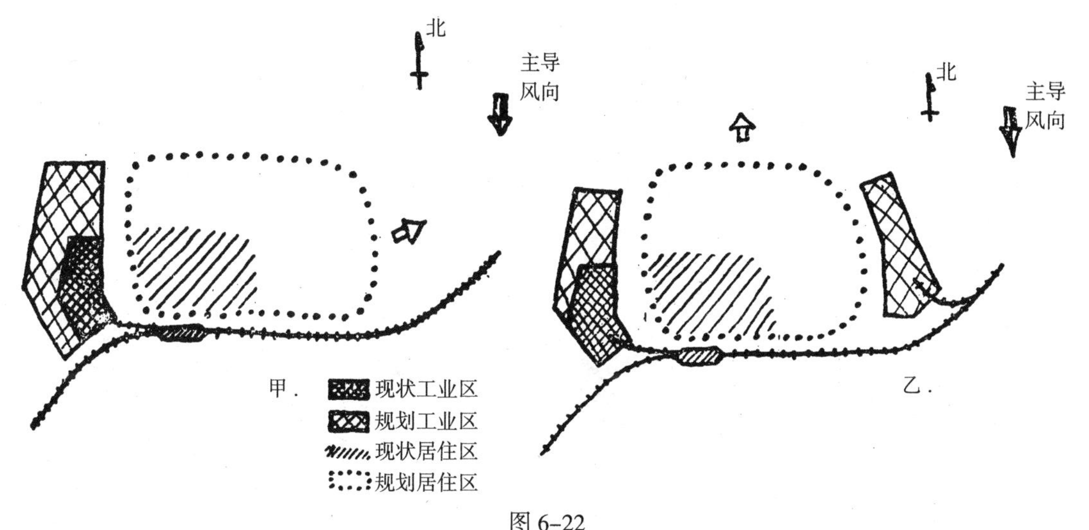

图 6–22

甲）原工业区的扩大；　乙）另开辟新工业区

充分考虑铁路线及站场、港口、码头、机场以及对外公路的现状情况同样是非常重要的，如能充分利用这些现状，可以大大减少建设投资，同时对保证城市第一期建设工程，缩短施工进度均有好处。特别是铁路线路、站场，新铁路站场设计应尽可能利用原有基础，对原有铁路线的拆除、改线方案必须慎重分析比较。

四、城市布局的方案比较

城市布局工作中有一系列复杂的问题，如各项用地布置原则之间的矛盾，各功能部分之间用地要求的矛盾，同一功能部分内部各种不同要求的矛盾以及近远期结合的矛盾等等。

在规划工作中，必须根据党的方针政策，综合考虑政治、经济、技术、艺术等各方面的要求，作出城市布局的各种方案，进行分析比较，逐步解决各项矛盾，在多种方案的基础上综合出比较合理可行的方案。

进行比较时，应从各种各样条件中，抓住起主要作用的因素。由于各城市的具体要求、情况和条件不同，因此主要因素也不相同。例如在以化学、钢铁等有碍卫生的工业为主的城市中，对生活居住区的选择起主要作用的因素是卫生条件。这些城市的居住区应放在工厂的上风、河流的上游，并保持一定的卫生间距。但对于那些以机器制造、纺织和其他轻工业为主的城市来说，卫生条件就不一定起决定性作用。处于低洼地带、土质松软、地下水位较高以及用地易被淹没等地形地质条件不良的城市，可能要着重比较工程准备措施和这些工程的投资。近期投资经济与否具有极为重大的意义。如果某一方案在建筑量不大的近期建设中，却需要采取很复杂的工程准备措施，或者修建很大的桥梁，花费巨额的工程费用，那么这一方案就是不够经济的。

进行方案比较不能单纯地从狭隘的经济观点出发，也就是说不能仅以建设造价和日常经营管理费用最低的观点来机械地评定方案。如果在城市造价上是经济的，但却使城市的卫生条件恶劣，尤其是不符合国家的有关方针政策的情况下，不能说是合理的方案。因此，必须从整体利益出发，全面地考虑问题。只有在符合国家方针政策的前提下综合地考虑到适用、经济、卫生和美观等等各方面的因素，才能选择出较好而又合理的方案。

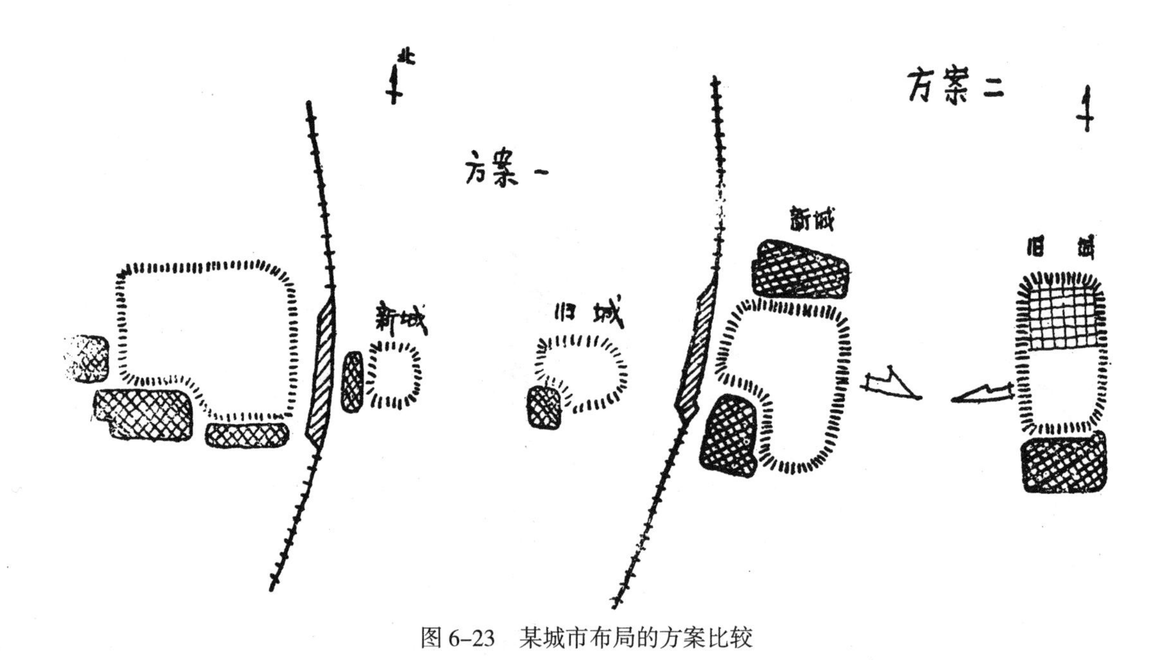

图 6-23　某城市布局的方案比较

城市布局方案比较举例：

例一　某市市区现有人口 6 万人，其中旧城 4.5 万人，新城（因铁路通车而形成）1.5 万人。旧城为政治、文化机构所在地，离铁路车站 15 公里。地形平坦，铁路东多为农田，铁路西为荒地。该市有几个工业项目即将修建，将发展为一个中等城市。

规划中作了两个方案进行比较：第一方案系在铁路西开辟新市区，根据是：地质条件、排水条件良好；接近砂石建筑材料产地，可节约大量运输力；而最重要的是可以尽量利用荒地，少占农田，但此方案不便于利用旧城及新城。如果在旧城附近发展新工业，则近期需设十余公里的铁路专用线，显然是不经济的。因此产生了第二方案。该方案在原有新城发展工业区，旧城仍为政治文化中心，根据是：虽然原有新城、旧城地质条件、排水条件较差，但稍加工程措施即能解决；由于该市农田较多，平均每人 7 亩以上，认为可占用一定数量，因此，从充分利用旧城，节约投资出发，拟定了这个方案。

对两个方案进行详细分析比较后，将主要比较项目列如下表：

表 6–4

比较项目	第一方案	第二方案
1. 占用农田	占农田 500 亩	占农田 3500 亩
2. 利用旧城	离旧城 15 公里，离新城 0.5 公里，不便充分利用现有建筑物和工程设施	靠旧城和新城发展，能充分利用现有建筑和工程设施
3. 建筑材料条件	靠近砂石产地，可大量节约短途运输力	新城离砂石产地 1.5 公里，旧城离砂石产地 16 公里，短途运输量增加
4. 地质条件和工程准备措施	承载力 2 公斤 / 厘米 ^{2} 以上，地势较高，排水便利，不需工程准备措施。承载力 0.7—1.5 公斤 / 厘米 ^{2}	承载力 0.7—1.5 公斤 / 厘米 ^{2}，旧城及新城部分用地，要降低地下水位，需减少灌溉渠道，改水田为旱地
5. 对外交通	靠近铁路车站	工业区靠近铁路车站，政治文化中心离铁路车站 15 公里
6. 种植条件	小于 0.005 毫米的土粒成分少，缺乏有机质，种植条件较差	土壤有团粒结构，种植条件好
7. 造价估算	较高	较低

比较结果，认为第二方案首先要多占农田 3000 亩，并且为了降低地下水位，要减少灌溉渠，改水田为旱地，对农业影响较大。其次，离砂石产地较远，增加了短途运输。该方案多占农田 3000 亩，仅按折价 31 万元计算，没有计及水田改旱地的长期损失，及从粮食过关的要求全面衡量。而第一方案少占农田，节约劳力，还可利用城市污水，开垦荒地。最后采用了第一方案。

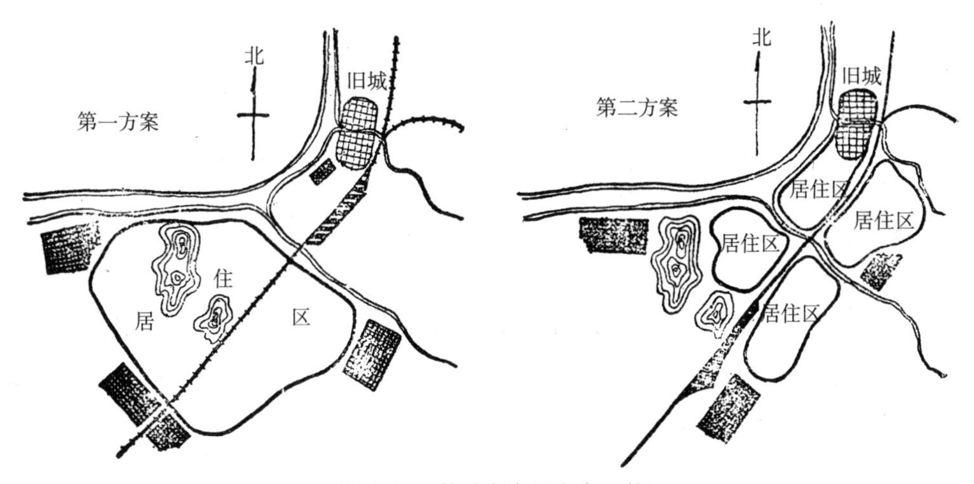

图 6–24　某城市布局方案比较

例二　某市市区现有人口 3 万人，旧城周围都是农田，为丘陵地形，除几个山头坡度过陡外，一般都可作为城市用地。工程地质及地下水位条件均相似。铁路和小河把用地划分为四块，旧城西南到小河的沿岸用地在洪水期间有被淹没的可能，由于新建工业，将发展为一个中等城市。

规划中作了两个方案进行比较：第一方案系脱离旧城，在西南边选择城市用地。根据是：新市区布局集中紧凑，不占用可能被洪水淹没的用地。第二方案则紧靠旧城，按自然和现状条件分片布置，近期各片分别发展，不强调连成一片，以充分利用现状，结合地形，节省填挖土方，造价较经济。

两个方案的几项主要比较项目列表如下：

表 6–5

比较项目	第一方案	第二方案
1. 利用旧城	离旧城 3 公里，不便充分利用	紧靠旧城发展，可以充分利用
2. 防洪措施	修筑 4 公里防洪堤，其中 2.5 公里为了防止农田被淹，标准可略低些	4 公里防洪堤，较第一方案多费土方 1.5 万方
3. 铁路编组站布置	地势较低洼，须大量填方	地势较高，只需平整，可节约土方 2.1 万方
4. 城市用地布置形式	集中紧凑布置，形成一片	分片布置，比第一方案分散，但道路系统便于分片结合地形，土方量较小

比较结果，第二方案能充分利用现状，同时虽修防洪堤的土方量较多（1.5 万方），但编组站位于较高地势，可节省 2.1 万方，并且分片布置可更好结合地形，总造价能达到更大的节约。因此，采用了第二方案。

例三　某居民点现有人口 5000 人，周围用地为产量相近的农田。地势略有起伏，离河岸愈远起伏愈大，地质条件良好。该市由于布置新工业（废气有污染性）将发展为一个中等城市。

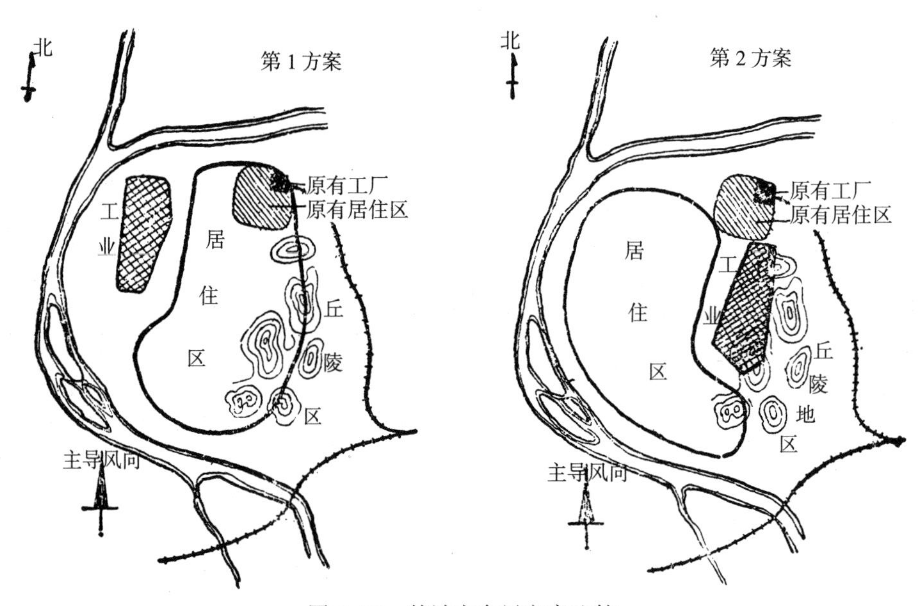

图 6–25　某城市布局方案比较

规划中作了两个方案进行比较：第一方案使工业区布置在沿河一带，根据是地势平坦，工程量小，工厂建设进度可以加快；第二方案则使工业区布置在东部，这是根据能够把更多接近水面的用地作生活居住用地。

两方案的几项主要比较项目列表如下：

表 6–6

比较项目	第一方案	第二方案
1. 工业区用地布置	地势平坦，符合建厂要求	地形起伏不平，工业区需要大量填挖土方，填方深度大的地段达数米，基础须作专门处理
2. 生活居住用地布置	接近水面的生活居住用地较少	大片生活居住用地接近水面，居民生活与休息条件良好
3. 工业区对居民的影响	工业区位于居住区下风	工业区位于现有居住区上风，有严重的污染
4. 铁路专用线	较第二方案长 1.5 公里	较第一方案短 1.5 公里

比较结果，第二方案对生产不利：工业区起伏不平，需大量填挖，填方深度大的地段，基础还需作专门处理，既不经济，又要推迟基建进度，并且还要对现有居住区有严重污染；第一方案既满足了基建任务急迫的要求，又较经济，生活要求也能相应得到满足，较好地贯彻了为生产服务，为劳动人民服务的方针。因此，采用第一方案。

第七章　城市的工业用地

工业企业在城市中占有很重要的地位。它非但对确定城市发展的性质和规模有很大影响，而且它在城市中的布置对城市的规划布局、干道系统和交通的发展等方面都起着很大作用。因此，合理地布置工业是城市规划的一项重要任务。

第一节　各类工业及其用地要求

一、各类工业的基本特点

工业企业按其生产的基本特征可分为二类：

加工工业——冶金、机器制造、造船、电力、化学、石油、建筑材料、木材造纸、纺织、食品等工业企业。

采掘工业——开采各种矿石、燃料等。

（一）冶金工业

可以分为黑色金属冶炼（如钢铁）和有色金属冶炼（如铜、铝、锡等）。黑色冶金工业的特点是生产规模大，企业的组成部分相当多。生产过程可分为三个主要连续阶段：①铁矿熔铁；②生铁炼钢；③轧钢。此三阶段中的每一个阶段都是完整的生产过程，可以分开单独设立企业。大型冶金工厂可以与炼焦厂、耐火材料厂、水泥厂、机器制造厂等组成联合企业。

黑色冶金工厂的动力部分包括热电站、变电站、空气压缩设施、动力燃料仓库等，在必要条件下还包括煤气发生站、单向和循环供水系统等设施。

黑色冶金工业的运输量较大，因此无论是厂内、厂外的运输主要还是靠铁路。铁路构筑物的位置，地形坡度起伏情况，对工厂总平面的决定有很大影响。

有色冶金工厂的生产过程没有黑色冶金工厂那样复杂，运输量比较小，但一般耗电量很大，必须有足够的电源。

黑色冶金工业的用地指标（相对指标）一般如下：

年产一吨钢铁所需的用地面积约 2—3 平方米。

对于大型企业采用接近较小的数值；

对于小型企业采用接近较大的数值；

中型企业采用的数值介于两者之间。

有色冶金工业的用地指标（相对指标）一般如下：

每炼一吨铜所需的用地面积约 8—11 平方米；

每炼一吨铝所需的用地面积约 25—35 平方米。

（二）机械制造工业

机械制造工业的产品是多种多样的。一般机械工厂有下列几种主要车间：①铸工车间，包括铸铁、铸钢、有色金属铸造等；②锻压车间；③金属加工和机械装配车间；④木材加工车间；⑤修理工具和其他辅助车间等。按生产周期的性质，机械制造工业可分为三类：

第一类：生产周期完整的，即包括全部或大部分上述车间的工厂。

第二类：备料工厂。在这类工厂里没有机械装配车间，或者有也不大，这类工厂的任务是保证供应其他机器制造工厂的半成品。

第三类：装配工厂。加工从第二类工厂所取得的半成品，这类工厂主要由金属加工和机械装备车间所组成。

动力设施有锅炉房、热电站、煤气发生站等。

机械制造工厂运输量的特征是，原材料运入的数量超过产品运出的数量。由于运量较大，故大型机械工厂的厂外运输主要靠铁路来进行。

机械制造工厂的用地面积伸缩性很大，中型的占地 10—50 公顷，大型的占地 50—100 公顷或 100 公顷以上。

（三）造船工业

现代船舶制造工业是一个复杂的工业部门，不仅单独制造船身，而且也制造全部船舶机械和设备。生产过程具有高度组织性，除了在陆地上要有一定的厂地面积以外，还要有一定的水上面积。在现代造船工厂里可以分成下列车间：①造船车间；②建成车间；③机械车间；④准备车间；⑤木材加工车间；⑥辅助车间等。

对造船厂的总平面布置来说，岸线的形状和长度具有很大的意义。造船厂可以平行于海岸线，设置在半岛或小岛上，有时也可在企业场地内造一船坞。

造船工业的用地面积定额，根据国外（苏联和波兰）的概略指标为：

海轮造船厂	40—80 平方米 / 每职工
内河轮造船厂	50—100 平方米 / 每职工

以上指标与我国造船厂基本相似。

（四）电力工业

城市中的电力工业主要是火力发电厂。根据其生产特点，在位置选择上有如下几点要求：

（1）尽可能布置在负荷中心或接近大量用电的单位，可以减少变电层次和线路长度；

（2）电厂需用大量冷却水，因此厂址宜靠近水源。如采用直流供水，每生产一度电需水 200 公升左右，采取循环式用水并用冷却水塔时，每生产一度电需水 14.5 公升左右。此外，还需要一定的排灰渣水量，约为排灰量的 12—20 倍。有时电厂的冷却水可供水厂和其他需要热水的工厂使用；

（3）电厂需要一定数量的排灰场，其位置最好选择在河湾或洼地。由于一般都用水冲法排灰，故要求排灰管道长度不超过 2—2.5 公里。灰渣可以综合利用，以制造砖和水泥，这样可减少排灰场面积；

（4）电厂用煤量很大，需要设铁路专用线或利用水运解决，大型电厂沿河建厂时，可设专用码头；

（5）厂址周围应有较宽阔的地带，便于高压线进出。

电厂用地的相对指标一般如下：

大型：每 1000 千瓦	0.1—0.3 公顷
中型：每 1000 千瓦	0.2—0.4 公顷
小型：每 1000 千瓦	0.35—0.8 公顷

（五）化学工业

一般可以分为两类：

矿物原料进行化学加工——例如用硫铁矿或天然硫生产硫酸、氢、氯、钠、碱及矿物肥料等。

有机原料进行化学加工——例如煤的焦化、生产塑料及合成橡胶等。

化学工业的生产过程具有多样化的特征，有时很多作业可以单独的进行生产。很多半成品都是液体或气体状态，所以厂内运输多借助于各种管道进行。产品虽然体积小，也不十分笨重，但由于其本身的性质有特殊的要求，所以给厂外的运输也带来一定的困难。下面提出一些对厂址的总平面布置有重要影响的特征：

（1）多数的化学工业都分化大量的毒害气体和污水，因此要求距居住区更远一些，对于这些企业，根据主导风向确定其对周围居住区和农田的正确方位具有特殊的重要意义。

（2）有些化学工业在生产过程中可能有火灾和爆炸的危险性，因此要求在厂地上设有特殊的防火措施，并且在厂区内的某些地段之间必须有一定的间距，这样往往使工厂占用较多的土地。

（3）个别构筑物在高度方面需要有很大的扩展，这也是很多化工生产的特征之一，此点对考虑工厂总平面布置和周围建筑物布局等方面有很重要的影响。

（4）化学工业一般用水量都很大，特别是有机化学工业。例如：年产 1 万吨合成纤维厂每年用水量达 200 万—250 万吨；年产 1 万吨人造纤维厂每年用水量达 80 万—100 万吨。

化学联合企业的用水量则更大，如年产 80 万吨的有机合成厂每小时用水即达 1.2 万吨，每年需用 1 亿吨水（均为补给直流水，不包括循环水）。

一般化学工业的用地指标可参考如下数字：

（1）化学肥料工业

年产 5 万吨合成氨氮肥厂	15 公顷
年产氮肥 10 万吨，磷肥 15 万吨的联合企业	40 公顷

（2）基本化学工业

年产 7500 吨电解烧碱厂	7 公顷
年产 4.5 万吨烧碱厂	18 公顷
年产 15 万吨纯碱氯化铵联合企业	25 公顷
年产 4000 吨硫酸厂	0.5 公顷
年产 2 万吨硫酸厂	1 公顷

（3）有机化学工业

年产 1 万吨人造纤维厂	30—50 公顷
年产 1 万吨合成纤维厂	20—60 公顷

（短丝纤维用前者数值，长丝纤维用后者数值。）

年产 80 万吨有机合成厂	150 公顷
年产 2.6 万吨卡普纶厂	20 公顷

（六）石油加工工业

一般可分为二类：

天然石油加工——在已探明的油田上钻生产井，原油通过生产井自喷或用抽油机抽出，由管道送往选油站进行油气分离，然后送至储油总站外运，通过铁路或输油管直接运往炼油厂进行加工。

人造石油加工——以油母页岩或煤炭作为主要原料，经过破碎、筛分、干馏等生产装置，制成页岩（煤）焦油，经过加工制成各种商品石油。

炼油厂的生产产品是多种多样的，加工方法视原油（油页岩或煤）的性质及产品方案有所不同。企业组成除了包括裂化、焦化等生产装置外，还有机修、动力供应、供水、污水处理、成品油库等部分。

炼油厂的一般特征和对厂址布置的影响如下：

（1）厂地形状近方形或长方形，厂内运输大多借助于各种管道进行，因此在布置时要使厂内管线经济合理，缩短管线的长度；

（2）炼油厂应在城市河流的下游，除了防火的要求外，因其污水含酚量很大，对下游居住卫生有很大影响，需经过处理才能排入河流；

（3）炼油厂生产过程中的副产品如裂化气体及焦化气体等废气，为有机合成工业优质廉价的原料，可以用来制成酒精、橡胶及各种塑料。另外，油厂需要大量的电、蒸汽及热水，同时它也可供给其他工厂部分燃料。因此油厂与化工厂、热电站有密切的联系，有条件时通常都设在一起；

（4）一般的固体炼油厂（人造石油）由于原料运输量很大，厂址应接近矿区。

大型炼油厂占地面积很大，如年产 100 万吨燃料油和润滑油联合企业或年处理 2500 万吨油页岩油厂即需占地 200 公顷左右。

（七）建筑材料与制品工业

包括水泥、制砖、玻璃、陶瓷制品、石棉水泥、建筑构件等。

现以水泥厂为例简述如下：

水泥厂的作业是按下列方式进行的：生产水泥的主要原料——石灰石、泥灰土、白垩从露天矿用火车、汽车或架空索道运送到破碎车间内的贮料槽，原料经过破碎以后，用带式输送机送到主要生产车间。然后，水泥成品从主要车间用风动运输送到仓库，在那里进行包装或贮存在水泥库里。

水泥厂用地面积与其生产能力及生产过程有关，一般指标为0.6—1.3平方米/年产1吨水泥。

（八）木材和造纸工业

木材厂最好靠近可航行的河道，并与纸浆厂、造纸厂联成一地。因为这些企业要靠水运取得原料,并且需要大量的用水供造纸厂生产之用。同时纸浆厂可利用木材仓库（场地）作为原料收发场，这样可以节省很多场地。

造纸厂的半成品都呈液体状态，因此必须在一个厂房里把各车间联合起来进行生产。

木材和造纸工业的用地指标一般如下：

年制15万立方米的制材厂	16公顷
年制7.5万立方米制材厂	10公顷
年制3万立方米制材厂	5公顷
年产1万立方米胶合板厂	5公顷
年产5000立方米胶合板厂	3公顷
日产100吨纸厂	10—15公顷
日产50吨纸厂	7—10公顷
日产10吨纸厂	2—3公顷

（九）纺织工业

纺织联合企业的特点是用地面积较大，职工人数多，女职工比重大，一般占70%—90%，噪声并不显著，但对居民也有一些影响。纺织联合工厂如有可能最好设置在流量较大的河岸附近，可利用河流运输，并满足纺织厂的大量用水和排出大量稀化污水的要求。

大型的棉纺联合工厂和混色棉联合工厂占地达30—60公顷。

（十）食品工业

食品工业名目繁多，包括糖、酿酒、淀粉、罐头、鱼肉类加工、糕点面包等工厂。此类工业的特点是用地较小，运输量不大，与居民关系密切，危险性小。因此，一般可设置在居住区内，或单独形成工业街坊。

食品工业的用地指标一般如下：

年产1000吨罐头厂	1公顷
年产1500吨面粉厂	0.5公顷
日榨5000吨大型机制糖厂	30公顷
日榨1000吨大型机制糖厂	10公顷
日榨500吨中型半机制与全机制糖厂	4公顷
日榨100吨小型半机制糖厂	0.5—1公顷
年产5000吨酿酒厂	6公顷
年产5万吨油脂联合厂	3公顷

（十一）采掘工业

采掘工业的主要部门为燃料、黑色和有色金属矿石、盐、矿物肥料、石料、化学原料等。

开采方法有：露天开采——矿床离地表较近；矿井开采——矿床离地表较深，深度可达到140米左右。

当开采的原料不加工时，为了存放原料，则在工业场地设置仓库和铁路车辆的装车设施。另外，在工业场地上还有设备修理车间、机车库、车房、实验室、行政管理及食堂等。大型采矿工业一般还有选矿、初加工等设施。地下采矿在地面的工业厂地上还设有井口房、支柱加工房（坑木场）、压风机房、机修间及仓库等。

采掘工业煤矿的用地指标一般如下：

（1）矿井

年产30万吨	约3—4公顷
年产90万吨	约7—9公顷

（2）选煤厂

年选100万吨	约7—8公顷
年选300万吨	约16—17公顷

关于前述各类工业的用地指标，在应用时要注意：

（1）用地指标只能作为规划时参考，实际工作中，应以工厂总平面设计来核对；

（2）科学技术的进步和生产工艺的革新，会使工厂用地指标发生变化，今后实际需要的生产用地有逐步减小的趋势；

（3）根据我国过去几年的实践，工业用地在城市总用地中占比重较大，因此特别要注意紧打窄用，同时也留有一定的灵活性；

（4）一般工业都是分期发展，其用地也要分期拨用，不宜过早过多预留发展用地。

在我国除了作为骨干的各类大型的现代化工业外，更多的是建设中小型企业。这些中小型企业，除了具有它们各自专业的特点外，还有如下一些共同的特征，如生产工艺过程及运输方式比较简单，厂外运输多以汽车或水运为主，在个别情况下才引入铁路专用线等。

二、工业用地的一般要求

工业用地的适当与否影响到工业本身的生产、建设和发展，所以在选择工业用地时必须考虑如下几方面的要求：

（一）自然条件方面

（1）一般大型和有铁路运输的企业，要求地势较平坦，并有一定的排水坡度。对需要重力运输的工业，例如水泥厂，则可选择斜坡地段。由于各类工业的要求不同，应分别选择用地，并结合适当的改造，以满足生产要求；

（2）应有足够的地基承载力，一般不小于1.5—2公斤/平方厘米，对一些特殊的工厂或车间，应根据具体情况决定，如锻压车间一般要求2—2.5公斤/平方厘米。地下水位应低于地下室、隧道的深度，一般至少在2米以下；

（3）不应位于地下矿藏的上面，如果矿藏已开采并经过处理，得到国家的许可，方可考虑选为工厂用地；

（4）不应位于有喀斯特现象、滑坡和冲沟的地段；

（5）不被洪水淹没，其用地标高最少要高出计算高水位 0.5 米以上；

（6）厂址的面积与外形，应能满足生产过程及安全防护的需要，使所有厂房、建筑物和工程构筑物得到合理布置，既要结合远景发展，留有适当的余地，但也不能过多过早的保留备用地。

（二）交通运输方面

有大量原料、燃料、成品运输的工厂，应选择在靠近铁路或车站附近，以便于铁路支线的引入。如同时选择两个以上的厂址时，应将工厂的位置尽可能置于铁路同一侧，使专用线从铁路一面引出，这样是比较方便的。年运输总量在 4—5 万吨以上时应设立铁路支线，其纵坡要求在 0.004—0.01 左右，曲线半径不小于 300 米。需要水运的工厂应靠近河流。

（三）能源供应方面

需要大量电力、热能和蒸汽的企业，希望靠近发电厂或热电站。

大量用蒸汽的企业，例如染料厂、胶合板厂、预制大型砌块的建筑材料工厂等，应尽量靠近热电站，以避免热能的损失。

大量用电的企业，例如铝厂、铁合金厂、电炉炼钢厂、水泥厂等最好能从发电站直接受电，而不经过变压，以免损耗过多。若是企业受电是用架空的高压输电线，或与厂外高压电网连接时，则必须考虑设置高压线走廊的可能性。

（四）给水排水方面

大部分工业需用大量的生产和生活用水，因此要有足够的水源。特别是大量用水的工厂，例如火力发电厂、纸浆厂、造纸厂、制糖厂等，应尽可能布置在水源充足的地区，如河流附近或地下水充沛的地段。其水量应该满足工业近期和远期生产发展的需要，同时还必须考虑污水的排除和处理。

（五）卫生方面

（1）许多现代化大型工厂发散出大量的有毒气体、烟污及噪声，因此，除用绿化防护带来隔离外，工厂应尽可能布置在居住区的下风向；同时还要考虑对周围农作物的有害影响。

（2）为避免河流水面受污染，工厂应尽可能设置在城市河流的下游。

（3）厂址不应靠近各种有机性和化学性的废物舍弃地点，或靠近可能的传染病发源地。当较多的工业企业设在同一工业区内时，对工业相互干扰的可能性也应注意，例如食品厂绝不能紧靠冶金工厂和化学工厂。

（4）窝风的盆地不适于选作厂址。

（5）防震、卫生要求很高的工厂，例如精密仪器工业、食品工业等，为避免干扰，可以单独形成一个工业区或设置在居住区内形成一个独立的街坊，有时可以视其特殊要求设置在城郊。

工业用地的选择不仅要为工业生产本身创造有利条件，而且要考虑到其他方面的要求。如厂址最好接近居住区或在现有建成区的附近，对于原料的综合利用及人防安全等也必须综合地加以分析研究。由于各种要求错综复杂，因此只有全面考虑才能做到经济合理地选择工业用地。

第二节　工业与城市的卫生防护

一、工业对城市卫生状况的影响

在现代城市中，由于工业的迅速发展，城市的卫生状况会受很大影响。从许多城市与郊区的调查比较中可以看出，市区空气的污染程度要比郊区严重，雾天也较多，这就使太阳的辐射强度降低，也减弱了紫外线的透入，相应地会影响城市居民的健康。

当然，就现代城市来说，空气受污染的因素是多种多样的，除工业和交通运输外，居民住家的炉灶，土壤的尘埃等都是城市空气的污染源。但工业却是污染城市空气的主要来源，而且工业所散布的污物量大而集中，少数企业排出的烟尘还带着有毒的物质，不加处理就会危害居民的健康。

除了污染空气外，工业的生产噪声及生产过程中排出的污水对城市的环境卫生也有一定影响。因此，城市规划中应该尽量避免或减少工业对城市的各种污染和干扰。

维护城市空气洁净是城市卫生防护的重要任务之一。其积极措施是如何加强工业本身的烟尘回收和废气废水的利用，使主要污染源的排出物减少，并且彻底消除污染源。但是，在今天工厂的回收装置尚不完善的情况下，采取规划上的措施，合理的布置工业和设置防护带，以减少对居住区的空气污染仍是十分必要的。

城市空气的卫生防护与风象有密切的关系，在进行城市规划布局时，必须对当地的风象情况了解清楚，并作出该地的风象玫瑰图（见附录一）。

二、风象与工业布置的关系

工业对城市空气的污染情况不但与风向的频率有关，而且和风速大小也有密切关系。换句话说，某一风向的频率越大，对它的下风地区的污染机会就越多，即污染的持续时间就越长。所以污染程度与风向频率成正比例。但是某一风向在某一时期中的平均风速很大时，上风地区的烟尘就会很快地被吹散，烟尘的污染的浓度也就减少，在它的下风地区受污染的程度也相应地降低。因此，污染程度又与风速的大小成反比例。由此可见，当布置工厂和住宅时，不仅要考虑风向的频率，而且还要考虑风速的大小，因而有时有利于布置工厂的地方，可能不是少风的地方，而是风速大的地方。根据风向频率和平均风速这两者的关系，就得出一个污染系数。

所谓污染系数[1]，就是指各风向的平均风速除风向频率所得的数值，它是表明其污染情况的。一般用下列公式表示：

$$污染系数=\frac{风向频率}{平均风速}$$

根据上述公式分别计算出各风向的污染系数所画出的玫瑰图，就称为污染系数玫瑰图。举例如表 7–1：

---

[1] 关于“污染系数”一词，有各种不同的叫法，在目前有关的书籍中，有称为“烟污强度系数”、“卫生防护系数”、“有害系数”或“烟污系数”等等不一，实际上都指一回事。一般说来，称“污染系数”较为普遍。

表 7-1

项目 \ 风向	北	东北	东	东南	南	西南	西	西北	总计
次　数	10	9	10	11	9	13	8	20	90
频率（%）	11.1	10.0	11.1	12.2	10.0	14.4	9.0	22.2	100
平均风速（米/秒）	2.7	2.8	3.4	2.8	2.5	3.1	1.9	3.1	
污染系数	4.1	3.6	3.3	4.4	4.0	4.6	4.7	7.2	

如表 7-1 与图 7-1 所示，可以很明显地看出，当各个方位的风向平均速度差别很大时，就应该根据污染系数玫瑰图来考虑和选择有害工业的地段。因为，它可以帮助我们从各方位的污染情况来考虑布置工业区、居住区、铁路站场以及其他各项建设用地之间的相对位置，使居住区位于有污染性工业企业的上风，从而使居住区避免或少受污染。从图 7-1 和表 7-1 中可以看出：西北方位的污染系数为最大，其次为西和西南两个方位；而东和东北两个方位的污染系数为最小。如果我们单从这个污染系数玫瑰图的角度来考虑布置工业区和居住区，那么，工业区应放在这个城市的东部和东北部，即所谓城市的下风地带；而居住区应放在西部和南部，其中尤以西北部分为最好。这样，位于上风地带的居住区，就可以避免或减少工业企业的烟尘和有害气体的污染影响。

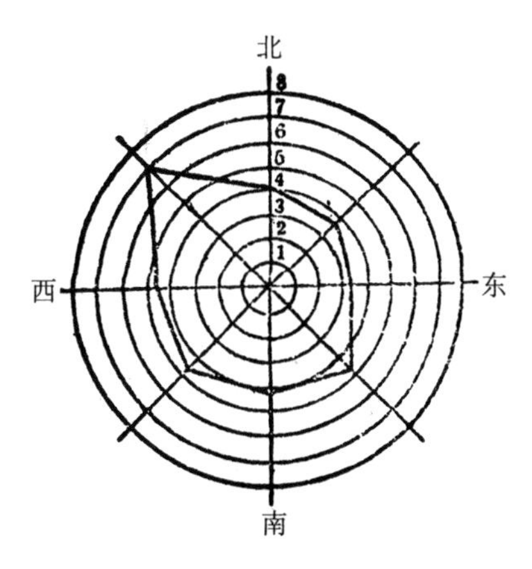

图 7-1　污染系数玫瑰图

一般说来，工厂布置过于集中会使烟尘浓度增加。有时候，个别工厂对空气的污染往往并未发展到妨害卫生的程度。但在集中布置后，由于综合了各种有害因素，就增加了它们的有害程度。而分散布置则可使空气受污染的程度减低，问题也容易得到解决。

根据舍列霍夫斯基的研究[1]，各种风速都有其一定的“烟散角度”，如表 7-2。

表 7-2

风速（米/秒）	1	2	3	4	5 或 5 以上
烟散角度	6°	14°	25°	25°	30°

在平静无风的时候，两个污染源所共同污染的地区如图 7-2*a* 所示，但实际上这样的情况是很少见的。通常情况，在风小的时候，两个污染源有共同污染的地区如图 7-2*b* 所示。

由此可知，在有风的时候，共同污染区的范围是由下面两个因素决定的。

（1）烟尘的“烟散角度”随风速的增大而增大，而共同污染区的起点与污源的距离则随之缩小，其比例如表 7-3：

[1] 参阅雅可夫烈夫著：《城市中工业企业的布置》。

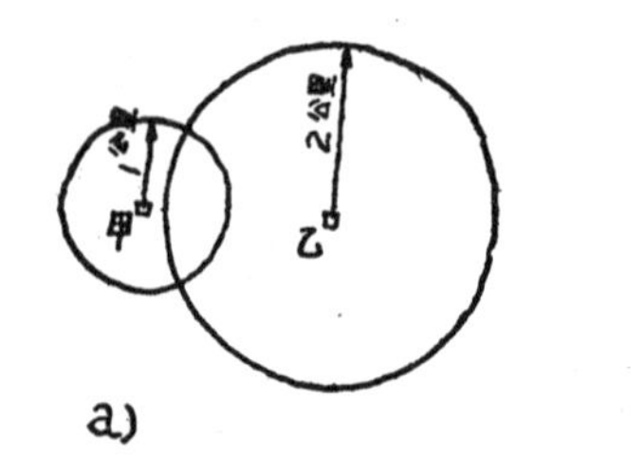

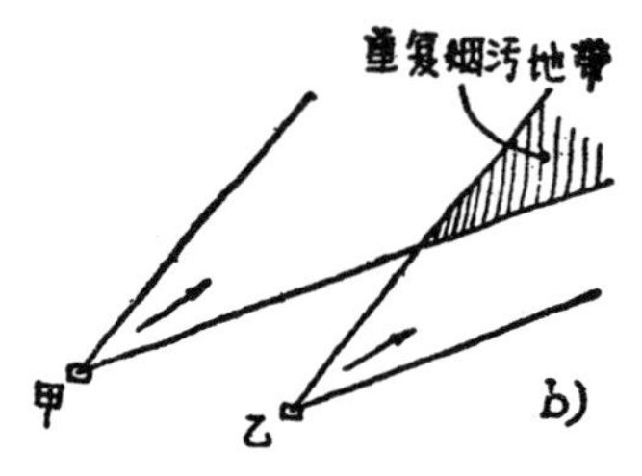

图 7–2　烟污区图解

a—无风情况；*b*—有风情况

表 7–3

风速（米 / 秒）	1	2	3	4	5
共同污染起点	1	0.4	0.3	0.24	0.2

（2）工厂间的距离越大，则共同污染区的起点就越远，从而空气受污染的深度也降低（图 7–3），根据这一规律，可以用来分析城市平面图中每一处受烟污的情况。

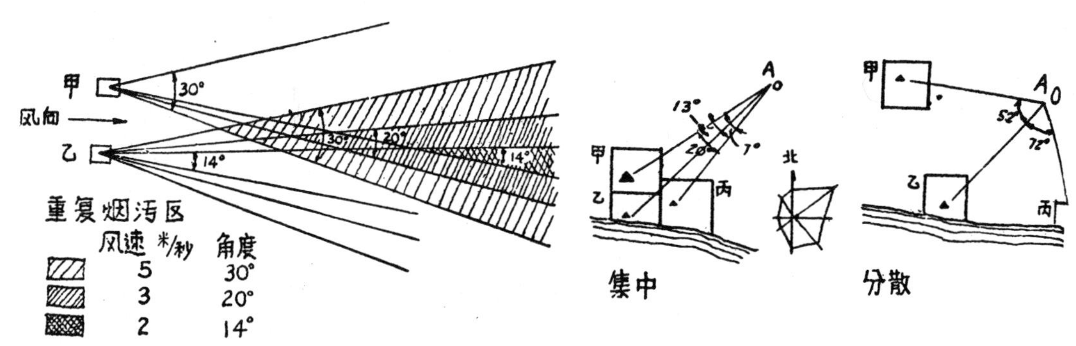

图 7–3　在不同风速情况下烟污区图解　　　　图 7–4　集中、分散布置情况下烟污图解

图 7–4 表示甲、乙、丙三个工厂的集中布置和分散布置。下面分析两种不同布置方式对居住区中任一点 *A* 可能共同污染的情况。

（1）集中布置：西南风频率为 8%，$365 \times 0.08=29$，即每年有 29 天西南风，也就是 *A* 点每年有 29 天要受到甲、乙、丙三厂的污染。如果每个厂排出的烟尘量都为 *a*，则 *A* 点受烟尘污染的情况平均为 $\frac{3a \times 29}{29}=3a$。

（2）分散布置：甲厂的西风频率为 9%；　　$365 \times 0.09=32$ 天

乙厂的西南风频率为 8%；　$365 \times 0.08=29$ 天

丙厂的东南风频率为 18%；$365 \times 0.13=47$ 天

108 天

即 *A* 点每年有 108 天要受到污染，污染的平均浓度为 $\frac{(32+29+47)\ a}{108}=a$。

由上可知，集中布置时 *A* 点烟污持续时间虽短，但烟污量大。在分散布置时 *A* 点受烟污的时间加长，但由于各厂不在同一时间污染 *A* 点，因而烟污量小。

根据舍列霍夫斯基的理论，在检查城市中某一点的烟污情况时，可以用简单的图解法来求得。连接检查点与各污染源所成的角度，当等于或大于最大的“烟散角度”（30°）时，则该点就不会在同一时间受到几个厂的污染。上例中分散布置时，*A* 点与三个厂连接所成的角度为 52°、72°，所以不会同时受三个厂的污染。而在集中布置时，A 点与三厂成角度 7°、13°、20°，因此，当风速大于或等于 3 米/秒时，该点将同时受到三个厂的污染。

关于烟污浓度与距离的关系：

空气受烟尘污染的浓度，随着离开污染源的距离的增加而减少。在一般情况下，污染浓度是与距离成反比的。

舍列霍夫斯基提出了一个计算空气受烟尘污染的浓度公式：

$$C=\frac{n}{2d^2rV(r+r_0)}$$

式中 C= 烟尘浓度（毫克/立方米）；

n= 污物数量（毫克/秒）；

d= 阵风系数（风小时为 0.1，普通天气时为 0.25，风强时为 0.5）；

r= 距离（即观察点与烟尘来源地的距离）；

V= 风速（米/秒）；

r_0= 烟尘来源地与被污染区起点的距离。

由该式计算炼铜厂在各种不同距离和风速的条件下硫化瓦斯的污染浓度，如图 7–5 所示。

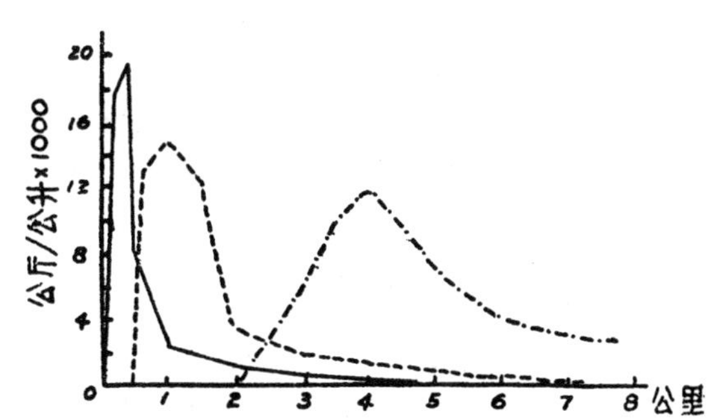

图 7–5　烟污浓度与距离的关系——在各种不同距离和不同风速的情况下由炼铜厂所排出的硫化瓦斯的浓度图解

三、卫生防护带宽度的决定

在工业与居住区之间隔开一定距离，并加以绿化防护，对城市的卫生状况能起良好的作用。防护带宽度，根据我国卫生部规定，分如下五级：（见附录二）

级别	距离	
一级	1000 米	由危害车间中心到居住区边缘的距离。
二级	500 米	
三级	300 米	
四级	100 米	
五级	50 米	

随着工业生产技术的不断改进，烟尘会愈来愈少，防护带的宽度也就随之减小。将来工业完全电气化，不再用煤作燃料以后，防护带宽度就可大大缩短。

防止工业污染居住区而设置防护带在目前条件下还是必要的，但这是一种消极的防护，而且过宽的防护带还会增加城市道路和工程管网的长度，使城市造价及经营管理费用增加。

根据勃·日·德米特里也夫[1]对某一炼铜厂的测定证明：在离厂 2 公里的地方，亚硫酸瓦斯的平均浓度达到 0.008 毫克/公升，离厂 6 公里的地方为 0.004 毫克/公升，而被允许的最大浓度则为 0.0007 毫克/公升。上例证明：城市空气的洁净，是不能单靠建立防护带所能解决的。

上述规定的防护带宽度，仅适用于烟污强度最小的一个方向，烟污强度最大的方向，防护带的宽度可以比标准宽度增加一倍。

有时候污物有组织地从烟囱排出，绕过卫生防护带的上空，到离工厂一定距离后方才降落，这时卫生防护带应按图 7–6 甲布置；但在许多情况下，工厂排出的污物往往不是有

---

[1] 参阅雅可夫烈夫著：《城市中工业企业的布置》。

组织地从烟囱、窗户、门缝等空隙中外排，这时按图 7-6 乙布置防护带，可使树木的过滤作用得到充分发挥。

由上可知，防护带位置及其绿化程度的确定，应当充分考虑烟尘降落的特点和它散布的污物数量。

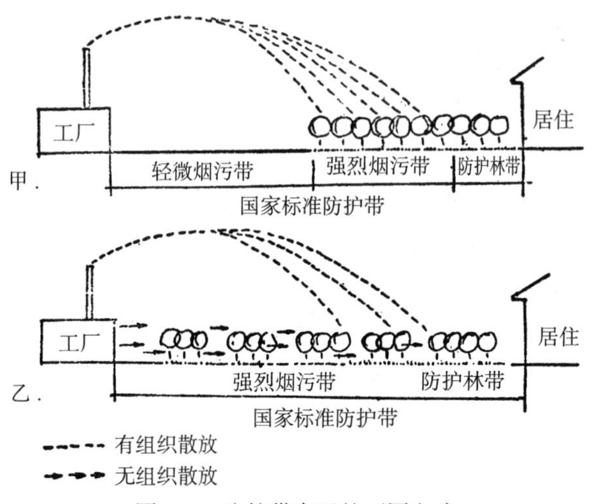

图 7-6　防护带布置的不同方式

四、工业污水的处理和利用

污染城市水体和土壤的因素是很多的，但其中工业污水却是主要的污染源之一。未加处理的污水流入河流，就会污染水体，发生气味；同时也会影响农作物、渔业及其他水生植物的生长。当污水量很大，超过天然水体的自然澄清能力时，则影响更为严重。

近年来，由于工业的迅速发展，目前能产生污水的企业有 140 多种，大致可分冷却、提炼、印染、化工、选矿等类，非但加多了污水量，同时污水性质也非常复杂。在化学和有色金属冶炼工业的污水中，往往含有毒性物质，必须经过特别处理。今后，放射性同位素越来越广泛地应用到工业部门中去，对含有放射性同位素的污水，如含量超过许可浓度也会有很大危害性。因此工业污水的处理具有很大的政治和经济意义。

有些工业只考虑使用水源，把工厂设在沿河，并把河流当作污水排除场；也有的只考虑到本城市的布置合理，而把污水出口位置确定在下游城市的上游（没有足够的稀释距离），而影响到下游城市的用水卫生；还有些工厂由于废水未经处理即放入附近河道，污染了农田灌溉用水，严重地影响到农业生产。凡此种种，都不是从整体利益出发，是不符合社会主义建设原则的。因此，必须采取积极的态度来对待这一问题。

由于大部分工业污水中含有许多有用物质，因此，对污水不单是消极的处理，而是积极的利用。变有害为无害，变无用为有用，应该通过处理，大量回收有用物质并加以利用。同时要贯彻两条腿走路的方针，因地制宜、土洋结合（有关污水处理和利用的具体内容参阅第十三章第四节“排水工程”）。

由于这项工作综合性很强，涉及面广，包括工业、城市建设、农业、水产、卫生等部门；在地区方面，往往涉及一条河、一个水系、几个县甚至几个省，因此必须具有全局观点，贯彻群众路线，组织各有关部门开展协作，群策群力，才能妥善解决。

五、噪声的隔离

随着工业的迅速发展，工厂规模的不断扩大，生产过程中产生的噪声也愈来愈大。噪声对于城市居民在生理和心理上均属有害。防止城市噪声问题，在今天一定程度上已具有迫切的意义，由于许多新的噪声来源的出现，以及噪声响度一般有着增大的趋势，因此降低城市噪声问题已成为科学界与城市建设者重要的研究课题之一。

除了从工厂技术设备上设法降低噪声响度以外，在城市规划中，主要通过下列措施来解决工业噪声问题，即合理地布置工业企业和居住建筑，并在它们之间加以绿化隔离。正确地选择树种和采取适当的布置方式能影响隔音效果，例如绿化布置成片，并从音源地到需要安静地，使绿化防护带逐渐增高（灌木—低矮的树木—高大的树木），这样能使声波产生绕折，飘过要求安静的地带，减弱噪声的影响。

但在通常情况下，将产生噪声的一些工厂布置在离城市居住区较远的地点，是使城市居民免受噪声骚扰的最有效措施，同时尽可能位于居住区下风。

苏联规范中推荐，按照企业的噪声响度，工业与居住区之间相隔的距离如下：（可供参考）

企业的噪声响度100—110方吋，隔音带宽为300—400米。企业的噪声响度90—100方吋，隔音带宽为150—300米。企业的噪声响度80—90方吋，隔音带宽为100—150米。企业的噪声响度70—80方吋，隔音带宽为50—100米。企业的噪声响度60—70方吋，隔音带宽为30—50米。

第三节　工业运输设施

工业运输是工业生产过程中的重要环节，是厂址选择和布置的重要建设条件之一。

工业运输按其用途分为：

（1）厂外运输——是指企业之间、工业区之间，原料和加工地点、产品和销售地之间不同方式的交通联系。

（2）厂内运输——是供企业内部调配原料及车间之间或仓库之间的联系，以保证企业生产的连续性。

工业运输按货物运输方式分为：

（1）水平运输，货物的运输可由铁路、汽车路、水运以及管道和水力运输等方式进行。

（2）垂直运输，货物的运输可由各种索道、吊车、卷扬机、管道、提升机等方式进行。

工业运输方式的选择，必须根据货物的特点，技术作业过程的要求，货运量的大小，运距的长短，装卸作业的方法以及地形，气象，地质等条件而定。

一、铁路运输

工业区的铁路运输，一般是由下列各部分组成的：

（1）把工业区与车站连接起来的支线；

（2）工业区编组站；

（3）通向各企业的支线；

（4）联结各企业支线的小站；

（5）个别企业支线设备。

（一）组织铁路运输的两种方法

（1）把各个企业直接与铁路干线的联结车站连接。这种方法适用于联结车站的运输任务不重，工业区内各企业的货运量不大，而且企业位置又邻近联结车站的情况。

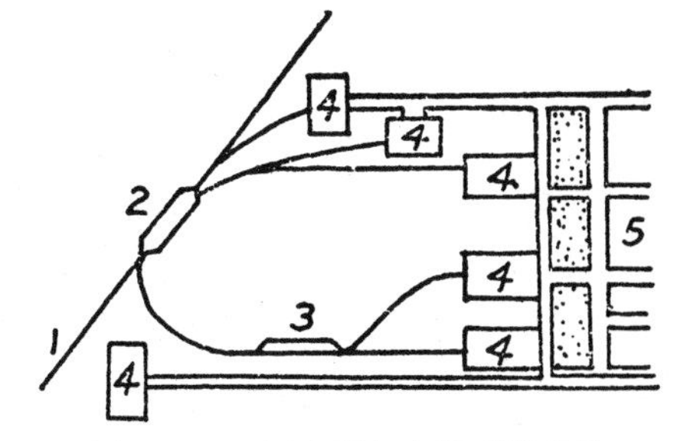

图7–7　工厂支线与车站直接连接

1—铁路干线；2—连接车站；3—小站；4—工厂；5—住宅区

（2）联合运输——每个企业的支线通过工业编组站与铁路干线上的联结车站连接。如果工业区内各企业用地很大，离联结车站较远，而在各企业之间又有厂间运输设备时，就必须修建工业专用编组站。如果若干企业布置在邻近地段上时，应尽可能联合使用铁路运输设备。

（二）工业区铁路专用线的布置，一般有如下几种方式（如图 7–8）

1. 尽头式（图 7–8 甲）

是中小型企业最普遍采用的布置形式，适于面积不大的厂区，以及阶梯式厂区中不同标高的车间，其缺点主要是灵活性较差以及难以回倒。

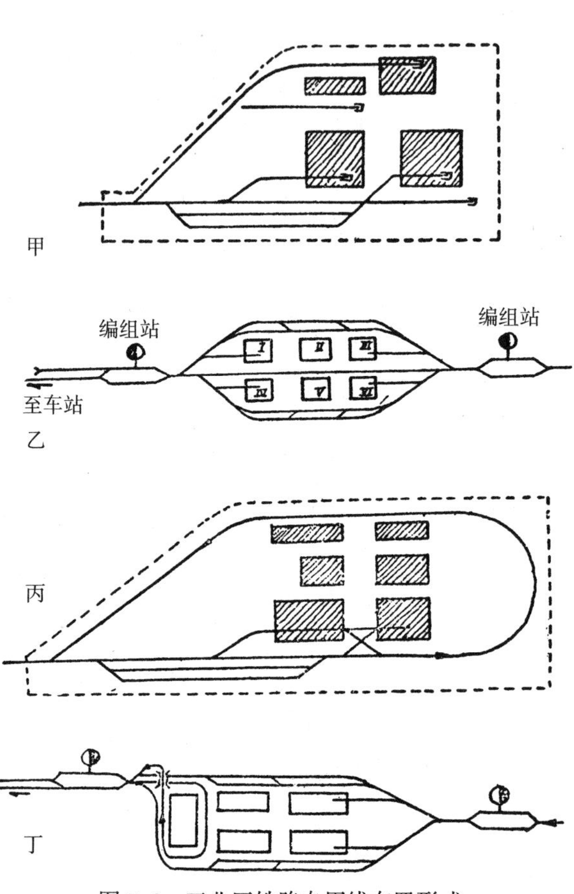

图 7–8　工业区铁路专用线布置形式

甲：尽头式；乙：通过式；丙：环状式；丁：混合式

2. 通过式（图 7–8 乙）

在厂区二端设置编组站，以保证车辆运行的连续性，并使调车线路的交叉点集中，多数情况下还能缩短行驶的距离。这种布置形式适于厂区面积及运输量较大的情况下，能充分发挥其连续性，使货物运输加快。但是造价也比较高。

3. 环状式（图 7–8 丙）

环状式的优点是能进行流水作业，因基本上是同方向的运行，车间之间不被铁路阻隔，故联系方便。这种布置形式的缺点是空车的往返环行距离非常大，环线设备占地面积也很大，车间之间不能用铁路运输。

4. 混合式（图 7–8 丁）

即包括尽头式、环状式和通过式，其优点是能缩短车辆行驶的距离，减少交叉点的数目，因而线路通过能力较一般高。当运送原料的车厢须与装运成品的车厢分开时，采用此线路就更为合理。

（三）确定铁路运输方式的技术要求

（1）尽量缩短列车行车距离，货物周转量大的企业应靠近中心编组站；

（2）不使支线与铁路干线平面交叉；

（3）使有厂际运输的企业之间有方便的联系；

（4）确定分期建设的次序，以便在初期建设时，暂不修建那些只是在将来才能充分利用的永久性构筑物。

除了满足上述技术要求外，还应考虑到城市建设条件：

（1）节约用地。尽量保持城市用地及农田的完整，避免线路将用地零碎分割；

（2）不阻碍需用新支线的工业区的发展；

（3）尽量减少铁路支线与联接工业区和居住区之间的干道平面交叉。如图 7–9，乙方案的铁路支线与城市干道交叉，甲方案的铁路支线布置在厂区后面，完全避免了乙方案的缺点。

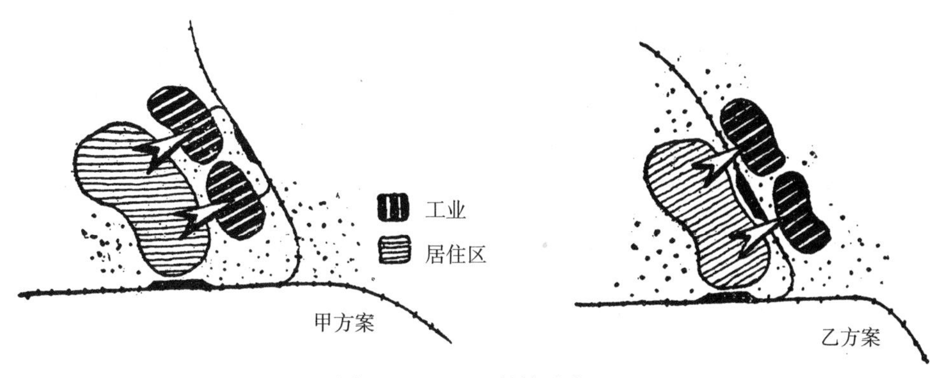

图 7–9　工业区的铁路布置

二、水运

水运的运费低廉，且便于某些工业部门如木材、造纸原料、砖瓦、矿石、煤等大宗货物的运输，因此采用水运乃是最经济的运输方式。

工厂是否需要布置在湖、河沿岸，应视具体条件和要求而定。运量大，而成品、原料大都依靠水运的企业，布置在湖、河沿岸是必要的。

在某些情况下，工业布置是否靠近水面，须从整个城市的规划布局来考虑。

工业不适当地或者过多地沿河布置，会给城市居民带来某些不便或危害。如果沿岸满布工厂、仓库和码头，居民就无法利用和接近水面。因为城市的河流，除对工业起作用外，还要为城市居民文化生活服务，例如修建一些水上运动场，河滨公园等。

有些情况下，可以修建人工水池，人工水湾或者人工渠道来连接码头和企业生产用地，但是工程量和投资费用较大，只有在必要时，对造船厂来说才是合适的。

三、汽车运输

汽车运输具有灵活、机动、不需转运等特点，它不仅能完成规定地区间大量货物的正常运输，同时对许多企业在运量小而且货源分散的情况下采用汽车运输是比较适宜的。在我国工农生产飞跃发展的基础上,还出现了汽车列车化的运输方式。挂车制造方便、成本低、运输效率高，是既经济而又能解决当前繁重运输的有效方法。由于汽车的列车化，对工业区道路的宽度，坡度及转弯半径都提出了较高的要求。

四、架空索道

架空索道常用于采石场,矿山与工厂之间的联系,最适合于运输零散装载的货物,如煤、矿石、建筑材料等。

架空索道主要优点是：

（1）很少受地形的影响，可以在建筑物、河流、池沼等上空经过，按最短的距离架设。支座距离可达 800—1000 米。

（2）能克服悬殊的标高差别，坡度可达 30°—35°。

（3）不受或很少受气候自然条件的影响（河川、雪堆、严寒等），架空索道经过居民点上空或铁路，道路交叉时，应有特殊的保安网设备，以防发生事故。

（4）由于采用翻倒式斗车，就有可能使装卸工作实现自动化。

五、其他特殊形式的运输

风动运输是借助于运输管，在真空状态下用压缩空气来运输散粒或粉粒的货物。这种运输方式具有很多优点，主要能改善劳动卫生条件，并使货物不受大气影响和损耗。其运输距离可达 800—1000 米，甚至更远。

管道运输特别适于运输液体状或半液体状的物质，如用于化工厂。我国兰州石油厂运输管道的长度相当于兰州到西安的距离。

水力运输是把材料和水混在一起，依靠水的重力作用、沿着输送管到达指定点，如化学纸浆厂的纸浆运输。某些化学工厂还利用水力运输排除工业废水。

以上各种运输方式，各适用于不同的具体条件和不同的地区，因为各有自己的优缺点，常常按使用要求来组成一个综合的运输网道。

第四节　工业用地在城市中的布置

工业在城市中的布置，是城市规划工作主要任务之一。

城市中工业布置的基本要求是：

（1）为每个企业创造良好的生产及建设条件；

（2）正确处理工业与城市其他部分的关系，特别是工业与居住区的关系。

一、工业在城市中布置的一般原则

（1）尽量使布置工业的地区无需许多开拓费用；要有足够的用地面积；所选的地形基本上要符合工业的具体特点和要求；有方便的交通运输设施；能解决给排水问题；并有条件与其他有关企业取得联系；

（2）职工的居住用地能分布在卫生条件较好的地段上，尽量靠近工业区，并有方便的交通联系；

（3）工业和城市各部分在各个发展阶段中，应保持紧凑集中，互不妨碍，并充分注意节约用地；

（4）厂际之间在生产上要有必要的协作条件，考虑资源的综合利用，减少市内的短途运输。

在城市规划中，工业布置的方案是各式各样的，但在比较它们的合理程度时，更主要的是使近期工业用地能满足生产的要求，符合节约用地、紧凑发展的原则，使居住区与工业尽量接近并均有相应发展的可能。

二、工业在城市中布置的方式

影响工业布置的因素很多，如城市的规模，工业的性质、大小，交通运输条件，资源条件，建设条件等，都可能在不同程度上影响着城市中工业布置的方式。根据工业布置的原则结合不同的具体条件，一般城市中的工业布置，往往采取集中与分散相结合的方式。如图 7-10。

一般中小型的工业企业，在卫生及交通运输条件许可下，可以采取分散的布置方式，成为与生活居住用地紧密结合的工业生产地段或工业点。这些小型工业点的分散布置，不但对工业生产发展有利，而且也便于职工上下班。

但在某些情况下，则把需要大块地段的，货运量大的或在生产上有密切联系的工业集中布置在城市中的某一个或几个地区，成为与城市其他功能部分有明显分区的工业区。这种布置便于组织协作、进行卫生防护、共同利用各种工程、运输及公共福利设施，是经济合理地组织工业用地的一种形式。

由于工业布局的因素非常复杂，各种城市的具体情况也不一样，因此其布置方式也很多，现列举几种作为参考：

（一）一个或几个工业区布置在生活居住用地的一侧或几侧的方式（图 7–11）

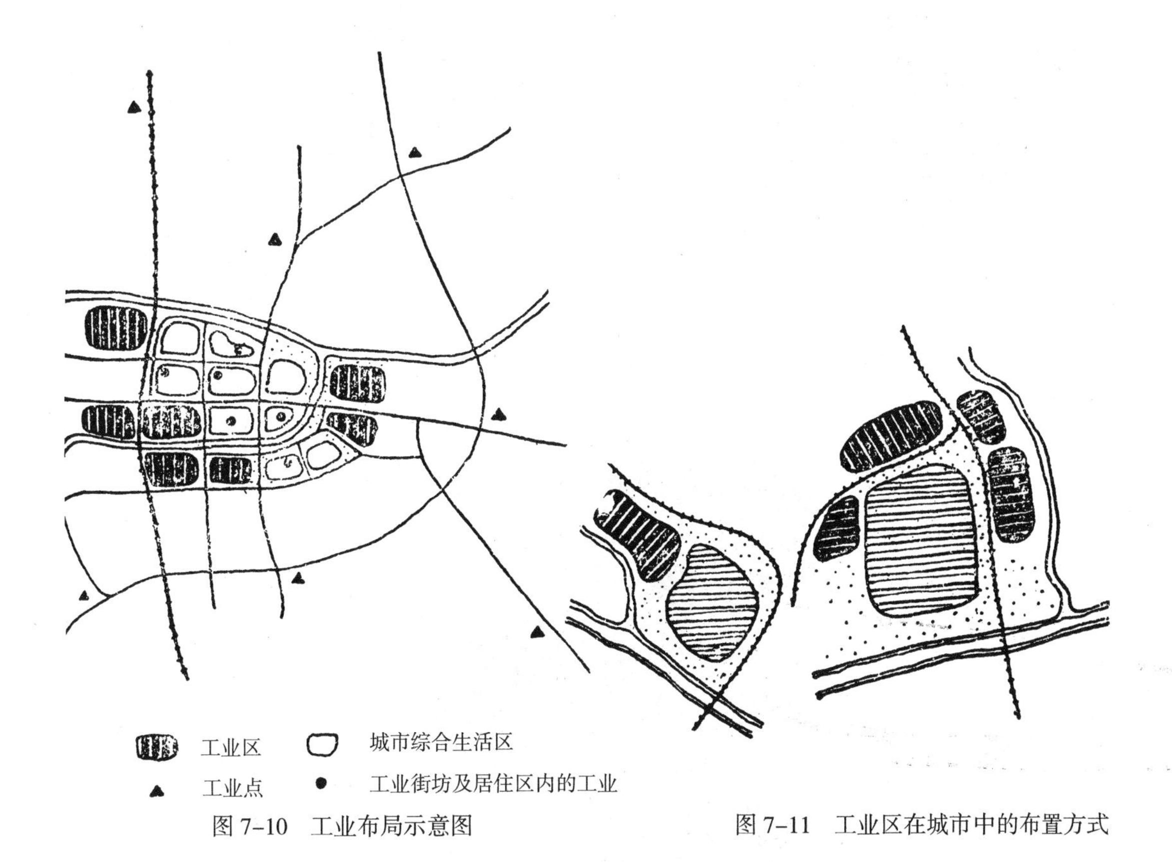

图 7–10　工业布局示意图

图 7–11　工业区在城市中的布置方式

在小城市往往只是一个工业区，而大、中城市则可有几个。这种布置的优点是，便于将工业区与生活居住用地分隔，设立防护绿带，铁路可不穿越生活居住用地，同时工业与生活居住用地均可相互发展。国内、外城市规划中，这类方式很多。

例 1：

该城工业布置在城市下风地带，一边为工业，一边为居住，平行发展。铁路支线与上、下班人流互不干扰。

例 2：

该城有钢铁、纺织、机械三个工业区，分别布置在城市的东、南、北郊，布置中考虑了它们之间的相互关系，并使工业及居住均有发展余地。

例 3：

该城工业区采取“楔形”插入城市的布局形式。对某些大城市或特大城市来说，分成若干工业区并采取“楔形”布置，可使工业区与生活居住用地接近，避免工业过分集中或上下班距离过大的缺点，此外，还可尽量减轻铁路支线的干扰。

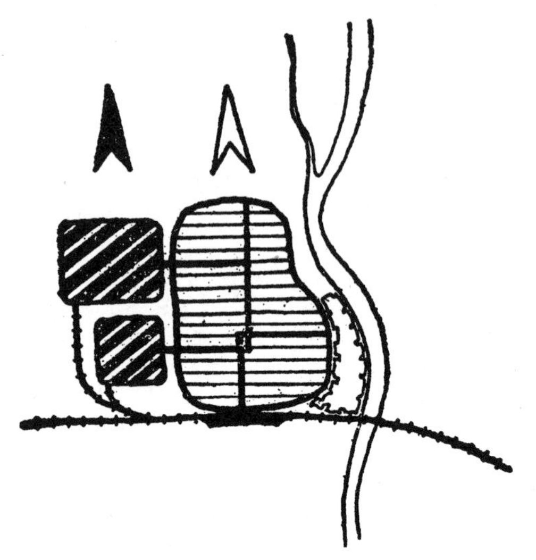

图 7–12　一个工业区在城市中的布置方式

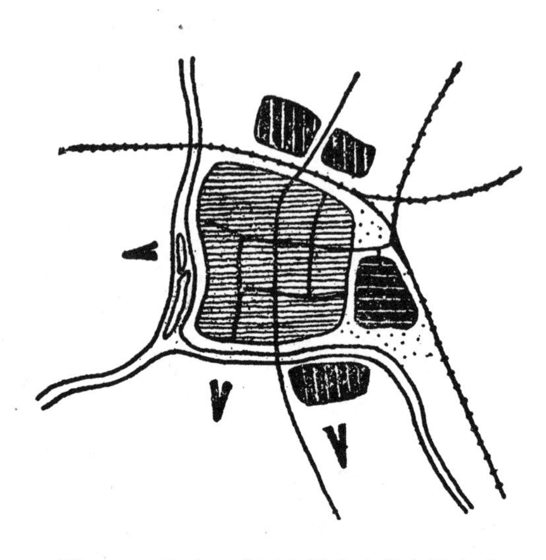

图 7–13　几个工业区在城市中的布置方式

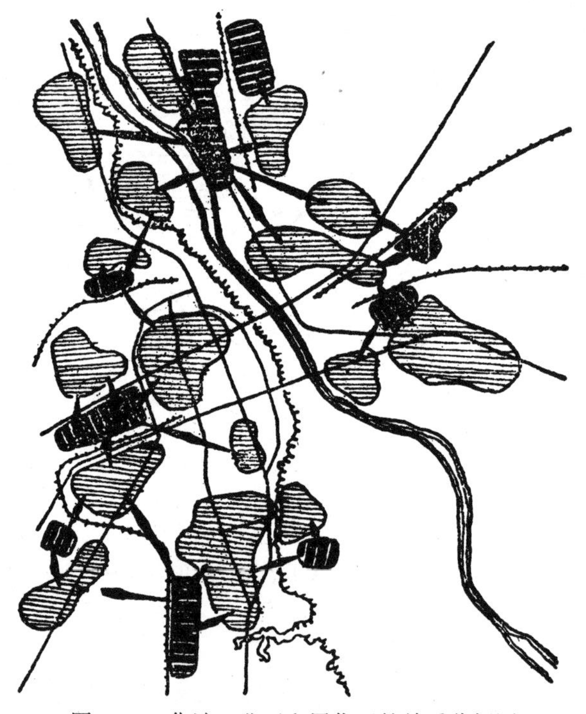

图 7–14　华沙工业区和居住区的关系分析图

（二）工业区与生活居住用地间隔的布置方式

这种布置形式往往是由于地形条件限制而产生的。

该城由于位于河谷地带，两侧用地无法扩展，城市成带形发展，形成工业与居住间隔布置的形式。

（三）几个工业区在城市中形成大分散的布置形式

这种形式往往是由下列原因形成的：

（1）城市适于建设的用地分散，如某些山区城市，用地零散，因而工业区之间距离较远，形成了一种分散布局的形式；

（2）由于工业企业生产的特点，需要接近原料开采地，如砖瓦厂、选煤厂、水泥厂、林木加工厂等，它们应当设在黏土产地、煤矿、石灰石矿、森林区的附近，而形成了在城市周围地区分布的工业点与工人镇；

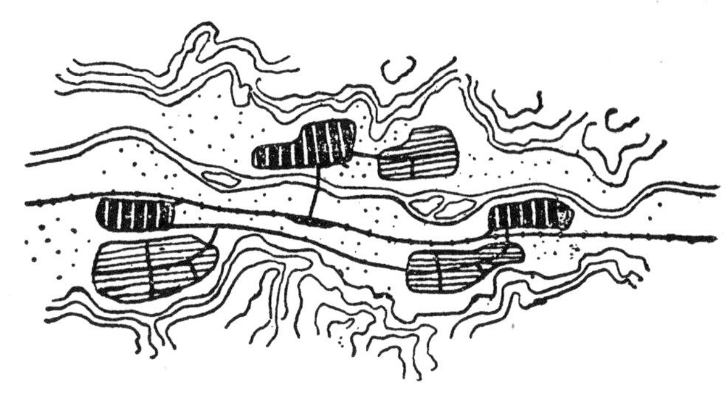

图 7–15　某市工业区布局示意

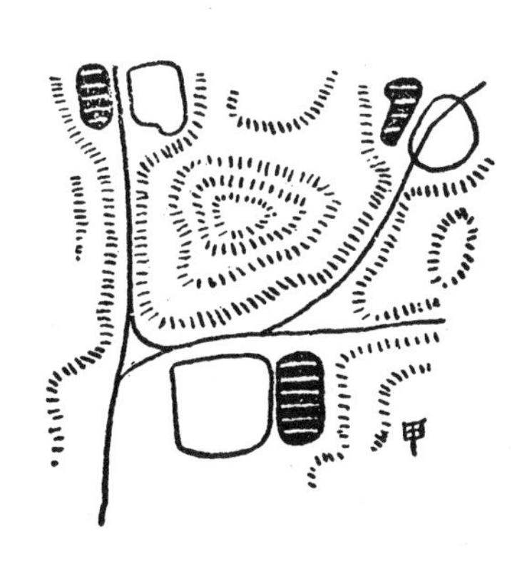

山区城市

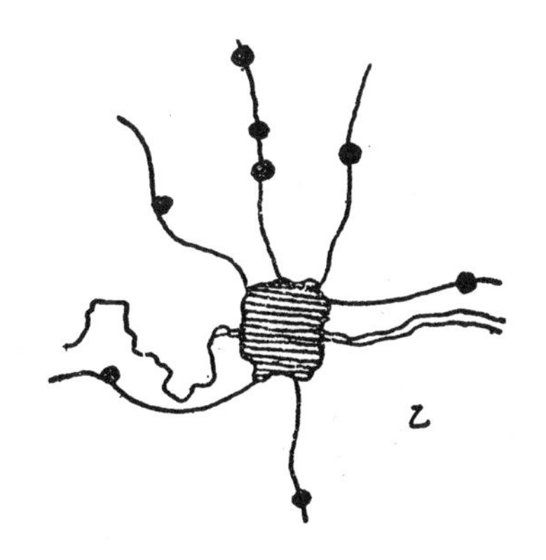

大和特大城市及其卫星城

图 7–16　工业大分散布置示意图

（3）须单独布置的工业。如具有火灾、爆炸危险的工厂，大型冶金联合企业，某些化学工业等。它们都应分别单独布置在城市的外围区域。

（四）在生活居住区用地内布置的工业，一般可有下列几种形式

（1）生产用地很小（1—2 公顷或仅需一座楼房或几间房屋），运输量很小的无害工业，如缝纫、玩具制造、文教用品工厂以及其他手工业、手工艺制作等，可以布置在小区或街坊的边缘，或者放在居住建筑底层；有时也可沿街布置（如某些为生活服务的手工业等，可在后面生产，临街作为门市部进行销售）。如图 7–17。这种布置方式，更便

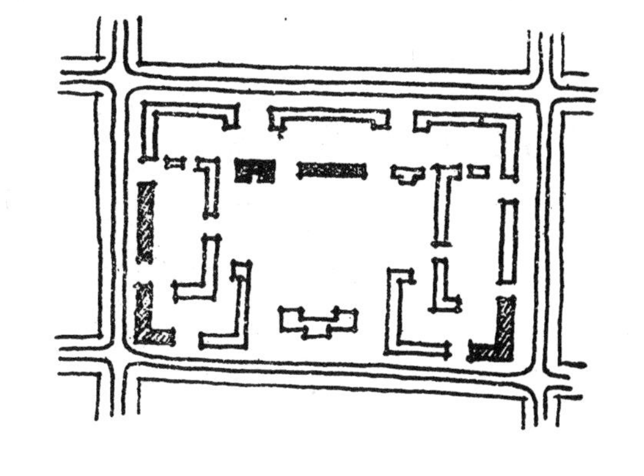

工业在建筑物底层　　单幢工业厂房

图 7–17　工业在居住用地内的布置（小型的）

于家庭妇女就地参加劳动生产。

（2）中型的，用地为数公顷甚至更大一些的无害工业，如某些精密仪表厂、仪器厂、小型电器制造厂、服装鞋帽厂、小型金属制品的机械加工厂、食品厂等，可以组成“工业街坊”或“工业地段”。按其性质特点，布置在居住区边缘或大厂与居住区之间，以便为大厂服务；也可布置在居住区之中，几个小区之间或小区的边缘，如图 7–18。

（3）有些用地不大，生产上要求有较好的卫生条件和环境安静的工厂，如精密仪表、无线电，香料制造厂等。这类工业在建筑艺术造型上可以处理得较好。因此，可以布置在小区内与小区绿化、生活中心相结合；也可以布置在城市绿带之中，如图 7–19。

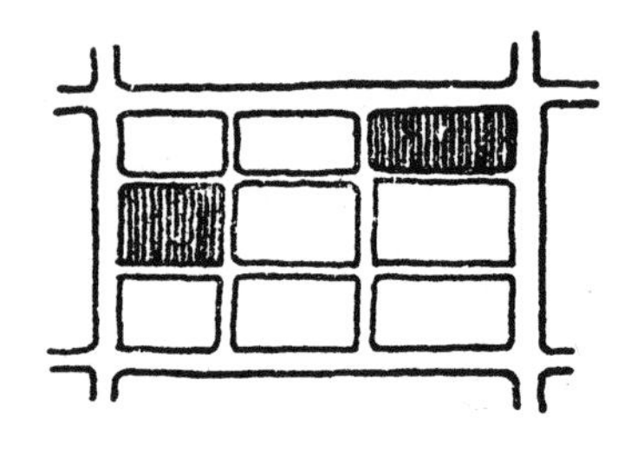

图 7–18　工业在居住用地内的布置（中型的）

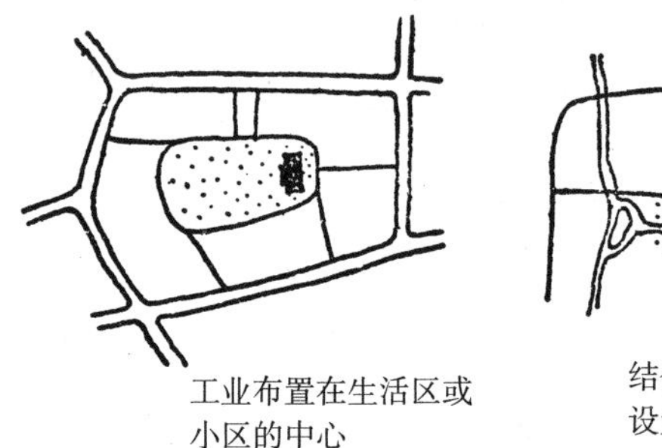

工业布置在生活区或小区的中心

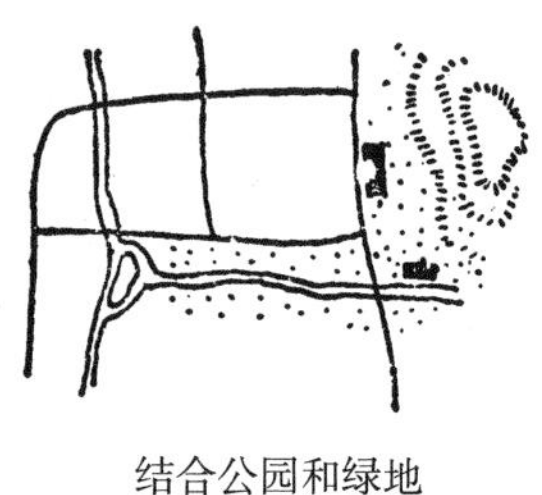

结合公园和绿地设置的特殊工业

图 7–19　结合小区中心及绿地布置的工业

除上述几种布置方式外，交通运输条件也常常影响着工业的布置。

在现代工业的运输设施中，铁路有很重要的地位。由于铁路工程造价较大，因此既已形成的铁路运输设施就不易改变。在新建城市中，必须与工业统一考虑，合理安排；而在旧城市，一般企业建设往往利用原有的铁路运输设施。因此，工业常随着铁路线在城市中的布置而采取不同的布置形式，一般有如下几种：如图 7–20。

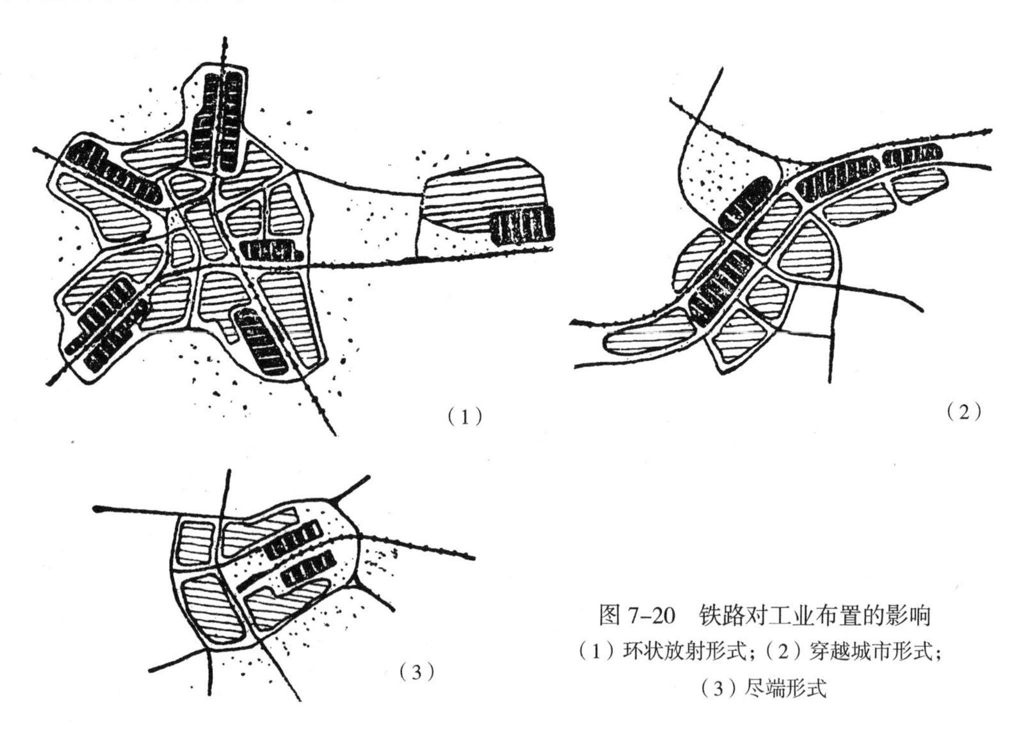

图 7–20　铁路对工业布置的影响
（1）环状放射形式；（2）穿越城市形式；
（3）尽端形式

（1）铁路成环状放射，工厂沿铁路两侧布置，居住区建于工厂附近。但是要注意避免工业与居住区过分混杂。

（2）在有铁路穿越的城市，把工业与居住布置在铁路两侧，以带状平行向两端发展。这样，工业与居住的联系比较方便，但城市的道路与工程管网应采取分区布置，以免增加长度。

（3）进入城市的铁路为尽端式时，工业可沿城市一端发展，并与城市发展方向一致。

在城市中布置工业，对通航的河流，不但可作为工业生产的给水及排水之用，而且在一定条件下还是经济的运输条件，沿河布置工业，其经济意义并不亚于沿铁路布置工业。这样的城市实例很多，特别是我国南方城市中，很多采用这种方式。如图 7–21。

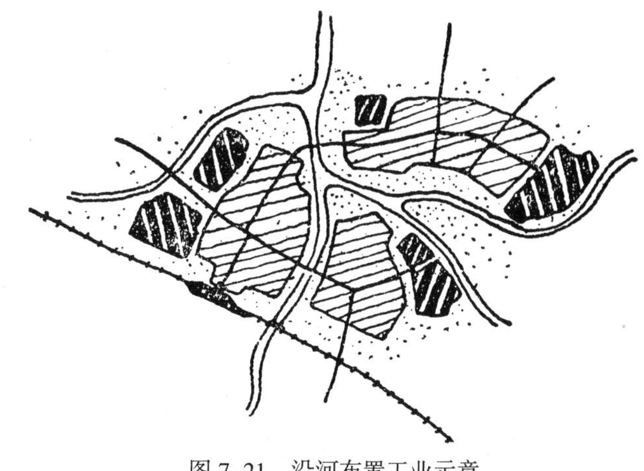

图 7–21　沿河布置工业示意

汽车道路对工业也很重要，它对工业布置也有一定的影响。

第五节　工业区规划

工业区是城市用地的重要组成部分之一。工业区内集中布置一些共同使用运输设施、仓库、公用设施以及彼此有生产协作关系的工业企业。

在城市中，把工业适当集中布置在工业区内，有以下一些优点：

（1）便于进行生产协作。如在原料、燃料、产品、生产技术和加工过程等方面进行协作，使生产过程加快，原料和半成品的运输费用降低，有利于生产的发展；

（2）有利于原料的综合利用。如合理的加工和回收副产品、集中处理和利用废料等；

（3）可以共同建设各种公用设施，节省投资。如共同铺设铁路专用线，敷设工程管线，修建热电站和辅助车间，联合建立和利用供水、排水设施，共同修筑道路以及服务性的福利设施等；

（4）节约用地。在工业区内，集中布置工业企业及设置防护带用地，比单独布置工业用地紧凑节省。

一、工业区的组成

在工业区里主要有生产厂房与仓库，此外尚有运输设施，动力设施，生活福利与管理设施及绿地等。

（1）生产厂房及仓库，是工业区内的主要组成部分，其面积约占整个工业区的 60% 以上。生产厂房一般包括主要生产车间和辅助车间；例如在机械制造工厂里，主要生产车间为铸工、锻工、金工、机械装配等；在钢铁厂里则为炼铁、炼钢和轧钢车间。为生产车间服务的辅助车间一般有机械修理、电气修理、工具修理车间等。

仓库在工业区内也占有很大的用地。它可分为原料、燃料、备用设备、半成品、成品及建筑材料等各种不同性质和用途。除了工业企业单独设置的仓库外，还有为了共同使用码头或站场而联合设置的仓库和货场。

（2）动力设施，包括电站、中心热电站、煤气发生站、变电所及压缩空气站等。在工业区内设置动力设施的项目和数量，要取决于工业区的性质、规模以及生产所在地的条件。大型工业企业一般单独设置；中小型工业企业则联合设置或合用大企业的设施。

（3）工业区内如果用水量和污水量比较大而集中，通常单独设有给水构筑物和污水处理厂。

（4）工业区内的运输设施主要是运送各工厂的原材料、燃料、成品、废弃物以及密切各工厂之间的各种联系。其运输设施有铁路专用线、汽车道路以及各种垂直、水平的机械运输设施，如架空索道、传送带、升降机及管道等。

（5）行政办公楼、食堂、医务所、浴室、俱乐部等公共福利设施。在工业区内还有一定数量的绿地，它是由厂区绿化和卫生防护带等组成，其作用是为劳动者创造良好的工作环境。

二、工业区的规模

工业区应该有一定的规模❶。工业区过小，布局过于分散，会使生产协作不便。工业区过于庞大，则会拉长工作与居住之间的距离，上下班不便。同时，造成各企业之间的干扰，影响环境卫生，危害职工健康；过大的运输量，将使铁路专用线负担过大，在运输上不经济。

在确定工业区的规模时，一般应考虑如下几点要求：

（1）工业生产协作的要求。在一般情况下，可以根据工业生产性质，以一两个骨干工业为主，结合与其有密切协作关系的工厂，组成工业区。例如，武汉市的几个工业区，都是分别以一种工业为骨干组成的：青山的钢铁工业、玉庙的机械工业、白沙洲的造船工业等等。这样不仅便于协作而且可以避免互相干扰。但应该注意只能将那些带有连续性生产的，原料综合利用或副产品回收等方面有协作要求的，并且确实需要布置在一起的工厂组织在一个工业区内，而不能将一切有协作关系的工厂，都无限制地组合在一起。

（2）便于经济合理地使用水、电、供热等市政公用设施。具有一定规模的工业区可以共同组织和使用市政公用设施。工业区规模过小，不容易组织起来；规模过大，就会过分增加设施的负担和建设投资，因而也是不经济的。

（3）交通运输上的要求。工业区规模如果过大，职工上下班时人流大量集中，引起客运交通上的困难，由于运输距离远，花费的时间也多，一定程度上影响职工的生产和生活。因此，工业区的规模，最好能使大部分职工上下班的距离不致太远，一般以不超过2公里左右较为方便。另一方面，工业区规模过大，货运量过分集中，装卸时间长，也会增加城市交通运输上的困难。

（4）考虑人防安全的要求，在一个工业区中集中过多工业是不利的。

三、工业区的规划布置

（一）规划工业区内部用地的几点要求

---

❶ 苏联“城市规划与修建法规”（CH41-58）中曾规定：“各个工业区的职工人数最好不超过25000人，面积通常不大于400公顷。”

（1）工业区内的工业企业，根据紧凑布置的原则，按它们的生产性质和卫生、防火等要求进行分类，将生产协作最为密切的工厂组织在一起；对卫生有害或易燃性的工业企业应布置在其他企业的下风并远离居住区；职工人数很多的工业企业，最好尽量接近居住区；

（2）辅助性设施（车库、堆栈等）不要占用适于布置工业企业的地段，条件许可时，可以布置在各工业企业之间的隔离地带上，或者尽量利用工业区内零散和不规则的用地；

（3）工业区内的主要道路应当同市内外的干道相连接，并与港口、码头、铁路车站、主要仓库等处有便捷的联系；

（4）工业区内所设置的公共福利设施，如食堂、诊疗所、邮局、消防站等等，能方便地为工业区内的职工服务；

（5）在不影响生产过程和居住卫生的原则下，照顾城市在建筑艺术方面的要求，把企业的主要厂房布置在较显著的地方。同时在工业区内的空地上，应尽量绿化。

（二）工业区的布置方式

在一般情况下，将几个工厂布置成带状或长方形是常见的一种形式。如图 7–22 所示，每个工厂的厂区形状都很规则，地形比较平坦，这些工厂的生产性质和建设要求也很相近。如果在地形复杂或者几个工厂用地大小和形状不同、建设要求不一的条件下，工业区的布置形式就可能是不规则的，如图 7–23。

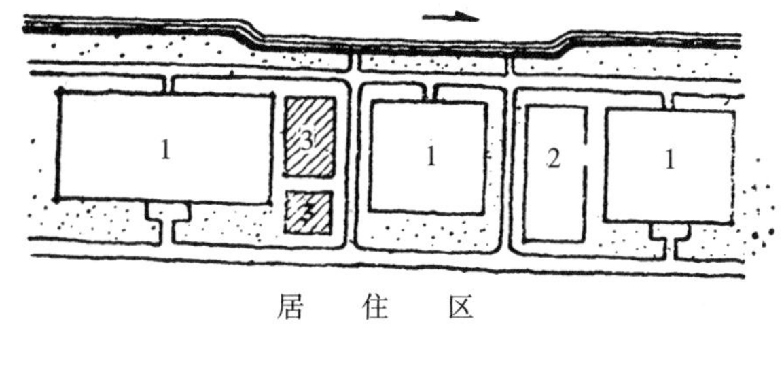

图 7–22　带状或长方形工业区布置图

在考虑工业区的布置与居住区的关系时，一般有三种布置形式，一种是工业区与居住区平行布置的方式（工业区的长边平行居住区），如图 7–24。这种布置方式的优点是工

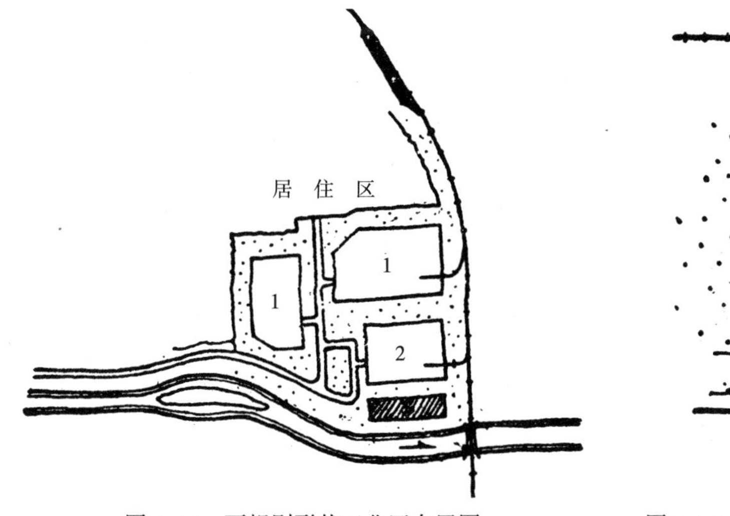

图 7–23　不规则形状工业区布置图

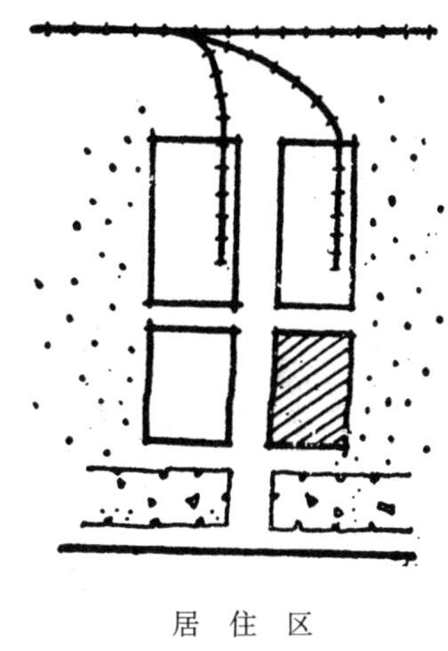

图 7–24　工业区与居住区平行布置

业区宽度比较合适，工业与居住的关系较好。另一种是工业区垂直居住区布置的方式（工业区的短边顺着居住区），如图 7–25。这种布置方式的优点是工人上下班的道路不为工业区内铁路线所隔断，正面的长度较短，防护带减少，可以节省建设费用。热电站、危险品仓库、热加工车间及工厂排出的有害物质，离居住区较远。这种布置方式对面积较小的工业区（用地在 20 公顷以下，长边不超过 500 米）来说，还是可以采用的，如果大面积地采用这种布置方式就会增加工人上下班距离。

第三种是混合的布置方式，它既具有平行布置的优点，也具备了垂直布置的长处，是比较常用的一种布置形式。

影响工业区的布置形式的因素是多方面的，如工厂的工程地质要求，运输方式及工程管线的联系等方面。因此，在布置工业区时，必须很好考虑这些因素，才能作出比较合理的布置方案。

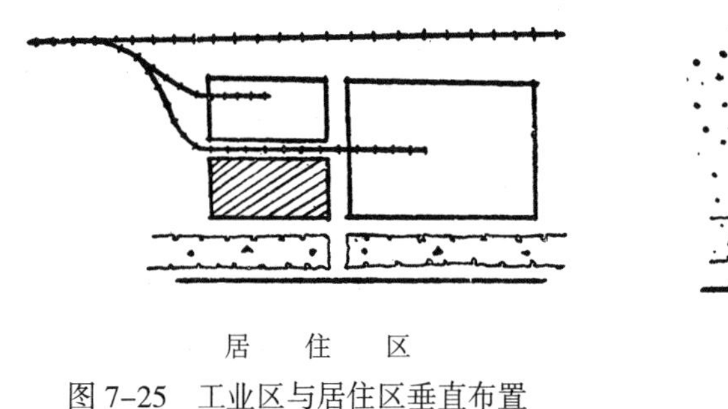

图 7–25　工业区与居住区垂直布置

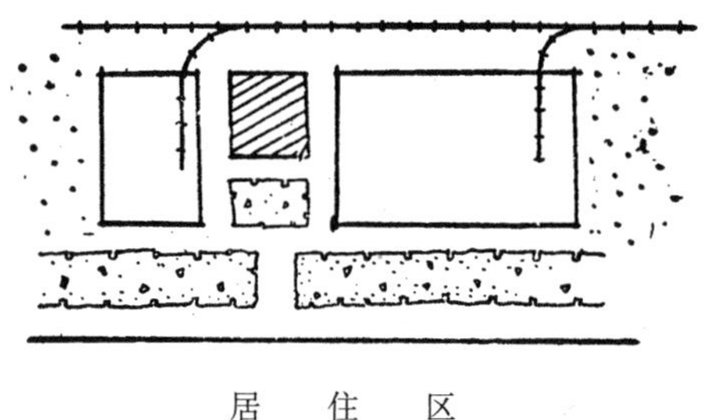

图 7–26　混合的布置方式

第六节　旧城工业的改造

进行旧城改建或扩建规划时，对待原有的工业，必须从现有的基础出发，一方面要充分利用，另一方面又要进行合理的改造，因此，比新建城市的工业布置问题更为复杂。在工作中应该深入调查研究，针对不同的问题，采取各种具体的办法。

一、旧城工业的一般问题

在旧中国，由于帝国主义的经济侵略，资本家的追逐利润，使原有城市中的工业在布局上存在很多问题：

（1）工厂用地面积小，不敷生产需要。工厂用地与其他用地之间，摩肩接踵，拥挤不堪，没有发展余地。有的工厂生产用地非常零散，生产过程不能连续，使生产和管理都有不便。

（2）工业混杂在居住区中，有的设在小巷深处，没有货运道路，运输不便。某些有大量运输的工厂，也没有适当的运输设施。

（3）有些工厂，具有危害性的气体、工业污水及噪声，混杂布置在居住区内，影响居民的环境卫生和身体健康。

（4）有些厂房利用一般民房或临时性建筑，所以房屋的结构和平面形状不能符合现代生产的要求，光线不足，通风不良，工人的劳动条件较差，影响生产效率及生产安全。

（5）有些工厂的仓库及堆场用地不足，有的造成“马路仓库”，影响道路交通和市容的整洁。

二、旧城工业改造的一般要求

旧城工业改造涉及的因素是非常复杂的，除了要分析旧城工业的一般问题外，还必须研究旧城工业部署的一些根本性问题，如旧城工业生产配置的合理程度以及与其他各部门的生产发展是否相适应等方面。考虑时要从生产出发，根据“全国一盘棋”和“调整、巩固、充实、提高”的方针，按照不同情况分别对待。其一般要求如下：

（1）以发展生产为前提，充分利用与逐步改造相结合。

我国旧城中原有工业在国民经济发展中占有相当比重，因此，应当充分利用原有的工业基础，在可能条件下积极发展，进行合理的技术改造，改善生产条件，逐步提高机械化、自动化程度。

（2）进行工业改建时，要同时考虑改善工业对居住环境的污染问题。调整工业时，要使工作地点便于居民参加生产劳动，以及适当提高旧工业区内的设施水平。

（3）充分考虑国家经济及建设条件，从现状出发，以近期为主，近远结合。

在进行改建规划时，必须对现状深入调查研究，根据不同城市的性质和特点，各种工业需要改造的轻、重、缓、急程度，制订工业改造方案，分期实现。

三、旧城工业改造的具体措施

（1）保留：包括允许扩建、限制扩建进行技术改造和改变生产性质等几种。厂房设备好、交通方便、有排水等市政设施，产品有发展前途，周围有扩建余地的，可以在原地扩建；对居住区有一定危害，但生产上有特殊需要，厂房设备较好又难于迁动的，可以限制扩建进行技术改造；厂房设备条件尚好，但生产性质对居住区有危害，并对本身生产发展也有妨碍的，可以改变生产性质。

（2）合并：一些规模小，车间分散的工厂，为了生产需要，可适当加以合并，以便改善技术设备和提高劳动生产率。一般有小厂并入大厂和小厂并成大厂两种，个别还有一厂分别并入数厂的。但是对于某些适于分散布置的工厂，不能勉强合并。

（3）迁移：生产过程严重危害居民生活和健康，而又不易采取防护措施的，在可能条件下应当迁出居住区；厂地狭小，设备较差，生产发展后没有扩建余地，或者厂房位置妨碍城市重要工程建设的，可以择地重建。运输量很大，在居住区难以满足生产要求的工厂，也可根据情况，逐步迁出居住区。在工业集中过多，人口规模过大的城市，可适当外迁一些协作关系不大或原料运输过远、产品销运外地、经济上不合理的工业。

上述仅是一般的分类办法，实践中可能一厂既要限制扩建又要进行技术改造；既保留一部分又迁出一部分。迁移也有外迁和市区内部迁建等方式。在改建过程中，还必须考虑到逐步过渡的问题，有些工厂需要外迁，但近期难以实现的，就必须适当控制其用地的发展。

工厂的迁移应对迁往地点的供水、供电、道路交通和工人住房等问题事先加以解决，否则就会造成生产的困难和生活上的不便。尤其是迁、并两类，必须做出具体安排，有些工厂外迁时可以由大厂带小厂，为小厂的迁建，在市政设施等方面创造有利条件。

旧城工业改建时，可以在居住区中选择某些保留工厂较多、交通、排水、动力等条件较好，附近有条件扩建的地区作为“工业地段”，居住区中有一些规模较大，价值较高，无危害或是通过技术改造、隔离等处理能减轻危害的工厂也可以划为专门的“工业地段”。

旧城工业区内部一些被有害工厂包围的住宅，原则上应当迁出。但其中质量较好的房屋仍应充分利用，比较差的可以改造，最差的可以逐步拆除进行绿化。

城市人民公社化后，蓬勃发展的街道工业不仅组织了大量街道居民和职工家属参加生产劳动，改变了社会风气，而且在支援大工业、增加日用工业品生产、发展服务业等方面，起了很大的作用。但街道工业因发展迅速，缺乏全面安排，在旧城工业改建中，也应该对其进行通盘的规划。过分分散，地位不当或不利于生产的，可加以调整改造。

对具有一定基础的旧城工业区的改造一般须考虑以下几个问题：

（1）适当扩大工业生产用地

为改善现有工厂生产用地，特别是仓库、堆场用地普遍不足的现象，必须适当扩大生产用地。其办法有二：

一是通过厂房的改建和合理组织厂区内部用地以挖掘潜力；

二是在一定条件下向周围扩建，要“邻居”让路（邻近的工厂迁并后，可利用其腾出的厂房和用地，或拆除周围质量较差的住宅作为发展用地）。

在工业区内，尽可能保留一部分工业备用地，为改造集中市区的小厂创造条件，也为现有工厂的发展留有余地。但是要注意不能在备用地内建设新工厂，否则，市区工厂越来越多，会使城市规模盲目扩大。

（2）改善交通运输条件

大城市旧工业区的运输条件一般都很差。如上海旧市区的工厂没有一个设有铁路专用线，年产几十万吨的轧钢厂只能全靠汽车运输。布局分散是造成运输量大的原因之一。因此，改善运输条件的措施有两方面：一方面是合理调整工业，减少不必要的流程；另一方面是整顿工业区之间以及工业区内部的道路系统，适当开辟新线，加宽路面。有条件的，应增设铁路支线或货运电车，并尽可能利用水运。

（3）妥善处理卫生防护

工业区的有害工业，必须根据它们的生产情况和有害影响程度，分别加以处理。危害严重的工厂，在不影响生产的条件下，可以迁出或改变生产性质。生产上非常需要，而危害影响有可能减轻的工厂，可以加强技术防护措施。在其下风方向的现有住宅，可暂时保留，将来逐步淘汰，作为防护绿带。在改建城市的工业与居住区之间，应尽可能保留一定的绿带，并加以控制。此外，还要注意工厂内部的绿化，尽可能改善工人的生产环境。

（4）整顿和改善福利设施

旧城现有工厂大部分没有完善的福利设施。在旧城改建中，可在旧工业区内集中建设一些必要的生活服务设施，便于职工生活。

［附录一］ 风象与风象玫瑰图

1. 有关风象的几个基本概念

（1）风向和风向频率

风向，就是风吹来的方向。一般用 8 个或 16 个罗盘方位来表示。8 个方位，就是东、南、西、北、东北、东南、西南、西北；更精确一些，又再分为东北偏北、东北偏东等 8 个方位，加上上面所说的 8 个，共 16 个。所谓东北偏北，意思就是介于北和东北之间，有时又简称为北东北。其余依此类推（如图 7-27 所示）。

风向频率，风向在一个地区里，不是永久不变的，它在一昼夜、一个月、一季度或一年之间，都经常地变化着。但如果在某一时期内，进行风向的测定，就可以知道每一个方位的风向在这一时期内重复发生的次数是多少。在一定时期里，把各个风向所发生的次数，用百分数来表示，称为风向频率。譬如说，一个月里共刮风31次，其中东风4次，北风5次……那么我们就可算出这个月里东风的频率是$\frac{4}{31}\times 100\%=12.9\%$，北风的频率为$\frac{5}{31}\times 100\%=16.1\%$……当我们知道了一个地区的风向频率以后，就可以看出在这一地区里的某一时期内那一种风向最多。

图7–27　方位图

（2）风速及风级

风速，就是空气流动的速度。在气象学上，通常用空气每秒钟流动多少米（米/秒）来表示风速的大小。风速的快慢，决定风力的大小，所以风速越快，风力也就越大。

风速是随着离地面的高度而增加的。空气在地面上流动，因受地面摩擦，产生扰动，引起风向和风速的变化。随着高度的增加，风速受地面摩擦的影响就减小。因此，风离地面愈高，则速度愈快。这种变化，表7–4中的数字可以说明。

表7–4

高度（米）	0.5	1	2	16	32	100
风速（米/秒）	2.4	2.8	3.3	4.7	5.5	8.2

从表中可以看出，在100米高的地方的风速，比1米高的地方的风速约快三倍。另外，从观测中证明：在300米高的地方，比在21米高的地方，全年风速平均要大四倍之多。

风级，是根据地面物体受风力影响的大小，分成12个等级，以表示风力的强度。无风，列入零级；风力越大，级数越高；12级为飓风。这种方法是用目测来估定风力的。表7–5是经常应用的蒲福氏风级表。

表7–5

风级	风名	相当风速（米/秒）	地面上物体的征象
0	无风	0—0.2	静，烟直上
1	软风	0.3—1.5	烟能表示风向；风向标不能转动
2	轻风	1.6—3.3	脸感觉有风，树叶有微响，风向标能转动
3	微风	3.4—5.4	树叶及微枝摇动不息，旌旗展开
4	和风	5.5—7.9	能吹起地面灰尘和纸片，树的小枝摇动
5	清风	8.0—10.7	有叶的小树摇摆，水面起波
6	强风	10.8—13.8	大树枝摇动，电线呼呼作响，举伞困难
7	疾风	13.9—17.1	全树摇动，迎风步行感到阻力
8	大风	17.2—20.7	可折断树枝，迎风步行感到阻力甚大
9	烈风	20.8—24.4	屋瓦吹落，稍有破坏
10	狂风	24.5—28.4	陆上少见，可使树木连根拔起或摧毁建筑物
11	暴风	28.5—32.6	陆上很少见，有严重的破坏力
12	飓风	32.6以上	陆上极少见，摧毁力极大

2. 风象玫瑰图的绘制

风象玫瑰图是表示风象特征的一种方法。它根据气象台所观测的气象资料，加以计算整理，并用图案的形式表示出来。因为这种图案很像一朵玫瑰花，所以通常称它为风象玫瑰图，或简称风玫瑰图。从风象玫瑰图上，我们可以很清楚地看到某一地区的风象特征。

在绘制风象玫瑰图之前，首先应搜集气象观测资料。这方面的资料，是向当地气象台搜集的。如果当地没有气象观测资料，有时也可利用附近地区气象台的资料来代替（但应加以实地调查，根据当地地势等条件，进行修正）。假使这方面的资料也没有，为了满足工作上的迫切需要，可采用土办法，进行实地访问和调查。这种土办法，仅是为了满足暂时需要。随着我国气象事业的普遍发展，这种情况将会逐渐减少。

风象玫瑰图，按其风象资料的内容来分，有风向玫瑰图、风向频率玫瑰图和平均风速玫瑰图等等。如按其气象观测记载的期限来说，又可分为月平均、季平均、年平均等各种玫瑰图。这些划分，是为了适应规划设计和各种单项设计的不同要求而来。从城市规划工作角度来看，采取多年的平均统计资料最好。但如果实际上不太可能，就应因地制宜，因时制宜，根据具体情况而定。

下面举例来说明风象玫瑰图是怎样绘制的。表 7–6 是某地区气象台在某年度一、二、三月份观测所得的资料。

根据表 7–6 的气象观测资料，加以计算整理，则得表 7–7 的风象统计资料（如果气象台或有关部门，

表 7–6

月份/项目/日期	一月份		二月份		三月份	
	风向	风速（米 / 秒）	风向	风速（米 / 秒）	风向	风速（米 / 秒）
1	北	2.0	北	2.0	东北	3.8
2	北	2.0	北	2.5	东北	4.4
3	北	2.0	西北	2.5	东北	4.4
4	东北	2.0	西北	3.0	东北	3.4
5	北	3.0	西北	3.5	东	3.0
6	北	3.6	西北	3.5	东	2.5
7	东北	2.5	北	2.5	东	2.5
8	东北	2.5	东北	2.3	南	3.0
9	东	5.0	东北	2.0	南	3.0
10	东	4.5	东	2.0	东南	4.0
11	东	4.7	东	3.0	南	4.0
12	东	4.8	东	3.5	东南	3.0
13	东南	2.0	东南	4.0	南	2.6
14	东南	2.0	东南	3.8	西南	3.0
15	东南	1.5	东南	3.5	西南	3.4
16	南	1.0	东南	3.0	西南	4.0
17	南	1.0	东南	2.7	西南	3.6
18	南	2.0	东南	2.3	西南	3.0
19	西南	3.5	南	3.0	西南	2.0
20	西南	3.7	南	3.0	西	2.0
21	西南	4.0	西南	3.0	西	2.5
22	西南	2.0	西南	2.6	西	2.5
23	西	1.0	西南	2.4	西北	3.2
24	西	2.0	西	1.8	西北	3.5
25	西	2.5	西	1.4	西北	4.0
26	西北	2.7	西北	3.0	西北	3.8
27	西北	2.8	西北	3.6	西北	3.5
28	西北	3.1	西北	4.4	西北	2.8
29	西北	3.0			西北	2.2
30	西北	2.5			北	3.0
31	西北	2.0			北	3.4

表 7–7

月份 / 项目 / 风向	一月份				二月份				三月份				第一季度			
	次数	频率（%）	风速（米/秒）	平均风速（米/秒）	次数	频率（%）	风速（米/秒）	平均风速（米/秒）	次数	频率（%）	风速（米/秒）	平均风速（米/秒）	次数	频率（%）	月平均风速（米/秒）	平均风速（米/秒）
北	5	16.1	2.0 2.0 2.0 3.0 3.6	2.5	3	10.7	2.0 2.5 2.5	2.3	2	6.5	3.0 3.4	3.2	10	11.1	2.5 2.3 3.2	2.7
东北	3	9.7	2.0 2.5 2.5	2.3	2	7.2	2.3 2.0	2.2	4	12.9	3.8 4.4 4.4 3.4	4.0	9	10.0	2.3 2.2 4.0	2.8
东	4	12.9	5.0 4.5 4.7 4.8	4.8	3	10.7	2.0 3.0 3.5	2.8	3	9.7	3.0 2.5 2.5	2.7	10	11.1	4.8 2.8 2.7	3.4
东南	3	9.7	2.0 2.0 1.5	1.8	6	21.3	4.0 3.8 3.5 3.0 2.7 2.3	3.2	2	6.5	4.0 3.0	3.5	11	12.2	1.8 3.2 3.5	2.8
南	3	9.7	1.0 1.0 2.0	1.3	2	7.2	3.0 3.0	3.0	4	12.9	3.0 3.0 4.0 2.6	3.3	9	10.0	1.3 3.0 3.3	2.5
西南	4	12.9	3.5 3.7 4.0 2.0	3.3	3	10.7	3.0 2.6 2.4	2.7	6	19.3	3.0 3.4 4.0 3.6 3.0 2.0	3.2	13	14.4	3.3 2.7 3.2	3.1
西	3	9.7	1.0 2.0 2.5	1.8	2	7.2	1.8 1.4	1.6	3	9.7	2.0 2.5 2.5	2.3	8	9.0	1.8 1.6 2.3	1.9
西北	6	19.3	2.7 2.8 3.1 3.0 2.5 2.0	2.7	7	25.0	2.5 3.0 3.5 3.5 3.0 3.6 4.4	3.4	7	22.5	3.2 3.5 4.0 3.8 3.5 2.8 2.2	3.3	20	22.2	2.7 3.4 3.3	3.1
总计	31	100			28	100			31	100			90	100		

对某一时期的气象观测资料已进行过整理计算，那么就直接抄录其各项风象统计资料即可）。

表 7–7 中所示月的风向频率，已在前面讲过，就是指各风向刮风次数占全月总刮风次数的百分率。百分率越高，也就说明某一风向在全月中刮风的次数越多。

平均风速，就是把风向相同的各次风速加在一起，然后用其次数相除所得的数值。

表 7–6 的风象统计资料，系第一季度的数值。如果当气象台对全年各月的风象资料均有记载，就可以按月（或季）把各项分别加在一起，依照上述的原理和方法，即可分别求得全年的风向频率和平均风速等各项资料。假如有好多年的气象观测记录，就可以求出更加精确的多年的各项风象统计资料。

当整理计算出某地区在某一时期的风象统计资料以后，就可以绘制风象玫瑰图。

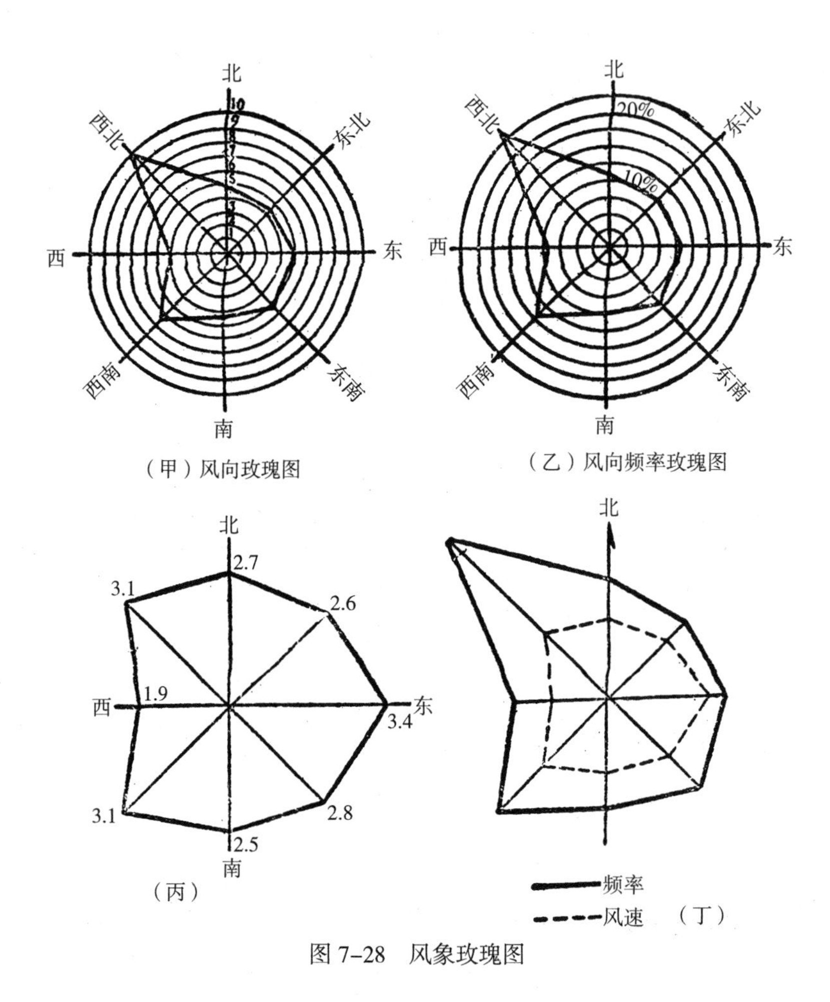

图 7–28　风象玫瑰图

图 7–28 是根据表 7–7 的风象统计资料绘制的几种风象玫瑰图，图（甲）和图（乙）的图形是相同或者相似的，因为风向频率也是根据风向次数计算出来的。图（甲）和图（乙）所不同的地方，仅是图（甲）的同心圆间距代表次数，图（乙）的同心圆间距代表百分数，除此之外，就没有什么差别。图（丙）为第一季度的平均风速玫瑰图。图（丁）是把第一季度的风向和平均风速绘在同一个方位坐标图上的风象玫瑰图。

玫瑰图上所表示的风的吹向，是指从外面吹向玫瑰中心，也就是表示吹向某个地区中心的情况。

[附录二] 各种企业及公用设施同住宅街坊间的卫生防护带（卫生部1959年修改草稿）

第一级　防护带宽1000米

氮及氮肥生产。
硝酸的生产
用亚硫酸纸浆和硫酸纸浆造纸的生产。
人造粘质纤维和玻璃纸的生产。
浓缩矿物肥料的生产。
石油加工企业（含硫重量在0.5%以上和含有大量挥发性烃）。
可燃性页岩加工企业。
煤炭加工企业。
氯的生产。
动物死尸加工厂。
骨胶厂。
大粪场及大型垃圾场。
废弃物的掩埋场。

第二级　防护带宽500米

合成樟脑、纤维质酯类的生产。
用纤维质酯类制造塑料的生产。
用氯化法提炼稀有金属的生产。
黑色和有色金属矿石及碎黄铁矿的烧结企业。
高炉容积为500—1500立方米的炼铁生产。
用水溶液电解法提炼锌、铜、镍、钴的生产。
生产量低于15万吨的硅酸盐水泥、矿渣硅酸盐水泥生产。
1000头以上的家畜场。
屠宰场。
垃圾利用工厂。
污水灌溉场和过滤器（污水量≤5000立方米/每昼夜）。
中型垃圾场。
火葬场。

第三级　防护带宽300米

塑料（卡波立、赛璐珞、电木、氯乙烯等）的生产。
橡皮及橡胶的再生企业。
混合肥料的生产。
高炉容积低于500立方米的炼铁生产。
年产量低于100万吨的平炉及转炉炼钢生产。
金属及非金属矿石（铅、砷及锰矿除外）的露天采掘。
玻璃丝及矿渣粉的生产。
动物的生毛皮加工及染色或鞣制企业。
甜菜制糖工厂。
渔场。
垃圾生物发酵室。
污水处理场（包括生物滤池、曝气池、沉淀池及淤泥场）。

垃圾、粪便运输工具停留场。

能利用的废弃物的总仓库。

第四级　防护带宽 100 米

用现成纸浆和破皮造纸的生产。

假象牙和其他蛋白质塑料（氨基塑料）的生产。

甘油的生产。

用醋酸法和氨基酸法制造人造纤维的生产。

锅炉的生产。

水银仪器（水银整流器、水银温度计、水银灯等）的生产。

用电炉炼钢的生产。

石棉水泥及石板的生产。

一般红砖及硅酸盐砖的生产。

陶制品和瓷制品的生产。

大型木船造船厂。

缫丝工厂。

漂染工厂。

毛毡的生产。

人造皮革的生产。

蛋粉工厂。

酒精工厂。

肉类联合工厂及冷藏肉制造厂。

烟草工厂。

基地和临时存放未加工的废弃物仓库。

第五级　防护带宽 50 米

肥皂的生产。

盐场。

用废纸、现成纸浆和破布制造不漂白的纸的生产。

天然矿物颜料（白垩、赭石、普鲁士红等）的生产。

塑料制品（机械加工）的生产。

二氧化碳和“干冰”的生产。

香料的生产。

火柴的生产。

蓄电池的生产（小型企业）。

进行热处理而不进行铸造的金属加工企业。

石膏制品的生产。

毛毯及人造毛皮工厂。

生皮革（200 张以下）的临时仓库（不加工）。

啤酒酿造企业、麦芽酵母制造企业。

罐头工厂。

粮果糕点制造工厂（大型的）。

第八章　城市对外交通运输

交通运输是联系工农业的物资基础，它是为工农业生产和人民生活日益增长的需要服务的。

城市对外交通运输是铁路、公路、水运和空运运输的总称。它把城市与国内其他地区紧密地联系起来，促使它们之间经济文化的交流和生产发展，它除了承担上述地区间客货运输任务以外，还大多承担着为城乡人民生活和生产服务的短途运输。在某些大城市及特大城市，还要有对国外某些大城市的国际交通联系。

在各种对外交通中，火车是城市间客货运输的主要工具，它虽然在运转能力和运输经济上不及水运，但是它有良好的通过能力和较高的速度，使其所担负的运输任务常常占整个运输的很大比例，对城市的影响也最大。如果铁路在城市中所布置得不妥，会妨碍城市的发展，影响城市交通和安全，给城市生产和生活带来很大的不利，它的声响和灰尘对城市居住区的安静和卫生也会有影响。

水运交通的发展，是各种运输中载货量最大，费用最省的运输方式，它特别适宜于长距离的运输，在实现国际贸易时，海运往往是一种主要的方式，我国南方的许多乡村和城市的联系，河运也是主要途径。此外，水运具有其他运输方式所不及的优点，即是对于城市其他交通的影响很小，对城市生活的骚扰也远没有其他对外交通那样严重。

空运是一种比较新型的交通运输，也是远程交通中的重要方式之一。但由于运量小，运价也比较贵，一般只用于旅客和重要物件的快速运输以及联系其他交通尚未通达的边远地区。随着飞机制造技术上的飞跃发展，机场的用地要求愈来愈大，同时，机场在国防上的要求也较严格，因此机场都不得不布置在远离城市的地段，而借助于其他交通和城市取得联系。如果机场布置的地位不当，会使得飞机起飞和降落经过城市上空，其声响会严重影响城市生活的安宁。

在铁路运输、水运和空运中，均具有一个共同的缺点，就是不够灵活方便，常常需要通过汽车短途运输才能把客货送到目的地，因此配合国道或省道各级公路并设置郊区公路也是城市对外交通方式之一。

另外关于群众运输（指行驶在公路或乡村道路上的各式非机动车以及航行于大、小河道的木船运输等）是我国各类城市近郊、乡村间的主要运输方式，对解决当前城市运力不足有极大作用，因此在城市对外交通运输中也是不可忽视的一项。

根据我国一些资料统计，对于各种运输工具的优缺点曾作比较如表 8–1、表 8–2（以运价为例：最低的为 1，次低的为 2，其余依此类推）。

从表 8–1 及表 8–2 中可以看到铁路运输为各种交通运输的主力，水运公路次之。此乃全国交通运输的情况，至于各大、中、小城市中对外交通运输情况也大致如此。

各种对外交通方式都有自己的特点和要求，综合地考虑它们在城市中的布置，使它们之间密切协作，精确而迅速地完成运输任务，降低成本，对于国民经济的发展有着重大的意义。

各种运输方式的比较 表 8-1

比较项目 / 运输种类	运价低	速度快	连续性大	灵活性大	附注
铁路运输	2	2	1	3	
内河运输	3*	5	6	5	运价可逐渐低于铁路
海洋运输	1	4	5	6	
汽车运输	4	3*	2	2	速度可逐渐高于铁路
航空运输	6	1	3	4	
畜力运输	5	6	4	1	

1958 年我国各种运输类型的工作量比较 表 8-2

运输类型	运量（万吨）	平均运距（公里）	周转量（亿吨公里）	在周转总量中的比重（%）
铁路运输	38109	487	1855.2	78.4
水运（轮驳船）	7636	575	439.1	18.6
公路（汽车）	17630	39.5	69.1	3

注：铁、公、水、空运旅客周转量总计 570.6 亿人公里。其中铁路为 409.2 亿人公里，占总数 72%。

为了达到上述目的，在城市中布置各种对外交通时，应当根据下列原则进行：

（1）尽量满足各种交通方式本身的技术经济要求；

（2）保证各种交通方式之间互相协调，紧密合作，为联运创造良好的条件，发挥每种交通方式的特点，以保证迅速完成运输任务，获得最大的经济效果；

（3）充分照顾城市的利益，不影响居民良好的工作和生活环境，并为居民的生产和生活创造最大的便利；

（4）使城市与各种交通均应具备发展的可能性；

（5）在旧城改建过程中，要注意尽量利用现有的运输设备，发挥它们的作用。

上述几点要求是统一的，但又是相互制约的。例如，从技术经济要求来看，铁路希望把旅客技术作业站放在靠近中心区的旅客站附近，但是这样做，往往会损害城市居民的利益。再如飞机场为了居民的便利，最好靠近城市，但是无论从飞行技术要求，居民生活的安宁或者防空上来讲，这样做都是不适宜的。因此，在具体布置对外交通用地时，应当根据具体情况，分清主次，因地制宜地加以解决。

第一节 城市对外交通与城市的关系

一、城市对外交通运输与工业布局的关系

（一）城市对外交通与区域内工业布局的关系

运输系生产过程的延续，在核算企业生产成本费用时，就要特别考虑到运输消耗问题。合理的配置生产与原料、燃料、消费之间运距运费的合理的比例关系。

（二）从交通运输观点考虑城市工业合理位置

有些工业部门应考虑配置于原料与燃料产地附近，运量大的工厂企业也同样应做到贴

近于它主要运输方向，并接近其主要运输工具的枢纽场地。

（三）对外交通运输对城市工业规模问题的影响

随着工业企业规模的扩大，工业消费的原料、燃料增多，则供应工业用料的运距拉长，费用就相应增加；则供应运输线上货物量集中荷载加大。但交通运输线路承担量是有一定的限度的。[1]因此，工业发展就必须考虑交通线路运输设备的增加可能。

二、城市对外交通对城市布局和发展的影响

目前有许多新兴城市由于新的对外交通线的开辟而使城市迅速发展繁荣起来，例如：鹰潭由于鹰厦铁路的通车，使它从一个小镇发展成具有十万人口以上的城市。

城市对外交通的线路、站场的布置在很大程度上影响和决定着市内工业区、仓库和居住区的位置。因此，在城市规划工作中进行城市布局的同时，就应当慎重考虑和研究对外交通的线路、站场在城市中的布置问题。

城市中各种对外交通的配合和衔接，主要是在车站、港口和机场之间进行的。在城市规划中布置这些用地时，合理解决它们之间的相互位置，可以说是一个关键的问题。在大城市中，为了使居民使用更加便利，就应尽可能把火车、汽车和港口客运站布置在一起，并靠近市中心地区；对于有大量中间转送的客货运交通，则考虑建立适当的联运站，在港口城市并且把铁路直接通至港口码头线，可以大大节省中间装卸作业时间以及为此而设置的仓库。

公路能便捷地和铁路货站及港口货运区取得联系也是比较重要的一环。因为货物的集散，公路的作用很大，从货站将货物运送至生产、消费地点，常常是通过汽车（也包括非机动车）运输进行的。在许多大城市,为了使过境交通不穿越市区,采用了环形的汽车干道，并以放射式的公路和其他城市或卫星城镇取得联系。

如果铁路和公路都采用了环线的形式，为了行车的迅速和安全，不可避免要建造许多价格昂贵的立体交叉和桥梁，因此，在规划中就要尽量减少这种交叉。

中、小城市的对外交通运输一般较大城市简单许多，解决也易。但同样与城市的其他功能组织关系密切仍不能忽视其合理布置的重要性。

第二节　铁路运输

铁路分布范围很广，线路长，客货运输承载量大，不受气候、季节、地形等条件影响，在全年中，运输是不间断的。由于铁路运输具有很大优越性，因此它始终保持着在交通运输事业中的主导地位。

一、城市市区内铁路建筑和铁路设备的分类

第一类，直接与城市工业生产和居民生活有密切联系的铁路设备（如旅客站和站房，公用的货运站，为市郊区服务的铁路，工业企业的专用线，建筑施工基地的专用线，市内供应站或仓库的专用线等）；

第二类，与城市工业生产和居民生活没有直接联系，而是第一类所不可缺少的设备（如正线和客站、货站的进站线，车站间的联络线，在正线、支线及进站线等等相互交叉

---

[1] 一条铁路线一年的通过量一般约为 500 万吨。公路双车道一小时单向通过 450 辆货车。

处铁路交叉布置等）；

第三类，与城市设施没有联系的铁路技术设备（如编组车辆和组成货物列车的编组站，机车——车辆修理厂、机务段、旅客技术作业站、消毒站、供直通列车通过用的迂回线、环形线及其他的线路，铁路仓库和其他的铁路设备等）。

在进行城市规划布局时，第一类的设备和建筑，应根据其性质，布置在城市地区范围内，并与城市中心区接近（如旅客站）；第二类——必要时可采用第一类的布置方法；第三类的技术设备，在满足铁路技术要求以及配合铁路枢纽的总体布置的前提下应尽可能布置在离城市有相当距离的地点。

在城市规划中布置上述三类的铁路站场和线路时，与铁路部门以及其他有关部门，共同协商解决。

二、各类铁路建筑及设备的布置与用地规模

（一）车站的分类和站场布置

为了确保列车运行的安全和最大的通过能力，必须在线路上设置一定数量的分界点——车站和信号所。根据车站的主要用途及其工作性质的不同，只就车站类别，工作性质和布置方式分述如下：

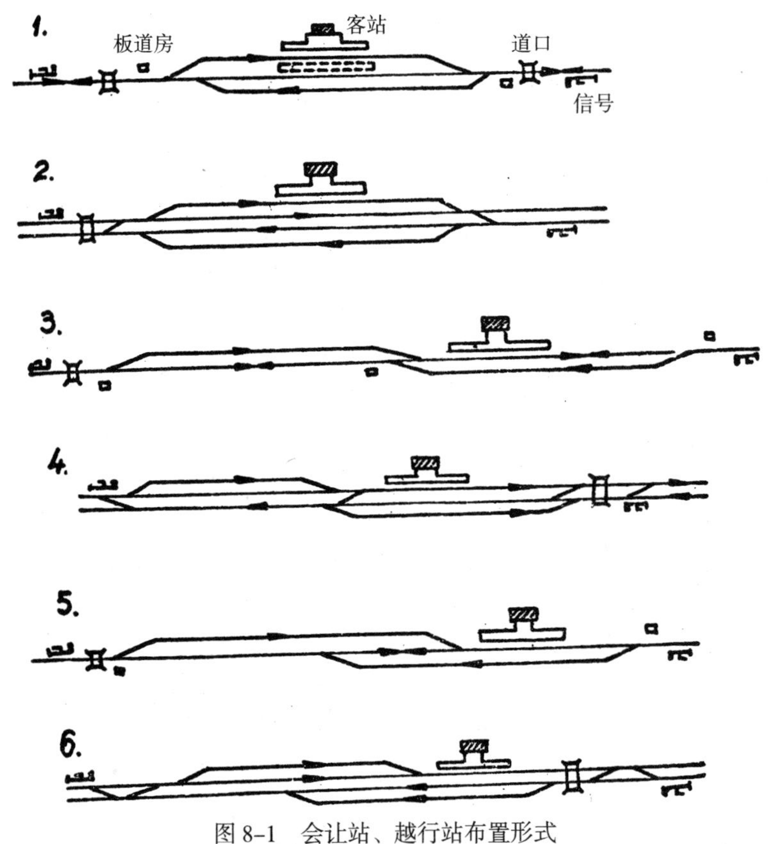

图 8-1　会让站、越行站布置形式

1—横列式会让站；2—横列式越行站；3—纵列式会让站；4—纵列式越行站；5—混合式会让站；6—混合式越行站

1. 会让站、越行站

会让站设于单线铁路上，供列车交会和越行之用，越行站则设于双线铁路上，专供快车超越慢车而用的，它们在必要时也都可以办理少量的客货运作业。它们在路线上的分布，主要根据线路需要的通过能力大小而定。在Ⅰ、Ⅱ级铁路上，平均间距约为 8—12 公里。在布置形式上，可以分为横列式、纵列式和混合式三种（见图 8–1）。

当线路所需要的通行对数不大，或者在无足够用地可以用来布置纵列的场地时，可以采用横列式的布置方式。横列式占地长度较小，为当前采用较多的一种方式。纵列式占地较大，但较横列式具有如下优点：

（1）在不设安全线的情况下，列车同时到达安全性高；

（2）便于值班员与司机联系，可以提高区间通过能力；

（3）能办理超长列车交会；

（4）有利于组织不停车交会。

因此，在可能条件下应采用这种形式，另外，当地形条件限制不可能时，也有将错移距离适当缩短而采用混合式布置方式。

会让站除正线外，一般再设置 1—2 股到发线。一般应作通过式布置，只有在特殊困难的条件下（如山区地形复杂的地段）和行量不大的线路上，才允许采用尽端式会让站。

2. 中间站

中间站除了办理列车的交会、越行和少量的调车作业外，尚须办理客、货运作业以及货物列车的装卸解结，另外，在某些中间站还要办理机车加水及部分检修作业。

中间站的站场布置，由于地形和运营条件不同，可按到发线及货运设备的相互位置分为横列式、纵列式（包括客货站场同侧或异侧等）两种基本类型（图 8–2）。

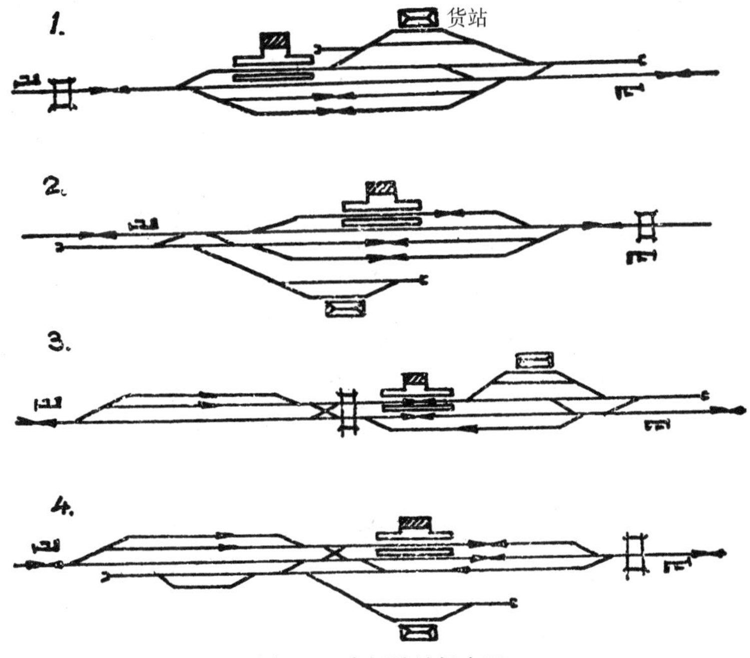

图 8–2　中间站站场布置

1—横列式中间站（客货站同侧）；2—横列式中间站（客货站对侧）；3—纵列式中间站（客货站同侧）；4—纵列式中间站（客货站对侧）

纵列式中间站布置的优点除了与会让站所举相同之点外，它还由于两方向列车机车停靠地点相距很近，便于集中供水；同时它对旅客上下车时之出入站房行程也最短。它的缺点是：建筑费用较大，运营费亦较多,摘挂列车进行调车作业时车辆走行距离较长。在客货运量很大且地形条件缓和的Ⅰ级铁路，以及客运量很大的复线区段上，最好采用纵列式布置；如地形条件不适于采用纵列式布置时，亦可采用半纵列式。横列式布置占用站坪短，适用于任何地形，主要在地形困难的Ⅰ级铁路和Ⅱ级与Ⅲ级铁路上采用。当车站工作量很大时，应优先采用客货对侧的方式。但全部到发线设在正线一侧的布置方式，由于不能充分发挥双线铁路的优点，一般不推荐采用。

3. 区段站

区段站除要办理中间站所办理的作业外，还要进行机车、乘务组的调换以及列车的解结、检查和修理。区段站的特征是多为设有机务段、编组场以及到发线的中间站。

区段站通常在下列情况下设置：

（1）在有较多货物装卸（集、散）的地点，这通常是在中等城市，如沪宁线上的常州市。

（2）在两条及两条以上线路相会的枢纽处，如津浦线上的蚌埠车站，不过这要在交汇线路转运量不大和所在城市客、货运量不太大的情况下才设区段站，否则要设枢纽站。

（3）在一条线路上，两区段间线路坡度变更较大的地点，如黔桂线上的都匀站。

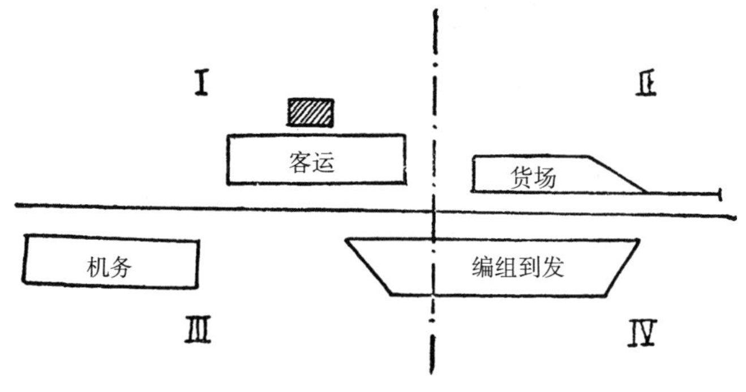

图 8–3　区段站构成部分示意图

我国中等城市的车站，一般常为区段站，在进行区段站站场的布置时，可以把站场分成四个不同用途的部分，如图 8–3，根据铁路技术和城市规划结构的要求，选择最好的布置方案。

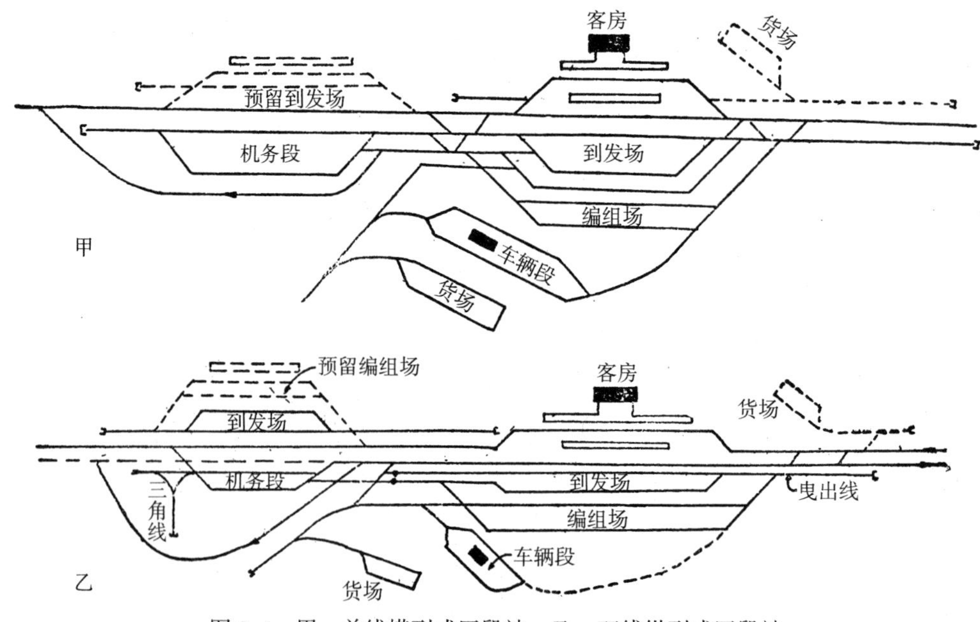

图 8–4　甲—单线横列式区段站；乙—双线纵列式区段站

区段站和中间站一样，也有横列式和纵列式两种布置方式，如图 8–4。

4. 专业站

在现代的大城市，由于多数具有三个以上方向的铁路通过，有大量的客运和货运，运输业务非常复杂，需要根据服务的性质分成若干个专业站。

（1）旅客站

旅客站主要办理旅客乘降、行李、包裹的收发和邮件的装卸。根据不同的情况，旅客站可以布置成尽端式、通过式和混合式三种类型。

①尽端式

尽端式旅客站通常在大城市和特大城市中采用（图 8–5），这是因为尽端式旅客站具有以下的优点：

A. 比较易于深入城市内部，而对城市的影响不大。

B. 旅客上下车时不需经过天桥及地道，易于辨认乘车站台，便于旅客进站或出站。

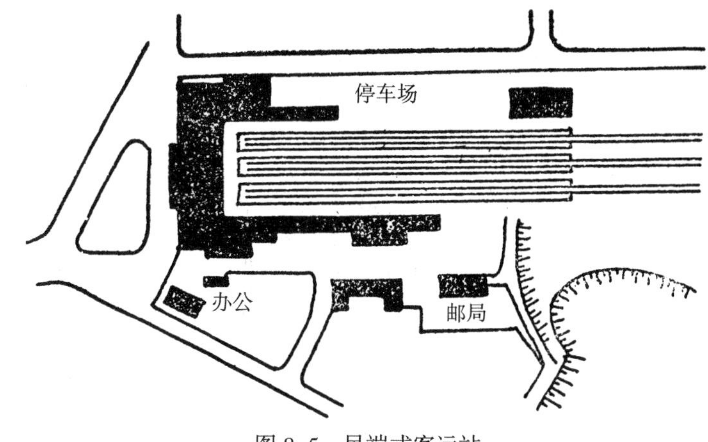

图 8–5　尽端式客运站

但是，站内调车不便，通行能力小以及用地比通过式站为多。这是尽端旅客站比较严重的缺点。

②通过式

通过式车站的站线是直通的，它的优点正是尽端式的缺点，而它的缺点也就是尽端式的优点，它的通过能力一般约比尽端式大一倍。

通过式车站有三种布置方式：

A. 站屋布置在站场的一侧（图 8–6）。

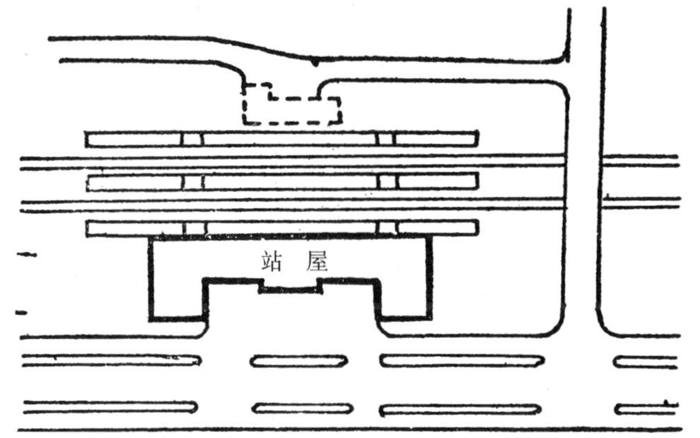

图 8–6　站屋在站线一侧的布置

这是最常见的一种布置方式，如杭州客站。

有时在站场的两侧都布置客站站屋，这多半是在旧城改建过程中，由于城市的发展使原有铁路分割城市为两个独立部分，而铁路又不易改迁时的做法。它的优点是给旅客带来了很大的便利，改善了当站屋设于站场一侧时所引起的交通复杂情况，它的缺点是增加了客站服务设施和经营管理费用。因此这种布置只宜在地形平坦的、被铁路所分割的大城市中采用。

B. 站屋布置在站线中间——岛式布置（图 8–7）。

C. 站屋在站线上空和站场一侧相结合的布置（图 8–8）。

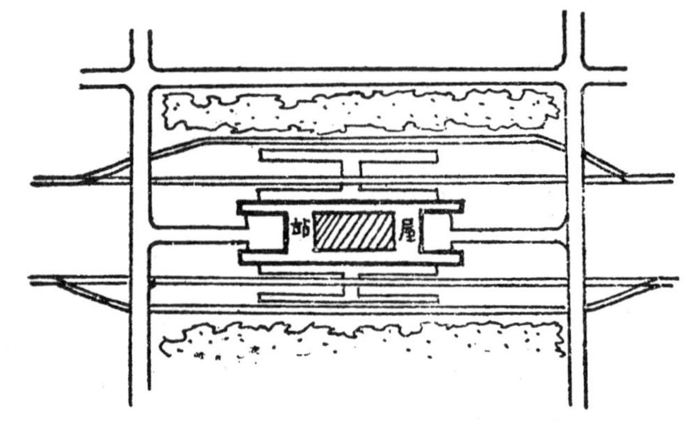

图 8–7　岛式布置的客站

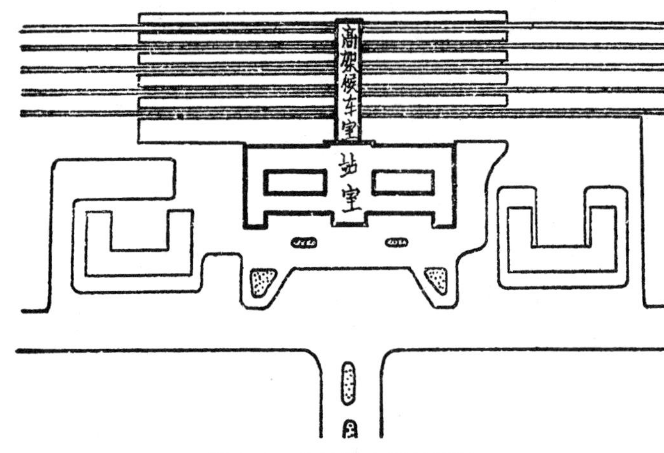

图 8–8　在站线上空的客站

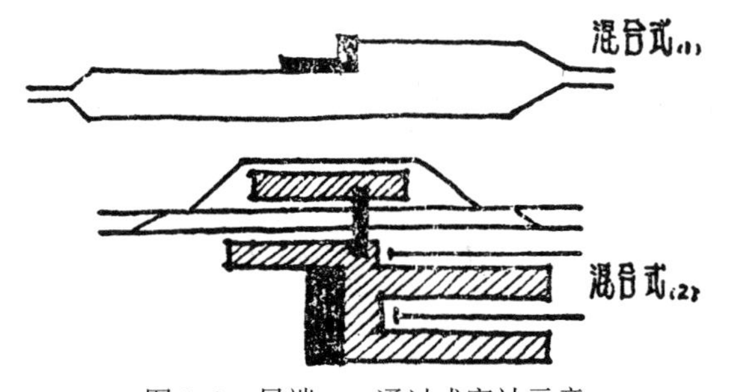

图 8–9　尽端——通过式客站示意

上述三种布置方式以岛式布置最差，它的站屋与城市联系不便，既大量增加了工程造价，又不便为旅客使用，再者这种布置对于组织行车也很不方便。

岛式布置仅有利于某些有大量旅客转乘列车的车站，但对于需要等待较长时间才有车可换乘的旅客，他们并不希望停留在这个岛式站屋内。而总是希望能很方便的出站去观瞻一下城市，哪怕是只有二个钟头的时间也好，至于等待不久就有车可换乘的旅客，这可以通过有计划的组织运行（下车后很快可换乘另一车）和适当加宽换乘站台来解决。因此原则上应该避免采用这种布置方式。

在大、中、小城市应该采用站屋设在站场一侧的布置；而在特大城市，由于客运量很大，需要的站线条数很多，用地也大，当选定采用通过式车站时，宜于采用第三种（C）布置方式，而且最好在站线两侧都有站屋，当然应该一主一辅。这样，客站就很便利的服务于城市的两个部分，而且用地紧凑，有助于使站前广场有足够的用地。

③ 尽端——通过式（图 8–9）。

这种布置是尽端式和通过式的组合，也称混合式，它的尽端站台线供停留以此站为终点和起点的列车，在通过式站线上则停留直通列车。这种明确的分工，对于有着较多终点和郊区列车的大城市来说，有很多优点。

（2）客运技术作业站

在大城市，特别是终点列车多的大城市，除了设置客运站外，还必须单独或者是在客运站旁辟出一地段来设置客运技术作业站，以供进行机车、车厢的清洗、修理、停放和装备（图 8–10）。

由于现代城市交通运输量的大量增加，由于技术作业站用地较大等原因，原则上今后不宜在大城市继续采用客运技术作业站与客运站在一起的布置方式，最好单独设在城市郊区。只有在中等城市尽端式的终点站，或者是在旧城改建中，由于城市的发展，原区段站中的编组和机务设备不能满足新的要求，需要新建专门的编组站，而且原区段站在城市中的位置上恰好适于作为客运站站址时，则可利用原区段站的编组和机务设备，作为进行客运技术作业用，而采用旅客站与客运技术作业站合一的布置。

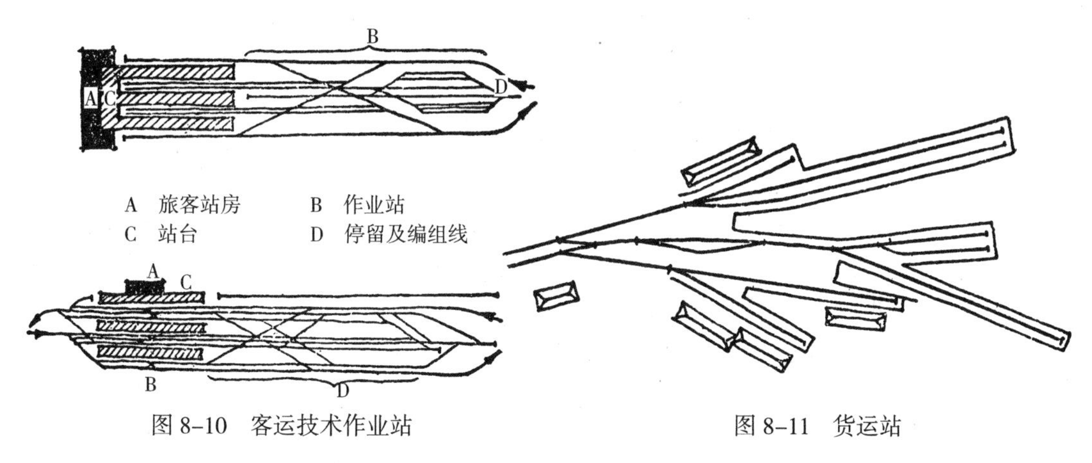

图 8–10 客运技术作业站

图 8–11 货运站

（3）货运站

货运站专门办理货物的装卸作业，在布置上应便于市内运输工具直接驶进站台、仓库和货场。力求避免市内运输工具线路与铁路货场线路的交叉。因此一般多采用尽端式的布置（图 8–11）。

大城市和较大的中等城市，一般常设有专门的货运站；对于十万人口以内的中、小城市，一般不必单独设立货运站。在大和特大城市中，有时还设有几个专业的货运站，如港口站、工业站、煤、石油站等。

（4）编组站

在铁路枢纽、工矿、企业集中的地区以及大城市和进出口港埠需进行大量改编车辆的车站，必须设置编组站。

在编组站内进行如下的作业：

（1）将到达城市的货车列车车辆分送至城市的各地区，如工业区、港口等。

（2）把工业区、港口装好的货车汇集到编组站，进行改组后发往各目的地。便利直通的货车甩、挂车辆。

编组站一般不办理客、货运作业，只有当编组站地区没有专门的客运站、货运站时，才办理少量的客、货运业务。

编组站由下列几部分组成：到达场、出发场、编组场以及为编组而设的驼峰。

按它的布置方式，编组站有横列式、纵列式、混合式和三角式四种。

（1）横列式编组站（如图 8–12）。

（2）纵列式编组站（如图 8–13）。

（3）混合式编组站（如图 8–14）。

它适于在地形条件不允许布置纵列式站型的情况下采用。

（4）三角式编组站（如图 8–15）。

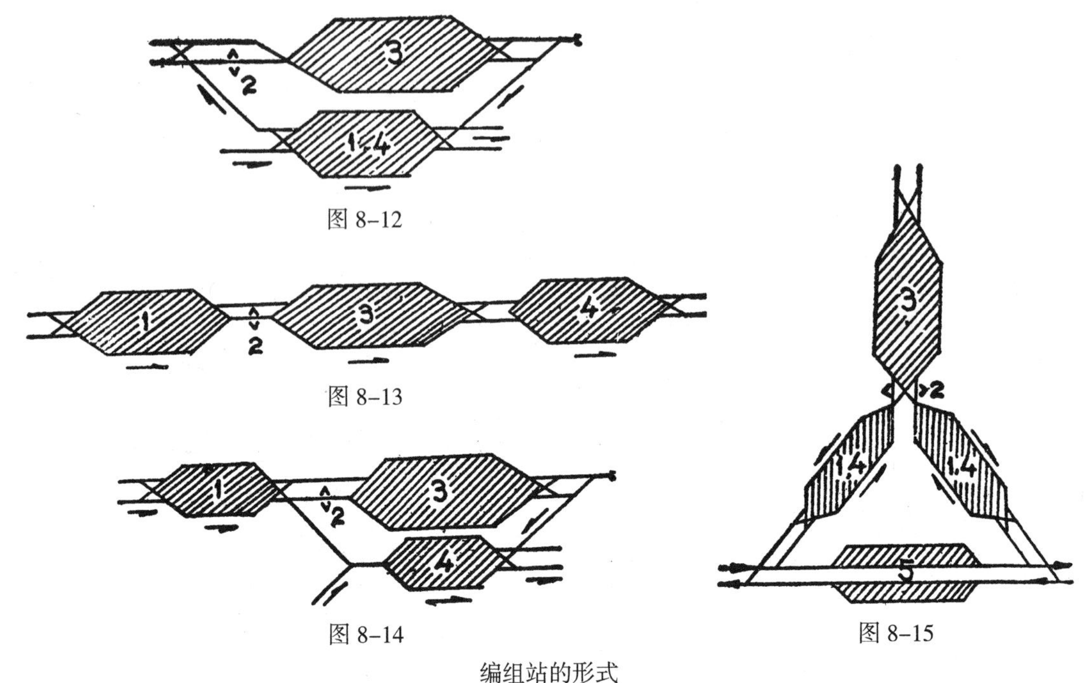

图 8–12

图 8–13

图 8–14

图 8–15

编组站的形式

1—到达场；2—“驼峰”；3—编组场；4—出发场；5—通过场

这种布置，只有当纵向用地很短，而横向有较多的用地，但必须在此建立编组站时，才宜于采用。

（二）铁路枢纽及其布置

具有多条铁路线和多个车站的城市称为铁路枢纽。这就是说，具备下面两种情况的一种时即可称为铁路枢纽：

（1）有三个方向以上干线的交汇地点。

（2）只有一条干线，而在这条线上布置有为城市、工业区、港口职务的互有联系的专业站。

大城市通常有铁路枢纽；但有铁路枢纽的不完全是大城市，如鹰潭。

铁路枢纽的布置方式与当地铁路干线、支线线路的多少，线路的布置，所在城市的规划结构，地形以及运输量的大小有关，应该根据具体情况，综合考虑，一般有下列几种类型：

（1）合一的（联合的）枢纽站

图 8–16 是设于一个编组量和客货运量不大的城市的枢纽站。

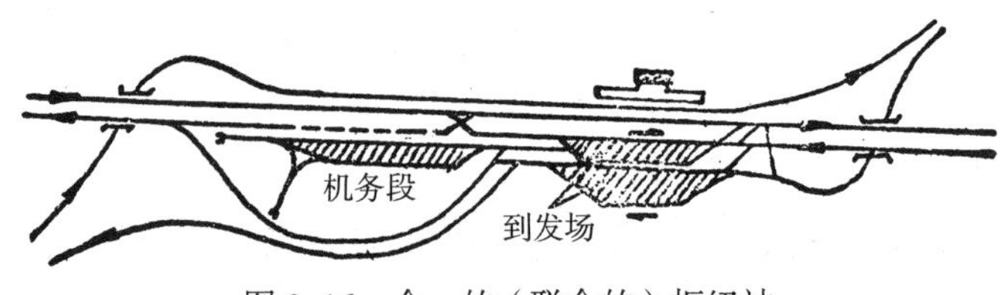

图 8–16　合一的（联合的）枢纽站

（2）十字形的枢纽站（图 8–17）

这种布置适于货运量、编组量较大，而转线运输量不大的两条干线垂直交叉的情况下设置。徐州枢纽站就相当于这种类型。

合一的和十字形的枢纽站适用于中小型的枢纽站，对于客、货运量很大和编组作业很多的大型枢纽站，最好采用下列布置方式：

（3）单一式枢纽（图 8–18）

这种枢纽的技术作业站和编组站最好布置在城市的郊区，这种类型是一种较好的布置方式。

（4）环形枢纽（图 8–19）

在大和特大城市的铁路枢纽大多都采用这种环形式的布置。在中、小城市除非有良好的可作立体交叉的地形条件外，一般不宜采用这种形式，因为它有着限制城市的发展以及使出城交通复杂化等缺点。

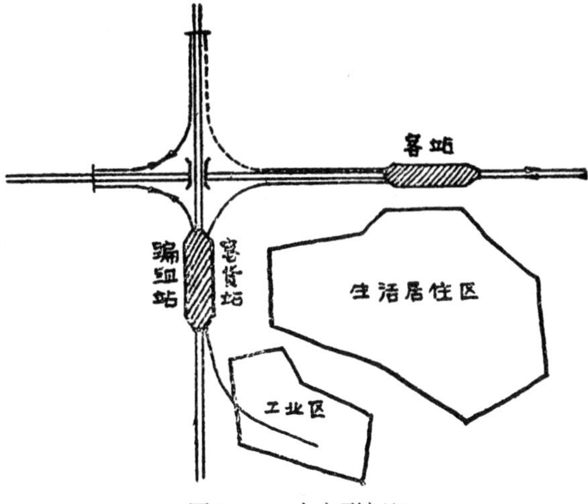

图 8–17　十字形枢纽

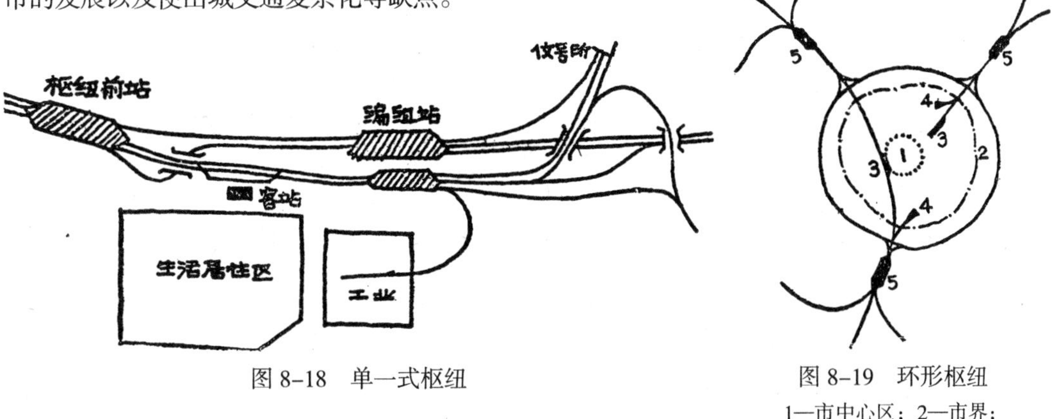

图 8–18　单一式枢纽

图 8–19　环形枢纽
1—市中心区；2—市界；
3—客站；4—货站；5—编组站

大和特大城市之所以采用环形式布置，一方面由于历史上形成的现状所决定，另外，可以在环线上布置为城市郊区服务的小的客、货运站，因而对城市的交通运输起着有利作用。

现代有些大城市仍然新辟设环形枢纽，这除了上述的原因以外，还因为这些城市的铁路线较多，而且来自四面八方，显然有了环线后，就可以大大缩短列车的行车距离，加快列车的周转。大城市和特大城市的用地范围又已经基本上定型，不再让它无限制的扩大，因而采用环形枢纽后并不致在将来产生铁路分割城市的后果。

但是，在地势较低的地区，为了不被水淹，铁路可能要建在几公尺高的路堤上，这样就像一条城墙，既不利观瞻又影响城市通风（当然在阻挠冬季寒风吹进城市时，还是有利的），因此，在这种情况下，最好避免采用环形枢纽。

当采用环形布置时，应该将环线设在城市发展用地的外围地区，主要编组站应设在环线之外，并且尽可能的使它能为几条干线服务。必要时可以引直通线或尽端线伸入城市，以设立主要旅客站。

（5）三角式和尽端式枢纽（图 8–20）

通常适于采用这种类型枢纽的城市不多。

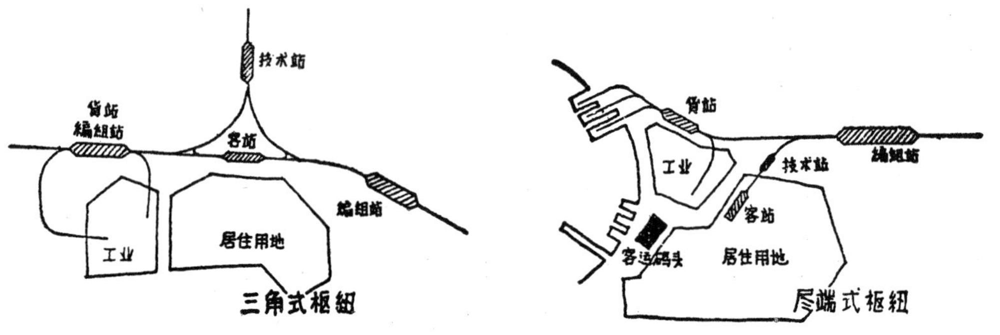

图 8–20　三角式和尽端式枢纽

（三）铁路专用线、支线与站线的连结

为着不影响正线上的通过能力和保证行车的安全，铁路专用线和支线应该由车站上接出，只有在连接点地段无车站而又离车站很远时，才可以考虑在区间的正线上进行连结，但必须要在连结地点设置连轨分站（图 8–21）。

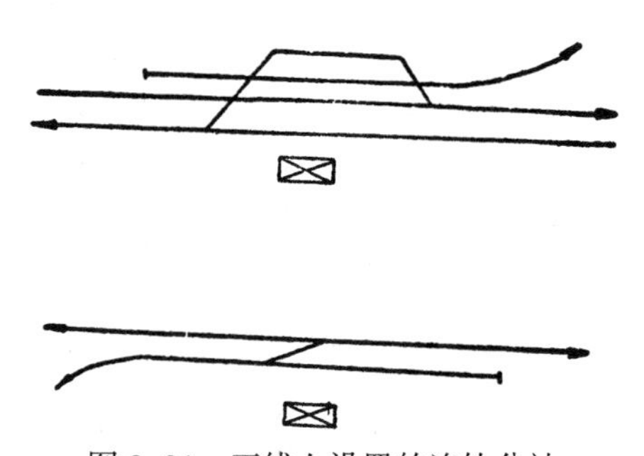

图 8–21　正线上设置的连轨分站

当大城市设有各专业站时，其专用线和支线应该根据它本身的性质，确定连至那个专业站，如货运站应与编组站连结等。

由区段站上连出的专用线或支线，根据具体情况可以有如下的连结方式：（图 8–22）

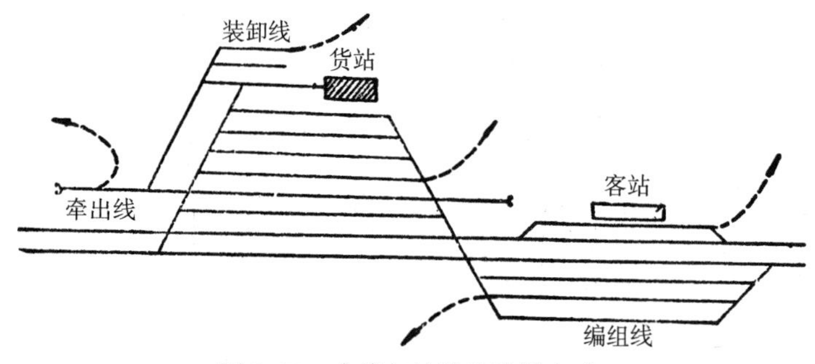

图 8–22　支线与站线的连结方式

（1）支线连结在货运到发线上。

这种连结适用于由支线（或专用线）上来的货车已经编组好，不需经过改编即可发出的情况。

（2）支线连结在客运到发线上。只有当支线上有客运列车时才允许这样做。

（3）支线连结在编组线上。

适于当支线或专用线上的列车需要进行改编时采用。

（4）支线连接在货场的停车线上。只有当支线或专用线上的车流很少时，才允许采用这种连接。

（5）支线连接在牵出线上。

（四）铁路线路和站场用地规模。

（1）正线用地宽度（图 8–23）

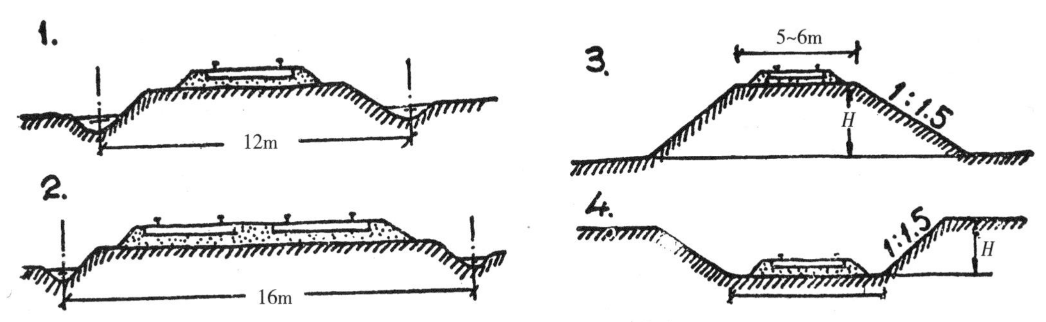

图 8–23　正线用地宽度

1—平地上单线用地宽度；2—平地上双线用地宽度；3—路堤用地宽度；4—路堑用地宽度，此宽度应保证司机视线及布置线路设备

（2）车站站场用地规模

车站站场用地规模，取决于客、货运量的大小以及采用的站场布置类型。站场用地的长度主要根据各站线的有效长度决定，站场的宽度根据站线条数和其他设备的多少来确定（图 8–24）。

图中所建议的站场用地规模只能在做初步规划时参考用。对于各城市，最好与铁路设计管理单位共同研究，以合理地确定规模。

三、铁路在城市中的布置

铁路的布置对城市的布局有很大影响，必须根据城市整体及铁路本身的要求，来综合考虑铁路在城市中的布置。

在城市中布置铁路站场和线路时应注意以下问题：

（1）正确地选择旅客站和公用货站的位置。车站的布置，不仅要解决铁路运输本身的要求，还要解决与城市交通联运的问题，使与市内干道及各种交通工具的运输密切配合。在选择车站位置时，应为其进一步发展留有余地。

（2）进行新建或改建铁路布置时，都应注意加强城市的短途运输能力，改善市郊客货运进城的条件。

（3）新建或改善现有的工业企业、建筑施工基地、市内供应站仓库、码头和港埠等专用线，以及车站的进站线、铁路交叉布置连络线和铁路线的市内设备等，不仅要保证迅速方便地将铁路车辆送往货运装卸地点，也应避免与城市其他部分的矛盾（如与干道交叉、穿越市区等），同时，应注意节约用地。

（4）在可能条件下，迁出与城市无关的，对城市有严重影响的铁路技术设备。城市中原有的铁路技术设备和建筑如不可能迁移，应力求少占城市用地，并妥善地处理它与城市其他各组成部分的关系。

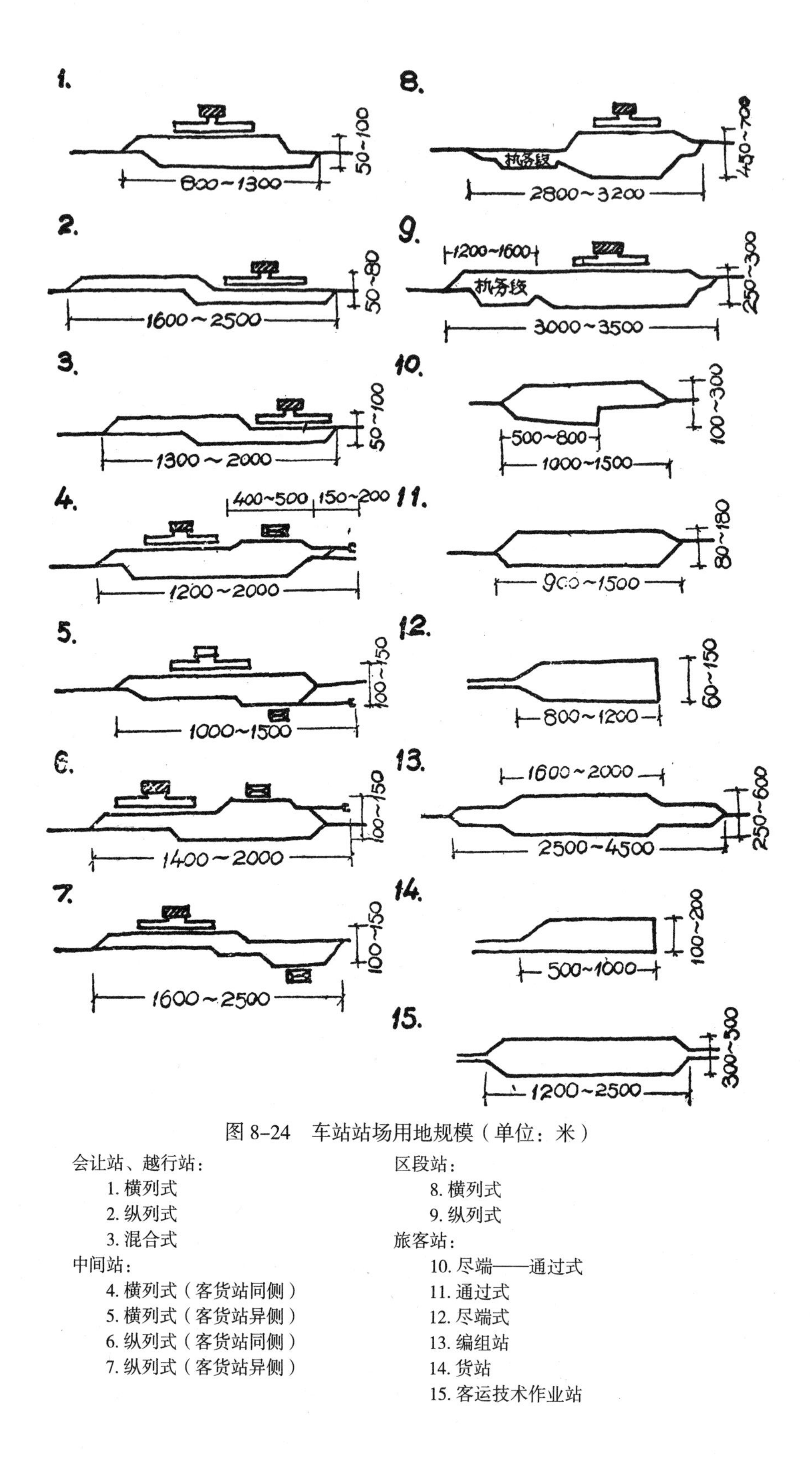

图 8-24　车站站场用地规模（单位：米）

会让站、越行站：

1. 横列式
2. 纵列式
3. 混合式

中间站：

4. 横列式（客货站同侧）
5. 横列式（客货站异侧）
6. 纵列式（客货站同侧）
7. 纵列式（客货站异侧）

区段站：

8. 横列式
9. 纵列式

旅客站：

10. 尽端——通过式
11. 通过式
12. 尽端式
13. 编组站
14. 货站
15. 客运技术作业站

铁路布置的工作涉及面很广，必须与铁路部门及其他有关部门密切协作进行。

铁路在城市中的布置，包括铁路线路及车站两个部分的布置：

（一）铁路线路在城市中的布置

1. 铁路与城市在布置上的关系。

解放以前，铁路在开始兴建时，一般都是靠近城市边缘经过的，反动统治阶级和外国侵略者不可能，也不愿考虑到城市的发展，于是在城市发展后，就造成了城市被铁路包围或者是被铁路所分割，以致给城市居民在工作、生活、交通和卫生上带来了不良的后果。郑州市和济南市都是明显的例证（图 8-25）。新中国成立后，某些规划工作在纠正上述缺点时，又曾出现了铁路远离城市的做法，表面上看这会给城市规划工作带来很大的方便，但这种做法是很片面的，不现实的。铁路是城市对外和城市本身客货运输既便捷又经济的大型交通运输工具，如果把它布置得远离城市，那么在解决城市客、货运上将不得不借助其他交通工具，这不仅在使用上极其不便，使城市交通量大量增加，也大大增加了运营费用。

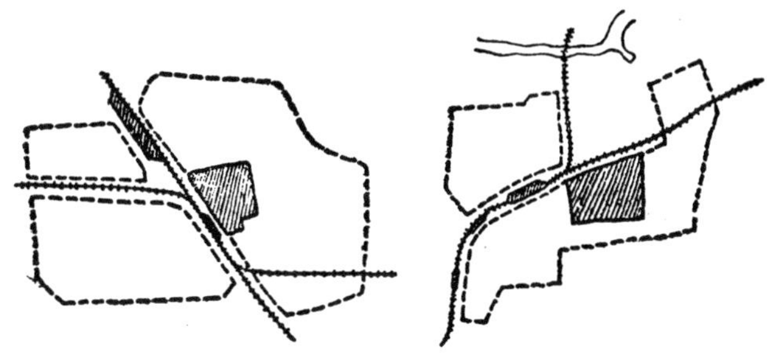

图 8-25　铁路分割城市示意

大城市和特大城市的用地范围及客、货运量均很大，无论在运输经济上，使用方便上，均宜将铁路线和客、货运站深入城市。

而对中、小城市来说，用地范围不大，客、货运量少，从城市边缘至市中心的距离很近，而且不像大城市那样有着很明显的城市中心区，因此一般将铁路布置在城市边缘经过较为恰当。

2. 如何解决铁路对城市的干扰。

无论把铁路布置得接近市中心，或者是布置在城市边缘，对城市来说都不可避免地、或多或少地产生些不良的影响，如声响、烟尘和阻隔城市出进交通等等。

对于这些不良的影响，可以从铁路技术上和从城市规划上两个方面来解决。

在改进铁路技术方面，使铁路电气化是今后铁路建设的发展方向，当然对我国来讲，在短期内还难于把所有铁路都改成电气化铁路，但是在大、中城市的某些铁路线段，也可以先试用电气机车。电气化铁路的采用不仅完全消除了蒸汽机车的大量煤烟，同时也大大减低了铁路的声响和加快了行车速度。

从城市规划方面，为合理地布置铁路线路减少对城市的干扰一般有下列几点要求：

（1）铁路在城市中的布置，应该有利于城市的功能分区，把铁路布置在各地区的边缘，不妨碍它的内部活动，当铁路将城市分割成两部分时，可以将被分割的部分内部设置独立的生活，文化和福利设施，以减少分割地区之间的频繁交通。

（2）通过城市的铁路线，最好布置在绿带中。

这样既可避免铁路对城市的干扰，又有利于借助绿带来调节城市的小气候和形成较好的城市面貌。铁路两旁的树木，不宜成为密林，更不宜于太近路轨，最好与路轨的距离能在 10 米以上，以保证司机和车厢中的旅客能有开朗的视线，铁路与居住区间的防护带宽度最好能在 50 米以上（图 8–26）。

（3）尽量减少铁路和城市道路的交叉点。

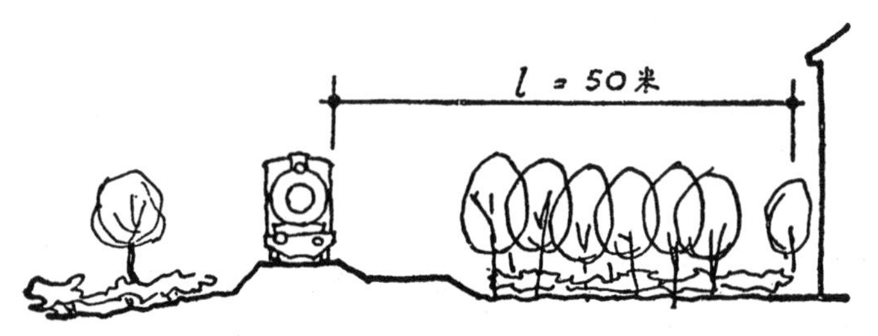

图 8–26　铁路与居住建筑间的防护宽度

这在为城市创造迅速、安全的交通条件和经济上有着重要的作用。在进行城市总体规划时就要综合考虑城市道路网和铁路的布置，使它们密切配合。

铁路与城市干道的交叉有平面交叉和立体交叉两种方式。当铁路与城市道路的交叉不可避免时，合理地选择交叉形式对于减轻铁路在交通上给城市带来的干扰来说是很重要的。

铁路在郊区与道路交叉时，除铁路干线与国家公路以及其他高速道路外，一般可以采用平面交叉。

在大、中城市的铁路和城市干道的交叉应该采用立体交叉，在城市的次要道路和通行量很小的铁路专用线交叉时，根据情况可采用平面交叉。

平面交叉不仅不安全和增加经营管理费用，重要的是它阻隔了城市交通，而且每一次阻隔的时间有的甚至达到 15—30 分钟，给城市带来了很大的不便。

铁路与道路的立体交叉有如下方式：（图 8–27）

A. 铁路布置在路堑内，道路与地面在同一高度上（图 8–27，1）。

布置在路堑中的铁路，对城市来说是有利的，它对城市产生的干扰小，对于旅客观览城市来说是不够好的，不过这并不是主要的。为着旅客便于观览城市，也可以布置成如图 8–27 中 2 的形式，将列车的底部置于半路堑内，交叉口处的道路高出地面一部分。

这两种布置方式，都要在有利的地形、工程地质和水文地质条件下，才宜于采用，比如上海地势平坦、地下水位高，就不宜采用。

B. 铁路布置在路堤上（图 8–27，4，5）。

这种布置在铁路交通上是有利的，而对城市来讲就很不利，因为路是像一条城墙一样隔断城市，妨碍了城市的观瞻。

除非有着有利的天然路堤的地形，或者是它起着改良城市用地（如防洪）的作用时，一般不宜采用。

C. 铁路布置在地道内。

这种布置较布置在路堑中产生着更好的效果，但是它的造价和工程量却远远比布置在路堑中要大得多。

D. 建造跨线桥使城市道路与铁路相立体交叉。

这种交叉由于净空要求和引桥坡度的限制，常使引桥很长，如当采用 4% 的引桥纵坡时，其每侧的引桥长度至少在 200 米以上。以致造价也很高，在小城市这样做是不现实的。

无论采用任何一种立体交叉方式，都要求有一定的净空（见表 8–3）。

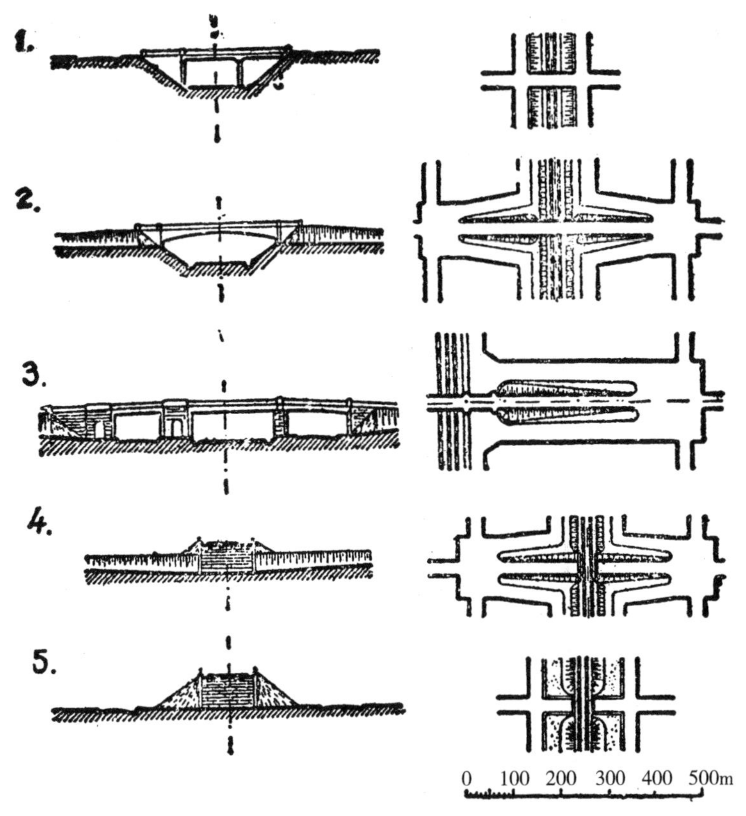

图 8–27　铁路与道路立体交叉的方式

1—铁路线设在路堑中，城市干道在铁路线上面通过；2—铁路线设在半路堑中，城市干道在半路堤上从铁路线上面通过；3—铁路线和邻近的街道位于一个平面上，城市干道在路堤和坡道上从铁路线上面通过；4—铁路线设在半路堤上，城市干道在半路堑中从铁路线下面通过；5—铁路线设在路堤上或坡道上，城市干道在地平面上从铁路线下面通过

铁路与道路立体交叉净空要求　　表 8–3

车辆类型	铁路在下面通过		道路在下面通过	
	电力机车	蒸汽机车	普通车辆	特殊车辆
净空（公尺）	≥ 6.2	≥ 5.6	≥ 4.5	≥ 5.5

3. 经过或进入城市的铁路和车站犹如是城市的门户，因此铁路的布置应有利于观瞻社会主义城市的美丽面貌。

4. 铁路在布置上应避免妨碍城市的发展。

城市总体规划和铁路规划，必须注意预留城市发展余地，避免铁路把城市用地分割得破碎零星或者包围城市。如图 8–28 中 1 是最坏的布置，因为它不仅包围了城市而且严重的分割了城市工业区和居住区的联系。为了便于货运，使铁路支线于仓库、码头区等边缘经过，特别应注意把铁路布置在工业区等的人流的相反方向，使人流和货流分开图 8–28 中 2。

不仅环线能造成包围城市，有时只有一条铁路线也能造成包围城市，妨碍城市发展的后果。如图 8–28 中 3 所示，但在图 8–28 中 4 的方案布置就避免了这一缺点。

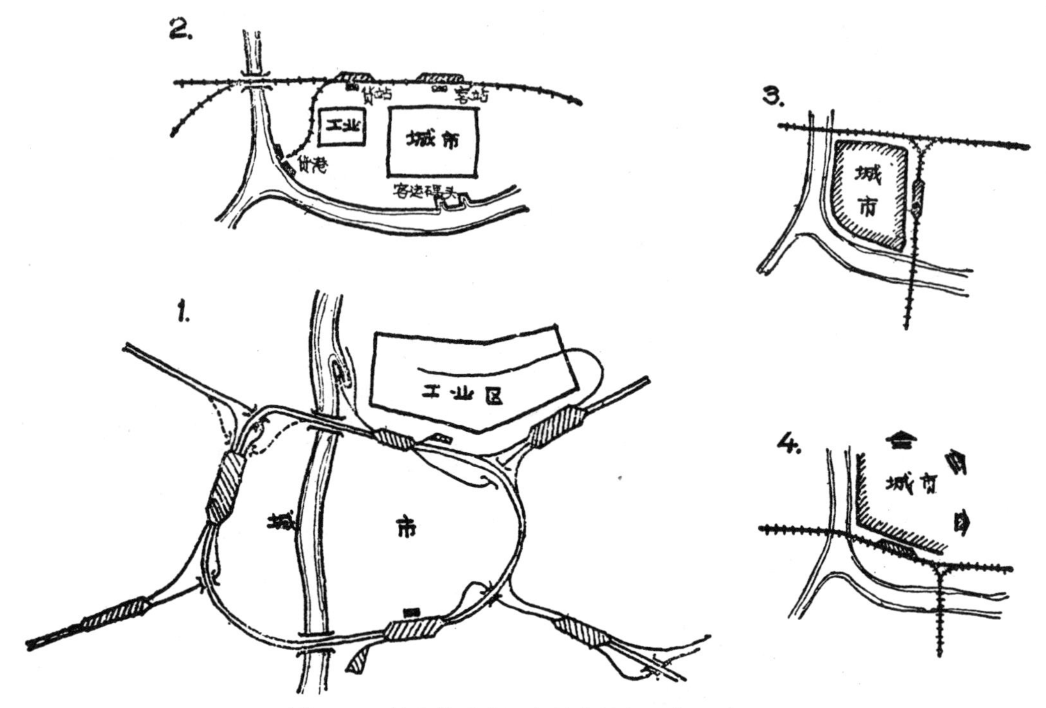

图 8-28　铁路线路布置与城市的相互位置关系

（二）车站在城市中的布置

1. 车站位置的选择

在选择铁路车站用地时，必须注意要符合下列要求：

（1）铁路站场的大小和范围要满足站场的技术业务操作要求。用地必须高爽，不受水淹，比较平坦（坡度≤ 1‰），一般车站应布置在铁路线的直线部分，在特殊情况下，小型站可以布置在曲线部分，但曲线半径不得小于 800 米。

（2）旅客站的位置选择应与城市规划结构、铁路设备布置以及铁路枢纽的客运组织同时考虑。旅客站与城市中心及居住区应有市内干道便利地直接联系。在大城市，将旅客站布置在城市中心区的边缘，距市中心一般不大于 2—3 公里时比较恰当。这样既不影响城市中心地区，而交通上又很方便。

中小城市的车站宜设在城市的边缘，但要有一条主要的干道与城市中心取得联系。

（3）货站、编组站、技术作业站对居住区有声响、灰尘、煤烟等方面的骚扰，应布置在城市的下风地带，并有绿带隔离。占用城市用地较大的铁路设备应设置在城市外围。

（4）力求避免站场用地与城市干道的交叉。

这是因为站场用地很长也较宽，在站场用地上建造跨线桥或地下道的工程量很大，造价也很大。而采用平面交叉将严重地影响市内交通及铁路运输。

2. 旅客站站型的选择

旅客站可以布置成尽端式、通过式和混合式三种类型，鉴于尽端式车站易于深入城市中心区边缘等优点。它宜于在大城市采用——特别是大的终点站，至于它具有在行车上不便和用地较多的缺点，对于终点站，由于列车停车时间长，一般说来，调车问题不大。对于非终点站，可将直通列车通过有计划的组织，使其不经过尽端站而由城市的外围经过。但是对于那些有三个方向以上的枢纽站,特别是当转车的旅客多时,不宜布置成尽端式。因为在这种情况下，很难以组成不转乘的列车，这就将很难满足所要求的通过能力。在这种情况下就宜于布置成通过式或混合式，对于地形平坦的大城市，也可以用地下铁道联系两个或两个以上的尽端站，其实这已经是通过式或混合式的布置。这样既有利城市又有利于直通或换乘的旅客。

对于有良好天然地形条件可利用作立体交叉的城市，应该采用通过式或者混合式，而不宜用尽端式车站。

第三节　水道运输

水运包括海洋和内河的运输，它通过水上运输工具——船舶来进行客、货物的运送，并以水运建筑物——港口和陆上取得联系。我国海岸线绵长，河道纵横，而且绝大多数河流港湾冬季不冻，沿海沿河的城市，特别是南方的许多城市，都具备着水运的优越条件。

在沿海或沿河的城市中,海或河流不仅在运输上给城市以便利,而且能增加城市风景,丰富城市的外貌，在调节城市气温，改善小气候条件上也起着相当大的作用。但是，如果水运建筑物——港口的地位布置不妥，不仅不能发挥水对城市产生的良好作用，而且会妨碍城市的发展，影响生产和交通，恶化城市的居住卫生条件，因此在城市总体规划中正确选择港口及其各种设备在城市中的位置；结合城市居民和水运的利益分配河岸用地；解决港口与其他城市组成部分的联系以及城市临水一面的建筑艺术处理是城市规划很重要的任务。

一、港口的分类

港口是城市水上运输的站场，它可分为海港和河港两类。[1]

（一）海港

海港一般都设在海岸和通向海洋的河口。

海港的主要任务如下：

（1）把货物和旅客转给城市铁路或内河水运，或由铁路运输转给水运；

（2）作为船只避难的地方；

（3）供应船只给养和进行船只修理。

由于港所在的位置不同，海港可分为海岸港、河口港、岛港三种基本形式。海岸港一般又有下列三种情形：

（1）在海湾中或者海岸前有天然沙礁掩护的港，如我国的旅顺，意大利的威尼斯港。这种地点建港不需要建造价钱昂贵的外堤，是最经济的（图 8–29，1）。

（2）在海湾中，但天然掩护不够，需要加筑外堤的，如我国的烟台，苏联的诺沃罗西斯克港（图 8–29，2）。

---

[1] 按照港口的基本功能，港可分为商港、渔港、避风港和军港。在商港中可以进行货物装卸和转运、上下旅客、躲避风浪、补充给养以及进行船舶修理，如我国的上海、大连、重庆，国外的列宁格勒、华沙、伦敦、马赛、汉堡等。专为某种货运或以某种货运为主的专用港，如我国的煤港裕溪口，木材港安东以及为某一工业企业或联合企业服务而单独设立的工业港，如长江上为钢铁联合企业服务的黄石港都可说是商港的特殊形式。渔港是供渔船停泊、鱼类卸船、冷藏、加工、转运及渔具修理用，因此它总是和鱼类加工厂、渔具修理厂布置在一起，我国的烟台基本上是个渔港。

（3）位于平直的海岸上，要筑外堤来掩护造成人工停泊区的，如我国的连云港，苏联的奥德萨和法国的马赛港（图 8-29，3）。

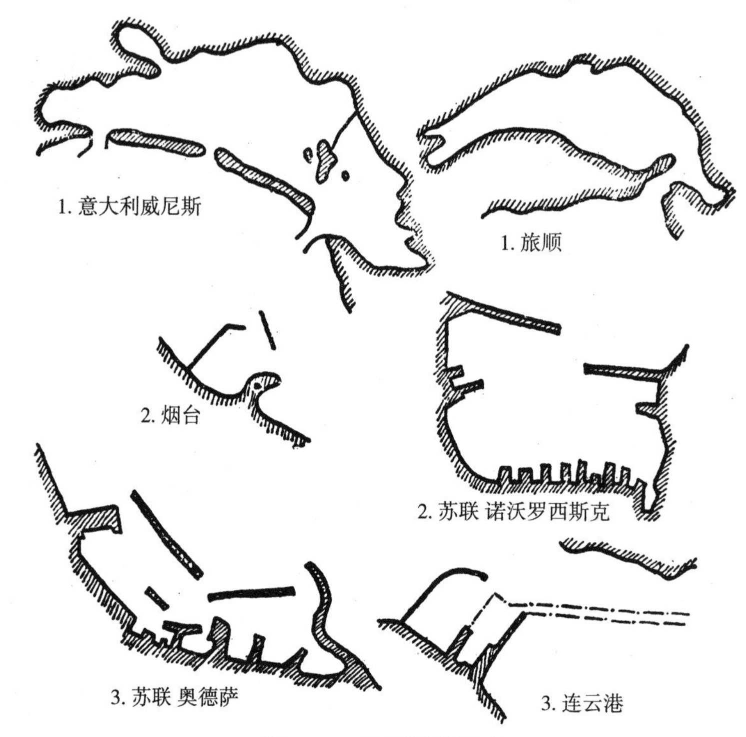

图 8-29　海岸港的形式

1—天然砂礁掩护的港；2—半天然砂礁掩护的港；3—人工掩护的港

河口港一般位于通航河港的入海口，由于它有河流和腹地相联系，运输便利，常常发展成大港，如苏联的列宁格勒（图 8-30）。

岛港是在淤沙严重的海岸，将港筑在离岸相当距离的海中，以栈桥和岸上相连，这种港很小，也少见，如丹麦的汉特斯太得港（图 8-31）。

除上述分类外，海港由于潮汐的影响不同，尚可分为开口港、闭合港（图 8-32）以及混合式港。我国现有海港均为开口式，闭合港的例子有英国的伦敦、利物浦。

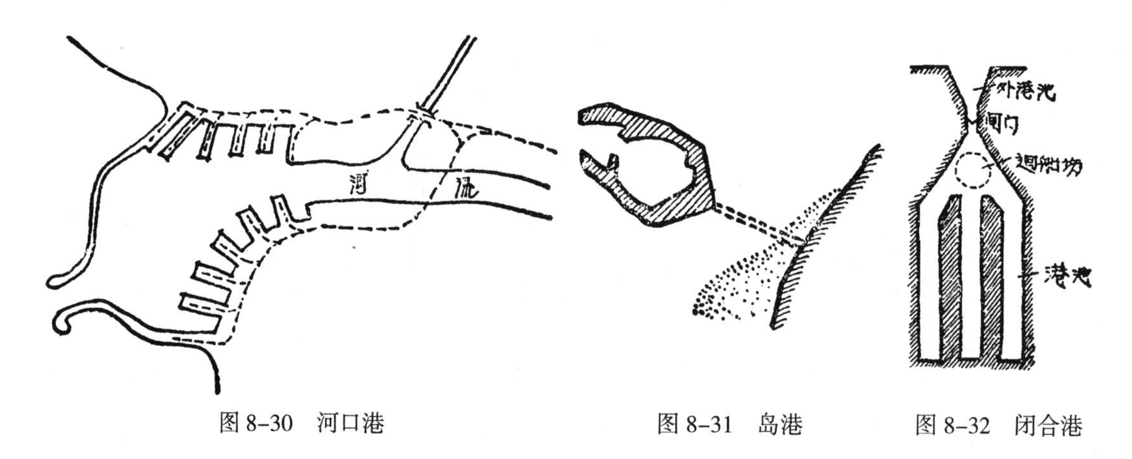

图 8-30　河口港　　图 8-31　岛港　　图 8-32　闭合港

（二）河港

河港系建筑在通航河流沿岸为实施水陆联运、车船装卸、货物转运、旅客来往的建筑设备，是内河运输中货物的集散点，也是水陆联运的枢纽。

目前我国较大的河港有上海、武汉、重庆、哈尔滨、裕溪口等。这些港口都汇集着各种交通运输工具——火车、汽车、船舶进行联运；在一般中小港口如宜昌、万县、梧州等也通常由汽车和船舶进行联运。

河港按其布置形式可分为沿河河港和河外港。

沿河河港直接设置在河道的沿岸（图 8-33）。我国沿河城市大都采用这种形式。沿河河港的特点是码头线直接沿河，采取岸壁、特殊的水工结构物或浮码头的形式，停泊区位于河道中。最宜于修建沿河河港的地点是：在河流上有较陡峭的河岸，岸前有相当宽度和深度的水面，水流速不大于 1—1.2 米 / 秒，没有漩流，而岸后又有足够和适宜的陆地。但是当河道宽度不够，码头线的长度又不敷使用时，可以把河港设置河道外的一个或几个天然河湾或人工港池内，称为河外港（图 8-34）。河外港最好建在有海湾、旧河道或者河流支流的地方。河外港的特点是停泊区布置在独立的港池内，港池设有单独的出口通向河道；或者设有一个公共的航道入口。

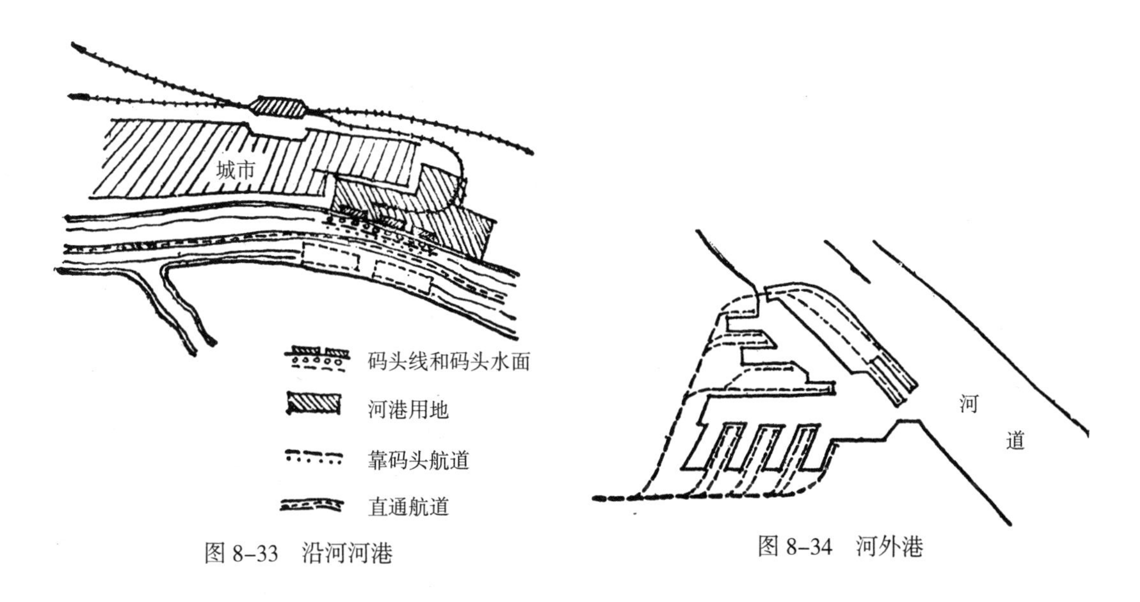

图 8-33　沿河河港

图 8-34　河外港

一个河港中也可以采用上述两种形式混合布置。

二、港口布置与城市布局的关系

（一）港口位置选择

港口位置的选择是城市规划中一项重要工作，只有在港口位置确定后，组成城市的其他各项要素，才能合理地进行规划与布置。

例如：当港口位置已被确定，则通向港口的铁路走向及其编组站场位置、港口直接对外公路、港口和城市联系的内部干道走向，需要大量水运的工厂位置等也都可以进行合理的全面安排或调整。

在选择港口位置时必须从全面来考虑，既要满足港口在技术上的要求，也要符合城市发展的整体利益。特别是在选择港址的同时,应该合理的解决港口与居住区、工业区的矛盾,并使它们有机地统一起来。

1. 港口技术上的要求（详见本章附录）

（1）港口位置应选在水深及海岸（河岸）稳定之处，风浪要小，少冲刷淤积，并有适合的流速及良好的地质条件。

（2）港口必须有足够的水域面积，以使船舶能方便而安全地进出港口，并在港区水域中顺利的运转和停泊，并保证在水上有可能进行装卸作业。

（3）港区要有足够码头岸线及良好的避风条件。

（4）港区陆域面积必须保证能够布置各种作业区及港口各项工程设备，并考虑港口有继续发展的余地。

（5）港口位置应使建港工程量（工程造价）及以后的经营管理费用达到最小，并有方便的水电、建筑材料等供应。

2. 城市建设上的要求

（1）港口位置选择应与城市总体规划布局相互协调，尽量避免将来可能产生的港口与城市建设中的矛盾。如解决港区码头堆场、仓库用地发展全部占用了城市临水面地区或风景区，以及与城市工业用地发展相冲突等。

（2）港区作业的布置应不妨碍城市卫生，并应考虑对居住区与工业区的安全影响。

（3）城市客运码头应接近市区中心；不为城市服务的中转码头应布置在城市生活居住区以外。

（4）港口布置不应截断城市交通干线，要与城市取得方便的交通联系，必须保证城市有水陆联运条件。

（二）港口与生活居住区的关系

城市生活居住用地选择与港址选择应同时进行，在选择两者位置的过程，也是解决二者矛盾的过程。具有港口的城市一般都面临江（海）边，为了给居民创造良好的卫生生活环境,应把河（海）边岸线开辟为居民文化生活活动用地,即将生活居住区布置在滨河（海）地带。但往往在许多旧城市中，港口与生活居住区之间在历史上已形成不合理的相互位置，在港口的陆地上布置了各种不同的码头和仓库，这样就不能开辟城市通向水面的自由出口，不能为城市居民的文化生活与休息创造良好自然环境。

对于上述情况，应该正确把城市与水运两者利益结合起来，整顿港口建筑物。

（三）港口与工业布置的关系

具有港口的城市，由于水陆交通运输方便，给工业发展带来了有利条件。另外，还有些必须设置在港区城市的工业。如：造船工业、水产加工工业、海水综合利用的化学工业等与港口布置更有着密切的联系。

造船厂的布置须有一定水深的码头岸线，及足够的水域面积、陆域面积，合理安排船厂位置和港口作业区，以免相互干扰，或使港区发展受到限制。

水产加工厂的布置应与渔港（渔业码头）的位置相近，应考虑运输上的方便。

其他依靠水运的工业应沿岸布置，并可考虑设置专用码头或靠近港区码头，以减少市内运输距离，节约货物运输费用。

总之在城市规划中必须妥善处理安排临河（海）工业用地，不使其与港口产生冲突，而又有利于两者的发展。

（四）水陆联运问题

港口是水陆联运的枢纽，它统一组织车船换装作业，既是客货集散地，又是车船联络点，旅客和货物等通过它发生联系。因此，港口本身不是一个孤立的点，而是一条锁链中的一环。

在水陆联运问题上，经常和城市布局上产生的矛盾，是通往港口的铁路专用线往往分割了城市。

铁路与港口码头布置好坏，还不仅是分割城市问题，而且也影响到港区货物联运的装卸作业以及港口经常经营费用等问题。这些，都必须在城市规划时加以全面综合考虑的：

1. 铁路专用线伸入港区的一般布置

（1）铁路沿江建设

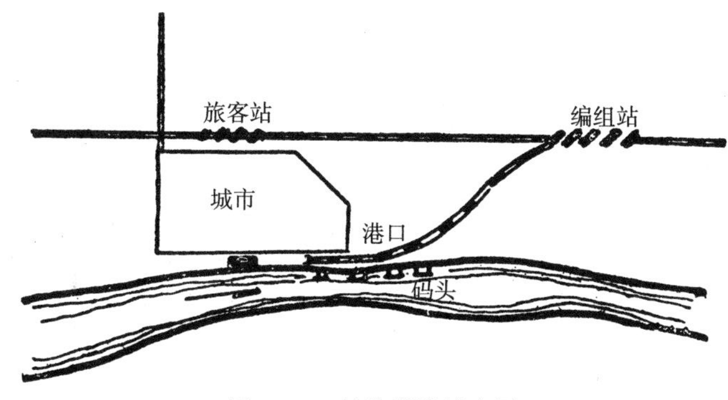

图 8–35　铁路沿岸线布置

（2）铁路绕过城市

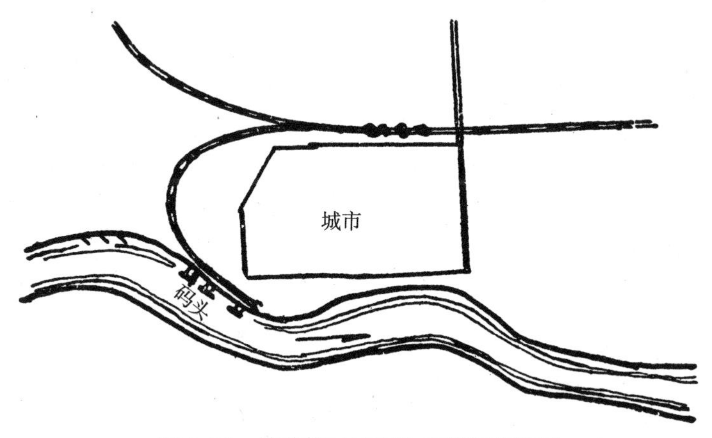

图 8–36　铁路绕过城市边缘伸延到港区

（3）铁路穿越城市

2. 铁路专用线入港区内的布置方式

（1）铁路与岸线全部平行。

（2）铁路与岸线全部垂直。

（3）混合式。

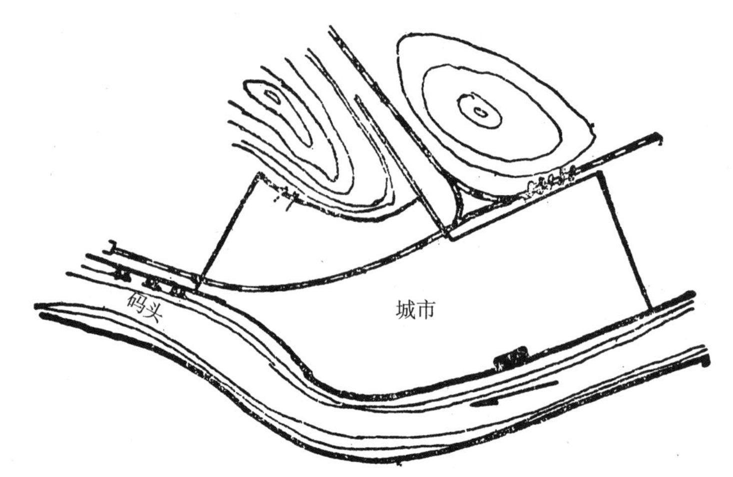

图 8–37　铁路穿越城市的布置

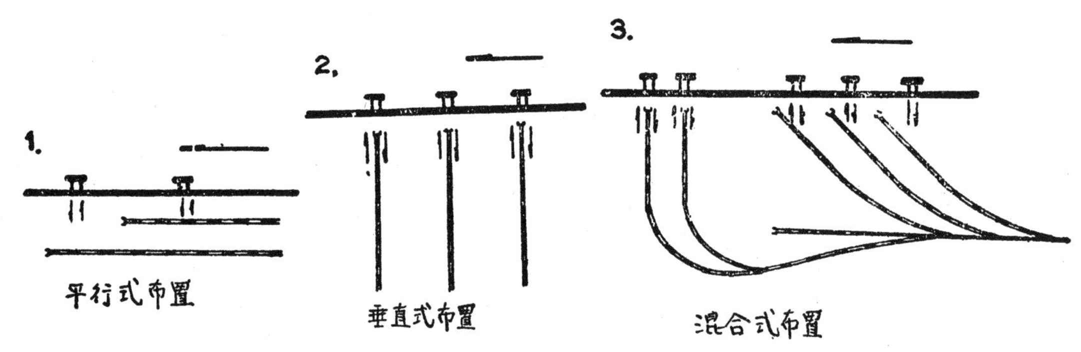

图 8–38　铁路专用线进入港区的布置方式

（五）港口布置实例介绍

在布置港口时，常常会产生城市与港口要求之间的矛盾，在这种情况下，规划部门应当和港务部门进行密切的协商，从城市的整体利益出发，分析比较而得到最合理的方案。如图 8–39 为一大型河港的布置，从港口利益来说，把中心货运区设在“6”处，既近城市，航运条件又好；而对城市居民利益而言，“6”邻近住宅区，是居民接近水面进行文化休息的好地方，因此，决定把中心货运区改设在“6”处，当然这对航运来说，河段较窄，水流较急，又靠近桥位，条件是要差一些。但它也有一些优点，即当城市与工业区沿河向下游发展的，港区“6”的货运距离要比“6”处短。

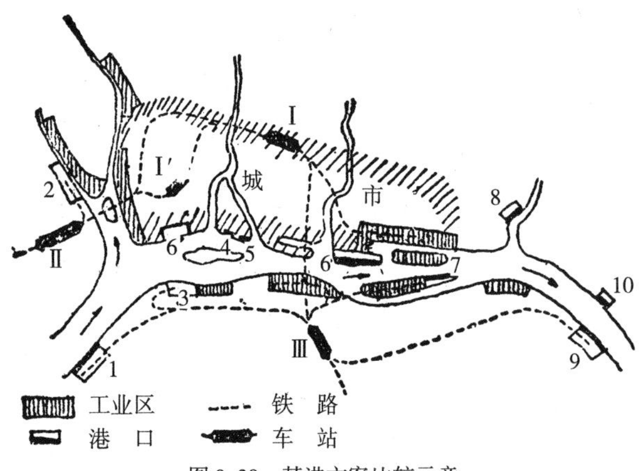

图 8–39　某港方案比较示意

Ⅰ—客运站；Ⅱ、Ⅲ—编组站；1—木材区；2—渔区；3—转运区；4、5—中心客运区；6—中心货运区；7—棉花区；8—渔区；9、10—石油区

另外，在这个例子中，我们也可以根据同样的理由把车站从Ⅰ′改迁到Ⅰ处。

第四节　公路运输

公路运输常称汽车运输。一般有长途运输与短途运输之分。凡在交通尚不发达的较远城市、县镇之间联系，就用长途运输来解决（如西北、西南的一些省境内）。在城市范围内直接为城乡、工矿企业和人民生活需要服务的客货运输，通称短途运输。前者在城市中作为过境交通考虑；后者与城市规划的关系特别密切，对公路与城市的连接与车站位置选择，要进行统一安排。

一、公路的分类

按全国行政性分类如下：

（1）全国性公路（国道）。联系全国各大区内重要城镇，在国民经济与国防上有重大意义。在个别的路段上，例如在大工业区里，以及在通向大城市的路上，又为大量的经济性质的运输服务（图 8-40）。

其采用技术等级要求一般为Ⅰ—Ⅱ级（如京—沽国道）。

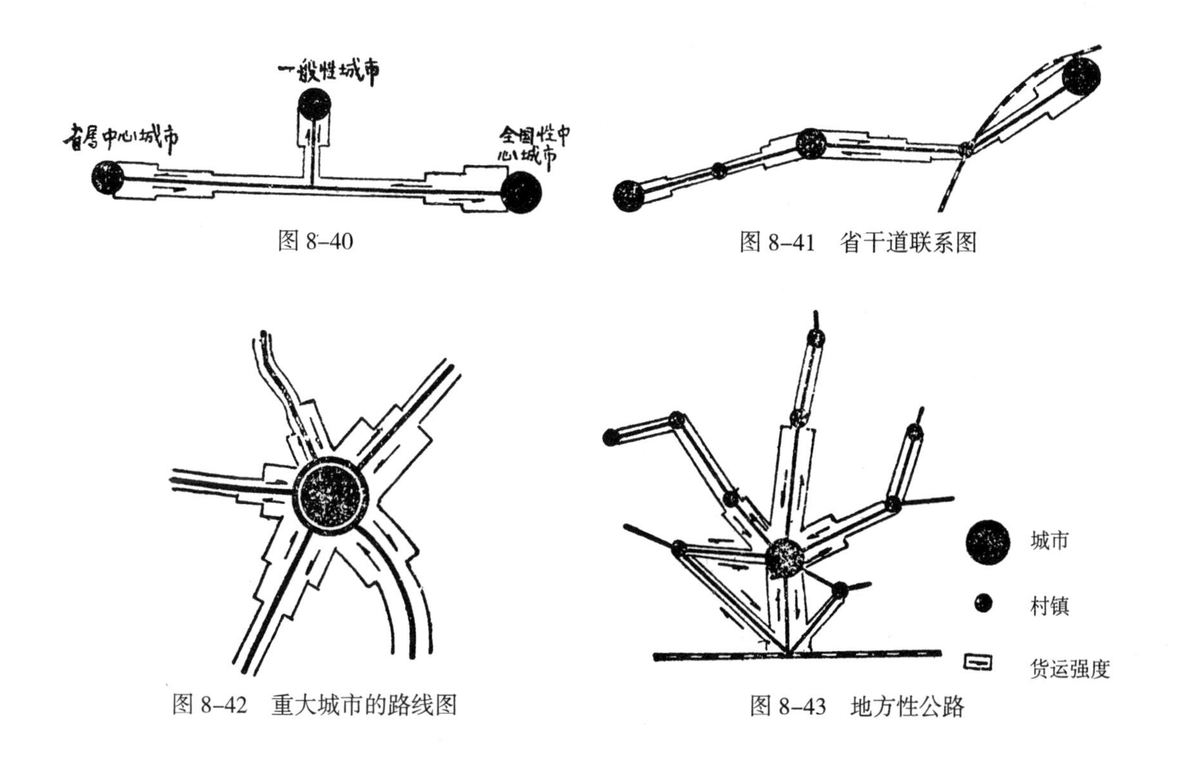

图 8-40

图 8-41　省干道联系图

图 8-42　重大城市的路线图

图 8-43　地方性公路

（2）区域性公路（省道）。属省内重要城市联系的干道（图 8-41）或某些重大城市联系近郊、城镇支路、休疗养区道路（图 8-42）。它们的技术等级要求一般为Ⅱ—Ⅳ级。

主、地方性公路（市郊、县城、乡村、大的工矿企业道路）。是直接服务城、乡、工矿企业客货运输，与人民生活密切联系，是短途运输中主要路网（如图 8-43）。其技术等级一般要求为Ⅲ—Ⅵ级。

二、公路在城市中的布置

公路与城市关系极为密切，一般常说公路是市区干道的继续，特别是第三类地方性公路。城市规划部门必须与公路有关单位密切合作。有时城市规划部门也完全承担第三类公路规划（如城市至卫星城镇、休疗养区的公路）设计工作任务。

（一）公路与城市的连接

目前我国许多公路多沿着由城门往外伸展的道路出城，两边服务性行业很集中，行人密集，不但不易拓宽，而且对对外公路由其间穿越甚为不便，行车速度极低并易造成事故，对居民的生活带来不少骚扰，甚至有些城市的公路在城市主要生活道路上穿越，使市内交通复杂化，此外我国以往许多小集镇与居民点，原多沿街道成一条线发展，当这些街道发展为公路时也就使大量车辆交通穿越居民点（图 8–44）。

规划时对交通尚不发达地区、地方性公路穿越城市在近期中尚可保留，对交通量较大公路就应使过境交通在城镇或居民点发展用地外围经过，但是并不是所有的公路都如此处理，应分别公路性质，城市规模，客货运量，以及地形条件等因素来确定布置的方式。

对客货运量大的大中城市，在有利条件下，可以将过境公路布置在市区内，但必须布置在市中心区的边缘，这样既便利于服务，又不影响城市生活中心的活动。

一般大中城市往往都是对外公路的枢纽，有好几个方向的对外公路，最好在市区边缘以外用环形交通干道将这些公路连接起来，这样可以使与该城无关的汽车在市区外即转入另一公路而不必进入市区（图 8–45）。

Ⅰ、Ⅱ级公路应远离市区，用专用支线与市区连接（图 8–46）。

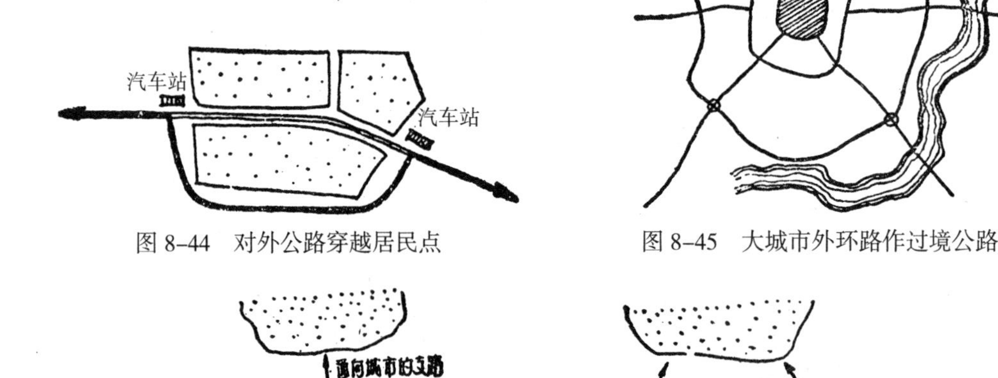

图 8–44　对外公路穿越居民点

图 8–45　大城市外环路作过境公路

图 8–46　Ⅰ、Ⅱ级公路用支线与城市连接

入城公路是城市的大门，因而在布置入城公路时应全面考虑到技术方面及规划布局方面的要求。

在城市及郊区的居民点中应设立为公路运输服务的各项措施，如车站、修配场（保养场）及加油站，以及其他各种为车辆和旅客服务的设备。

（二）公路车站的位置

为了长途运输服务，在城市中要建造长途汽车客运站等设施，客运区段站的间隔如下：

Ⅰ级公路	135—160 公里
Ⅱ级公路	105—125 公里
Ⅲ级公路	75—99 公里
Ⅳ级公路	60—70 公里
Ⅴ级公路	45—50 公里

汽车站分类，一般分旅客、货运、技术、混合站等。

按车站地位来分：

（1）终点站与起点站

（2）中间站

（3）区段站

公路车站的位置选择对旅客服务的方便及对城市规划结构均有些影响。在城市总体规划中考虑功能分区和干道系统的同时就需注意公路车站的位置。如图 8-47 即为较好的一个实例。

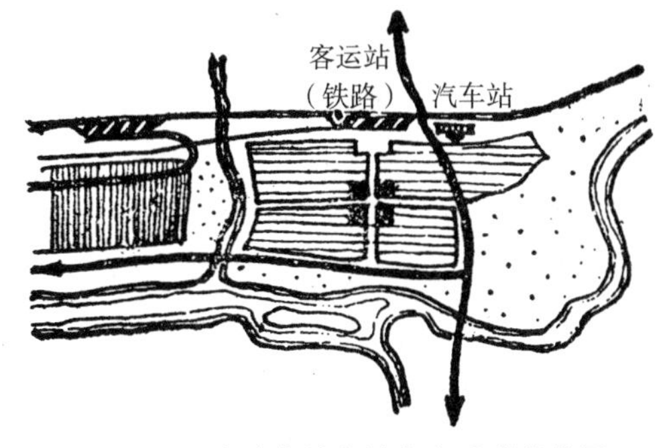

图 8-47　公路车站在城市中适当的位置

长途汽车站最好布置得接近市中心区，便于为城市居民服务。汽车修配场由于本身要求用地较大及对居住区带来嘈杂不安宁的影响，在大城市中一般考虑它与客运站分开而设置在市区边缘，在中小城市中可按其具体规模而定。

在汽车站前应该建造一个不大的广场，以便旅客上下汽车而不妨碍干道上的交通，同时也能保证市内公共汽车与小汽车的停靠。

第五节　航空运输

航空运输与其他各种运输方式相比，其主要优点是：运输的技术速度和旅行速度高，航线直，并且能够到达地面运输形式所难以到达的任何地区。

对旅客运输以及邮件、紧急物资、贵重物品和易腐货物的运输，特别是在长距离的和陆上交通线路尚未开辟到的地区，航空运输有显著的优点。但是航空运输运费大，技术要求高，在目前，我国还不可能大量采用。

由于飞机制造技术的进步，目前世界各国已经广泛地采用喷气式飞机，机场的要求更高，机场位置的选择已成为城市规划中一复杂的问题。

在保证城市的航空运输方面，城市规划的任务是：

（1）确定航空港的位置。

（2）规定航空港邻近地区的建筑情况。

（3）解决城市与航空港之间的交通联系。

一、航空港的分类及组成

航空港布置有保养与执行客货运业务所必需全套特殊构筑物和设备，机场则仅为降落与起飞或临时使用，并布置适当装备。但一般习惯均统称为机场。

（一）航空港的分类

主要分陆上航空港与水上航空港。

按照其设备可分为：

（1）基本航空港：其中有为货运以及所属机群服务的各种设备。

（2）中途航空港：专供飞机作短时间的逗留，上下旅客及装卸货物。

以飞行站间距离可分为：国际航空港、国内航空港及短距离机场。航线上各个航空港间的距离决定于沿线居民点的大小、航空线的用途（短程和长途运输）、飞机类型、飞机的飞行速度和高度，以及地形的特点和该航线上的气象情况等。

接其使用性质可分为：军用机场、民用机场、体育用机场、农业用机场。

现在采用的航空站等级是以飞机每昼夜起飞次数而定。如表 8-4。

表 8-4

航空站的等级	计算飞行次数　起飞次数 / 每昼夜
Ⅰ	51—100
Ⅱ	21—50
Ⅲ	11—20
Ⅳ	10 次以下

（二）航空港组成

航空港由飞行区、服务区和居住区三部分组成（图 8-48）。

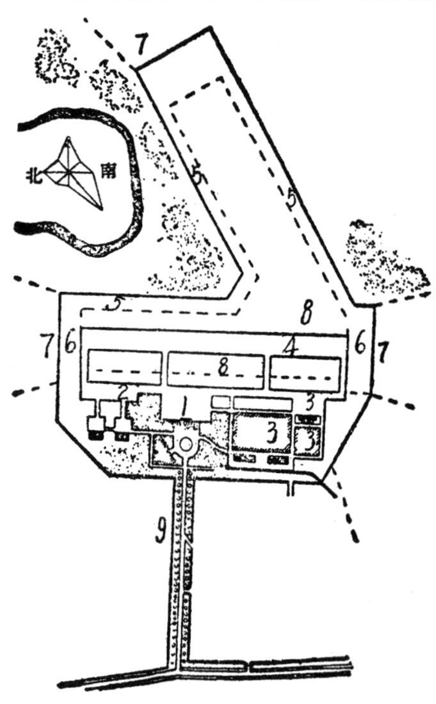

图 8-48　航空港平面示意图

1—候机室；2—停机处；3—工作区；4—跑道；5—边道；6—安全道；7—进近净空区；8—工作部分；9—从市内到航空港的道路

在飞行区布置有：起落的跑道、滑行道、跑道起讫点的小场地和降临地带。飞行区内进行飞机的升降和调动作业。

在服务区设有为机场工作人员、旅客、邮件和货物服务的建筑以及用来布置指挥飞行、通讯联络、发信号、飞机的技术保养、修理等等之用的机场构筑物和设备。

二、航空港与城市的位置关系

航空港位置宜在城市主导风向的两侧，这样在起飞及降落时可以不穿越城市上空。

如图 8-49 所示，机场位置Ⅰ的方案不便于飞机的降落，Ⅱ方案不便于起飞，Ⅲ方案最好。飞起降落时都不经过城市上空。

图 8-49　机场与城市的位置

喷气式飞机机场用地一般大于6平方公里，而普通机场用地也大于1平方公里，因此机场用地很大，同时它要求在附近没有高层建筑，这也就使航空港的位置应远离城市。目前由于巨型喷气客机的发展，飞机的骚扰性更大。一般认为噪声在6.0—70分贝的程度，人们尚可忍受；在100分贝时就会使人感到有头痛感觉。而飞机的噪声可达120分贝以上，为减少对城市居住区的骚扰，机场应布置在市郊，但也应注意远离疗养地区。有许多疗养区，因附近有机场，经常受到飞机声响的骚扰，降低了疗养地的使用价值，甚至根本丧失了疗养地的作用。

飞机噪声对精密仪器工业的影响也是一个值得注意的问题。有时这些工业虽选离机场达8—10公里，但仍处于飞机声响骚扰范围之内。

值得注意的是机场的一些特殊要求。如防空要求，机场应与城市居住区保持在1—3公里的距离，以达到人防的要求。

根据以上各方面因素，机场应离开城市较远为宜。但是如果二者之间距离太远，而没有效能很高的交通联系，将会大大降低空运的作用，给旅客带来不便。

机场与城市的交通联系，首先要研究它的交通种类及其效能。但与城市交通联系的时间最好在30分钟左右，这需由高速车道或铁路专用线连接，国外曾利用直升机来解决机场远离城市的交通问题。

影响机场与城市的距离的因素很多，应该按城市的性质和规模加以分类，在各种不同性质规模的城市中分别考虑机场与城市的距离，使空运在城市生活中起积极的作用，而避免对城市的发展或城市生活产生不良的影响。

考虑城市与机场的距离是根据飞行区等级来决定。

（1）飞行带不向着城市方向时：

飞行区与城市边界相距在2—15公里及以上。

（2）飞行带向着城市方向时：

飞行区与城市边界相距在5—75公里及以上。

（以上边界是指城市发展后边界）

我国空运交通正在飞快发展，并将出现许多新机场，作为城市规划部门就应使空运既适应城市的要求而它又能得到合理的发展。

三、直升机交通

在城市里，直升机有某些其他交通工具所不具备的优点。在建筑密布的城市街坊中，直升机场不要较大的专用地段，可以设在建筑物的屋顶上。作为邻近城市及与卫星城镇间短程交通，在国外直升机并有发展为较远程的交通工具的趋势。在我国直升机虽然尚未作为城市的交通形式之一，但是城市规划部门还是应当对其有所了解并作为城市交通远景的一种可能性来加以考虑。

直升机的起飞一般有两种方式：直升机式和飞机式，第一种情况是垂直上升到2—3米的高度以后飞行；第二种情况是像普通飞机那样滑行起飞。着陆主要是按直升机式，“悬挂”在着陆点的上空悬浮下降。直升机的起飞和着落地带的方向应当和主要风向一致；也应和航线方向一致，这样可以避免飞机在空回转。

采用苏式M_n——4型直升机时，起飞降落场面积为（60—80）米 ×45米，而我国国产旋风25型直升机它的起飞降落场面积要更小些。

为了保证起落的安全，在飞行地带附近需受一定的限制：飞行地带的长度决定于起落所需的长度和高出周围障碍物的最小高度（一般不小于 25 米）。

飞行地带的最初宽度至少等于起飞降落场宽度，然后沿着 15° 角度向两边扩展。

起飞航线在最初 30 米内的侧面角度为大于 30° ，在 30 公尺范围之外，障碍物高度不受限制（图 8–50）。

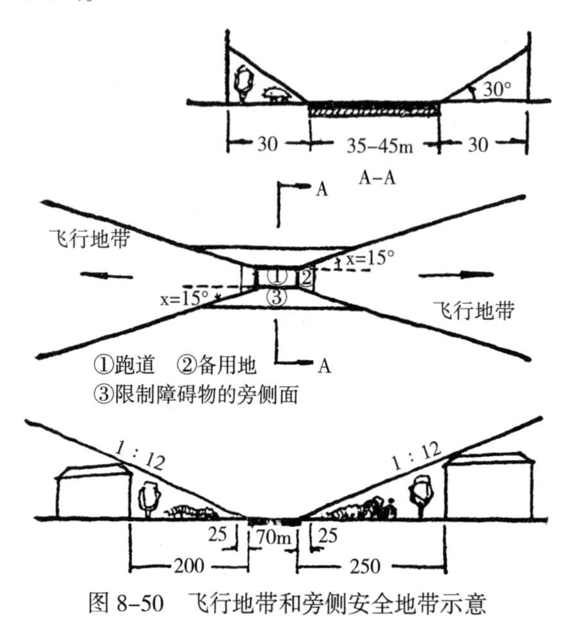

图 8–50　飞行地带和旁侧安全地带示意

市内客运直升机的航线可以采用放射式和环形式二种：放射式用来联系市中心和市郊；环形式用来联系远离市中心的各个地区。以上二种情况在同一地段设置平行路线时，二者间距不应小于 500 米，以保证航行安全。另外，在航线上不应有任何人工或自然的障碍（如无线电塔、高层建筑、烟囱、山岭等）。航线最好设在沿公路、铁路、沟渠、公园和广场的上方。

在城市交通中停机站可以分为两种，一为基本航空站，一般设在地面上，可以利用原有在城市内的小机场。作为直升机总站。

另一种是中间停机站，它可以设在地面上或屋顶上，地面上的停机站应该设有跑道，小型候机室，停留一两架飞机场地及必要设施，在机场地下可以设地下燃料仓库，以便供给飞机燃料。

第六节　仓　　库

仓库用地专门用来短期或长期存放生活资料与生产资料，是城市用地组成部分之一。

仓库的设置，对城市更好组织生活与生产提供了一定的保证。同时它需经常用市际、市内交通与市内外各供求点联系。因此它一方面与城市的各分区（工业区、生活居住区、对外交通用地）有着密切关系；另一方面又与交通运输用地直接联系。

市内的仓库应按性质、操作、卫生等要求并根据当地条件，组成一个完整系统，以充分地和最合理地为居民、商业、文化福利、工业和市政企业等服务。

一、仓库的分类

仓库依其储藏品的不同性质，有很多类别。

按用途与专业可作如下分类：

（一）国家储备仓库

（1）这类仓库包括粮食储备仓库、工业品储备仓库、设备和其他储备仓库，这些仓库的设置具有战略上的意义，由全国统筹规划；

（2）这类仓库的对外交通应绝对便利，所以往往建于铁路枢纽附近以便于迅速调配物资；

（3）这类仓库往往远离工业区和居住区，因为它们主要不是为所在城市储备物资（虽然有时也兼有收购及储备的职能），故与城市居民的生活无直接关系，与市区的联系也不重要，因此它们往往布置在城市郊区。

（二）转运仓库

（1）这是专为短期存放货物用的仓库，不加工、不包装；

（2）这类仓库与对外运输用地应密切结合，也可以作为对外运输用地的一部分；

（3）仓库用地大小决定于对外运输设备的规模，因此往往需要与对外交通运输用地同时进行规划。

（三）城市民用仓库

（1）这类仓库与城市居民生活的关系最密切，主要是为城市的企业和居民服务；

（2）储存的物资有生产资料和居民日常的生活消费用品；

（3）这类仓库有的应相对集中地布置在居住区内，有的则布置在居住区以外专门的仓库区中。

从城市规划的观点来看，民用仓库根据储存物品的性质，又可以分为下列几种：

（1）一般性综合仓库

这种仓库的存储技术设备不复杂，各类商品的物理性和化学性不互相干扰，如：百货、五金、花纱布、医药器材、烟叶、土产以及不危险的化工原料等等。

在保管方面，各种商品对温度、湿度、通风等要求不同，如某些化工原料不能遇水，遇水会爆炸或变质，花纱布湿度也不能大等。

（2）食品仓库

①一般性食品仓库

存放不需要冷藏的食品，如干果、罐头、糖果等。

②冷藏库

这是一种特殊的仓库，用冷空气保管货物以免腐败变质，主要保管鱼肉等易腐食物。

③低温库

它是冷藏库的一种，供存放干鲜果品之用，同时进行加工如熏香蕉、挑选苹果等。库内温度——夏季20℃，冬季4—5℃。

④活口仓库

设有牛羊猪鸡等棚圈。主要是供城市居民食用的，气味不好，排出污水多。

⑤蔬菜仓库

多在旺季存储，一般采用半地下式的平房。

⑥茶叶仓库

属特种仓库，在仓库中进行挑选、加工、包装手续，这种仓库经常散发黄色粉末。

⑦盐仓库

存放再制盐和工业用盐。

（3）粮食及食油仓库

这是城市中最主要的仓库，分筒仓、库房、屯存三种，筒仓可节约用地，华北多用屯存，加工粮在库房存放。

（4）燃料仓库

储存煤、木柴、煤球等，有时易污染住宅区。

（5）建筑材料仓库

分建筑材料基地和临时性仓库，随建筑量和建筑地点而改变其位置。

（6）危险品仓库

存储易燃、易爆炸、有毒物品，分挥发油库、化工原料库等，库房应用钢筋混凝土修筑或修筑成半地下建筑物。

（7）工业品仓库

存工业企业原料、成品、废料、燃料……

如按在城市用地上布置的情况则可分为：

①布置在城市生活居住用地上的仓库——日用品仓库；粮食仓库；副食品仓库；民用燃料仓库等等。

②布置在城市用地上的仓库——商业性总仓库（不可分各专业性仓库）；建筑材料和设备供应仓库（有建筑材料、木材、五金、水泥等仓库）；燃料仓库（煤炭、石油等仓库）；工业品与工业原料仓库等等。

③布置在郊区的仓库——国家备用物资仓库；燃料、爆炸物和毒品仓库；大型专业仓库；转运用仓库等等。

按仓库设备又可有如下分类（供规划选择仓库类型建筑时考虑）：露天堆场；半地下式；简易货棚；低层仓库；高层或多层仓库；冷藏或特殊仓库等等。

二、仓库用地规模

城市内各类型仓库很多，其在市内用地大小较难确定，一般可有下列几个影响因素：

（一）城市规模与性质

城市大、城市各项设施较完备，人们生活需求高，仓库用地应该大些。城市小用地要小些。城市的不同性质，如有工业、交通、疗养性等的不同，它们对仓库及其用地就有不同需要。工业城市一般附属工业企业的仓库规模就大，交通性城市对转运仓库需求大，而疗养性城市就只需小型商业性仓库。

（二）城市储藏品特点、性质

各城市有它的经济特点与特色，它的大宗产品的性质也影响着城市内仓库性质与规模。

（三）国家经济力量与人们生活水平

随生产力的发展，人们的消耗品品种与量日益增多，国家储备量也相应增长，整个储藏量日益增大，仓库用地亦需相适应增大。

（四）仓库设备在城市的运用与比例

如高、低层的比例，集中与分散的布置，也影响着仓库用地规模。

另外还有很多其他影响因素，如当地的地理、气候条件、居民生活习惯等等。在苏联的城市规划与修建法规中，对布置在城市生活居住区和建筑区用地上，仓库总面积建议采用下列平均指标：

中小城市每个居民 2—3 平方米；

大城市和特大城市每个居民 3—4 平方米。

三、仓库用地的布置

仓库用地的布置应该根据仓库的用途、城市的规模和性质同工业区的布置、交通运输系统密切结合起来，以接近货运量大、供应量大的地区为原则，合理组织货区，提高车辆利用率，减少车辆空驶里程，最方便地为生产和生活服务。

大城市和特大城市中的仓库区应该分散布置。在单独的仓库区中，可按照专业将仓库

我国几个大城市仓库用地统计（1956 年资料） 表 8–5

地名	石家庄	沈阳	鞍山	哈尔滨	广州	天津
仓库用地占总用地百分比	30.5%	3.62%	21.5%	3.28%		4.48%
每人平均占民用仓库用地（平方米）	2.13	1.55	2.7	2.56	0.48	1.8
备　注						

注：仓库用地规范应根据各城市具体因素研究确定，以上数字可供参考。

加以组合，并设置相应的专用线、工程设施和公用设备。

中小城市仓库区的数目应有限制，同时必须设置单独的地区来布置各种性质的仓库。

（一）仓库布置与交通运输关系

仓库最好集中地布置在居住区以外，离铁路车站不远，以便易于把铁路支线引到仓库所在地。

对小城市仓库的分布起决定性作用的是对外运输设备（如车站、码头等）的位置。

大城市除了要考虑对外运输之外，还要考虑对内供应线长短的问题。供应城市居民日用品的大型仓库应该均匀分布，一般在百万以上人口的城市中，至少应有两处以上的仓库用地。否则便会发生很多使用上的不便，并增加运输费用。例如过去北京大型仓库都在城中心区以南，百货用品仓库集中在东门仓和九龙山，西北郊的商店也要到城东南提货，结果造成有时运输费比货物本身还贵的现象。

大仓库区（以及任何一个批发仓库和燃料总仓库）一定要考虑铁路运输，如北京广安门外仓库区，因事先未考虑铁路支线，而通入仓库的马路又极狭窄，因此造成了运输上的困难。

仓库不应直接沿铁路干线用地两侧布置，最好布置在生活居住区用地的边缘地带，同铁路干线有一定的距离。

（二）各类仓库的分布与居住区、其他仓库以及工业的关系

各类仓库应按货物的性质和管理上的特点分区建设。

（1）危险品仓库往往布置在离城十多公里以外。

（2）一般仓库通常都布置在城市外围。如建筑材料基地应在郊区；粮食仓库用地大而且常用毒气杀虫，亦不应布置在居住区内。

（3）一般食品仓库布置要求：

①应布置在城市交通干道上，一般不需要在居住区内设置；

②周围不能有散发灰尘，不良气味，有害污水的仓库和工业，不宜与建筑材料、煤场、编组站、技术作业站等在一起；

③食品仓库的一般性仓库和蔬菜仓库、盐仓库、低温仓库可以布置在一块用地上，但应考虑每个仓库的具体要求；

④蔬菜仓库——布置在通向郊区农村人民公社的干道上，并考虑与郊区菜地结合起来布置，一般用地每处约 25000 平方米，不宜过分集中，以免运输线太长损坏率大；

⑤冷藏库的设备多、容积大、多层建筑，需要铁路运输，有时冷藏库往往伴有屠

宰场、加工厂、毛皮处理厂、活口仓库等一系列不卫生的设备，因此冷藏库多设于郊区和码头附近；

（4）木材仓库，应布置在对外运输路线附近；

（5）食品仓库区和燃料仓库区之间的距离不应小于3公里；

（6）在大城市除了全市性仓库区外，在商业中心应设二级仓库即综合性的分配仓库，以便为各区零售门市部和区级商店服务；

（7）各类仓库应考虑其性质，根据卫生、防火等要求予以隔离，例如，布置石油、煤、木柴、木材及其他易燃物品的仓库，应满足防火要求，在这方面最危险的是石油仓库，这种仓库应同其他仓库分开布置，并应布置在地势比城市居住区和工业区低的地方和河流的下游，石油仓库同工业用地、居住街坊、铁路、港口用地和森林之间，视油库容量的大小应设立宽40—200米的隔离带。此外，各个油罐的周围还要修筑专门的土墙。

仓库用地与居住街坊之间的卫生防护带宽度可参考表8–6（苏联城市规划与修建法规）。

表8–6

序号	仓库种类	防护带宽度（米）
1	全市性水泥供应仓库、可用废品仓库、未加工的骨头仓库、粉末状燃料和起灰建筑材料露天堆放场	300
2	非金属建筑材料供应仓库、劈柴仓库、泥炭仓库、500立方米以上的藏冰库	100
3	蔬菜储藏库、马铃薯储藏库、水果储藏库、600吨以上的批发冷藏库、面粉与大米供应仓库、藏冰库、饲料收购仓库、水果收购仓库、建筑材料与设备供应仓库（没有起灰的材料）、木材贸易和箱桶仓库	50

注：1. 表中所列各项目至疗养院、医院和其他医疗机构的距离可以根据国家卫生监督机关的要求予以增加，但不得超过1倍。

2. 粮食仓库与工业企业之间的卫生距离应该采用工业企业（排出有害物的）与居住街坊之间的距离。

（三）仓库用地本身的技术要求

（1）地形平坦，坡度为0.5%—3%的地段，最适于布置各种仓库，这种坡度的地段可以保证良好的自然排水；

（2）仓库用地的地下水位不要太高，不应将仓库布置在潮湿的地段和低洼地上，因为这种地段会使储存的货物变质，并且使装卸作业感到困难，例如北京广安门的仓库区，地下水位很高，曾把存放的汽车都泡坏了，后来填上土，问题才得到解决；

蔬菜仓库用地的地下水位同地面的距离不得小于2.5米，如果必须在被洪水淹没的地段或地下水位高的地段修建仓库，应当预先在这些地段排水和筑堤；

储藏在地下室的食品和材料仓库用地的地下水位应离地面4米以上；

（3）沿河修建仓库时，应考虑到河岸的巩固性和土壤的耐压力。

（四）沿河布置仓库的问题

水运是一种最经济的运输方式，因此在规划沿河（江）的城市时，应考虑具体情况在沿河地带布置一些与水运有关的仓库，但需要同时考虑对外运输和生活居住区利用沿河地区的问题，过去许多旧城市的沿河（江）一带全部建满了仓库、工厂、铁路支线等，使得城市居民无法利用河流，这种不合理的现象是旧社会制度下城市无计划发展的必然结果。

［附录一］

我国各类交通运输新中国成立以来的发展情况比较表 **表 8–7**

项　　目	1958 年达到指标	较 1949 年增长比例
（1）运输工具		
铁路货车		1.1 倍
铁路客车		1.2 倍
载货汽车		1.2 倍
船舶载重量		4.1 倍
（2）现代化工具运输：		
①货运量	63376 万吨	8.4 倍
其中：		
铁路	38109 万吨	5.8 倍
汽车	17630 万吨	29.4 倍
轮驳船	7636 万吨	13.1 倍
②货运周转量	2364.0 亿吨公里	9.3 倍
其中：		
铁路	1852.2 亿吨公里	9.1 倍
汽车	69.6 亿吨公里	26.6 倍
轮驳船	439.1 亿吨公里	9.2 倍
③客运量	73562 万人	4.4 倍
其中：		
铁路	34569 万人	2.4 倍
④客运周转量	570.6 亿人公里	2.7 倍
其中：		
铁路	409.2 亿人公里	2.1 倍

表 8–8

项　　目	1949 年指标	1958 年指标	提高比例 %
一、铁路			
1）货车每日行程	154.9 公里	255.6 公里	69
2）货车机车每日行程	308.7 公里	391.0 公里	27
3）每台货运机车平均牵引总重量	1011 吨	1704 吨	69
4）劳动生产率	—	比 1952 年提高 1.1 倍	—
5）运输成本费	—	比 1952 年降低 25%	—
二、水运			
1）海轮每吨位年运量	—	2.7 万吨浬	（比 1952 年）61
2）内河轮每吨位年运量	—	5.1 万吨公里	（比 1952 年）62
3）拖输每马力年运量	—	9.8 万吨公里	（比 1952 年）1.9 倍
4）劳动生产率			
1. 内河	—	比 1952 年提高 2.2 倍	
2. 沿海	—	比 1952 年提高 1.3 倍	
5）运输成本			
1. 内河	—	比 1952 年降低 51%	
2. 沿海	—	比 1952 年降低 47%	
三、汽车			
1. 每车每日行车里程	—	174.3 公里	（比 1950 年）1.2 倍
2. 每车吨位日运量	—	113 吨公里	（比 1950 年）5.3 倍

新中国成立后已在逐步改造这种不合理的城市布局，既顾到仓库、铁路的利益又考虑到生活居住区敞向河流的合理要求。

与城市没多大关系的转运仓库、储备仓库等应布置在城市的下游，以免干扰城市居民的生活。

（五）仓库应尽可能按照专业性质组成仓库区，以便更好地组织仓库用地和交通运输线，小仓库过于分散不便管理，大型仓库可以更多地发挥库房的利用率，容易组织机械化提存，又可能专业化，提高保管技术。小仓库分散在市内务区，也给市内带来许多不必要的货运交通，增加市内街道的负担。

（六）选择仓库用地时还必须考虑发展备用地。

（七）由于仓库建筑的体型、位置的特殊性，成为影响城市面貌的因素之一，因此，在规划布置仓库时不能忽视这个因素。

［附录二］ 铁路线路标准与定线要求

（1）轨距

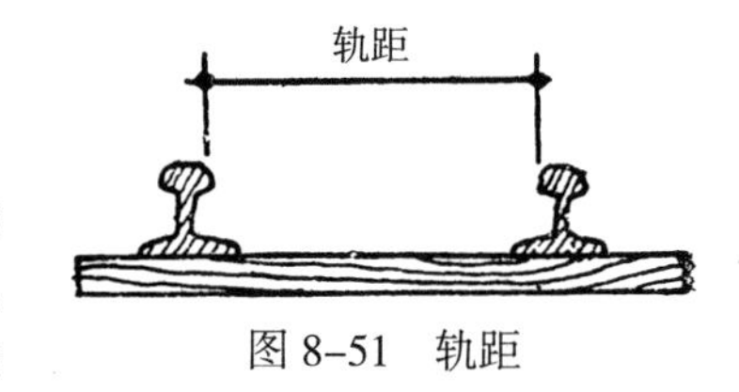

图 8–51　轨距

轨距是指两轨轨头内侧之间的距离（图 8–51），为着运行上的便捷，一个国家的铁路系统，应该采用一个统一的轨距——标准轨距。

除标准轨距外，在个别情况下（如运输量不大和地形困难的地方性铁路，也有的采用轻便铁路——窄轨，我国窄轨铁路的轨距有—— 1070（台湾），1000 和 762 毫米几种）。解放以前，我国山西省会采用 1000 毫米的窄轨，这是旧中国反动军阀割据的产物。

各国一般采用的标准轨距尺寸　　　　**表 8–9**

国　别	标准轨距（毫米）
中　国	1435
苏　联	1524
日　本	1070
其他各国	多采用 1435 毫米

（2）机车车辆界限与建筑接近界限

为了列车行车的安全，邻近线路的设备和建筑与机车、车辆间应保持一定的距离。这种距离是通过机车车辆界限与建筑接近界限的规定来保证的。即：

机车车辆界限——能够通过机车车辆的，垂直于线路中心线平面上横向最大轮廓线（图 8–52）。

建筑接近界限——供机车车辆通过所用的，垂直于线路中心线平面上横向极限轮廓线（图 8–52）。

（3）线间距

线间距是指两条铁路中心线之间的距离，用以布置某些线路设备（如照明、信号），保证行车与工作人员进行工作的便利和安全。图 8–53 所示为一般站外线间距尺寸，站内线间距较大，一般到发线间距＞ 4.6 米；其他线间距＞ 4.3 米。具体距离还须根据不同站线性质而定。表 8–10 在进行初步规划时，为简化起见，一般可采用 5 米。

（4）线路的连接——道岔

道岔用于线路的连接，以便机车能够从一条线路上顺利地驶往另一条线路。

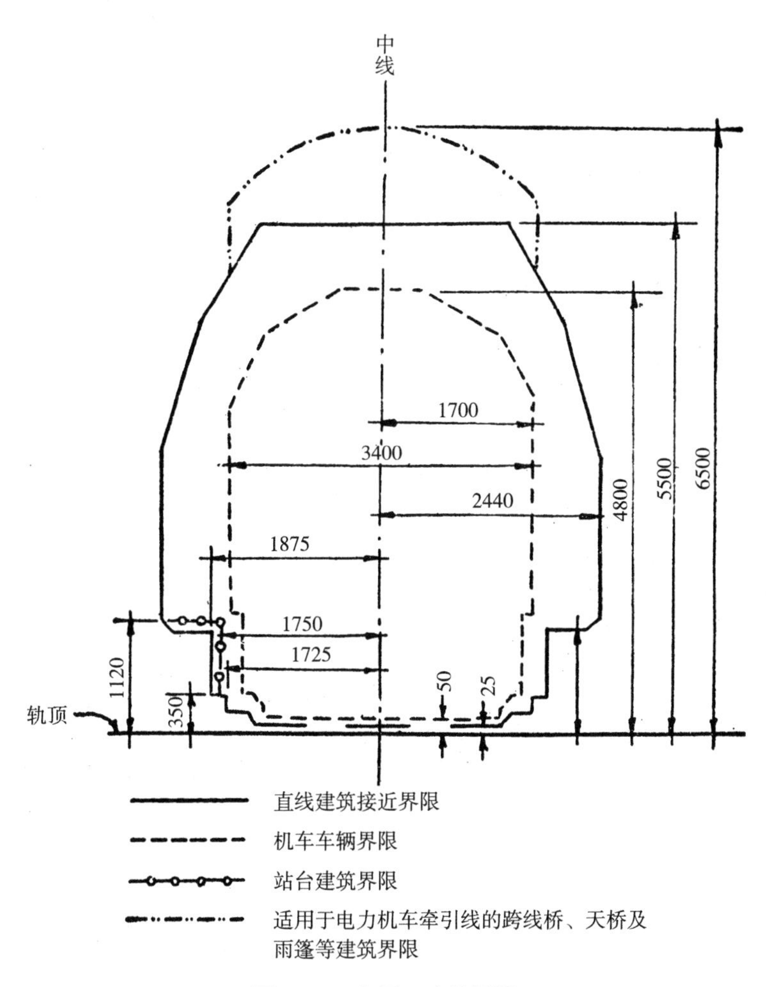

图 8–52　车辆、建筑界限

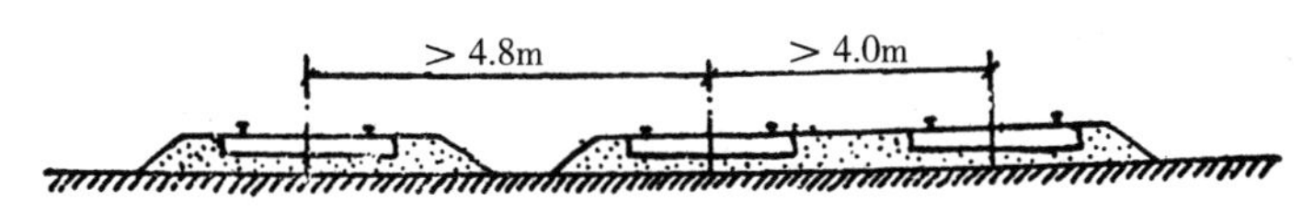

图 8–53　站外线间距示意图

站线一般间距　　　　**表 8–10**

线路名称	线间距（米）
两正线间及正线与其相邻的线路间	5.0
到吨线间及编组线间	5.0
专供货车直接换装的尽头线间	3.6
其他次要站线间	4.6

道岔的标号是以相交两线路中心线夹角（A）的正切来表示（图 8–54）。例如 $tgA=\frac{1}{12}$，则称为 12 号道岔。我国在正线以及列车到发线上，通常采用 9 号和 12 号道岔，在其他站线上可以采用 8 号道岔。

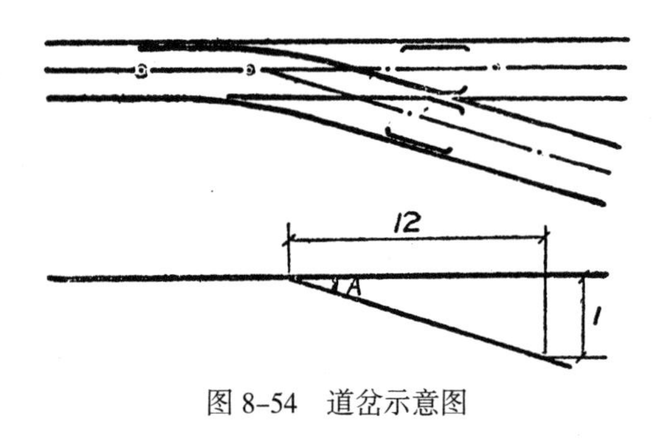

图 8–54　道岔示意图

（5）线路分类和定线要求

铁路线路的定线是按照铁路的使用性质与级别来提出要求的。铁路线路一般可分作如下三类：

①干线

它是组成全国铁路网的线路，它具有全国性的意义。如京沪、京广线等即是。按干线的性质和运量的大小情况，又分为Ⅰ级、Ⅱ级、Ⅲ级三种级别。

②地方线

地方线也叫做支线，它一般是属地方性的，如胶济路上的张店—博山线。

③专用线

它是指通向工业企业、港口、机场等的专用铁路线。

不同性质的铁路在技术上有着不同的要求，这主要是限制坡度[1]，最小的竖曲线半径和转弯半径（或平曲线半径）。铁路选线时必须满足这些方面的要求：

铁路定线标准　　**表 8–11**

铁路线类别	限制坡度（%）			最小曲线半径（米）		
	在正常情况下	在困难条件下	在特别困难条件下	在正常情况下	在困难情况下	在特别困难情况下
干　线	6—12	20—24	20—24	600	300	250
地方线	8—20	30	30	400	300	200
专用线	10	20—30	20—30	300	200	160

当采用电力机车时，限制坡度可以略加放大，当坡度在 30% 以上时，可以在不减少列车计算重量下采用双机车牵引。

竖曲线半径一般在 10000 米以上。

从有利行车速度和平稳来讲，曲线半径愈大愈好，一般是在 1000 米以上。坡度愈小，则行车效率愈好，只有在地形条件受限制时，才允许采用较大的坡度。

[附录三]　港口的组成部分及其一般技术要求

港口是由水域、陆域两部分组成，水域包括航道、停泊区和港池；陆域包括码头及用来布置各种设备的陆地。由于每个港的位置和性质不同，各组成部分及其布置也各有相异（图 8–55）。

一、外堤、口门和航道

海岸港、河口港以及一些风浪较大的湖港、水库港通常都筑有外堤以防止风浪和流砂侵入港内。

外堤分为三种：

（1）防波堤：与岸线不相连接。

（2）突堤：是与岸线连接的外堤，它除了防浪防砂以外，有时兼供船舶停靠。

---

[1] 限制坡度：是线路上允许采用的最大纵坡度。以行车效率而言，坡度是愈小愈好，应该尽可能争取较小的坡度，只有在地形条件受限制时，才允许采用较大的坡度，但也还必须符合限制坡度的要求。

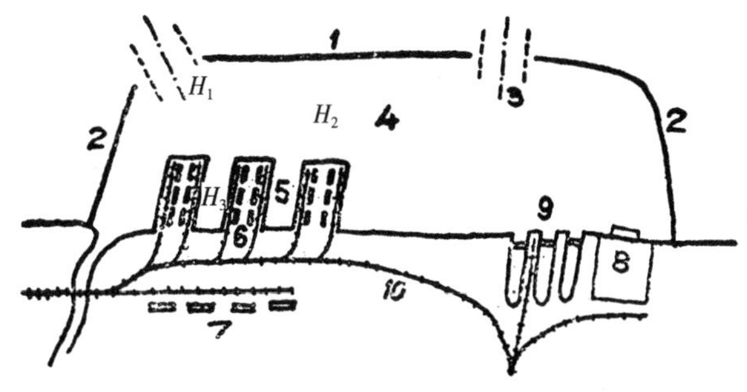

图 8-55　港的组成及水深示意图

1—防波堤；2—突堤；3—口门及航道；4—停泊区；5—港池；6—码头；7—仓库；8—船场；9—船坞；10—铁路

水深：$H_1 > H_2 > H_3$

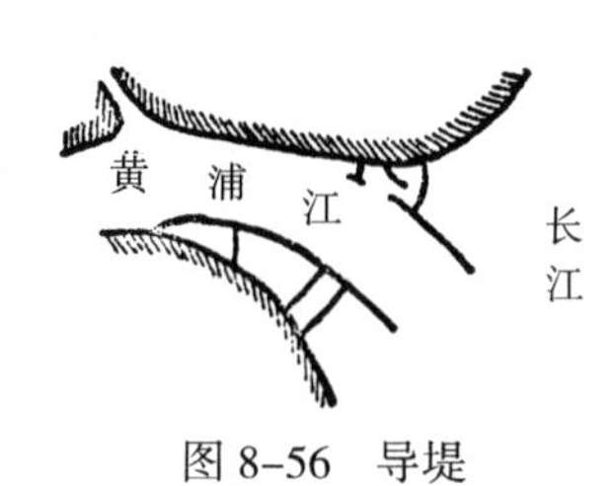

图 8-56　导堤

（3）导提：常用于河口，主要作用是束水导流，维持航道和口门的水深（图 8-56）。为上海黄浦江口的导堤。

外堤有各种各样的布置形式，究竟选择哪一种要根据具体条件而定（图 8-57）。

口门是两外堤堤头或堤头与岸边之间的航路，是进入港口的门户，它应当有良好的位置和方向（图 8-58）。

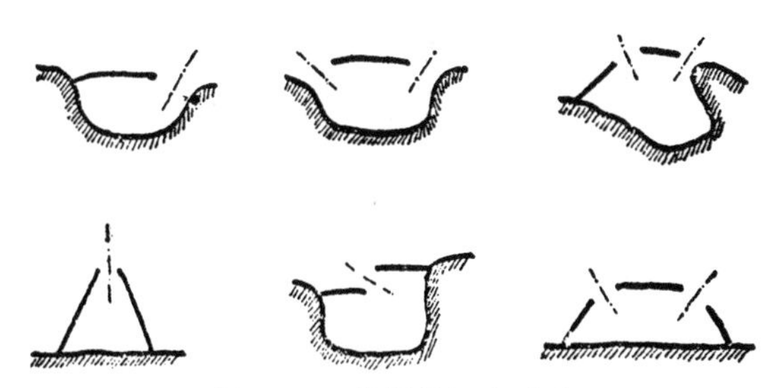

图 8-57　外堤的组合形式

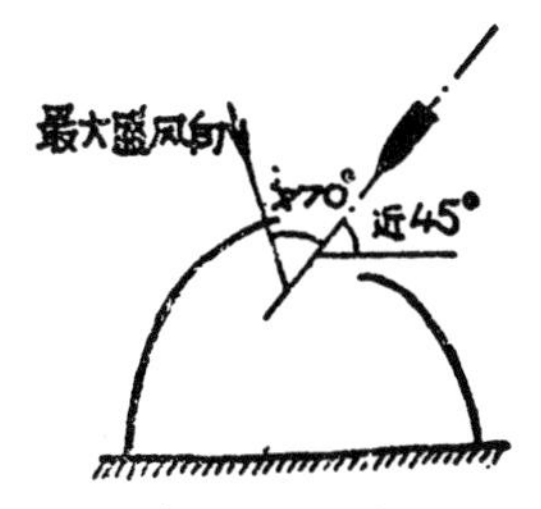

图 8-58　口门

口门与岸线之间距离不能太近，在任何气候条件下，口门均应保证船舶能安全驶入港内。一般口门的宽度不小于 130—150 米，通行大船的应当在 200 米以上，但亦不宜超过 300—400 米，以免海浪影响港内水面的平静，一个港的口门可以不止一个。

航道可以是天然的或者人工的，要求短、直、宽、深，其深度要根据进港最大船舶的吃水深度、航行富裕深度以及技术富裕深度决定。

①航道深度计算公式

$$H=T+h_H+h_T$$

T——船只最大吃水深度（表 8-12）；

h_H——航行富裕深度。

$$h_H=h_1+h_2+h_3$$

h_1——由水底地质决定，一般范围 0.1~0.6 米；

h_2——超额吃水，与航速有关。一般 $h_2=0.033V$［公里 / 小时］，V 为航速；

h_3——与波浪高度有关。

$$h_3=h_{波高}-h_1$$

h_T——技术富裕深度，考虑到航道的淤积。一般 h_T=0.6~1.0 米。

②船舶吨位、长度、宽度、吃水数字对照表

表 8–12

船舶总吨位（吨）	船长（米）	船宽（米）	吃水（米）	船舶总吨位（吨）	船长（米）	船宽（米）	吃水（米）
100	30		1.8	20000	190		10.0
200	35		2.4	30000	220		10.2
300	40		2.9	40000	240		10.5
400	45		3.0	50000	265		11.0
500	50		3.5	80000	315		11.2
1000	70		4.8				
2000	80		6.2	内河客轮（人）			
3000	100		6.9	500	40	7	1.5
4000	110		7.5	300	32	6	1.2
5000	120		7.7	60	20	4	1.0
6000	130		8.0	内河木驳（吨）			
8000	140		8.5	50	20	4	1.2
10000	150		9.0	60	21	4.4	1.37
15000	170		9.5	80	26	5.3	1.45

关于船舶的长、宽比的数值，一般如下：

长：宽 =5—8（快速客轮约为 8，货轮 5—7）。

二、停泊区

停泊区是利用天然地形或者人工外堤造成的有掩护的水面，供船舶停泊、避风、调头以及水上装卸货物之用。河港的停泊区一般设在河道中或港池内，沿河港的停泊区最好在码头线的上、下游均设一个。停泊区要求波浪和水流小，水深足够，水底的土质最好是砂土或者砂质黏土，以便于船只锚碇。

停泊区的面积应当根据区内同时停泊的船只数量、大小和停泊方式以及船舶调头的需要来决定，不同等级的港口有不同的要求。下面是几个国内外港口水域面积的统计数字：

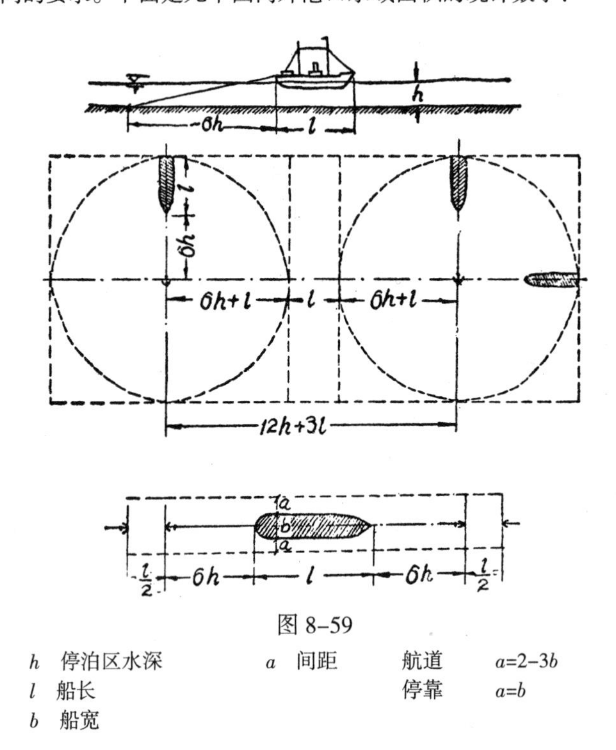

图 8–59

h 停泊区水深　　a 间距　　航道　a=2–3b

l 船长　　　　　　　　　　停靠　a=b

b 船宽

大连港	301 万平方米	伦敦	2000 万平方米
青岛港	250 万平方米	马赛	218 万平方米
塘沽新港	1800 万平方米	热那亚	432 万平方米

关于停泊区面积估计：

由于停泊区面积的决定涉及因素很多，不及细算。在此只就每艘船按其不同停泊方式所需面积作一估算。

停泊方式可分为单锚停泊、双锚停泊二种（图 8–59）。

单锚停泊每船所需面积 = $(12h+3l)^2$

双锚停泊每船所需面积 = $(12h+l)(b+2a)$

若以 3000 吨海轮为例，进行计算

假设：l=100 米　　h=10 米

b=15 米　　$a=3b$=45 米

则单锚停泊面积 = $(12\times10+3\times100)^2$=176400 米^2 / 每船

双锚停泊面积 = $(12\times10+100)(15+2\times45)$

=23100 米^2 / 每船

三、港池和码头线

港池是船只直接靠近码头装卸货物用的水面，其形状一般为长方形或平行四边形，方向最好与主要航向交成锐角。港池的宽度应当根据港池的长度、船舶的宽度来决定，当港池长度不超过三倍船长时，港池宽度应为：$B=9Б+2(b_1+b_2)$，长度大于三倍船长时，宽度 $B=13Б+2(b_1+b_2)$。如果考虑在港池中进行装卸作业，港池宽度要增加到 $B=17Б+4(b_1+b_2)$（图 8–60）。

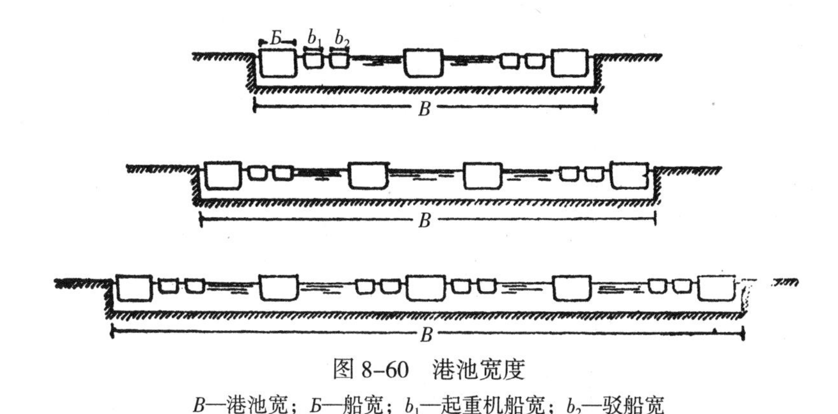

图 8–60　港池宽度

B—港池宽；$Б$—船宽；b_1—起重机船宽；b_2—驳船宽

码头线是供停靠船舶的岸线，在码头线上主要进行货物的装卸工作，它的布置形式有三种（图 8–61）：

（1）横码头：码头沿河道或海岸平行布置，形式简单，船只靠岸方便，工程量也最小，一般常用于河港及位于狭长海湾中的海港。采用这种形式时，应当考虑和码头线相连的水面是否有良好的掩护，水面是否足够供船舶停靠、调头和停泊，码头线长度及陆域面积是否足够，铁路道路布置是不是方便合理，此外这种形式还可能造成码头伸展过长，经营管理不便，并且过多地占用沿岸地段，隔断城市和水面的联系。

（2）直码头：码头自岸边伸入水中，利用两码头之间

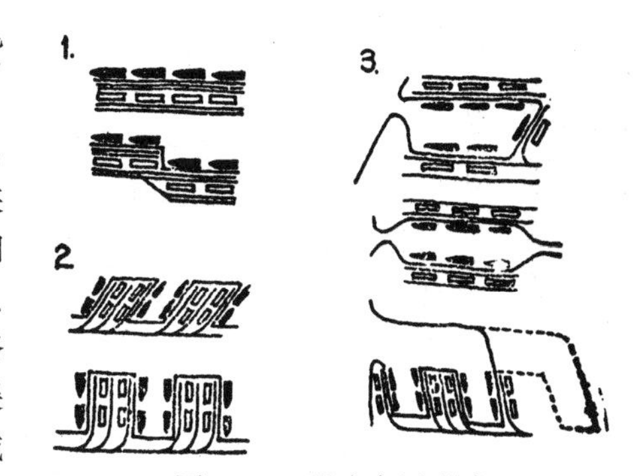

图 8–61　码头布置形式

1—横码头；2—直码头；3—挖入式港池

的水面形成港池，直码头占用的岸线较少，使港口布置易于紧凑，在海岸中常常采用，如我国的大连港。直码头的宽度视码头各种设备的布置而定，一般在60—180米之间，当长期存放货物的仓库也布置在直码头上时，宽度可达200米以上，为了使码头与港区水域之间的交通联系方便，直码头的长度不宜超过1000—1500米，从铁路角度来看以400—500米为最合理。

（3）挖入式港池：这种形式工程量较大，但它具有许多优点，它可以在很短的岸线范围内获得所需的码头线长度，而把更多的水面留给城市居民文化休息用，同时这种形式，不受风浪袭击，港内布置紧凑，分区更易合理，而且可以适应港口码头线发展的需要。因此当地形和地质条件合适时，建筑这种形式是很好的，目前在国外已广泛采用。

码头线长度应当根据港口的货物吞吐量、装卸机械的生产效率、铁路及仓库的能力来决定，但是由于我国目前各港口装卸机械化的程度各有不同，特别是大跃进以来，各种装卸定额不断突破，因此，不能定出一个标准的定额，只能根据各地的具体情况计算确定。

一般计算方法如下：

① $L=(l+a)X$

$$X=\frac{q}{P}$$

$$q=\frac{Q_{年}\times m\times n}{N}$$

L：码头线长度； l：每只船长；

a：两船间的富裕间距：10—20米； X：所需船位数；

q：最大日货运量； N：年通航日数；

P：日装卸货量／每船位； m：月不均系数；

$Q_{年}$：年货运量； n：日不均系数。

下面引用几个国外港口每一米长码头线担负平均年货运量的统计数字，以供参考：

伦　敦　584吨；　　纽约　205吨；

鹿特丹　565吨；　　汉堡　325吨；

热那亚　532吨；　　马赛　232吨。

在初步设计河港时，一艘船所占用的码头线长度可采用如下：

客运码头：　　货运码头：100米

远航船舶　100米

近郊船舶　40米

② $L=\frac{q}{P'}$

P'：日装卸货量／每米码头线。

下列 P' 值可供参考：

大宗货物、散装货物——20吨

一般货物、件装货物——10吨

（4）港口陆域与设备

港口陆域用以布置各种建筑和设备，它要求有足够的面积和平坦的地形，坡度最好不超过5%。陆域面积决定于港口的性质、货物吞吐量以及运输能力，一般每一米长码头线需要150—260平方米的用地，对于横码头形式的陆域，宽度至少要有120—200米。

港口陆域的高程要保证在高水位时不被波浪淹没，地下水位要不影响地下通道和地下室，一般说来，有潮汐的海港中，陆域应高出高潮水位1—1.5米，在无潮汐的海港中，应高出海面2—2.5米。河港不同于海港，它允许有一部分码头在洪水期淹没，岸地可做成梯级状（图8-62）。

港口陆域部分布置有下列设备：装卸机械；堆存货物的货棚、仓库和露天堆场；铁路设备和道路；为旅客服务的建筑设施；港区的给排水、消防和发电设备以及各种公用建筑。为了使船舶能在港口进行修理，一般较大的港都还设有修船厂、船坞及滑道等。

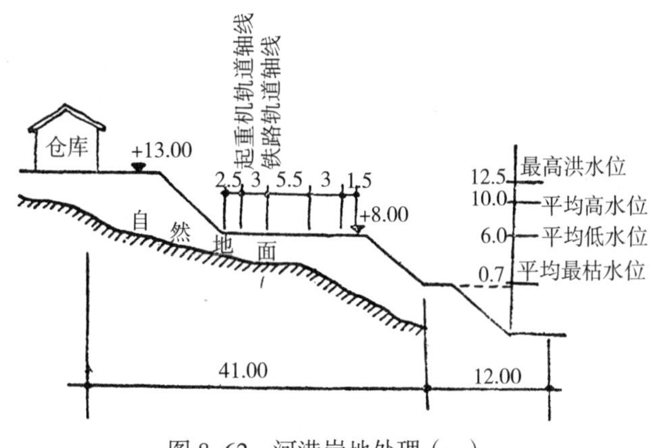

图 8-62 河港岸地处理（m）

［附录四］ 港口分区及港区设备布置

港口分区是在港区内合理选择各区段的位置，以保证它们之间的紧密联系和各种设备的相互配合，避免相互影响。在社会主义国家中，港口分区是建筑新港和改建旧港中的重要任务。

由于每个港口的具体条件不同，分区也各具特点，但一般应遵守下列几点原则：

（1）港口分区要以满足为生产服务为前提，尽可能接近生产消费地点，但在满足上述原则的同时，港口布置应力求紧凑，以减少筑港工程量和便于经营管理。

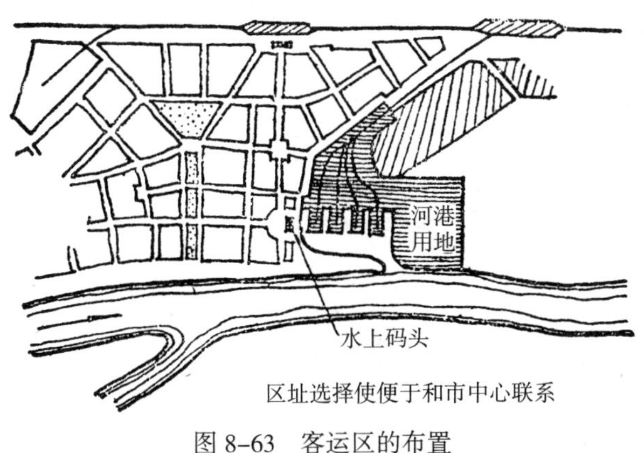

图 8-63 客运区的布置

（2）港的客运区应尽量靠近市中心区，并和市中心、火车站取得方便的联系。如上海港的客运区布置在公平路码头附近，和市中心区有便捷的有轨、无轨车辆取得联系（图 8-63）。

（3）为城市服务的货运区应当布置在居住区的外围，接近城市仓库区，并与生产消费地点保持最短的运输距离，以免增加不必要的往返运输和装卸作业，使市内运输复杂化。

（4）转运码头必须布置在城市生活居住区以外，并且与铁路、公路及空运有着紧密合作的条件，造船修船企业应当单独布置在货运区之外，并使损坏了的船舶能很方便地到达该处。

各专业码头间最小间距（米） 表 8-13

编号	货物名称	1	2	3	4	5	6	7	8	9	10	11	备注
1	件货	0	0	0	0	100	100	100	200	0	50	0	
2	五金机器	0	0	0	0	0	100	0	0	0	50	0	
3	木材	0	0	0	0	0	100	0	0	0	100	0	
4	砂石、矿渣	0	0	0	0	0	0	0	0	50	50	100	
5	水泥	100	0	0	0	0	0	0	0	100	100	200	
6	生石灰	100	100	100	0	0	0	0	50	100	100	100	
7	矿石	100	0	0	0	0	0	0	0	50	50	100	
8	煤	200	0	0	0	0	50	0	0	150	100	200	
9	散装粮食	0	0	0	50	100	100	50	150	0	50	50	
10	棉花	50	50	100	50	100	100	50	100	50	0	100	
11	客运	0	0	0	100	200	100	100	200	50	100	0	

（5）煤、棉花及大量水泥的散货码头由于在装卸时，尘土飞扬，对城市居民及露天堆放的货物，特别像木材，散装的粮食等会产生严重的影响，因此必须使它们之间有一定的距离，并且在城市修建区以外的下风方向（表 8–13）。

（6）石油区应当远离其他区与城市，水面也应和其他港区的水面隔开，并布置在城市的下风下游。在河港中，如果由于其他原因而不得不将石油码头设在上游时，距离城市至少要在一公里以上。当石油区布置在港区、水工建筑物、修船厂或桥梁下游时，距离不得小于 300 米。

（7）港口分区要考虑到各区发展的可能和一定的伸缩性。

（8）港口内各部分的相互位置应当保证海轮、江轮与铁路之间的方便联系，保证能合理方便于布置铁路和道路。

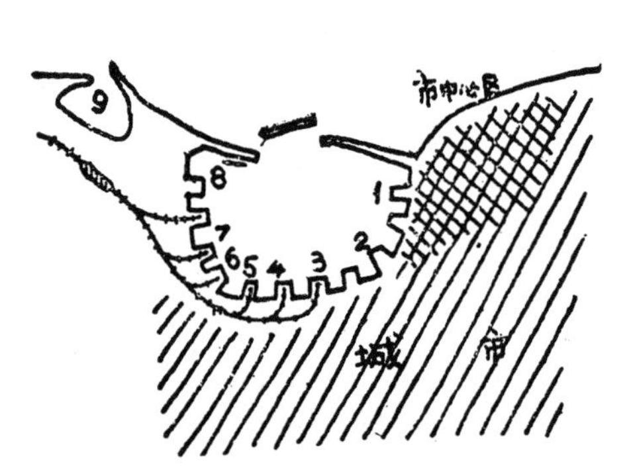

图 8–64　海港功能分区示意

1—客运区；2—大宗货物区；3—粮食区；
4—木材；5—矿石；6—煤炭；7—水泥；
8—技术作业船只；9—修船、造船

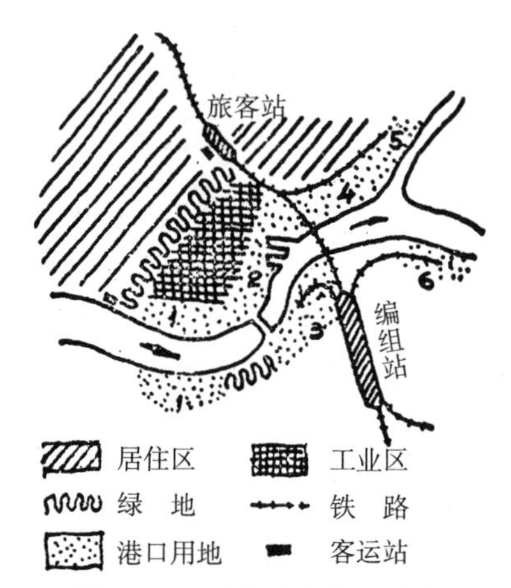

图 8–65　河港功能分区示意

1—木材区；2—中心作业区；3—中转货物；
4—棉花区；5—渔区；6—石油区

河港分区和海港分区的原则是相同的（图 8–64、图 8–65），但是在布置形式上却有一定的差别，它很少将全部设施集中在某一河段，而是采用分散布置，因为一般河港缺乏大块陆地可用，而且分散布置以后能使码头更易接近货运及消费点——仓库、木材、粮食加工厂、鱼类加工厂及其他工业点，大大减少市内的运输量。图 8–66 为小城市的河港布置。

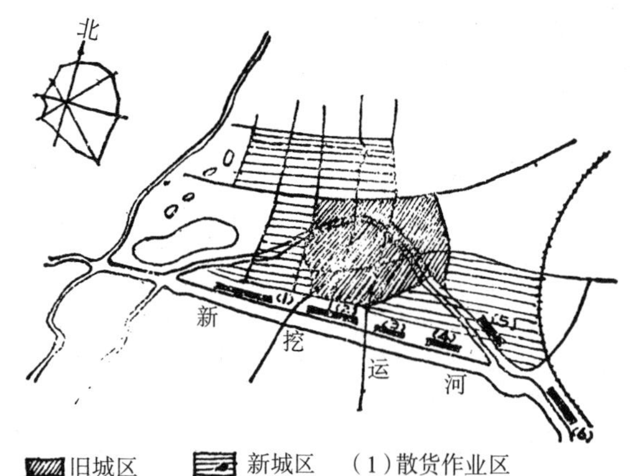

旧城区　新城区　（1）散货作业区
（2）件货作业区（3）客运站（4）货主码头
（5）木材码头　（6）水陆（铁路）联运区

图 8–66　小城市河港布置

港口作业的正常与否在很大程度上取决于港区内运输线及其他设备的布置，这些运输线及设备包括铁路、道路、仓库、装卸机械等，由于货运量及货种的不同，港口陆域设备有许多布置方式。图 8–67 为一般件货和散货码头布置的例子。

港口的铁路通常由三个部分组成，即港前车站、港区调车场和码头线及仓库附近的线路（图 8–68），港口站通常需要很大的用地，其和港区调车场之间应有良好的联系，各港区调车场应靠近码头线及仓库，而码头堆栈间的铁路要紧靠码头边缘及仓库堆栈的两侧，以便于火车对轮船或仓库直接装卸货物。港口铁路的平曲线半径最好不小于 180 米。

港区内的道路主要是供货车及消防车行驶之用，通常设在仓库或堆栈的后面。图 8-69 有时亦设在码头的边缘和码头线平行，连系的通道一般总垂直码头线。在港区内必须设置汽车停车场，以免车辆沿路停放，阻塞交通。

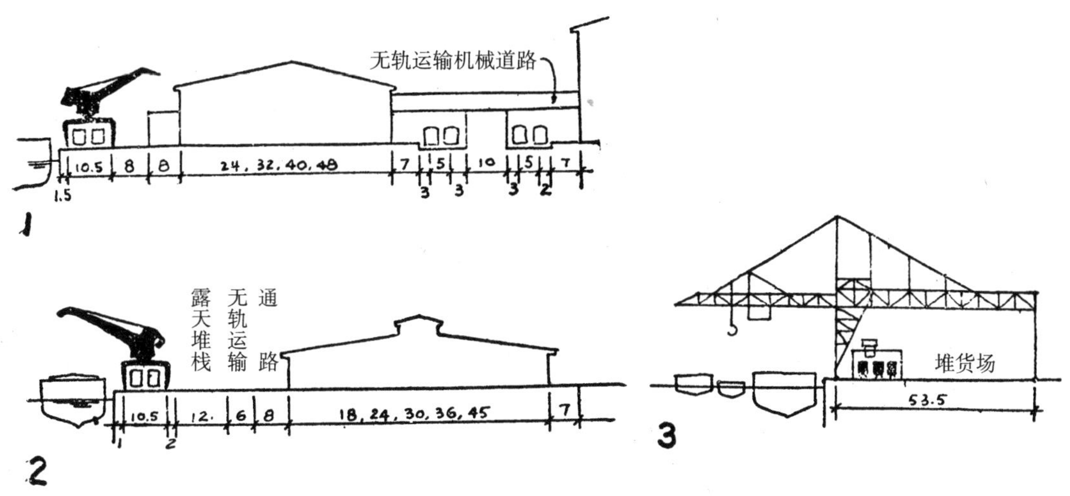

图 8-67　码头陆域布置示意（m）

1—多层仓库件货码头布置；2—仓库件货码头布置；3—堆货码头布置

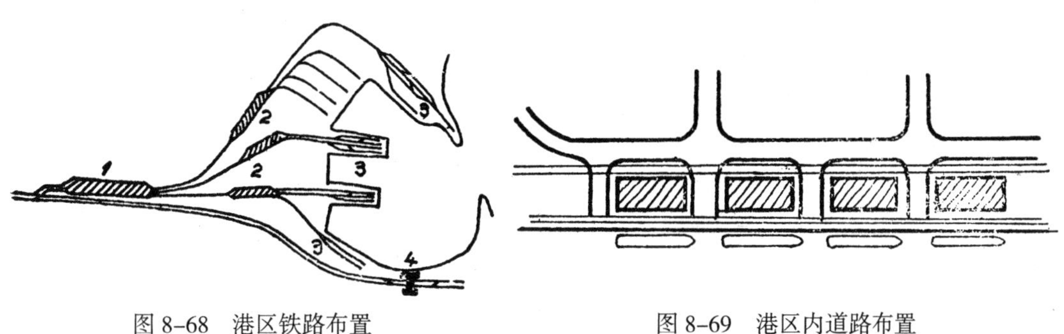

图 8-68　港区铁路布置

1—港口车站；2—港区调车场；3—码头专用线；4—水陆联运站

图 8-69　港区内道路布置

在各种设备中，仓库是水运在水面和陆上运输的交接部分，虽然由于水陆联运的迅速发展，将使仓库容积有所减小，但是尽管如此，仓库仍然是不可缺少的重要设备。仓库一般平行码头布置，分为前方仓库和后方仓库，其面积应足以满足所需容纳货物的要求，一般为一层，只有当码头用地不够时才建立多层仓库，仓库的进深可以采用 20、24、30、39、45、60 米。

在有大量客运的港口中，客运站是一个很突出的问题，由于海港的旅客量比铁路车站要多很多、因此对于站的要求也更加复杂。港口客运站是城市甚至国家的大门，它不仅在结构和使用上要满足一定的要求，而且在建筑形式上应当体现国家的政治面貌和民族风格。在客运站的前面应当建有足够用的广场与停车场。

[附录五] 公路的等级、技术指标与横断面组成

由于公路的服务范围和使用性质及地形条件不同，按我国公路标准可分为六个等级。

全国性公路为Ⅰ、Ⅱ、Ⅲ级。地方性公路为Ⅳ、Ⅴ、Ⅵ级。

选用公路技术等级时，主要根据其使用任务及可能发展之行车密度，并结合当地地形条件确定。参考表 8-14：

表 8-14

预计行车密度（辆 / 昼夜）	规定选用的公路技术等级		
	平原	丘陵	山岭
3000 辆以上	Ⅰ	Ⅰ—Ⅱ	Ⅱ—Ⅲ
1500—3000	Ⅱ	Ⅲ	Ⅳ
500—1500	Ⅱ—Ⅲ	Ⅲ—Ⅳ	Ⅳ—Ⅴ
100—500	Ⅲ—Ⅳ	Ⅲ—Ⅳ	Ⅴ—Ⅵ
100 辆以下	Ⅳ—Ⅴ	Ⅳ—Ⅴ	Ⅴ—Ⅵ

凡Ⅰ、Ⅱ、Ⅲ级公路应绕越城市，但为联系城市或铁路车站等可另建支线联结，其他各级公路亦应尽力避免穿越城市为宜。

技术指标

各等级的公路的技术要求均不相同。如平曲线半径，坡度，路面结构材料等。其规定如表 8-15：

表 8-15

指　　标	公路技术指标					
	Ⅰ	Ⅱ	Ⅲ	Ⅳ	Ⅴ	Ⅵ
计算行车速度（公里 / 小时）	120	100	80	60	40	25
最大纵坡度	0.04	0.05	0.06	0.07	0.09	0.09
曲线半径（米）						
建议最小半径	1200	800	500	300	100	—
容许最小半径	600	400	250	150	50	20
车道数	4	4	4 或 2	2	2	—
每车道宽度（米）	3.50	3.50	3.50	3.00	2.75	2.75
路面宽度（米）	14.0	7.00	7.00	6.00	5.50	3.50
路基宽度（米）	≥ 23.0	12.0	11.0	10.0	8.50	7.50

各级公路之设计用地范围，可参考下表：

表 8-16

公路技术等级	Ⅰ	Ⅱ	Ⅲ	Ⅳ	Ⅴ	Ⅵ
设计用地范围（米）	65—80	50—65	40—60	30—50	35—40	20—30

由于我国列车化运动正以突飞向前发展，公路标准如何适应列车运输的要求应考虑如下：

（1）越岭路段的平均纵坡最好≤ 5%，平均坡度较大就要适当限制列车总重。

例总重 17—20t 解放牌汽车列车行驶，路面纵坡最好≤ 5%。

总重 12t 解放牌汽车列车行驶，路面纵坡最好≤ 6%。

（2）由于各级公路都按最小竖曲线半径设置竖曲线，所以最好采用较长的缓和坡段。

Ⅳ级公路的竖曲线长度为 38—64 米，Ⅴ级为 21—37 米，Ⅵ级为 13—18 米，列车长度以 20 米计。

缓和坡段最少应有下列长度：

表 8–17

公路等级	Ⅳ	Ⅴ	Ⅵ
缓和坡度（%） 缓和坡长（米）	< 2.5 120—130	2.5—3 60—85	2.5—3 53—63

（3）以便利列车滑行，起伏坡度不应太陡，该有适当长度，如果太陡不但不宜下坡滑行，而且也不利于夜间行驶，因灯光只能照到陡坡脚外，因此需设置适宜的起伏坡度。（图 8–70）

图 8–70　起伏坡示意

横断面组成：

由于道路性质、车速、车辆类型、地形、工程管线埋设等方面，城、郊有着很大区别，因此，公路、郊区道路与城市道路横断面的组成与形式也有很多不同。

公路的横断面比较简单，一般由行车部分、边坡、路床、路基、路肩等几部分组成。（图 8–71）

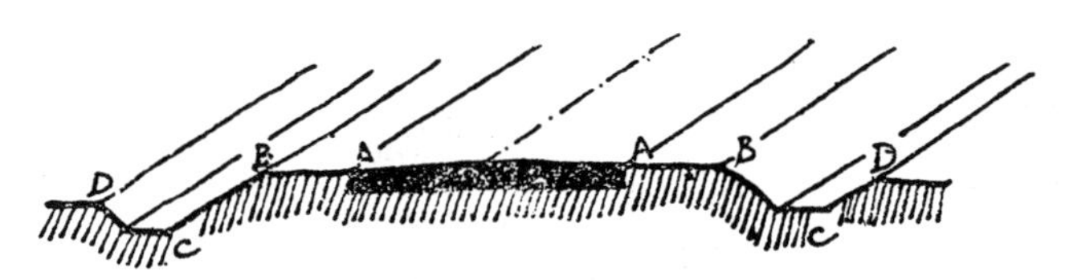

图 8–71　公路横断面组成

AA—行车部分；AB—路肩；BB—路床；BC—边坡；BD—边沟

一般公路断面，其车行道常是二车道，二旁绿化并约有 1—2 米路肩。

［附录六］航空港的一般技术要求

一、机场用地要求

（1）航空港用地应该很平坦，并要求一定坡度以保证排水。

场地中央至四周最适宜的坡度为 0.5%—2%，最大容许坡度为 2%—3%。

场地中不允许有很大起伏地形和凹地等。

（2）应保证有辟出宽度 3—4 公里的临降地区的可能性，使净空区内不存在障碍物或须大量投资来消除这些障碍物。

（3）水文地质条件要好，不要位于矿藏或有滑动性土壤上面及水淹地区。

（4）航空港应尽可能不占用良地。

（5）应注意风向、风频率和风速以及雾时能见度及可能发生的影响，为保证飞机可以从空中自由降落，因此场地比周围地区高一些或一样高，位于盆地或低地是不适当的。

（6）要考虑航空港有扩大的可能性，并有足够用地。

机场用地面积，一般国际航空港——700—900 公顷；国内航空港——200—500 公顷。

二、跑道布置

跑道在航空港用地内占主要部分。一般机场用地的规模，主要由飞行跑道长度来决定的。而跑道的长短又是根据机场等级与飞机类型来决定的。

一般跑道长度取决于起飞及降落长度：（图 8–72）

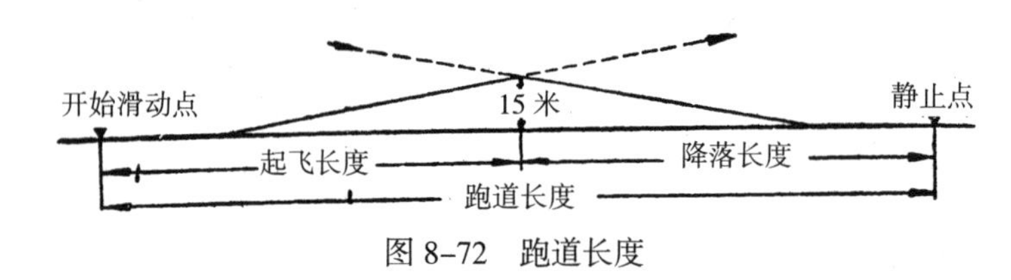

图 8–72　跑道长度

起飞长度——飞机开始滑动至凌空离地一定高度时的距离；

降落长度——飞机降落至离地一定高度时至完全静止时的距离。

跑道长度也受标高的影响，同时温度、雾等都影响着跑道长度。

飞机要求逆风起飞和着陆。所以，为了达到充分利用的可能性，起飞和着陆的跑道要顺着主要的风向修建。因此跑道的形式决定于机场的吞吐量和风向，当风向多变时就需有几条不同方向的跑道。

侧面风大时，飞机略侧可起飞，这时风速应小于 6.6 米 / 秒，如侧面风速超过时就需加第二条跑道。

跑道布置形式有下面几种：（图 8–73）

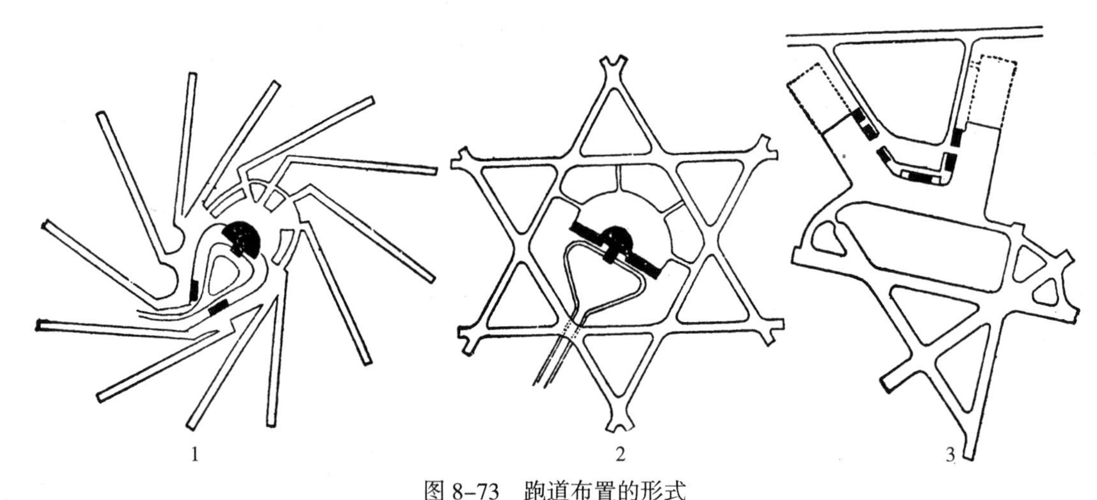

图 8–73　跑道布置的形式

1—切线式跑道布置；2—多方向跑道布置；3—三方向跑道布置

（1）单向跑道当主要风向不变，同时机场的吞吐量不太大时为一般机场常采用之形式。

（2）双向跑道为与地形或风向的配合而采用平行，相交，等形式。

（3）三方向跑道在风向较不稳定或吞吐量较大时采用。

（4）多方向跑道除以上因素外也作为国际巨型机场中采用。

三、净空限制

要保证飞机安全的起飞与降落，净空限制是一个主要措施。

机场净空地区是一个长方形，顺飞行带方向延伸出去。此长方形的纵向中线和该飞行带的中线相符合。图 8–74 所示即为净空地区的平面示意以及其剖面的净空要求。

四、水上航空港的要求

水上航空港的要求基本上与陆上航空港相似，由于水面阻力很大，须有相当广阔的水面供飞机在起飞时急驶以达到起飞所必需飞行速度，因此须有 2.5—3 公里长的水面，水深应不宜少于 3 米，流速不得超过 2.0—2.5 米 / 秒。在飞机入水滑行道和码头等附近的流速不得大于 1.0 米 / 秒，升降时不仅要迎向主要风向并与波浪成垂直的方向。如图 8–75。

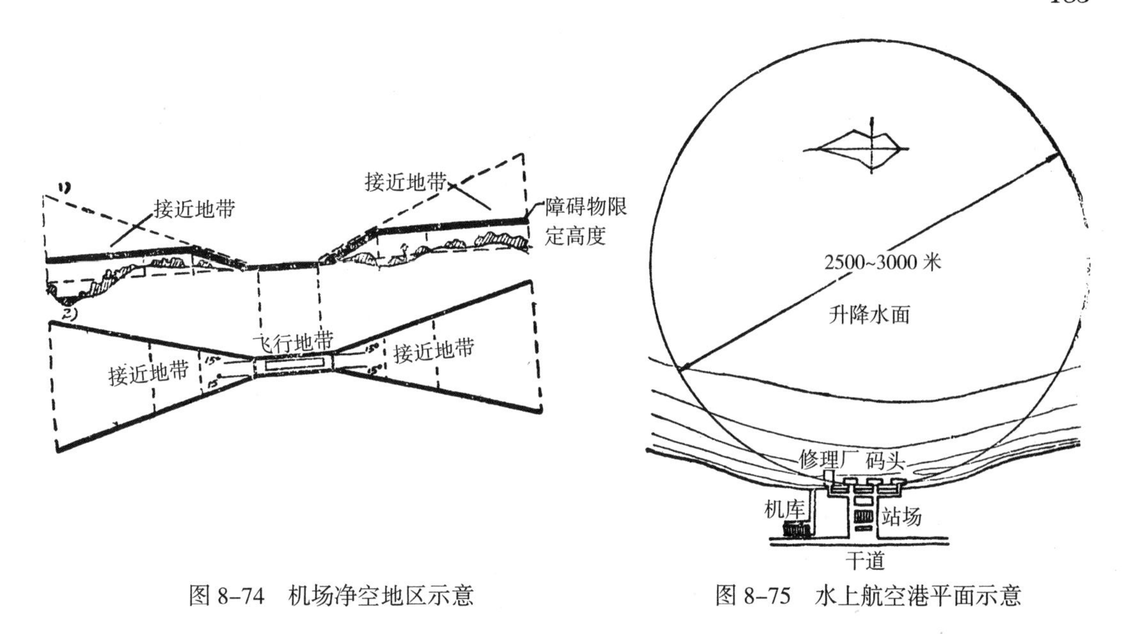

图 8–74　机场净空地区示意　　　　图 8–75　水上航空港平面示意

第九章　生活居住用地

第一节　生活居住用地的组织

城市生活居住用地是用来布置居住建筑、公共建筑、绿地及道路广场等各种设施的。

社会主义城市生活居住区的建设直接满足着人民不断增长的物质文化生活需要。随着国民经济的发展，我国在生活居住建设方面的投资日益增加。城市建设与规划必须最经济地使用建设投资，更多地满足居民生活居住的需要。生活居住区的艺术面貌也是整个城市艺术面貌的主要组成部分。因此，生活居住用地的规划与修建在城市功能，城市建设经济及城市艺术面貌的构成等方面均具有重要意义。

城市总体规划阶段生活居住用地规划的任务是：正确地选择整个城市生活居住用地；使它与城市其他功能部分具有合理的相互关系；正确地确定生活居住用地的组织结构；布置绿地系统、道路系统；选择城市中心位置；选择重要公共建筑地段等。同时，使生活居住用地内的各组成部分形成有机的联系，并在用地规模上有合适的比例关系。

在旧城市规划中，还必须确定现有生活居住区可利用的程度及改建的措施。

本章只对生活居住用地组成、结构及总的规划布置进行叙述。

一、生活居住用地规划布置的要求

生活居住用地规划布置应综合考虑以下几方面的要求：

（1）生活居住用地与城市其他基本组成部分——工业、对外交通运输等用地应有合理的相互关系。即生活居住用地与这些基本组成部分的用地有方便的联系，不相互干扰，同时有相互发展的可能。

（2）生活居住用地布置应善于结合自然条件，节约工程准备投资，同时应争取尽量少占或不占用农田，选用山坡荒地。由于居住建筑体积较小，基础工程较简单等特点，它比工业建筑便于利用及改建坡地。在可能条件下可争取选择在接近水面、风景优美的地段，以利于绿化建设、改善小气候，并为丰富城市艺术面貌创造条件。

（3）生活居住用地应尽可能紧凑、集中。生活居住用地紧凑集中布置具有很多优点。它可以减少城市工程管线，使城市交通联系方便，便于组织公共生活设施。但其紧凑集中的程度是相对的。当城市用地受现状限制、被河流分割，或因生产用地需要分散布置时，生活居住用地也可分散布置。但应尽量使居民工作地点与居民人口分布相近。在沿着河流以及峡谷布置的城市中，生活居住用地往往分布成狭长的带形而不可能紧凑集中。这种带形的城市生活居住用地如过分狭长，会使城市两端之间交通困难，各地区与市中心之间联系不便，同时由于缺乏绕行干道会使市中心交通负荷过大。为了避免这些缺点，在规划及各项事业的建设上应使各地区具有相对的独立性。

（4）生活居住用地内部应具有合理的功能结构。生活居住用地内居住建筑、公共建筑、绿地等各组成部分应相互有机联系，互不干扰，在用地规模上亦应有合理的比例关系。

（5）应充分利用城市现有的生活居住区，并逐步改造不合理的部分。城市现有生活居住区的建筑、工程管网、道路桥梁以及生活福利设施等都是建设新的生活区的基础，在规划时应充分利用和逐步改造。

（6）应当注意生活居住区规划布置在美观上的要求。

在规划布局上要满足以上基本要求。

在实际工作中，往往需要进行多方案全面的分析比较，从中选用最现实的方案。

二、生活居住用地的组织结构

社会主义城市居民生活是有组织进行的。

城市居民的公共经济、文化生活是通过各种公共机构（行政、商业、文化娱乐等机构）组织的。这些公共机构为全体居民服务，因此必须使之均匀分布，接近居民。由于居民对各类公共机构使用的要求不同，使用它们的频繁程度及要求其接近居民的程度亦不同，因此，公共机构须分类分级地布置在生活居住用地上，使它们成为组织一定范围内居民公共生活的中心。

城市生活居住用地就是随着各级公共生活中心而分级组织的。

另一方面分级组织居民生活，也有利于城市交通流量的均匀分布，缩短居民往返公共机构的交通距离，减少居民穿越干道，因此，也有利于城市交通的组织。

为了便于行政管理及城市规划、修建、经营、管理的统一进行，生活居住用地组织结构应与行政区划尽可能相适应。

基于以上的基本要求，在城市规划中，一般将生活居住用地划分为以下几级组织结构，即：生活居住区—居住区（或称住宅区）—居住小区—居住街坊。

较大的城市划分为若干行政区，行政区包括“住宅区”及其他非生活居住用地（如工业），它有时与居住区划分界线一致，有时也不一致。

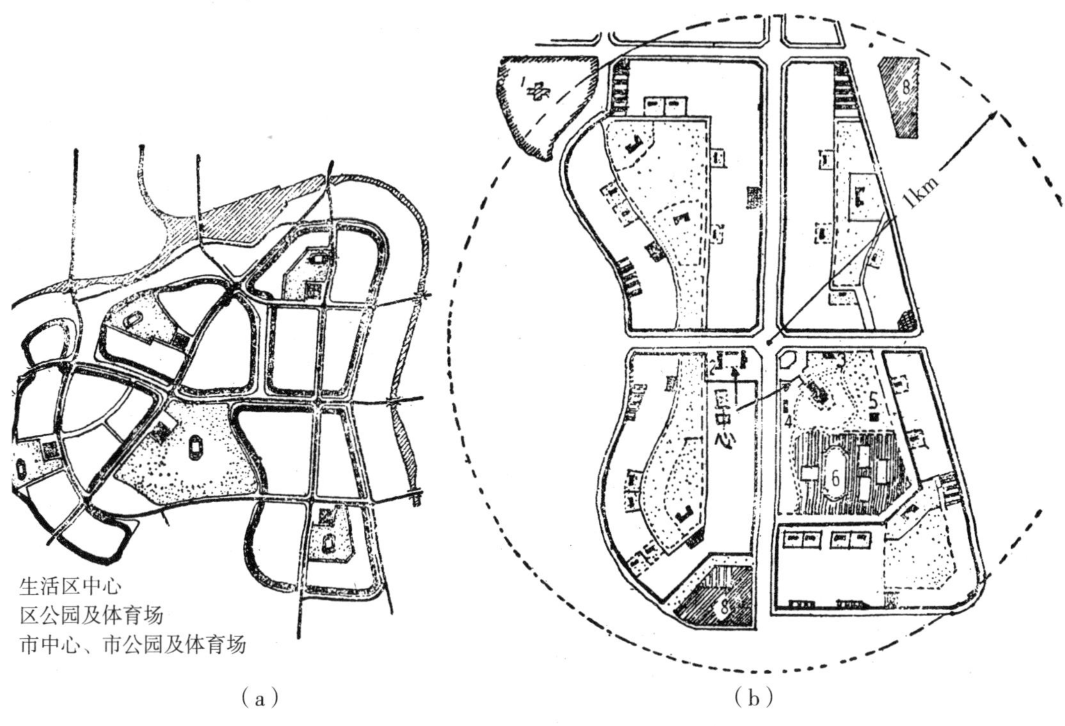

（a）　　　　（b）

图 9–1 （a）城市生活居住用地组织结构图
（b）生活区划分为数个基本生活区示意图

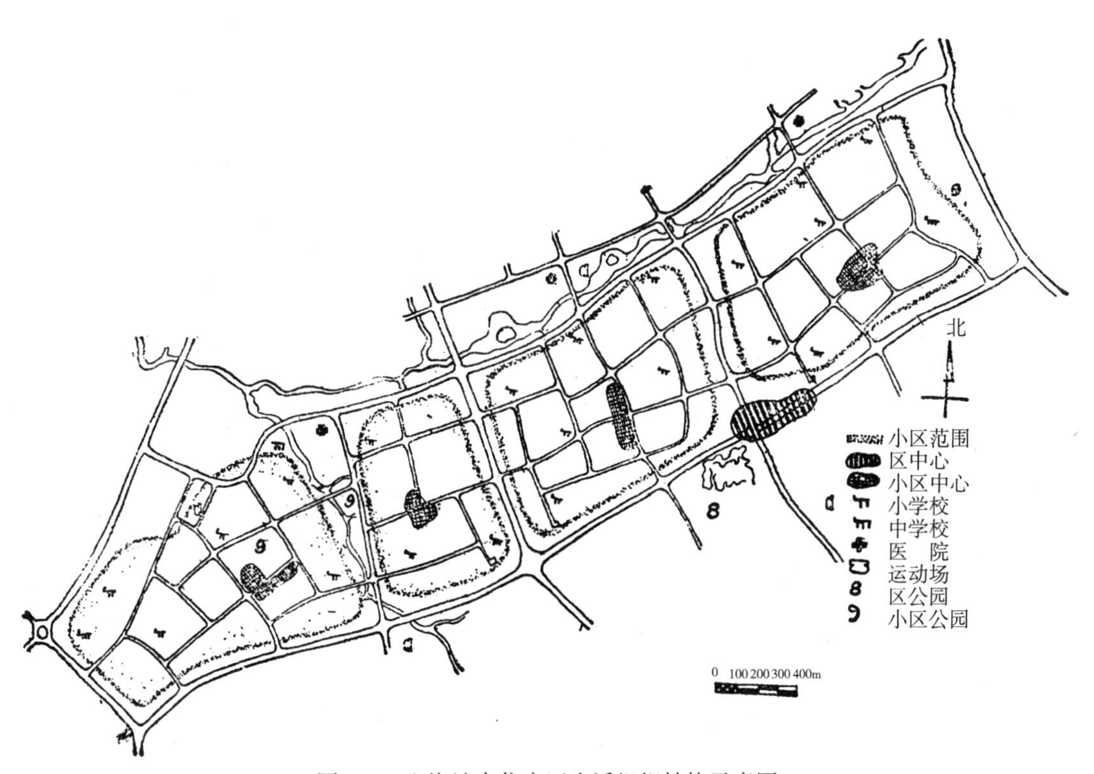

图 9–2 上海沪东住宅区生活组织结构示意图

在研究生活居住区组织结构时，也应考虑如何与城市人民公社的组织体系相适应。❶

居住区应具有一定的规模，以便于组织一套具有一定水平的文化福利设施（这些设施形成居住区中心），并使该区居民与这些设施之间有合适的交通距离，一般考虑区中心服务半径在 1.5—2.0 公里左右，即步行半小时以内或行车几分钟内可以达到的距离。

居住区的具体划分应尽量与行政管理体制相结合，应考虑城市中自然及人为障碍物的分隔，同时应充分考虑现状条件（如公共建筑分布现状），因此，其人口及用地规模应根据各种具体条件而定。

城市中各个居住区在组织结构上有相对的独立性，但它并不是绝对独立的，各生活区之间并不一定有明显的界线（只有在居住区面临铁路、河流等情况下才有明显的划分）。

为了便于组织居民日常的生活，还需要组织小区，其中可布置小学、食堂、商业、服务业等日常的生活福利设施。显然，如在更大的范围内组织这些基本生活设施，则服务距离过远，不便于居民使用，同时使居民经常跨越城市交通干道，既不安全，也会影响城市干道交通的效率。

小区内，可分为若干街坊，其中可组织居民最经常使用的公共机构，如食堂、托幼机构等。

小区及街坊的划分，也常常受城市中各种自然的或人为的障碍物及现状条件的影响。

生活居住用地的组织结构，应根据不同城市的不同条件制订。根据各地规划的资料，居住区规模约在 2 万至 5 万人之间（如茂名为 2 万—3 万人，佛山升平公社为 3 万—5 万人）。小区规模约在 5000—10000 人之间（如佛山升平公社为 6000—8000 人，广州大塘公社为 8000—10000 人）。街坊规模约在 1000—2500 人之间（如随县为 1000 人，广州大塘公社为 1000—1500 人，佛山升平公社为 1500—2500 人）（图 9–3）。

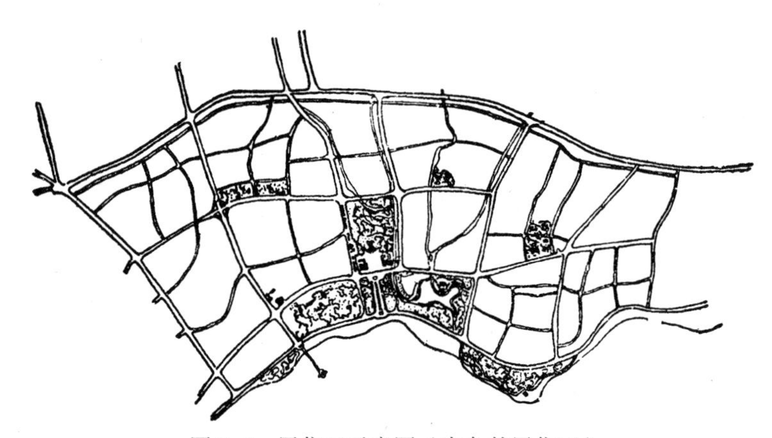

图 9–3　居住区示意图（青岛某居住区）

不同规模的城市生活居住用地，具有不同的组织结构。大中城市往往按上述分级组织。小城市往往不需要划分居住区，直接由小区或街坊组成，只有在某些特殊情况下（如用地分散等），才需要分区（图 9–4）。

---

❶ 由于城市人民公社的组织形式在发展变化，目前各地城市人民公社的组织形式及公社以下各级组织形式的名称也不尽相同，因此，此处难以具体指出哪一级生活组织结构与哪一级组织相适应。必须视各城市的具体组织形式而定。

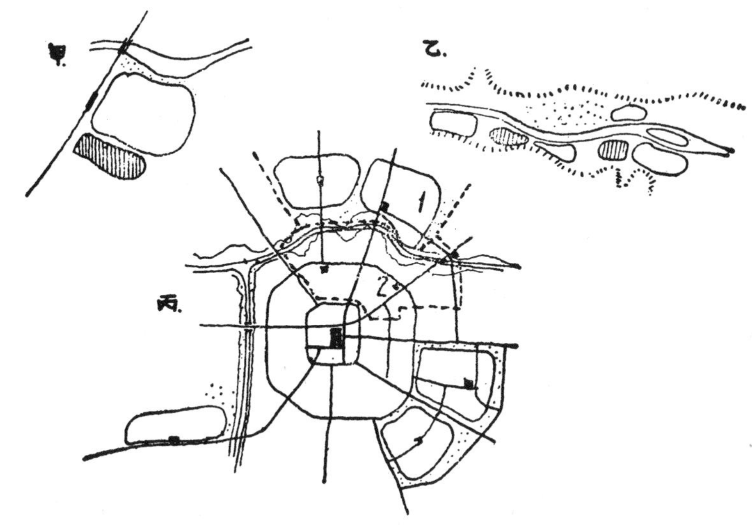

图 9–4　不同城市生活居住用地结构示意图

甲、小城镇一般不分区；
乙、城市受地形限制分为若干个区；
丙、大城市划分为若干个区

因此生活居住用地可采用三种形式进行规划与修建：

（1）街坊：它是由城市街道包围的，主要供生活居住用的地段，其中布置居住建筑及为该街坊内居民服务的公共建筑（如食堂、托幼机构等）及道路、绿化等，街坊内也可适当地布置生产建筑（图 9–5）。

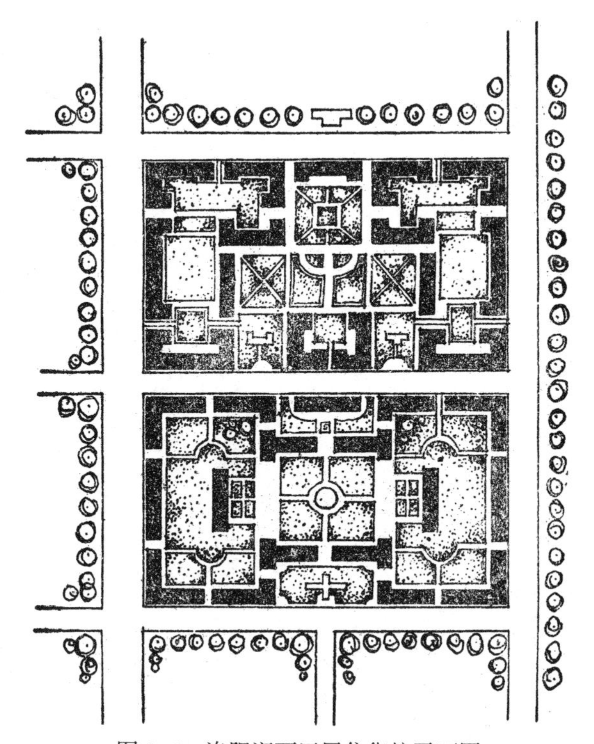

图 9–5　洛阳涧西区居住街坊平面图

（2）小区：它是由城市干道包围的，主要供生活居住用的地段。小区内设置一套可满足居民基本生活需要的经济、文化福利等生活设施。小区往往由一群街坊组成（可称为街坊群），或由成组住宅建筑群组成。小区内也可设置适当的生产建筑用地或工业街坊。小区面积大小由城市干道间距等条件决定（图 9–6）。

（3）非街坊性的生活居住地段：它不被城市街道包围，而只是用道路沟通成组相对独立的建筑群。这种形式通常在地形复杂地段，大城市边缘区或郊区的某些特殊情况下才采用（图 9–7）。

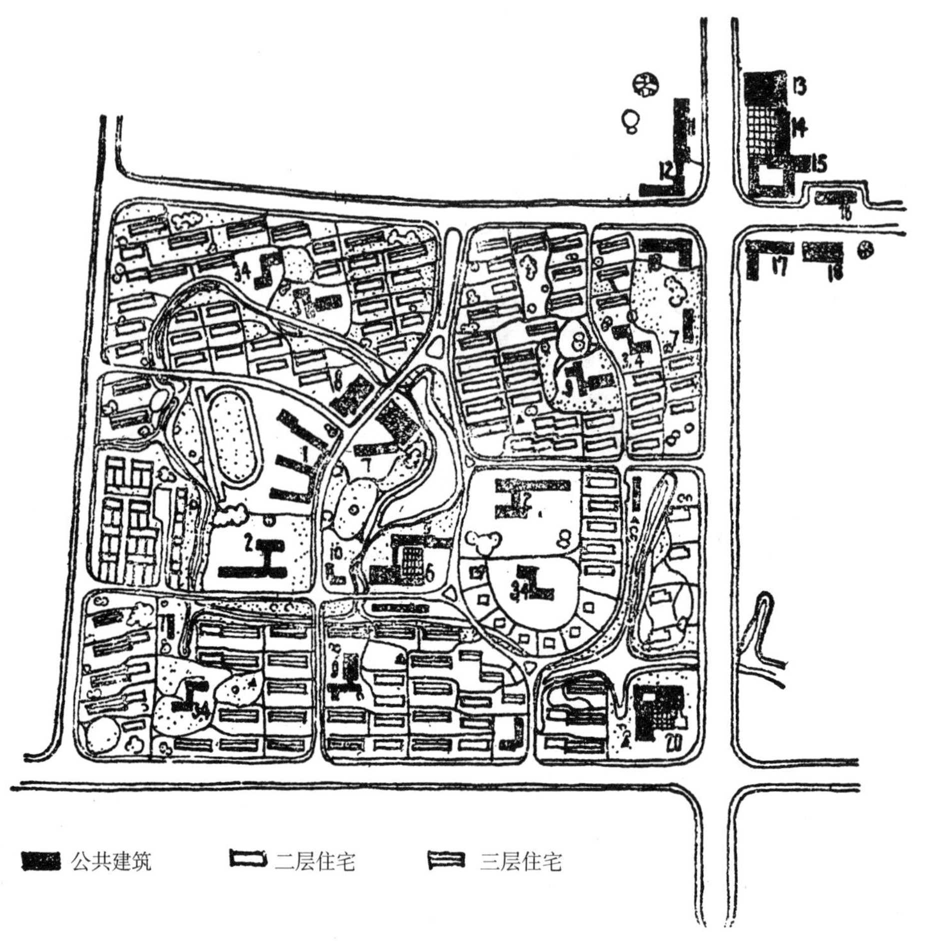

图 9-6　江苏常州市某小区规划平面图

1—中学；2—小学；3—托儿所；4—幼儿园；5—文化馆； 6—办公楼；7—商店； 8—菜场；9—食堂；10—诊疗所； 11—办公大楼；12—邮电银行；13—电影院

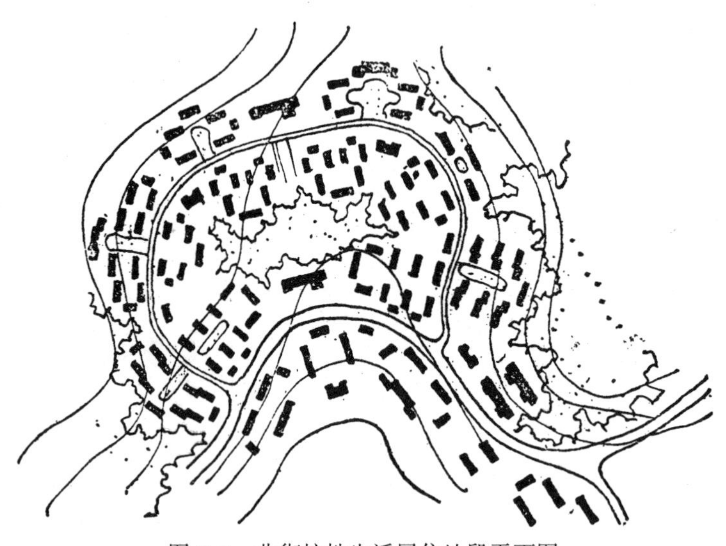

图 9-7　非街坊性生活居住地段平面图

第二节　生活居住用地的指标及计算

生活居住用地是城市总用地的重要组成部分，它一般占城市总用地的50%—60%以上。因此，正确地确定生活居住用地的指标，直接影响着城市用地的大小及城市建设的经济性。

生活居住用地指标必须符合当前我国经济状况和人民生活水平，同时也须适当考虑将来发展的需要。

确定生活居住用地指标，必须贯彻节约用地的原则。在农业高产区，用地指标应尽可能采取较低的数字。

确定生活居住用地指标，应按照城市不同的性质、规模、气候、地理等自然条件及城市土地使用的现状特点等，因地制宜，分别对待。

一、生活居住用地指标

生活居住用地指标是以下四项用地指标的总和，即：

（1）居住用地：包括住宅的基底、家务院落、街坊绿地及巷道。

（2）公共建筑用地：包括公共建筑物的基底和建筑物附近专用的空地、绿地。

（3）公共绿地：包括城市公园、小游园、林荫道及其中的水面、洼地，不包括小区及街坊内绿地及街道两侧行道树。

（4）道路广场用地：指街坊以外的所有干道、道路和各类广场（不包括建筑物专用广场）的用地。

我国城市现状生活居住用地一般为15~25平方米/人左右，小城市略高一些，约为20~35平方米/人，大城市一般较低，如上海仅13.7平方米/人。

规划中采用的生活居住用地指标，近期（3~5年）一般可为18~28平方米/人，远期（10—15年）不超过35平方米/人。

二、居住用地指标

居住用地指标是由以下四项技术经济指标决定的：①居住面积定额；②平面系数；③居住建筑密度；④层数。

它们相互的关系如下式：

$$每人居住用地面积 = \frac{居住面积定额}{建筑密度 \times 层数 \times 平面系数}$$

现将决定居住用地指标的各项技术经济指标分别说明如下：

（1）居住面积定额：系指城市中平均每个居民所占的居住面积（包括居室和起居室面积），以平方米/人表示。居住面积指标是城市居住水平的基本标志，它反映着一个时期的经济水平和人民生活水平。目前我国城市平均居住面积约3平方米/人左右，还有相当多的城市平均不到2~2.5平方米/人，如抚顺平均2.4平方米/人，本溪平均1.9平方米/人。不断提高城市居住水平始终是我国社会主义建设的一项重要任务。但是居住水平的提高却是逐步渐进的，必须依据国家投资、建筑材料和施工力量的可能，在现状的基础上逐步提高。因此，近期规划居住面积定额一般不超过4平方米/人，远景规划可采用5平方米/人。

（2）平面系数（K）：系指住宅建筑中居住面积与建筑面积之比。平面系数除了与结构面积和交通面积（走廊、门厅）所占比例有关以外，主要取决于住室内辅助设施（厨房、厕所等）的标准。K值适当提高，居住用地指标可减小。但是，目前在我国居住面积定额较低的现实条件下，为了便于使用，便于分配，住宅设计中主要采取少居室（每户1—1.5室）和小面积的住户形式。因此，提高平面系数是有一定限制的。城市规划中所确定的平面系数概略的指标，仅供确定居住用地指标之用，不能作为住宅建筑设计的具体依据。规划中，一般平房平面系数可采用0.6~0.7，楼房可采用0.5~0.6。

（3）居住建筑密度：系指居住建筑基底与居住用地面积之比，通常以百分比表示。居住建筑密度主要取决于房屋布置对于气候（日照、通风），防火安全，地形条件和院落使用等的要求。规划中采取适当的建筑密度，对节约用地、减少工程投资有一定的经济意义。我国旧城市中，由于土地使用很不合理，有的地段（特别是市中心区）房屋毗连，几无空地，建筑密度高达60%—70%以上；而有的地段则建筑稀散空旷，浪费土地，建筑密度竟低至10%以下。在总体规划阶段所确定的建筑密度仅系全市平均的控制性指标。在符合防火和卫生要求的条件下，一般三四层楼房的居住建筑密度可采用25%左右，平房采用30%—40%左右。在详细规划时还须按照各地段的具体条件分别制订。

（4）层数比例：系指一个城市（或一个居住区）中各种层数住宅数量的比例，一般按居住人口（或居住面积）计算其比例。层数比例也可以用平均层数表示，如某地三层住宅占20%，二层占10%，一层占70%，则平均层数为1.5层。层数比例取决于国家投资标准、建筑材料供应条件、城市公用设施水平及用地情况。目前我国城市中平房住宅仍占很大比重，大城市一般平均层数仅1.5~2层，如上海平均1.9层，天津1.4层，北京1.3层，小城市则几乎全部为平房。规划中采取合适的层数比例要首先考虑投资、材料、施工力量等条件，按不同城市，不同地区，分别对待。"凡土地较多、建筑量不大的孤立的矿区和只有一两个工厂的工业区，应以建筑平房为主；土地不多，而建筑量较大的新工业区和城市郊区，除建筑一部分平房外，也可以建筑一部分楼房；大城市的中心区和个别土地奇缺的新工业区，可以建筑二层到四层的楼房。"❶

（5）居住密度：系以上四项指标的综合反映。也是说明居住密集程度的概略指标。通常有两种方法表示：一种是居住面积密度，即每公顷住宅用地上的居住面积数量，单位是平方米/公顷，这项指标通常用于控制街坊住宅布置的数量；一种是人口密度，即每公顷用地上的居住人口数，单位是人/公顷，这项指标不仅反映了住宅分布的密集程度，还反映了平均居住水平，因此，规划中通常用作概算用地的综合指标。人口密度指标又可分为两种：一种是人口净密度，即每公顷居住用地上居住的人数，一种是人口毛密度，即每公顷街坊（或小区）用地上居住的人数，亦指每公顷生活居住区上居住的人数。

目前，我国由于居住面积水平低，住宅密集，城市居住密度一般都较高，例如上海人口净密度平均1160人/公顷，最密集的地区高达4000人/公顷以上。规划中的居住密度可以根据不同的居住面积定额、平面系数、层数比例和建筑密度来确定。

三、生活居住用地的平衡

确定居住用地指标后，还须确定公共建筑，公共绿地的用地指标和道路广场占生活居

---

❶ 引自《国务院关于1955年下半年在基本建设中如何贯彻节约方针的指示》。

住用地的比重，同时对各项指标进行综合平衡。

居住用地在生活居住用地中所占的比重有很大的经济意义。根据苏联及我国第一个五年计划城市建设的经验，居住用地除了本身有适当的大小以外，所占的比重越大，就越有可能紧缩城市用地，缩短工程管线，降低建设投资。一般情况下，居住用地以不低于生活居住用地的 45%~55% 为宜。

公共建筑用地指标与城市规模有关，一般大城市较高，小城市较低。例如从某城市的建设来看，满足人民日常生活需要的公共建筑物，平均每个居民的建筑面积大体为 1~1.5 平方米左右，折合用地面积约 3~5 平方米。约占生活居住用地的 15%~20%。（不包括非地方性的行政、经济、军事机关、大专、中技学校和一些非地方性的休疗养机构用地）。

公共绿地主要取决于城市的性质、规模以及气候、地形、土地使用现状等条件。一般如城市规模较大，气候炎热，地形破碎，水面风景名胜较多的地方，公共绿地指标可适当高一些。小城市容易接近郊区的自然环境，可以低些。尤其是农业高产区，公共绿地指标更应降低。目前我国城市公共绿地现状水平一般平均为 1.5~2 平方米 / 人，小城市略高，也均未超过 2.5~3.5 平方米 / 人。上海平均 0.85 平方米 / 人，天津平均 0.3 平方米 / 人，北京平均 1.5 平方米 / 人。规划的公共绿地指标可比现状适当提高一些。例如某中小城市规划，公共绿地约为 2~3 平方米 / 人，某大城市约为 3~4 平方米 / 人，占生活居住用地的比例约不大于 10%~15%。

道路广场用地通常以其占生活居住用地的百分比来表示，数值大小应取决于交通运输的需要。一般大城市交通较复杂，用地较多，百分比大些。带状城市道路延伸较长，用地也多一些。同时，道路广场用地指标与道路网密度及道路宽度有直接的关系。根据苏联及我国城市建设的经验，它一般占生活居住用地 15%~20% 左右。

在规划工作中，综合上述四项用地须编制生活居住用地平衡表，其格式如下：

表 9–1

分期 / 指标 / 项目	现状（—年）			近期规划（—年）			远期规划（—年）		
	每人平均（平方米 / 人）	总面积（公顷）	比重（%）	指标（平方米 / 人）	总面积（公顷）	比重（%）	指标（平方米 / 人）	总面积（公顷）	比重（%）
生活居住用地			100			100			100
1. 居住用地									
2. 公共建筑用地									
3. 公共绿地									
4. 道路广场用地									

编制生活居住用地平衡表的目的是：

（1）对城市土地使用现状进行分析，作为调整用地及制定规划定额的依据之一。

（2）校核各项用地指标的数量及比例，检验其是否合理。

（3）作为研究规划方案土地使用是否经济合理的依据之一。

第十章　城市交通与城市道路系统

第一节　城市交通运输与城市规划

城市交通运输与城市规划有密切关系。因为城市道路网结构在很大程度上取决于城市的交通运输条件，同时，作为城市交通干道系统的城市道路网结构，又和城市本身各部分的布局又是密切相关的。

如果城市规划中没有考虑到城市交通上的便利，使居民在市内交通方面浪费很多时间，没有为行人和乘客创造安全条件，那么，像这样的城市规划是不能令人满意的。因此，在进行城市规划时，必须要充分考虑到城市交通运输问题，两者密切结合。作出经济合理的城市交通运输与道路系统方案。

一、城市交通运输的种类与特点

城市交通运输是由输送居民和货物所形成的，它为市内各部分之间的联系服务。它由电车、无轨电车、公共汽车、小汽车、卡车、地下铁道、自行车以及我国目前还存在的人力和兽力车辆等交通运输工具汇合行人所组成。

城市交通包括两个部分：

（1）车流交通。主要是货运交通和居民流动的客运交通。

（2）行人交通。

城市交通按其组织情况还可以分为定线交通与非定线交通二种：定线交通一般是指城市公共交通等有一定运行路线及规律的交通；除此以外即为非定线交通。

城市交通的主要特点有：

（1）行人、客运和货运等交通所联系着的各个地点众多而又分散（分散在城市各个地区）。

城市中的大小工业企业、住宅建筑的地区、公共建筑、车站和码头、公园、运动场等地都是吸引大量人流的地点。而铁路货站、仓库、水运码头、工业企业、大型建筑工地等则是货运的主要集散地点。所有这些地点分布在全市的各个角落，经常形成大量交通（行人、客运和货运），因此研究城市交通时必须特别重视这些地点的分布问题。

（2）大部分交通运输的规模、路线和时间，并非经常一致，而是有变化的。

所谓有变化指不论客运或货运，其运输量的大小（规模）在全年逐月逐日以及在同一日内的各个小时之间均有所不同。并且除了定线公共交通外，其他交通运输所经的路线、方向也不是固定不变的。

（3）各类运输方式和各种车辆的速度有很大的不同。

（4）社会经济因素以及采取城市建设措施和组织措施，会使人流和车流发生变化。

随着国民经济的发展，城市人民的文化水平和物质福利也相应提高，这样就会促使居民流动强度或乘车次数的增加，如北京市 1949 年公共交通客运量约 2900 万人次，至 1957 年就增长到 45000 万人次，增长了 14.7 倍。苏联每个居民每年的乘车次数则比革命前提高了 1—3 倍。

城市建设措施和组织措施，是从多方面来影响车流和人流特征的。例如在组织措施方面，我国许多城市中采取在一个区域中的各个企业、机关分批上下班的办法，来改善公共交通运输的紧张情况。

在城市建设措施方面包括：合理分布或重新分配吸引大量客运和货运的地点，其他如新建或改建街道干线、提高公共客运线的运输能力等都属于建设性的措施。

（5）人流同车流的交织点和交叉点以及车流互相间的交织点和交叉点很多。

当城市交通量增大时，这种情况是阻滞街道交通和大大降低通行速度的基本原因，也是造成大部分街道交通事故的主要原因之一。因此在规划中应力求在城市中减少交织点和交叉点。

（6）交通工具种类繁多，尤其在我国目前还有大量的非机动车辆存在，它一方面是城市运输中的一支重要力量（据 1958 年对北京、天津、西安三个城市的统计，非机动车数量分别占到全市车辆总数的 97%、98% 和 96%，而在全年完成的货物总运输量中，由非机动车担负的，北京为 47%，天津为 63%，西安为 91%）。另外一方面，这种情况的存在，也是降低城市交通速度的原因之一。

由上所述，可以了解到城市交通运输流动的一般特点，以及经常影响其变化的一些因素。应该参考这些一般的特点进一步深入分析每一个具体城市的交通运输情况，并根据这一规律，在城市规划及交通运输规划中采取一定的措施，为合理组织城市交通创造条件。

二、城市交通运输的组织

组织城市交通的目的是：

（1）使车流在城市中合理分布，保证乘客和货物的必要流动速度和经济性。

（2）保证行人在路途中的安全。

城市交通的复杂程度与城市规模、功能组织、自然地形、道路系统以及所采用的交通工具等都有密切的关系。中小城市一般由于用地范围较小，功能组织简单，交通问题也比较简单。而在大城市中，由于交通集散点多，功能组织复杂，交通工具多种多样，交通组织也就复杂。此外地形和气候条件对城市居民乘车流动度也有显著影响。山区城市由于地面高程相差很大，有时虽然交通距离不大也要使用交通工具，所以乘车流动度就比一般平原城市要高。因此，应该根据各城市的具体情况来采取不同的措施。

在城市规划中能采取的主要措施是：

（1）城市平面的合理布置能减少大量不必要的人群和货物的交通运输。例如工业企业、机关、车站、运动场、公园、仓库以及其他种种居民劳动、休息和文化娱乐的地点进行合理的分布，不使过分集中，就可以减少居民和货物某些不必要的往返运送。

（2）恰当地布置街道网和广场，使上述地点之间及其与住宅区之间有良好的联系。在规划新城市或改建旧城时，特别是改建大城市时，更应注意创造这些条件。提高交通运输的效率。

三、城市交通运输工具的行驶速度

城市各种交通运输工具均有着各自不同的行驶速度。它与城市道路交通系统的组织，道路断面、交叉口的设计以及城市公共交通工具的选择均有很密切的关系。

城市交通中，车辆行驶速度可以归纳为下面数种：

设计速度：它是根据某种车辆的设计特性及其机械、气动和电气等设备的坚固性和可靠性所可能达到的速度。

我国制造的小汽车设计速度为：

红旗牌　185 公里 / 小时

东风牌　128 公里 / 小时

北京牌　180 公里 / 小时

但由于城市道路及交通运输的其他一些因素的影响，如道路路面的平整程度、道路交通密度、道路的横断面、公共交通停车站的分布等等，它们都对车辆的行车速度有很大影响，而使车辆不可能达到它的设计速度。一般就称这种实际上车辆行驶的速度为**行驶速度**。

对公共交通工具来说还有下列两种速度概念：

（1）公共交通工具在路线网上的运行速度：它是决定于各条路线的长度和车辆在路线上的行驶时间，包括在中间站和终点站上的停车时间以及和调空行程所需的时间。

（2）公共交通工具在路线网上的技术速度：它是不包括中间站和终点站停车时间的纯行车速度。

城市街道通行能量实质上大多根据各种运输工具行驶速度来确定。

苏联旧城市中心区各种运输工具平均行驶速度见下表：

表 10–1

运输工具种类	平均行驶速度（公里 / 小时）
有轨电车	16
公共汽车	17
无轨电车	18
轻便汽车	25

我国首都北京目前的公共交通客运速度均在 12.5 公里 / 小时以上，市中心区的公共汽车平均客运速度为 14 公里 / 小时，郊区客运速度为 19.7 公里 / 小时，详见下表。

表 10–2

公共汽车	运行速度（公里 / 小时）
穿过市中心	12.8—14.8
靠近市中心	13.6—16.8
近郊路线	13.3—20.7
远郊路线	14.9—24.4

其他城市如东北的长春市平均运行速度公共汽车为 12.9—15.10 公里 / 小时，有轨电车 12.3—13.6 公里 / 小时。

城市街道通行能量实质上大多根据各种运输工具的行驶速度来确定的。但是. 我国城市一般街道很多是机动车和非机动车（包括大量自行车辆）混合行驶，这种情况对于城市街道机动车平均行车速度干扰很大，因此，不仅在街道横断面几何要素组成中，要适当安排机动车和非机动车运输工具的车行道，同时还要在交通运输路线系统方面，进行妥善规划。

在进行城市道路系统规划时，一般是按道路路面的等级类别规定其设计行车速度。

设计行车速度是按城市道路等级进行各项有关数据计算时，参考多数车辆的性能及其经济使用效率和当地城市交通规划等考虑采用的速度。规定如下表：

表 10–3

道路等级	道路类别	速度（公里 / 小时）
Ⅰ	（1）全市干道 （2）入城干道 （3）高速道路	60 80 100
Ⅱ	（4）地区性干道 （5）工业区道路 （6）游览大路	40 40 40
Ⅲ	（7）住宅区道路 住宅区主街 独院建筑巷 1—2 层建筑巷 3—4 层建筑巷	 25 20 20 20

四、各种交通工具的合理使用

城市客运交通任务是由各种城市交通工具（公共汽车、无轨电车、有轨电车、地下铁道等）来完成的，而选择何种交通工具要根据预计的客运量以及各种交通工具的运用性能来综合考虑比较。各种交通工具的运用性能见表 10–4。

各种交通工具的运用性能 表 10–4

	公共汽车	无轨电车	有轨电车	地下铁道
优点	1. 机动性大可以迅速开辟新线或改变路线 2. 可以迅速组织大量个别的运输任务 3. 原始投资不大	1. 行车时无噪声，加速性高，运送速度大 2. 原始投资费用不大（但较公共汽车为大）	1. 运输能力大 2. 客流量大时运输成本低 3. 操纵简单	1. 运输能力最大 2. 交通速度最高 3. 行车的定期性最高（没有干扰） 4. 行车的安全性最高
缺点	1. 运用费用大 2. 排出有害于健康的废气 3. 由于构造比较复杂，工作可靠性较低	1. 架空电线网的构造复杂 2. 机动性较公共汽车小	1. 机动性低 2. 行车时噪声相当大 3. 原始资费用高	1. 原始成本最高

除了考虑上述因素外，还必须注意当地的具体条件，例如城市内有没有为电动交通所必需的电力，道路路面的种类，现有街道的宽度等。这些条件对制定近期城市交通的发展有特别重大的影响。

根据客运量的情况，各种城市客运交通工具的合理使用范围如下：

（1）公共汽车——在客流量小和没有其他交通工具的城市中，可单独使用公共汽车。

公共汽车线每小时可以为1500—4000乘客的客流服务，有专车行车线时甚至每小时可为10000乘客的客流服务。公共汽车亦可在市中心与无轨电车、有轨电车平行的路线上作短距离行驶。以提高运送速度。

（2）无轨电车——无轨电车在城市的主要干线上可以代替有轨电车，每小时可以为4000—9000乘客的客流服务。在每昼夜客流不少于2000乘客时，适于采用无轨电车。

（3）有轨电车——有轨电车为有很大客流的主要干线服务，按其拖挂车辆的多少，每小时可以为4500—18000乘客的客流服务。在每昼夜客流不少于5000乘客的情况下，适于采用有轨电车。

（4）地下铁道——地下铁道为巨大的客流服务，并减轻城市中心地面客运的负担。一条地下铁道线每小时可以运送50000—60000乘客，只有在客流量达到这样大时才适于考虑采用。

在中小城市中，由于交通运输量不大，一般不宜采用几种不同的公共交通，因为如果每一种交通工具的经营规模不大，就会造成很大的浪费。在大城市或特大城市中，不可能产生这种情况，因此可以组织各种不同的公共交通，彼此取长补短。

在上述这些交通工具中，有轨电车是一种运载能力大而又经济的城市交通工具。在莫斯科，有轨电车担负的客运量占总量的33%，我国天津、沈阳等市的有轨电车担负全市客运量的40%—45%，旅大市达90%。维也纳和布拉格也主要采用有轨电车。但在特大城市的中心区，由于干道上汽车流量很大，有轨电车的轨道会使交通阻滞，并产生很大噪声。因此应根据具体条件，考虑逐步将有轨电车从这些干道上移走，而代之以公共汽车或无轨电车。例如北京内城区的有轨电车线路现已全部拆除，只在外城留下两条路线。

随着城市的发展，居民流动也必然会增加，但定线交通（即按固定路线行驶的交通工具）不能完全满足居民的要求，因此在大城市中发展出租汽车（小汽车或大客车）是必要的。目前我国的出租小汽车还很少，1960年几个大城市合起来才只有500多辆，今后必然会大大发展。根据苏联城市出租小汽车的使用经验，每千居民2.5—3辆是正常的。

除了出租小汽车外，我国很多城市中存在的三轮车，目前还是缓和公共交通紧张的重要补充工具，今后还可能要利用一段时期。自行车交通在我国获得广泛的发展，如北京市现有自行车在60万辆以上，西安市平均每1.6人就有一辆自行车。根据我国情况看来，在城市中发展自行车交通是有一定条件的。

此外，目前广大城市中存在的大量非机动车，如板车、人力货车、马车等等，在当前机动车辆还不足的情况下，对于完成城市货运和短途运输方面，还起着相当重要的作用，因此必须要充分利用这些工具的运输能力，在交通组织中亦要注意安排。

第二节　城市道路系统规划

一、城市道路的作用与分类

（一）城市道路的组成与功用

城市道路是指城市中红线之间的用地部分。它由车行道、人行道以及地上地下的管线、设施等部分组成。

城市道路的功用，不单纯是便利交通，而且还在其他方面如通风、日照、排水、敷设城市工程管道以及对城市建筑面貌的体现等都有一定的作用。

（二）城市道路的分类和等级

城市道路网是由干道和局部性交通街道所构成，交通和建筑性质都有所不同。为了合理地组织城市交通和安排城市建筑，确切地表明每条道路在城市中所起的作用，因此均将道路分为若干种类。

城市道路的分类是按其使用功能和交通性质为依据的，在确定城市道路级别时，交通量和交通速度是主要的因素，影响到街道的宽度和线路的布置。在城市建设实践中证明，分类时必须确定下列内容：

（1）一级街道应该在城市总图中形成明确的主要干道网，沟通城市的各主要地区，在这种干道上必须尽可能地少设交叉口。主要干道主要是根据交通量和交通速度来区分。

（2）所有不包括在主要干道网内的次要干道（如区干道），在设计时应特别保证给予居民最大程度的安宁与方便。

（3）除此以外一般道路，属于供行人和少量运输交通用，它是干道围绕地区内的道路网。

我国目前还没有正式的城市道路分类方法，过去一段时期中全国各有关建设部门所采用的分类方法也很不一致，最近经建筑工程部城市建设局于 1960 年 10 月颁布的“城市道路设计准则（试行草案）”中提出的城市道路分类共分为①全市干道；②入城干道；③高速道路；④地区性干道[1]；⑤工业区道路；⑥游览大路；⑦住宅区道路等 7 类，则今后全国各城市考虑道路分类时，可暂以此为准，以便今后逐步总结一套适合我国城市道路分类的方法。

在具体采用该分类时，还应根据城市的不同性质和大小，分别考虑采用，不一定每一城市都要包括齐全。如对大城市一般可以有以下几类道路：

（1）全市干道——是全市性的吸引大量人流地区之间的交通干道，沿线有重要的公共机关和高大建筑物，人行道可宽达 12 米。

（2）地区性干道——通行地区内部交通，并使与全市性干道取得联系，沿线设有公共交通。

（3）工业区道路——布置在工业、仓库区内、沿站场、码头等处，以通行载重汽车为主。

（4）住宅区道路——是街坊之间的道路，并与干道取得联系，沿线都是住宅和小量的公共建筑。

对于个别大城市，根据当地具体条件，有必要时可以再增设下列道路：

（5）入城干道——主要通行从市外进入市内的过境交通，是市内交通与对外交通的衔接地带。

（6）高速干道——在交通量特大，地形狭长的大城市或特大城市采用较合适。

（7）游览大路——布置在城市风景优美的地方，如公园附近、沿河滨湖、风景区内等，以通行小汽车和步行为主。

但是对大量中、小城市，由于交通量并不太大，运距也短，道路功能不必强调分得很细，

---

[1] 按《城市道路设计准则（试行草案）》原文为“区线干道”。

例如可以不要地区性干道，或者一条道路可同时兼有几种功能。总之，应根据当地的不同具体情况，分别考虑采用。

制定街道级别应考虑到下列因素：与街道相连的街坊使用性质、建筑层数、交通速度和交通量、街道中心线的纵坡度、地下管网的有无以及道路的发展远景等。按“城市道路设计准则（试行草案）”，依照道路的使用目的、分布地区和技术指标等，城市道路的等级、宽度可分为3级7类（表10–5）：

城市道路等级及宽度表 **表10–5**

道路等级	道路类别	一般宽度（红线间距离）（米）	车道数（条）	每车道宽（米）
Ⅰ	①全市干道	30—65	4—8	3.5—3.75
	②入城干道	35—80	4—10	3.5—3.75
	③高速道路	40—80	4—8	3.5—4.0
Ⅱ	④地区性干道	25—40	2—6	3.0—3.5
	⑤工业区道路	16—30	2—6	3.0—3.5
	⑥游览大路	20—30	2—4	3.0—3.5
Ⅲ	⑦住宅区大路			
	住宅区主街	16—30	2—4	3.0
	独院建筑巷	12—14	1—2	3.0
	2层建筑巷	14—18	1—2	3.0
	3—4层建筑巷	16—25	2	3.0

注：1. 有200万人口以上的大城市供游行的全市干道可视实际需要加宽。
2. 城市内经常有坦克车或履带车行驶的道路，应考虑另设专用线，或加固原有道路路面，以适应这种车辆的行驶。
3. 完全在郊区的道路，如近期交通量不大，车行道可暂建两条。
4. 住宅区小巷，如为单车道，应考虑有消防车的行驶，车道宽度可增至4米。
5. 特殊重大城市各类道路宽度，必要时可就表列最宽数值适当加大。
6. 受地形限制或山区城市的道路宽度，遇工程艰巨时，可就表列最窄数值适当减小。

二、城市道路系统规划的基本要求

各类道路可以组成各种不同功能的道路系统。为了便于城市规划工作的进行，便于解决相互干扰的矛盾，道路系统可分为主要道路系统和辅助道路系统。主要道路系统基本上是城市干道和交通性的道路系统，它是解决城市各分区间（包括大城市的卫星城镇在内）的交通联系与对外交通联系。这个道路系统是组织城市总体的骨干，必须在城市总体规划中结合城市功能结构进行研究。辅助道路系统基本上是城市生活性的道路系统，主要解决城市各分区（包括城市中心区）的生产组织与生活组织的安排问题。这些问题要在城市总体规划的基础上进一步详细的研究。

城市道路系统规划的基本要求[1]如下：

（一）满足城市交通运输的要求

规划城市道路系统时，首先要满足城市交通运输的要求，使所有道路主次分明，分工明确，组成一个合理的交通运输网，从而使城市各地区之间有方便、安全、经济、迅速的

[1] 有关道路的一般技术要求见第十六章。

交通联系。

城市内各主要地区和吸引大量居民的重要地点之间，须有短捷的交通运输路线。例如：大的工业企业、人员较多的机关和团体、住宅建筑集中的地段、文化娱乐场所、大的百货公司、商场、车站和码头、公园和运动场等都是大量吸引人流的地点。规划道路系统时应使这些地点的交通通畅，乘车时间不长，能及时集散人流。

城市内居民经常流动的方向和人流的大小，是城市道路干线系统规划的决定因素。一般城市居民经常来往于下列地区之间：

（1）居住区⟸⟹工业区；

（2）居住区⟸⟹文化休息公园；

（3）居住区⟸⟹全市行政中心和文化中心；

（4）居住区⟸⟹市内区中心；

（5）居住区⟸⟹居住区；

（6）居住区⟸⟹火车站、轮船码头等。

规划道路系统时，须搜集和计算城市主要人流的方向、大小以及在全市人流总额中所占的比重，使全年最大的平均人流能沿着最短的路线通行，也就是说使道路的曲度系数尽量接近于1。

$$\text{曲度系数}\ \lambda=\frac{\text{顺着街道的两点间距离}}{\text{两点空间的直线距离}}$$

要使所有道路的曲度系数均等于1，事实上是不可能的，在规划中次要道路的曲度系数可以比主要道路的曲度系数大一些，但不宜超过1.4。例如图10–1中表示某城市通往甲、乙两个工业区的干道，工业区甲的人流比工业区乙的大，若照第一方案设干道则需增加运输能力及运输费用；若按照第二方案，则最多的人流是按直线通行的，而较少的人流则由单设的支线通往工业区乙，这样就节约了许多运输费用和运输时间。

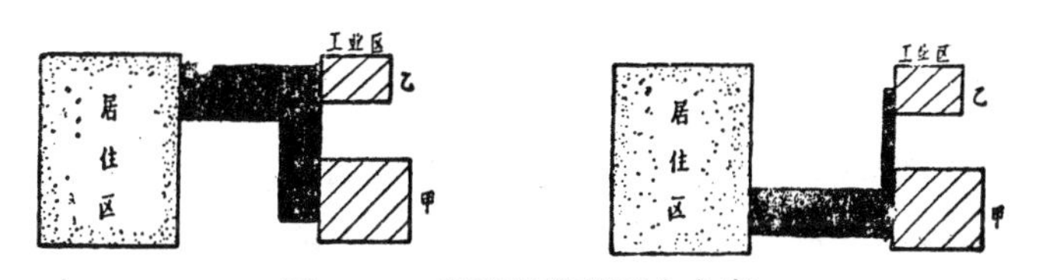

图10–1　干道定线的两个方案

道路系统要便于城市货物的运输。城市中的铁路货站（货场）、水运码头、没有铁路支线的工业企业、商业仓库、建筑材料仓库、建筑基地等是利用城市车辆运输大量集散货物的主要地点，规划道路系统时应使这些地点有通畅的运输道路。

城市货运主要有：工业原料、燃料、半成品和成品，这些大部分是利用铁路支线运输；在没有铁路支线的工业区，要用载重汽车运输或转运货物，因此城市道路就要与城市的对外交通有比较方便的联系。城市居民的粮食、日用品、生活用的燃料，大部分是由车站和码头运至仓库或分配地点，然后再运至食堂或商店。因此，仓库与车站、码头之间也要有方便的货运联系。城市中的垃圾、废物、积雪等往往在城市运输中也占有一定的比重，它们大多被运往城市郊区，所以也需要考虑使它们有方便的运输条件。上述各种货运量的大小与城市的规模及人民生活水平有关。城市道路系统的构成在规划中要为货物运输量比较大的流向定出方便的货运道路。

道路系统规划要为组织现代化城市交通和交通管理创造良好条件。道路系统的规划应尽可能整齐醒目，以便于行人和行驶的车辆辨别方向和组织道路交叉口交通。交叉口的交汇道路通常不宜超过 4—5 条，交叉的角度最好不小于 60° 或者不大于 120°，否则会使交叉口的交通组织复杂化，影响道路的通行能力。

城市公共交通路钱一般沿道路干线布置，因此，道路干线的密度（公里 / 平方公里），要便于居民使用公共客运车辆，同时，又不浪费建设费用。在客运量大的地区内，步行至停车站的距离以不超过 0.4 公里，以步行 6 分钟的路程为宜；在人口密度不高的地区内以不超过 0.7 公里，即步行 10 分钟的路程为宜。按照公共交通客运网的平均密度，要求道路干线网的最低密度大约是 1.5 公里 / 平方公里。在实际工作中应根据城市规模，城市特点等情况，因地制宜地选用。道路干线网的密度除了要适于布置城市公共交通路线以外，应考虑使交通运输量最高的小时内也不会发生交通阻滞。但是道路干线网的密度也不应过密而超过实际的需要，否则不仅浪费城市用地，增加干线基建投资和养护管理费用，而且也不可能节省居民的候车时间。一般认为敷设比 3 公里 / 平方公里更密的道路干线网是不合理的。

道路干线之间合适的距离大约为 700—1100 米，即道路干线网的密度相当于 2.8—1.9 公里 / 平方公里，城市中心地区密度可大些，市郊区的密度应小于市中心地区的密度。

到达同一地点的干道数目，要符合交通运输的要求。考虑敷设干道数目时，与该地点最高小时的集散人数、使用的交通工具类型、行人来往的方向等有关。公共汽车和无轨电车的路线每小时大约可通过 5000—6000 人。假使某地点的单向乘客人数超过 15000 人时，就需要规划几条干线行驶公共车辆，或者在主要干线附近增加次要干线。

（二）节约用地，充分利用现状

道路系统是城市的骨架，是城市用地的主要组成部分之一，它在城市用地中占有相当大的比重[1]。

衡量与控制道路用地的经济、合理性，往往是用道路用地占城市用地的百分比，或者用城市居民每人占有道路用地面积的平均指标来表示的。由于城市性质、自然地形等条件的不同，每个城市不可能都用同一指标来衡量，而必须根据各城市的具体条件，在首先满足城市交通运输的要求下，作多种方案比较，选择其中最经济、合理的城市道路系统方案。同时以此既定方案的用地指标作为控制建设用地的主要依据。

节约城市道路用地，降低城市道路用地的比重，主要是通过采取合理的道路网形式，并合理地确定道路红线宽度和道路网密度来达到的。而在旧城进行道路系统的改建规划时，比较突出的是如何充分利用原有的道路网基础的问题。因为利用原有道路基础不但可以不另占土地或少占土地，而且由于某些旧城的道路（包括地下管线、路面铺装、绿化布置等）往往还具有很大经济价值，如能尽量利用，可大量节省市政设施的投资。

（三）充分考虑地形和地质条件

自然地形对道路规划有很大的影响。自然地形高低起伏较大的丘陵地区或山区，常受地形、工程技术及经济等条件的限制，道路不得不在平面上有方向的改变，在立面上有坡度上、下的变化。如果片面强调平、直，不但会增加大量的土方工程数量，并且有时会造成道路处于深路堑内或高路堤上的情况（如图 10–2 所示），影响与其他道路相交和同毗连

---

[1] 在城市居住区规划中，一般道路用地比重约为总用地的 15%—20%左右。

街坊的联系。因此道路规划需合理地结合地形，尽量减少土方工程数量，以节约道路的基建费用，并便于交通和地面水的排除。

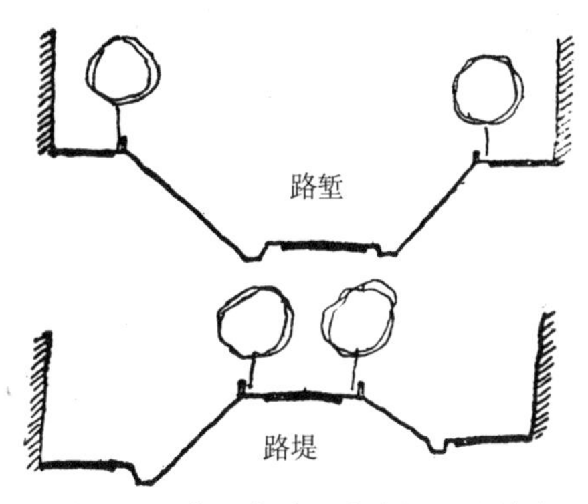

图 10–2　布置在路堑或路堤上的道路

在进行经济比较时，也不应片面地从土方量多少来进行比较，因为道路的修建费用包括路面与路基两个方面，而路面的修建费用往往比较昂贵（当采用高级路面时尤其如此），在道路总造价中占很大的比例。一般约占 60%—80%。如果过于迁就地形，使道路过于弯曲或起伏过大，势必增加道路的长度，增加路面的面积及埋设在道路下的各种管线长度。这样，便增大了道路路面和管线工程的修建费用。因此，在研究节约道路总造价时，必须综合地进行经济比较。

此外，车辆行驶在弯曲和起伏较大的道路上，会增加城市的经常运输费用和养护费用。所以也不应片面地考虑节省道路的基建费用，因为基建费用投资仅是一次，而运输、养护费用却是经常性的，它随着运输量增大而增大，天长日久，数字也相当可观。因此在规划运输量很大的主要干道时，更应考虑到这个因素。

对具有特别意义的道路，例如接近市中心广场的主要干道或是有国防意义的过境道路等，为了满足它们建筑艺术上或者国防运输上的特殊要求，应该保证道路有平直的路线，即使增加一定的土方数量也是必要和合理的。

1. 结合地形规划道路平面路线

在规划道路路线时，应全面地考虑道路在纵断面、横断面上合理地结合自然地形的可能性。一般平行于等高线的路线最平坦，路线沿着标高几乎相等的自然地面延伸。

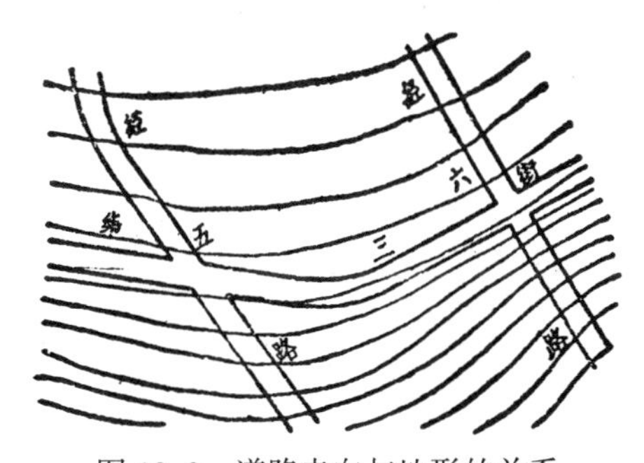

图 10–3　道路走向与地形的关系

如图 10–3 中的纬三街，道路路线如果垂直于等高钱，则路线沿着坡度最陡的自然地面延伸，如图中的经六路就不太适宜；如所定的路线与等高线斜交，则该路线是沿着较平缓的坡度延伸，如图中的经五路。因此，在规划道路时，应尽量使运输量大的道路或是城市的主要道路按与等高线平行的方向定线，使它有较平坦的纵坡度。当然与等高线完全平行，会使街道的纵坡度等于零，不利于地面排水，也是不相宜的。

从图中可以看出，纬三街的坡度平坦，经五路有一定的坡度，而经六路的坡度最陡。

2. 道路要有利于地面水的排除

城市道路系统是布置在城市整片的用地上，因此规划道路时，不仅要研究道路线路本身所经过的用地，还应仔细考虑两旁街坊的地形，使两侧相邻街坊的地面水能合理地排除，并且在街坊竖向规划工作中不致增加大量的填挖土方。

街坊红线的标高和坡度，原则上应高于道路中心线的标高并与道路中心线的纵坡度保持一致，以利于街坊排水。但为了避免街坊内部填挖差数过大，必要时这两种坡度也可不一致，可根据地形起伏情况，增加红线坡度的转折点。红线坡度与道路中心线纵坡度之差不宜大于1%—2%。在次要道路上或沿街拟建低层建筑物时，两个坡度之差可以适当增大，但也应避免过分悬殊。若条件不允许，二者必须相差很大，则在两者之间应设有缓冲高差的绿化地段。

3. 规划道路标高时，应考虑到水文地质对道路的影响，特别是地下水对路面结构的破坏作用

路面应与地下水保持一定的距离，以免道路翻浆。路面距地下水位的距离，按照土壤种类及所在地区的气候条件的不同而变化，一般砂土和砂质垆坶为0.2—0.7米左右；粘土和粘土质垆坶为0.8—1.0米左右。在规划道路网时，应尽量绕过地质和水文地质不良的地段，以减少道路的修建费用。

（四）考虑城市环境卫生的要求

1. 使城市有良好的通风和日照

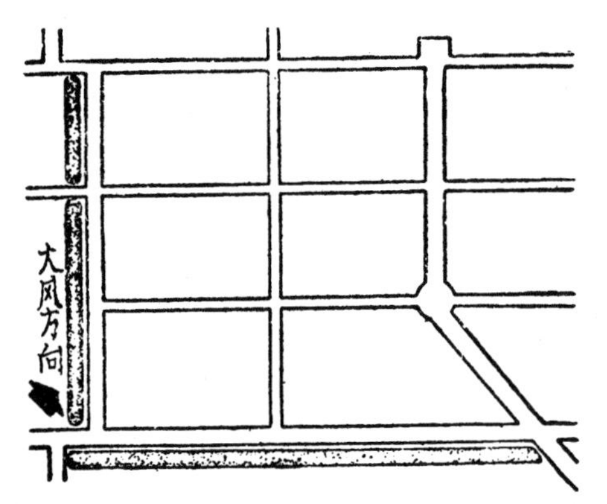

图10–4　防止风暴袭击的道路定向

道路走向应有利于城市的通风，也要防止风暴的袭击。例如夏季炎热的南方城市以及位于盆地的城市，大部分道路，特别是市中心高层建筑地区的主要道路，应当顺着夏季风的主导方向来设置。沿海或山区城市的道路方向最好能使海上微风及山谷中的凉风有可能透入建筑物密集的市中心区，以减轻夏日的炎热程度。寒冷的西北地区或草原、沙漠地区常有大风沙和大风雪。规划这些地区的城市道路时，要使道路的方向与大风的主导风向有一定的偏斜角度（如图10–4所示），最好成直角，这样可避免大风直接侵入城市，并可削弱市区内的风速。

城市道路的走向应使两侧的建筑有良好的阳光照射。特别是居民密集地段的主要道路两侧，应轮流地得到日照，这样有益于居民卫生和健康，并且在下雨或降雪后道路也容易干燥。

2. 防止车辆的喧闹

道路上车辆行驶时的喧闹声，对居民的生活和工作都有很大影响。它使人们精力不能集中，破坏学校、机关、医院的安静环境。夜晚尖锐的汽车喇叭声和振动声，往往影响居民睡眠。

防止喧闹的措施很多，例如铺设平整的路面，不将管线工程和窨井设在车行道上，以减少振动声；在行政管理上，可设置禁鸣喇叭和不许行驶载重汽车等标志，以减少该路段的喧闹。在道路规划方面亦可采取一些措施，如：在车行道与人行道之间布置足够宽度的绿带，这样噪声经过树叶的吸收和反射而减弱；不使过境交通直穿市区，限制货运车辆和有轨车辆从居住区穿行；将街坊内部小道，规划成尽头式，避免车辆从居住街坊内穿行等等，以减少市区与街坊的喧闹。

（五）便于管线工程的布置

城市中的各种管线工程，一般都沿着道路敷设。各种管线工程的用途不同，性能和要求也不一样。例如，电话管道本身虽然占地不多，但它的入孔很大，布置时就要考虑有足够的地带供它设置入孔；又如排水管道，一般埋设较深，施工开槽时的用地就多一些；再如煤气管道，因为它可能发生爆炸，所以要与建筑物保持较大的距离。当平行敷设几种

管线时，它们相互之间又要求有一定的水平净距，以便施工和养护时不致影响相邻管线的工作和安全。因此，在规划道路时，特别是规划管线较多的地段时应考虑有足够的用地布置管线（一般管线不多时，根据交通运输等要求所确定的道路宽度，就足以供敷设管线之用）。

由于各种管线有不同的特点和要求，有时也可能要在横断面上改变道路各组成部分的布置。

规划道路走向时，也要使之有利于管线、特别是排水管道的走向和布置，因为排水管道一般都埋设在地形较低的道路下面，如果道路标高高于两侧街坊，就会增加排水工程的复杂性。

在规划道路纵断面和标高时，对于给水、煤气等有压力的管道影响不大，因为它们可以随着道路纵坡度的起伏而起伏。但是对重力自流管（如排水管道）就有很大的影响。重力自流管通常要求有一定的坡度，例如管径 200 毫米的排水管道的最小坡度为 0.005，1000 毫米的管子最小坡度约为 0.0005。当道路的纵坡度过大时，由于管道受其本身的最大坡度限制，常需增设跌水设备（如图 10–5）。道路的坡度愈大，需增设的跌水设备愈多。管道埋设在纵坡度变化较多的道路下时，在局部地段可能引起反坡（道路的坡度与管道的坡度方向相反，如图 10–6）增加了埋设管道的挖土深度和土方量，增加跌水井，从而增加管道的修建费用。

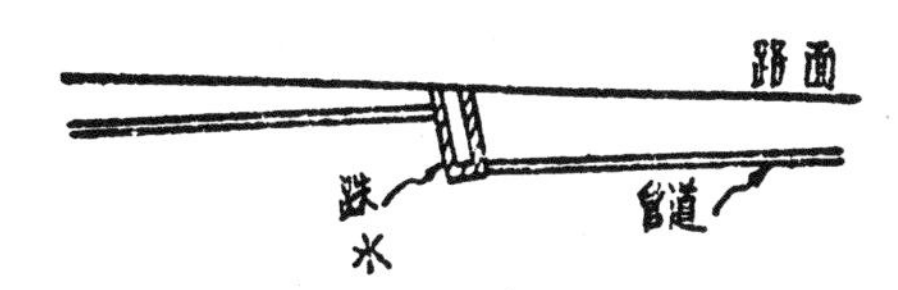

图 10–5　跌水设备

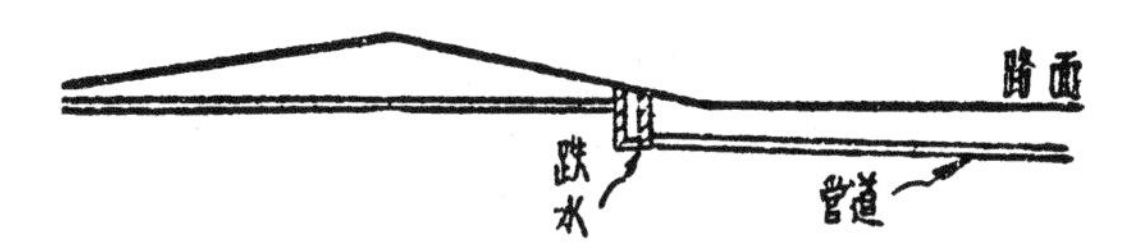

图 10–6　道路坡度与管道坡度相反

在平原地区的城市道路常常遇到道路坡度过小与管道的最小坡度发生矛盾的情况。如管径 200 毫米的管道的最小坡度为 0.005，而规划的道路纵坡如果小于这个数值，管道的埋设深度将随管道的长度而加深。管道埋设过深会增加施工上的困难，需要每隔一定距离设一泵房，用来升高管道内的流体（如图 10–7），这样便增加了排水系统的经营费用。在改建城市道路时，应保证埋在道路下的现状管道的复土有一定深度，避免改建现状管道。

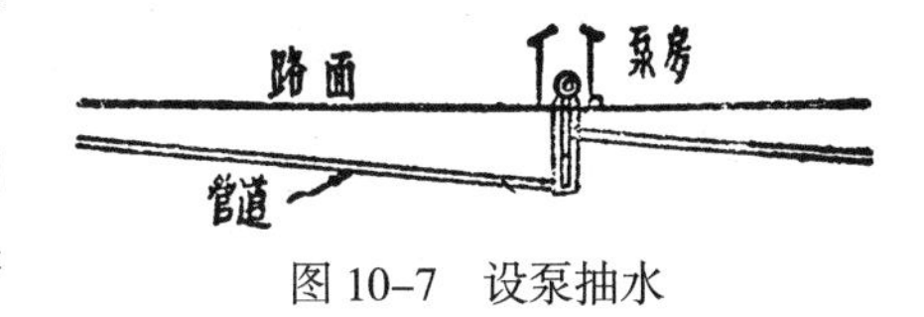

图 10–7　设泵抽水

（六）满足城市道路的建筑艺术要求

城市道路主要是作为交通之用，但对城市建筑艺术也有很大影响。人们走在道路上，经常从各个不同的角度来观赏街景，因此道路必须与城市的建筑、广场、绿地、水面、古迹、地形等组合起来，体现出社会主义城市美丽的建筑艺术。一进入城市的大门——车站、码头等就应给人们以壮丽、整齐的感觉，随着向市中心的深入，依次出现庄严而美观的建筑群。道路的方向应尽量针对制高点和风景点（如高塔、高峰、瀑布、海景、纪念性建筑物等），这样行人可以远眺前面展开的景色。沿河湖的滨河路应结合河岸线精心地布置，使其既是街道，又是人们游憩的地方。道路的直线长度，从建筑艺术的观点来看，不宜过长。漫长的道路，会使人感到单调和枯燥，假如这种情况不可避免，也要选择适当地点布置广场或绿地，在它们的中央布置纪念碑、喷水池等，或者将道路作大半径的弯曲（一般认为大于200—400米的半径是比较美观的），使街景变化较多，人们感到美丽和新鲜。道路坡度的大小，亦应考虑与建筑物配合后的观瞻，道路坡度过大，会感到与道路两侧建筑物在标高上不协调，因此在道路与建筑物之间应布置有缓冲高度差的绿化地段。道路竖曲线以凹形曲线较为悦目，凸形的驼峰曲线，会给人以街景凌空中断的感觉，遇有这种情况时，可在凸形顶点开辟广场，布置建筑物和树木等，造成“终点性风景点”，或者增设迂回的平曲线，用曲线上的建筑物作为陪衬。

三、城市道路系统结构

（一）城市道路系统规划的基本原则

（1）城市是一个有机的整体，作为这一有机整体的骨干——城市道路系统的组织是起着决定性作用的。因此城市道路系统规划应该以正确合理的城市用地功能组织为前提，而在进行城市用地功能组织过程中，应该充分估计到城市交通要求和能满足一切交通条件。两者紧密结合考虑，才能得到较为完整的方案。

工业的合理分布是妥善地解决城市交通联系与规划道路系统的重要因素之一。如图10-8所示，为一个合理分区的城市，这种布置大大地简化了城市交通，使居住区与工业区取得最短捷的联系，甚至步行就可以解决。图10-9即说明了某城市工业分布不够平衡的例子。这个城市由于沼泽地的存在及为了工厂相互联系的方便，将工厂都集中在城市东北角，而居住区则向西、西南发展，同时随着城市的发展，居住区与工业区的平均距离将愈来愈大，造成单向交通的拥挤。因此在将来的城市发展规划方案中，建议在南部设置工业，以取得相对的平衡。

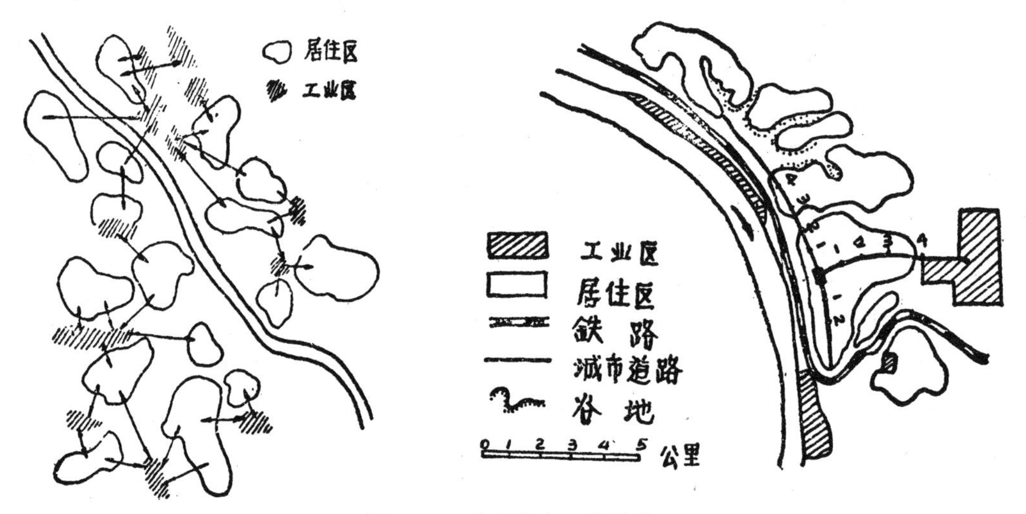

图10-8 合理分布工业示意

影响城市道路系统规划的另一个重要因素是城市中商业、文娱等城市生活中心的分布问题。有些旧有大城市，往往存在着布置过于集中的现象，如北京的王府井，南京的新街口，上海的南京路等，因此造成了在道路交通方面的严重问题。今后在城市的新建或改建中，应该将城市的生活中心有组织的分散布置，这样不但有利于交通运输，合理地组织道路网，而且也给予居民更大便利。

（2）道路的布置应该摆脱形式主义的束缚，实事求是地从功能、经济等要求出发进行布置。

如图 10–10 所示即为一城市的干道系统规划的两个方案。在这个城市中，最大的客流量是到市中心和工业区，较少的客流量是到公园和火车站的。经过估计，必需的干道数如下：通往工厂市中心的各三条，通往公园的两条，通往车站的一条。按方案Ⅰ的布置，主要是从追求“放射环形网”的形式出发，结果，使直接通往公园及工业区的干道太少，而通往市中心及火车站的干道又太多。而方案Ⅱ的布置主要是根据功能要求出发的，因此它较切合实际的需要。由此可见，如果形式主义地对待道路系统的规划，就必然导致整个道路系统规划的不合理，从而不能发挥它们应有的作用，反而造成交通运输的困难。

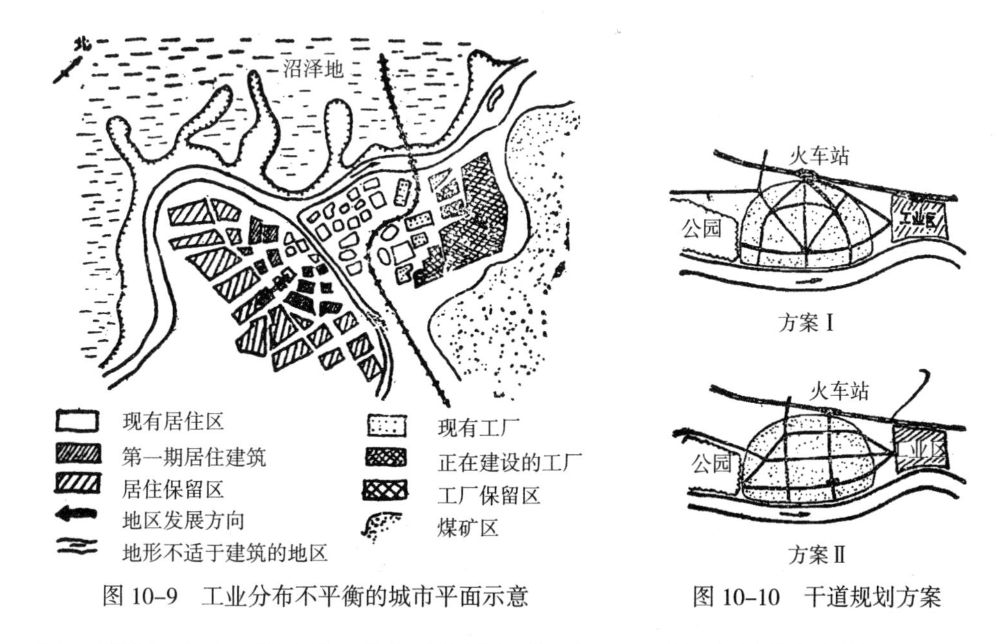

图 10–9　工业分布不平衡的城市平面示意　　图 10–10　干道规划方案

（3）道路的分工必须明确，并且按道路的不同性质妥善地在城市中布置。

如交通量大的一些干道应该避免穿越居住区及市中心，最好在它们的边缘或绿带中通过，以免造成对居住区的骚扰，影响行车速度与安全。对于一些入城而不进入市中心区的交通，应让它迅速而安全地在围绕市中心区的环路上通过；进入市中心区的，应由环路再转入中心区道路进入市中心或者用切线引导进入市中心区。全市性干道以切线方式通过各居住区，并将市际汽车干道亦用切线方式通过整个城市。全市性干道分出各条区干道与各居住区联系。这样市际与市内的交通就有机地组织起来，如图 10–11、图 10–12 所示。

总之，道路系统规划的形式是各种各样的，只有根据各城市的具体条件，结合城市功能组织进行详细分析，在满足各项基本要求的基础上，才能得出最完善的城市道路系统形式。

（二）城市道路系统的主要形式

城市道路系统的形式是在一定的社会条件、城市建设条件以及当地自然条件下，为满足城市交通以及其他各种要求而形成的。因此，它没有什么共同的形式。在实际工作中更不能主观地套用某一种形式，而应该根据各地的具体条件，按照道路系统规划的基本要求及原则进行合理的组织。

现从已经形成的道路系统中，分解出几种基本类型比较如下（图 10–13）：

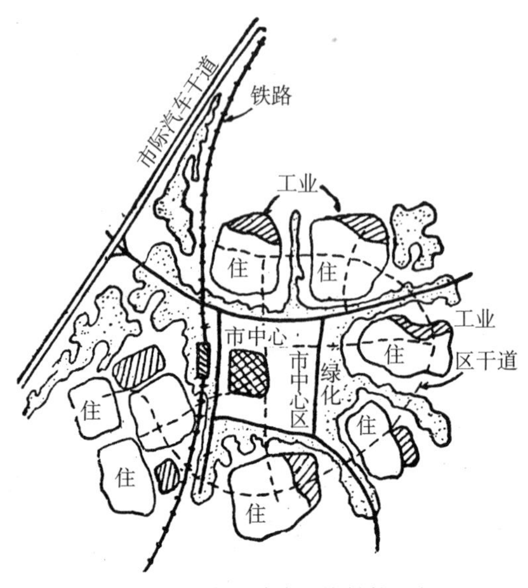

图 10-11　城际道路系统结构图解

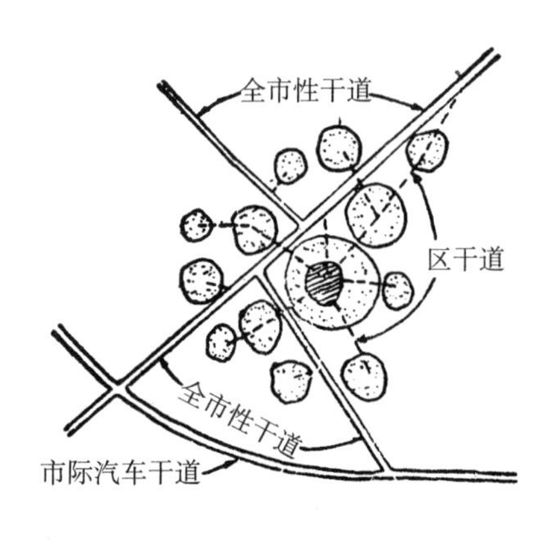

图 10-12　用切线组织市际和市内交通

（1）放射环形道路系统；

（2）方格形道路系统；

（3）方格对角线道路系统；

（4）混合式道路系统；

（5）自由式道路系统。

放射环形道路系统是由一个中心经过长时期逐渐发展形成的城市而造成的一种道路网形式。莫斯科就是一个完整的放射环形式典型例子。放射环形系统由于环形的干道联系，从曲度系数平均值来看是一种很好的道路系统（λ=1.10），但是整个道路系统仍然容易造成拥挤，通行能力很不完善。采用放射式道路系统后，车流将集中于市中心，特别是大城市的中心，这样，尽管有环行道路起分散作用，而交通仍旧是很复杂的。

方格形道路系统的优点是把城市用地分割成若干方整的地段，便于建设，适用于地势平坦的城市。缺点是规划上如处理不好容易单调，过境交通多，曲度系数大（λ=1.27）。这种形式的改进曾经采用方格对角线式，对角线式解决了方格形对角线的交通，曲度系数有所降低（λ=1.09）但对角线所产生的锐角，对于布置建筑用地是不经济的，同时增加了许多复杂的交叉口。

混合式的道路系统是前几类形式的混合，如果结合各城市具体条件加以合理规划，可以集中前几类的优点，而避免其缺点。如在某些大城市中，以原有方格式为基础，把环形放射式同市中心所采取的方格形混合起来，就能发挥环形放射式具有的优点，并由方格形道路系统弥补它本身的一些缺陷。

自由式的道路系统对于地形复杂的城市或居民点，在满足城市运输和街道交通组织的前提下，可以有组织有计划地采取这种道路系统形式，避免散乱没有规律。

四、城市道路宽度的确定

城市道路宽度即城市建筑红线之间的宽度。在“城市道路等级及宽度表”中所列数值，仅系一般宽度的幅度，具体在一个城市内各类道路上究应确定为多少乃是城市总体

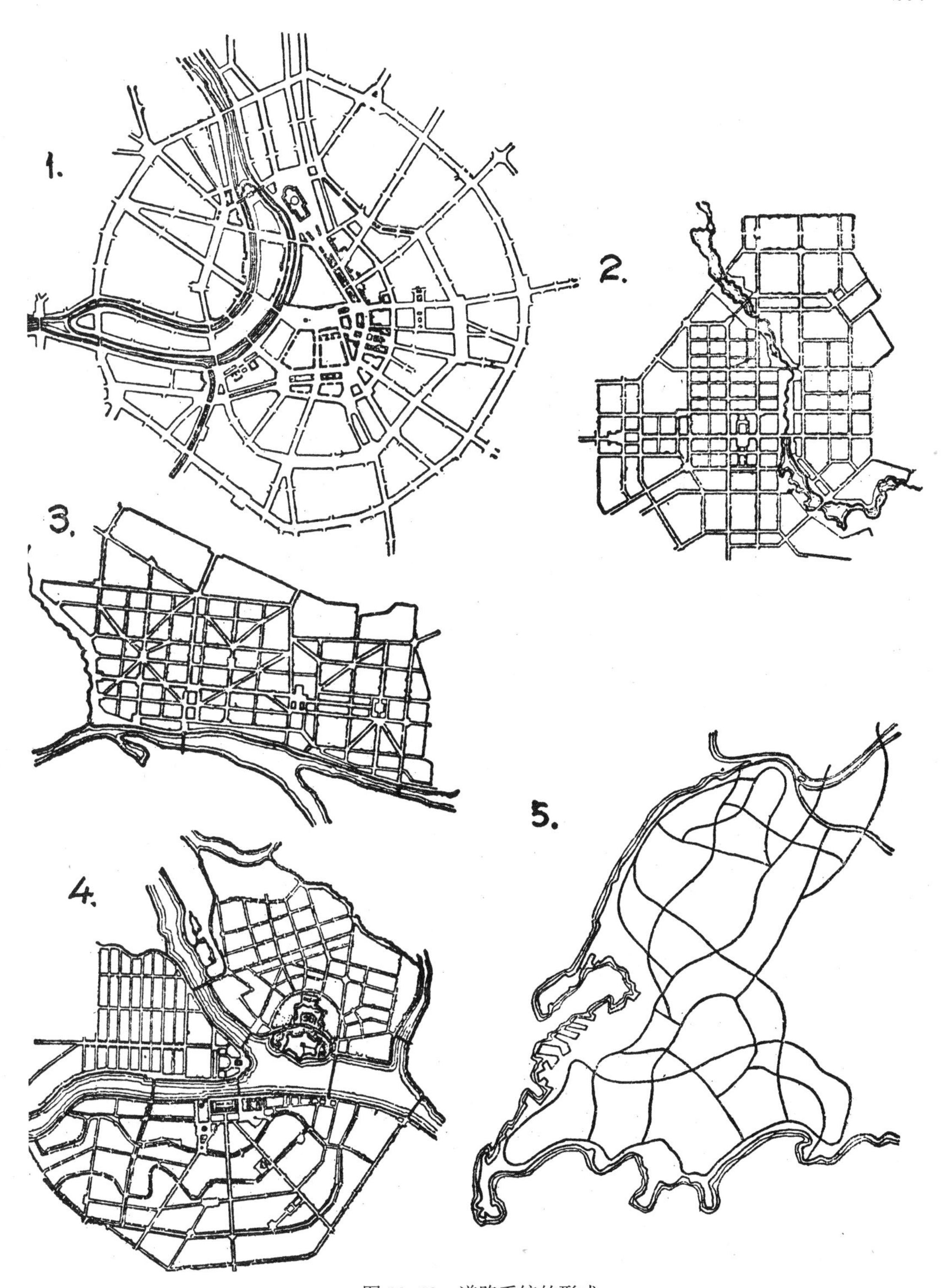

图 10-13 道路系统的形式

1—放射环形；2—方格式；3—方格对角线式；4—混合式；5—自由式

规划中的一项重要工作，它直接影响到城市的交通运输、建筑布置和各种地下地上工程管线的布置等。因此需要加以仔细研究。

（一）影响城市道路宽度的因素

城市道路宽度应等于道路横断面中各组成部分用地宽度的总和（各组成部分宽度的确定见第十六章第一节（四）），它根据交通运输、日照、绿化、埋设地下管线和建筑艺术要求等而定：

1. 交通运输要求

按照道路的功能和交通性质，估计交通量（车流量和行人流量），选定的运输方式，决定需要有哪些组成部分，即可得出需要的总用地宽度。

如某道路朝一个方向的组成部分有：

公共汽车道		3.5 米
小汽车道	3.0 米	
分车岛		2.0 米
自行车道	1.5 米	
人行道		4 × 0.75=3 米
行道树		2.0 米

根据交通要求拟定的道路总宽度为上述各组成部分之总和，即 15 × 2 ＝ 30 米。

2. 街道宽度与日照的关系

为了使街道两旁的建筑物有足够的日照和良好的通风，街道宽度与沿街建筑物要有适当的比例，这一比例的求得与各地区的日照要求、城市所在地理位置（纬度）等有关。以莫斯科和北京为例，莫斯科处在北纬 56° ，北京处在将近北纬 40° ，在同一天同一时间（冬至日），两地的太阳高度角相差 16° ，显而易见，虽在日照要求相同的情况下，由于地理位置（纬度）的不同，街道的宽度与建筑高度的比例就有很大差别（图 10–14）。因此，在考虑日照因素时，必须要注意具体的地点与时间，分别对待。现再以北京为例，取全年日照最短的一天（冬至）为计算的时间依据，要求如果采用 6 小时日照时间（上午九点至下午三点），则东西方向干道宽度应等于房屋高度的 3 倍，南北方向为 2.68 倍。干道宽度与建筑层数有下列关系（表 10–6）：

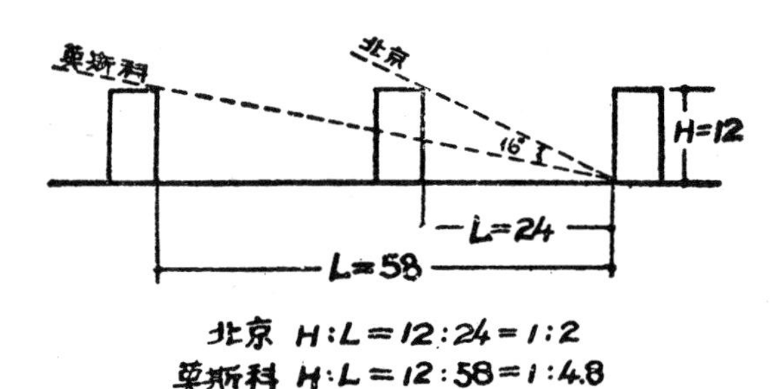

图 10–14　街道宽度与日照关系

表 10–6

建筑层数	2 层	3 层	4 层	5 层	6 层	7 层	8 层
东西方向街道宽度（米）	24	35	45	55	66	77	87
南北方向街道宽度（米）	21	31	40	50	60	69	78

如全年日照最短的一天为4小时（上午10时至下午2时），则东西方向街道宽度应等于房屋高度的2.3倍，南北方向为1.3倍。街道宽度与建筑层数有下列关系（表10–7）：

表10–7

建筑层数	2层	3层	4层	5层	6层	7层	8层
东西方向街道宽度（米）	19	27	35	43	50	59	67
南北方向街道宽度（米）	10	15	20	24	29	34	38

其计算方法如下：

北京相当于北纬40° 地区，冬至日照的太阳方位角和高度角如下表：

表10–8

上午　　下午	太阳方位角	太阳高度角
10：00—2：00	150° 30′	20° 30′
9：00—3：00	138° 0′	14° 0′
8：00—4：00	127° 0′	5° 30′
7：30—4：30	121° 0′	0° 0′

以室内得6小时日照为标准：（上午9：00—下午3：00）

南北房距离 $L=\dfrac{\sin(138°-90°)}{\tan 14°}h=\dfrac{0.743h}{0.249}=3h$

东西房距离 $L'=\dfrac{\sin(180°-138°)}{\tan 14°}h=\dfrac{0.669}{0.249}h=2.68h$

因此，当室内有6小时日照（上午9：00—下午3：00）时：

表10–9

建筑层数	房屋高度	南北房距离（$L=3h$）	东西房距离（$L=2.68h$）
1	4.2	—	—
2	8.0	24.0	21.5
3	11.5	34.5	30.8
4	15.0	45.0	40.2
5	18.5	55.5	49.6
6	22.0	66.0	59.0
7	25.5	76.5	68.5
8	29.0	87.0	77.8

注：L——街道两旁房屋之间距；
　　h——房屋高度。

以上计算比较复杂，且房屋朝向、街道走向变化甚多，因此，简便地一般可以取南北向道路宽度，约为房屋高的2倍，东西向道路约为房屋高的3倍。若城市道路两侧建造2—4层建筑物，道路宽度约为30—40米。居住区道路两侧如果也有高层建筑，但交通不需要宽阔的道路时，可将沿街的高层建筑退入红线以内，使建筑物间的距离保持日照所需要的宽度，屋前空地布置绿化。

3. 街道宽度与建筑艺术的关系

艺术上对街道宽度的要求就是力求保证能很好地看到街上的建筑物。当建筑物的高度超过街道的宽度时，立面是不能全部感觉得出的；此外，建筑物上层缩小的感觉会使人们对建筑物的比例造成严重的错觉。当建筑物的高度等于街道的宽度时，只有在建筑地段不大的情况下，才能很清楚地看到立面。当建筑物的高度接近街道宽度的一半时，能够很清楚地看到各座建筑物的立面和相当大一段街道建筑（图 10–15）。

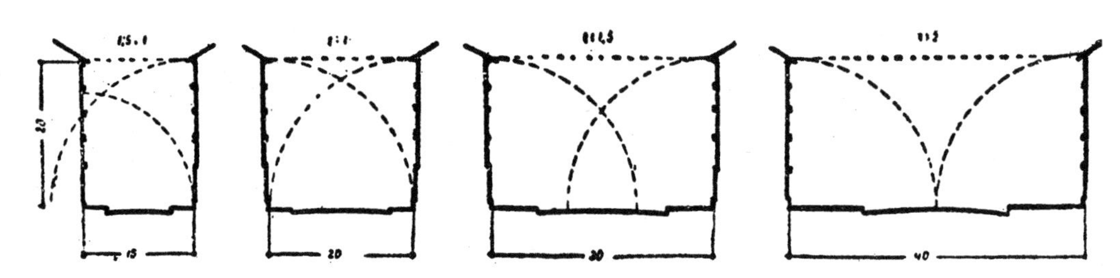

图 10–15　街道宽度与建筑物高度的比例关系

4. 绿化及埋设地下管线

街道断面上需要留出必要的地带供绿化之用，这对美化街景、调节空气等都有重要作用。如道路中间设有林荫带，其宽度随道路的总宽度而酌定，当其宽度不小于 12 米时，则其中可辟设 4—4.5 米的步行小道。

此外，街道的宽度要考虑敷设地下管线的需要，在交通频繁的街道上，除将地下管线布置在人行道和绿带下面外，尚需留出备用地带，供地下管线的地下设备和地面设备在发展上的需要。

（二）确定道路宽度的方法

城市道路宽度是根据上述影响因素综合考虑后确定的，但是并非每条道路都是主要从交通运输方面去考虑的，有时为了建筑艺术或其他方面的需要，所定宽度往往超过交通的实际需要，不可能定出一个固定不变的标准数值。因此在确定道路宽度的时候，可根据城市各类道路在全市总用地中的用地比重的大小，以及全市规划的各类路线长度，粗略估算各类道路可能达到的平均宽度，或即按照干道网或某一区的道路网长度来分别估算其各不同的平均宽度。以规划中对一切因素均考虑在内所拟采用的宽度与估算的平均宽度相比较，找出两者差数，然后根据每条道路的具体条件，对规划宽度加以全线或局部地段的平衡调整，得出最后确定的规划宽度。

截至目前，道路宽度的确定还没有一个十分完美无缺的科学方法，因此一般定出的宽度不可能是准确不变的，而有很大的伸缩性，上面介绍的方法也是从这点出发的。因此，采用平均宽度来比较的方法所确定的道路宽度，也仍然是作为一种参考的数据，同样也可以有变动的幅度。

关于我国各类道路的宽度，在“城市道路设计准则（试行草案）”中已有规定（见表 10–5），可作参考。

第三节　旧城道路系统的改善

旧城道路系统是在一定的历史条件和当地具体情况下形成的，例如我国的历代故都北京、西安，街道网都是很规则的矩形，这一方面是由于具备地形平坦的有利条件，但另一方面亦是为了显示封建王朝的尊严。再如上海、天津等城市在帝国主义侵略下发展的城市，道路系统异常混乱，市中心道路稠密，在租界和帝国主义分子剥削阶级居住的地区内，道路完善，交通方便，而广大劳动人民集中的地区，反而无路可走，充分反映了旧中国半殖民地城市的特色。又如江南有些城市，例如无锡，市内原来河道纵横，街道大部为填塞河道而形成，因此曲折狭窄，街道宽度不足是我国大部分旧城的特点之一，即使在北京，大部分干道的宽度也不超过 15—16 米，而街坊内通道为 7 米，有时仅为 4 米。干道上人行道的宽度经常只有一两米，而在街坊的通道上几乎是不设人行道的。这种情况对于当时通行人力和兽力车辆是可以适应的，但随着城市交通工具的发展，特别是新中国成立后，城市居民流动和货运的迅速增长，很多城市原来的道路系统已不能适应新的情况，需要加以改善，以满足通行现代交通工具的要求，为此，北京、上海等很多城市都对原来的道路系统进行了改造。

但是旧的道路系统与现代交通之间的矛盾，并非每个城市都一样突出，它是随城市的性质、大小和当地具体情况而异的，有些城市（主要是中小城市）虽然原来的道路系统不尽合理，但目前的交通量并不太大，机动车还为数不多，故当前尚不需立即改善，或只需进行局部的改善即可。因此，如何改造旧城市的道路系统，应从当前实际需要出发，其改造的程度也可不一，应该避免不问具体条件，急于改旧求新的做法。

一、旧城道路交通存在的主要问题

（一）城市道路分工不明确，交通与生活混杂

很多城市中最繁荣热闹的生活中心与商业大街，往往同时又是城市主要交通干道，聚集着大量车流与行人；城市中心广场又是复杂的交通枢纽。在很多中、小城市里，居住区街道上往往穿越大量过境交通。这样，无论从行车速度、交通安全、居住生活的环境安宁还是卫生来说，都是不合适的，它导致了城市道路与中心广场的负担过重，以及使车流与行人的矛盾尖锐化。

（二）街道网稠密，道路交叉口很多

许多旧城市都有稠密的街道网，这些街道网把城市建筑用地分割成为面积为 2—3 公顷、有时更小的小街坊。由于这个原因，干道上就出现每隔 100—200 米就有一处次要街道和通路同干道交叉，从而形成很多交叉路口。例如天津主要干道和平路，从东南城角至中心公园二公里长的一段，就有交叉口 16 处之多；抚顺市干道中央路，平均每隔 55 公尺就有一个交叉口。由于交叉口附近的交通常受阻滞，大大地降低了车辆行驶速度和干道通行能力，同时也增加了道路造价的比重。

（三）街道狭窄，广场很少

如上海、天津等大城市，原有市区的主要干道宽度，很少有超过 30 米的。而且，“瓶颈”很多，常常引起交通的阻塞。

这些问题，在我国很多城市（特别是大城市）是相当普遍而突出的一个问题，是大城市改建中的中心问题之一。

（四）道路的技术标准与日益发展的机械交通不相适应

由于城市中的交通工具愈来愈有向大型发展的趋势，如我国很多大城市中已出现了铰接式无轨电车，巨型或挂拖车的公共汽车，长度已达 15 米以上，载重汽车已向列车化发展。但是原有道路一般都狭窄弯曲、纵坡度大、转弯半径很小、路面结构很差，因此交通上造成一些困难。

二、改善旧城交通与道路系统的基本原则

对于一些交通问题复杂，原来道路系统已不能适应，当前必须立即解决的旧城，在考虑其改善措施时，应从交通运输规划、道路系统以至城市规划布局等方面综合起来考虑，如果孤立的只从某一方面着手，往往比较难于彻底解决，收效较慢。在综合考虑道路与交通的改善措施时，应注意几个基本原则：

（1）首先必须从城市功能布局的调整着手。造成城市交通问题的原因，一方面固然在于道路系统的不健全和交通工具的不敷需要，但另一方面，却是由于工厂、仓库、码头、车站、公共建筑、住宅区等吸引大量货流和人流的地点在布局上不合理所造成的。因此，通过功能布局上的调整来减少不必要的交通量，乃是解决城市交通问题的根本办法之一。

（2）对旧城道路系统的改善，必须充分利用现有基础。

旧有城市道路大部分地上房屋密集，地下管线纵横，企图放弃原有格式而另搞一套是不现实的。只有在原有基础上加以调整和改造才经济可行。

（3）从合理组织市内交通方面着手，因为旧城的很多现状是很难改变的，采取积极的改建措施要比交通组织措施困难得多。因此要注意从原有条件出发，根据我国情况，这应多考虑对于非机动车交通的安排问题。

三、改善旧城交通与道路系统的具体措施

改善旧城交通与道路系统时，可从工程建设方面和交通组织方面分别采取措施。属于工程建设方面的措施一般有：

（一）拓宽取直

这种方法，是在原有道路的基础上，按市内交通系统的要求，有重点的拉直和拓宽几条主要交通干道，分清道路功能，封闭过多的居住区小街道，拆除“瓶颈”（图 10–16）。拓宽取直干道，根据旧有道路两旁建筑情况，可以采取一边或两边拆除旧有建筑来进行。道路宽度（建筑红线）必须一次划定，但可以分期实现。这样便于控制城市建筑，才能保证逐步实现城市改建的长远规划的目标。例如莫斯科、北京在这方面都做得很好。莫斯科的一些干道红线，在 1935 年就订出来了，到现在也还没有全部改建完毕；北京则采取了一些远近结合的过渡办法❶，使在干线上的新建筑，都严格地放在规划的红线以外，保证了道路宽度，待将来旧有房屋逐步拆迁后，新的街道就脱颖而出了。此外，一条道路的宽度，能够全段一致当然最好，但在旧城改建中，也不必强求一律，可以根据具体情况，有些变化，只要不影响交通及建筑面貌即可。

图 10–16　拓宽和取直干道

❶　见第十六章第六节。

采取拓宽取直原有道路时，必须十分重视房屋拆迁问题，如当地的居住条件原来已很紧张，就不应过早的进行拆迁拓宽，以免使居住条件降低。

如某市全市性干道中山路，现为商业中心，两旁密集商店和居住建筑，道路原总宽约 9 米，因此车辆和行人甚为拥挤。为了解决市内交通问题，在干道中段进行了一边拓宽，拓宽总长度为 405 米，拓宽后的道路宽度为 40 米，拆迁商店和居住建筑共 14000 平方米。由于当地的居住水平原来即已很低，平均每人为 2.66 平方米，拆迁后目前又无力新建，结果使城市的居住条件更为紧张，而干道的拓宽工程亦被迫停顿，近期内也很难继续进行，结果使整条道路成为两端细，中间粗，拓宽地段成了一个广场，依旧不能解决市中心的交通问题。

（二）改建或开辟平行道路

如果按原有道路的现状情况，不可能进行拓宽、取直时，可以采取利用平行道路来分担这一条原有干道同方向的交通量（图 10–17）。例如，上海为了减少南京路上的交通负荷，使南京东路成为单一的商业性大街，在规划上可以考虑拓宽与它平行的北京东路作为主要交通道路。

（三）打通新干道

如果在新工业区、居住区、市中心、车站、港口之间，随着建设发展有大量的交通时，有必要可以开辟新的交通性干道（图 10–18）。但是必须同时考虑到因此而引起的拆迁问题。在城市中心地带，房屋很密，质量较好，地下管线较多，街道密度已经很大，就以沿旧路拓宽为宜；如果在市区边缘部分，房屋密度不大，房屋质量也较低，地下管线很少的地区，则限制较少，选线可以比较灵活。

图 10–17　开辟平行道路

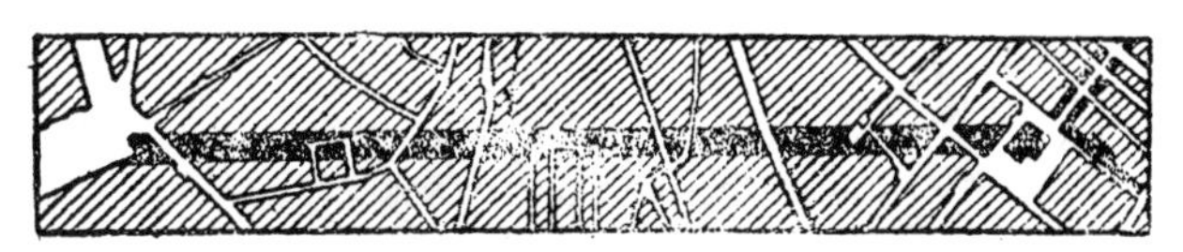

图 10–18　打通新干道

（四）修建绕行干道

为了减少中心区的过境交通，使对外运输交通绕过城市，或者为了适应市区外围的、近郊区的发展和卫星城镇的建立。用绕行或环行的干道来组织城市交通有很大效果（见图 10–19）。

例如北京和上海的改建规划中的干道系统，基本上都是“棋盘加环状放射式”。即从旧市区边缘，向外开辟若干通行快速交通的放射式干道，而以若干环状干道把这些放射道路连接起来。这种环状放射式虽然并不是最完善的方式，但是对一些已形成的大城市来说，还是较恰当的。因为它既照顾了历史遗留下来的现状，又考虑了今后的发展。国外的很多城市如莫斯科、列宁格勒、柏林、伦敦等，它们也基本上采取了这一形式，只不过在环路的形状、数量和放射干道深入市中心区的程度等方面有所差别而已。

图 10–20 为一城市改建的例子。由于城市的改建结果，城市的干道和交通枢纽系统就得到了改善。城市的主要游行干道由 25 米展宽到 48 米，并且取直了，而在这条干道同另一主要干道交叉的地方开辟了一个这座城市先前没有的新广场。为了使过境交通不通过市中心，铺设了新的干道来绕过布置有中心广场的主要游行干道。建立了两条干线环路：第一条环路直径 3 公里，是利用现有的一些街道，在个别地段拆除一些平房加以展宽而开辟的；第二条环路沿着城市边缘修筑，不用拆除房屋。此外，还展宽和

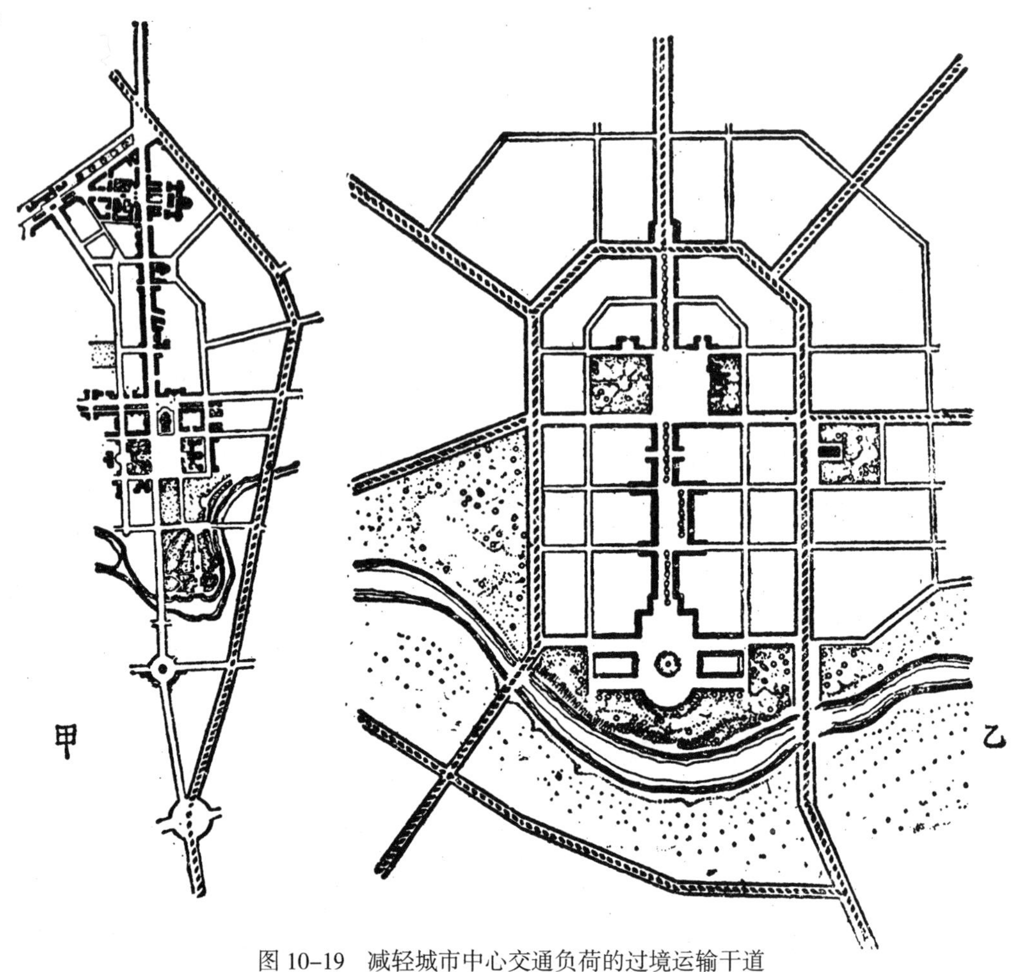

图 10-19　减轻城市中心交通负荷的过境运输干道

甲—与城市主要街道平行的过境干道；乙—围绕城市中心区的过境干道

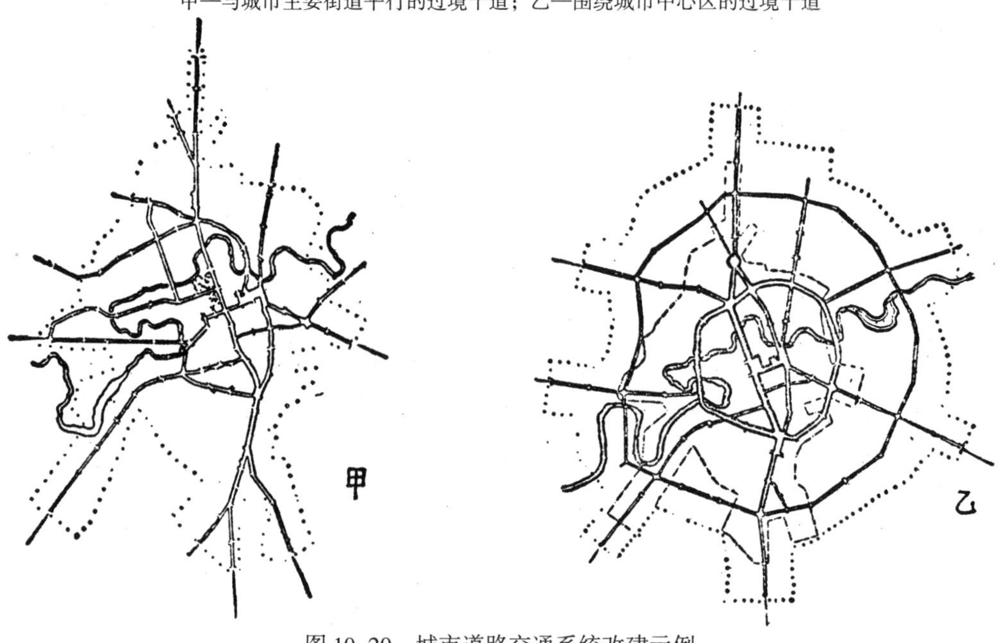

图 10-20　城市道路交通系统改建示例

甲—改建前的干道系统；乙—改建后的干道系统

取直了一些现有的街道来开辟一些新的放射干道。

为了联系该城市一些大的新工业区，还修筑了两条干道。在干道交叉点布置有交通广场。街坊扩大了，这就大大地减少了干道上的交叉路口。在城市中心部分为了避免大量拆房，保留了原有的方格形街道网。由于进行上述各项工程，这个城市就得到了完整的能适应现代交通要求的放射环形干道系统。

除了从工程建设方面采取措施外，同时可从组织交通方面采取各种技术措施来改善交通条件。例如：

（1）利用城市原有街道网，对原有道路进行必要的分工分级，重新分配车流，尽可能减少各种车流之间以及车流与行人之间的干扰。这种措施是比较经济的一种。

（2）组织平行的狭窄的街道为单向行车，这样不仅提高了行车安全性，而且由于行车速度提高，还能增加这些街道上的通行能力。

（3）将交通干道上的地方性交通转移到次要街道上去。

（4）使干道上每一条车流的交通工具种类接近单一化。因行车速度相差愈大，街道上通行能力就愈小；如果干道上能减少行车速度的差别，那么行车部分的通行能力就能提高。

（5）封闭次要交叉口，适当加大若干主要交叉口之间的距离。

（6）人行道宽度不足时，利用建筑物底层划出作为人行道，或甚至将人行道改为车行道部分，而人行道则完全利用建筑物的底层。

（7）在交通特别频繁的交叉口或交通广场等地方，不修建能吸引大量人群的建筑（如电影院、百货公司等）。

（8）在行车部分范围以外或毗连街道的建筑物空隙地，划出相当地位供停放车辆之用。

（9）改善铁路与街道交叉点的交通阻塞情况，可增设若干副交叉点来疏散大量聚集和等待于一点的对向车流。

（10）在交叉口不可能保证行车视距而影响交通时，可将房屋的转角拆去。

[附录一] 城市高速干道

随汽车交通的发展，为了行车安全和保持较高速度。某些国家采用高速干道来解决城市外围的快速交通。它的速度一般要求达80—100公里/小时。

高速干道的特点：

（1）满足快速通畅的要求，自成一系统。一般高速干道是在城市外围地区通过的，如与城市中心地区联系，则以支线来联结。距城市中心约5—20公里为宜，离城太近会影响城市用地的发展，而离城太远又很不便。另外它不应与城市其他交通混杂。

（2）高速公路线型要求很高，坡度<3%，山区小于5%—7%。

一般公路平曲线仅需100—200公尺，而高速干道却要求大于600公尺。宽度约28—30公尺。

保证高速行驶必须具有的条件：

（1）线段要长而直，在转角上要用半径大的曲线来连接；

（2）人力车及兽力车或车速不高的车辆（拖拉机等）不允许在高速干道上行驶，而另划出专用线路，以保证交通畅流；

（3）要使纵断面有平缓坡度和使竖曲线的转折处和缓；

（4）要保证道路有足够的能见度，设计的行车速度愈大，则必需的能见度也愈大，而且竖曲线半径也愈大；

（5）要使行车部分有足够的宽度，并为慢车划出个别车道；一般用四车道并考虑分隔带；

（6）在与铁路及Ⅰ、Ⅱ级公路相交时应建立体交叉为宜；

（7）要绕过居民点。

［附录二］地下铁道

（一）地下铁道的作用

地下铁道是解决特大城市大量客流的有效措施。

一般地下铁道的运输能力最高可达每小时8万人，平常只能1—4万人/小时（苏联最多达57000人/小时），如果客流量在10000人/小时以下就没有建造地下铁道的必要。

流量最大的方向常常是居住区与市中心之间；工业区与市中心之间；但以后在市外发展的工业区都有工人村，就不会靠地下铁道来负担。而旧的工业区与市中心之间；新的工人村与市中心之间：居住区与居住区之间；体育场、大公园与居住区之间，常有集中的客流，因此可用地下铁道来运送。

地下铁道运输的优点很多，例如速度高，行车安全，运输量大等，但是它严重的缺点就是造价特别昂贵。因此根据我国的经济条件，短期内还不可能修建，而将来估计也只能在很少数特大城市中采用，所以在考虑城市的交通规划时，不应过早的热衷于此。

（二）地下铁道的适用性

（1）运输能力——一般公共汽车的单向运输能力，只有3000—4000人/小时，电车达1万人/小时以上，地下铁道可达5万人以上，所以它可以负担地面交通所无法负担的客运，这是地下铁道经济因素之一。

（2）交通速度——地下铁道的交通速度不受其他影响，站间距离也较长，所以较其他交通快得多，如电车为17公里/小时，而地下铁道可达40公里/小时，其他交通也只有它的一半左右。

（3）客运服务——地下铁道站点少，因此沿线须有短距离的公共汽车，作为辅助交通或支线。上、下车不必踏台阶是方便的，车门多，又不在车上售票，使上、下车都很快，车厢常可满载，可按每平方米八人计算，行车较稳定。地下铁道在地面下数十米不受气候影响，不受其他交通影响，行车规律性最强，据国外经验，列车行驶1000次中误点不超过1—2分钟。

（4）机动性与安全问题——地下轨道行车方向转换不及地面方便，但地下铁道行车安全性大，它有自动闭塞的信号与自动刹车的设备，保证行车安全也保证列车的畅通。

（5）对居民福利的影响——除便利交通外，还避免大量的地面交通所给予居民的损害，如交叉口的拥挤，电车杆线的阻碍，空气受汽车废气的污染、声响、灰尘等烦扰，均可解除，对于街道狭小，交叉口多交通频繁的城市中心区街道有更大作用。同时还起着防卫方面的作用。

（三）地下铁道线路规划

每条线路都有一点与其他线路相关（图10–21），从一条线路转到另一条不必经过第三条。如由1—1线至2—2线只需在a点转换即可，这种无岔道形式运输简单、行车安全、运输能力高。（图10–22）莫斯科地下铁路略图。

规划路线时，应根据靠右行车的原则；同地面交通相一致（不要采用目前铁路靠左行的制度）。

如采用无岔道的交通，路线上各段的客流差别很大，为使车辆载客量均匀就需要设区间站，布置往返和停车的设备与终点站相同，中间站可视交通情况的需要，每隔二、三站设一处，紧靠车站以便必要时回车之用，两条路线交叉处在换乘客的附近，可设单轨的支线，连接二条路线作调动车辆之用，每条路线至少设车库一个（图10–23）。

地下铁道与市区以外的铁路车站联系时，可用混合式换乘车站，地下铁道在郊区可用外线与铁路列车合用一个车站（图10–24）。

（四）地下铁道车站布置

地下铁道车站的位置：全市性的中央广场主要交通枢纽点、大的居住区、铁路车站、运动场、公园、大的工厂企业、商业中心、办公中心、地下铁道交叉点、地下铁道与地面铁道交叉点、大的公共场所等。

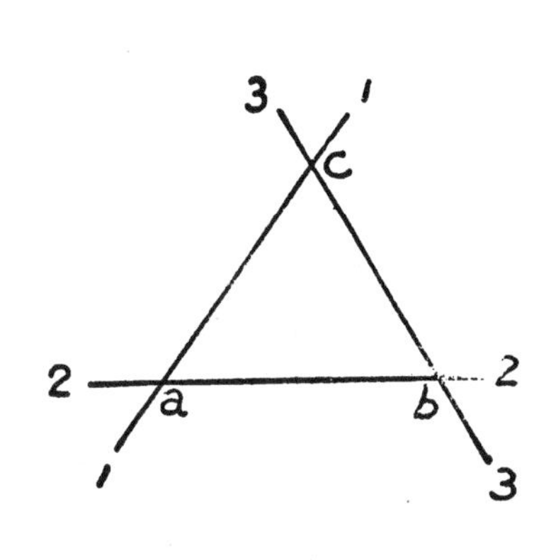

图 10–21　地下铁道的线路交叉

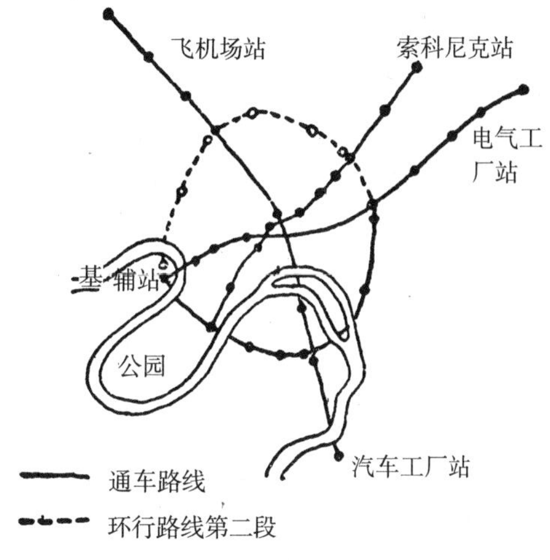

图 10–22　莫斯科地下铁道略图

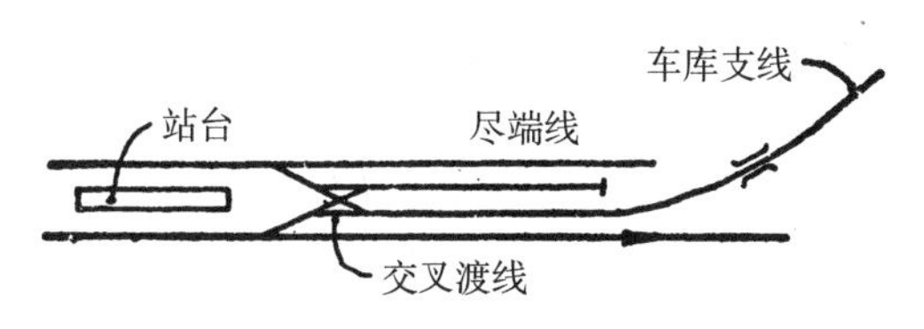

图 10–23　地下铁道交叉站线布置示意

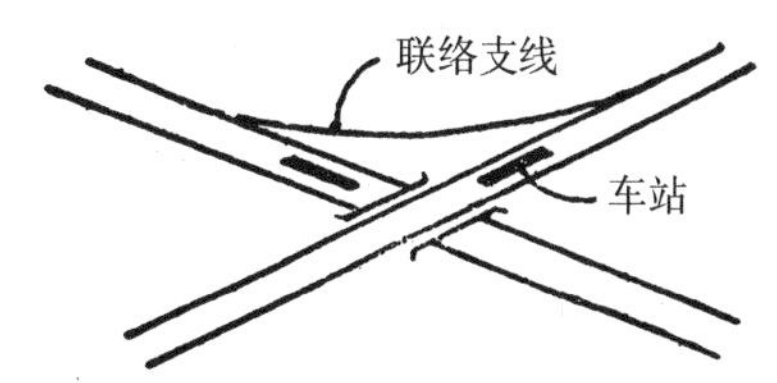

图 10–24　地下铁道在郊区与铁路车站合用之布置示意

据国外经验，地下铁道的站距应在1—2公里左右，莫斯科地下铁道行驶线路上站间距平均1.36公里，车速45公里 / 时，列宁格勒站间距为1.7公里，车速平均为45公里 / 时，市区内多设站点，郊区可大些。一个地下铁道车站在地面上最好设有两个进口。例如地下车站深25米，长60米，（约为站台长度1/3），电梯斜度30° 则两个地面进口的距离就可能在150米以上。这样设置两端进口有四个优点：

（1）使下车的乘客可以迅速离站；

（2）可以加大地下站距；

（3）地面上的进站和出站客流分布均匀，对地面的街道交通，以及公共车辆都比较便利；

（4）地下车厢的乘客分布也比较均匀。

第十一章　城市园林绿地系统

城市园林绿地是城市的重要组成部分之一。在总体规划阶段，园林绿地规划的主要任务，是根据各城市的具体条件，确定该城市中各种绿地的性质、规模以及范围，制定适合于该城市的各类绿地的定额，并进行各类园林绿地的用地选择，在此基础上合理的、全面地安排整个城市的各类绿地，与城市中其他组成部分密切联系，使园林绿地系统成为城市中一个有机组成部分，为详细规划工作提供必要的依据。

第一节 城市园林绿地的作用

城市园林绿地的作用有以下几个方面：

一、改善城市自然条件和公共卫生条件

（一）清洁空气

植物的光合作用，能在太阳光作用下从空气中吸收二氧化碳而放出氧气，特别如针叶树在雷雨后或清晨，能放出初生氧，具有杀菌功能，能纯洁空气，有益于人们的健康。

（二）调节改善城市气候

由于植物不能吸收太阳能，并不断蒸发水分，就能调节气温及湿度，故园林绿地地区具有良好的小气候。

图 11-1 绿地与建筑地区上空气流示意

在夏天，大片绿化地区要比建筑密集地区的温度降低 3—5℃。由于温度低，蒸发少，故绿化地区的相对湿度通常要比建筑广场地区高 14%以上。

此外由于绿地与建筑地区温差也就造成了空气的对流。建筑地区浑浊空气因温度高而上升，绿地的新鲜空气就流动过来补充，而高空的冷空气又下降到绿地里来，这样就形成一个自然循环系统，可以改善城市的小气候。

（三）防止工业企业有害气体污染城市

城市中空气含尘量比城市郊区要高得多，某些工业城市情况更差。据我国沈阳市铁西区测定资料，每天每平方公里降尘量达 720 吨之多。

而绿地中的含尘量要低得多，由于树叶、树皮的细缝都可附着尘粒，加上树林、树丛能使空气起自然对流及降低风速作用，使游浮的尘粒都降落在绿化地带，或穿过林带而被吸附于树木上，绿地实际上就起着自然过滤的作用。

（四）防风

大片绿地和园林地带能使风速降低，其效能随林木品种、树木高度、树冠密度及林带宽度而异，一般林带可达到降低风速 20%—60%左右，而布置由乔木灌木混合组成的多行防风林带，其效果更为显著。

（五）降低城市噪声

城市的工厂、交通车辆等经常发出繁杂的噪声，影响居民的生活和健康，而树木则具有降低噪声作用，尤其是阔叶树种，效果更为显著。

二、美化城市，丰富城市居民文化生活

各种树木花草，姿态万千，并且随着季节的变化而景象不同，城市中布置了各种不同绿地，增添了美丽的自然景色，创造了舒适宜人的游憩环境，丰富了城市建筑艺术的内容。

由于各个城市具有不同的特点绿化条件及要求各不相同，结合山川地势，形成不同形式的绿化布局，这也是使得城市具有独特的风格的手法之一。

三、经济上的意义

园林绿地多方面结合生产是城市绿化建设的一个重要方针。这不仅可以使园林达到以

园养园和以园建园的目的，同时还能为城市提供香料、药材等原料以及水果、鱼、虾等副食品，部分地解决城市的副食品供应问题。例如北京市利用公园内水面养鱼，1959年收入约200万斤。又如新会在公园内栽植香料植物，利用水面养鱼、鸭，动物园繁殖动物，山坡大量栽果树，取得很大的经济收益，不仅收回原有投资还以盈余进行新公园的建设。

四、安全防护的作用

城市园林绿地除了在防风、防沙、防尘等作用外，在城市工程方面还起重要的作用。如在水土流失地区可大量种植深根植物，以加固土壤、减少土壤流失、防止滑坡。

某些树木含有大量水分，燃烧缓慢，同时大片林地可使风势减弱，因此可防止火灾蔓延。

第二节　城市园林绿地的分类与标准

一、园林绿地的分类

城市园林绿地，一般依绿地性质、位置、规模大小等因素而区分。

就目前我国曾用的分类法有两种，一是着重说明性质的[1]将城市各种绿地分成三类：即①城市公共绿地；②城市局部使用绿地；③城市特殊用途的绿地。另一分类着重说明绿地所在位置[2]即将城市绿化地分为：①市内绿地；②郊区绿地。或分为：①市内绿地；②郊区绿地；③专用绿地。

以上两种分类，都具有一定目的和特点，但都不能完全满足城市规划工作提出的要求。如：第一分类中，难于确定计算规划定额，因其局部使用绿地中包含了小区、街坊的绿地，由于局部使用绿地不计入绿地定额，而小区、街坊绿地则是城市每居民所占绿地面积的主要部分，相反地，城市公共绿地中之森林公园，禁猎禁伐区则不能计入城市绿地定额之内。

第二种分类难于表明绿地性质和功能，不便于研究各类绿地的规划特点。

现根据我国具体情况建议作如下分类。

（一）城市公共绿地

公共绿地是由市政建设投资修建，并有一定设施内容，供居民游览、文化娱乐、休息的绿地。根据我国具体情况，公共绿地包括：公园、街道绿地等。

1. 公园

公园对于开展群众政治文化活动，为居民创造安静的休息环境具有很大的作用。

公园按其用途可分为大公园、儿童公园、小型公园、动物园以及为游览者开放的植物园等。

在大城市中，除了全市性大公园外，还可以设区公园。

公园应布置在生活居住区内或附近，并应考虑下列条件：

（1）用地要符合卫生要求，空气畅通，不致滞面潮湿阴冷的空气。

（2）用地应适于树木花草正常发育要求，以有利于植物生长，节省栽树时整理土地及改良土壤的费用。

（3）尽量利用风景良好的河湖、水系等，如果附近没有天然河湖，在选择公园用地时

---

[1] 即苏联建筑师龙茨提出的分类法，详见：“绿化建设”一书（建筑工程出版社中译版）。

[2] 即苏联城市建设研究所与苏联学者达维多维奇所建议的分类法。

可考虑修建人工湖的可能性。

儿童公园专为不同年龄的儿童所设，在这些公园内可组织为儿童所喜爱，以具有教育意义的多种多样的活动，在规划布置时除考虑与整个园林绿地系统配合外，并须与全市儿童设施机构统一考虑。布置儿童公园时，应考虑儿童到公园游玩时不穿过交通频繁的街道。

动物园的任务是供居民观赏，及介绍有关动物及其发展的知识，并为科学研究工作提供条件。动物园的用地，应考虑远离有烟尘、煤灰及城市喧闹地区，需要有可能为不同种类（山野、森林、水族……）不同地域（热带、寒带……）动物创造合适的生存条件，及可能按其生态、形态特点及生活要求来布置笼舍。动物园周围不应有屠宰场、畜牧场等机构，以防止传染疾病。

小型公园是城市中分布最广，与城市居民关系最密切的绿地，主要供邻近居民在工余之暇作短时间休息之用。一般占地面积不大，在1—5公顷之间，甚至小于1公顷。其设置内容常以花草树木为主，配以坐椅、喷泉、花坛、亭榭等建筑小品。在旧城市中，一般用地有限，房屋密集又不可能大量拆迁房屋来进行绿化，故小型公园成为旧城改建中绿化的较适宜的方式。

2. 街道绿地

街道绿地的主要作用在于阻挡尘埃，降低来自街道交通上的噪声，使树木与街道两旁建筑物配合以达到美化街景的效果，并给街上行人创造遮荫及休息的条件。

街道绿地主要形式有林荫道、行道树带、装饰绿带等。建筑前的沿街绿地也可列入街道绿地。

（二）小区和街坊绿地

小区街坊绿地，由于最接近居民，便于居民做短时期的休息和文娱活动，它对于改善居住卫生，改良小气候，美化生活环境可起很大作用。

小区绿地主要以游戏绿地、宅旁绿地及防护隔离绿地三部分组成。

（三）专用绿地

1. 工业企业、公共建筑地段上的绿地

在工业企业地段上，围绕车间以及沿着道路和企业用地边缘布置的绿地，对子降低有害气体，尘埃，生产噪声，以及美化生产环境，为职工创造良好的工作、休息条件具有一定的作用。

公共建筑地段上的绿地，随各种公共建筑性质而有所不同。如一般建筑前的绿地，主要为陪衬建筑。而医疗单位之绿地并可为病人创造辅助医疗条件。

2. 防护绿地

防护绿地对于改善城市自然条件和卫生条件具有重大的作用，防护绿地根据其功能大体可分为以下四种：

（1）防护风沙林地：保护城市免受大风，飞沙侵袭，一般位于城市外围上风地带垂直于风沙主导风向布置。

（2）卫生防护林带，介于工厂和居住用地之间。

（3）水土保持林地：在河岸、山谷、坡地栽植根部深广的树木，用以改良土壤、固定谷坡、稳定砂土、防止水土流失。

（4）由郊区或河岸海滨楔入市区的带形绿地，其作用是自郊区引入清风及新鲜空气。

3. 其他专门绿地

人为果园、花圃、苗圃、及不公开开放而为科研机构，教学机构专用的植物园，动物园等。

苗圃是花草树木的培育基地，是城市园林绿化建设基础，占有一定的面积，一般位于市郊。

（四）风景游览，休疗养区的绿地

园林绿地条件中的风景游览区利用城市郊区内天然风景优美，有大片水面、山丘、河湖、历史古迹等的地段加以规划修建的绿地，例如南京的中山陵园区、武汉的东湖、北京西山等即是此例。城市风景游览地一般距城市中心较远，主要供居民假日作较长时间逗留游憩之用。景色以自然风景取胜，但也须有必要的公共福利设施，如：旅馆、饭店、商店等。

在风景区内及和城市中心区之间须设置完善的交通设施。

有时风景游览区内还包括有休疗养区，夜宿地，少先队露营基地等。

休疗养区可选择在高山、森林、矿泉或海滨等具有特殊治疗意义的地区，如江西的庐山、江苏的太湖、北京小汤山、青岛等。如地理条件许可能在城市郊区或与风景游览区相结合当然更好（图 11–2）。

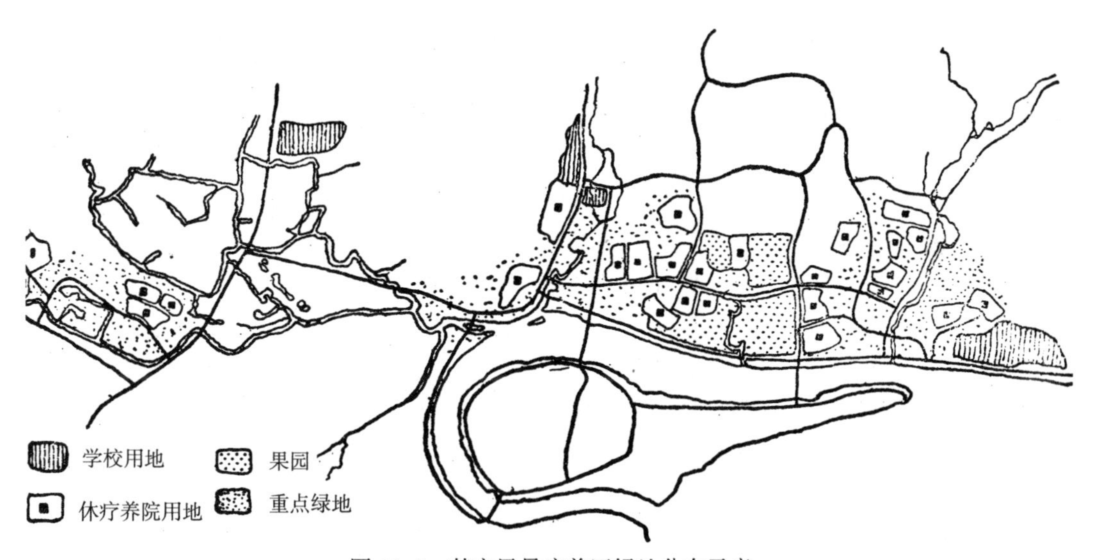

图 11–2　某市风景疗养区绿地分布示意

二、园林绿地的标准

（一）影响城市绿地标准的因素

城市园林绿地在城市总用地中的比重以及公共绿地的定额应该根据自然、卫生、经济条件，居民文化生活内容，美化城市，发展生产等方面的功能要求加以综合考虑。随城市情况不同，园林绿地在城市总用地的比重和公共绿地定额也应有所不同。 其影响因素如下：

1. 城市性质

不同性质城市对绿地要求也不同，如风景游览、政治经济文化中心的城市（北京、上海……）绿地标准与其他各类性质城市相比有所高低。

2. 城市中工业性质和工厂规模

城市中的卫生防护带与工厂性质、规模密切相关，绿地总面积亦随之而变。

3. 城市规模

小城市与城郊自然环境距离较近，故不需设置大型公园；而大城市人多，尤其是市中心地段，建筑密度较高，离城郊之自然环境远，故市内需设置具有一定规模的公共绿地以满足居民游憩的需要及改善城市自然气候及卫生条件，这样大城市绿地定额就较高些。

此外大城市有为科学研究机关设置动物园与植物园，而在中小城市往往并无此需要。

4. 城市自然条件

我国南方，夏日天气炎热，为了改善街道、住宅及居住街坊（小区）内的小气候，故绿地总面积可适当多些，北方地区寒冷，炎热季节较短，而有些地区对自然植物生长繁殖也较困难，故在拟定绿地占城市总用地的百分比时应考虑这一因素。

5. 城市现状条件

一般的旧城，建筑密集，不能拆除大量建筑物来增加绿地，因此公共绿地定额可以低些。

确定城市绿地定额，还必须考虑农业用地的情况，在农业生产的高产区域，城市中各项用地都要紧凑，园林绿地当然更不宜占用过多，反之在城市内有不宜于工程建筑和不宜农业生产的破碎地形，可利用来作绿地，则定额可相应提高。

（二）各类园林绿地标准的确定

在城市总用地中绿地的比重及公共绿地定额只是大致的控制幅度。不同城市的园林绿地标准必须根据不同的具体条件拟定。

1. 城市绿地总面积

城市绿地总面积以占城市总用地的百分比来表示。城市绿地总面积应根据城市对园林绿地的功能要求，并综合许多城市的建设经验来加以分析，研究确定。

例如，根据苏联规划与建设经验，一般城市中绿化用地总面积约占城市总用地的50%—55%，根据林学上的研究，一个地区的植物被覆率至少应在30%以上，才能起改善气候的作用。疗养学上则认为有舒适的休疗养环境其绿地面积希望达到50%以上。

由于绿地面积并不完全是植物被覆面积，所以为了改善小气候及城市气候，绿化用地总面积至少须占城市总用地的30%左右。

综合以上情况，建议一般城市的绿地总面积可考虑为30%—50%左右。

2. 公共绿地定额

公共绿地定额以城市居民每人占若干平方米表示。城市公共绿地面积是根据居民生活所需的公园、街道绿地面积加以综合计算而制定的。

根据苏联经验城市居民所占公园的面积可以下列公式计算得出：

$$F=\frac{P\times N\times f}{N}=Pf$$

F= 城市中每个居民所占公园面积。

P= 单位时间内最高游人数占城市总人口的百分比。

N= 城市总人口。

f= 每个游人在公园中所需面积。

式中 F，P，f 值的求得需要根据中国具体情况，作一番调查研究工作。

必须说明公共绿地定额在近期不应定得过高，以上海和北京为例，解放十几年来，虽然这些城市园林建设的发展是较快的，但到目前为止，上海每人公共绿地仅占 0.85 平方米，北京也仅为每人 3 平方米，由此可见，在近期公共绿地定额过高是不现实的。

3. 小区园林绿地面积

一个城市的绿化水平，不仅反映在公共绿地的多少，而小区的绿地面积提高，做到普遍绿化，对实际生活意义很大，因为这类绿地最接近居民，能为居民方便地利用。

小区的绿地定额应根据改善环境卫生和小气候，便于组织家务活动，满足文娱休息需要等方面的要求综合考虑。生活区的地形，建筑层数，特别是小区的建筑布局形式对小区的绿地定额有很大影响。

在我国城市规划工作中，小区、绿地的面积一般可考虑为该区总面积的 50%左右。

小区、街坊的绿地定额一般以占街坊、小区用地的百分比来表示，但是也有用每居民平均占有的面积（平方米）来计算的。

根据苏联城市建设经验，它随建筑层数不同而变化，一般小区、街坊绿地面积约占小区、街坊总用地的 30%—60%，因此幅度是很大的。

4. 防护绿地面积

防护绿地定额随城市自然危害程度及工厂有害气体对居住区之影响程度而定。

卫生防护带宽度定额一般须遵循国家建委和卫生部共同颁发的“工业企业设计暂行标准”，根据不同工厂散发有害气体，烟尘和噪声的程度，分别定为 1000 米、500 米、300 米、100 米和 50 米五类[1]。

在防护带里，可以平行地营造 1—4 条主要防护林带，并适当布置垂直的副林带，林带的间隔和宽度可采用下列数字。

表 11-1

工业企业等级	卫生防护带宽度（米）	卫生防护带数目（条）	林带宽度（米）	林带间隔（米）
Ⅰ	1000	3—4	20—50	200—400
Ⅱ	500	2—3	10—30	150—300
Ⅲ	300	1—2	10—30	150—300
Ⅳ	100	1—2	10—20	50
Ⅴ	50	1	10—20	—

在穿过城市的铁路两侧都应该营造宽度在 20—30 米左右的林带。

5. 专用绿地的面积

专用绿地（苗圃、植物园）其面积，范围应随当地条件，及生产要求而定。

此外以上所引的绿化标准均系参考数字，在实际规划工作中还要根据具体条件，进行

[1] 参看第七章。

具体分析。

以苏州为例，苏州市是历史悠久的一个南方城市，城市中遗留下来的古代小型园林较多，但另一方面城市中建筑密集，一般建筑密度达50%，除极少数的地主官僚宅邸外，根本谈不上绿化。目前每人平均公共绿地仅0.36平方米，像这样现状复杂，建筑密度又较高的旧城，要在若干年内将公共绿地由每人0.36平方米骤然增加过高是脱离实际的。因此苏州在规划中，采用的定额指标较低，具体措施是一方面修复原有的旧园林，结合道路改建搞好街道绿化，并将配合旧城改建，逐步将沿河地带加以绿化；另一方面根据需要在适当时期新建一两处新型园林，与此同时，从改善居住区的卫生条件出发，进行小区街坊的普遍绿化，以改变城市的旧有面貌，这样是符合实际情况而且也是现实可行的。

三、园林绿地的用地选择

要充分发挥城市园林绿地在文化休息、卫生、美化等各个方面的作用，除了正确地确定城市园林绿地的类别及定额以外，更重要的还在于合理选择园林绿地的用地，妥善进行规划布置，使之具有完美的结构布局。

在城市园林绿地系统中，小区绿地与工业企业，公共建筑地段上的绿地一般不单独的进行选择，它们的位置取决于住宅及这些机构的用地要求。

其他的园林绿地则需考虑其用地地形、地貌等自然条件，城市现状以及各种绿地不同的规划要求。

从自然条件及现状条件方面来看，一般应尽可能选择下列地段作为园林绿化用地，以有利于创造优美的自然风景。

（1）利用现有各种绿化地段，如公园、小游园、苗圃等加以扩充；

（2）现有森林及大片树丛的地段；

（3）名胜古迹所在地；

（4）地形起伏，山丘河湖所在地段；

（5）不宜修建而尚能绿化的地段，如松土地段、地下水位过高的地段、多沟地区、有时曾受部分淹没的地段等等。

第三节　城市园林绿地系统规划

一、城市园林绿地系统的规划原则

（一）城市园林绿地在城市中要均匀分布，连成系统，市区和郊区绿地相结合，集中和分散相结合，重点和一般相结合

城市各种类型的绿地负担不同的任务，各具特色，大公园内容丰富，设施齐全，可以综合地满足全市居民在文化休息各方面的要求，而分散的小公园，林荫道以及小区、街坊内的绿地等则可以满足城市居民经常的休息要求。各类绿地在城市中应大体上能做到均匀分布，并有一定的服务半径，保证居民能方便地利用。

在布置公园时，应把市区内部园林绿地与城市郊区绿化结合起来，即市内园林绿地与城市周围的山丘、河湖、农村公路、水渠的绿化以及农村的防护林带、郊区的风景游览绿地、铁路公路两旁的绿带，联系起来（图11-3）。大型公园和小型公园、林荫道等结合起来，集中与分散相结合，重点经营的绿地和普遍绿化相结合以联成系统，这样不仅可美化城市，

便于不同年龄不同需要的居民随时接触绿地，生活在园林绿地之中，并且由于各种绿地相连也更能改善城市的小气候。

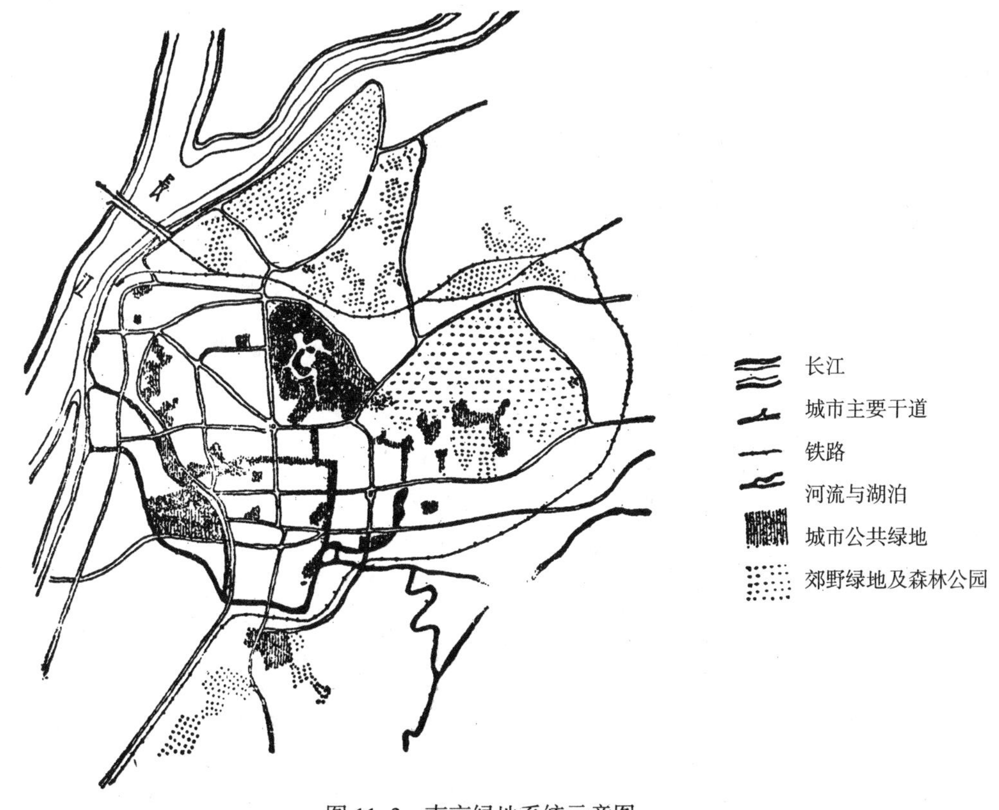

图 11-3　南京绿地系统示意图

（二）城市园林绿地规划必须结合当地特点，因地制宜

各地区各城市情况错综复杂，绿化条件及要求各不相同，因此城市绿化规划必须结合当地特点，各种绿化用地必须根据地形、地貌等自然条件，城市现状和规划造景进行选择，充分利用名胜古迹、山川河湖、组成美好景色。例如杭州绿地系统规划充分利用西湖及钱塘江的自然条件（图 11-4）；斯大林格勒充分利用伏尔加河沿岸及冲沟等破碎地形进行绿化，组成系统（图 11-5）。北方城市要特别注意防止风沙，南方城市要多考虑通风，降低气温，工业城市要多考虑防护、隔离，风景疗养城市则不要使工业破坏风景名胜。

我国许多有名城市，如北京、西安、洛阳等，文物古迹很多，在规划时，应有意识地它们组织到园林绿地系统中，并成为风景构图不可分割的一部分。

（三）城市园林绿地规划要有发展观点，考虑远近期相互结合

既要有远大理想，又要有近期措施，在全面规划的指导下，分期建设，逐步实现。

二、城市园林绿地系统的规划布局

城市园林绿地系统根据各城市的具体条件，可以有不同的组成形式。例如：

分片布置：在旧城改建情况下，建成区内建筑密集、街道狭窄，不易得到大片和连接的用地时，这种布局形式是现实的。但在新建城市中采用分片布置方式往往不易形成系统，

图 11-4　杭州绿地系统

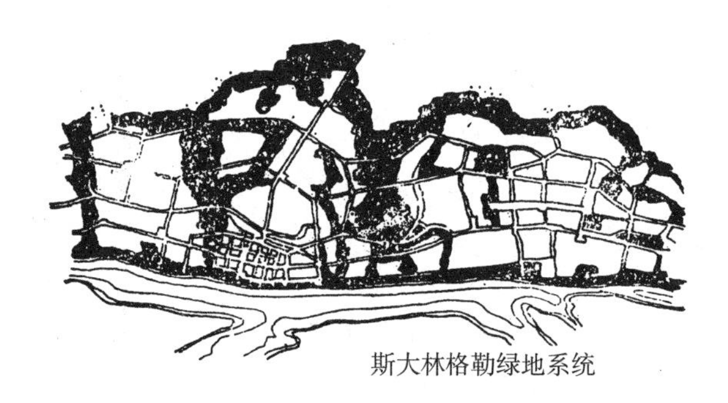

绿地系统的规划应该因地制宜结合地方特点

图 11-5　斯大林格勒绿地系统

对改善城市小气候作用差。

带状布置：这种形式主要以林荫道、街心花园、公园等为主体，其布置形式常随城市主要街道、道路系统、防护绿地的形式变化而变化，其布局意图是以城市主要街道的绿带联系城市各主要园林绿地而组成系统。

这种布局的优点是易于表现城市面貌，美化城市，其缺点是增宽了街道用地，使城市其他用地及管道长度都相应增加。

楔状布置：这种布置形式的主要意图是使城郊大片自然林地，形成通风道引入新鲜空气，以改善中心地区的卫生状况。

以上只是近乎理论性的分析，在实践中绿地系统的布局结构常常随城市大小、自然、现状条件不同，形成很多不同形式。一般小城市占地小，现状简单，绿地少，绿化系统简单。而大中城市现状复杂，绿地系统也较复杂。城市园林绿地最好能做到“点”（小区绿化、小型绿地等）“线”（街道绿化，通风绿带，防护绿带等）“面”（大公园，风景游览绿地等）相结合。城市绿地和郊区绿地相结合，与城市其他组成部分的规划，特别是建筑规划，道路规划，河湖系统规划等密切结合起来，综合研究，统一安排，结合成完整的整体。参看图 11–4 及图 11–6。

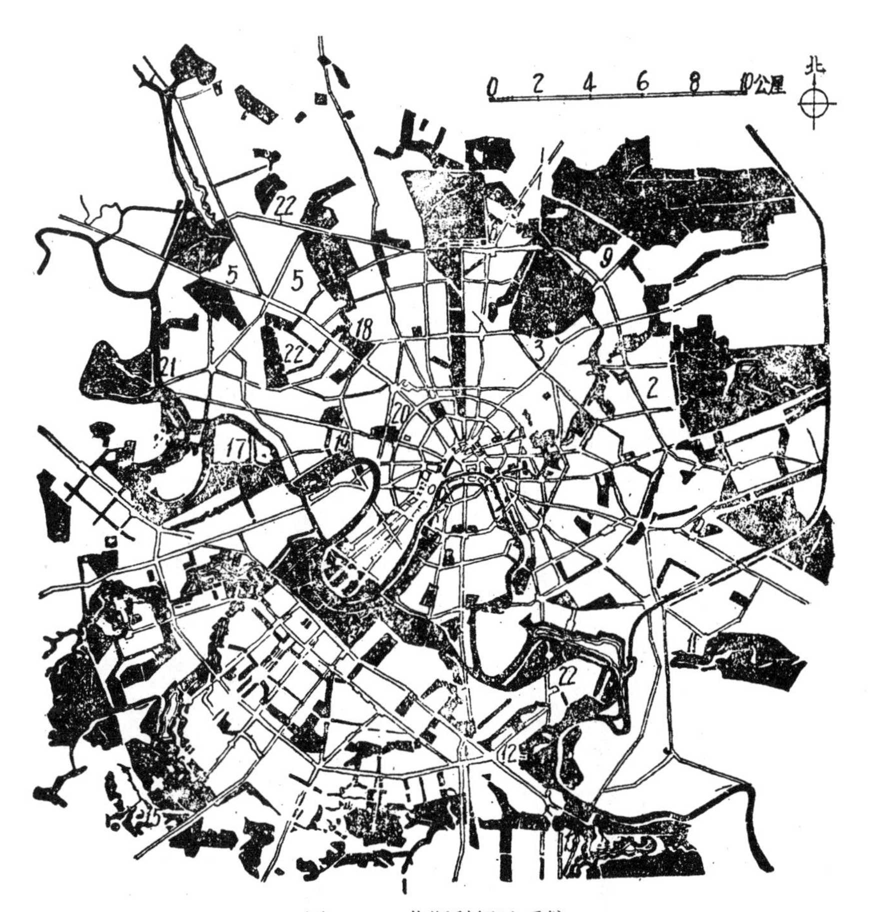

图 11–6　莫斯科绿地系统

园林绿地系统从属于城市的总体布局，一般以采用不规则绿地网为骨架的布置形式居多。城市郊区的防护绿地，风景游览绿地等大片绿地，通过楔入城市中心的通风绿带和街道绿地，与市中心的公园联系起来；城市中的公共绿地也都与不规则的带状绿地加以联系，这样就形成了联系各居住区的绿地网，以这种绿地网为骨架，紧密联系街坊、小区绿地、工业企业及公共建筑地段上的绿地，就组成了城市的绿地系统。

第十二章　城市公共建筑与市中心

公共建筑是城市重要组成部分之一，它与城市居民日常生活和工作有着密切的联系。在社会主义城市中，公共建筑的项目和内容是丰富多样的，充分反映着在生产发展的基础上不断满足广大劳动人民在物质和文化生活方面的需要，体现了党和政府对劳动人民的无限关怀。

第一节　公共建筑的分类及其指标的确定

城市中各级行政经济机关及各种为城市居民服务的文化娱乐、商业服务等建筑均属城市公共建筑。

一、公共建筑的分类

（一）城市中的公共建筑按使用性质可以分为十个系统

（1）行政经济管理机构：各级党政机关、社会团体、银行、邮电部门等；

（2）儿童机构：幼儿园、托儿所；

（3）教育机构：高等学校、中等专业学校及中、小学；

（4）医疗卫生保健系统：医院、门诊所、防疫站等；

（5）文化娱乐系统：图书馆、文化宫、电影院、剧院、游乐场所等；

（6）体育系统：运动场、体育馆、游泳场等；

（7）商业系统：百货商店、商场、食品商店、专业商店等；

（8）公共饮食系统：食堂、饭菜馆、小吃店、冷饮店等；

（9）公共服务系统：旅馆、理发馆、浴室、洗衣店、照相馆、修补服务业等；

（10）其他公用设施系统：消防站、车库等。

（二）按公共建筑规模大小及服务范围不同一般可分为三级

（1）全市性的；

（2）居住区级的（大城市有时由几个生活区组成市分区级的）；

（3）小区级的。

在小城市或工人镇规划中，可以根据具体情况分全市和小区（或街坊）两级。

全市性的公共建筑为全市居民服务，一般数量少，布置较集中，居民使用频率不大，如博物馆、百货公司以及市级行政经济管理机关等。居住区级公共建筑服务范围为城市的一个区，一般包括为几个小区或街坊共同使用的行政经济文化福利设施。

小区级公共建筑服务的对象是小区或街坊范围内的居民，一般规模较小、数量较多，如小学、商店、食堂等。

二、公共建筑指标的确定

确定各项公共建筑指标，应切实贯彻勤俭建国的方针。公共建筑属于非生产性建设，它只能在生产发展的基础上逐步地进行建设。因此确定指标必须从现实条件出发，远近结合，以逐步满足人民生活的需要。

城市公共建筑的根本目的是为广大劳动人民的生活需要服务。但满足生活需要的程度应结合可能条件，分别考虑。根据有些新建城市的调查，一般情况下，首先需要修建一些主、副食品商店、门诊所、理发店、邮电所、银行、学校等，其次才是文化娱乐设施如俱乐部、影剧院等，最后才修建一些行政机关和较大型的公共建筑。另外，为了节约近期建设投资，很多城市往往在近期先修综合性的公共建筑，例如综合商场、包括商业、服务、饮食等，然后再逐步建设专业性的设施。另外，在近期还可以设一些临时性的、简易的设施来满足当前需要，我国很多的城市原有的一些流动性设施（如摊贩、流动修理等）对居民方便，也可以充分利用。

在确定公共建筑指标时，还应考虑以下的因素：

（一）城市的规模及性质

不同规模的城市，其公共建筑的规模、设备完善程度和配置的项目是有区别的，如大城市中除了有综合性医院外，还有各种专业性医院，如中医医院、口腔医院、传染病医院、结核病医院等等，小城市中可能只有一个综合性医院和其他专业性的防治所，规模也要比大城市小。

城市的性质不同，所采用的指标也会有所不同，例如风景休疗养城市中旅馆和休疗养院的指标要比工业城市高一些；交通枢纽的城市，流动人口多，旅馆和其他饮食服务行业设施也相应地比较多。

（二）人民生活习惯的特点

由于我国幅员广大，又是多民族的国家，人民生活习惯不同，公共建筑的项目、规模和指标在各个地区也有一定差异，例如北方城市中有溜冰场，南方城市中多游泳池。各个地方有很多适合人民生活习惯带有地方特点的项目：如市场、茶馆、书场等公共建筑，在规划中应按各城市具体情况加以考虑。

（三）城市人民公社的建立，为城市公共福利设施增加了新的内容和要求

生活集体化和家务劳动社会化使公共食堂、幼儿园、托儿所等公共建筑的规模和指标发生了一定的变化。城市中各种服务站的设立，也是需要考虑的新问题。在制定指标时，应研究这些社会生活中新因素的发展所提出的要求。

除此以外，公共建筑本身的组织形式、服务内容、技术设备水平和劳动效率等因素，在一定程度上也影响着城市公共建筑的规模和指标。例如由于某些服务设施的机械化程度提高，就可以大大提高效率，并且影响指标的变化。另外，在确定指标时也必须调查研究，考虑对现有公共建筑进行充分利用，挖掘潜力。这一点在扩建、改建的城市中更有重要意义。

由此可见，城市公共建筑的规模和指标所涉及的因素是很复杂的，在确定时，必须贯彻党的方针政策，因地因时制宜地分析各种条件，才能做到经济合理。

在总体规划阶段，主要是确定全市公共建筑概略的用地指标，作为计算及控制生活居住用地之用，在详细规划中才进行具体项目的计算。

确定公共建筑指标，一般有如下几种方法：

（1）托儿所、幼儿园、小学、中学等公共建筑的指标可根据城市适龄儿童所占的比例和入学率（或入托率）来确定。

根据我国 1958 年统计，全国城镇人口平均年龄构成中，入托儿所的适龄儿童（0—3 岁）占 15%；入幼儿园的适龄儿童（4—6 岁）占 9.3%；适龄入小学的（7—12 岁）占 12.5%；适龄入中学的（13—

18岁）占8.4%。各城市在规划时可以按具体情况不同，结合现状调查，采用相当的数字。一般新建城市的比例低一些，旧城市的比例高一些。

入学率（或入托率）是由国家政策和经济情况所决定的。就全国而言，入学率（或入托率）是逐年增长的。例如，全国小学的适龄儿童入学率，1953年为50.34%，1958年为85%，城市中更高一些。

根据适龄儿童的年龄比例和入学率（或入托率）可以求得城市入学（或入托）的总人数及每千居民所需的座位数（或称"千人指标"[1]）。然后根据每个座位所需要的建筑面积和用地面积（教育部曾有规定），计算出总的建筑面积和用地面积。

（2）根据各系统和有关部门的规定来确定指标。

如公安局、邮电局、银行、消防站等公共建筑的指标，各部门根据业务的需要，在一定时期内都有一些规定。例如，中国人民银行总行在1955年曾规定：银行设置，每千人按1.5个工作人员计算，每个工作人员所需的建筑面积为5—7平方米，用地面积为10平方米。这些指标可直接作为规划时的参考。

（3）根据生活需要，通过现状调查及参照其他城市经验而进行计算的指标。

例如，在确定理发店指标时，可以对城市人口构成情况、经常去理发店的人数比例、每人每月平均理发次数、职工劳动生产率等因素加以调查和分析，然后进行计算。假如某新建工业城市，总人口为2万人。在建设初期，男职工多，经常去理发店的人数比例较高，假定采取60%（北京、包头现状均在50%左右）。按每人每月平均理发1.5次计,则每月的座位周转总次数为: 20000 × 60% × 1.5=18000人次。如果劳动生产率为每一职工每月平均理400人次（男子），则共需座位：18000 ÷ 400=45座位。折合千人指标为2.3座位 / 千人。每个座位的建筑面积根据实际需要和理发店等级而有所不同，一般在5—6平方米 / 座位。关于用地面积，一部分服务设施附设在住宅底层或其他商业及服务性公共建筑物内，因此用地面积即等于建筑面积，不必另行计算。如果是独立性的公共建筑，其用地面积则可在满足卫生及防火要求的条件下，采取适当的建筑密度进行计算。其他如浴室、门诊所、食堂等指标，亦可采用类似的方法确定。

另外，有些地方特点的项目，如茶馆等，决定于当地人民的生活习惯，因此必须在现状分析的基础上来确定。

（4）非地方性的公共建筑，如中央、大区及省级行政经济机构、科学研究机构、高等及中等专业院校等，由于它们主要不是根据当地城市居民的需要来确定，因此都不列入城市公共建筑项目来计算。一般可以根据有关部门的计划确定，但对其用地指标仍然需要加以控制。

第二节　公共建筑的布置

一、公共建筑布置的一般要求

社会主义城市建设的计划性，使得各种公共建筑有可能均匀地、有系统地分布。其布置的一般要求如下：

（一）公共建筑应具有合理的服务半径

服务半径一般是指公共建筑到其所服务范围最远一点的直线距离，其中包括着时间与距离两个含义。决定合理的服务半径要考虑下列因素：

---

[1] 千人指标：城市规划中计算逐项公共建筑需要量时，一般以每千居民为计算单位。例如，每千居民需要电影院座位十二个，千人指标即为12座位 / 千人。

某五万人口新建小城市的公共建筑定额指标计算表　　表 12-1

编号	名称	平均计算指标			需要量						说明
		以每千居民为单位的计算指标	单位指标		建筑面积（平方米）	用地面积（公顷）	总容量	设置处数	每处平均容量	每处用地面积（公顷）	
			建筑面积	用地面积							
1	2	3	4	5	6	7	8	9	10	11	12
	一、行政经济管理机构										
1	市级行政机构		50 平方米 / 每千居民	120 平方米 / 每千居民	2500	0.6		1		0.6	包括市人委所属各局及市工会等人民团体
2	区级行政机构		20 平方米 / 每千居民	50 平方米 / 每千居民	1000	0.16		2		0.08	全市分两个区，每区为 25000 人，在有些小城市中可作一个区考虑
3	人民银行		10 平方米 / 每千居民	20 平方米 / 每千居民	500	0.1		2		市 0.06 区 0.04	市、区级各一处，储蓄所可分布在住宅底层不作计算
4	邮电局		12 平方米 / 每千居民	24 平方米 / 每千居民	600	0.12		2		市 0.08 区 0.04	市、区级各一处，邮电所可分布在住宅底层不作计算
	二、儿童机构										
5	托儿所	30 座位 / 每千居民	5 平方米 / 每座位	15 平方米 / 每座位	7500	2.25	1500 座位	10	150 座位	0.225	1—3 岁为托儿所年龄约占城市总人口的 12%，如 25% 入托，则为 30 座位 / 每千居民
6	幼儿园	40 座位 / 每千居民	4 平方米 / 每座位	12 平方米 / 每座位	8000	2.4	2000 座位	10	200 座位	0.24	4—6 岁为幼儿园年龄约占城市总人口的 10%，如 40% 入园，则为 40 座位 / 每千居民
	三、教育机构										
7	小学	60 座位 / 每千居民	3 平方米 / 每座位	10 平方米 / 每座位	9000	3.0	3000 座位	5	600 座位（12 班）	0.6	7—12 岁为小学年龄约占城市总人口的 12%，为 6000 人，如全部入学，则为 100 座位 / 每千居民，如按二部制考虑则千人指标减低 50% 为 60 座位 / 千居民

续表

编号	名称	平均计算指标			需要量						说明
		以每千居民为单位的计算指标	单位指标		建筑面积（平方米）	用地面积（公顷）	总容量	设置处数	每处平均容量	每处用地面积（公顷）	
			建筑面积	用地面积							
1	2	3	4	5	6	7	8	9	10	11	12
8	中　　学	60座位 / 每千居民	4平方米 / 每座位	11平方米 / 每座位	12000	3.3	3000座位	3	900座位（18班）	1.1	13—18岁为中学年龄约占该市总人口的8%为4000人，如全部入学，则为80座位 / 每千居民
	四、医疗卫生保健机构										
9	综合性医院	6床位 / 每千居民	40平方米 / 每床位	100平方米 / 每床位	12000	3	300床位	1	300床位	3	
10	门诊所	20求诊人次 / 每千居民	2.5平方米 / 每人次	12平方米 / 每人次	2500	1.2		6		0.2	
	五、文化娱乐系统										
11	电影院	12座位 / 每千居民	1.5平方米 / 每座位	3平方米 / 每座位	900	0.18	600座位	1	600座位	0.18	
12	剧院	15座位 / 每千居民	3平方米 / 每座位	6平方米 / 每座位	2250	0.45	750座位	1	750座位	0.45	
13	俱乐部	10座位 / 每千居民	4平方米 / 每座位	10平方米 / 每座位	2000	0.5	500座位	1	500座位	0.5	
14	图书馆		20平方米 / 每千居民	50平方米 / 每千居民	1000	0.25		1		0.25	
	六、体育系统										
15	运动场			0.8平方米 / 每居民		4		1	2公顷		全市性
								2	1公顷		设在居住区
	七、商业系统										
16	百货商店	5个营业员 / 每千居民	10平方米 / 每个营业员	20平方米 / 每个营业员	2500	0.5		1		0.2	市　级
								3		0.1	区　级
17	食品商店	1.5个营业员 / 每千居民	10平方米 / 每个营业员	20平方米 / 每个营业员	750	0.15		1		0.07	市　级
								2		0.04	区　级
18	综合商店	2个营业员 / 每千居民	8平方米 / 每个营业员	15平方米 / 每个营业员	800	0.15		10		0.015	设在居住区
	八、公共饮食系统										
19	饭馆及小吃店	10座位 / 每千居民	3平方米 / 每座位	5平方米 / 每座位	1500	0.25	500座位	3	100座位	0.05	饭　馆
								4	50座位	0.025	小吃店

续表

编号	名称	平均计算指标			需要量						说明
		以每千居民为单位的计算指标	单位指标		建筑面积（平方米）	用地面积（公顷）	总容量	设置处数	每处平均容量	每处用地面积（公顷）	
			建筑面积	用地面积							
1	2	3	4	5	6	7	8	9	10	11	12
20	公共食堂	100座位/每千居民	2.5平方米/每座位	3平方米/每座位	12500	1.5	5000座位	20	250座位	0.075	按在居住区内食堂就餐人数为总人口的30%座位周转系数为3，得100座位/每千居民
	九、公共服务系统										
21	旅　馆	10床位/每千居民	6平方米/每床位	12平方米/每床位	3000	0.6	500床位	2	200床位	0.24	
								1	100床位	0.12	
22	理发店	2座位/每千居民	5平方米/每座位	12平方米/每座位	500	0.12	100座位	1	20座位	0.024	
								8	10座位	0.012	
23	浴　室	2座位/每千居民	6平方米/每座位	15平方米/每座位	600	0.15	100座位	1	100座位	0.15	
24	综合服务修理店		40平方米/每千居民	80平方米/每千居民	2000	0.4		2		0.04	区级
								20		0.016	设在居住区内的服务站
25	照相馆		4平方米/每千居民	8平方米/每千居民	200	0.04		2		0.02	
26	缝纫及洗染店	3职工/每千居民	6平方米/每职工	20平方米/每职工	900	0.3		10		0.03	
27	书　店	0.4职工/每千居民	20平方米/每职工	30平方米/每职工	400	0.06		2		0.03	
	十、其他公用设施系统										
28	消防站		10平方米/每千居民	30平方米/每千居民	500	0.15		1		0.15	

（1）使用频率：如使用频率高、次数多的公共建筑物（小学校、幼儿园和托儿所、食堂等），分布的服务半径要小，以节约居民每天往返的时间和精力。

（2）服务对象：公共建筑因服务对象不同对服务半径也有不同的要求，如小孩上学或上托儿所的路途不宜太远，中学距离可大些，为旅客服务的旅馆就应当靠近交通的枢纽点等。

（3）自然条件：如山区城市，由于地形的特点就形成了交通上的特点，其实际的交通距离有时比平面距离要远得多，因此，服务半径的平面距离要比平原城市小些。

（4）城市交通的方便程度：各种行驶速度不同的交通工具直接影响着居民往返的时间，如在一些交通较发达的情况下，区中心的服务半径可以大些。

（5）人口密度的影响：在人口密度大的地区公共建筑物的需要量就大些，从而反映到平面距离上服务半径较短，人口密度小的地方服务半径可能大些。

其他，还有些特殊的要求：如消防系统中消防站设置按规定要在发生火警三分钟内到达现场，这就需要按附近道路交通性能来考虑分布了。

（二）各类公共建筑之间应有机联系，分级、成套配置

根据各类公共建筑的不同性质，服务范围进行分级布置，并使各级公共活动中心公共建筑的内容成套，以满足居民日常生活的多种需要。布置公共建筑时应满足其使用上相互连系的要求，如在剧院、电影院附近有时需布置一些餐馆、小卖店等；在火车站及其他交通枢纽附近，就需要布置为旅客服务的旅馆、饭店等。

在布置中，还要避免不同性质的公共建筑之间可能产生的相互干扰，而影响正常的使用，如学校、医院等要求有安静环境，不应与比较喧闹的影剧院、商店之类布置在一起。

（三）公共建筑的布置应既便于居民使用，又便于经营管理

如商业建筑过分集中，则会使居民使用不便，但如过分分散，对经营管理是不经济的，同时也会造成使用的不便。

（四）公共建筑布置应考虑合理组织城市交通的要求

公共建筑往往是人流、车流的重要集散点，合理分布公共建筑，可为合理组织城市交通创造条件。

（五）公共建筑布置应考虑分期建设，近远结合的要求

它应从近期出发，根据近期投资和具体修建项目，充分考虑当前居民生活的迫切要求，充分利用现状基础，结合远景发展的需要，进行布置。

（六）公共建筑布置应考虑组织城市艺术面貌的要求

城市公共建筑大多数是根据以上要求按其服务范围，分别布置在市中心、区中心或小区、街坊内。另外，有一部分公共建筑，为了要满足一些特殊的要求，往往不布置在各级生活中心内，例如：医院应该布置在卫生条件较好的地段上。如最好能建在可以防止烈风、不受工业和交通频繁的干道影响，并邻近园林绿地的地段上，使之有一个安静、卫生的自然环境，并与城市生活区有方便的交通联系。体育场可与公园结合亦可单独设置，如与公园结合设置必须有单独的出入口。当体育场规模较大时往往必须单独设置。此外，占地较大的文化教育科学研究机构，一般可布置在城市中心地区以外，有时可布置在其需要紧密联系的工厂或农业用地附近，如农业学校等即可接近郊区。

二、旧城中公共建筑的调整问题

旧城市中某些公共建筑数量少，分布又极不均匀，不能符合生产、生活发展的需要，

必须进行有计划地调整。

旧城公共建筑调整方法一般有：保留、合并、迁移、转化和补充等几种。

（1）保留：建筑质量好，位置适中，与远景规划没有严重的矛盾，规模大的公共建筑，规划中可予保留。质量尚好位置适中，但使用面积不够，有扩建条件的，可考虑扩建。那些建筑质量较好，但位置不适当，则近期可保留，远期可考虑改变建筑物的使用性质。旧城市中具有历史意义的古迹等文物建筑，或与当地风俗习惯关系密切的公共建筑，虽然建筑质量较差，也应加以保留，必要时予以修缮或重建。

（2）合并：分散零乱、性质相同的和在一地区内项目重复过多的公共建筑，可以根据具体情况适当加以合并，但要防止将那些与居民生活关系密切的项目过分集中，造成居民生活的不便。

（3）迁移：把一个地区集中过多的公共建筑或不宜建在当地的公共建筑，调整到需要或更适合的地方去。

（4）转化：例如随着服务性手工业生产组织的改变，有的从手工业、半商业转化为工业或商业，调整时应全面考虑生产生活的需要，统一安排。

（5）补充：缺项或数量不足的公共建筑，如儿童机构、小学以及保健、文娱、体育等机构应根据需要逐步补充新建。

旧城公共建筑的调整，常涉及商业、服务业、文教卫生及其他公用事业部门的行业的调整问题。因此必须在各有关部门本身的调整计划的基础上，与各单位密切配合，共同提出规划方案，才具有现实意义。

第三节　城市中心的用地选择

城市中心是城市居民政治、经济、文化生活的中心，它是由全市性主要公共建筑按其功能要求并结合道路交通、绿化等要素有机组成的。

城市中心所在地实际上就是人们概念中认为经常在政治、文化生活中起重要作用的广场、干道和建筑群（例如北京市的天安门、东西长安街一带）。因而城市中心往往是指一个地区的范围而言。市中心也往往是一个城市的构图中心。在较大的城市中，除了有全市性的市中心外，各个区还有各区的公共活动中心。

城市中心是逐步形成的，它是随着社会经济制度的变更及城市本身的发展而发展的。在不同的社会制度下，市中心的用地选择和规划有着本质的区别。

社会主义的城市中心是整个城市功能结构的有机组成部分，城市中心的选择是结合城市总体规划来进行的，因此它可以综合地考虑人们工作、生活的要求以及城市交通、建设的工程技术经济及城市艺术的要求，合理地进行。

城市中心的位置选择应根据以下四方面基本要求：

（1）交通上的要求：从交通要求来看，市中心应尽可能布置在城市用地的适中地段。城市中心如过分偏于任何一方，不但会造成另一方向居民使用的不便，而且增加了城市的交通负担，也是不经济的。城市中心应与城市交通干道有密切的联系，与重要的对外交通枢纽如火车站、码头等有方便的联系，同时又应避免过境交通的干扰。

（2）城市中心的位置选择应与城市用地的发展相适应，使远近结合。市中心区的位置选择应与城市的发展方向相适应，二者的发展方向一般应一致而不应相反，以便使市中心在近期有可能比较适中，而远期能趋向于合理。在新城市建设中，往往需要把为全市服务的公共机构布置在近期建设的地段以内或附近，因此往往要在近期建设的地段附近建设一些不大的为近期居民服务的公共机构，当城市用地发展到适当的程度再建设较大的市中心建筑，而将第一期建设的机构作为一个区的生活中心。如果在近期建设中将全市性的大公共建筑孤立地建设在远景发展的市中心区而目前尚属于郊区的地段，必然会造成使用上的不便以及投资的浪费。

由于市中心建筑群建成的过程比较长，而城市又在不断发展，城市总体规划亦在不断地修改，公共建筑的项目、规模等要求亦在发展变化，因此市中心用地布置也须在大体确定的原则下，随着条件的具体化，进行必要的修改。

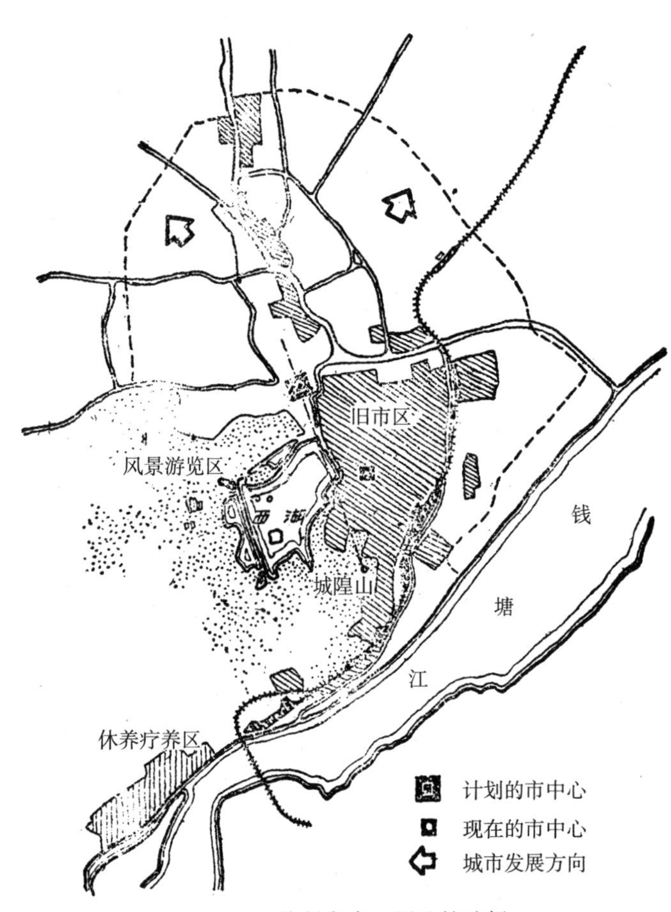

图 12–1　杭州市中心用地的选择

杭州市中心的位置选择在旧市区、风景游览区和新工业区之间。与城市的各区、火车站、客运码头等都有方便的联系，既便于近期为旧市区服务，又能符合城市远景发展的需要。由于它接近西湖，其中心轴线直对城隍山顶，所以易于形成良好的艺术面貌和体现风景城市的特色。在选择用地时还注意了避免过境交通的干扰和争取良好的朝向。从近期建设的现实性来看也是合理的，可以避免房屋拆迁和减少土方工程

（3）市中心位置选择应考虑城市艺术的要求。从这个意义来说，城市中心最好选择在地势较高或较显著的地段，使它便于形成城市的布局中心。在可能条件下，使市中心用地接近水面，可以增添市中心的景色，如杭州市的中心及济南市中心，苏联斯大林格勒市中心均接近水面。（见图 12–1，图 17–1，图 17–20）在旧城改建规划中，城市的中心可与历史上的名胜古迹相结合。

（4）市中心位置选择应满足建设的经济要求。因此必须要充分利用现状基础，避免大量地拆除现有建筑及废弃现有的工程管理网及道路等物质要素。在旧城市改建、扩建规划中，必须调查研究原有市中心的实际状况，同时分析城市发展对市中心建设的要求，做多方案比较，以决定新的市中心是否在原有基础上改建、扩建或迁移另建。

市中心用地选择亦应考虑必要的工程地质、水文地质等条件，使修建时不需进行很大的工程措施。

市中心根据其规模大小可布置为一个广场、一段街道，或一组广场群，或若干广场及

街道的组合。

城市中心沿街带状地布置，有利于组织城市街道艺术，丰富街景，形成热闹的大街。如干道交通量较大，而街道两侧又布置商业和文化娱乐建筑，则行人要经常穿越街道，不够安全也不利于城市交通。

城市中心用地成片地围绕广场进行布置，可以使多种类型的公共建筑适当集中地布置在一起，同时满足居民多种活动的需要。我国旧城市中有许多商场亦为成片布置的一种形式，它们至今还为群众喜爱，如北京的东安市场，重庆的群林市场等。此种布置方式易于组织城市交通，另外各类建筑集中同一地段进行布置，可以综合地考虑其日照、通风、交通等要求。但此种方式对街道艺术面貌的形成作用较少。过多集中的成片布置公共建筑反会不便于居民使用及增加城市交通组织的复杂性。

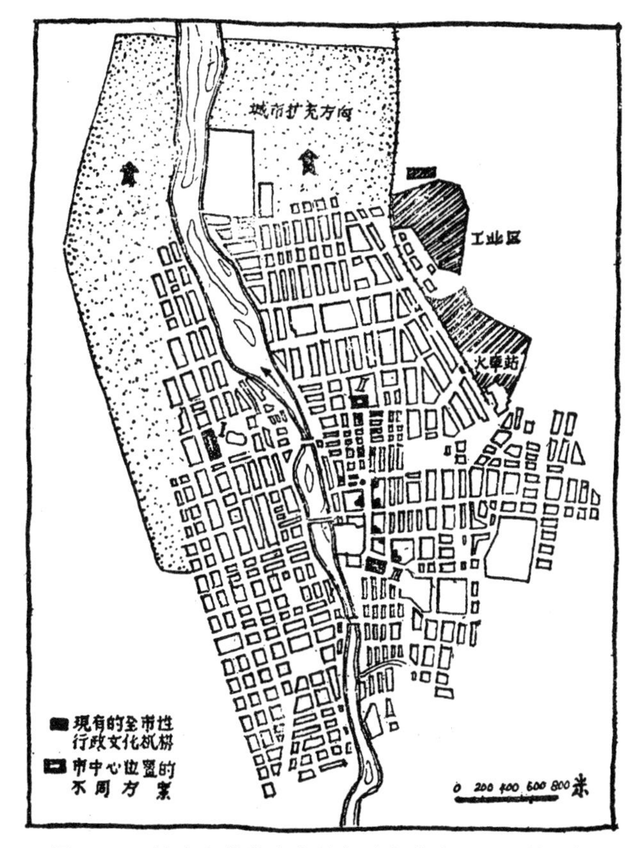

图 12–2　德查乌德什卡乌城行政文化中心用地的选择

在小城市中由于用地规模比较小，城市中心的用地可以比较集中（如布置在一个广场上或一段街道上）。中等城市中心可以集中为主和适当的分散相结合。在大城市和特大城市中，公共建筑项目繁多，过于集中布置不利于城市交通、不利于生产生活，也不利于丰富各个区中心的公共建筑内容及建筑艺术面貌，应当采取分散与集中相结合的方式。市中心建筑物分布的集中与分散，除与城市大小有密切关系外，有时与现状公共建筑分布的状况及某些特殊的自然条件有关。

又以苏联德查乌德什卡乌城行政文化中心用地的选择为例：该城目前全市性机构沿着主要街道布置，占了现在居住区的中心位置。住宅区用地将进一步向北发展。

在选择市中心位置时，研究了三个不同的方案：

第一个方案要求达到最小的建筑拆除量，并使公共建筑物的正面对着河流同时将建筑物布置在街道的一端作为街景的终点。在建筑艺术处理上有其特点。但是第一方案有着重大的缺点，因为市中心：①远离火车站和主要的工业区；②差不多位于现有城市的郊区；③远离城市现有行政文化机构分布的地区。

在规划期内大部分的居民同现在一样将集中在右岸，而新的中心却要与它离得很远。因此第一方案是不现实的，按照全市性公共建筑发展次序的条件来讲更是这样。

第三个方案也是不能成立的，因为市中心：①位置不适中（对居住区用地来说），并且是在城市的南部，而城市是要向北发展的；②远离火车站和主要的工业区；③不是位于城市干道中枢附近。此外，还需要清除一个街心花园，而在这个城市中，由于公共绿地缺乏，这是不容许的。

第二个方案在交通方面及就全市性机构的分期发展条件来说是最好的。它的位置直接靠近城市现有中心地区。这些优点使得第二方案是最容易被接受的，虽然实现这个方案要拆除比第一或第三方案更多的现有建筑，但它却是比较现实的方案。

第十三章　总体规划中的工程问题

第一节　城市用地工程准备

城市用地工程准备措施，就是根据城市用地选择的要求，对条件较差的地段提出技术上、经济上合理的工程措施方案，改善用地的某些缺陷。以利建设和生产，增进居民的健康和丰富居民的生活。所以，城市用地工程准备措施的内容比较广泛，它包括城市地面排水、疏干沼泽地段、降低地下水位、防止洪水淹没、整治河湖、防治滑坡和冲沟等等措施。

城市用地工程准备措施方案，一般是和城市功能组织规划、道路规划等工作同时或交错进行。

一、影响用地的自然、地质现象的处理

城市用地有些自然、地质现象如：地下水位高、沼泽、冲沟、滑坡、喀斯特、黄土类土壤（大孔性土壤）、浑流（泥流、泥石流）、流砂、淤泥、砂丘、地震等，影响城市建设用地的修建，需要采取一系列的工程准备措施。

（一）地下水位过高，沼泽、地面积水

地下水位的升高，一般由于雨水下渗，河水上涨；修筑堤坝、水库、河流渠道、自来水管的漏水等的影响。土壤和蓄水层的渗透能力弱、进水能力差、致使雨水难以渗透而停留在土壤中，也会提高地下水位。

地下水位过高，会造成低洼地段积水，形成沼泽，孳生蚊蝇，有碍城市卫生；易使建筑物受侵蚀和损害，增加各项工程建设施工的困难和费用。因此，需采取措施，通常有下列几种措施：

（1）设置系统的渗水沟管。一般是在用地的地形平坦、地面坡度较小、有不透水层或透水层的渗透能力较差，建筑物密集，要求大面积降低地下水位时才采用。这种系统的渗水沟管和排水系统相似，有时可和排雨水的沟管合用。渗水沟管通常沿道路布置，如果街坊较大，也可在街坊内布置（见图 13–1）。

渗水管的管径通常不得小于 100—150 毫米，埋设深度最好不小于 3 米。

（2）环状渗水沟管。即围绕防护对象的周围布置渗水沟管。当地形、水文、地质和水文地质条件与上述相同，但只是个别几栋单独的大型建筑物要求降低地下水位，或在一块大的用地内只布置少数建筑物时可采用这种渗水沟管，它比系统的渗水沟要经济得多（见图 13–2）。

（3）高地截流沟管。当地下水的来源，系通过透水层来自用地的分水岭，需用截流沟管。即在城市修建用地高处的透水层内，垂直于水流方向，设置渗水沟管。如果透水层较薄，可设在不透水层上，即所谓完全式截流；如透水层较厚时，可设在透水层之中，叫

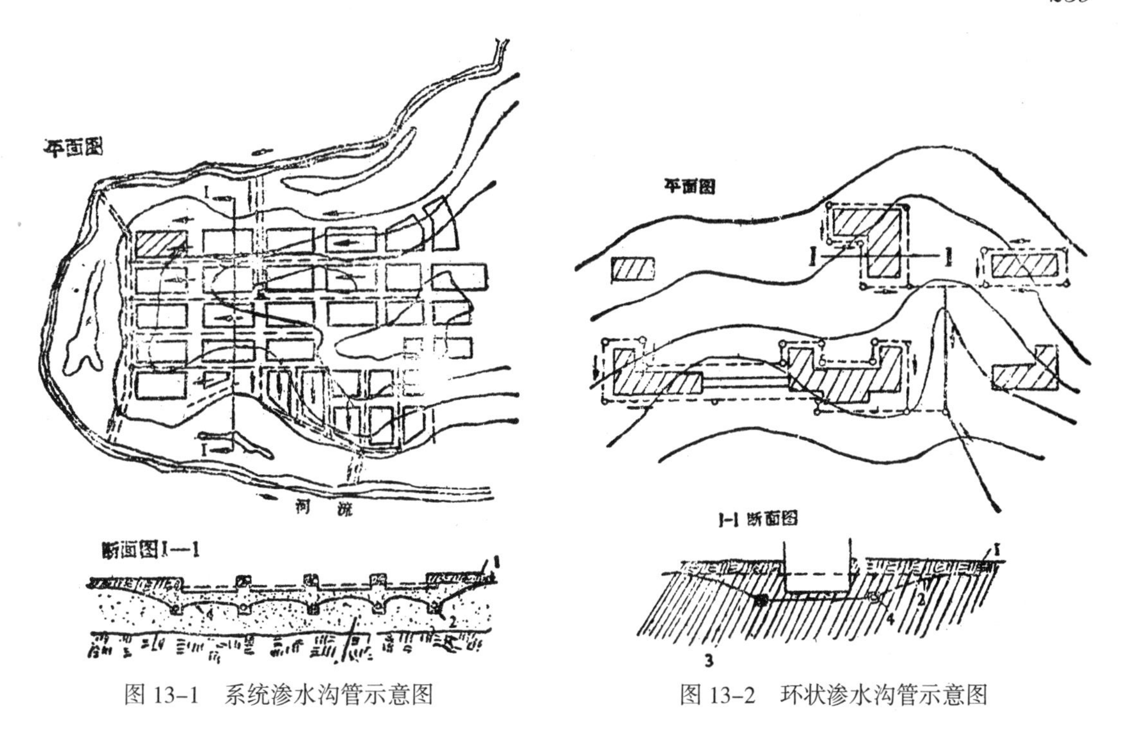

图 13–1　系统渗水沟管示意图

图 13–2　环状渗水沟管示意图

做不完全式截流（见图 13–3）。

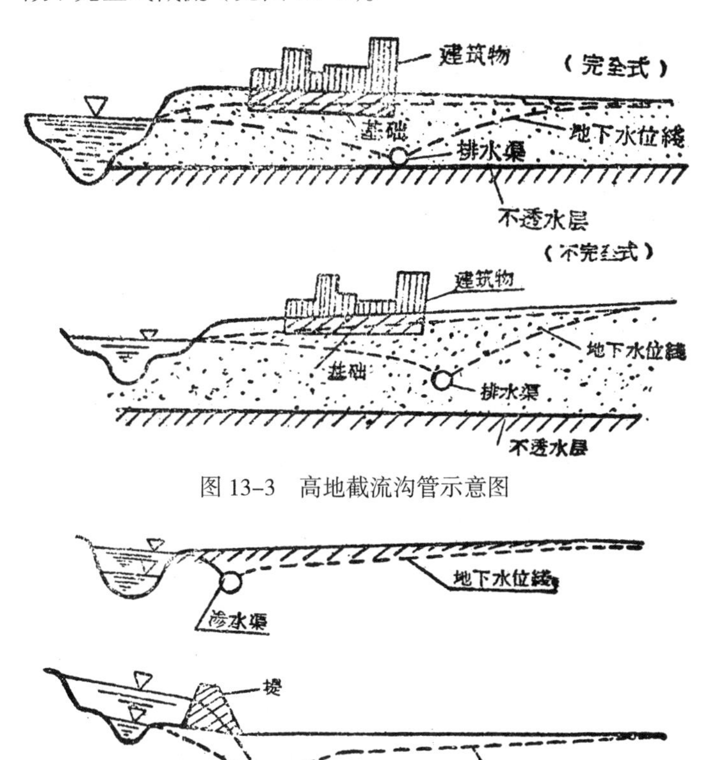

图 13–3　高地截流沟管示意图

图 13–4　滨河截流示意图

（4）滨河截流沟管。若在河流下游筑堤或河岸筑堤，河水上涨时，会自河内倒渗到滨河地带成为地下水。滨河截流沟管，就是拦截这种倒渗的地下水，并且承受着来自高地方向的地下水（见图 13–4）。

在城市修建地区，一般采用渗水暗管，但在某些情况下可以采用明沟。

降低地下水的标准，根据卫生上的要求，需降低到离地面 1.5 米以下，但也要结合实际情况，具体确定。

地面积水的排除，主要是雨水的排除，应通过竖向规划，并结合城市道路系统的规划，全面地研究排除雨水的措施（详见本章第四节排水工程规划）。

（二）冲沟

冲沟是由于地面水冲刷和搬运土壤而形成的凹沟。初期冲沟往往是水蚀的小沟，以后逐渐自下游向上发展并向两侧扩大而形成大的冲沟。

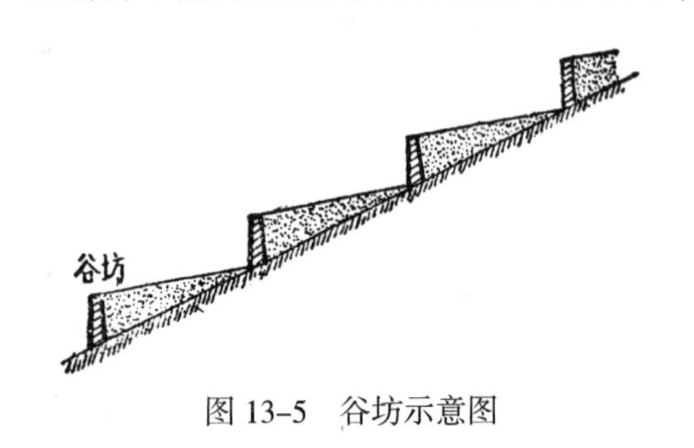

图 13–5　谷坊示意图

冲沟的发展过程可分为下列四个阶段：

（1）水蚀穴或小冲沟阶段。这个阶段易于防治，通常采取填平、植草种树、组织地面水流等措施。

（2）冲沟顶部下切阶段。因底部冲力较大，防治比较困难，常采取柴排缓流和谷坊加固沟底等措施（见图 13–5）。

（3）平衡阶段。这个阶段底部冲刷力减弱而两侧冲刷力较强，可采取编柴坝、筑土坝、植树等措施防治。

（4）非活动性冲沟。即冲沟的冲刷活动已停止。可种多年生草和灌木，或利用堤坝改作池塘等。

冲沟成长速度很快，有时冲沟成长的速度一年达到6—30米，它严重地分割了城市用地，影响城市各项工程的建设；并且由于冲沟土壤被冲蚀而沉积，将堵塞天然水体。

整治冲沟的措施根据冲沟发展的阶段和大小可以采取预防性的措施如：

（1）保护地表覆盖层，禁止随意砍伐森林和灌木、放牧牲畜、开垦坡面和顺坡挖沟。

（2）修建截水沟渠系统，减少流入冲沟的地面水。

（3）铺砌石块固定冲沟沟槽。

（4）当规模较小，而又有余土时可以进行整体填平。也有时仅填平大冲沟的支岔，防止它们伸展，并修整干沟两侧成阶梯形状，再进行绿化来防止它向两侧扩大。如果规划地区有很多冲沟，一般选择典型进行设计，以便估算其总投资额。

（5）把冲沟变成水池，既避免冲沟被冲刷发展，又可利用来灌溉农田，这对干旱地区尤为重要。如对斜坡再加以绿化，则又增添了景色。

（三）滑坡

滑坡就是土壤的滑动（移动）。分为滑落和崩落（崩坍）两类。由于地下水和地面水的侵入，土层不稳定而形成的土体缓慢的下滑现象，称为滑落；如由此而引起迅速的倒坍现象，称为崩落。滑坡会使城市地下管网破裂，建筑物倒塌。因此，在发生滑坡现象的地段，必须确定出滑坡的界限，弄清产生滑坡的原因，采取相应的防治措施。防治滑坡的措施有：

（1）用排水沟将流入滑坡地段的地面水截断，使其直接流入水体或地面排水系统，同时用疏水构筑物把地下水导出，消除引起滑坡的直接原因。

（2）如果滑坡的范围较小，可建造挡土墙，以防滑坡土层崩落。在城市边缘地区时，可在坡地上打木桩，以抵挡土壤的滑动。

（3）禁止在坡地上砍伐树木以保护容易发生滑坡的地段，使土层不遭到冲刷和破坏。

（四）喀斯特

喀斯特现象（详见第六章第一节所述）使表土层土壤塌陷或沉陷，造成地面易于积水的土坑或洼地（见图 6–9）。土坑和洼地的直径有时达 30 米以上，深度达 10—25 米。

由于喀斯特作用在很深的地层中发生，地表面没有很大变化，有时勘察不详，就不容易发现，则会造成很大损失。因此，在选择城市用地时，必须十分仔细勘察，并确定其界限和深度。

预防喀斯特现象的措施有：

（1）调节地表径流和设置排水沟以阻止地面水和地下水渗透到易受碱化的岩层。

（2）在修建地段内用粘性土、碎石、粗砂、混凝土或沥青堵塞地下洞穴。

（五）黄土类土壤（大孔性土壤）

黄土类土壤受潮时，会迅速发生大量的及不均匀的沉陷（湿陷性），甚至迅速的崩解。给城市建设带来严重的危害。

黄土类土壤在我国西北部分布极广，一般由于强烈的风成作用形成。

预防黄土类土壤沉陷的措施有：

（1）设有正常的地面排水设备，避免积水下渗，保护地基不受水浸。

（2）在铺设街道路面，敷设给排水管道及修建各项建筑基础等工程时，要符合各项工程设计技术规范和施工要求。

（六）浑流（泥流、泥石流）

浑流是指从山上带下大量水与固体物质混合物的泥团石块的奔腾急流。

浑流的形成的基本条件及原因：

（1）河流流域地质构造的特点，即具有大量无植物保护的松软土壤。

（2）气象因素：暴雨、大雪造成雪和冰迅速融化以及很快产生大量水流的高温。

（3）地震和滑坡现象的突然发生（城市用地的崩坍、滑落等现象）。

（4）河流（支流）过于弯曲、呈扇形，雪崩或崩坍时就容易形成河道阻塞，促使浑流发生。

（5）山地上树木稀少或没有植物，会加速岩石的风化过程。

浑流虽发生持续时间不长，但突然以惊人速度，汹涌急驶而下，产生巨大冲击力和摧毁力，并以泥水淹没大片农田，甚至整个村庄和城区。

预防浑流的措施有：

（1）造林植树，保护覆盖地区的植物，严禁在山坡上砍伐树林或割草。

（2）预防在坡岸上形成的冲沟，实施河床整治工程，以及保护河道及河岸不受冲刷。

（3）修建堤坝、谷场、拦砂场（沟槽、场地）、调节堤和浑流渠等防护建筑物。

（七）流砂、淤泥

处于饱和状态的土（主要是含细砂或粉砂土），发生流动的现象称为流砂。

淤泥是一种含有腐植残渣、泥炭等有机物质的土壤。常处于塑性状态，有时处于流动状态。耐压力弱，常发生很大沉陷。

流砂和淤泥现象往往给各项建设工程带来很大困难，选择城市用地时，应根据工程地质分析尽可能避免，如不得已时，在施工中常采用以下措施：

（1）降低地下水位，进行排水疏干，断绝引起土流动的水流作用。

（2）如透水性小和容水性大的饱和土或淤泥不能疏干时，应采取冻结法、硅化法、电化法、压入空气法、用板桩加固等。

（八）砂丘

砂丘是风成沉积物，分布很广，干旱的沙漠及半沙漠地区外，也分布于海湖沿岸地带以及大河流的河谷中。

砂丘的最大特征为移动性，若无植物覆盖，在风力作用下，逐渐移动，甚至导致建筑物被埋没。预防砂丘移动的措施有：

（1）造林植树，形成宽阔的草皮或灌木丛地带来固定。

（2）设立防砂栏等障碍物，暂时的阻拦砂丘的移动。

（九）地震

由于地球的内力作用而发生的一切剧烈的地壳振动现象，称为地震。发生在地震以前或随同地震一起发生的地裂、山崩、陷落等一切现象都属地震现象。发生地震的区域称为地震区。

地震按其破坏力分有12等级。如必须在地震地区（7级或7级以上）修建时，对于新建城市或发展旧城所需用地，应按照地貌、地质与水文地质条件选择较好地段。如岩石土壤抗震性强，大片的、坚固的、干燥的、松软土壤（粘土质或砂土质土壤）能够削弱地震的强度，有利于建筑。所建筑的层数应予控制（一般不应高于四层），建筑密度和人口密度应降低；作区域规划时，要考虑城市间有良好的交通联系以及其他相应的设施。

二、城市防洪与河湖整治

造成城市用地淹没的原因有：

（1）河水季节性的泛滥，如降雨、融雪、冰坝等所引起的临时性淹没。

（2）堤坝等水土构筑物的壅水，为长期性淹没。

（3）潮汐和风浪的袭击等。

我国有很多城市靠近江河，每到汛期洪水上涨，对城市的工业生产和居民生活造成严重威胁。因此，城市防洪是有关生产、生活的重要问题，也是城市用地工程准备的主要内容之一。城市的防洪规划，必须在该地区河流流域规划基础上结合河湖系统建设、河流航运、水产事业发展、城市供水、水能利用、近郊山区水土保持、农田和园林灌溉等等问题综合考虑，并要使拦蓄、防御排涝和河湖疏导工作互相结合。这样既可防止水害，有利生产，而且还能改善环境美化城市。

城市防洪的措施一般采用下列一些办法：

（一）调节径流

径流调节系将河流的日常流量增大或减小。主要依靠水库调节径流，是防止洪水泛滥的有效方法之一。例如在河南省兴建三门峡水库，就可以消除郑州、开封、济南等一系列黄河沿岸城市的洪水威胁。修建小型水库、开挖池塘等也可调节城市地区的地面径流。

根据城市的地形、地质和水文等条件，有时可在干流上修建大型水库，也可在干、支流上修建小型水库。

（二）筑堤

筑堤是防止城市大面积被淹的常用办法，在筑堤有困难的条件下，也可修建防水墙。堤的形式见图13-6所示，一般为土堤，迎水面铺石加固，背水面密植矮草保护。防水墙的形式见图13-7。

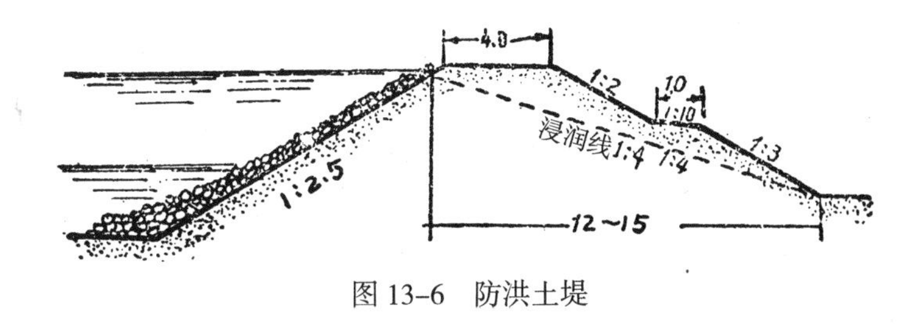

图 13-6　防洪土堤

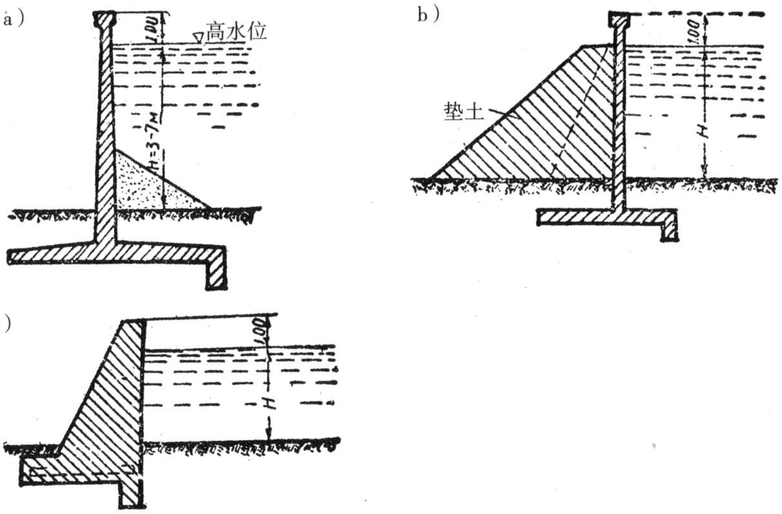

a）
高水位
1.00
H=3-7M

b）
垫土
1.00
H

c）
1.00
H

图 13-7　防水墙各种形式示意图

a）—钢筋混凝土悬臂式；*b*）—有撑壁和垫土的钢筋混凝土式；*c*）—加筋混凝土式

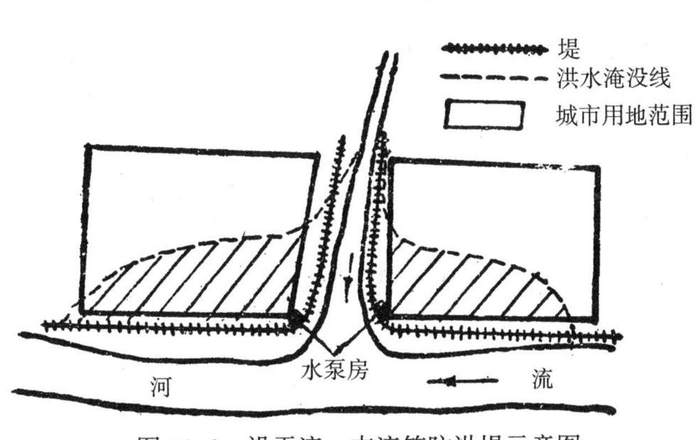

图 13-8　沿干流、支流筑防洪堤示意图

由于筑堤工程牵涉到市内原有河流的出口、地面排水、排水出口以及影响地下水位升高等许多复杂问题，所以筑堤必须在具有充分技术经济依据的条件下才被采用。

解决排除市内水流与筑堤之间的矛盾，有下列几种处理方法：

（1）沿干流及市内支流的两侧筑堤，部分地面水采用水泵排除（图 13-8）。这种方法，对排泄支流的流量很方便，但缺点是增加围堤的长度和道路桥梁的投资。

（2）只沿干流筑堤，支流和地面水用水泵（或不用水泵）抽出（图 13-9）。这种方法，只有在支流流量很小，堤内有适当的蓄水面积（如洼地、水池）和洪峰持续时间较短等情况下方可采用。它的作用是：当洪水来时，将支流和城市内的地面水暂时储蓄在堤内，洪水退后，再把堤内的水放出。

（3）沿干流筑堤，把支流下游部分的水用管道排出（图 13–10），也就是说利用水流本身的压力排出，不需抽水设备。这种方法，只有在城市用地具有适宜坡度时才能采用。

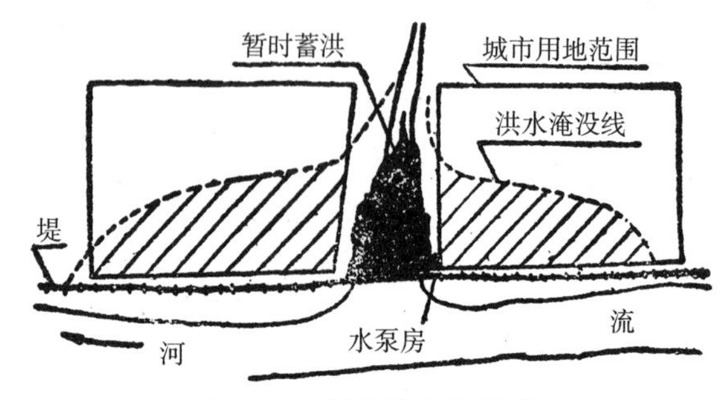

图 13–9　沿干流筑防洪堤

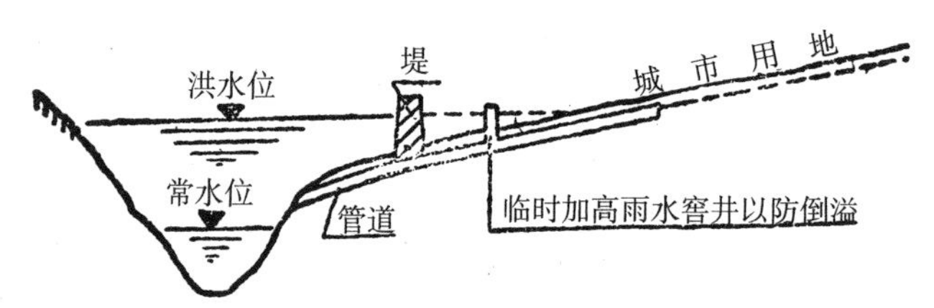

图 13–10　用暗管排出堤内积水

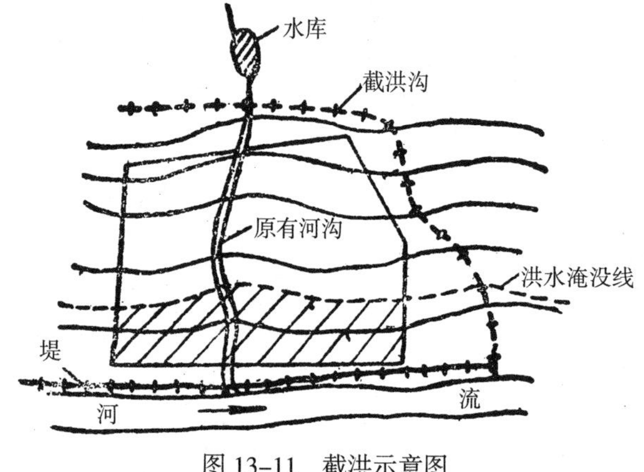

图 13–11　截洪示意图

（4）在支流修建调节水库，城市的上游设置截洪沟，把所蓄的水导向市外，以减小堤内汇水面积（图 13–11）。

单凭水泵抽水，如果水量较大时，很不经济，通常可设置调节水池，来减少水泵设备。可是防洪排涝并不是经常的工作，水泵的年利用率很低，而水泵设备又比较昂贵，所以选用时要经过流量计算并作经济比较。

修筑截洪沟渠，可以截获洪水泄入筑堤防护区境外的河流中，是用来堵截高于筑堤区域的洪流的一般措施。在过去防治山洪中，多被采用。但在我国某些地区，特别是北方地区不一定合适。因为这些地区一般雨量集中，暴雨只在雨季出现一、二次，而修建截洪沟需要的截面很大，在无雨期间，往往绝大部分截洪沟都成为干沟或被风沙淹没，需要经常养护。所以在采用截洪沟时，应与其他措施作技术经济比较。

在围堤定线时，应根据工业和城市的性质规模及河流的水文条件，周密研究慎重确定洪水频率和堤坝标准，并要符合城市规划的要求；选择适当的地段，尽量减少土方工程量；围堤的路线要和设计淹没线以及流向相适应；在堤顶筑路，要符合道路的要求；并注意少拆迁现有的建筑物。

（三）填高被淹用地

填高被淹用地是防止水淹较简单的措施，一般在下列情况下采用：

（1）当采用其他方法不经济时；

（2）由于地质条件不适宜筑堤时；

（3）填平小面积的低洼地段，以免积水影响环境卫生。

采用填高低地的优点是可以根据建设需要进行填土，分期投资节约经常开支。缺点是土方工程量大，总造价昂贵，某些填土地段在短期内不能用于修建。

一般大面积填高用地的土方工程量都很大，而且刚填土的地基，不能马上用来修建，需要采用人工基础（如打桩或加深基础等）。这样，基础造价会增加 15%—20%左右。如果急需在新填土地段进行修建，也可在填土时严加夯实和压实，使新土的密度达到和老土的密度一样方可以按天然地基进行设计。采取填高用地的办法，要考虑土方的来源，并对土质加以选择。例如砂质黏土就是较好的填土材料，而纯黏土则夯实困难。

（四）河道整治

河道整治是增加河道宣泄流量的能力，预防水流对河岸的冲刷和泥沙淤积作用，通常包括疏浚河流，取直河床，加固河岸等工作，也是综合防洪措施的一部分。

（1）疏浚河流，是把平浅的河床加以浚深；拓宽不能满足排水及通航要求的狭窄河道；打通原有分割的小水面，疏浚连通，达到死水变活水，污水变清水的目的。疏浚河流不是单纯靠加大河流断面，因为加大断面，不但土方工程量很大，且断面又不经常有效，是不经济的。河道的疏浚会影响上下游河床，因此必须经过计算。

（2）取直河床，河流过于弯曲，需加取直。利用加大水力坡度的办法，提高河床宣泄能力，使洪水水位降低。

在城市建成区范围内，支流河床取直，有时可以将支流河口部分改为暗管，还可能不用抽水站（见图 13–12）。如果条件许可，取直河床可与筑堤相结合（见图 13–13）。

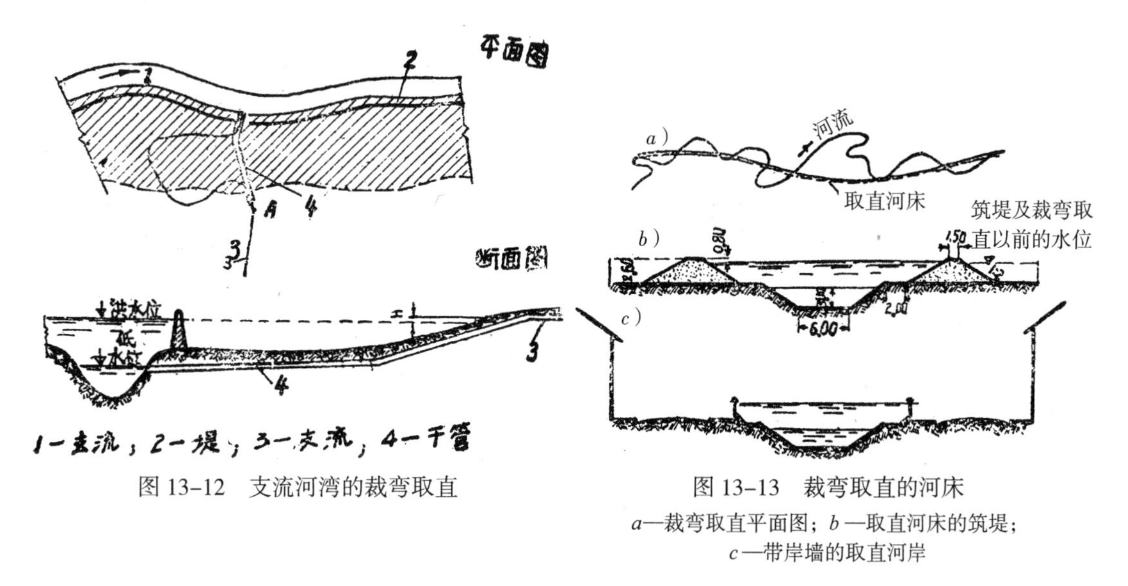

图 13–12　支流河湾的裁弯取直

图 13–13　裁弯取直的河床

a—裁弯取直平面图；*b*—取直河床的筑堤；*c*—带岸墙的取直河岸

（3）加固河岸，整理滩地修建滨河路的作用：

①防止水流冲刷影响；

②防止岸壁坍塌，保证水流畅通；

③为城市争取用地；

④美化城市，改善环境卫生。

河岸岸壁表面的轮廓可建成垂直式（近于垂直式）或倾斜式（见图 13–14）。河岸岸壁加固详见图 13–15 所示。

（五）城市湖塘整治

城市湖塘的作用有：

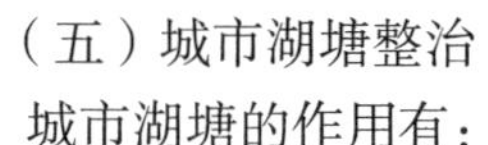

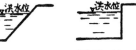

图 13–14　城市堤岸的横断面

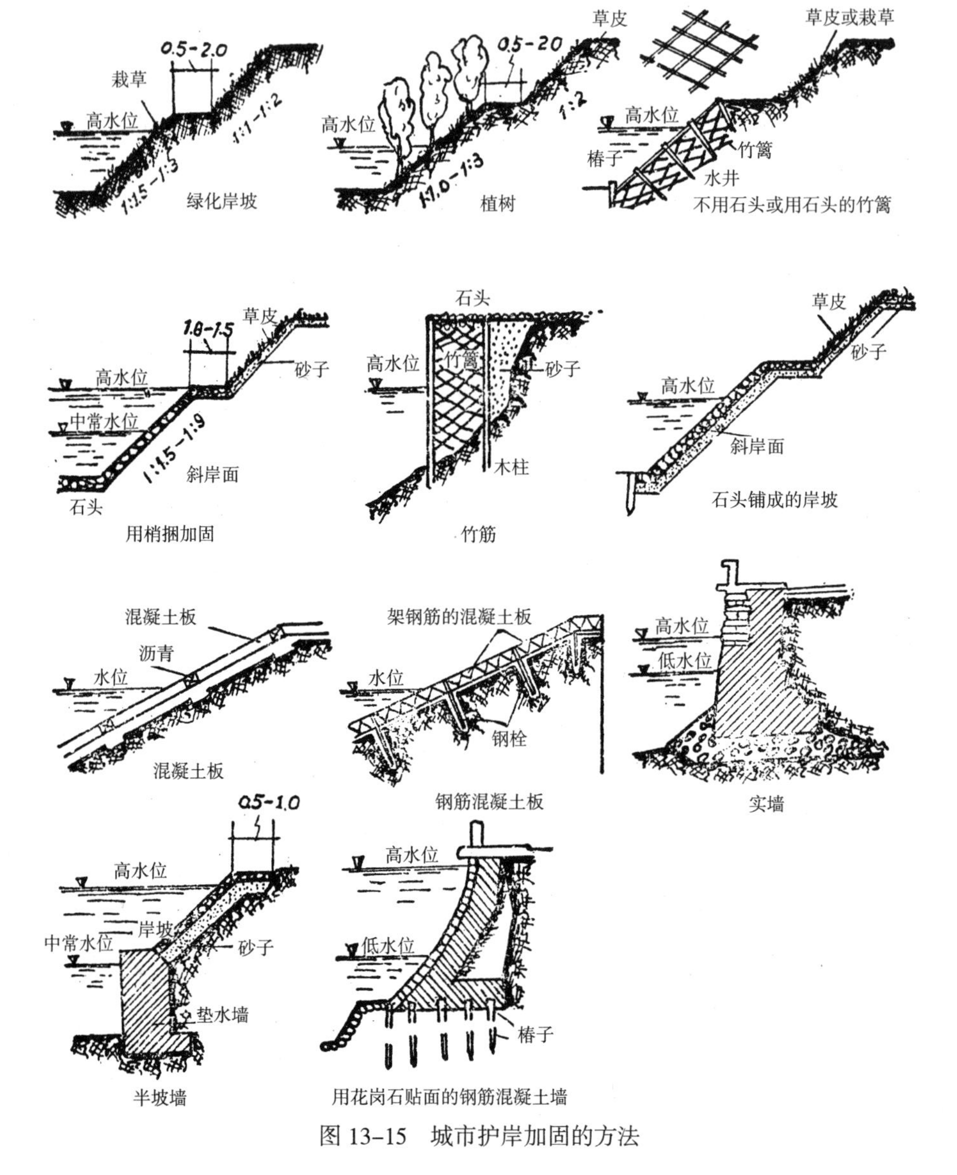

图 13-15　城市护岸加固的方法

（1）能调节气候，改善城市的环境卫生，美化城市；

（2）可蓄积雨水，作为地面水的排放水体；

（3）可增加副业生产，如饲养鱼类和种藕等；

（4）可利用来修建福利设施，作为城市文化休息和体育运动的良好场所；

（5）可以蓄水灌溉园林及农田。

因此，利用和整治原有湖塘，根据当地自然条件，结合城市总体规划开辟新的湖塘，以增加城市水面，是城市用地工程准备、城市防洪工作的任务之一。整治和开辟城市湖塘一般有下列几种：

（1）在小河小溪的适当地点或在冲沟上筑坝，靠地下或地面水来补给水源，形成较大的水面，称为坝式池塘（见图 13-16）。

（2）在河漫滩开阔地段筑围堤，或者挖深，形成一个较大水面。这种围堤式池塘，可

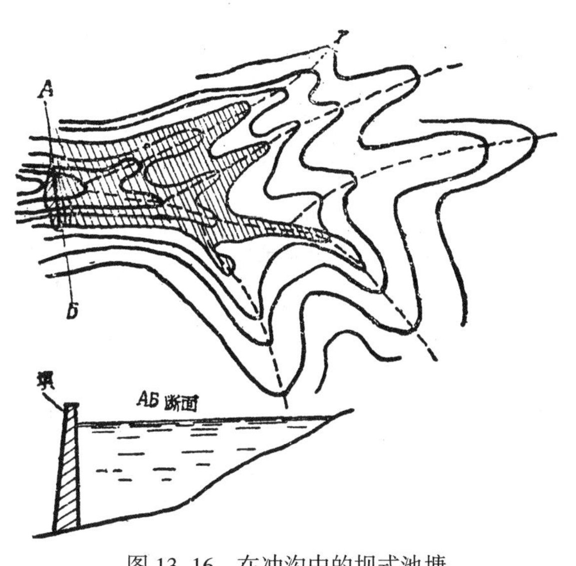

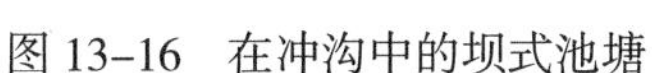

图 13-16　在冲沟中的坝式池塘

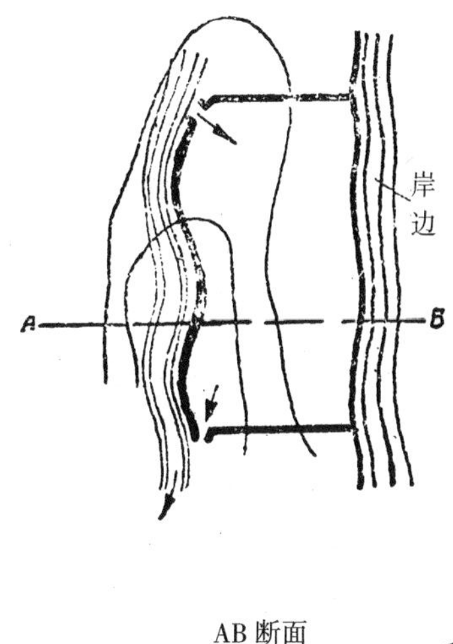

图 13-17　在河滩上的围堤式池塘

作为调节雨水的水池，或作为城市文化体育活动场所等（见图 13-17）。

（3）整治原有雨水池塘。这主要指平原地区的洼坑、洼地等死水坑。这些坑洼地段雨季积水，成为城市部分地面水的排放水体，而旱季则成为干坑或浅塘，积存大量有机物，妨碍城市卫生，在规划设计中必须加以整顿治理。治理的办法一般是挖深池底，消灭浅水，或者增设出口，与其他水体沟通，变死水为活水。

（4）有条件的地区，可利用城市池塘、湖滨、海滨，开辟露天浴场。但是这样的露天浴场必须符合一定的要求：例如水要保持清洁，经常或定期换水；流速不超过每秒 0.5 米；儿童浴场的水深一般要在 0.7—1.3 米左右；供练习游泳的浴场，水深不超过 1.5 米，一般游泳场不小于 1.5 米等。

由于水源及地质等条件限制往往不是所有的洼地都能建成湖塘，为了保证湖塘有足够的水源，需要进行水文和水力经济计算。

城市防洪与河湖整治的措施往往综合运用。新中国成立以来不少城市在这项工作中已取得很大成就。例如某城市位于两山之间的河流两岸，规划用地一半以上被洪水淹没，沿山并受山洪威胁。综合各种因素提出了基本措施是：在该河其支流上游山地修建水库两座，一座以调流防洪为主；另一座负担部分防洪任务，同时考虑了城市供水、发电、养鱼、农田灌溉等多种功能。蓄水后可以削减该市最大流量三分之一，同时为该市内维持一定水面创造了条件，结合公园绿化布置，就美化了城市，改善了环境卫生。对于两山洪沟采取水土保持及小型水工措施，包括植树、护林、改良耕作方法、修水平沟、筑土埂及谷坊、水塘等，达到水不下山，土不下坡。这里的山洪经水库调节后，仍将淹没部分城市用地，故在城市沿河两岸修防洪堤。由于该河河道过于弯曲，经常变迁，排水不畅，并使沿江用地破碎，道路和桥梁加长。经过对市内两个河段裁弯取直分别疏导后，不但免除危害，而且增加了沿河美观。

对于上述各项城市用地工程准备措施的应用，必须经过充分调查研究因地制宜，视具体不同条件加以分别选用。由于城市用地工程准备措施涉及面很广，问题较复杂，规划时，规划部门必须与农林、水利、地质、航运等有关部门取得密切联系，相互协作，共同研究，统一规划。

第二节　竖向规划[1]

一、竖向规划的意义和任务

城市用地的自然地形，往往不能完全符合城市各项建设的要求。竖向规划就是结合城市用地选择和工程准备对规划地区的地面高度进行规划，在必要时可能适当地改善自然地形，使地面标高、坡度均能满足城市建设的需要，为城市各个组成部分在高程上的总体布置创造良好条件。因此，竖向规划的基本任务是：

（1）结合城市用地选择，分析研究自然地形，充分加以利用，力求节约土地，不占或少占农田；对于特殊的地段（冲沟、滑坡、沼泽和被淹地等），结合工程准备提出措施；

（2）合理地解决规划地区的标高问题，使各项用地的地形有利于建筑物和工程构筑物的布置和修建；

（3）使城市街道具有合适的纵断坡度，以满足交通运输工具行驶的要求；

（4）使各项用地的地面坡度能通畅地排除地面水；

（5）合理地和经济地规划土方工程的填挖、平衡和调配。在满足建设的要求下，力求土方量达到最低程度，填挖土方能就地平衡，非不得已时，避免远距离搬运土方。

城市规划的平面布置是确定城市各项设施包括建筑物、构筑物、管线工程等在平面上的位置，竖向规划则确定它们的高程。平面布置必须和竖向规划相结合，相互补充和修正。因此，城市用地竖向规划是城市规划中工程规划的一个组成部分，在城市规划和修建各个阶段需要进行相应的竖向规划和设计。

二、总体规划阶段竖向规划的内容

城市总体规划阶段应就全市用地进行竖向规划，编制竖向规划示意图。图纸比例尺和总体规划图相同。

竖向规划示意图主要表示下列内容：

（1）由主要街道组成的干道网，城市各个基本组成部分用地的布局，以及建筑分区；

（2）根据地形，定出各汇水线和分水线，分别定出它们的标高，用箭头表示出用地的排水方向；

（3）主要干道交叉点的控制标高，干道的纵向控制坡度；

（4）拟定其他主要控制点（如桥梁、干道与铁路平面交叉的道口、跨线桥、隧道等等）的控制位置和控制标高。

必要时，对于特别复杂的地点（如立体交叉口、地形复杂条件下沿汇水线的干道等），另外比较大比例尺的竖向规划图。

此外，在编制竖向规划示意图的同时，编写说明书，以说明分析城市用地的自然地形情况和竖向规划的示意图，以及竖向规划示意图中未能充分表明而必须用文字说明的内容。

图 13–18 所示为竖向规划示意图。

---

[1] “竖向规划”有“竖向布置”、“竖向设计”、“垂直布置”、“垂直设计”、“立面规划”等等译名，本书中对总体规划和详细规划两个阶段使用“竖向规划”一词，对于修建设计阶段则称之为“竖向设计”，以示规划和设计的区别。

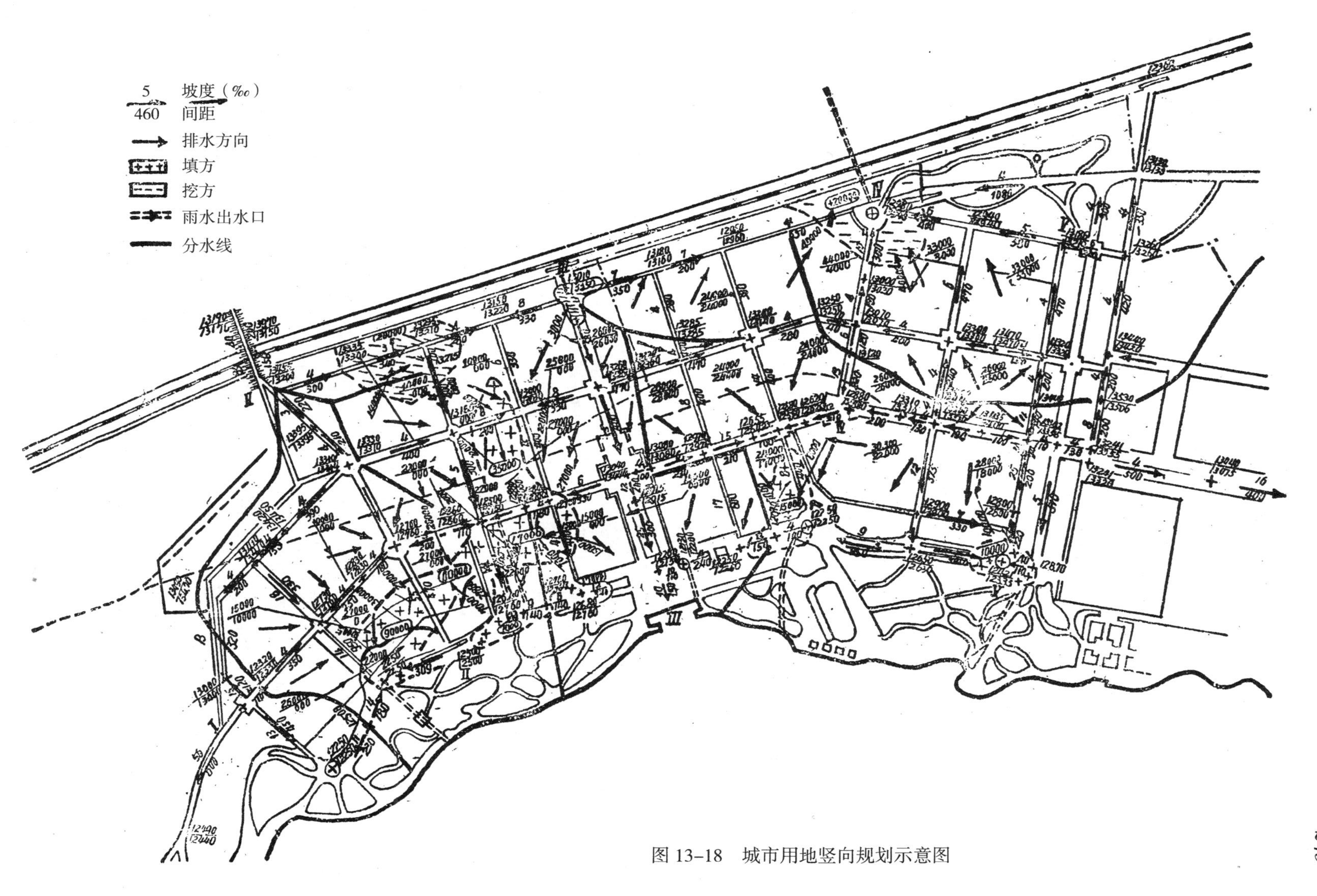

图 13-18　城市用地竖向规划示意图

三、竖向规划应注意的几个问题

进行总体规划阶段的竖向规划时，一般应注意以下一些问题：

（1）除分析研究自然地形外，同时还必须综合研究水文、工程地质和水文地质等方面的情况，如地下水位的高低、河湖的常年水位和洪水位的高程、土壤性质等自然条件，并应该和用地工程准备规划互相配合进行。

（2）当进行改建原有城市的竖向规划时，应研究所有保留建筑物和构筑物的原来的布置和标高。没有特殊的需要，一般可不改变原有的标高，因为改变原有标高，将会引起房屋的改造、街坊的排水和地下管线的改建等一系列的复杂问题。

（3）城市用地总的竖向规划方案，通常决定于城市干道网。因此，应结合干道网规划很好地研究和拟定它们的标高。

（4）当地形坡度较大时，干道走向一般不宜和等高线成垂直，以免造成过大的土方工程，最好使之与等高线成锐角，以便获得较小的纵坡度，既有利于交通，并可减少土方工程量。但是，干道又不宜使较长路段与等高线平行布置，以免造成干道纵坡度小于允许数值，发生地面排水困难和不利于自流管道的敷设。当地形极平坦而无法保证干道具有最小的排水纵坡时，则需修建锯齿形纵断面的街沟。街沟的设计，属于修建设计的范畴。

（5）规划干道纵断面时，应便于小区内街道与干道之衔接。

（6）干道一般应低于街坊的标高，以利街坊地面排水，因此干道最好顺沿汇水线布置。

（7）拟定桥梁的控制标高时，应考虑到河流的通航要求及最低和最高水位以及引桥对于邻接道路的影响等问题，桥下净空要符合航运部门的规定。

（8）铁路与干道交叉时，需研究交通运输情况、当地地形条件，考虑平交或立交方案。进行多方案比较，并与铁道部门研究选定。构筑物的净空，应符合有关规定。

（9）在必须大片填土的地段（如被淹地等），需拟定填土范围，估算其填方数量，考虑土方来源和运距。

第三节　给水工程规划

给水工程是一项为工业生产和居民生活服务的城市公用事业。

一、给水工程的简述

给水工程是从天然的地面水或地下水集取，用一定的处理方法，除掉水中的各种杂质，使能符合工业生产和居民生活用水的要求，并用经济合理的方法，输送到各种用户。

给水工程，按其工作过程，大致分为三个组成部分：取水工程、净水工程和配水工程，并用水泵连系组成一个供水系统。图 13–19 为取用河水的供水系统。

（一）取水工程

（1）天然水源可分为地面水和地下水两种。地面水的取水工程按水源情况不同，而采取不同的取水构筑物，一般有三种形式：

①江心式（图 13–20）；

②岸边式（图 13–21）；

③斗槽式。

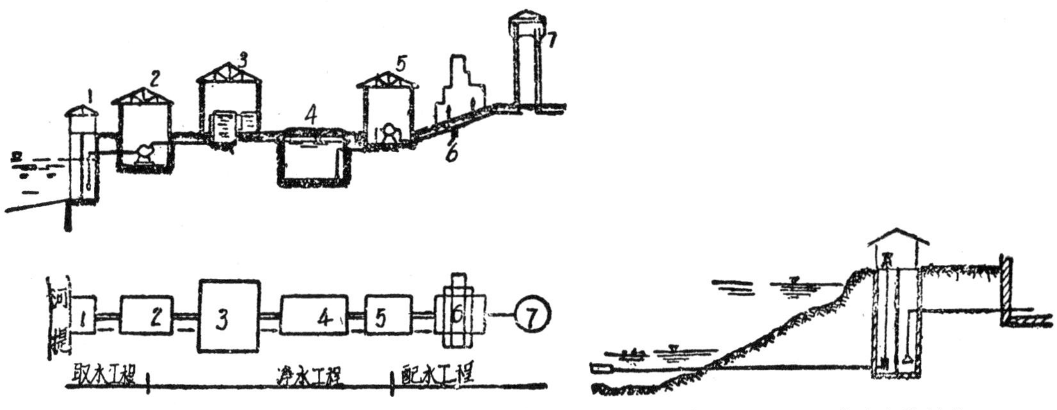

图 13–19　以河水为水源的给水工程设施的平面与剖面示意图

1—取水构筑物；2—第一水泵房；3—净水构筑物；4—清水池；5—第二水泵房；6—配水管道；7—水塔

图 13–20　江心式取水构筑物

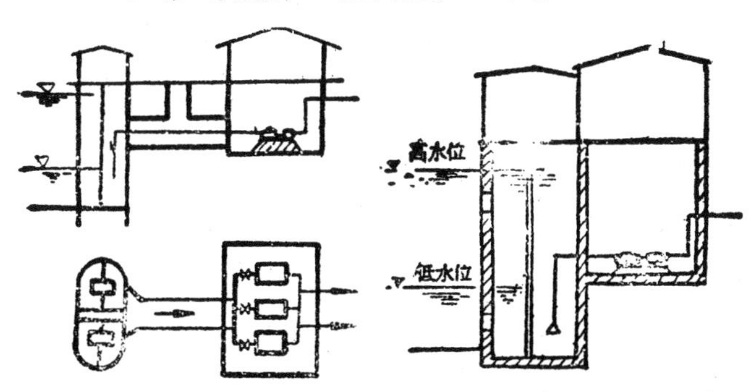

与水泵房分开建筑的岸边式进水口　与水泵房合并建筑的岸边式进水口

图 13–21　岸边式进水口

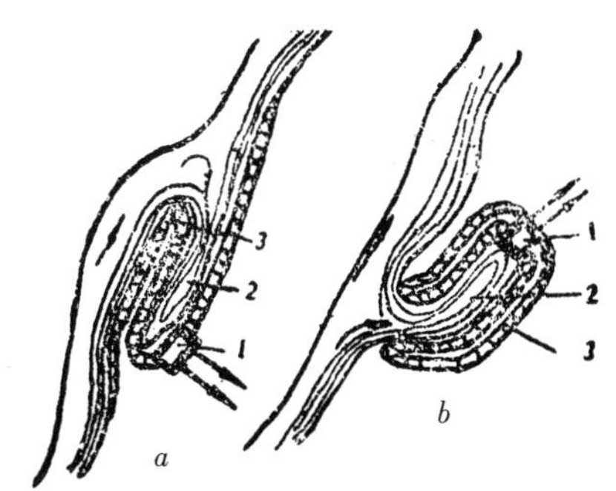

图 13–22　斗槽式进水口

a—逆流取水；*b*—顺流取水；1—进水泵房；2—斗槽；3—堤

根据河水流进斗槽的方向又分为顺流水槽与逆流水槽两种型式，如图 13–22 所示。

我国现有取河水的水厂，大都采用江心和岸边两种型式。

（2）地下水源的基本来源是由大气降水或江河水流通过河床渗入地层。地下水分为潜水和承压水两种，地面下第一隔水层上之水称为潜水；承压水是因含水层处于两个不透水层之间并受到压力所致，或因断层而形成的压力水。承压水一般埋藏较深，其分布情况，大致如图 13–23 所示。

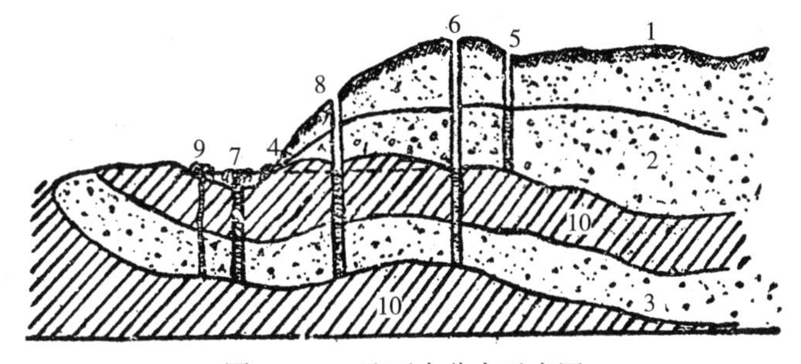

图 13–23　地下水分布示意图

1—表层土；2—潜水；3—深层水；4—泉水；5—普通浅井；6—深井；7—承压水（涌水）；8—承压水（不涌水）；9—自流泉；10—不透水层

取用地下水源的构筑物有以下几种形式：

①浅井水。即地面下第一层潜水，一般土水井即属此种，因它接近地面，易受污染。

②深水井。穿过不透水层采用管井取水，因有不透水层保护，水质洁净，适于作生活用水。

③潜流水。取用河床下的砂砾层中的水，按砂砾层厚度不同，一般采用宽井或渗渠两种方法，如图 13-24 所示。

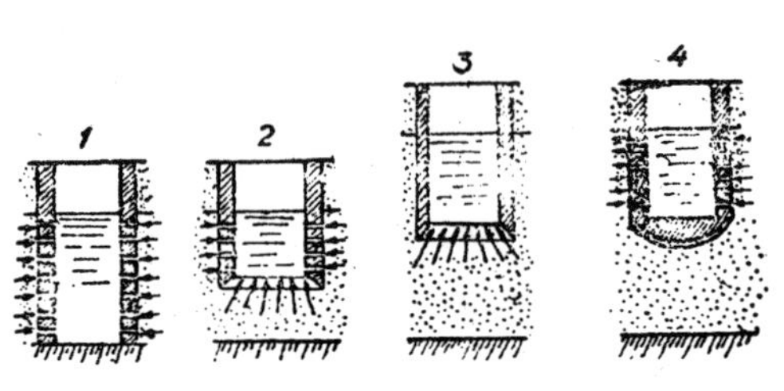

（*a*）宽井的型式

1—井壁进水的完整宽井；2—井壁和底部同时进水的不完整宽井；3—底部进水的不完整宽井； 4—井壁进水的不完整宽井

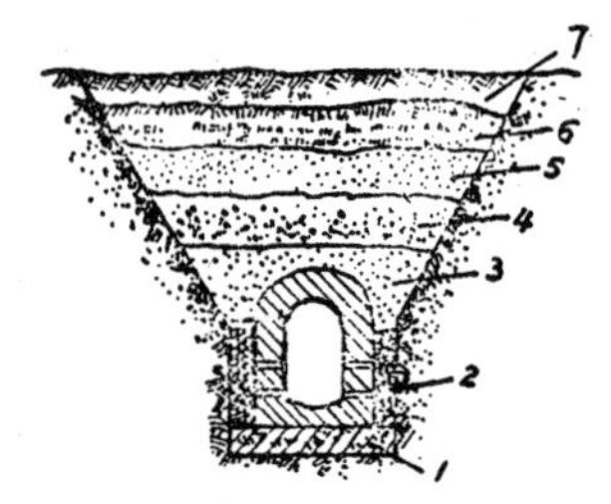

（*b*）砖砌渗水渠断面图

1—混凝土基础；2—石子； 3—透水砂层； 4—粗砂；5—细砂； 6—黏土；7—表土

图 13-24　取用潜流水构筑物

④泉水。取用自行流出的地下水，如山东济南用趵突泉作为水源。

（二）浮水工程

为了使水质适应生产和生活的要求，将取出的原水加以处理或净化工程。净水构筑物的形式和地点，要根据地形和供水系统的情况而定，净化方法依原水的水质和用户对水质的要求而有不同的方法。一般地面水需经过沉淀、过滤和消毒三个过程。图 13-25 所示为地面水和地下水的一般净化过程。

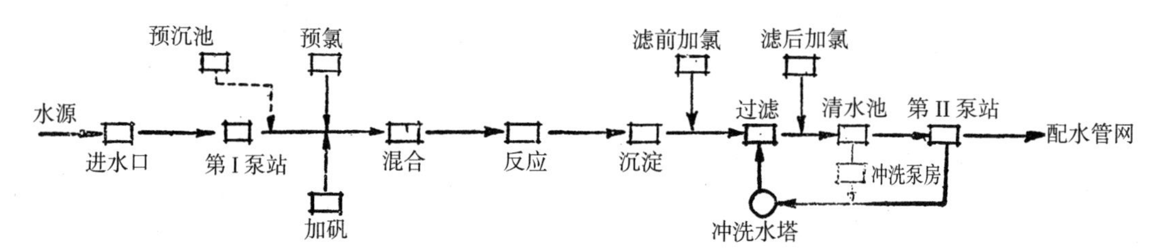

图 13-25　地面水源一般净化过程示意图（*a*）

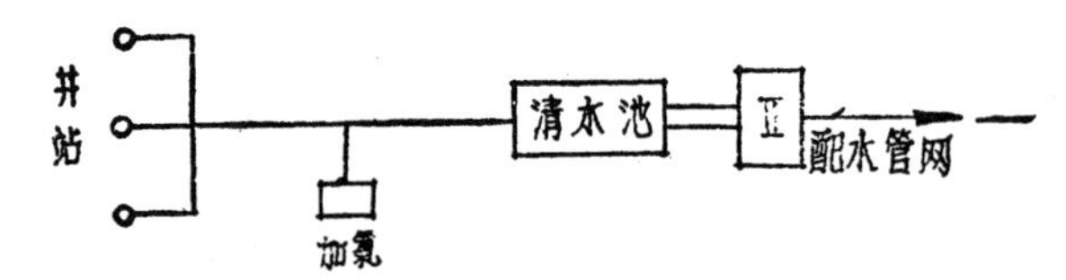

图 13-25　地下水源一般净化过程示意图（*b*）

（三）配水工程

是将已经处理或净化的水，利用管网输配到各种用户的工程。管网的布置是根据供水要求、地形条件、水源位置、道路系统以及与其他管线的关系而确定，一般采用两种形式：

（1）树枝形管网。由水厂开始管径由粗而细向外分布，这种形式投资较少，但一旦干管发生故障，影响供水范围较大（图 13-26*a*）。

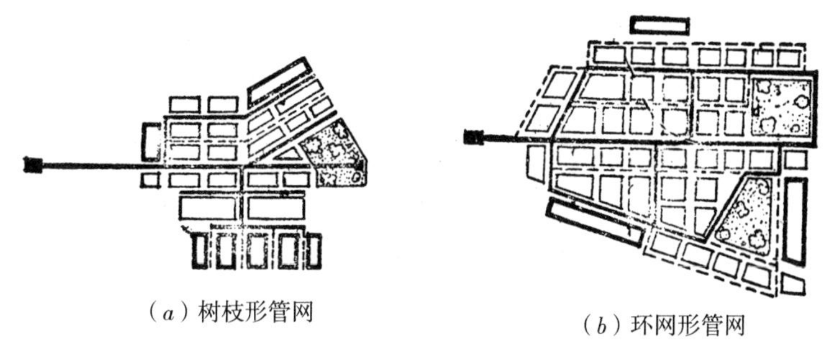

（a）树枝形管网　（b）环网形管网

图 13–26　管网布置形式示意图

（2）环网形管网。是将主要干管建成环网（图 13–26b），这种形式，比较常用，因为一处发生故障，其他管路可以补给，供水比较安全。

二、给水工程规划的主要任务

在总体规划阶段，给水工程规划应根据区域规划中对工业和农业，城市内和郊区用水，统一考虑，全面安排的原则，着重考虑城市范围的给水方案，并为给水工程技术设计提供指导原则和基础资料。主要任务有以下几个方面：

（一）确定各项用水定额和估算城市的总用水量

城市用水包括工业用水、生活用水、消防用水三大部分，每部分的用水需另根据城市的规模、生产的特点、居民的生活水平和城市的现状以及自然条件而分别确定。

1. 生活用水量

居住区居民生活用水量，主要根据城市的气候条件，居民生活习惯和住房的卫生设备水平等因素结合现状供水情况，适当考虑近远期的发展要求，因时因地制宜合理确定。在估算时还应考虑季节、气候和用水时间的变化。以所确定的用水定额乘以城市总人数，即得全市的生活总用水量，见表 13–1。

2. 生产用水量

工业企业的生产用水量，是根据工业的性质和生产的工艺过程的要求而定。一般是由工业部门提供。在缺乏此项资料时，可参照同类性质规模的企业的技术经济指标，进行估算，将各企业的用水量相加起来，即得出工业的总用水量。

3. 消防用水量

一般是从城市总用水量中，估算一定的比例，小城市比重较大，目前我国城市一般采用的消防用水定额参考表 13–2。

制定这项定额，须与公安部门商议确定。

将以上三项用水量汇加一起，即可得出城市总用水量。为了避免有的用水量未能预计在内，在估算时，一般将总用水量的 5%—10% 作为未预见用水量，一并加入总用水量之中。

（二）水源选择

水源选择是给水工程规划中一项首要任务。应该切实调查研究，综合比较，以满足水量水质的要求。所选的水源不仅要注意给水工程的经济和安全，同时还要考虑到区域内工农业用水、航运等项用水和排水量的相互关系，统筹兼顾，以达到用水平衡规划合理的目的。

1. 水质分析与水质要求

一般包括下列几项：浑浊度、色度、嗅味、温度、硬度、酸碱度和铁锰盐类等。

居住区生活用水量定额参考表 表 13–1

分区	第一类型甲			第一类型乙			第二类型			第三类型			第四类型		
	室内无给水排水设备从集中给水栓取水者			室内有给水排水设备而无厕所者			室内有给水排水设备但无浴室设备者			室内有给水排水设备并有浴室设备者			室内有给水排水设备并有集中式热水供应者		
	最高日	平均日	K时	最高日	平均日	K时	最高日	平均日	K时	最高日	平均日	K时	最高日	平均日	K时
第一区 东北内蒙古地区（长春、沈阳）	（15—25）	（7—20）	—	（35—45）	（25—40）	—	（70—110）	（77—88）	—	（200—300）	（190—223）	—	—	—	—
	20—30	10—25	3.5—2.0	30—45	25—40	2.0—1.8	60—90	40—80	1.8—1.6	110—150	80—120	1.6—1.4	150—190	120—160	1.45—1.25
第二区 华北西北地区（京津、西安）	（20—35）	（10—25）	—	（35—55）	（25—45）	—	（80—110）	（60—80）	—	（180—260）	（110—190）	—	（240—300）	（180—250）	—
	25—40	15—30	3.5—2.0	40—55	30—45	2.0—1.0	70—110	65—100	1.8—1.6	130—190	80—150	1.6—1.4	200—230	150—200	1.45—1.25
第三区 华东华中地区（宁、沪、汉）	（50—80）	（35—40）	—	（65—80）	（40—55）	—	（70—110）	（65—70）	—	（150—160）	（90—150）	—	（180—210）	（160—190）	—
	30—50	20—30	3.5—20	50—65	30—50	2.0—1.8	70—120	60—80	1.8—1.6	110—160	90—140	1.6—1.4	160—200	140—170	1.45—1.25
第四区 华南地区（广州）	（50—80）	（30—50）	—	（50—90）	（35—45）	—	（80—100）	（55—65）	—	（195—250）	（140—150）	—	—	—	—
	35—55	30—40	3.5—20	55—70	40—55	2.0—1.8	70—110	55—80	1.8—1.6	140—200	100—150	1.6—1.4	200—230	150—200	1.45—1.25
第五区 西南地区（成都、重庆）	（10—15）	（7—15）	—	（45—57）	（30—40）	—	（60—90）	（40—60）	—	（130—180）	（93—104）	—	—	—	—
	15—25	15—20	3.5—2.0	40—60	30—45	2.0—1.8	60—100	40—70	1.8—1.6	110—150	90—110	1.6—1.4	150—190	110—150	1.45—1.25
原城建部 1957 年工业企业和居住区外部给水工程设计规范草案	40—60	30—40	2.0—1.6	—	—	—	65—110	50—90	1.8—1.6	110—160	90—140	1.4—1.3	—	—	—

注：（1）括号内为实测数值，无括号者为建议采用数值。

（2）单位为升 / 人 / 日。

（3）西藏、昌都地区与新疆、青海地区分属第六、七区，因无资料暂未列入，台湾列第三区计。

本表是建筑工程部建筑科学院于 1959 年 11 月间召集全国 11 个大城市及有关单位举行给水排水量调查工作技术会议上提出的全国分区生活用水量定额草案。仅供参考。

消防用水量表　　表 13-2

类别	居住区人口数（千）	砖石结构二层和二层以下		木结构二层和二层以下		混合结构（指层数和材料的混合）		多层建筑	
		一处火灾用水量（升 / 秒）	估计同时发生火灾处数	一处火灾用水量（升 / 秒）	估计同时发生火灾处数	一处火灾用水量（升 / 秒）	估计同时发生火灾处数	一处火灾用水量（升 / 秒）	估计同时发生火灾处数
1	10 以下	10	1	10	1—2	10—15	1	10—15	1
2	10—25	10—25	1	15—20	1—2	15—20	1—2	20	1—2
3	25—75	10—20	2	20—25	2	20—30	2	20—30	2
4	75—200	20	2—3	20—30	2—3	20—40	2—3	30—40	2—3
5	200—350	20	2—3	30	2—3	20—40	2—3	40—60	2—3
6	350—500	20—25	3—4	30—35	3—4	40—60	3—4	60—80	3—4

工业用水的水质根据生产性质和用途而有不同的要求，一般冷却用水要求温度低，锅炉用水要求水质软，纺织用水要求色度好，食品工业用水对浑浊度要求严格，工业用水水质可参考表 13-3。

2. 地面水源与地下水源的比较

地下水源与地面水源各有其优点和缺点。

（1）地下水源，水质清洁，无需经过复杂的处理，投资少。

（2）地下水源因处于不透水层之下，不易遭受污染。

（3）一般可以就近取水。

（4）深层地下水源的水温变化幅度不大，适于工业冷却用水。

（5）设备简单，可采取分区供水，分期实施。

过去的建设经验证明，地下水源供水比较可靠，成本比较经济，因此，一般新建或扩建水厂，多争取采用地下水源。

3. 水源选择的一般原则

（1）根据技术经济的综合评定选择水源的先后程序，一般是第一地下水，第二泉水，第三河水或湖水。有些工业用水量较大，对水质要求不高，而地下水量不够充沛时，可全部或部分采用地面水作为水源。就是在优先选用地下水源的前提下，地面水源与地下水源相结合。

（2）集中供水与分区供水相结合。布局紧凑地形较好的城市，可适当选择一个或几个水源集中供水，便于统一管理；如果城市的地形复杂、布局分散，水源选择就应采取分区供水与集中供水相结合的形式。新建城市采用分区供水，将便于配合分期建设。

（3）近期水源与远期水源相结合。在选择水源与确定供水设备的标准时，一方面要考虑城市发展的需要，选择经济合理的水源及能满足城市将来对于水量水质的要求。同时必须从实际出发，结合城市现有供水基础和当前的经济和生活水平，解决当前和近期急需解决的供水问题，这就要求在选择水源时特别注意近远期如何结合和过渡的问题。

（4）工业用水与农业用水相结合，在选择水源的问题上，有些城市可能发生工业用水与农业用水的矛盾。应该全面研究，合理分配用水。

4. 水源的卫生防护

水源地的卫生防护是保证水源供水的一项重要措施，一般是在水源周围建立卫生防护地带，防护地带分为三个区域：

（1）禁戒区：

工业用水水质要求参考表 表 13-3

水质标准 \ 工业项目	石油	水泥	造纸	塑料	人造丝	纺织	漂染	柔革	制革	氮肥	啤酒	锅炉用水			钢铁	焦化	备注
												10 大气压以下	10—17 大气压	17 大气压			
水温（℃）	15—22	20—25	—	—	—	12—20	—	—	—	28—32	—	—	—	—	—	—	1. 表内数值是根据现有资料汇集的不够完整之处，以后再补充。
浑浊度（mg/e）	2—3	—	高级 2—25 一般 25—50	0	5	5	5	20	10	1000—2000	10	20	10	5	1000—2000	200	
色度（度）	—	—	5 10—20	15	5	10—20	5—10	10—100	—	—	—	—	—	—	—	—	2. 表内数值表示最高允许值。
硫化氢（mg/e）	—	—	—	—	—	—	—	—	1	—	0.2	10	5	0	—	—	
总硬度（度）	40 以下	8 以下	5—6 12—16	2	0.5—4	4—6	0.5—1.0	3—7.5	1.5	—	—	4.2	2.2	0.45	—	—	
耗气量（mg/e）	7—8	—	10	6	2	—	8—10	—	—	—	—	—	—	—	—	—	3. 啤酒厂对钙要求为不大于200mg/e。要求溶解性固体为 500—1000mg/e。
铁（mg/e）	0.2	20	0.2—0.1	0.05—0.2	0.03	0.2—0.25	0.1	0.2	—	—	0.1	—	—	—	—	—	
酚（mg/e）	0.002	0.5	—	—	—	—	—	—	—	—	—	—	—	—	—	—	
锰（mg/e）	—	—	0.1	—	0.03	0.2—0.25	0.1	0.2	—	—	0.1	—	—	—	—	—	
二氧化硅（mg/e）	—	—	—	—	25	—	—	—	—	—	—	40	20	5	—	—	
蒸发残渣（mg/e）	—	—	300	—	100	—	—	—	—	—	—	—	—	—	—	—	
pH 值	6—8	5—7	7—7.5	7—7.5	—	7—8.5	7—8.5	—	—	—	—	8 以上	8.5 以上	9 以上	7—8.5	7—8.5	
悬游物（mg/e）	—	—	—	—	—	—	—	—	—	—	—	—	—	—	50—200	—	

（2）限制区；

（3）观察区。

见图 13–27。确定水源防护地带应征得卫生部门的同意。

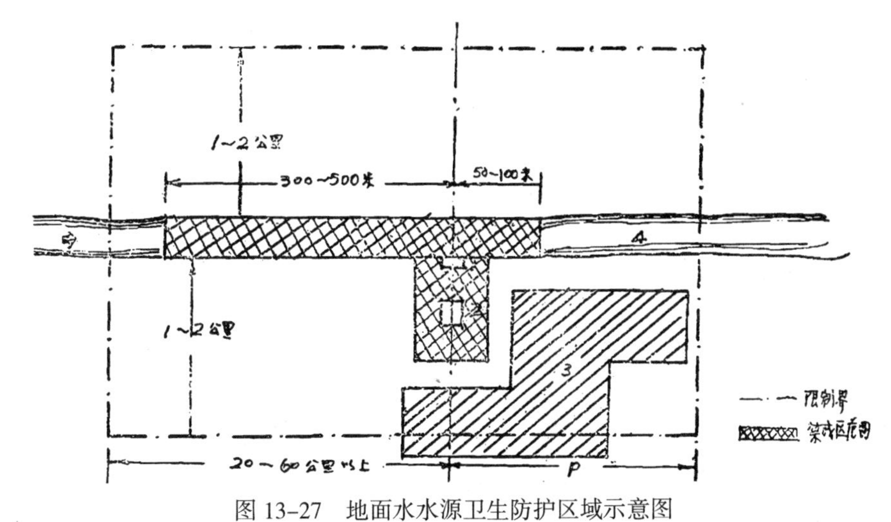

图 13–27　地面水水源卫生防护区域示意图

P—从水源到下游距离（一般到城市下游），应根据风向、潮水和航行可能带来的污染决定

1—取水构筑物；2—净水构筑物；3—城市；4—河流

（三）选择水厂的位置一般可参照下述原则

（1）地面水源水厂的位置：①尽可能接近最大用水户；②应在河道主流的城市上游，取水口应在居住区或工业区排水出口的上游；③取水口应设在河床稳定水位较深之处，并保证不被河流冲刷或淤积；④取水口不应设在洪水淹没或受冰冻影响的地点，并避免与航运相互妨碍；⑤要满足卫生防护的要求。

（2）地下水源水厂的位置：①取水井群应按地下水流方向布置在城市的上游，尽可能靠近最大用户；②井管之间距应按影响半径考虑。在同一水层中的管井最小间距可参考表 13–4。

水井的参考间距（米）　　　　表 13–4

含水层特性	井的出水量（立方米 / 小时）		
	500—1000	15—100	15 以下
裂缝岩层	200—300	100—150	50
砂砾层	155—250	50—100	50

（四）给水管网布置

给水管网的修建费用约占给水工程总投资的 40%—70%，因此合理的布置管网，不仅能保证供水，并具有很大的经济意义。

（1）管网布置应根据城市地形、道路系统、水源位置、用户用量及分布用户的水压要求以及与其他各种管线综合布置等因素，来进行规划设计，一般要求管网能均匀地布置在用水地区，并用干管分别通向调节水塔或较大的用户。干管最好布置在地势较高的一边。采用环形管网时，环的大小，依建筑物用水量和水压要求而定。

（2）水压估算，在居住区内的最低水头，一般平房需 8 米，2 层以上每层增加 3.5 米。较高的大型建筑大多自设加压设备。在管网压力中，可不予考虑，以免影响全部管网压力的加大。

工业用水水压的大小，因工业生产性质不同而异，一般工厂以自行加压居多。如果用水量较大，可根据水压水质的不同要求，将管网分为几个系统，分别供水，如图 13–28 所示：管网 4 是水质较差水压较低的工业用水系统；管网 5 是经过严格处理消毒的和水压较高的生活用水系统。

（3）在地势高差较大的城市中，为了满足地势较高地区的水压要求，又避免地势较低地区的水压过大，可以结合地形，考虑两个管网系统，用不同压力分别供水，如图 13–29 所示。或按较低地区的水压要求布置管网，而在较高地区另行加压，如图 13–30 所示。

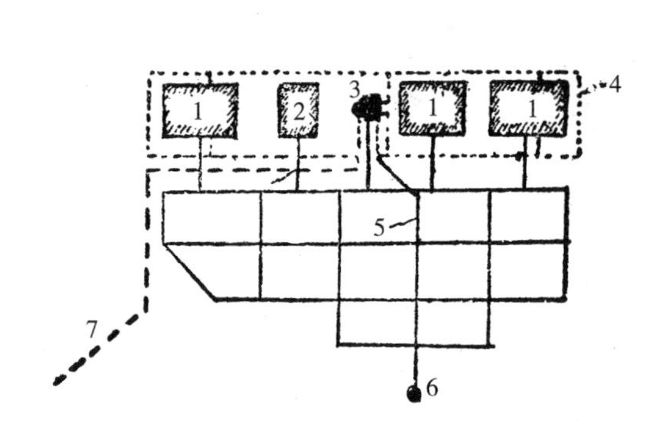

图 13–28　采用不同系统供水示意图

1、2—工厂；3—净水厂；4—生产给水管网；5—生活给水管网；6—水塔；7—引水渠

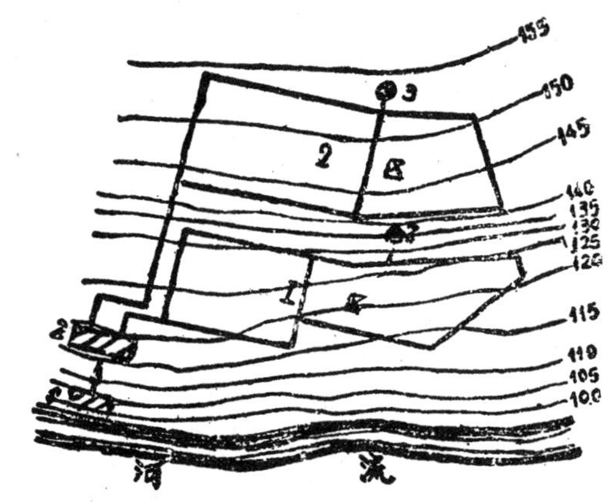

图 13–29　根据不同地形采用不同压力供水示意图

1—进水构筑物；2—水泵站；3—水库

（4）有些用水量较大的工业，为了节省水量，应考虑水的重复使用，如电厂冷却用水可重复使用，或供给其他工业使用，以减少取水量，并节省建设资金。如图 13–31 所示。

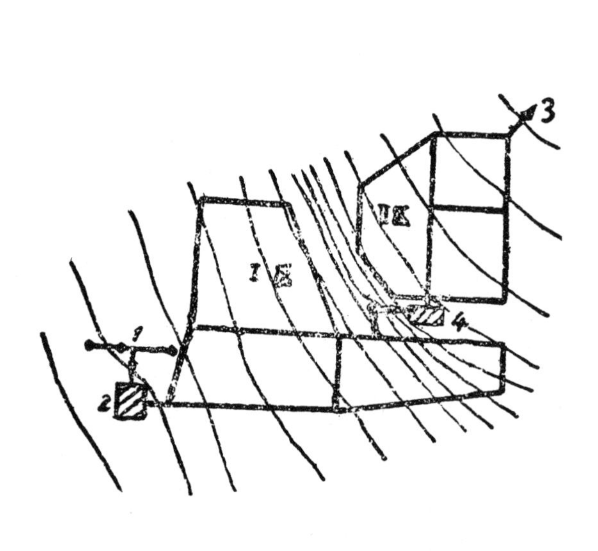

图 13–30　按低地水压要求供水，在高地加压

1—深井；2—水泵站；3—水库；4—加压泵房

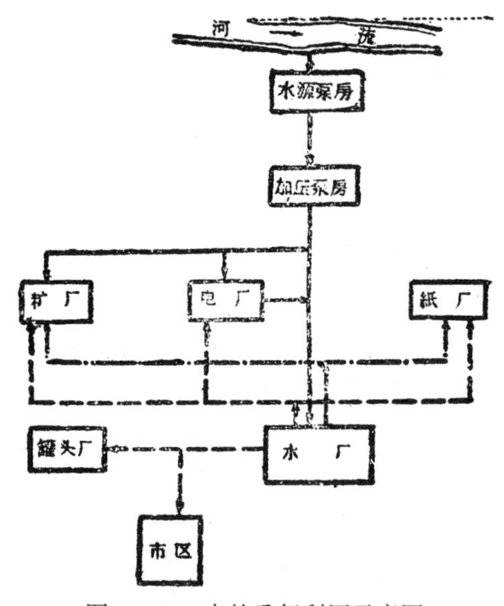

图 13–31　水的重复利用示意图

在进行管网规划时必须多做比较方案综合研究，才能得出比较经济合理的管网布置。给水管网布置可与排水管网画在一张规划图上。图 13–32 为某城市的给排水管网规划，可供参考。

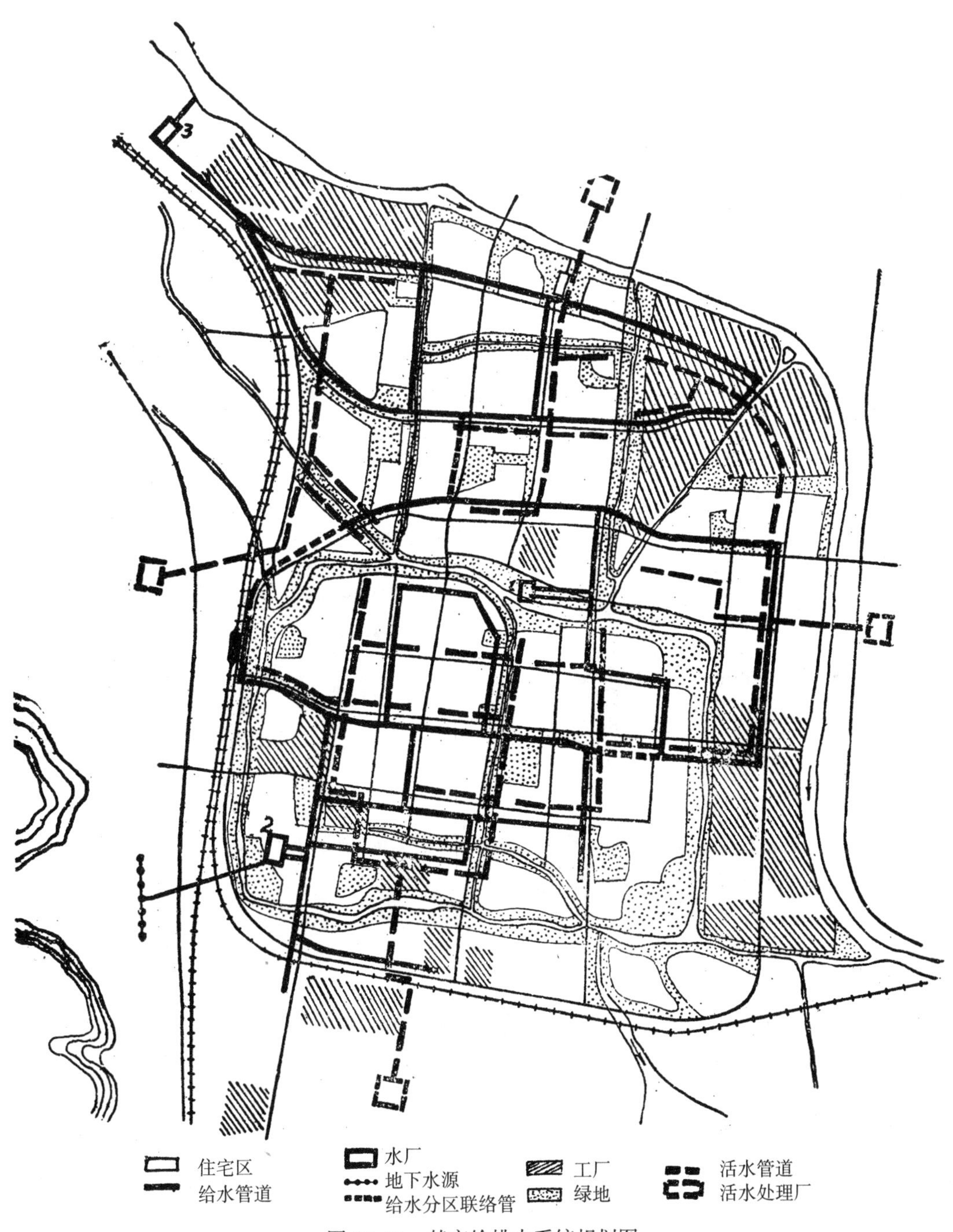

图 13–32　某市给排水系统规划图

该市有三个水厂，即：市中心的第一水厂（老水厂），城西南取地下水作水源的第二水厂，城西北取上游地面水作水源的第三水厂，各厂基本上是分区供水，水量就地平衡，并为保证供水安全有联络管互相调剂。

第四节 排水工程

排水工程在保证工业生产，促进农业生产，改善居民环境卫生等方面有着密切的关系，它是市政工程中不可缺少的一部分。

一、排水工程简述

排水工程一般包括污水工程及雨水工程两部分。污水工程的主要内容是：把污废水集中输送到适当地点，并提出利用、处理和排除的措施。

排水工程（主要是污水工程）由排水管道网和污水处理厂两大部分组成。

（一）排水管道网

排水管道网的作用是收集和输送生活污水、粪便、生产废水和地面水。

污水和雨水性质不同，应分别处理，以减少建设投资和经营费用。排水体制一般分为以下四种：

（1）完全分流制（图 13-33）。用管道分别收集雨水或污水单独成为一个系统。

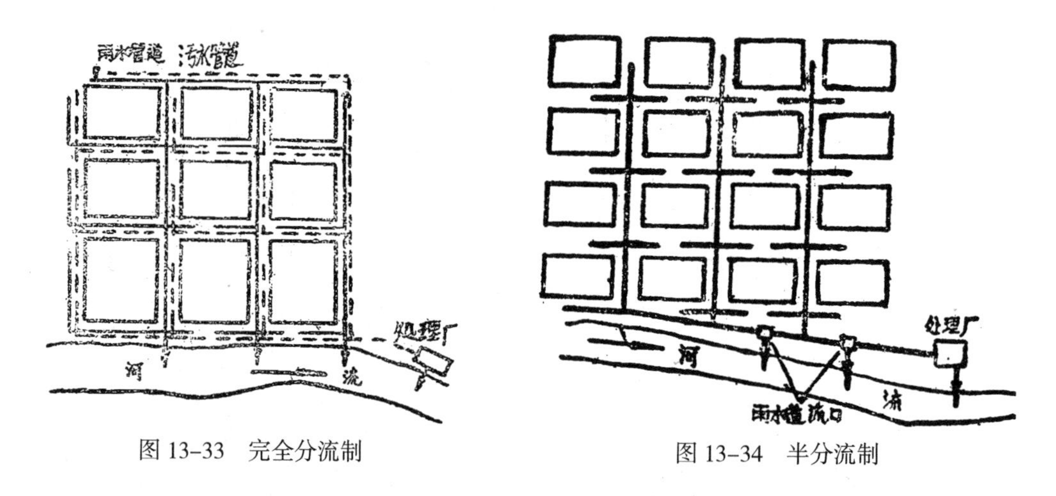

图 13-33 完全分流制

图 13-34 半分流制

（2）不完全分流制。只设置污水管道系统，不设完整的雨水管道系统（但雨水也流入污水管道系统），以后视需要再发展为完全分流制。

（3）半分流制（图 13-34）。小雨和大雨的初期雨水同污水合流，在雨量增大后，雨水就借雨污分流井流入河道，初期雨水（一般较脏）能得到适当处理。

（4）合流制（图 13-35）。只埋设单一的下水系统来排除污水和雨水。

排水体制的选择应该进行充分分析研究，并通过技术经济比较，加以确定。在一个大城市不一定只采用一种系统，根据各区的条件与需要，可以同时采用几种系统。

排水系统布置形式，由于地形、土壤、管道出水口位置以及其他地下管线相交等因素，一般有五种形式，而在实际工作中，通常是混合应用的。

（1）正交布置（图 13-36）。一般宜用于排除雨水。

（2）截流布置（图 13-37）。把污水截流至污水处理厂后利用灌溉或排入河湖系统。

（3）扇形布置（图 13-38）。在山区城市或地势的坡度很大时，为了避免管沟坡度和污水流速过大，严重冲刷管道，而采用这种形式。

各种排水体制的比较及适用情况　　表 13–5

体　制	比　　较		适用情况
	优点	缺点	
合流制	1. 各种污水和雨水均经处理后排入水体卫生条件良好； 2. 管道所占位置少，在城市用地紧张，街道狭窄地区使用较宜； 3. 如水体有充分稀释能力，污水可不加处理排出，雨水必须使用暗管排除时，选用合流制比较经济	1. 处理构筑物修建费用大，利用率低。有时为减小总干管与输水管道的尺寸及处理厂的规模，在合流制系统上放置暴雨溢流口，将暴雨时部分未经处理的雨水溢入水体，因而削弱了合流制的卫生方面的优越性； 2. 无雨时管内流量小，使管道不能保持自清流速，水力条件差； 3. 处理厂的流量及水质全年变化大，管理困难； 4. 有中途泵站时，其设备费用和管理费用高	1. 河道容量大，稀释能力高，污水可不经处理直接排入水体时； 2. 降雨量小的地区，而又不能采用地区排水时； 3. 已有合流制排水管道的旧城扩建，尽可能利用原有排水设备时； 4. 街道地下管线复杂，没有条件修建分流制系统时
分流制	1. 管网内水力条件好； 2. 可分期修建或采用不完全分流制，节省初期投资； 3. 保证处理的效能，不受降水的影响； 4. 处理的污水量小，比合流制处理厂的造价低	1. 如全为暗管，修建费用可能比合流制高； 2. 对初期雨水，一般未加处理，在卫生方面不利； 3. 增加地下管道，造成施工的复杂性，占地多	1. 暴雨量大，且历时短，并允许用明沟排泄雨水时； 2. 排水区域向河岸坡度较陡，不宜设置大管径的排水管网时； 3. 在河网地区的污水需设置很多中途泵站； 4. 生活污水需单独处理时； 5. 根据城市发展需要，目前可暂不设雨水道时； 6. 旧城虽已有合流制管道，但管径较小，不能适应城市发展的需要，且有渗漏时，可考虑将原系统作雨水沟管，另设小管径的污水管道系统； 7. 污水作农业肥料和污泥综合利用时

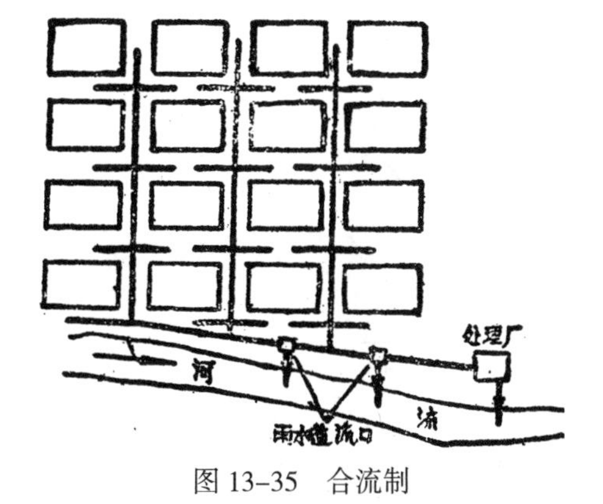

图 13–35　合流制

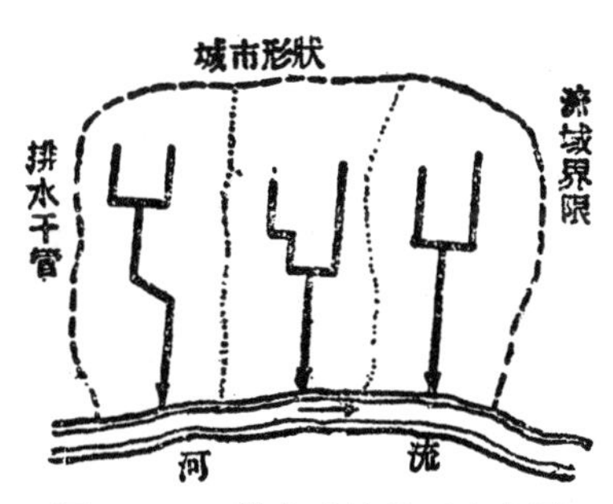

图 13–36　排水系统的正交布置

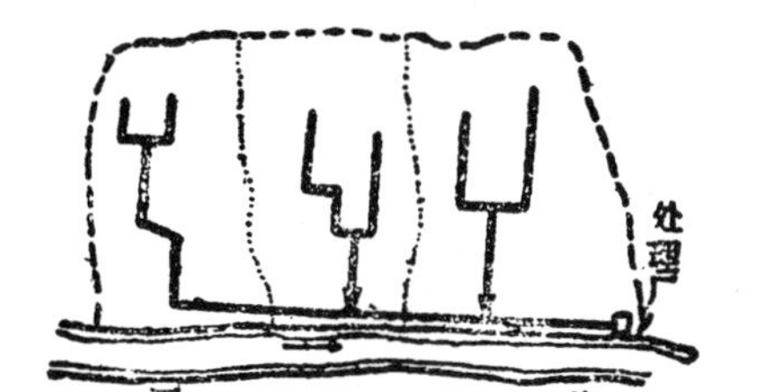

图 13–37　排水系统的截流布置

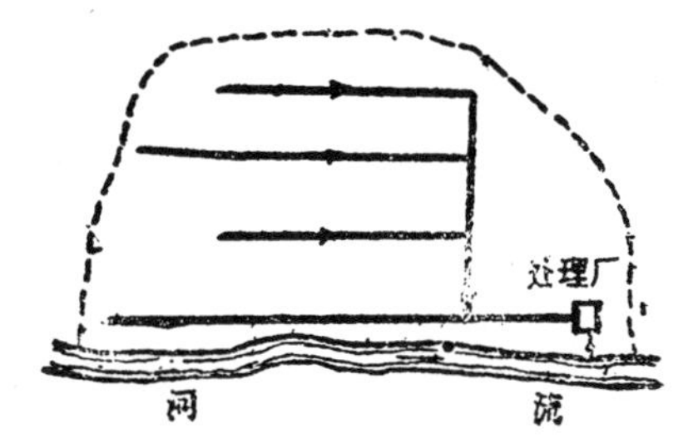

图 13–38　排水系统的扇形布置

（4）分区布置（图 13–39）。在地势高程相差较多时，可在高地和低地地区分别布设管道，高地区的污水可自流入污水处理厂，低地区的污水可用水泵抽送入污水总管。

（5）分散布置（图 13–40）。在地形平坦的大城市或用地分散的城市，为了避免污水管道埋设太深，采用分散布置较为经济。各区自成系统，有独立的干管和处理厂。

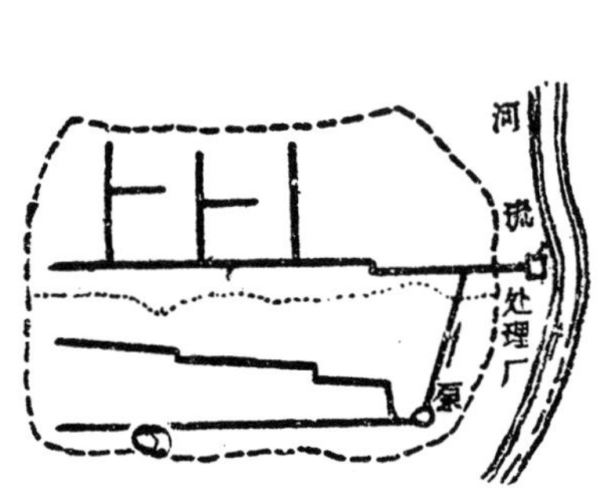

图 13–39　排水系统的分区布置

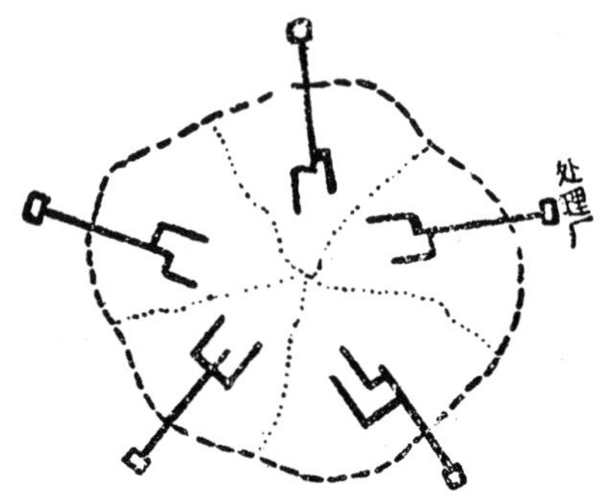

图 13–40　排水系统的分散布置

污水排入水体的卫生要求①　　**表 13–6**

<table>
<tr><th>项目 ＼ 污水污染标准 ＼ 水体类别</th><th>第一类水体用作城市集中给水水源，给水第二卫生防护地带内或与养鱼场相毗连的水体</th><th>第二类水体用作分类的生活饮用水水源，食品工业用水水源以及有鱼群大量产卵处所的水体</th><th>第三类水体不做生活饮用，而用于游泳或有美化意义的居民区内的水体以及用来经营渔业或处于鱼群游经产卵途中的水体</th></tr>
<tr><td rowspan="2">悬游物</td><td colspan="3">当水中原有悬游物含量小于 30 毫克 / 升时，污水排入水体并混合用，水体中容许增加的悬游物含量：</td></tr>
<tr><td>0.25 毫克 / 升</td><td>0.75 毫克 / 升</td><td>1.5 毫克 / 升</td></tr>
<tr><td rowspan="2">生化需氧量</td><td colspan="3">污水与水体混合后，水体水的五日生化需氧量（在 20℃时）不得超过：</td></tr>
<tr><td>2 毫克 / 升</td><td>4 毫克 / 升</td><td>不作规定</td></tr>
<tr><td>溶解氧</td><td colspan="3">不小于 4 毫克 / 升</td></tr>
<tr><td>pH 值</td><td colspan="3">6.5—8.5</td></tr>
<tr><td>浮游杂质</td><td colspan="3">不得在水体上面形成大片浮膜的酒类、脂肪、石油产品及其他浮游物质</td></tr>
<tr><td>色、嗅、味</td><td colspan="3">不得有污水所持有的异色、异嗅和异味</td></tr>
<tr><td>病原体</td><td colspan="3">凡含可能有人畜传染病病原体的污水（屠宰场、制革厂、洗毛厂、生物制品厂等的污水）一般禁止排入水体中，在特殊情况下需经机械澄清消毒后始准排入水体</td></tr>
<tr><td>有毒物质</td><td colspan="3">按卫生部规定标准浓度放泄</td></tr>
</table>

注：①污水放入水体的条件还应与省市卫生部门协商确定。
此表摘自"环境卫生学"，建筑工程部出版社 1959 年 11 月出版，第 189 页。

（二）污水处理厂

污水处理厂的作用是对工业或居住区的污水进行处理，其处理程度取决于污水利用和排除的条件。

污水如用作灌溉农田，处理标准就可低些，如考虑将污水排入水体，就需要合乎表 13–6 的卫生要求，处理标准就要高些。

通常生活污水的处理方法可分机械处理和生物化学处理。

二、排水工程规划的主要任务

排水工程规划是城市规划中重要的组成部分。其任务主要是：估算城市总排水量，研究污水性质及其处理利用方法，确定污水处理构筑物位置和污水灌溉田，布置排水管道网，组织地面水排除。

（一）估算城市总排水量

城市总排水量包括生活污水量和生产污废水量。地面径流量单独估算。

（1）生活污水量。居住区的生活污水量定额，决定于室内卫生设备和影响上水用水定额的各种因素。一般可采取与生活用水量相同的定额。污水量定额可参考表 13–7。选用表中数值时，应考虑到将来发展变化的因素。

居住区生活污水量定额表[1]　　　　表 13–7

设备条件 \ 污水量（公升 / 日 / 人） \ 地区	东北内蒙古地区	华北西北地区	华东华中地区	华南地区	西南地区
室内无给水排水设备用街道污水井排水者	10—25	10—30	10—30	10—40	10—20
室内无给水设备利用街道污水井排水者	10—40	10 —45	10—50	10—55	10—45
室内有给水排水设备但无浴室设备者	40—80	65—100	60—80	55—80	40—70
室内有给水排水设备并有浴室设备者	80—120	80—150	90—140	100—150	90—110
室内有给水排水设备并有集中式热水供应者	120—160	150—200	140—170	150—200	110—150

① 此表是建筑工程部科学院于 1959 年 11 月间召集全国 11 个大城市及有关单位举行给水排水量调查工作技术会议上研究的全国分区生活污水量定额草案。仅供参考。

（2）工业生产污、废水量。包括工业污水和洁净废水二类，应分别估算。生产污水量根据各工厂供给数值确定。若没有资料，可根据用水量和生产情况适当估算。比较洁净的生产废水可由雨水系统排除或重复使用。

将城市各项排水量汇总即得城市的总排水量。

（二）污水处理厂位置选择

在排水规划选择污水处理厂时，应考虑以下几个问题：

（1）选择城市地势较低的地方建设污水处理厂，便于城市污水汇流入厂。如果处理厂的污水用于农田灌溉，需考虑灌溉田的要求。

（2）处理厂应靠近河道，最好布置在城市河流的下游，既便于排出处理后的污水，又不致污染城市附近的水面。

（3）处理厂最好设在城市主导风向的下风地带，并与城市居住区边缘有 300 米左右的卫生防护地带。

（4）污水处理厂最好选择在地下水位较低的地段，有方便的电源，并有发展余地。

（三）污水管道网的布置

污水管道网的布置规划受着地形、排水体制、城市的总体布局及发展、工厂和其他建筑物的分布情况、工程地质、水文地质以及街道宽度、地下管线的多寡等因素的影响，一般污水干管的布置需按下列原则考虑：

（1）污水应顺地形重力排除，少设泵站。无特殊情况，避免管道迂回。

（2）根据自然地形便于分区分期建设。

（3）干管最好敷设在地形较平顺地段，因为干管管径愈大，其保证自流的所需坡度就愈小；同时应考虑把干管布置在地形较低侧。

（4）干管最好敷设在城市次要街道下，以便施工和检修。

（5）布置干管时，要与街坊内部污水管道的布置相结合。一般干管与街坊内部管道连接布置有下列三种形式：

①环绕式（图 13–41）。

②贯穿式（图 13–42）。

③低边式（图 13–43）。

（6）尽量避免（减少）管道横过河道、铁路或其他构筑物。

（7）避免流量小的管线作长距离的敷设。

（8）在过宽的街道上，可在两侧各设污水干管。

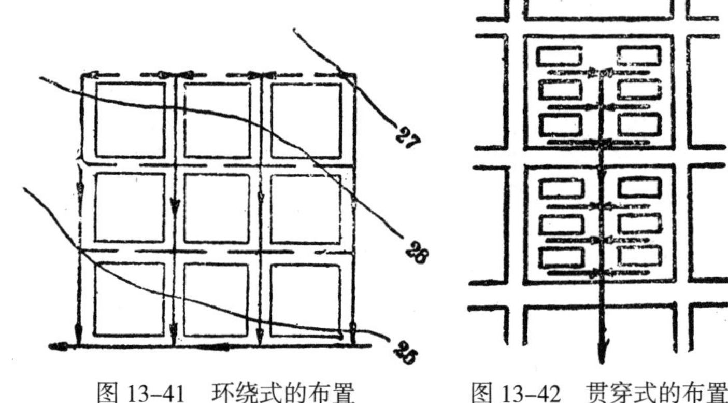

图 13–41　环绕式的布置　　图 13–42　贯穿式的布置

（四）雨水排除

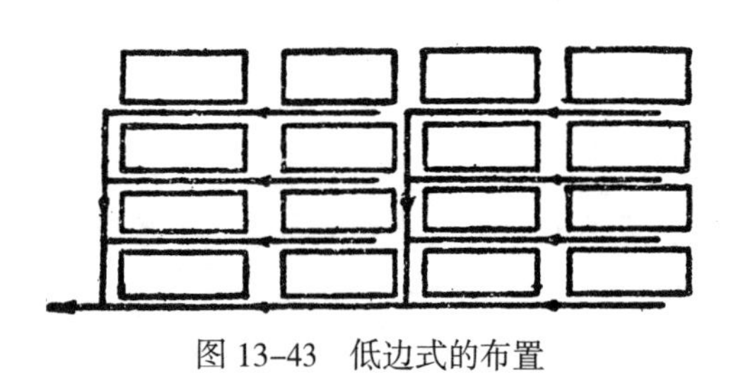

图 13–43　低边式的布置

城市的雨水如不和城市污水共同排除，需设置雨水管沟系统。雨水管沟系统主要由集水口、管道和出水口组成。

雨水管沟系统有明沟、暗管两种。暗管系统有利于城市卫生的改善和城市交通运输，占地少，但初建时投资很大。而明沟系统则造价较低，尤其采用土明沟造价更便宜。因此一般在市中心地区和主要街道上，采用暗管，在城市边缘地带则多采用明沟；在城市建设初期亦多采用明沟。

雨水管沟布置规划时需考虑下列各项原则：

（1）根据分散和直接的原则，雨水管沟可采用自流排水或压力排水，尽快地把雨雪水排入就近的水体。

（2）在规划雨水管沟时，首先从地形上划分排水区域（图 13–44）。

（3）雨水管沟规划时，应与城市道路系统规划相结合，使充分利用地形，并尽可能与街道的纵坡度取得一致。

（4）雨水由于不需要处理往往采取与河湖正交布置的形式，以便采用较小的管径；直接迅速排入河湖。

（5）在雨水排除规划时，除考虑城市用地范围内的雨水排除外，还要考虑与城市有联系的较大地区内的雨水排除问题。例如靠近山麓的城市，山地雨水可能流经城市，山洪

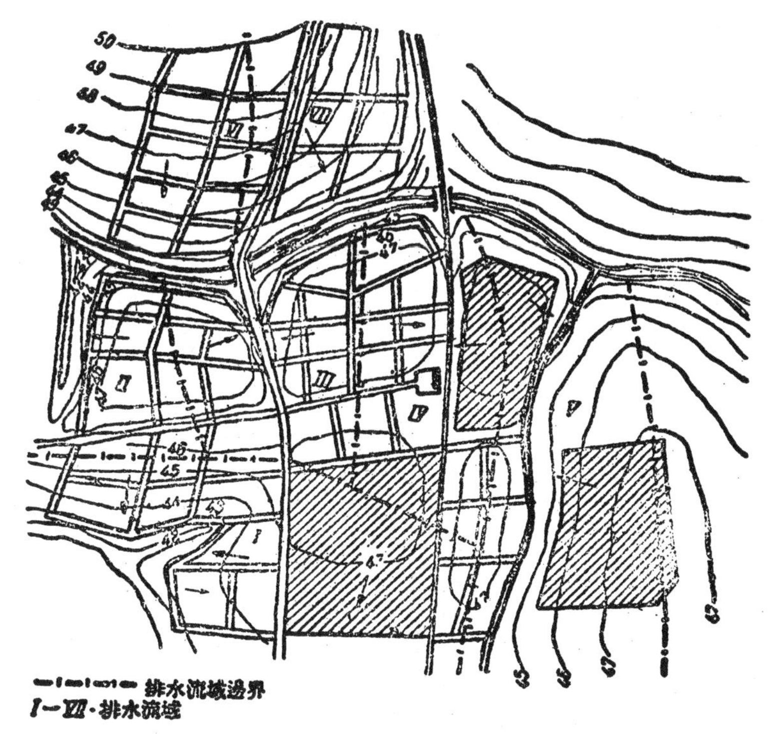

图 13–44　根据地形划分排水区域

会影响城市安全，因此需结合城市用地工程准备、竖向规划工作统一规划，采取相应的排除措施。

污水管道网的布置可参见图 13–44 所示。

三、污水灌溉农田和综合利用

利用城市生活污水及无害的工业废水灌溉农田，具有巨大经济价值和深远意义，又是解决城市污水排除的有效易行的方法。由于污水中含肥量高（我国一般 1 万—2.5 万吨污水含肥量 1 吨），可以增加农作物的产量。

但应注意以下几个问题：

（1）灌溉的方法和方式问题。在灌溉方法上一般有连续和间歇两种。在灌溉方式上有直接灌田、间接灌田、清水和污水间灌、污水稀释灌溉等多种。

（2）用原生污水还是用经过沉淀的污水。如不经沉淀直接放入农田，会使污水进口附近淤积，而且氮肥施量过重，容易造成农作物倒伏或死亡。如先经沉淀悬浮物有所减少，寄生虫卵减少约 90%以上，这就有利于灌溉农田。

（3）污水灌溉农田的水质问题。一般生活污水对农作物没有不良影响。但如果对有些工业废水的水质不加控制处理，工厂排出有毒的污水，会引起土壤变质，危害农作物。对于医院排出的含有病原菌的污水也应先消毒，才能利用，以免疾病传播。一般污水灌溉的水质标准如表 13–8 所示。

（4）灌溉水量问题。在规划污水灌溉农田的面积时，要注意污水用量和土壤吸收肥力的关系。农作物的品种、底肥、种植制度、气象条件等，应根据具体情况决定。根据我国各地经验，一般污水用量可选用 0.3—1.5 公方 / 亩 / 日的灌溉定额。北京农林局根据实践经

污水灌溉的水质标准　　表 13–8

水质标准	最大允许含量（毫克 / 升）	资料依据
水　温	<40℃	北京污水在 14—20℃左右，天津曾用 40℃的污水灌溉
酸碱度（H）	5—8 微碱性土 6—9 微酸性土	北京污水 pH 为 8 左右，而北京土壤一般是偏碱性的
悬游物	200—300	北京污水的悬游物含量一般在 300 毫克 / 升左右
氯化物	250—350	北京污水中氯化物含量为 350 毫克 / 升左右；天津提出的标准为 350 毫克 / 升；国外文献为小于 350 毫克 / 升
含盐量	800—1000	北京污水含盐量为 894 毫克 / 升，苏联文献介绍为 800—1000 毫克 / 升
细　菌	根据卫生部要求而言，利用污水灌溉农田是不准许有霍乱、伤寒、痢疾、炭疽等流行性传染病菌流入农田	
游离氯	100	国外文献
砷	0.1—0.5	国外文献
铬	0.1—0.5	国外文献
酚	100	苏联曾用 125 毫克 / 升灌溉，没有问题

各种作物的灌溉定额　　表 13–9

作物种类	灌溉定额公方 / 亩 / 年	备　注
小　麦	200—300	1. 此表指清水而言。 2. 此表只能满足作物的水分要求，而未考虑作物的需肥要求。 3. 当污水的含氮量 >50 毫克 / 升时，能满足作物水、肥的要求。 4. 当污水的含氮量 <50 毫克 / 升时，对作物还要增施氮肥，以满足作物对肥分的要求
棉　花	120—160	
水　稻	400—600	
玉　米	900—120	
白　菜	270—400	
油　菜	240—280	
芹　菜	450—525	
黄　瓜	900—1350	
雪里红	270—405	

验制定了各种农作物的灌溉定额（表 13–9）可作参考。

（5）卫生问题。卫生问题是利用污水灌溉农田的一个重要问题。在城市生活污水中含有大量有机物、寄生虫卵和微生物，往往带有病菌；有些工业污水常含有酸、碱、重金属等有害物质。因此，在利用污水灌溉时，需采取适当的预防措施，以避免对人体健康的危害，同时必须注意下列几点：

①灌溉田地和渠道与水源之间，应有防护距离；

②清水沟和污水灌溉渠道作全盘规划，互不影响。

四、工业废水的处理和利用

大多数工矿企业的废水，都具有一定的污染性和毒性，尤其是冶金、造纸、化工、动植物化工工业等的工业废水，对水体的污染起着特别严重的作用。如果有害的工业废水，不经净化处理排入水体，对工业生产、人民生活、都会带来严重影响。因此，工业废水的处理和利用，就成为城市规划中必须考虑的问题。

工业废水的水量、水质和污染浓度取决于加工原料的性质、生产工艺过程和企业的卫生情况，如表 13–10、表 13–11 所列。

工业废水量占用水量的百分比　　表 13–10

工业类别	统计厂数	废水占用水量的%	
		最小—最大	采　用
丝绸			
印染厂	8	72.5—96.8	88
丝织厂	3	85—100	90
缫丝厂	1	93	93
纱布印染厂	29	57.5—100	88
造纸厂	24	70—100	91
化工厂	3	53.3—80.5	76
橡胶厂	8	83—96	92
制革厂			
轻革	1	90	90
重革	1	100	100
食品厂			
罐头糖果	2	57.5—100	65
酵母酒精	2	71.2—90	80
制药厂	3	80—100	95
搪瓷厂	4	44.4—97	70
钢铁冶炼厂	6	63—100	90
煤气厂	2	37 —58	45

各类工业废水水质分析概况表①　　表 13–11

项目 行业	水质情况（毫克 / 升）			备　注
	酸碱度（pH）	悬游固体	五日生化需氧量（бпк$_5$）	
钢铁冶炼工业	6.3—10	64—350	5.5—61	
金属加工工业	2.8—5.0	26—200	—	
搪瓷工业	4—6.8	48—50	35—5500	
化学工业	1—11.6	3—81200	5.5—1850	包括塑料、颜料、染料化工原料等工业
制药工业	3.1—7.9	44— 8 000	48—2000	
橡胶工业	6.6—12	456—590	269—10500	
造纸工业	6.3—12	175—16000	18—80900	
纺织工业	6.6—9	3—29000	15.4—16200	包括棉、毛麻、纺织、针织等工业
印染工业	5.5—10.5	40—5240	200—9000	
丝绸工业	6.1—9	300—6200	140	
制革工业	4—11.7	70—20000	220—4000	
食品工业	4.4—10.7	87—50000	274—2500	包括罐头、糖果、面粉、酿酒、汽水等工厂
印刷工业	6.8	540—4400	400—4400	

注：①此表摘自哈尔滨工业大学编写的“排水工程”下册，建筑工程部出版社 1957 年 12 月出版。

处理和利用工业废水，应贯彻“变有害为无害，充分利用”的方针，并采取“就地回收，因地制宜，适当处理，充分利用”的原则。

尽量在企业内部进行回收废水中的有用原料大搞综合利用。回收处理的技术容易解决。并尽量循环利用工业废水，增大废水浓度有利于回收利用。

工业废水的处理和利用还需贯彻土洋结合的方针，根据需要与条件，搞一些大型的处理构筑物和复杂的处理设备是必需的；但采取简易的处理办法，有时更能多快好省解决现实问题。

工业废水的处理和利用，是一个牵涉到工业、农业、卫生、城市建设、水产等部门的工作，影响面广，关系复杂。在规划中应综合研究废水性质、排水系统和有关农田灌溉等问题，统一规划，适当安排。

第五节　城市供电规划

城市供电规划是城市规划的组成部分。根据地区动力资源、区域电力系统规划、城市总体规划资料，对城市供电做综合安排。在城市供电规划中主要解决电力负荷及电力平衡，城市供电电源的布局，供电系统及其布局等问题。

一、负荷分析、电力平衡

负荷分析是供电规划的基础。供电系统各个组成部分，如发电厂和变电所的规模、线路回数、电压等都取决于这个基础。如果对负荷估计不足，由于各项事业的发展，已修建的供电系统就要进行较大的改建；反之，如果对负荷估计过大，脱离实际发展的可能，就会造成浪费。由于城市用电负荷是以用电定额作为基础的，因此，必须正确制定用电定额。

（一）负荷分析、电力平衡中应当注意的问题

（1）从实际出发，搞清现状用电水平。充分了解当地和全国一般的用电水平，并考虑发展速度，作为编制用电定额的基础；

（2）生产与生活用电之间的比例关系。生产与生活用电之间应当符合在生产的基础上逐步提高人民生活水平的原则，防止过分强调生活用电而忽视生产用电；但也避免忽视生活用电的需要；

（3）应当考虑居民生活水平；

（4）当地动力资源和投资及器材供应的可能性。

（二）负荷分析的方法

城市电力负荷分为工业、农业、市政生活等三类，按近、远期分别进行分析。

（1）工业负荷。工业用电量与工厂的性质、规模、生产工艺过程、机械化电气化水平和生产班次等等因素有关。进行供电规划时一般采用以下几种方法：

①由工业企业提出负荷数字；

②参考同类型工业或典型设计的负荷数字；

③按单位产品耗电量计算；

④按单位产值耗电量计算。

（2）农业负荷。农村用电的范围很广，可用在耕作（电力绳索牵引机、电力拖拉机）、农田灌溉、排涝、畜产、农产品加工（脱粒、制粉）以及农村小工业等等方面。但是，目前农业用电水平还很低，而且各地情况不一样，因此，计算这部分用电应对当地

农村做详细调查研究，根据目前的需要和发展的可能分项进行估算。

（3）市政生活用电。一般采用以下两种方法：

①按每人用电综合指标计算。每人用电综合指标一般是按负荷增长率推算，方法如下：

$$P=(1+a\%)^{n}P_0$$

式中 P——规划的指标；

$a\%$——逐年负荷增长率；

n——规划年限；

P_0——现状指标。

②分项计算。按照电力的不同用途分为居住建筑照明用电，日常生活用电，公共建筑照明用电，装饰艺术、公园、绿地照明用电，街道照明用电，小型电动机用电，电气化运输用电和给排水用电等几项。根据各项的实际需要量分别进行计算，并将计算结果列入市政生活用电负荷表（表13-12）。

市政生活用电负荷表 表13-12

用电项目	近期					远期				
	负荷（瓩）	利用系数	计算负荷（瓩）	最大负荷利用小时数	用电量（度）	负荷（瓩）	利用系数	计算负荷（瓩）	最大负荷利用小时数	用电量（度）
Ⅰ.居住房屋部分 1.居住和辅助房屋照明 2.日常生活用电										
共计										
Ⅱ.机关、公用设施和服务系统 1.公共建筑和机关内部照明 2.街道照明 3.装饰艺术、公园、绿地等照明 4.小型电动机用电 5.给水排水用电 6.电气化运输用电										
共计										
总计										

制定市政生活用电定额时，通常用上述两法互相校核。

（4）负荷平衡表。负荷计算后应综合在负荷平衡表上（表13-13）。制表时，应对各项负荷作综合平衡，考虑工业、农业、市政生活用电之间的比例关系是否合理，负荷大小与电源容量是否适应，然后作必要的调整。

城市电力负荷平衡表　　表 13–13

用户名称	逐年负荷					
	现　状		近　期		远　期	
	最大负荷	用电量	最大负荷	用电量	最大负荷	用电量
1. 工业用						
……						
……						
2. 市政生活用						
……						
……						
3. 农业用						
……						
……						
合　计（P_{Σ}）						
计算负荷（$P_{\Sigma}K_c$）						
发电厂用电、变电所用电及线路损耗						
总　计						

（5）负荷分布图（图 13-45）。负荷分布图的作用在于全面了解整个城市负荷的分布情况，便于布置发电厂、变电所、配电所和输配电线路。

负荷分布图的做法，是将各用户的负荷表示在总体规划平面图上（分远、近期）。有确切位置的负荷（如工厂、大型公共建筑等）按其位置布置负荷，对不能按其确切位置布置的负荷，可按街坊人口比例均匀分配在街坊中。图中负荷的大小通常用圆圈面积表示。圆圈直径由下式决定：

$$d=2\sqrt{\frac{S}{\pi m}}$$

式中　d——圆圈直径；

S——负荷数值；

m——采用的比例尺。

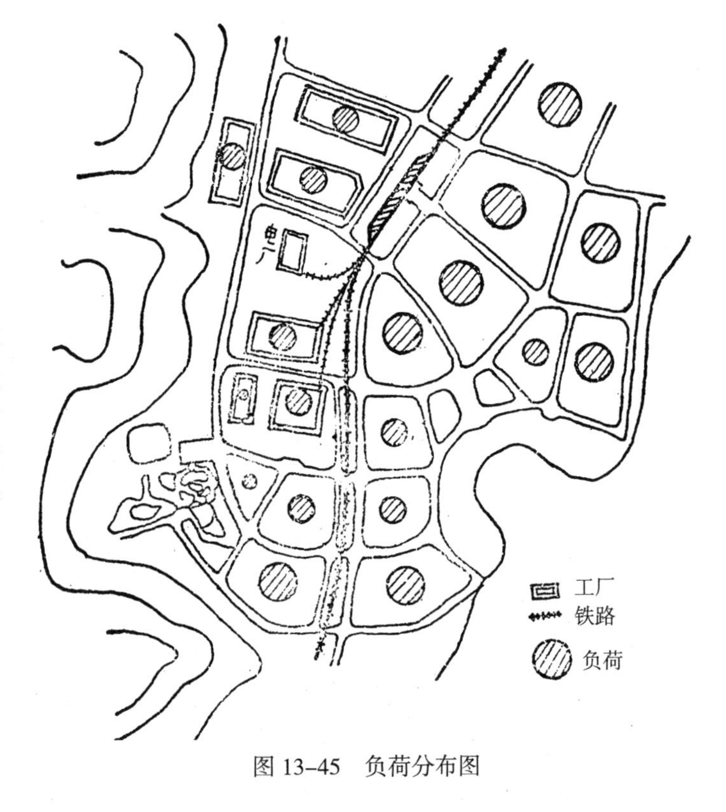

图 13-45　负荷分布图

二、电源布置

电源——发电厂或变电所，担负着发电或变电的任务，是供电系统的主体。电源布置是供电系统规划的重要环节，因为它与各项建设事业都有密切的关系（如工业布局、交通运输、卫生要求、农业生产等等），同时它关系着供电的可靠性和经济上的合理性。因而，电源的选择必须经过全面的技术经济比较。布置电源时，一般应注意如下问题：

（1）综合考虑利用资源。选择电源要综合研究资源（如河流、煤、天然气、工业废气、沼气等等）。具体确定采用水电？还是火电？还是工厂自备电站或区域性电站？是新建？还是旧厂扩建？是土洋结合？还是大的洋的？

（2）全面考虑分布电源。电源分布应在保证可靠性和国防要求的前提下，根据负荷状况，采取分散与集中相结合的办法。凡有几个工业区，负荷在几处分别集中适于分散。不但可减少线路长度而且安全可靠，同时，有利分期建设。如果几个用户集中在一个区域内集中建设，投资和管理费用都可以节省。

（3）综合考虑布置电源。只要满足厂址的具体要求（供水、排水、运输、地形、地质、卫生条件等等），电源应尽量靠近负荷中心。

三、供电系统方案

城市供电系统：①要满足用户对电能数量和电压质量的要求；②供电可靠；③接线简单，运行方便，灵活，并有发展可能；④尽量少消耗有色金属；⑤尽量使建投费用和年运行费用达到最少。

编制供电系统方案时一般应注意以下问题：

（1）供电系统在保证可靠的前提下应尽量简单。避免变电所过多，线路重复、迂回。应进行调整，合并；由远处变电所接线的用户改由近处接线，简化系统，节省设备和器材，便于管理。

（2）接线方式的选择。必须保证可靠，满足不同用户的不同要求；系统的建设最经济合理。闭式接线方式，使负荷不足的变电所和线路得到充分利用，系统中电压质量也得到改善，电压偏移和波动小，有利于提高生产效率；能量损耗和功率损耗也有所降低。环形供电提高了供电可靠性，也解决了需要备用电源的用户对供电不中断的要求，同时有些备用线路也可拆除，简化了网络。

（3）选择经济合理的电压。电压级别是否合理直接影响到城市供电系统方案的经济性。

由于高压输电经济，在一些大城市中将高压线路深入负荷中心和深入城市，缩短中压线路，节约了投资和材料，解决了线路布置的困难。

电压级别的类型应力求减少。如某地由于电压级别太多，由发电厂到用户需要多次变压才能使用，也有两相隔不远的用户由于电压不同而不能相联。

在系统中高压一般采用 35、110、154、220 千伏是根据现状和发展的负荷大小以及电源电压而进行选择。在合理和经济的情况下，也可采用几种电压。

中压系统一般采用 10 千伏，低压系统一般采用 380/220 伏。

选择电压，还应考虑现状设备如何过渡的问题，尽量充分利用原有设备，采用升压的办法，使其用于相邻近的电压级别上。

（4）网络结构对供电系统投资的影响很大，一般应尽量采用架空线，因为架空线的

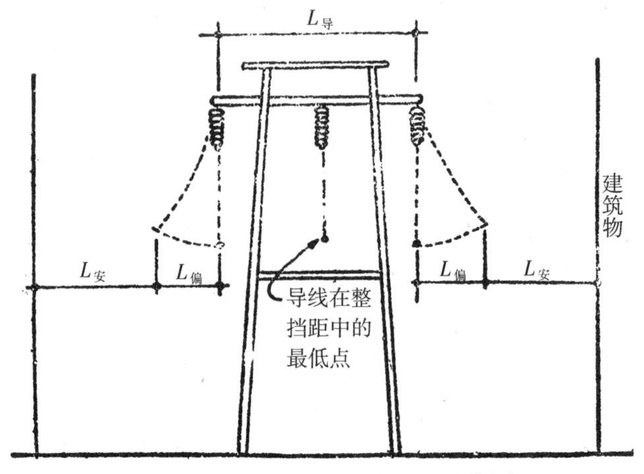

图 13–46　高压线通过居民区示意图

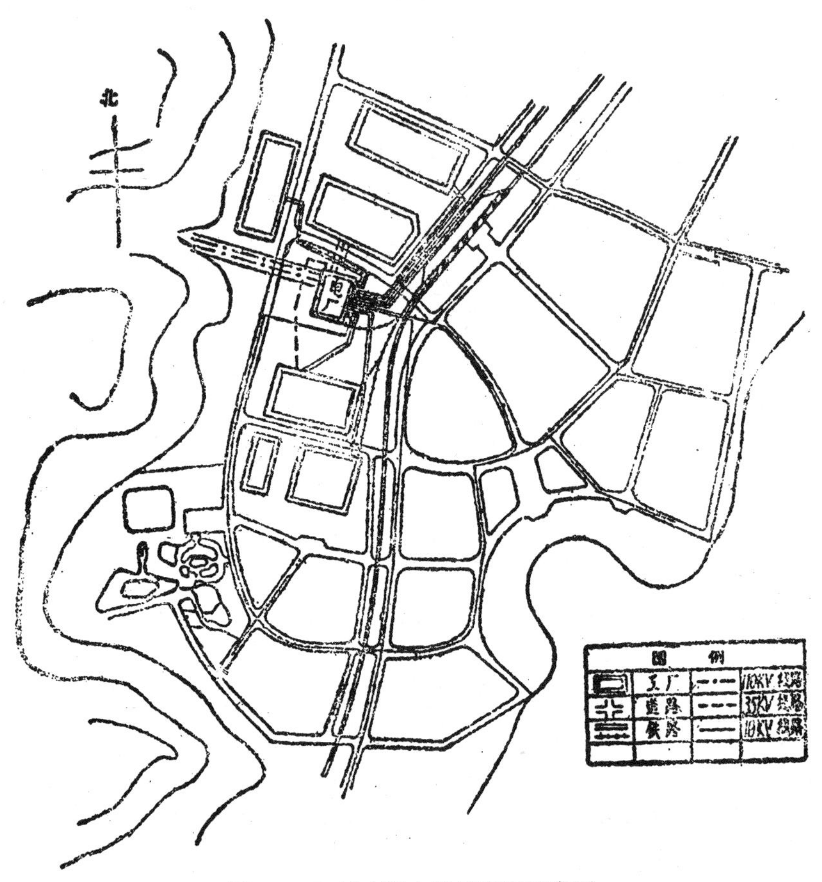

图 13–47　城市供电系统平面示意图

投资少，制造容易，检修方便，只有当城市中有特殊需要时才部分采用电缆。

（5）高压架空线路的布置，应注意如下问题：

①综合安排线路路径，使线路达到最短，曲折交叉最少；不穿过城市中心地区，节

约用地，少占农田；与电台、机场、通讯线保持一定距离，以免干扰。

②线路路径应便于架设运行和今后检修。电源出线应方便和整齐，避免线与线间交叉跨越，同时要沿一个方向有多条线路时，尽可能设在一个路径上，以便于合杆架设和检修。

③线路路径应保证安全。防护区、间隔、通道的宽度，以及线路与各种工程构筑物的平行、交叉跨越的间距，应符合水电部有关规程的规定。

当高压线通过居民区时（图 13–46），根据规定应留出的间隔宽度 L 由下式计算：

$$L=2L_{安}+2L_{偏}+L_{导}$$

式中　$L_{安}$——高压线与建筑物间至少应保持的数值；

$L_{偏}$——导线最大偏斜（当有风时导线左右摇摆的最大水平距离）；

$L_{导}$——电杆上两外侧导线间距离。

（6）编制城市供电系统平面示意图（图 13–47）。 图中应标明发电厂、变电所的容量和位置，高压线和中压线路的电压和示意性走向。

第六节　城市管线工程综合

一、管线工程综合[1]的目的和意义

在城市的工业区里，通常要敷设不少为工业生产服务的管线工程，如铁路、道路、给水、排水、电力、电讯、煤气、热力等等；在居住区里，根据生产的发展和当地的具体情况，也要敷设为满足居民生活需要的一些管线。这些工程的性能和用途不同，承担设计的单位不一，施工时间也有先后。因此，对各项管线工程如不进行综合安排，就有可能发生以下一些问题：各种管线在平面位置之间、立面位置之间相互冲突和干扰；厂外管线和厂内管线互不衔接；管线和居住建筑、规划设计的管线和现状管线之间的矛盾；局部与整体的矛盾等等。这些问题，如果在规划设计阶段不加以解决，就会影响施工的顺利进行，甚至会拖延建设的进度，浪费国家的资金。因此，管线工程综合的主要任务是：搜集城市规划地区范围内各项现状的和规划设计的管线工程资料，加以分析研究，进行统一安排，及时发现并解决各项管线工程在规划设计上存在的问题和矛盾，使它们在城市用地上占有合理的位置，并用以指导单项工程的设计，为管线工程的施工以及今后的管线管理工作创造有利的条件。

所谓进行统一安排，就是以各项管线工程的规划设计为基础，从总体上进行分析研究，如发现单项工程原来布置的走向、位置有不合理或与其他工程发生冲突时，则要提出解决问题的意见，会同有关单位商讨解决。如果单项工程不存在上述问题，则根据原有的布置，肯定它们的位置。

在城市规划过程中，首先应该加强管线工程的系统规划，及时进行综合，使有关单位

[1] “管线工程”即各种管道和线路工程的简称，在有的书籍中称之为“工程管线”。
在管线工程综合工作中，将铁路、道路以及和它们有关的车站、桥涵都包括在线路范围之内，因此综合工作中所称的管线比一般所称的管线的含义要广一些。
“管线工程综合”是在各项管线工程的规划设计的基础上进行编制的，因此又称为“管线工程设计综合”。凡敷设在工厂用地范围之外的管线工程，都是由城市规划部门进行综合。工厂内部的管线工程，由工厂设计单位进行综合，不属于城市管线工程综合范围之内。

全面地了解各种管线的布置情况；其次，要加强城市规划部门和设计单位之间，以及各设计单位相互之间的联系和配合；最后，要求设计单位在交付图纸之前，对所承担的几项设计（如给水排水工程设计单位所承担的给水和排水工程设计）进行核对和检查。这样，就能提高规划设计的质量，有利于各项工程的建设。

编制管线工程综合，必须贯彻多快好省的方针和勤俭建国的方针。既要从整体出发，又要照顾局部的要求。对不同的问题作具体的分析，采取相应的办法加以解决。

二、综合工作阶段的划分

各项管线工程从规划开始到建成，需要一个过程。在这过程中，又可分为几个工作阶段。依据城市规划和单项管线工程规划设计的不同阶段，管线工程综合大体上可分为示意综合、初步设计综合和施工详图检查三个工作阶段。

三个综合工作阶段有着不同的任务和内容，它们既有区别，相互又有联系，前一工作阶段为后一阶段提供了条件，而后一阶段又补充和修改前一阶段的内容。但是，城市有大有小，有复杂有简单，建设任务又有轻重缓急，因此，必须根据具体情况来划分工作阶段，不能机械地区分。例如，建设任务急的城市，有时还在编制全市性的示意综合，而修建地区的单项工程已进行初步设计，要求进行初步设计综合，在这种情况下就要双管齐下，同时进行，有时甚至在单项工程初步设计的基础上，先编出修建地区的初步设计综合，而后再补做全市性的示意综合。又如简单的小城市，建设任务又很少。往往可一气呵成，也就要适当合并工作阶段。总之，工作阶段的划分，必须保证综合工作的及时进行，否则错过了综合的时机，管线一经施工，就成了现状，以后即使发现有不合理的现象，要想变更就比较困难，甚至会发生严重的返工浪费；或者为了不影响建设进度，不得不迁就既成事实，也会因此而增加以后的管理和维修的费用。

三、管线工程综合布置的一般原则

管线工程综合布置一般要注意下列原则：

（1）厂界、道路、各种管线等的平面位置和立面位置，都应采用城市统一的坐标系统和标高系统，这样可以避免发生混乱和互不衔接。如果城市由于全市性测量稍晚于工业区厂址的测量，或者其他原因而可能在一个城市中出现几个坐标系统和标高系统，这将有碍于城市规划和对各项近期建设的安排。因此，一个城市的坐标系统和标高系统必须统一。如果存在几个坐标系统和标高系统时，需加以换算，取得统一。

上述要求，对于工厂内部工程的布置，如大工厂，为了本身的设计和施工的方便，还是可以自设一个坐标系统，而不使用城市统一的坐标系，以便简化厂内各项修建设计和施工。但是，工厂厂界的转角和工厂管线的进出口[1]则应使用城市统一的坐标系统和标高系统，并需取得不同坐标系统的换算关系，以便核对。

（2）要充分利用现状管线，只有当原有管线不符合生产发展的要求和不能满足居民生活的需要时，才考虑废弃和拆迁它们。

（3）对于基建期间施工用的临时管线，也必须予以妥善安排，尽可能使其和永久管线结合起来，成为永久管线的一部分。

---

[1] 即厂内工程和厂外工程的连接点。如厂内工程和厂外工程发生矛盾时，需从整体出发，考虑影响的范围大小，会同有关单位研究解决。

（4）安排管线位置时，应考虑到它们今后的发展变化，对于有可能发展的管线，应留出余地；其有变化时，应及时予以安排处置。

（5）在不妨碍今后的运行、检修和合理占用土地的情况下，尽量使管线的路线短捷，缩短管线的长度，节省建设费用。但也需避免随便穿越、切割工业企业和居住区的扩展备用地，避免布置凌乱，使今后管理和维修不便。

（6）在居住区里布置管线时，首先应考虑将管线布置在街坊道路下，其次为次干道下，尽可能不将管线布置在交通频繁的主干道的车行道下，以免施工或检修时开挖路面和影响交通。

（7）埋设在道路下的管线，一般应和路中心线（或建筑红线）平行。同一管线不宜自道路的一侧转到另一侧，以免多占用地和增加管线交叉的可能。

靠近工厂的管线，最好和厂边平行布置，便于施工和以后的管理。

（8）在道路横断面中安排管线位置时，首先考虑布置在绿地（草坪）下，其次为人行道下、非机动车道（自行车道、大车道）下，不得已时，才考虑将修理次数较少的管线布置在机动车道下。往往根据当地情况，预先规定那些管线布置在道路中心线的左边或右边，以利于管线的设计、综合和管理。但在综合过程中，为了使管线安排合理和改善道路交叉口中管线的交叉情况，可能在个别道路中会变换预定的管线位置。

（9）各种地下管线从建筑红线向道路中心线方向平行布置的次序，要根据管线的性质、埋设深度等来决定。可燃、易燃和损坏时对房屋基础、地下室有危害的管道，应该离建筑物远一些；埋设较深的管道距建筑物也较远。一般的布置次序如下：

①电力电缆；

②电话管道或电讯电缆；

③空气管道；

④氧气管道；

⑤煤气或乙炔管道；

⑥热力管道；

⑦给水管道；

⑧雨水管道；

⑨污水管道。

（10）编制管线工程综合时，应使道路交叉口中的管线交叉点越少越好，这样可减少交叉管线在标高上发生矛盾。

（11）管线发生冲突时，要按具体情况来解决，一般是：

①还没有建设的管线让已建成的管线；

②临时的管线让永久的管线；

③小管道让大管道；

④压力管道让重力自流管道；

⑤可弯曲的管线让不易弯曲的管线。

（12）沿铁路安设的管线，应尽量和铁路线路平行，与铁路交叉时．尽可能成直角交叉。

（13）可燃、易燃的管道，通常不允许在交通桥梁上跨越河流。在交通桥梁上敷设其他管线，应根据桥梁的性质、结构强度并在符合有关部门规定的情况下加以考虑。管线跨越通航河流时，不论架空或在河道下通过，均须符合航运部门的规定。

（14）电讯线路与供电线路通常不合杆架设。在特殊情况下，征得有关部门同意，采取相应措施后（如电讯线路采用电缆或皮线等），可合杆架设。

高压输电线路与电讯线路平行架设时，要考虑干扰的影响。

（15）综合布置管线时，管线之间或管线与建筑物、构筑物之间的水平距离，除了要满足技术、卫生、安全等要求外，还须符合国防上的规定。

四、示意综合的内容和编制方法

管线工程示意综合是城市总体规划的一个组成部分，它是以各项管线工程的规划资料为依据而进行总体布置并编制综合示意图。示意综合的主要任务是要解决各项管线工程的主干管线在系统布置上存在的问题，并确定主干管线的走向。对于管线的具体位置，除有条件的以及必须定出的个别控制点外，一般不作肯定（沿道路敷设的管线，则可在道路横断面图中定出），因为单项工程在下阶段设计中，根据测量选线，管线的位置将会有若干的变动和调整。

编制管线工程示意综合，通常可分为下列两种基本方式：一种是由各设计单位分别作出各单项工程规划，城市建设（规划）部门搜集各单项工程的规划文件和图纸进行综合，在综合过程中举行必要的设计会议，研究解决主要的、牵涉面较广的问题。做出示意综合草图后，邀集有关单位讨论定案。另一种方式是组织有关设计单位共同进行规划和综合，遇到问题当时就可解决，定案也比较迅速。采取哪一种方式，要根据当地的具体情况而定。

进行示意综合时，一般编制下列两种图纸：

（一）管线工程综合示意（平面）图

图纸比例通常采用1：5000—1：10000。比例尺的大小随城市的大小、管线的复杂程度等情况而定，但应尽可能和城市总体规划图的比例一致。图中包括下列主要内容：

（1）自然地形　主要的地物、地貌以及表明地势的等高线；

（2）现状　现有的工厂、建筑物、铁路、道路、给水、排水等等各种管线以及它们的主要设备和构筑物（如铁路站场、自来水厂、污水处理厂、泵房等等）；

（3）计划建设的工业企业厂址、规划的居住区；

（4）各种规划管线（包括尚未施工的临时管线）的布置和它们的主要设备及构筑物，有关的工程准备措施，如防洪堤、防洪沟等；

（5）标明道路横断面的所在地段等。

管线工程综合示意图（以下简称综合示意图）的一般编制方法如下：

（1）在硫酸纸上打好坐标方格网，然后把地形图垫在下面描绘地形。坐标方格网要求打得准确，否则会影响综合示意图的准确性。

（2）将现有的和计划建设的工厂、规划的道路网按坐标在平面图上绘出，并根据道路的宽度画出建筑红线。如果在总体规划阶段还没有计算出道路中心线交叉点的坐标，则根据道路网规划图复制。

（3）根据现状资料，把各种管线绘入图中。

以上三项通常就可用墨线绘制。

（4）把规划和设计的管线的平面布置逐一用铅笔绘入图中。这样，就可以从图上发现

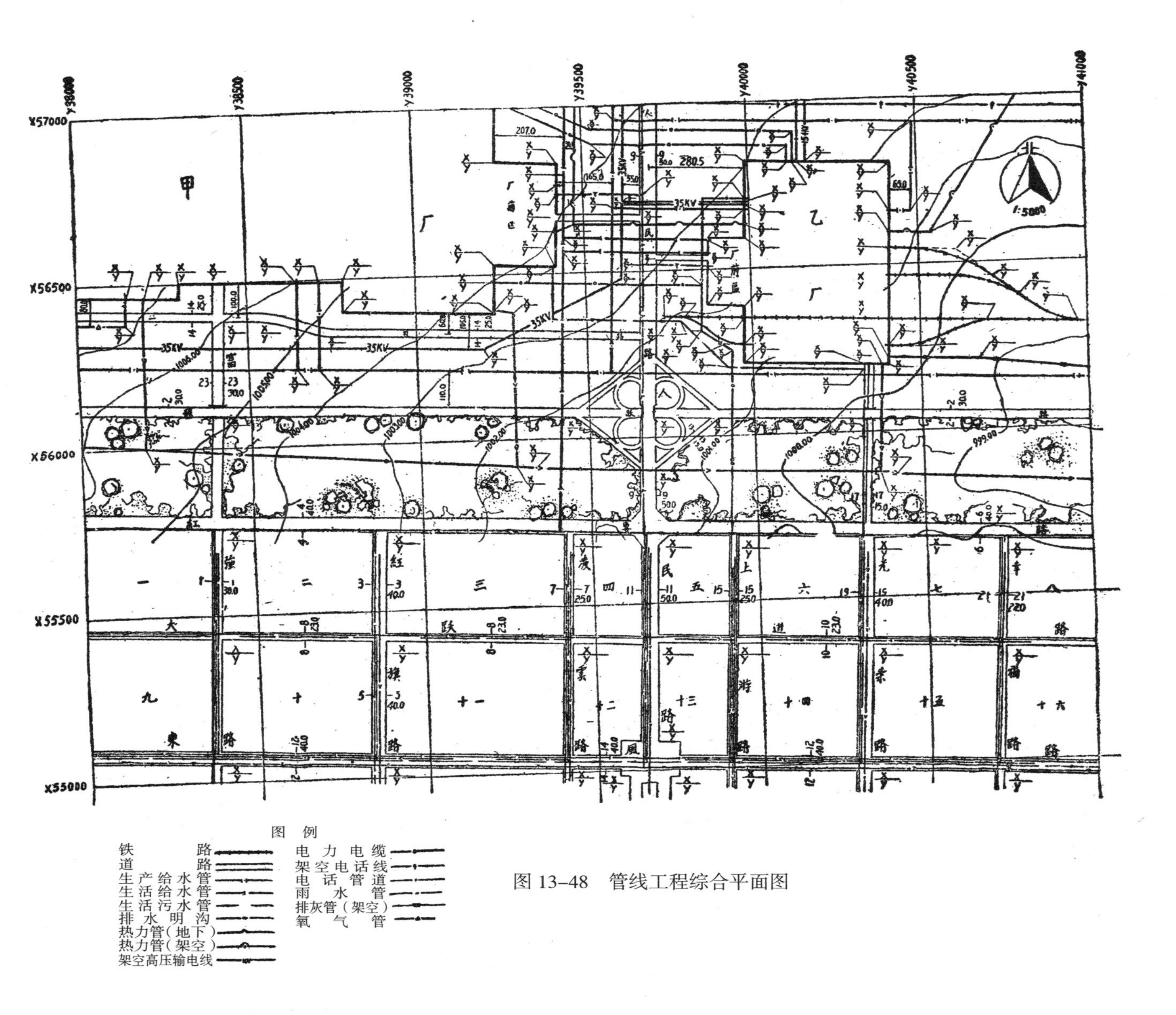

图 13-48 管线工程综合平面图

各项管线在平面布置上的问题，进行研究和处理。综合安排妥当，问题都已解决，然后上墨，并标注必要的数据和扼要的说明。综合示意图的式样可参考图 13–48❶。

由于管线工程综合图纸往往需要复制许多份数，因而通常采用单色图例。

编制综合示意图时，应结合道路网的规划。综合示意图通常和编制道路标准横断面图一起进行，因为在道路平面中安排管线位置与道路横断面的布置有着密切的联系。有时会由于管线在道路横断面中配置不下，需要改变管线的平面布置，或者变动道路各组成部分在横断面中的原有排列情况。

（二）道路标准横断面图

图纸比例通常采用 1∶200。它的内容包括：

（1）道路的各组成部分，如机动车道、非机动车道（自行车道、大车道）、人行道、分车带、绿带等。

（2）现状和规划设计的管线在道路中的位置，并注有各种管线与建筑红线之间的距离❷。目前还没有规划而将来要修建的管线，在道路横断面中为它们预留出位置。

（3）道路横断面的编号。

道路标准横断面的编制方法是，把布置在道路中的管线，逐一配入各该道路横断面，注上必要的数据。在配置管线位置时，必须反复考虑和比较，妥善安排。例如，道路两旁树木很多，若过于靠近管线，树冠易与架空线路发生干扰，树根易与地下管线发生矛盾，这些问题一定要合理地加以解决。道路横断面的图式见图 13–49。

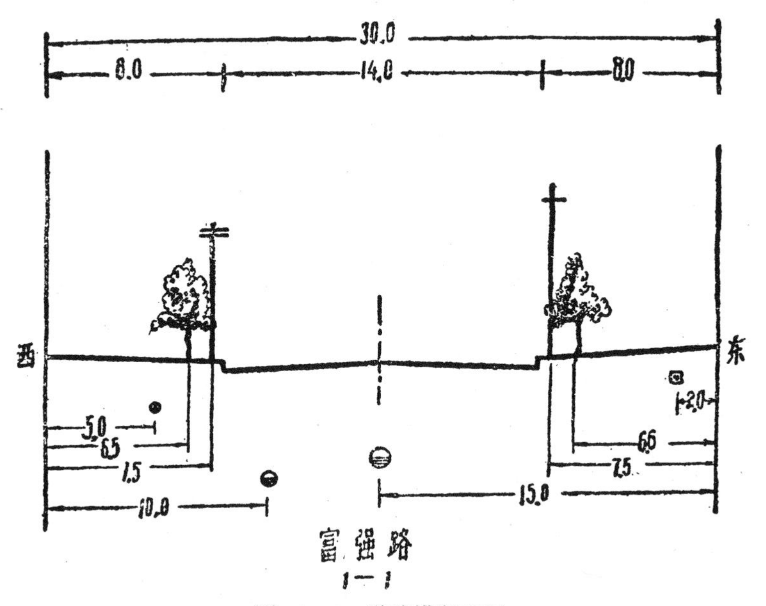

图 13–49　道路横断面图

❶ 图 13–48 为下阶段编制的管线工程初步设计综合平面图，管线的转折点都注有坐标或控制尺寸，在综合示意图上管线的具体位置还不能确定（居住区例外），因此，除有必要需对若干控制点注明坐标外，一般则不注坐标。由于两种图纸的基本内容差别不多，为了节省篇幅，本书中不另列举综合示意图。

❷ 用不同的截面符号在道路横断面中代表不同的管线，截面的中心线与建筑红线的距离应按比例尺正确地绘出。截面的大小是有意识夸大的，因为它们无法按比例编制。但不同截面之间根据通用的管径大小，略有相应的比例，如煤气管的截面大于电力电缆，而小于排水管道等。

通常不把居住区里的电力和电话架空线路绘入综合示意图（或综合平面图）中，仅在道路横断面图中定出它们与红线的距离，以控制它们的平面位置。因为几乎在每条道路上都有可能架设架空线路，它们之间又很少发生矛盾，如都输入综合示意图，反会使图面复杂化。

工业区中的架空线路不一定架设在道路上面，尤其是高压电力线路架设以后再迁移就有一定困难，因此一般都将它们绘入综合示意图中（低压电力线路除外）。

在编制示意综合图纸的同时，应编写管线工程综合的简要说明书（或作为总体规划说明书的一部分），内容包括综合了哪些管线、引用的资料和它们的准确程度、对规划设计管线进行综合安排的原则和根据、单项工程进行下阶段设计时应注意的问题等。

第十四章　城市的总体规划[1]

总体规划通常是城市规划工作的第一阶段。它的任务是根据党的各项方针政策，国民经济的发展，结合所在地区的区域规划，以确定城市的性质规模，各项用地的规模，以及其他各项技术经济依据，并在这基础上进行城市的规划布局。规划布局的具体内容为：全面研究城市附近地区的居民点布点问题，合理地选择城市用地，确定各种用地的布局，选择市中心区中心和重要公共建筑物的位置，进行道路系统和园林绿地、河湖系统的布置，以及拟定各项工程准备措施和公用设施的建设方案等。这些问题的细节，前面各章节均已详述。

简略地说，城市的总体规划的任务是：

（1）统一城市各项用地之间、各项专业规划之间的矛盾，使城市成为有机的整体，综合地进行建设。

（2）拟定城市发展的规划布局，为当前的建设提供依据。

城市是由工业、居住、交通等各个不同地区组成的，而城市建设是由各种专业规划和设计相配合进行的。由于城市各地区、各种专业本身，各有不同的要求，必然有一定的矛盾，城市的总体规划，就必须综合地解决这些矛盾，把城市建设成为有机的整体，这就需要拟定城市的总体规划。

由于在城市的总体规划中，确定了各部分的关系，作了合理的规划布局，这就为城市今后的发展，详细规划、近期建设规划的进行，和当前的修建设计，提供了依据。

根据以上的任务，城市的总体规划，具有下列几个方面的内容：

既要有考虑到城市发展的远景规划，也要有具体指导当前建设的近期规划及近期建设规划。

在特大城市及大城市中，既要有全市的总体规划，如有必要也可有各个地区的分区规划。分区规划，在性质和作用上可以说是城市局部地区的总体规划。

---

[1] 由于总体规划内容很繁，有必要在各章的基础上，对若干基本问题加以综述，使同学能有全面的概念，本章第一、二节对城市规划经济及功能问题，作为在城市规划总图拟定后，从那些方面加以评定和衡量问题，第三节艺术问题由于前章涉及很少，故作了较广泛的简述。由于本章通篇都是带有总结性质，在内容方面需要或多或少重复提及前章所述的一些内容。

城市总体规划布局的内容，具体反映在城市的总图上。总图是城市规划总平面图的简称，它综合了城市各个专门规划（如功能组织、道路广场系统、园林绿地系统……）的基本内容。除此以外还有其他规划图纸及规划说明书等（详见第三章附录：城市规划图纸及文件编制工作）。

第一节　总体规划的经济问题

城市总体规划的经济性具有很重要的意义。但考虑城市的规划与建设问题是否经济时，往往不能单纯局限于城市本身。实践证明，城市经济问题首先在于它是否具有全局观点，亦即是否贯彻了全国一盘棋的思想。例如：进行大城市规划时如单纯从充分利用原有工业基础出发，就可能导致在城市附近继续安排过多的工业项目，造成大城市的继续膨胀，一方面给城市本身带来愈来愈多的困难，同时也使资源不能就近开发；造成大量原料远距离运输，与我国国民经济发展均匀分布生产力的原则相违背。这里涉及当前利益和长远利益的关系问题。另外规划经济性，还在于是否从我国国情出发考虑问题。如确定在城市中盖楼房还是盖平房的问题，就不能只单纯地就其造价的高低进行方案比较，而应考虑我国国情及遵循当前党的方针政策等等。总之考虑问题要力戒单纯经济观点或单纯技术观点，应既算经济账亦算政治账。而二者又不是互相矛盾的，政治账往往是长远的更全面的经济账。因此，编制总体规划应从现实出发，从当前国家生产水平出发，重视节约资金，最有效地使用建设投资，并考虑到在规划实现后的长期使用过程中能达到人力、物力和时间上的最大节约。

在以上前提下，规划是否经济合理，具体表现在物质财富的消耗和时间的消耗两方面：

在物质财富消耗方面，反映在实现规划的建设过程中，应做到少花钱，多办事，节约投资；反映在规划实现后的使用，经营管理过程中，应做到最大限度地减少人力、物力的消耗和浪费，如道路及工程管网规划要做到使交通运输合理，供水、电力、煤气等有最少的消耗等。

在时间的消耗上，反映在建设过程中，应做到计划的工业项目上马快，效率高；反映在使用过程中，应做到用最少的时间，取得最大的效果，如工作地点与居住地点接近，则可大大节省上下班所耗费的时间，公共福利设施的位置合理，人们不致因买东西、理发而花费很多时间，这样，就能大大地提高效率。

在规划中，时间与物质的节约与否也就表现在规划布局是否合理，城市的规模和用地是否合适，人们是否能有效地从事生产劳动与生活活动这些方面。

所以，总体规划的经济性不仅表现在耗用投资的多少，而是综合地、全面地体现在物质财富、人力及时间的节约上。

如何衡量总体规划的经济性？具体地可从以下列几方面分析：

一、是否合理地确定了城市的发展规模

城市的性质和规模主要是根据国家政策、国民经济计划、区域规划部署、资源条件和建设条件而确定的，衡量总体规划的经济性时，一方面应检查规划是否符合了上述要求，具体地需要从以下三方面对城市规模问题加以分析：

（一）是否符合以发展中小城市为主的方针

从经济方面看，大城市市政投资多，城市供应紧张，交通复杂，而中小城市则有很多好处，便于城乡结合，有利于生产力均匀分布和资源的充分利用，便于充分利用农村劳动力，市政设施的建设投资比大城市经济等。因此，必须对城市生产发展计划的核实平衡，以控制城市规模。

（二）城市劳动力来源是否能合理解决

在以农业为基础的方针指导下，城市不应任意调用农村劳动力，所以在确定人口规模时，必须对城市现有劳动力情况进行分析。在考虑城市进一步发展时，必须考虑到劳动力的来源问题。这个因素对城市规模影响很大。

（三）是否有足够的副食品基地，以满足城市居民生活的需要

城市应做到蔬菜等副食品自给自足，由于蔬菜不足而大量从远处调运，这在经济上是不合理的。

二、是否合理地估算和选择了城市用地

（一）用地估算方面

城市用地估算是否合理，关键在于几项主要的定额指标的确定是否经济合理。定额指标解决规划布局中的数量问题，在很大程度上反映规划的经济性，反映规划的标准问题。

城市的各项用地随城市的不同规模性质等条件而有不同的变化。城市中工业用地往往占城市总用地中的较大比重。因此，在不影响工业必要的发展前提下，作好工业总平面规划、尽量节约工业用地对控制城市总用地的规模有主要的意义。生活居住用地常占城市总用地近一半或一半以上。因此考虑它的经济性控制居住面积定额、平面系数、居住建筑密度及层数比例等就更为重要。另外，合理安排对外交通运输设施，以及在保证交通运输及防火防空的前提下提高仓库用地的利用系数，对节约城市用地也有重要的作用。

（二）用地选择方面

城市总体规划的经济性在很大程度上也反映在用地选择上。可以从以下几方面分析用地是否很好地利用了自然条件和现状条件，做到了经济合理：

（1）是否充分利用了原有居民点，节约建设投资。

（2）是否充分利用了荒地、劣地和坡地，少占或不占良田。

（3）所选用地是否有最少量的工程准备工作，土方量少，能最经济合理地解决排水等工程技术问题，以减少建设投资。

（4）在可能条件下尽量争取便利的交通条件，既可减少投资，又可提高建设效率。

（5）是否做到近期紧凑发展，远景又有发展余地。

上面所列举的是在城市用地选择时所应考虑的几方面问题。但在实际规划中如何综合考虑以上因素，则需贯彻为生产服务为劳动人民服务的基本方针，对问题进行综合全面的分析；对几项城市用地进行统筹安排合理布局。如一般地讲居住区用地有一定的技术要求。但在有些城市中地不多，而某些工业生产本身对地形、地质条件又有严格要求时，则往往将这样的工业放在用地条件较好地方，而将居住用地安排上山等等。但即使在这种情况下也应妥善安排居民日常、劳动、休息等各方面的问题。

三、规划布局是否符合经济合理的要求

城市规划的经济性集中地反映在规划布局上，布局是在空间的安排上解决人们生产活

动与生活活动之间的关系问题，合理的布局可以在物质和时间上取得最大的经济效果。

在规划布局上，可以从下列几方面进行分析：

（一）城市用地应相对集中，不宜过于分散

一般地说，紧凑的布置可以节省城市用地，减少道路及各种管线的长度，使居民生活方便，城市内部交通容易组织。但紧凑布置也是相对的，随着城市性质、规模大小、自然条件及社会生活的要求而有不同的衡量标准。在大城市特大城市中还可采用集团式布局或分片布局的办法。如某市规划布局采取既有合理的集中，又要有相对的分散，采取既分散又集中的布局方式。又如某市对卫星城镇的建设也考虑了“分散布点、集中建设”的原则。所谓“分散布点”是指工业和卫星城镇的布点要分散一些，而“集中建设”是指卫星城镇各项建设的用地要适当紧凑布置，以节约用地，便于工业生产协作，并能经济合理地安排各项市政工程、公用事业和公共福利设施。

（二）城市内部规划布局要合理

1. 工业不宜过分集中，有合理的功能组织，工作地点接近居住地点

城市中的工业如布置得过于集中，往往会形成单向的劳动人流，增加城市交通运输的繁忙和造成混乱。对工业区本身说来也应根据工业的不同性质分别安排。居住地点尽量接近工作地点，这样既有利于组织人民经济生活，同时也可以大大降低城市的交通流量，节省劳动人民的时间和精力。

2. 合理地分布行政、文化福利机构

行政文化福利机构应在全市有合理的分布，形成一个公共建筑网。全市性的行政、娱乐、商业中心、文化休息公园等与各分区的公共建筑物的相互位置要安排合适，使吸引和产生大量人流的地点之间有最短的距离，以减少城市的交通运输量，并减少因生活人流所增加的道路面积，达到经济效果。

3. 合理地布置道路系统

城市中道路网是按总体规划要求，将城市中各组成部分有机地联系起来，形成一个完整的体系。应将最大的交通流量控制在最短的距离上，合理地组织各种交通，达到最恰当最充分地发挥道路及公共车辆的作用。

道路系统组织是否合理对城市在经营管理的经济意义很大，如某些大城市每天要有大量的卡车运送蔬菜。如供需地点接近，交通运输方便，可以大大节约物力和劳力。

干道网的密度对节约城市用地和减少造价也有很大影响。从经济方面着眼，干道网的密度应尽可能减小；但从为居民服务方便考虑，则干道网密度不宜过小。所以，在规划中应选择既能便于生活要求，又能在经济上合理的干道网密度。

四、旧城的利用与改造是否合理

（一）充分利用现状并与逐步改造相结合

旧城都有一定的物质基础，必须对现状进行充分的调查研究，充分合理的利用原有城市的物质财富，从实际出发，考虑现状特点，在现实基础上做到逐步改造。

（二）对现状的改造应根据具体情况，区别轻重缓急，分别对待

旧城改建必须根据需要与可能，区别对待。例如对原有住宅应按房屋质量分类，居住条件最差、严重影响劳动人民生活的应先期改造，其他工业建筑、公民建筑的调整、道路的改建、房屋拆迁以及改建方式等，都应根据具体情况进行分析，在充分利用原有

基础的原则下，定出改建和调整的步骤，逐步实现。

在具体工作中，首先应分析现状。提出当前迫切需要解决的问题，从而提出改建方案并进行比较和造价估算。

五、近期建设是否经济合理

近期建设规划具有最现实的意义，近期规划的经济性是衡量总体规划是否经济合理的主要标志之一。

（1）近期规划的投资应根据近期建设计划进行较确切的估算，工业建筑、住宅、公共建筑、市政工程等各项目的造价，都必须加以详细估算。

造价估算主要应计算以下三个指标：

①货币指标：直接反映投资费用。

②实物指标：如建筑材料等，可由此得出实物材料的需要量有多少，是否经济合理，如钢材木材是否使用过多等等。并可以根据数量的多少考虑供应的可能性。否则，可能在建设过程中由于某项材料供应不足而影响生产，造成浪费。

③劳动指标：反映出需要多少劳动力，在人口上有无浪费，有无来源。如土方工程的多少，是否经济合理，主要反映在劳动力上。

必须从以上三方面对造价进行全面的估算，才能确切地衡量出近期建设规划是否经济合理，并具有现实意义。

（2）近期建设的用地布局必须紧凑集中，并充分利用现有基础，才能取得经济合理的效果。

［**附录**］

城市用地平衡表的编制可以参考下列格式：

城市用地平衡表

编号	用地名称	现状			设计					
					近期			远期		
		公顷	%	平方米／人	公顷	%	平方米／人	公顷	%	平方米／人
1	2	3	4	5	6	7	8	9	10	11
	甲生活居住用地									
1	基本生活区（小区及街坊）									
	其中包括：4—5层建筑区									
	2—3层建筑区									
	1—2层建筑区									
	高层建筑区									
	1—2层独院建筑区									
2	公共建筑用地									
	其中包括：非市属的									
	市属的									
3	公共绿地									
	公园、花园、小游园、林荫道等									
4	街道广场									
	第1—4项总计		100%			100%			100%	

续表

编号	用地名称	现状			设计					
					近期			远期		
		公顷	%	平方米/人	公顷	%	平方米/人	公顷	%	平方米/人
1	2	3	4	5	6	7	8	9	10	11
5	生活居住区范围内的其他用地									
	工业用地									
	仓库用地									
	对外交通运输用地									
	市干道									
	空　地									
	不适于建设的地段及其他									
	生活居住区用地总计（第1—5项）									
	乙生活居住区以外用地									
6	工业用地									
7	卫生防护林带									
8	仓库用地									
9	对外交通运输用地									
	其中包括：铁路用地									
	水运用地									
	公路交通用地									
	空运用地									
10	生活居住区以外的道路									
11	公用事业地段									
12	公墓									
13	水面									
14	特殊用地									
15	其他									
	生活居住区以外用地总计（第6—15项） 城市建成区用地总计（第1—5项+6—15项）		100%			100%			100%	
	丙城市建成区以外用地									
16	城市建筑备用地									
17	森林及森林公园									
18	农业用地，城市副食品用地									
19	其他									
	城市建成以外用地总计（第16—19项）		100%			100%			100%	
	城市总用地额（第1—19项）									

注：本用地平衡表格式是作为参考例子，在个别情况下可以增删或更详细的分析。

第二节　总体规划的功能问题

衡量一个城市的总体规划的功能问题解决得好不好，主要看生产、生活活动的需要是不是得到应有的满足，当然这里面的具体内容还很多，既有一般的要求又有具体的特殊要求（城市，每一种类型的企业，在某一个地点从事不同工作……要求都不一样）。规划工作者必须对这些要求进行深入细致的调查研究，并得出应有的结论，反映到总体规划的布局方案中来。

有关各项生产生活活动要求的一些具体问题前章已有较详细的简述，这里就几个基本问题扼要提出，作为考虑问题的方法：

一、是否细致地分析了各种生产和生活活动的具体要求？是否正确地选择了各种活动的用地？

城市的各项活动，虽然可以区分为生产活动和生活活动两个大方面，但具体的内容是错综复杂的。性质不同的活动，就需要不同的专门用地，否则就会造成混乱。但是人们的生产活动和生活活动是既有区别又有密切联系的，所以这些城市用地既要划分开来（只是规定这一用地的基本活动内容）而又不可能机械地绝对地加以划分。例如居住区中就需要建立一些生活服务性的工业，工业区中也必须建造一些必要的生活服务设施，过于机械的划分又会走到事物的反面，反而不利于满足生产、生活活动本身的要求。

为了要保证各种活动的正常进行，第一个条件就是它的用地本身的自然等条件要满足生活卫生要求及合乎它进行各种物质建设的需要。例如，居住区用地过于低洼潮湿，或者位于北坡，得不到充足的阳光，就不利于卫生；工业区地质条件不好就盖不了大的厂房，勉强建造起来，不但不经济还会产生这样或那样的危险等。城市的自然条件和现状条件，有时即使在局部地区内也变化很大，有适于工业建设而不适于居住区的地段，有的自然条件满足了而位置又不尽理想等等。第二各区用地不但满足了各区本身的要求，还要综合地考虑同其他用地的关系，其他用地是不是也相应地合乎要求等等。由此可见，城市用地选择是甚为复杂的工作。事实上，用地选择的工作本身就已经是规划过程的一部分，而且是重要的一部分。

二、是否正确地解决了各种用地之间的相互关系?

城市的各个地区能不能进行正常的生产和生活活动，还不仅仅取决于本身是不是有合适的用地，足够的物质设施等。除此以外，在很大程度上取决于各种用地之间的关系是不是处理得好，即在布局上各功能区的相互位置是否恰当。

（一）必须正确处理各区之间的关系，首先着重处理几个主要地区之间的关系

1. 正确处理工业用地与居住用地的关系

在城市各种用地中，居住用地与工业用地相互配置是最普遍的也是带着关键性的问题。工业区与居住区的关系安排得好不好，主要表现在：彼此必要的联系处理得好不好？彼此必需的隔离处理得好不好？

彼此必要的联系处理得好不好，这也反映在很多问题上面：例如居住区是否接近工作地点？如果做到这一点，就能使城市人口比较均衡的分布，有利于组织集体生活、降低城市交通流量。而要做到这一点，这就有工业集中的程度的问题。如果工业区过于集中，工人人数过多，就必然造成有些人住得过远上下班交通拥挤等不良情况，因此在大中城市就有如何在城市不同的地区安排几个工业区的问题，使生产用地与居住用地取得大体的平衡，每个工业区不集中过多的工人等等。

彼此必要的隔离处理得好不好，这也是关系到生活安排问题的另一个方面。例如排出有害气体及污水的工业区应布置在居住区的下风下游的问题以及布置各种不同宽度的隔离

地带问题等等。

2. 正确处理对外运输及仓库用地与工业、居住区的关系

这也是处理另一种不同形式的联系与隔离问题。例如在布置铁路和工业区、居住区的相互位置时应有考虑：

既要有必要的联系：如生活居住区和城市的行政文化中心与客运车站和地方货运站之间应有方便的联系。

又要有必要的隔离：如铁路编组站、技术作业站、机务段和铁路材料仓库等应与居住区隔离等。又如在解决港口的布置问题时，也应考虑到如中转码头、修船厂和运输大量煤、石油、棉花及其他易燃货物和产生很多尘土的货物港口，应布置在市区以外、城市的下游和下风地区等。

仓库用地和其他城市用地的关系，也是既要有所联系又要有所隔离的关系。例如，专为工业企业服务的材料、成品仓库、宜布置在工业区内。对于危险品仓库，则应与其他仓库分开布置，与工业用地居住用地有一定的距离并位于河流的下游地区等。

以上只是在一般情况下如何考虑城市用地之间的关系时所要注意的一些基本问题。但在特殊情况下这些具体原则又不是截然不变的，例如港口城市在一般情况下应该避免港口码头、铁路专用线过多地占用城市沿岸地区以免割断居住区与水面的联系。但在特殊情况下例如某港口城市只能在某特定的地区建港而必须割断大部分居住区与水面的联系时，则城市的布局应满足城市的性质所提出的先决要求，即首先满足建港用地的需要。又如在中小城市布局中，一般是尽量避免铁路穿过市区的，但在山区某交通枢纽城市仅有的一片平地区符合编组站用地的要求，但如用作编组站又势必将市区分割成两半时，为了全局的需要则只能让该铁路穿过城市而在这基础上再探讨可能的布局形式。由此可见在进行用地选择，组织城市用地的功能组织不仅要考虑在一般情况下应考虑那些问题，还要会掌握在特殊情况下抓住那些中心环节。

如果在进行城市用地组织时，无论在一般情况或特殊情况下各部分用地之间的联系与分离的关系得到比较正确的解决，这也就解决了城市功能组织的一些根本问题。

（二）必须正确处理各种用地内部各部分之间的关系

规划中不仅对城市各区之间的关系须要正确地加以解决，各区内部各部分之间的关系也需要善为安排。例如工业区内部就有各种工业企业，如何根据生产协作和综合利用的要求，加以合理地组织的问题；居住区内部行政文化福利机构的分布，市中心的位置是否恰当，以便于居民最方便地到达这些地方；又如城市是否有足够的绿地，分布得均匀否？居民从自己住处到住宅区绿地是不是在步行半径之内？到达区公园和文化休息公园要花多少时间？等（例如有建议不超过 30—40 分钟等）。

以上所说的是城市内部各地区之间以及各地区内各部分之间的关系问题，当然除此以外在更大范围内正确处理城区与郊区的关系，远郊区与近郊区的关系，无疑是极为重要的，如城区附近是否有足够的副食品基地，城市对外交通系统如何与郊区的交通网相连接，郊区工业居民点如何分布等。这些问题解决得好，可以为加强工农之间，城乡之间的进一步联系创造更好的条件。

三、是否有最合理的交通系统，以加强各种用地之间的相互联系？

城市用地合理的功能分区，是合理组织城市交通的前提，有可能减少不必要的城市交

通负担，提高城市生产，生活活动的效率，给城市居民带来莫大的方便。

在城市合理布局的基础上，还必须建立合理的城市对外运输和市内交通网，使得城市与其他居民点之间，城市与郊区之间，城市各主要地区之间以及各区内部能有有机的联系。

市内、市际之间必须有密切的联系，对于大城市来说，市际交通不仅解决城市对外的交通运输，还必须解决与郊区工业区，衡量城镇之间的交通运输问题。

在市区内部，交通系统必须加以明确分工形成完整的系统，干道是交通网的骨干，既要联系城市对外交通，又必须保证住宅区、工业区、行政文化中心、文化休息公园、火车站、码头等之间取得最短最便捷的联系。

城市各区干道网的密度必须适当，以便节省城市造价，便于组织大街坊和小区，便于居民不致耗费许多时间到达公共交通的停车站。

道路网的形式还必须具有一定的灵活性，以适应城市发展时所可能产生的各种变化。

四、城市是否既有灵活的发展余地，又有一定的限制？

城市的各个组成部分除了用地选择正确，位置分布合理和交通联系方便之外，它们必须有发展的灵活性，因为生产是不断发展的，生产水平在生产发展的基础上也会不断提高，现代化交通运输工具和工程设施也要不断发展日臻完善，也就是说，城市布局本身也必须不断发展。在城市发展的各个阶段中，土地使用的平衡是相对的，在规划中它们的比例关系也只是估计城市发展到一定阶段相对稳定时的情况，因为城市发展到一定规模，具有一定物质设施基础时，是会相对的稳定。但即使如此，城市还是会有所发展，而这种关系需要不断调整。

正因为上述原因，在规划工作中，第一要保留发展余地，这样可以避免因某些必要而未能估计到的发展因素，由于没有发展余地，使城市建设处于不合理和被动的局面。第二，在规划时，就要不断地探讨城市发展相对稳定的界限，超过什么样的限度就会造成不合理（如某地区只能安放多少工业，住多少人，超过这个限度就会对生产生活不利），而使城市的发展尽可能限制在这相对稳定的界限之内。

机械地只限制城市的发展，不留有一定余地是行不通的（再细致的规划总会有估计不到的因素），只考虑发展余地，不保持相对平衡，漫无边际，没有一个限度也是不行的。要做到既有灵活的发展余地，又有一定的限制，不断规划，不断调整，才能使城市的规划和建设不会落在生产、生活发展的后面，而处于主动地位

总的来说，城市总体规划的功能问题解决得好不好，主要看以上所提的一些问题是不是有了综合的安排，得到大体合理的解决。当然城市功能问题是非常细致复杂的，重要的问题也不限于以上所举的几个方面，另外在审查城市规划方案时，还要根据党的方针政策具体检验各项指标“数量”的合理性。例如平均每个居民所占的公共地段的总面积，平均每个居民所占市内绿化面积等等。它也反映一定问题。但上面所提几个问题则是带有根本性的。

第三节　城市总体规划的建筑艺术问题

社会主义城市，不但要合理地满足各种生产、生活的需要，还必须具有很好的建筑艺

术面貌。美丽动人的城市景色，常常能激发人们爱祖国的热情，鼓舞人们建设社会主义，并给人们展示出共产主义的灿烂前景。美丽和谐的生活环境，可以给居民制造舒适的工作和休息条件，更能赋予人们以美的享受，促进居民对文化艺术的兴趣和修养的提高。忽视城市的建筑艺术无疑是不正确的。但是城市规划的建筑艺术也与个体建筑一样，必须是实用、经济、在可能条件下注意美观。不重视城市的功能和经济问题，片面追求美观，必然会浪费国家资金，不能规划出真正切合实际的美好的城市来。

其次，必须明确城市规划的艺术问题，应在规划工作开始时就要考虑，并不是事后附加的。例如在选择城市用地时，不仅需要对用地的工程地质等条件作细致的调查，还应对地形、水面、绿化地带等作建筑布局上的分析。以便在拟定城市总体规划综合考虑问题时能有所选择。

另外，应该把在总体规划对建筑艺术所要考虑的范围和详细规划中所要考虑的范围区分开来。总体规划阶段对建筑艺术的考虑只能有一定的深度，不能替代详细规划的任务。同时总体规划本身对城市的建筑风格只能有一定的影响。这种建筑风格只有在城市建设过程中逐步形成。但是城市的总体规划可以决定城市建筑艺术布局的基本战略思想，确定城市建筑艺术的骨架（其中包括对形成城市建筑群的某些设想等），作为详细规划及建筑设计考虑问题的基础。因此，总体规划阶段和详细规划阶段对建筑艺术的要求必须有所区分，但又不能截然分开。

城市的总体规划布局必须根据各城市的性质、自然条件、现状条件，因地制宜地进行，找出适合于这城市所特有的规划布局形式和建筑艺术的处理方式，使每个城市具有独特的风格。

在总体规划工作中，可以从下面几个方面来探讨建筑艺术问题：

一、根据城市的性质、规模、特点探求不同的建筑艺术风格

不同规模和性质的城市具有不同的建筑艺术特色。这些特点，多少从它的生活要求、建筑类型、结构布局以及空间组织的不同尺度等各个方面表现出来。

省会或自治区省府可以有较完整的行政中心，适应群众游行集会等政治生活的要求，并表现一个省、市政治经济文化的特点。因此就会出现一些比较宏伟的建筑群和一定规模的游行集会广场等（见图 14–1 和图 14–2）。

一些休疗养城市，靠近名山大川或浩瀚的海洋，就要求将美丽的湖山风景组织到城市中去，要求建筑布局朴素自然（见图 14–3）。

随着国家工业化的发展，各地出现了大量的新兴工业城市。体积庞大、体形独特的现代化工厂厂房、高炉、水塔、仓库、码头等工程构筑物就成为工业城市和现代化城市的一些特征，表现出我国社会主义建设的伟大成就，显示着祖国富强和无限的生命力。在规划时应将这些构筑物加以很好地组织，并与宽阔的防护绿地、幽静整洁的工人宿舍相结合，形成社会主义工业城市的特有风格。

因此规划工作者在探求城市的建筑艺术风格时应很好地考虑每个城市的性质、规模的特点。

二、利用和改造自然

城市所处的不同地理位置和自然地形条件，影响它的艺术面貌。平原地区地势平坦，规划布局一般比较紧凑、整齐。丘陵地区，地形复杂，河谷交错，城市往往被分隔成若干

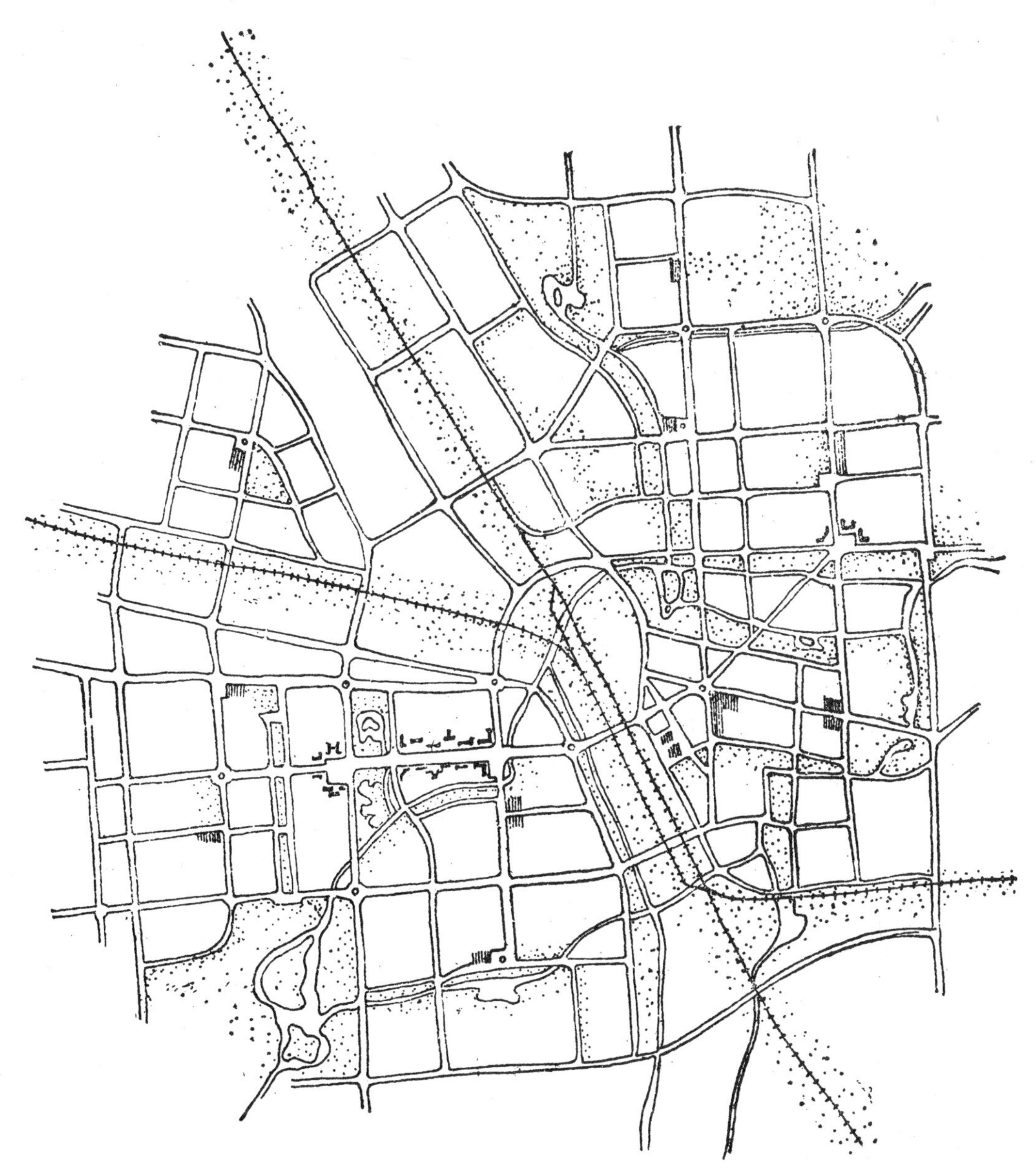

图 14–1　郑州市规划总图（方案之一）

单独用地，在布局上有一定的独立性（见图 14–4）。山区城市有时依山为势，沿山坡建筑，有时用地沿山谷延伸，山景的变化和建筑物的层层叠叠，构成山城的特色。南方有一些城市村镇，如苏州、无锡，河渠纵横，随地形变化，临水建筑，构成江南特有的水乡风光。辽阔的自然水面会给城市增添无穷的景色，大江、大湖、大海之滨的城市如青岛、湛江、杭州、武汉等的风景又各有异趣。

城市的规划必须很好地利用自然条件，因地制宜地布置，如地形利用得好，不仅美观，而且也较经济。

地势平坦或地势略有起伏的地区，除了有时也可尽量利用一些自然特点外，更需借助

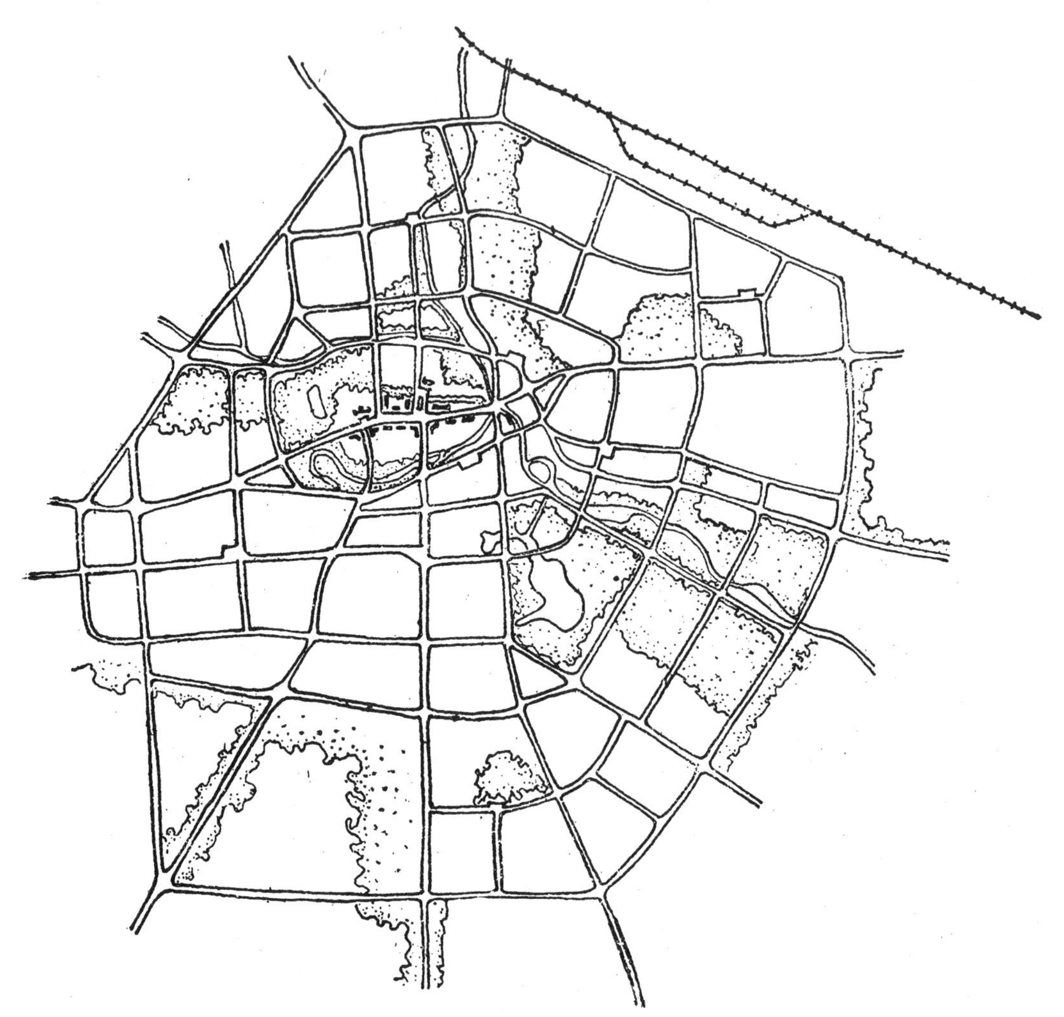

图 14–2　合肥市规划总图（方案之一）

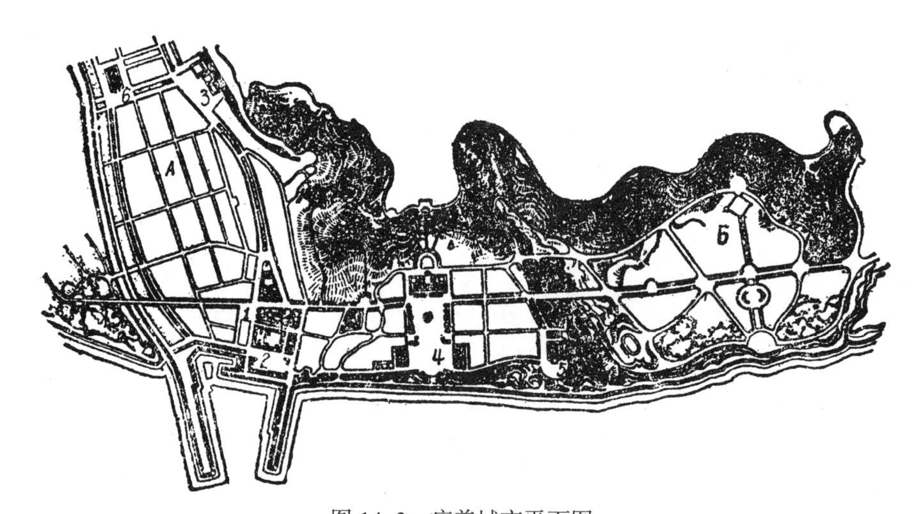

图 14–3　疗养城市平面图

于建筑布局的手法（例如组织对景和利用宽窄不同的街道、广场大小和形式的变化，高低错落的建筑轮廓线等），以及组织绿地系统以形成自然环境与建筑环境相交替的城市空间布局，以打破平坦地形所可能引起的贫乏、空旷和单调之感。

例如北京就是位于平坦地形之上的一个大城市，封建时代的北京利用了河湖水面，自然及人工堆积的土丘，大面积的绿地以及高低不同的建筑物。特别是城楼、高塔等突出的高大建筑物，给城市创造了丰富而有变化的立体轮廓和气氛不同的空间，赋予城市以独特的面貌。新中国成立后的北京建设继承和发展了这个特点。

山边城市在规划布局中要特别注意处理好城市和山的关系；山可以作为城市的背景，成为城市的天然屏障；山也可以作为城市的前景，成为展示城市周围的风景画面。例如杭州面向山峦层叠的西山与秀丽的西湖，湖光山色，分外美丽（见图 14–5）。城市也可建于山冈之间，山冈连绵与城区结成一片——其布置手法宜将山峦组织到城市布局中去，它们可以作为城市的构图中心，并使城市街道、公园等建筑群增辟风景线（见图 14–6）。例如桂林的独秀峰、象鼻山，在城市布局中都很好地起到了这种作用。

丘陵地带的城市布局应注意多利用向阳坡地，多选择视野开阔的地段作为市中心和居住区，多方利用在高地上俯视或低地上仰视所见到的城市建筑群的美丽景象。

城市与自然水面相结合，常常可以解决水运交通和用水问题，同时也给城市增添了无限开朗美丽的景色。很多城市的形成都与江河有直接联系的，如：上海有黄浦江，列宁格勒有涅瓦河（见图 14–7），华沙有维斯杜拉河。河流和城市不同形式的结合，就赋予城市不同的面貌。有些城市位于河流的一侧（例如南京、长沙、斯大林格勒等），有些城市河流从城市中回延而过，把城市用地分割若干部分（例如广州、列宁格勒等），至于苏州、意大利的威尼斯、荷兰的阿姆斯特丹，城内河网纵横，又别有风致。城市邻近于天然和人工的湖面，更增添城市的妩媚，中国许多城市都因湖而著名的，如杭州的西湖、无锡的太湖、济南的大明湖等。海滨城市，如青岛、旅大等，曲折的海湾、辽阔的水面，使得城市更具有不同于一般城市的特色。河湖水面在很大程度上首先决定了滨水城市的平面结构，影响了城市的建筑艺术面貌。

滨水城市的艺术布局宜在可能条件下争取水面，扩大水面所造成的风景面，使更多的人能享受到水面的美丽景色。

争取水面的方式可以是多种多样的：如常将海滨、湖岸、江边或水中的岛屿等风景绝佳的地点辟为公园；沿水面筑滨河路，并选择突出的滨水风景点，布置重要公共建筑物及广场建筑群；把一些城市内部的干道、林荫道、设法直接引向水面（例如规划中的杭州道路网将直接与西湖及钱塘江相联系）（见图 14–8），有些道路如有可能还选择水中景物作为对景等。在水面较宽阔的城市，为了人们从水面上欣赏到城市景色，宜善为推敲滨河路的街道立面，以及沿岸的建筑轮廓线构图问题。在河流两岸发展的城市，应注意沿河两边的滨河路的组织，以及如何利用桥梁创造城市风景等问题（图 14–9）。

三、利用和改造城市历史条件，创造性地继承和发扬民族遗产

旧城都有一定的物质基础，而且也存在有价值的文化遗产。在旧城改建中除了对城市的物质财富加以充分利用外，还要考虑到某些城市平面结构的历史基础和它的文化历史价值。

我国历史上遗留下来的一些封建城市，在规划布局上有一定的特点：城市的总体结构

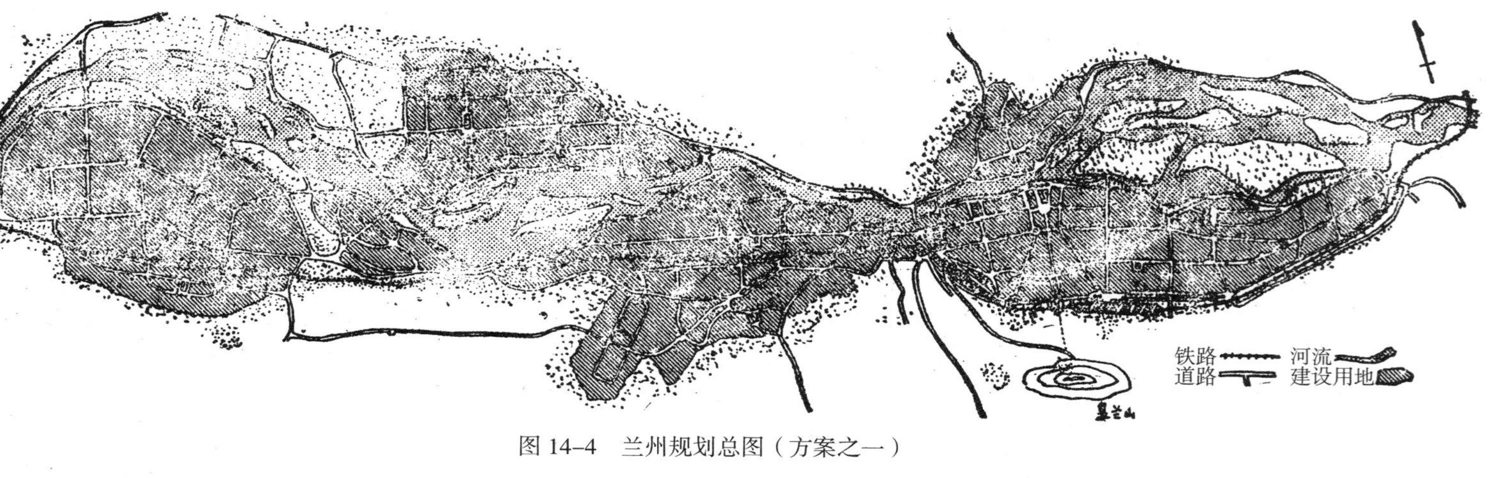

图 14-4　兰州规划总图（方案之一）

图 14-5　杭州市的湖光山色（照片）

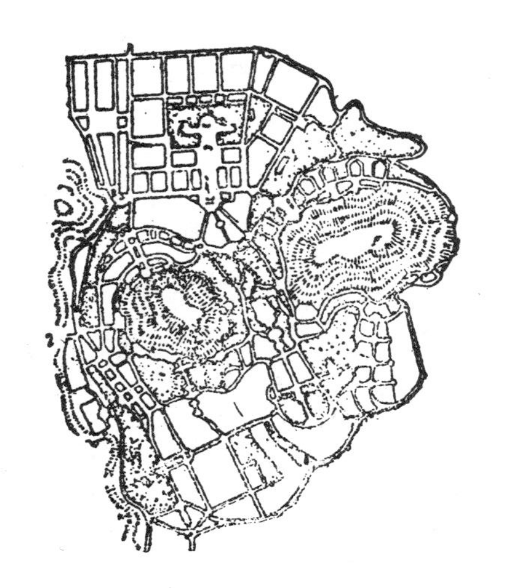

图 14-6　山区城市平面图

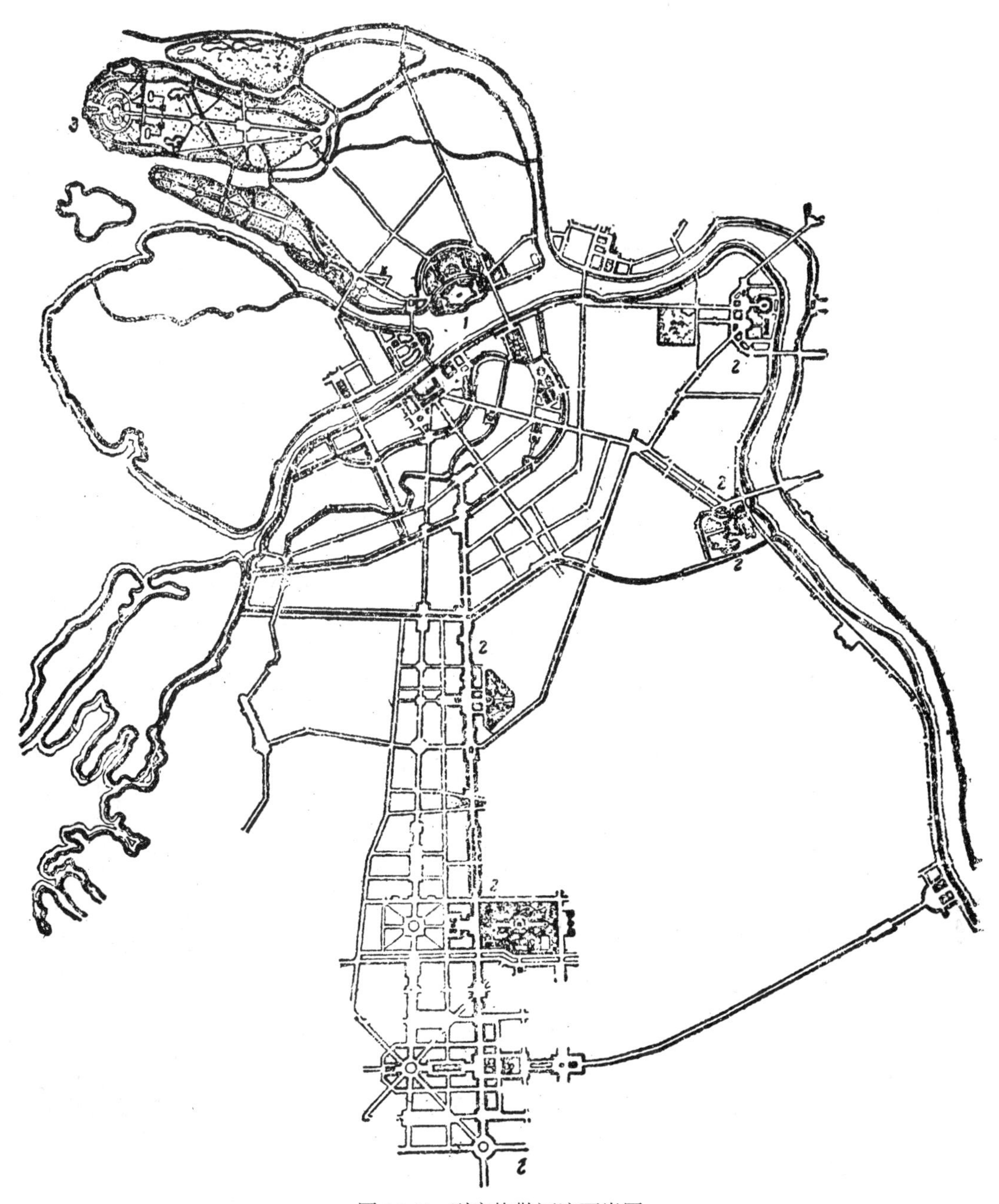

图 14–7 列宁格勒河流两岸图

较严谨、分区严密；道路网方正平直，系统明确；建筑群的组织主次分明，高低配合得体；并善于利用地形，在地势较高的位置，安置一些重点建筑物来丰富城市的立体构图；引入一些河流水面，进行绿化等等。这些城市的形成和发展，它的规划思想固然反映了统治阶级的意图和封建社会的意识形态，有它历史的局限性，但某些构图的艺术技巧，严谨而明确的规划结构还是值得加以批判地继承和发展的。新中国成立后在北京、西安等地的总体规划中，根据社会主义时代城市发展的要求，就有意识地保留并创造性地发展了原有城市的规划布局特点和它的合理因素。

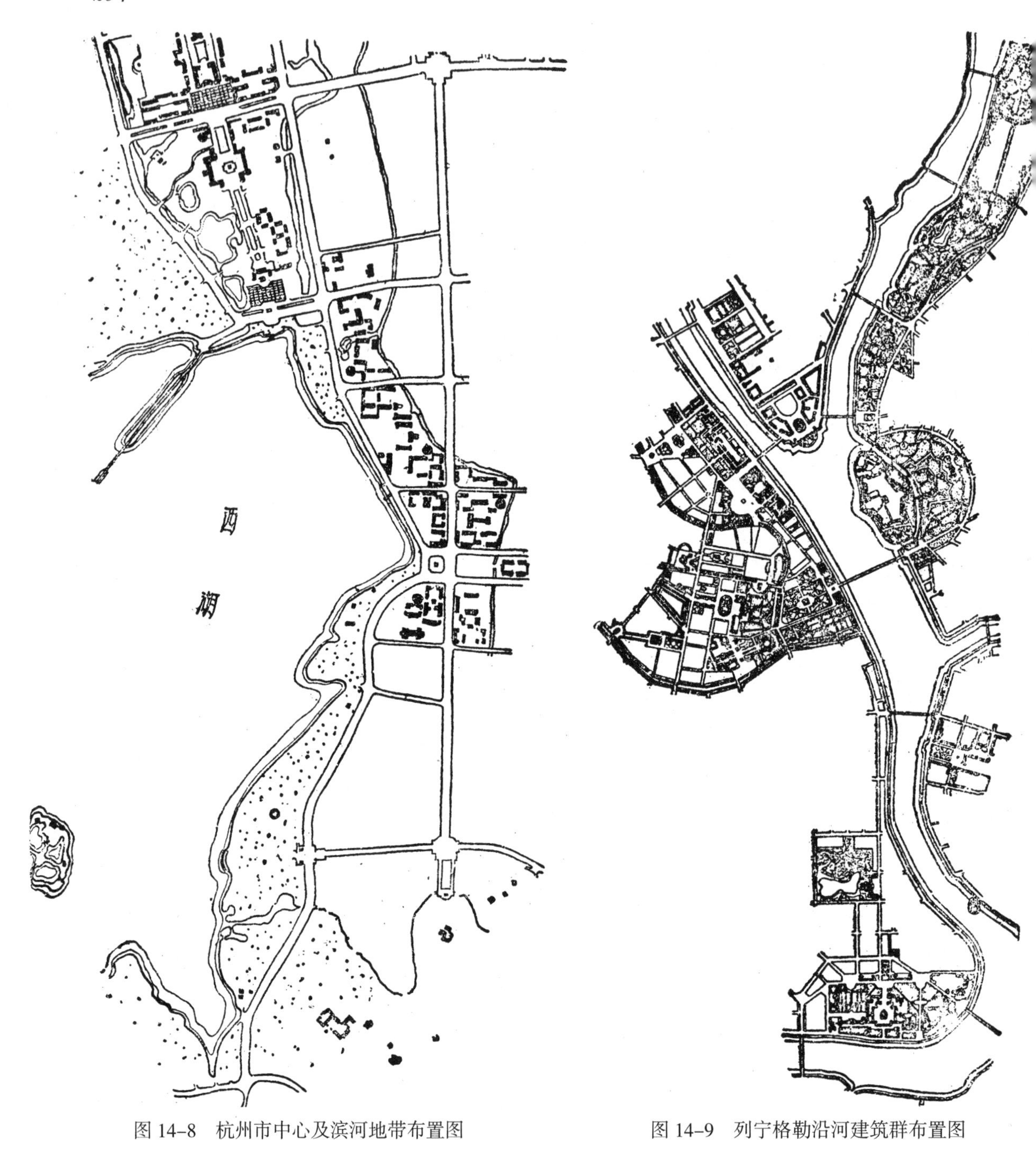

图 14-8　杭州市中心及滨河地带布置图

图 14-9　列宁格勒沿河建筑群布置图

对半殖民地半封建时代所形成的城市，城市的改建和扩建也必须善于利用原有的基础。例如青岛，它的总体布局利用和改造了依山面海这一独特的自然条件，一般讲是比较合理的。道路的走向、宽度、房屋的层数色彩和绿化都配置得很好，给人以美丽的感觉（见图 14-10）。旧的长春，也有一些宽阔的林荫道、成片的绿地和大型建筑等。在今天，青岛、长春等地的城市建设，除了将旧时代所遗留下不合理的部分有计划、有步骤地积极

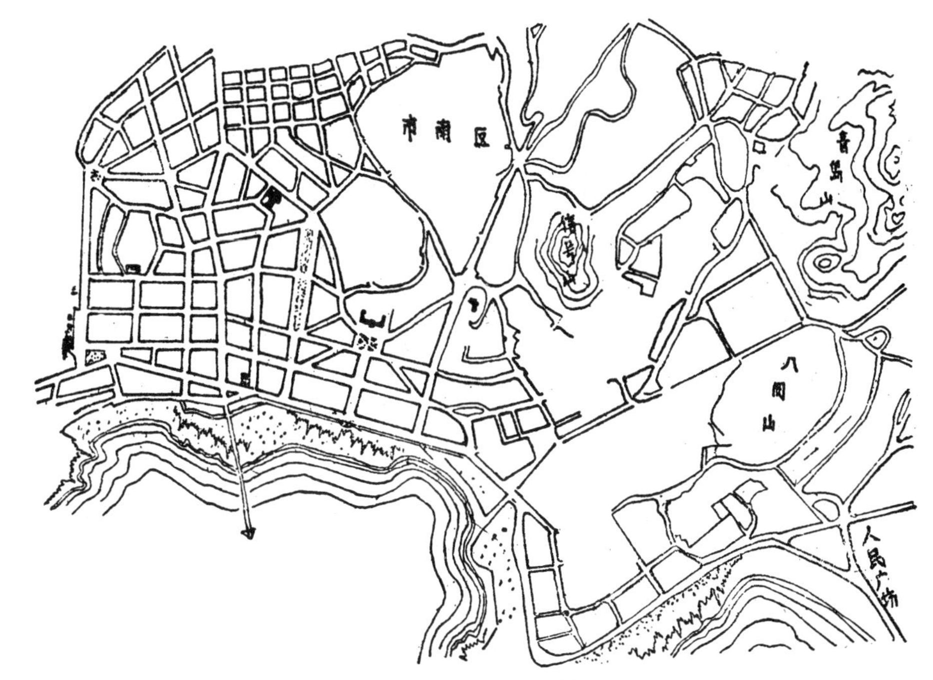

图 14–10　青岛市部分平面图

地加以改造外，城市的总的规划布局还是保留和发展了原有的优点。

有些旧城市不仅平面布局的某些特点应加以保留和发展，许多杰出的文物建筑对城市布局和建筑面貌起很大作用，规划中必须根据这些文物建筑本身的分布形式，文物价值以及对当前的城市生活有无妨碍等多方面因素加以妥善处理。

文物建筑可能是成片的集中在一个地区，如北京的故宫，居于城市的中央位置；也可能属于整条大街；也可以是单独的建筑物分散在不同地点。对待这些文物建筑的方式是可以有保、改、迁、拆等多种形式。必须保留，有保留条件者，例如北京的故宫，可以完整地保留。基本保留而必须加以局部改造者，亦应改建，如北海大桥的改建既适应新的需要，又保存了原有的风格（见图 14–11）。因为位置不恰当与今天现实生活有矛盾者：迁移，如北海附近原来的一些牌楼等建筑物妨碍了交通，将它们移在公园绿地中；中南海的船坞云绘楼移至陶然亭公园等。与现实生活矛盾很大，又无法保留的就必须拆去，如拆除三座门改建天安门广场。

对待文物建筑旧园林遗迹等这样一些细致的问题，有时是详细规划中的事，但某些问题，在拟定总体规划艺术结构中不能不加以考虑。例如将文物建筑与绿地相结合，在改建街道时也可以使街道与这些文物建筑有一定的构图联系等。有时这些文物建筑并可以作为新辟绿地的构图中心，例如北京陶然亭公园的窑台。

除了对有些城市现有的文物建筑，园林遗迹加以保存或发展外，有些历史上有名的建筑和园林遗迹虽然今已荡然无存，在个别情况下仍可考虑重建，以加强城市的地方特点，丰富城市的文化内容、例如武汉的黄鹤楼、南昌的滕王阁、扬州的二十四桥，无数歌颂这些风景建筑的诗篇至今犹脍炙人口，规划中在原地或选择更好的地点重建，这将会对城市的风格，城市的艺术面貌增色不少。其意义并不在“思古之幽情”，而更重要的是对广大

A. 北海大桥改造前

B. 北海大桥改造后

图 14-11　北京改建前后的北海大桥❶

群众进行爱国主义的教育，热爱伟大祖国的文化遗产。

四、重点突出，“点”“线”“面”相结合组织城市完整的艺术布局

“点”——重要的建筑构图中心，其中以市中心建筑群为主，配合以各区中心广场建

❶ 图片来源：《北京城市规划图志 1949—2005》。

筑群及重要的公共建筑。

"线"——重要的干道系统的布置及其建筑群的组织。

"面"——园林绿化和居住区的建筑艺术布局。

选择城市用地，不仅首先要满足工程经济、居住卫生等要求，而且亦应考虑建筑艺术布局的条件，加以衡量取舍。

在占地较大、地形分割的城市中，一般可采取分片布局：结合城市的功能结构和居住区的组织，因地制宜地将城市划分成若干分区，将工业居住等用地相对集中。而在河岸、冲沟、陡坡、铁路沿线等不宜建筑地区布置绿化。这样，建筑用地与绿化用地相间，而使城市建筑环境和自然环境互相结合。这就是城市总体规划布局中的"面"的划分。

至于占地小，地形完整的小城市，当然就不需勉强分散成片，而需紧凑建设成一整体。但整体之中仍然可利用林荫道、防护地带将用地加以划分，以组织成片的建筑群。城市各区建筑群的布局，随条件不同也可各有特色；以不同建筑风格，不同的街景以及不同的建筑空间等的变化，而使城市建筑艺术面貌丰富多彩。

在进行总体规划布局时，还需把一些地理条件特别好的地点用来布置市中心、区中心或其他重要公共建筑。

市中心的位置对城市面貌影响很大，因此规划布局应该重点处理。如有可能，可以放在视野开阔的高地上，这样，宏伟的公共建筑控制全城，形象可以突出，例如青岛市人民委员会广场，地势较高，可以从广场上欣赏海景（见图 14–12）。青岛其他一些重要地区也布置了突出的公共建筑。

在有些城市中，市中心也可以选在较低下的地区，人们在四周都能俯瞰中心，也别有特色。

一些濒水的城市，市中心往往离开城市用地的几何中心，而偏向水面或直接靠近水面，使得城市中心有开阔的景色。例如规划中的杭州的新市中心，拟接近西湖；规划中的福州市中心与闽江相联系等（见图 14–13）。

除了选择城市中心及区中心外，还要选择一些特殊的地点作为布置大型公共建筑的

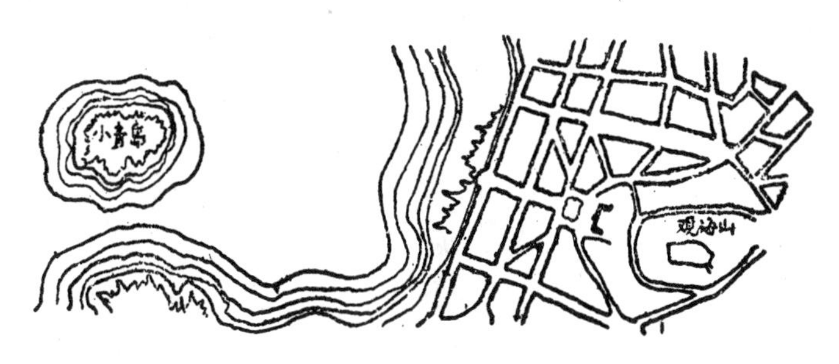

青岛老市中心平面图

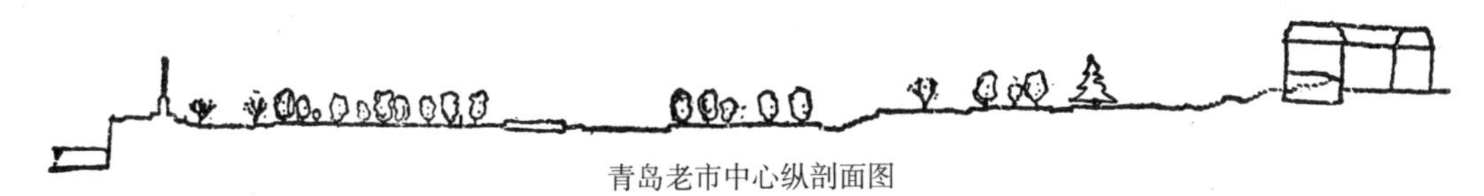

青岛老市中心纵剖面图

图 14–12　青岛市人委广场

基地，使城市具有动人的轮廓线。例如贵阳的某规划方案中拟在全市考虑 12 个制高点分布在城市各区，以组织多样的建筑空间；在莫斯科就有计划地围绕着城市布局中心——克里姆林宫，在沿花园环路一带及列宁山上布置了七座高层建筑。这样，在城市的各地，特别在沿莫斯科河一带就不断出现动人的城市侧影（见图 14–14）；在列宁格勒涅瓦河滨就有丰富多彩的瑰丽建筑群，加以河上开朗的景色，组成了列宁格勒特有的美丽的市中心（见图 14–9）。

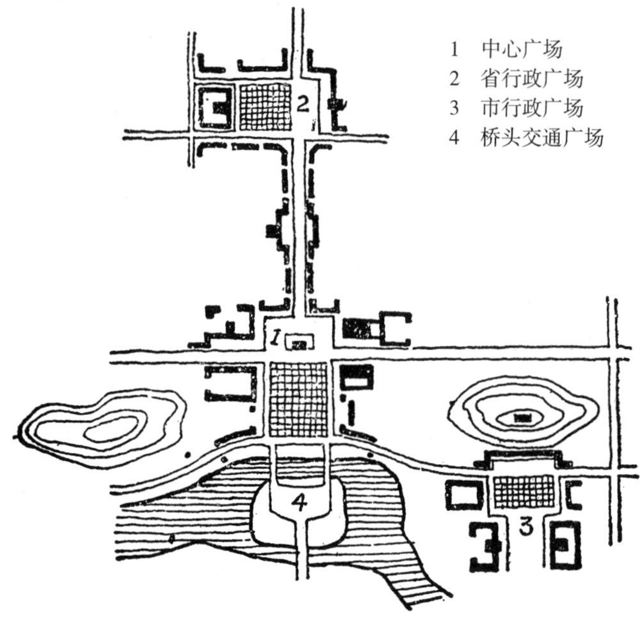

图 14–13 福州市中心规划方案

有时在规划中还常常选择一些自然风景特佳的地点加以特殊处理，它可能是全市的制高点之一，从它上面可以俯瞰全城。例如从青岛观海山看青岛海景（见图 14–12）；从南京北极阁望玄武湖；从北京景山看故宫建筑群及全城严整的建筑绿化景象；从桂林的迭采山、独秀峰上看漓江及桂林全城等，永远给人以难忘的印象。

此外，这些制高点本身也必然是城市的风景点之一，它可能布置有历史建筑或新的公共建筑物，作为城市街道轴线的焦点或园林“借景”或“对景”的对象（见图 14–15）。例如兰州城市的主要大街拟对皋兰山巅（见图 14–4）；北京景山后街之对景山等均是。

在城市的总体艺术布局中，有了作为建筑艺术据点的“点”，就能使得整个城市或一个地区的面貌起变化。例如北京的东郊在新中国成立以后的十年来已经形成了一大片新的市区，但自从建造了工人体育场及农业展览馆后，就给这一区的建筑面貌增色不少，又如苏联莫斯科西南区、莫斯科大学的高层建筑在艺术布局上控制了全区，使全区完整地组织了起来。

在城市总体布局中，不仅要划分“面”、突出“点”，还要“点”、“面”结合，“点”与“点”之间呈现一定的联系，这就要求有一定的干道系统（城市的主要大街、干道、林荫道等），作为“线”，把城市的这些建筑艺术中心串联起来。

在进行城市总体规划时，在解决城市功能及经济要求的同时，可根据城市的自然特点，结合主要建筑群的布置、道路系统绿地系统的规划等等，作建立城市建筑艺术骨架的考虑。

城市的轴线是建立城市建筑艺术骨架的处理手法之一。常利用城市地形等某些特点组织重点建筑物及道路广场等，使之具有一定的相互呼应的关系。例如，在济南市的一个规划方案中，设想以全国闻名的大明湖为背景，形成由市中心广场等组织成的中轴线，并结合绿化系统将中心广场与大明湖连接成完整的整体（见图 14–16）。

又例如福州市某规划方案中，设想于三山二塔中安排了城市的主轴线，并与闽江取得

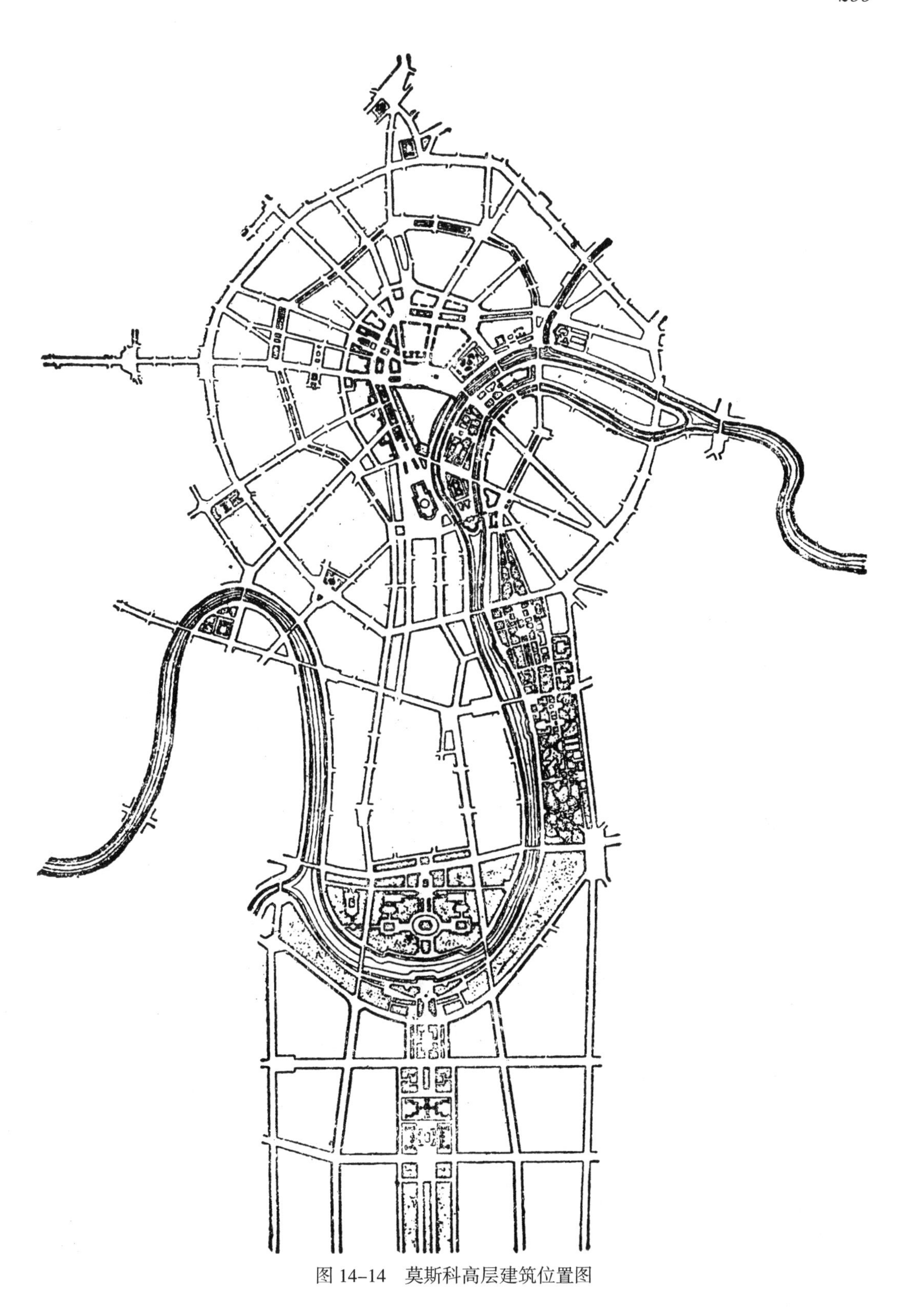

图 14-14　莫斯科高层建筑位置图

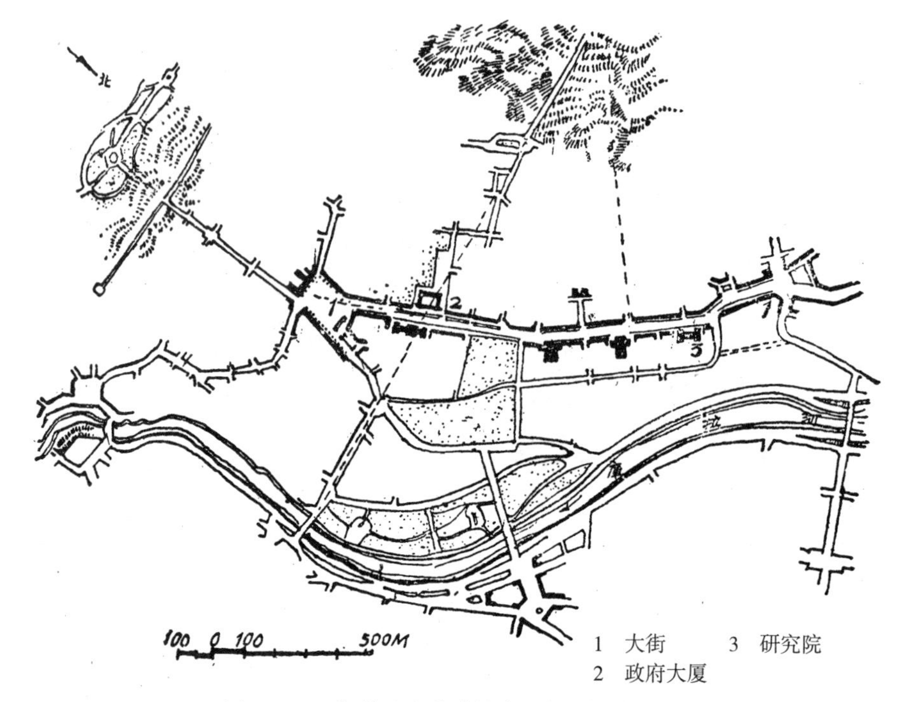

图 14-15　街道及公共建筑布局与风景点关系

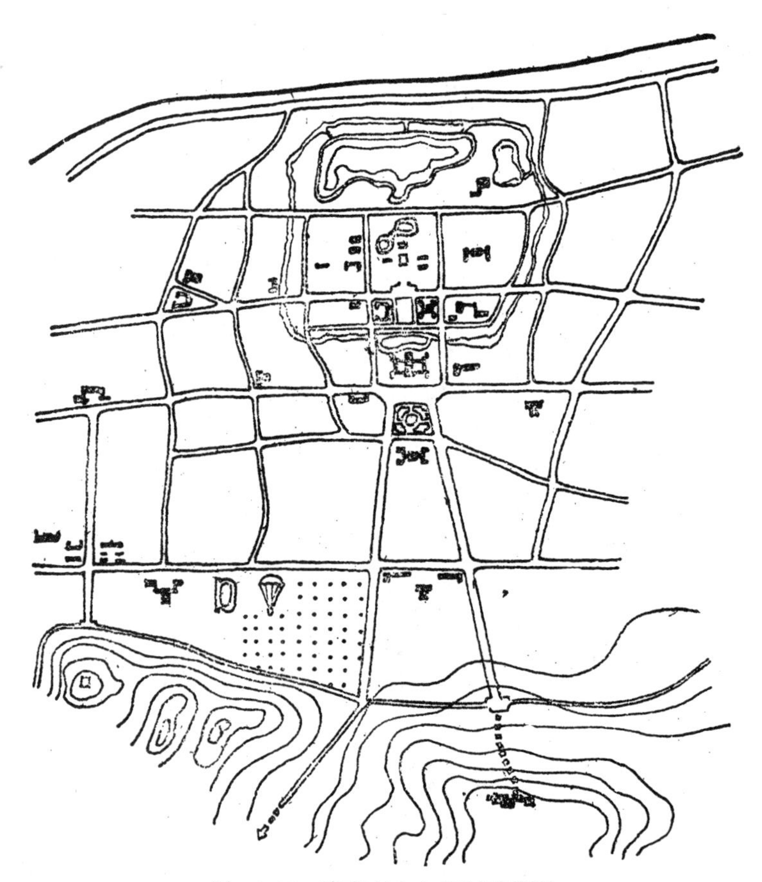

图 14-16　济南市中心规划示意图

很好的联系，市中心广场在结合功能的基础上与周围三山二塔取得很好的配合丰富了城市的面貌（见图 14-13）。莫斯科西南区利用莫斯科河对称的河湾及列宁山作为轴线，在这轴线上布置列宁格勒体育场，莫斯科大学及拟建的苏维埃宫等建筑……这些城市的主要轴线常常像脊骨一样，是形成城市建筑艺术结构的重要组成部分（见图 14-17）。

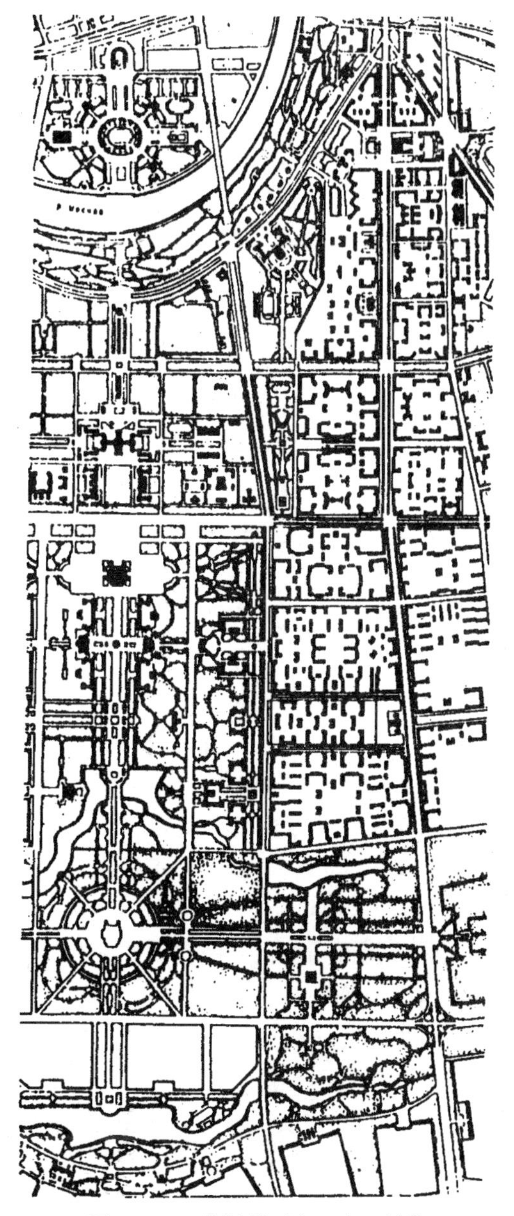

图 14-17　莫斯科西南区中心轴❶

在一些较大的城市中，不仅有城市的主要轴线还有一些辅助的轴线。

在一些中小城市中，建筑艺术的结构布局就比较简单些，常常可能只有一条大街或一条宽阔的林荫道或滨河道，其中布置有一些风格突出的公共建筑物，几个不同类型的广场，形成城市的建筑艺术主要结构。

城市的艺术结构，在很大程度上受城市道路系统的影响，不同的城市道路结构形式常常形成风格不同的建筑艺术结构。例如某些城市（如包头、洛阳等）的市中心采用了三条放射路交叉的布局方式，布局就显得严谨，有些城市由于地理条件不同，如青岛就有较自然的道路结构……所有这些形成了不同的街景和城市面貌，但是形成城市建筑艺术结构的“线”还不单纯取决于道路系统，道路系统还必须要与城市的绿化系统、河湖系统相结合，某些道路如有可能可接近绿地和水面，使人们有更多的机会在绿荫波光间穿行，更好地在喧嚣的城市中享受自然的美；城市的瑰丽的公共建筑物也应尽可能与绿地水面相联系，使得建筑物有绿地水面作陪衬，绿地水面有建筑物来点缀，互增妩媚，相得益彰。

“点”、“线”、“面”相结合，重要的建筑物所组成的构图中心与城市道路系统、绿化系统、河湖系统相结合，就形成了城市总体规划中建筑艺术骨架。将来进行详细规划时，就在这个基础上组织各具特色的城市街道建筑群、公共建筑及广场建筑群、居住建筑群、工业建筑群以及园林建筑群等。

---

❶ 图片来源：罗小未编 . 外国近现代建筑史 . 北京：中国建筑工业出版社，2004.140。

第四节 几种类型城市的规划布局

城市的规划布局是在城市的性质、规模已经基本确定的基础上进行的。对于城市的现状、技术经济条件的分析，对城市各种生产、生活活动的研究，各种用地的安排，以及对建筑艺术的各种构思，无不一开始就要涉及城市的布局问题。而对这些问题研究的结果，最后又都落实和体现在城市的布局上，即拟定城市的功能结构、道路系统、园林绿化系统以及城市的建筑艺术结构等各种方案，并综合成城市的总体规划布局。由此可见，城市的规划布局一方面是作为规划的过程，另一方面也是规划的结果。

合理的城市规划布局，必须综合地解决城市的建设中适用、经济、建筑艺术等多方面的问题。合理的功能结构会带来城市建设和经营管理的经济，建立在功能完善和经济合理基础上的建筑艺术布局也必然是合理的和现实的。

城市布局是城市建设和城市规划中一个最具有长远意义和全面性质的问题。规划布局不仅要合理地解决当前现实生活的需要，还要适应城市将来的发展，这就要求规划布局具有更大的灵活性和适应性。城市不断发展，城市布局也不会是一成不变的，因此必须不断规划，探求新的布局方案以适应城市发展的要求。

任何一个城市的布局方案只是在一定的历史时期、一定地理自然条件、一定的生产生活要求下的产物。布局所表现的形式以及规划布局的思想，也是不断发展的，不可能有一种适应于一切条件的布局形式。因此，在规划工作中，必须结合城市的具体情况认真地探讨适合于某一个城市具体条件的最合理的布局形式。

一般城市由于本身条件不同城市性质不同在国民经济中所占据的地位也各有不同，因此城市常常各具特点。为了说明问题方便起见，下面按城市规模、性质、新旧等各种不同情况来分别说明各种城市布局的一些特点。但实际上问题往往要更复杂得多，一个城市可能具有几方面的特点，例如一个大城市，一般都是旧城市，它可能也是工业城市，或者是综合性城市……因此布局问题就可能具有更为错综复杂的内容。很多实际问题，可能并不能完全概括，但对初学者，着重研究以下特点还是必要的。

一、不同规模城市的布局特点

（一）中小城市

中小城市的规划结构一般比较简单，通常由1—2个工业区和1—2个居住区组成。

中小城市的居住区一般采用紧凑集中的布置方式，小城市特别如此。

城市中心可有一个或几个广场，广场上修建有行政建筑和公共建筑，有时也有大型居住建筑。市中心的布局方法是多种多样的，主要决定于城市的性质。例如在一个大工业企业的城市里，市中心可以靠近厂前广场，具有文化科学中心的作用，其中可包括高等学校及科研机关。有时小城市中心可以布置在车站广场附近。

小城市一般有1—2条干道通往市中心广场、工厂和车站。在中等城市中，干道系统比较复杂，一般由1—2条主要街道、几条全市性干道、几条区干道和各种广场（市中心广场、区中心广场、车站广场、厂前广场等）组成。

中小城市的对外交通一般也比较简单。各种对外交通设施（车站、码头等），可以全部布置在居住区的边缘，这样不致使居民感到不便。

由于中小城市与近郊自然环境的联系比较密切，因此绿地系统不必像大城市那样齐全，一般小城市有一个公园或在近郊开辟一些绿地即可，中等城市根据具体条件可设置公园等，此外，中小城市都应有林荫道和小型公园，将城市重点建筑中心联系和美化起来（图 14–18）。

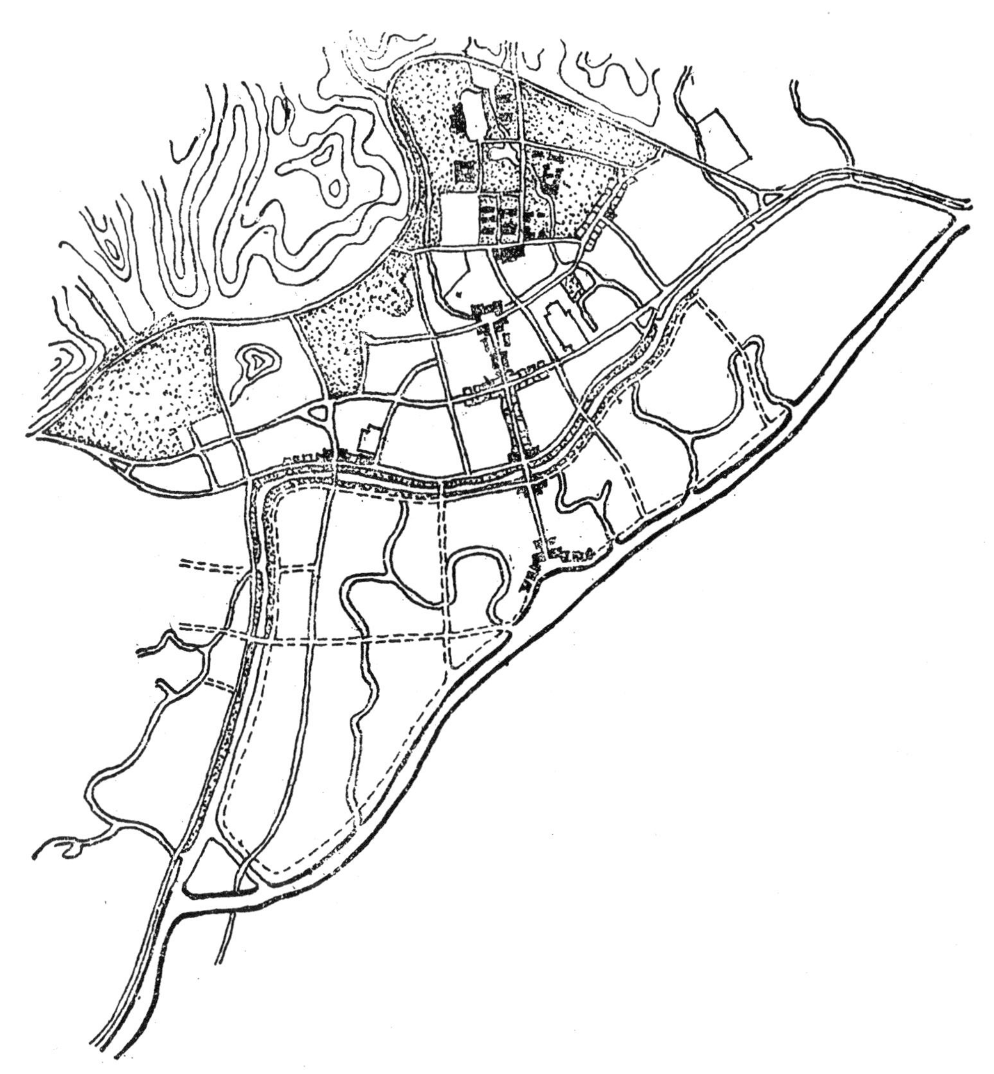

图 14–18　小城市规划示意图（新会县城镇规划图）

（二）大城市

大城市与中小城市不同，每个大城市都有一个比较复杂的平面布局，通常是分成几个部分，各部分之间在生产和生活上都有着复杂的内部联系，而且经常被河流、冲沟、工业用地、铁路用地或其他自然的和人为的障碍物隔开。大城市的每个部分都有它自己的区中心，区级行政，公共建筑和区公园。

大城市的各部分在功能方面都有相对的独立性，但彼此之间又有内在联系，需规划比较复杂的干道系统将它们连成一个完整的有机体。

在大城市中，市中心的布局结构比中小城市的布局结构较为复杂，通常不用一个中心广场，而是用2—3个或更多的广场（行政广场、文化广场、商业广场等）组成一个广场群；这些广场可以直接联系在一起，也可以用主要大街或林荫路连接起来。

大城市的干道系统比较复杂。在大城市中有大量过境交通通过市中心时，会引起交通阻塞。因此必须有平行、环行、半环形干道绕过市中心，以联系城市中各个地区（参见第十章图10–19）。在特大城市，由于城市交通流量大和使用多种机械化交通工具，就需要更加复杂的干道系统，很好地组织通过能力强大的道路交叉。

大城市的对外交通枢纽是一个由各种不同的运输设备所组成的复杂系统。这种交通枢纽一般是由几条铁路线和客运站、技术作业站、编组站和货运站组成的。与这些车站连接的有发达的工业和仓库专用铁路支线网。

在港口城市里，港口建筑物占地面积很大；港口建筑物相互之间以及港口建筑物和铁路车站之间有铁路支线连接。对外公路进城后即与城市干道结合，如过境交通很多，有必要在城市周围修建环形公路。

大城市的绿地系统比中小城市都复杂，除了全市性公园、区公园、大量小型公园外，如有条件还可开辟郊区森林公园，在特大城市中往往设置专门的动物园和植物园，大城市的公园和林荫道最好布置得能使人不离开绿色的环境就可以直接到达郊区的自然环境。

大城市的居住区占地面积很大，居住建筑平均层数均高于中小城市，目前居住区大都由小街坊组成，在规划中的趋势是划分成大街坊或小区。

对于大城市的布局方式，最近的趋势是采用分片布置的形式，所谓分片布局是指：将大城市内的各个地区相对地加以集中。

（1）各种工业企业按其性质，生产协作关系，运输要求，工人数量等分组集中，形成几个工业区。

（2）按照劳动与生活相结合的原则，一般以一个工业区和与它相应的居住区相结合，组成一个相对完整的地区。

（3）结合地形条件（如溪涧，谷地，湖泊，旱沟，绿地等）或人工建筑物（如公路，铁路等）的现状分布情况，将城市划分为若干相互隔离而又有联系的地区。

地区的划分应结合建设步骤和发展远景统一考虑。

分片布局的形式将城市划分成以不同功能为主的各个地区（如工厂、学校、机关等），各地区为农田或园林所环绕，这种布局比较灵活。

采用分片布局的办法，将建设大城市的各种难以解决的矛盾转化了，简化了，它的好处是：

（1）通过分片布局使生产和生活统一组织，居住地点，工作地点就近结合，以满足各区内部和发展上不同的要求，可以较好地解决整体与局部的矛盾。

（2）通过分片布局，既能很好地解决当前的建设，又能适应建设远景的发展变化，即使局部有所改变，也不牵动全部的规划布局，有利于解决远近期的矛盾。

二、新旧城市布局特点

在城市规划及建设中，不外遇到两种情况：即新建城市，和在旧城基础上发展的城市。

由于它们现有条件和原有基础各不相同，所以在布局上也会有很大的差异。

一般说来，新城市平地起家，布局上主要是根据城市本身的要求结合自然条件进行规划。固然新城建设也有它的特殊问题，但在布局上说来，比起旧城改建就有较多的灵活性。而旧城市的发展，除了受自然地理条件的影响外，旧城的大小和原有基础的情况，对城市发展还起不同程度的影响。

旧城的发展，大体上可以分为两种情况：

（1）原有城市比较小或物质条件比较差，从城市的发展规模看，只作为未来城市的一小部分，则对未来城市的结构布局的影响较小。因此在规划布局上不更多地受旧城所制约。但在城市发展过程中，仍应注意对旧城原有物质基础的充分利用。

（2）原有城市较大，基础较好，旧城在城市发展远景中仍然占有重要的地位。例如北京、西安就是这种情况。在规划中一般应以原有结构为主，根据生产的发展和生活的需要逐步对旧区加以改建、扩建，以适应现实生活的需要。在规划布局上就要根据原有的基础特别就其合理的因素，加以进一步发展。

旧城扩建的布局，除了受原有结构的影响外，还受下列一些因素影响：例如城市附近地形人为破坏很严重（例如砖窑及大车道使城市近郊地形破碎）；城市近郊多菜地，城市附近有许多人工构筑物，如铁路等，紊乱的线路往往使城市发展受到限制。在研究旧城市扩建布局时必须要考虑这些情况。例如菜地应尽可能保留，破碎的地形宜布置绿地（北京东郊的窑坑布置为水碓公园，建农展馆）等。

旧城及其周围的用地情况，往往确定了新区的发展方向。例如兰州旧城北临黄河，南又背山，则城市只有向两侧发展；郑州旧城周围有纵横交错的铁路线，使得城市分成几个部分相对独立的发展；北京东部有流砂，西南、南部有稻田及菜田，北部地势较低，西部地质条件好，因此北京除了向四侧都有所扩充外，侧重向西发展。由此可见，城市向一侧发展或几个方面发展，大多决定于地理及其他人工构筑物等条件。

现有道路的利用，对旧城扩建往往起很大作用，一般在旧城扩建初期，多沿现有公路发展。在扩建规模较大的城市里，往往成了近期发展的方向，而在扩建规模不大的城市里却奠定了规划布局的基础。尽管从地形或地理位置来说，会有比公路两旁更优越的地区，但由于市政设施跟不上，沿公路发展就可能更为现实。

为了能充分利用旧城，如有可能，在布局时要尽量使新旧区有密切联系，如由于地理及其他因素新旧区相隔过远截然成为两个居民点时，则在新区发展时，对充分利用旧城的物质设施是不利的。既不经济，也不利于新区居民生活（特别是在新区的建设过程中，一些服务设施一时不完善，新旧区之间还没有便利的交通联系时更是如此）。但尽管这样，对旧区的充分利用仍很重要。

在旧城进行扩建时应控制城市的规模，以防止盲目扩大。如由于国家某些特殊需要，大中城市必须进一步发展时，可采取分散布点（即在城市周围建立近郊工业区或卫星城镇）和分片布局的规划结构形式，这样可以有利于分区分片地组织生产、组织生活、分期地进行建设，对城市发展有很多好处。且不致使城市发展过大而造成不便和浪费。

对旧区本身，工业调整是旧城改建主要内容之一，必须在党委领导下根据利用和改造、集中与分散、大型与中小型相结合的原则，当前，特别要贯彻八字方针，对现状进行分析研究，可将工业分为保留、迁并或过渡等各种类型，并拟定调整方案分期逐步实现。

旧区原有道路系统是历史上形成的，必然会对现实生活有不适用的地方，规划中应根据原有基础采用开辟、延伸、封闭、打通、拓宽和废弃等方法，将旧城道路按计划逐步改建成为完整的、分工明确的道路系统。必须说明对道路系统的规划应从全面考虑，而改造却只能逐步进行。在目前阶段还是以充分利用现状为主。

应当指出，各个旧城之间，不仅其原有基础、自然条件等各有不同，在发展国民经济当中所负担的任务也各有差异，因此在布局形式上的差别性将会很大（图 14–19）。

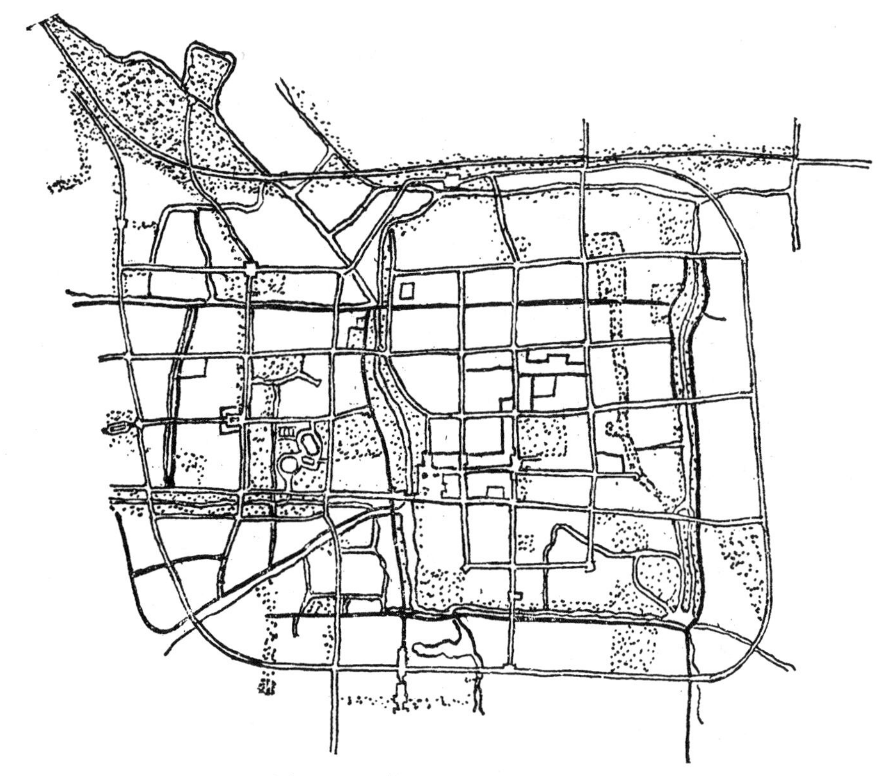

图 14–19　苏州市扩建规划示意图

三、不同性质城市的布局特点

（一）工业城市

工业城市的特点是工业用地及交通运输用地占有较大比重。工业用地与居住用地之间常有较宽的防护地带。市内交通应着重解决工人上、下班及各部分的内部联系问题，性质比较单一，因此道路系统可以比较明确。在小型工业城市中主要是步行上下班，可以不设市内公共交通。工业城市的面貌在很大程度上是由具有特殊形式的工业构筑物和相应的住宅群形成的。

不同性质的工业城市又有不同的要求。如钢铁工业城市工业与交通运输用地极大，运输极为复杂，污染也大。机械工业从用地上看与前者相比就要小些，也比较干净。化学工业城市工业区内外管线异常复杂，卫生隔离与污水利用、处理问题显得更加重要。而一些精密仪器制造业本身却又对卫生条件有较高的要求。

因此在进行工业城市规划布局时，应首先了解和掌握工业的内容、性质以及在规划上的特殊要求。只有这样才有可能作出合理的规划。

以钢铁工业城市为例，前已述及钢铁工业本身有用地面积大（平均用地 1—1.5 公顷 / 万吨，而且在其周围将形成协作工业区，用地规模约为钢铁厂本身的 2—3 倍），交通运输量大（一个年产 500 万吨的钢厂年运输量约为 2750 万吨，而且不包括协作厂的运输量）等特点。因此，在这类城市的规划布局上应着重解决以下问题。

1. 工业区的布置及其与居住区的关系

钢铁工业城市中最主要的厂为钢铁联合企业，化工厂，重型机械厂及热电站等。这些都是钢铁工业城市中联系最密切的厂，其中钢铁厂与重机厂产品，原料互相协作，与化工厂则有密切的副产品回收利用的协作关系，而钢铁联合企业内部生产上联系更加密切，因此在规划中应使这些必须集中的工厂适当集中以取得经济效果。不必集中的工厂，则可另行分布，以免造成工业区发展过大，城市规模过大。

在小型钢铁工业城市中应根据具体情况减少过多的工业项目，只保留最必要的工厂，以使城市的性质更加单纯，并易于控制城市规模。

工业区的位置往往决定于钢铁厂的要求。应该根据用地的技术要求合理地选择工业用地，在用地规划上应使协作关系密切的厂适当集中。

在重工业城市中由于工业项目多或由于地形条件的限制，工业区可能有两个或两个以上。在山区丘陵地带，如由于没有大片平坦的用地时，在不影响生产正常进行的条件下，可将工厂中某些车间布置在不同高度上，这样，投资比较经济。

由于钢铁工业在生产过程中排出大量烟尘及有害气体，因此要考虑布置在居住区的下风下游及设在绿化隔离地带问题。

2. 交通运输设施的布置

钢铁工业，包括与其协作的工业在内，运输量极大，这就使得城市中交通运输设施的规模比较庞大，规划比较复杂，并占去很大面积。如一个铁路编组站站场往往就会长达 4—6 公里，宽 400—600 米。因此，在这种城市中铁路站场的布置就显得非常重要。在一般情况下铁路编组站的位置最好选择在靠近有钢铁厂的主要工业区，又位于城市的边缘，并使工业区、居住区以及整个城市位于编组站的同侧，尽量避免将城市割裂。

钢铁工业城市由于大型工业较多，专用线多，因此工业技术作业站往往也很多（如某基地有各种大小站场 12 个，其中技术作业站 6 个）。它们的分散布置常给城市交通造成极大困难。因此，如有条件应使厂际协作，组织共同使用的线路和站场。

劳动人流是构成钢铁工业城市中市内交通的主要因素。它的特点是流量集中定时、数量庞大。因此必须有一条或数条交通干道通向工厂的主要出入口。例如马

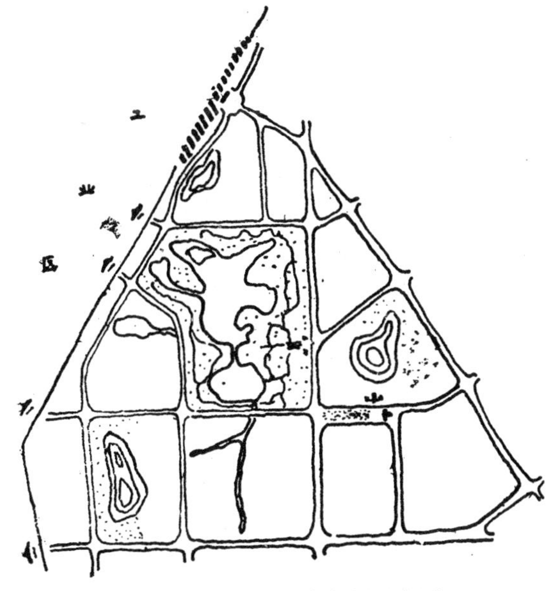

图 14-20　马鞍山市规划示意图

鞍山市是我国新兴的钢铁工业城市之一（图 14–20），在规划中，为了便于职工上下班，减少巅峰时间内公共交通的拥挤程度，加强了居住区和钢铁厂的联系。在干道网规划中，有四条东西向的主要干道直达厂区。

铁道西北侧即为厂区。钢铁企业在居住区的下风方向，沿铁路两侧也布置了防护林带。居住区也比较集中紧凑。

由于历史形成的情况，铁道在居住区和工厂区间穿过。这不能不使工厂和居住区的联系较为不便。将来必要时需建立体交叉以解决日益频繁的交通问题。

（二）矿区城镇的规划布局

矿区城镇具有以下基本特点：

（1）矿区生产不同于一般工业生产。矿产有一定的埋藏地点，只能就地开采。矿产有一定的埋藏量，挖完为止，与开采年限相联系的城市发展年限和规模问题比较突出。矿区生产还需要繁重的交通运输、大量的动力用电和生产用水。矿井的支撑需要大宗木材。矿井的回填需要用开采数量相等的填料。矿区还需要大片的矿渣堆场和废矸子舍场。由于地形复杂，排水和防洪问题在矿区也很重要。这些复杂的生产要求如不很好地安排，就要互相迁就，反复变迁，造成浪费。

（2）矿区规划的另一特点是要很好地考虑地形条件和地质条件，因为矿区大多分布在山区丘陵地区和地质构造比较复杂的地方，有时运输条件困难，要迂回铺线；有时住宅和仓库要布置在坡地和破碎地形上；矿区也容易遇到喀斯特、滑、坍、冲沟裂缝等现象。矿区范围大，但建筑用地并不多，舍场和居民点经常争夺低平地带，而这些地带又往往是可贵的农田和菜地。有的矿区生活给水困难，还要由外地调运。此外，矿区各项用地的安排，还要考虑到矿藏范围和场落范围，以免影响开采，造成拆迁，而这些问题在一般城市中却很少遇到。

（3）矿区规划应尽最大可能给矿工创造舒适的居住条件。井下劳动比较艰苦，而露天开采则饱受风吹日晒，应保证矿工得到很好的休息。矿区居民点常常较为分散，接近农村，交通不便，应很好地考虑福利设施的配置，特别是结合考虑矿井的开采年限确定各类建筑的质量及考虑以后的利用问题，以便做到既节约国家投资，又便于组织矿工及其家属的生活。此外矿区男女比例悬殊，应在组织生产时，予以考虑解决。

由于矿区自然条件、采矿生产性质和矿工生活要求上的这些特点，在矿区城镇规划布局上就有一些特殊的地方。主要有下列几点：

（1）矿区工业的布置

矿区或多或少地要配置一些工业。这些工业的性质取决于资源，铁矿区可能配置钢铁厂，煤矿区可能配置热电站和煤炼油厂。但矿区是否要配置这些工业，这些工业应有多大规模，却取决于地区的资源平衡和生产平衡。建厂不仅要考虑资源条件，还要考虑其他自然条件和生产条件以及国民经济计划的统一安排等。

矿区工业分为：

①直接为矿区生产服务的。如主要是为本矿区服务的选矿厂、破碎厂、矿山机械厂、矿灯厂、坑木厂、车辆厂等。在大矿区还有为附近小矿区服务的工业如机械工业、建筑材料工业、轻工业等。

②利用矿藏资源的工业以及相应的协作工业属资源加工性质，这类工业可有可无，可

多可少。如钢铁厂、硫酸厂、耐火材料厂、水泥厂等。

③民办的中小型工业。主要是利用贫矿和废渣土法提炼，或为大企业承担部件加工及为矿区生活服务的轻工业。这样，不仅符合轻重工业同时并举的方针，有利于矿区生活日用品的供应，而且能解决矿区生产男女劳动力不平衡这个社会问题。

矿区工业显著的特点是工厂和矿井有密切的关系，附属企业的服务对象就是矿井，加工企业的原料来源也是矿井。在一般情况下矿井分布比较分散，因此决定了矿区工业的分布必然也较分散。另外，工厂对自然条件、交通运输、生产协作等又有特殊要求，所以矿区工业的分布应该是分散与集中相结合的。加工企业可集中一些，附属企业可分散一些，民办企业可更分散些。但因各类工业性质不同，需具体分析。

附属企业（工具、机械、原矿的洗选精制）与矿区关系密切，应随矿井分散布置尽量避免不必要的运输。为若干个矿井服务的，可布置在中心地带；交通量不大的如矿灯厂，可布置得远一些；危险性大的如火药厂，可布置在偏僻的山沟里。利用矿藏资源的企业以及和这些企业有关的协作企业，应按协作关系、规模大小、运输要求、污染情况等进行分类，综合分布，不必跟着矿井跑，可以适当集中形成工业区。小型工业则尽量接近居民点灵活分布。

此外，矿区铁路运输是出多入少，布置工业应注意运输流向。矿区地形和地质条件复杂、受小气候影响大、风向多变，布置工业也应注意。

（2）矿区交通运输的布置

交通运输在矿区是个大问题。在地势起伏较大的情况下，路线和站场的布置对矿区规划布局甚至起决定性影响。譬如由开采地点来选择资源外运的路线和站场，再沿着运输路线和站场来布置附属企业、仓库堆场和居民点等等。

矿区运输的第一个特点是区内运输量大。如选矿、舍矸、回填三项运输量往往数倍于矿产总量。如在当地加工，矿渣运量也很大。炼铁矿渣约占铁矿石的一半，页岩原油矿渣占油页岩的90%以上。因此内部运输采用有轨运输和机动运输，如轻便火车、小火车、正式火车，大矿区还可采用电气火车。

矿区运输的第二个特点是运出量大大多于运入量。如抚顺煤矿运出量约占总运输量的80%。在大矿区附近一般都有规模较大的工业基地，它们之间的运输经常是很大的，有时专用线不能满足要求，要由国家铁路解决，如利用现有铁路，需要考虑由窄轨变标准轨，由单线变复线的问题。

矿区内部运输和对外运输都需要编组，站场位置应根据输出多于输入的特点尽量布置在出口的地方。矿区的出口处，因地势开阔也宜于布置站场。内部编组用的站场应尽量灵活、分散，避免造成往返运输。

矿区内部铁路多，势必造成许多铁路、公路和铁路的交叉点。如抚顺市内干道与铁路的交叉口有280多个。规划上应注意：

①在组织矿区各项用地时，联系密切的几部分尽量不布置在铁路的两侧，或者铁路选线时尽量不穿越这些用地。

②在必须交叉时，要很好地选择交叉点、很好地处理交叉口。

矿区中联系各居民点的干道具有公路的性质，密度小长度大，难于进行客货分工。这类道路一般与铁路平行伸展到各矿井，并与对外公路相通。公路的质量，要严格保证，以免堵塞矿区客货运输。要注意山洪、塌方对道路的威胁。矿区笨重的交通工具，如畜力火车，数量很多，也应考虑。道路断面及结构应考虑既便于快车行驶，又允许大车通行。

矿区的客运交通工具，一般采用公共汽车联系各居民点。居民点内部则以步行为主，但要考虑有消防车和救护车的通行。居民点规模很大时也可组织居民点内部的公共交通。矿区道路，既要利用地形又要便于交通，应根据道路的重要程度和具体条件确定。

在矿区特别狭长客运量特别大的情况下，可以考虑利用矿区的铁路和电气铁道组织客运。

（3）矿区居民点布置

采矿生产和矿区工业特点决定了矿区居民点不宜集中，一般是哪里有矿井，哪里就有居民点。只有那些矿藏特别集中的地方，居民点才可能集中分布。但是一个矿区本身是一个整体，各矿井之间在生产、运输、行政和生活上有着密切的联系，而居民点过散过小也不经济，所以矿区居民点虽然分散，应该在分散的基础上适当集中，各居民点之间要有联系要有中心。

例如，北票市的规划布局适应了煤矿区分散的特点，在原有基础上改建和发展。四个居民点中的三个有铁路公路联系。工业布置采取了分散与集中相结合的方法。大型带动力的工厂离开采矿区修建，有生产协作关系的集中在一起，为农业生产服务的则靠近郊区。居住区不强求集中，接近矿井，尽量缩短矿工上下班的距离，并争取利用山坡地。道路网规划也结合山区特点，不一律强求平直（图 14–21）。

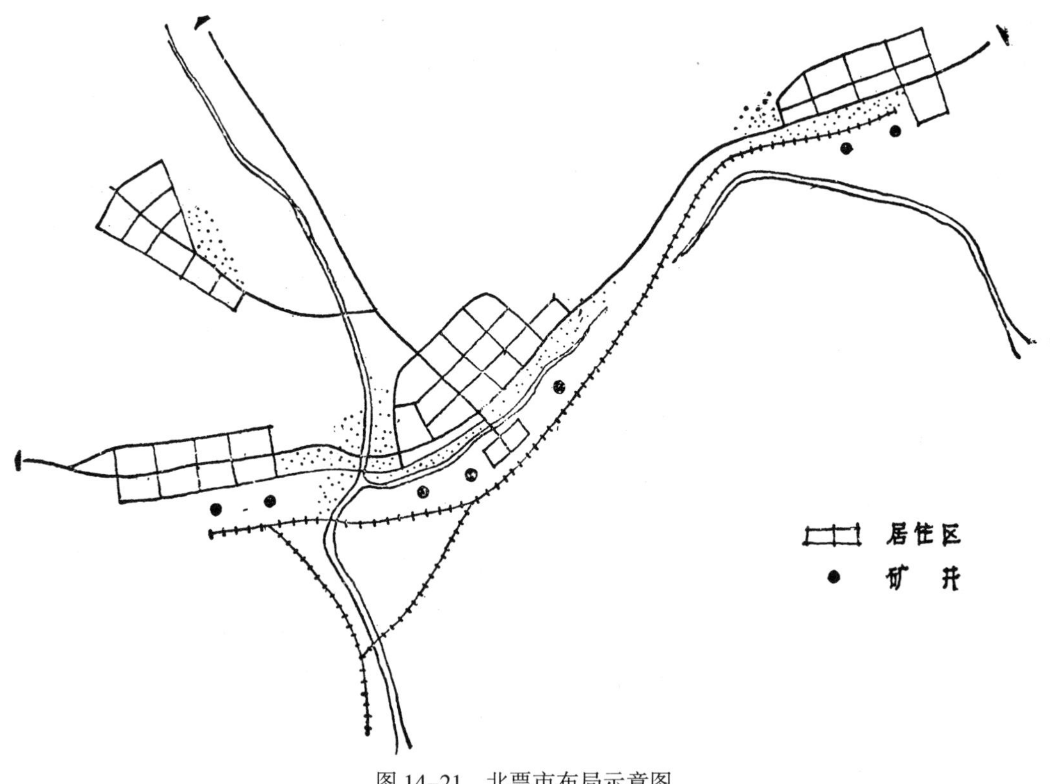

图 14–21　北票市布局示意图

这种分散为主，分散与集中相结合，既分散而又组成整体的形式，就是矿区居民点分布的基本特点。

有时矿藏分布在陡坡上，不宜修建。山下又有平地，集中修建比解决交通困难更合算，这就适宜集中处理。可见分散为主的原则还必须因地制宜。

选择居民点要充分利用现状。在山地丘陵地尽量选在宽度大、坡度小的沟谷和阳坡上，一般应尽量避免在矿藏上建设居民点。

居民较多、地势较好、交通方便、位置适中的地方，可以作为中心居民点设置全矿区性的服务设施。在旧矿区，中心居民点要尽量利用现有设施比较集中的地方。在交通困难地区，中心居民点可选在交通门户地区。在工业较多的地区，中心居民点要靠近厂区。在矿井特别分散的情况下，要有意识地发展中心居民点，集中一些各井公用的附属企业、服务性轻工业和管理机构。此外，由于矿区地形的限制，还要特别注意保留发展余地。

居民点应该根据地形自由布局。布置住宅应考虑到矿工的艰苦劳动和三班轮换制的特点，保证每户有充足的阳光和安静的休息环境。矿区应普遍绿化、达到园林化要求。可利用无矿山头和碎地，结合生产，种植果林、材林。

居民点内部应以庭院绿化为主。内部道路，主要考虑步行，不宜过宽。矿区建筑应以低层为主，尽量利用当地材料，如石块、矿渣、矸子、石膏等。

此外，因矿工劳动条件特殊，如有条件应选择风景优美的地方，布置矿工休疗养所。

矿区建筑质量应考虑开采年限。年限在40—50年以上时，可建造永久性建筑，年限不足10—20年时可建造半永久性建筑。但其使用标准不应因而降低。矿区规划，如开采年限较短还应考虑矿藏开完以后，居民点如何继续使用的问题。即考虑生产性质的转变，或往其他工业和农业方面的逐渐过渡。

（三）交通枢纽城市

属于交通枢纽的城市有：①铁路运输枢纽如宝鸡、郑州；②海港城市如大连、湛江；③内河港埠如裕溪口等。

交通枢纽城市的主要特点是：对外运输特别发达，运输用地（铁路、水运等）、仓库用地和工业用地在城市用地中占有很大的比例；市中心通常靠近车站和码头；居住区常有被铁路线分隔成几部分的可能性等等。

在铁路枢纽城市中，铁路运输对城市规划布局有很大影响，铁路车站和铁路线的位置会影响到城市工业的分布，决定车站广场的地点和许多城市干道的走向。铁路干线通过市区时，会把居住区分隔成几个部分如郑州（见图14-1）、沈阳、石家庄都是如此。

由于铁路运输方便，在交通枢纽城市中，除了在附近资源的基础上建立的工业外，还可能利用外地资源来建立一些工业。如某市本身不产煤铁等原料，但在1958年全民大办钢铁中，由于这类原料的运输量大，使得在该市也有可能建立一定数量的钢铁工业。因此，在城市工业布局中，还应留出余地发展那些将来可能因运输方便而新建立的工业。但在另外一种情况下，当城市因为特殊地理条件的限制，用地不足时，则应当首先满足交通枢纽扩建的用地要求，而将工业发展有所限制。

在城市中布置需要有铁路引入线的工业企业时，应对铁路在居住区外通过，并尽可能合并使用铁路线，以便有效地利用并缩短线路的总长度并达到节约用地的目的。铁路专用线应尽可能从工业用地的后面通入工厂，并尽可能不同工厂和居住区之间的主要干道及厂内主要道路（通向各主要车间的道路）交叉。

编组站因机车调动频繁，喷出大量煤烟对周围环境影响很大，而且用地面积很大（宽数百米，长达数公里），因此应远离居住区并且应位于居住区的下风地区，不妨碍城市的发展方向，而有利于工业的发展（见图 14-1）。在某些城市里，编组站往往位于居住区中间，在条件可能时最好设法把它迁出城市。如果因为技术和经济上的原因不能迁出城市时，则应限制它们的发展，并用宽度不小于 100 米的绿化防护地带把它们同居住街坊隔开。

在交通枢纽城市中，由于储存物资，必然有大量的仓库设施。这些仓库最好集中地布置在靠近铁路车站的地点，以便易于引入铁路支线。仓库不应直接沿铁路干线用地两侧布置，而最好布置在生活居住用地的边缘地带，同铁路干线有一定的距离。

在港口城市中，港口建筑物占地面积很大，港口建筑物相互之间以及港口建筑物同铁路车站之间并有铁路专用线连接。一般港口城市中最普遍的缺点是沿岸地带往往有很长的一段布满了各种各样的码头、仓库和铁路专用线，以致使城市同水面隔开，例如大连就有这缺点，这是旧社会留下的不合理现象。因此，在改建港口城市时，必须首先整顿港口建筑物，在可能条件下把某些沿岸地带腾出部分来辟作滨河路、林荫路、公园等等。例如在斯大林格勒的改建中，就迁走了一些工业码头、仓库等，沿河布置了宽阔的绿地，改变了城市的面貌。在新建城市中，这个问题一开始就可以得到合理的解决。

合理地布置海港或河港客运站，对港口城市的规划布局非常重要。在港区布置客运站时，应使进站的运输线路不穿过其他港口作业区。客运站与主要的城市干道，特别是与那些把港口和市中心及铁路车站连接起来的干道，应有良好的联系，以便更好地为过境旅客服务。如果水陆联运很发达，而且当地条件也允许，最好设立水陆联运站。

在港口城市中选择港口建筑的位置时，应把城市的利益和水上运输的利益合理地结合起来，并对城市临水的一面进行重点的建筑规划处理，作为城市美丽的大门。

海港和河港的要求基本相同而又有所不同。就规划布局方面来说，海港所需要的运输及仓库用地都比较多，在城市中海港区的独立性也更显著。但无论海港河港，一般都是水陆联运码头，都必须很好解决与铁道公路的联系。

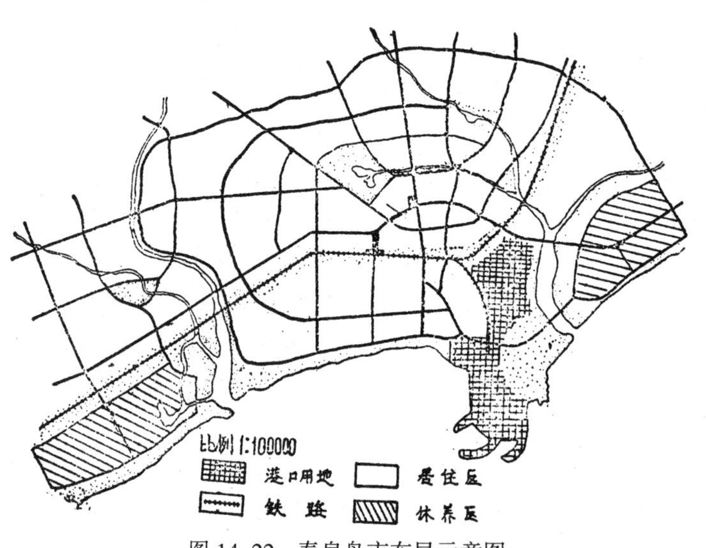

图 14-22　秦皇岛市布局示意图

秦皇岛的港口在市区东南角，有专用线与京山铁路联系，吞吐进出口物资。为了继续发展港务，划定港区范围，规划了仓库、铁路等用地。在港区以西临海一带，利用滨海的优美景色和良好的气候条件，划为居住区及休疗养用地（图 14-22）。

温州是浙东瓯江的内河港口，因原址水的深度不能满足航行要求，规划中考虑在距市区约十六里外开辟一新港，水位较深，并有足够的水域面积，对于联系市区旧港和出海口都很方便。新港建成后，旧港即将改造为客运专用码头（图 14–23）。

图 14–23 温州市规划示意图

（四）风景休疗养城市

风景休疗养城市有其独特的自然风景。

但是在我国，纯粹的风景休疗养城市是不存在的。如杭州，除因西湖胜景而具有风景休疗养城市的特性外，它同时还是个工业城市和浙江省的政治经济和文化中心。桂林不仅是个山水甲天下的风景城，同时也是个工业城市和桂林地区的行政中心。即使性质比较单纯的海滨休疗养区北戴河，也是作为秦皇岛市的一个组成部分而存在的，而秦皇岛市则具有海港工业城市的性质。

因此风景休疗养城市在性质上具有多重性。这种城市性质上的多重性乃是风景休疗养城市与一般城市的共性，而其区别于其他城市的特性，则为风景休疗养因素在规划上占据一定的主导地位。

在这类城市的布局上应突出解决以下几个关系：

1. 风景与工业的关系

如何正确对待风景与工业之间的矛盾，是风景休疗养城市规划中的重要问题。发展工业生产固然非常重要，但著名的风景区往往是具有国际意义，而且风景一旦遭到破坏，则又难恢复。因此规划工作者必须辩证地对待二者之间的关系。实践证明，风景与工业二者之间，不但有其对立的一面，同时也可利用规划布局等方法使其矛盾转化。而取得统一。

一般说来，可从下列几方面解决这一矛盾：

（1）在确定工业的性质方面

工业包括的类型很广，从风景区的角度看去，有的与之对立，如冶金、化工、水泥等有严重污染及大量运输量的重工业及其他有害工业。有的则可互相促进，如高级精密仪器制造业，它们的建立，不仅在建筑艺术上丰富了城市的面貌，同时风景区的存在，又为这些工业创造了空气清洁、水质良好、环境安静等生产必需条件。如瑞士的一些风景城市同时又是精密仪器钟表等制造业城市。又如高级果品加工业，正好与风景区的水产果品相结合起来，同时又能服务于游客。再如特种手工艺工业，一方面增加生产，加强风景城市的特色，同时还可利用这些生产机构调节因受季节限制，解决在淡季风景休疗养城市服务人员的劳动平衡问题。

（2）在工业布局方面

有些风景城市由于特殊条件，如当地有大量优质矿藏等，必须发展对风景区有害的工业时，则应从规划布局中找寻出路。

在风景城市的附近发展工人镇。

在用地组织上合理安排二者之间的关系，使二者各得其所。

因此，风景休疗养城市在发展工业时除应尽量选择中小型工业，精密仪器工业及轻工业，将重工业及有害工业分散到附近城市之外。在选择工业区用地时，还应全面考虑，使这些工业区段远离风景或休养地区，而又能靠近城市的居住区，这样既满足了生产要求，又可避免工业对风景区的不良影响。如杭州将工业区设于距风景区 5 公里以上的城市一角；而桂林则考虑在距风景区 10—20 公里以外建立若干个工业卫星镇。

2. 风景与居住区的关系

在风景与休疗养城市中，不应将风景良好的地带发展为住宅区，但城市中服务人员的住宅区又不应距工作地点过远，因此，在风景区远离城市时，可在风景休疗养区附近建立一定规模的职工生活区，比较全面地解决职工日常的生活要求。而当风景休疗养区在城市附近发展时，职工生活区可分布在城市居住区的边缘，以便于充分利用城市中一切福利设施。

当风景休疗养区与城市关系密切时，应很好地考虑城市居住区与风景区的过渡地带的规划建设问题。这里一面邻近风景区，另一面又邻近居住区，既能欣赏风景，能方便地到达各风景点，同时又能很方便地到达居住区，使用完善的福利设施。这些数量不多，面积不大，环境和位置很好的地带，应同时为城市居民及游览区服务成为风景的辅助部分。在这种过渡性地带中应布置一些为居民及游览服务的公共福利设施（如旅馆、饭馆、商店、博物馆以及其他文娱场所、停车场等）和一些文化结构。这样，利用上述公共建筑在平面布置、空间处理以及艺术构图上更大的表现力及灵活性，来丰富城市的建筑艺术面貌，为风景区增色。

在这种地带，旧有的居住建筑，除进行必要的改建外，要尽量加以利用，有条件的可改建为公共建筑。并留出部分居住建筑给这一带的服务人员居住。

3. 风景区与交通设施的关系

风景休疗养城市由于其城市性质确定需要有更加便利的交通。但运输繁忙的公路、铁路及其车站等如距离城市过近，则影响风景区的发展、安静、面貌及游人的安全。

因此上述设施在一般情况下不允许穿过风景休疗养区，并应相距远些，而用专设的支线与之联系。而当风景区范围非常大时，则可允许铁路等在不重要的地区穿过。

4. 风景休疗养区之间的关系

在风景优美而又具备休疗养条件的城市中，风景与休疗养区之间也常常具有一定矛盾，风景区是对全体游人开放的，而休疗养区则为一定范围内的休疗养员服务。因此如果将休疗养区设在许多风景点上，则势必将在实际上缩小了游览面积，减少游览内容和可容纳的游人数量。而且将休疗养区设于游览区之中，往来频繁的人群也将会影响到休疗养区的卫生与安宁。

而在休疗养区之间，由于二者功能要求不同，前者为健康人的短期休养服务，而后者却为一些不同类型的慢性病人服务。因此布局上也应有所差异，前者可与游览区有更多的联系，而后者则对地形及小气候有更高的要求。而在传染病休疗养区中则更应从规划布局上，与一般游览及休养区有严格的隔离。

因此，在一般情况下，休疗养区可与风景区结合，但从整体出发考虑，也不应占据过多的内容，特别是主要内容。休疗养区应布置在地形良好、高爽、靠近风景区及水面、溪泉、交通方便、具有充分绿化及良好小气候条件而又不受游人干扰的地点。

例如，杭州是我国著名的风景休疗养城市之一。市区西临著名的西湖，东南傍钱塘江，风景秀丽。考虑到西湖名胜的重要意义，在规划中将西湖四周辟为环湖公园，并将原有市区沿湖部分街坊适当压缩，以满足湖滨游览区发展的需要。西南部山区也辟为森林公园，与西湖连成一体。

在杭州西山一带，原有疗养区所在地段夏季闷热，而且疗养区专用地段的存在对旅客游览也有影响，所以在规划中划出沿钱塘江自六和塔去云楼一带为休疗养区。该地夏季江风吹拂，较为凉爽，对游览区也无影响（图 14–24）。

图 14–24　杭州市规划示意图

在风景休疗养城市中，杭州是风景区和市区紧密地结合在一起的，也有风景休疗养区和市区有一定距离的。如无锡市区与著名的太湖风景区就相距七、八公里。在这种情况下，可以单独做风景休疗养区规划，而不必一定要将市区和风景区连成一片。而且，市区的发展和工业的布置还应该注意不妨碍风景休疗养区的利益。例如，无锡原想把某一有污染的工厂布置在太湖边上，后来考虑到对太湖风景区的影响，不再在该处设厂（图 14–25）。

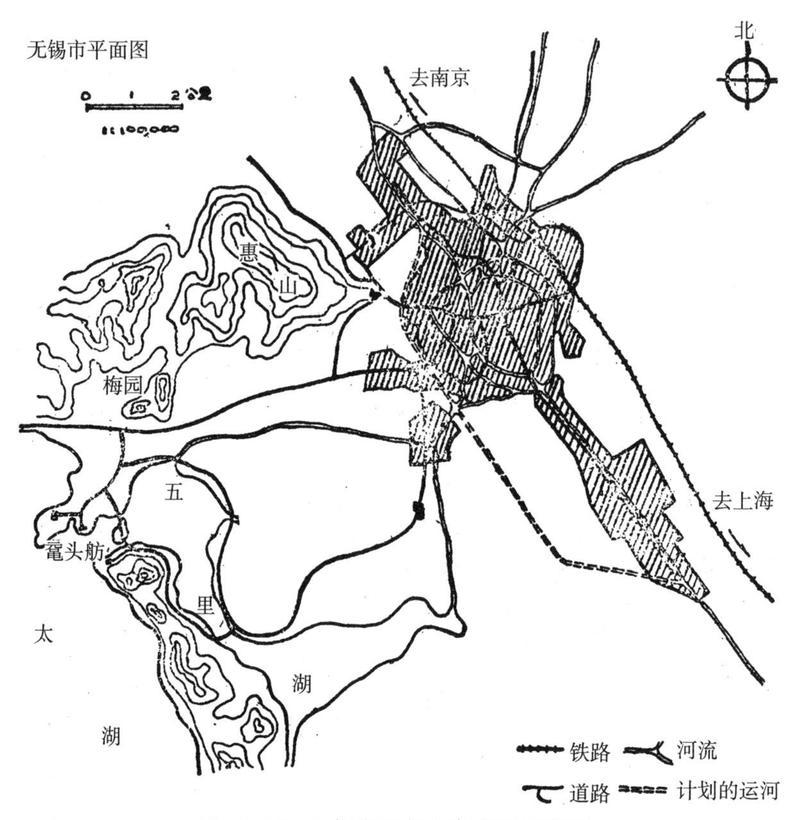

图 14–25 无锡市区与太湖位置示意图

（五）行政中心城市

行政中心城市系指省会和自治区首府而言，它们一般都是综合性城市，是省或自治区的政治、经济、文化中心。

一般行政中心城市具有以下几个特点：

（1）作为行政中心的最大特点是在这一类城市中，设有省或自治区一般的行政管理机关及相应的各种机构、服务设施等。因此在城市人口构成上与一般城市有所不同。另外在这类城市中流动人口将占相当的数量，它的产生，是由于经常有很多的人来开会（全国性或地方性会议）、参观或作其他短期逗留等。

在城市布局上，省（自治区）级行政建筑与市级行政建筑可分开布置也可相对集中，它们往往形成该城市群众政治活动中心。

省中心应有使组织群众参加政治活动的游行集会广场。这种广场往往与省级行政及其他大型公共建筑结合起来，共同形成省级政治文化活动及行政中心城市的建筑艺术中心。

由于考虑到省中心频繁的活动及由此带来大量的流动人口，因此在这样的城市中应设置更多的服务性设施如旅馆、招待所、饭店等。

（2）作为行政中心城市，根据其资源条件可拥有就全省或自治区来说“高、大、精、尖”的工业企业，而且它的发展往往带有综合性，其所以这样是由于：

①在社会主义国家中行政中心城市应以生产领导生产。

②行政中心城市应拥有相当数量的工人。

（3）作为行政中心城市，必然同时是省或自治区的文化中心。因此应相应建立起一定数量的高等学校、科研机构等。它们不必布置在省市中心广场周围，但在规划城市时，必须为发展这些文教机构留有余地。如某原有基础很差的省会，至1958年底已有中等专业学校32所、高等学校7所。

此外，在这类城市中，还应建立省或自治区一级的博物馆、展览馆、运动场及相应的园林绿地等。以便为举行省或自治区级的相应文化活动创造物质条件。

（4）行政中心城市，一般都具有方便的对外交通运输条件。它不仅与国内其他地区甚至与国外有密切的交通联系，而且又是在省或自治区的交通运输活动中心。如郑州不仅为河南省的交通中心，而且对全国来讲又是陇海、京广铁路的交叉点，是全国性的铁路交通枢纽之一。又如昆明，作为云南省省会，随着成昆、滇黔、滇越等铁路的相继通车，它不仅是本省的交通中心，而且还将成为我国西南区重要的铁路交通枢纽城市。

根据上述主要特点，可知行政中心往往是综合性城市。因此，一般大中城市及工业、交通枢纽城市的一些规划原则，也往往适用于行政中心城市。

通过从各类城市布局的分析，也可以看出，布局的集中和分散问题是各种城市布局的带有普遍性的问题。也是带有战略意义的根本问题。城市的发展，无论是城市的布点或是城市布局是集中还是分散，这需要具体的分析，在一般情况下，集中紧凑的建设是经济合理的，但集中超过一定限度就又会不合理（如集中紧凑时小城市是合理的，对大城市无限制的集中就必然会带来交通困难等新的矛盾），在某些城市可能以集中为主，适当地分散，更符合实际情况（例如某些综合性的城市），在另一些城市可能以分散为主，适当地集中（或相对集中）更符合生产生活的要求（如矿区城市总的布局可能分散，每一个点还是尽可能地集中）。因此既有分散，又有集中，有所分散，有所集中，集中与分散相结合，可能是解决城市布局问题的一般原则。至于某个城市应集中到什么程度，某一种生产活动应集中到什么程度，分散到什么程度，这中间“量”的界限，又是需要在各个具体条件下所要研究解决的具体问题。

城乡规划

（第二版）

下　册

“城乡规划”教材选编小组选编

中国建筑工业出版社

下 册 目 录

第四篇 农村人民公社规划

第三篇　城市详细规划设计

第十五章　小区规划设计

城市生活居住用地是居民生活及一部分居民从事生产及工作的地方。人们在这里居住、工作、进行各种社会活动、文化娱乐活动。

一个时期的经济发展水平及人民生活水平，决定了居民生活活动的需要。随着国民经济的发展，居民的物质文化生活要求将逐步提高。

居民的生活活动具有某些共同的特点，但由于职业不同、各民族各地区的生活习惯不同，其生活活动的内容也存在着差异。例如工厂职工与学校教师在生活上有不同的要求，南方和北方的城市居民由于自然、地理条件不同对生活居住亦有不同的要求。这些居民生活活动的共同性及差别，提出了生活居住用地规划的一些客观要求。

在小区及街坊规划中，必须体现党对劳动人民的关怀、深入调查当时当地居民生产生活活动的实际需要、居民生活的组织状况、经济水平及构成各种生活活动的经济因素及物质技术条件，这是进行小区规划设计的出发点和依据。

小区规划设计应根据投资计划，在总体规划的基础上来进行。其任务是：具体安排基本生活区内各种建筑、道路、绿化及工程设施，为各单项设计提供依据。

第一节　城市小区的构成

一、城市中生活居住用地单元的发展

我国及外国古代都有居住街坊。由于土地私有制及公共福利水平较低，城市交通不发达，旧居住街坊面积一般均比较小（有的只有 1—2 公顷左右或者更小一些）（图 15-1）。

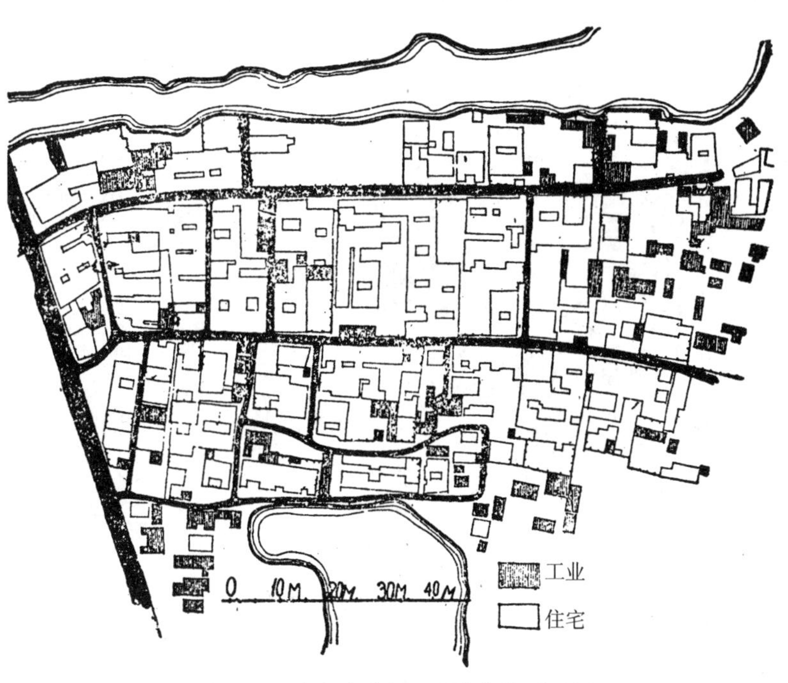

图 15-1　南京白鹭州旧居住街坊平面图

为了更好地组织居民的物质文化生活、改善城市交通条件，我国及其他社会主义国家在旧城改建

中，一般都有计划地将旧的小居住街坊扩大、合并为较大的街坊及小区（图 15-2）。

在苏联的实践中，也是由建设较小的街坊向大街坊发展的（图 15-3）。

这是由于扩大街坊可以降低公共设施的费用及道路长度，改善城市交通，并为布置较完善的公共设施、绿地及完整的建筑艺术布局创造有利条件。同时也由于住宅建筑量

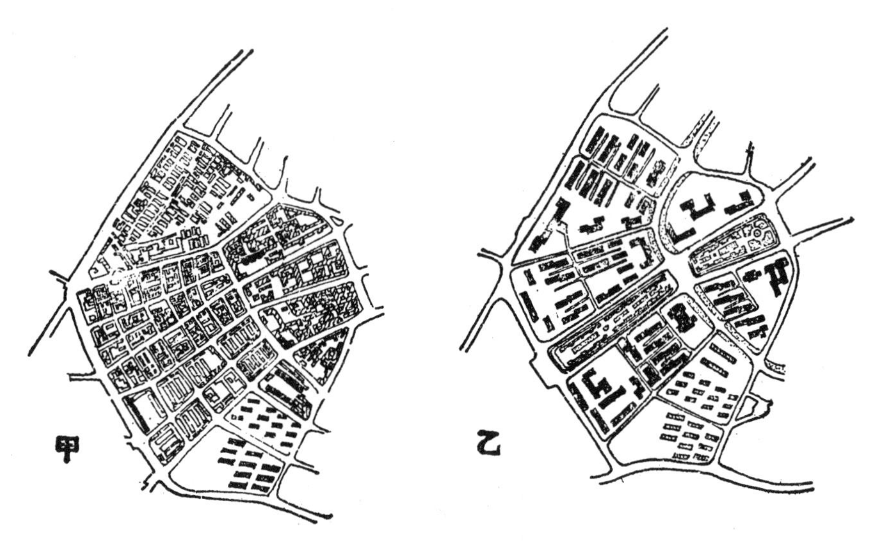

图 15-2　青岛台西区旧有小街坊扩大改建方案

甲—旧街坊　乙—改建方案

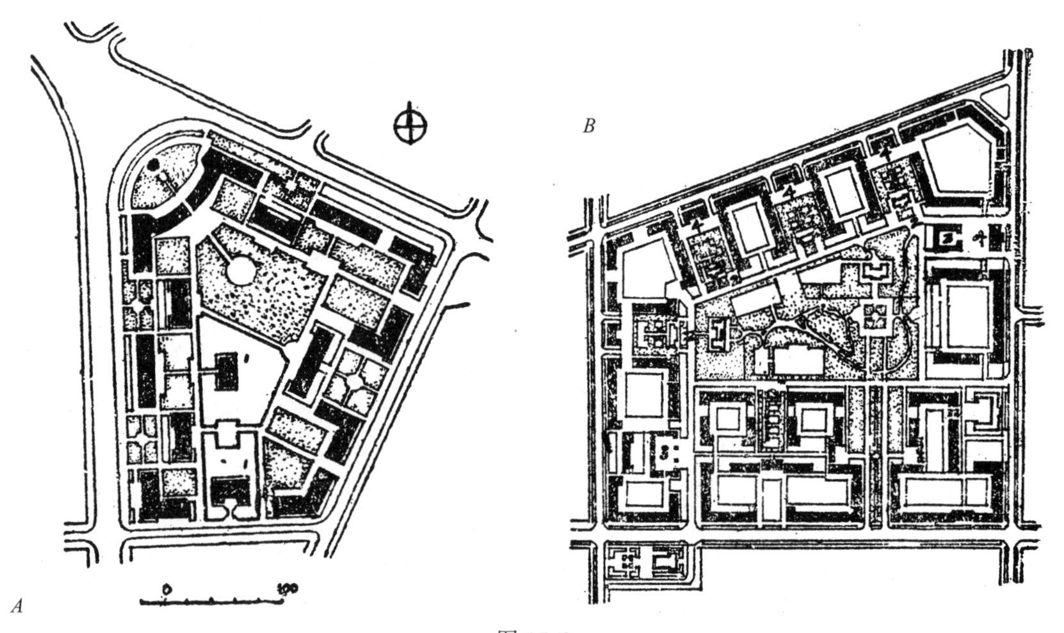

图 15-3

A. 基辅小街坊平面图

1—儿童机构

B. 大街坊平面图

1—学校；2—托儿所、幼儿园；3—锅炉房、车库；4—商店

的增加及工业化施工的发展，在较短时间内能够形成较大面积的居住街坊。

随着居住用地单元由小到大的发展，近年来，国内外多已采用了小区的规划与修建方式（图 15-4）。

小区是城市干道所包围的，比居住街坊规模更大的生活居住地段。在实践中证明这种修建方式具有下列优点：

（1）小区的人口及用地规模，适宜组织一套完整的、满足居民日常生活需要的文化福利设施。

（2）小区内没有城市交通穿过，有利于居民的安全和安宁。

（3）由于小区用地范围较一般街坊大，有利于城市道路功能的划分和组织城市交通。同时在小区内的道路和工程管线可以更多地结合自然地形、结合现状、并可适当降低标准，因此它也是经济的。

（4）由于小区面积较大，无过境交通，更加便于进行完整的建筑规划布局，便于更好地利用自然条件，并有可能设置较大片的绿地，有利于组织完整丰富的建筑艺术空间。

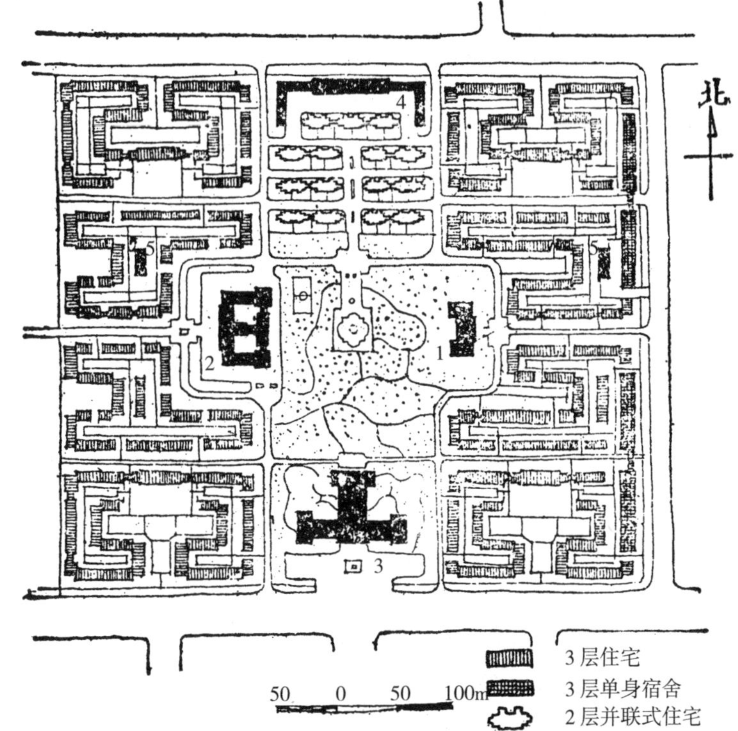

A. 北京百万庄小区规划平面图（总面积 22.4 公顷）
1—小学校；2—综合性商店；3—文化宫；4—服务性建筑；5—锅炉房

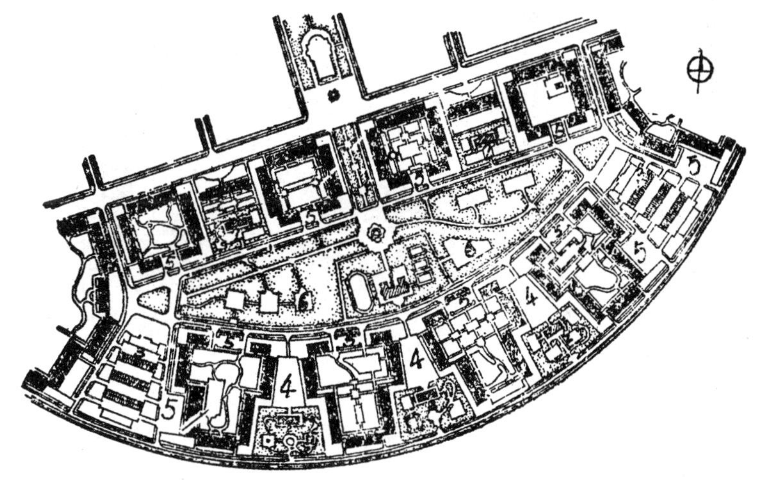

B. 小区（街坊组群）平面图
1—幼儿园；2—托儿所幼儿园；3—商店、锅炉房、车库；4—杂务院；5—停车场；6—公共游园（带运动场地）

图 15-4　小区平面图

生活居住用地的组织从小街坊—大街坊—小区的发展，说明生活居住基本单元的组织形式及规模是随着社会生产水平、生活水平、社会生活的组织状况及公共福利设施及道路交通的发展程度、住宅建设的速度、规模等因素而变化的。

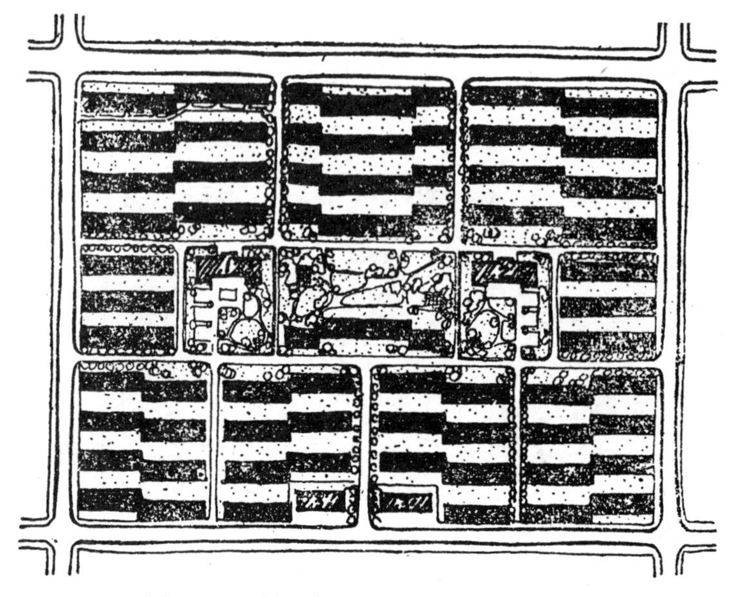

图 15-5*A*　低层建筑街坊平面图（1 ~ 2 层）

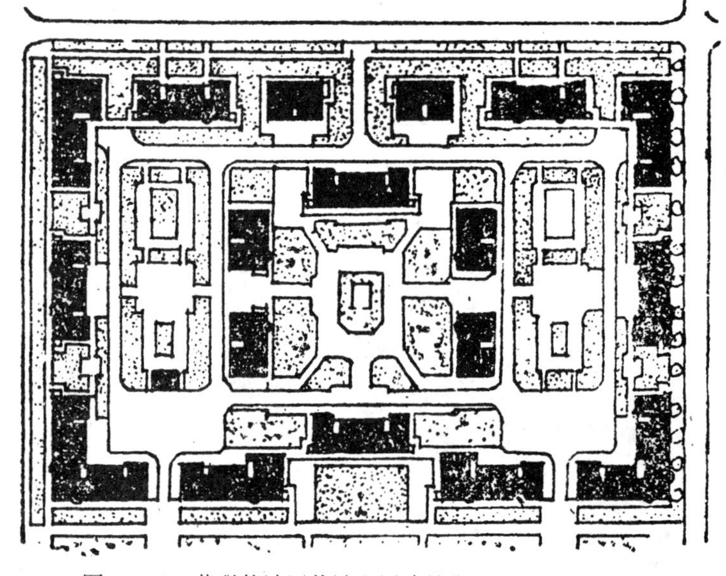

图 15-5*B*　苏联札波罗什城少层建筑街坊（2 层）平面图

我国城市人民公社建立以后，城市中的基本生活单位组织生活及生产的内容有了新的发展，这些新的发展应反映在小区规划的内容之中。

二、小区用地组成及类型

小区用地组成包括：

（1）居住建筑用地；

（2）公共建筑用地：包括食堂、托儿所、幼儿园、学校及商店等用地；

（3）绿地：包括小区公园、小游园及休息场地、儿童游戏场及体育用地；

（4）道路广场用地。

小区内亦可以有适当的生产用地。

小区规划应将以上各类用地按其功能进行合理的划分及组织，使之成为一个有机整体。

小区及街坊的类型一般可按建筑类型分为以下几种：

（1）低层（1—2 层）居住建筑的小区及街坊（图 15-5）；

（2）多层（3—4 层）居住建筑的小区及街坊（图 15-6）；

（3）高层（5 层以上）居住建筑的小区及街坊（图 15-7）；

（4）庭园式居住建筑的小区及街坊（图 15-8）。

以上各种类型的小区及街坊，在规划与修建中各有特点。

小区的类型是由城市总体及近期建设规划提出具体要求，并结合该小区具体条件而确定。同一小区可有不同类型的建筑，但建筑类型不宜过分混杂。

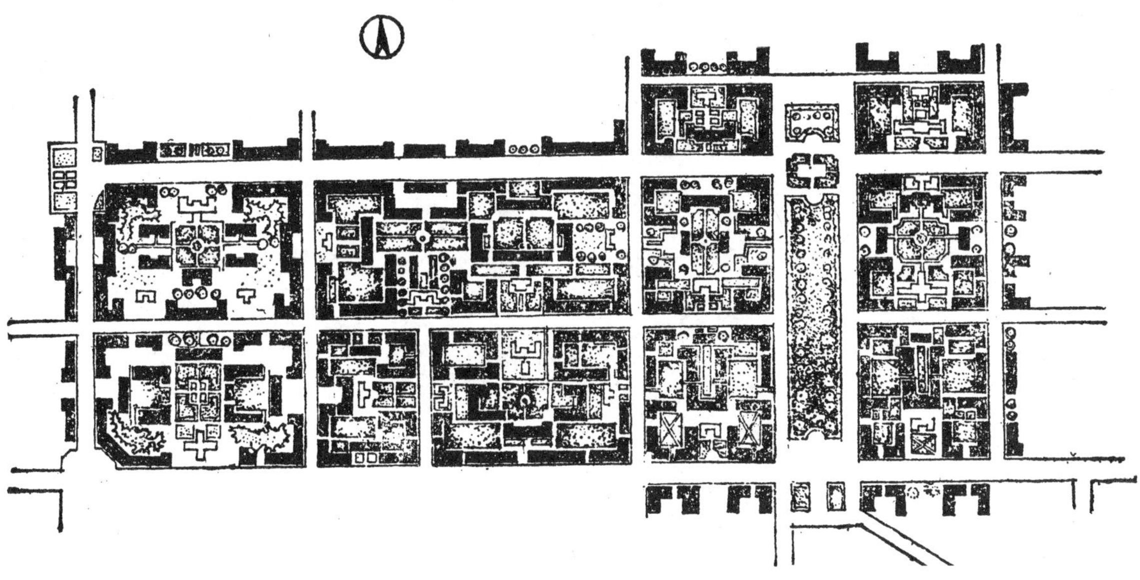

图 15-6　长春第一汽车制造厂居住街坊平面图

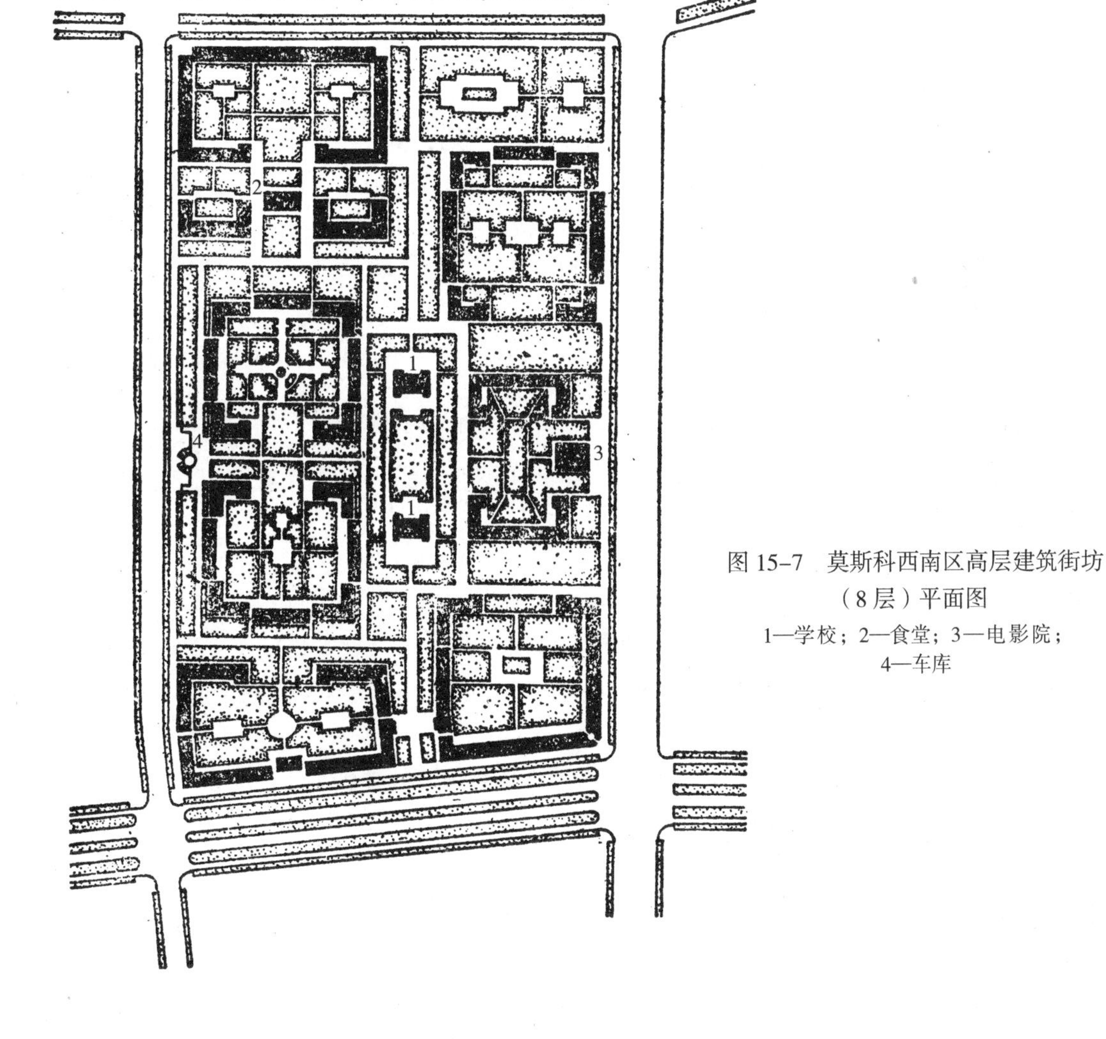

图 15-7　莫斯科西南区高层建筑街坊（8 层）平面图

1—学校；2—食堂；3—电影院；4—车库

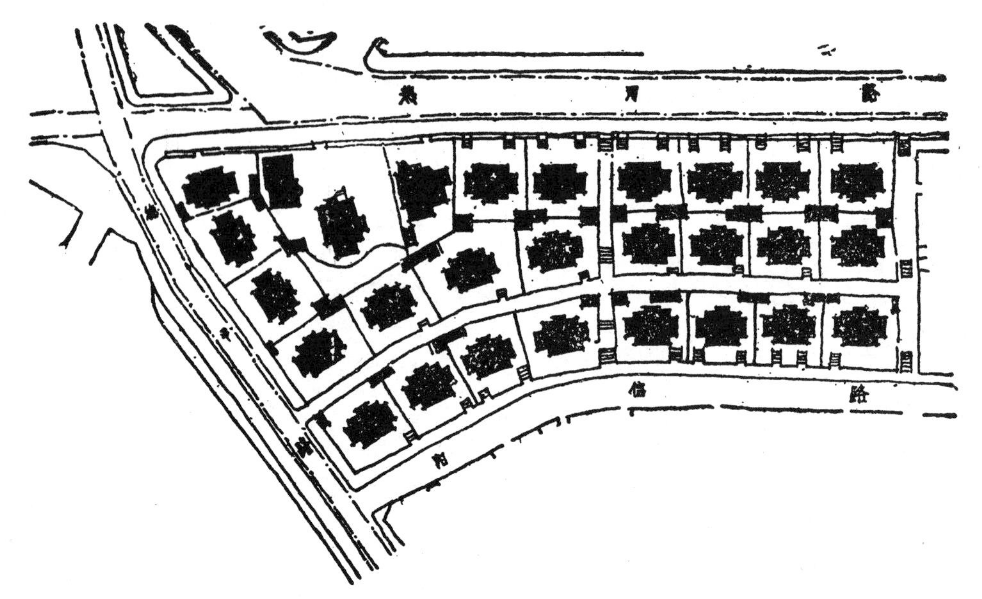

图 15-8　青岛热河路庭园式住宅街坊平面图

三、小区规划结构形式

小区往往由几个生活单元构成，生活单元一般是采取街坊的形式，但有时也采取建筑群体的形式。小区总的规划结构形式有两种：

一种是街坊组群的形式（图 15-4*B*）；

一种是成组居住建筑群（即大型街坊）的形式（图 15-9）。

街坊组群的特点是小区有明确的街坊划分，它往往是用小区级的道路划分成数个街坊。小区公园及活动中心设于街坊群之间，将街坊群联系成整体。

居住建筑群体的特点是没有明确的街坊划分，它由若干组居住建筑群体用公共建筑及绿地联系起来。

街坊组群的形式，使小区与城市交通有方便的交通联系，小区内部交通也较通畅。它在分期修建时易于形成较完整的街坊（成坊的修建）。

居住建筑群体的结构形式如规划处理得当可减少小区级的道路，增加小区建筑及绿化用地。但在机动交通不发达的条件下，内部交通不够通畅，此形式对面积较小而形成较快的小区可考虑采用。

四、小区的规模

小区的规模（人口及用地规模），可根据以下几方面因素来确定。

（1）合理的干道间距在很大程度上决定小区的规模。干道交叉口间距一般应不小于 500 米，则其最小规模约 25 公顷左右。在某些改建的小区，如受现状较小的干道间距限制，其用地规模可小一些。

（2）组织一套完整的基本生活设施所必需的人口规模。如在确定小区规模时，可以每一小区至少设小学一所为依据，如小学规模按 600 人考虑，而当适龄儿童占总人口的 12%时，则 5000 人可设一小学，小区合理人数最少应当为 5000 人。由于学制的改变，还要研究新学制情况下设置一所学校的合理居民人数，同时还可以食堂的合适规模等因素来综合研究。

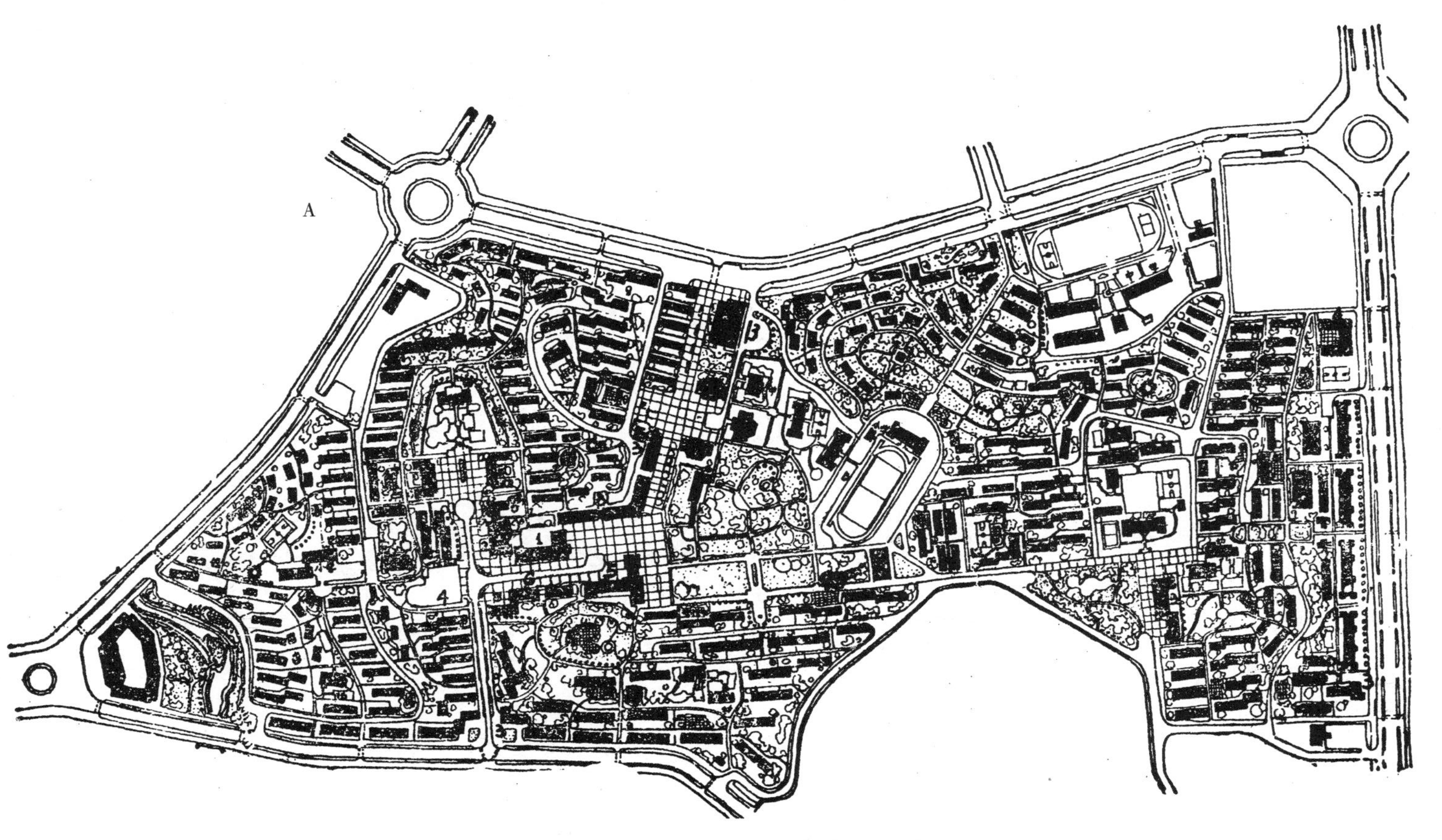

图 15-9　小区采用居住群体布置形式的平面图 *A*

1—俱乐部; 2—餐厅; 3—商店及服务业; 4—菜市场; 5—街道办事处、银行、邮电所；6—保健站

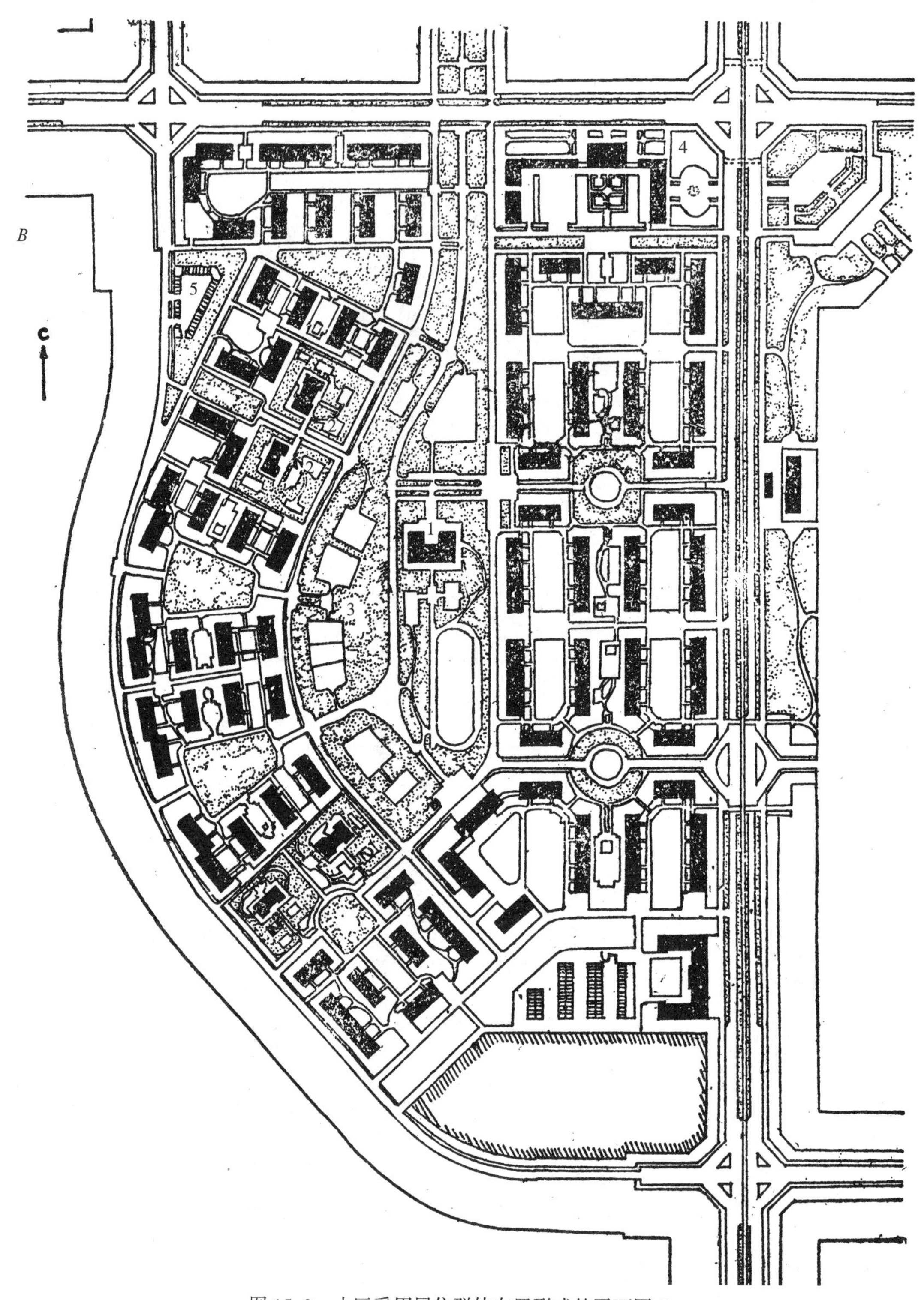

图 15-9　小区采用居住群体布置形式的平面图 *B*

1—学校；2—儿童机构；3—小区花园带运动场；4—商店、食堂及服务机构；5—车库

（3）自然及现状条件对用地划分的影响；如铁路、河流、山丘及现有的土地使用情况等均影响小区规模。

（4）公共文化福利设施合理服务半径，对小区规模也有影响。一般认为小区级公共设施服务半径在400—500米之间较好。（苏联城市建设修建法规规定不大于500米）。

（5）小区规模与建筑层数以及居住面积密度有关。同样面积的小区，低层人口少，高层人口多。当居住面积密度较高，生活居住用地指标较低时，小区人口规模较大。

以上均为研究小区规模的理论依据。在实际工作中小区的规模往往由干道间距及城市自然和人为的用地划分及现状条件所决定，但同时也可从公共福利设施的设置等方面研究。总之，小区规模的确定都必须根据以上几方面具体条件，以及该城市的实际生活组织情况来综合研究确定。

根据我国若干城市小区规划资料，小区用地规模一般约为25—50公顷，人口约为10000—15000人。

街坊面积一般为：高层建筑区6—12公顷；低层建筑区4—6公顷；庭院式建筑区2—4公顷。

五、小区的用地平衡

小区内各项用地应具有一定的比例平衡关系，以衡量小区规划的经济性、合理性。

不同的小区，各项用地比例有所不同，如有的小区用地较破碎，可能绿化用地比例较大，靠近市区中心的小区，小区级的公共建筑用地的比例可能稍低。

小区用地平衡表也反映了居民的生活水平。

小区用地平衡表包括现状的、预计的、规划的三种。

小区用地平衡的范围：

（1）居住建筑用地：居住建筑占地面积。

（2）公共建筑用地：小区级及街坊级公共建筑占地面积。

（3）道路广场用地：小区内道路及广场所占的面积。

（4）绿化用地：小区内公共绿地、体育设施用地，成人或儿童活动场地。

小区用地平衡表格式如下 **表15-1**

用地项目	用地面积（公顷）	占总用地的百分比（%）	每人用地面积（m^2/人）
（1）居住建筑用地 （2）公共建筑用地 （3）道路广场用地 （4）绿化用地			
总计			

注：其他用地：生产用地、河湖面积等可不参加平衡。

第二节　小区规划设计的基本要求

小区规划设计应综合地考虑以下几方面要求：

一、满足居民使用的要求

小区规划与修建的数量、质量（如居住建筑的类型、公共建筑的项目、规模及绿地的大小等）及布局均应满足规划期内居民实际生活及组织生产的需要。

二、公共卫生要求

必须保证建筑物的主要房间（特别是居室）及休息庭园绿地有良好的日照条件，良好的通风条件和防止噪声的干扰及空气污染。

（一）保证良好的日照条件

日照与人们的生活关系极为密切。研究日照条件，无论对我国北方寒冷地区或南方炎热的地区均有重要的意义。必须从规划布置及建筑设计两方面来为居民创造良好的日照条件。在规划布置中，应使建筑（主要是居住建筑）具有适当的间距、朝向及体形，以满足日照的要求。为了确定其间距及朝向，须进行日照计算。

（1）日照计算的原理及方法

地球上任何一点太阳的空间位置，是由该点上太阳的方位角和高程角所决定的。方位角 z 从子午线北端出发，上午时间向东量；下午时间向西量；高程角 h 是该点上太阳和地平面所成的角度（图 15-10）。太阳的高程角和方位角是随所在地点的纬度、季节、时间而变化，在同一地点，由于季节的不同，时间变化，方位角和高程角都不相同。

太阳方位角和高程角，一般常用下列公式计算：

高程角：$\sin h=\cos\varphi\cdot\cos\delta\cdot\cos t+\sin\varphi\cdot\sin\delta$

方位角：$\sin z=\sin t\cdot\cos\delta\cdot\sec h$

日出时间：$\cos t=-\mathrm{tg}\varphi\cdot\mathrm{tg}\delta$（$h=0°$）

日出时太阳方位角：$\cos Z=\sin\delta\cdot\sec\varphi$（$h=0°$）

当地时间：$\cos t=\dfrac{\sin h-\sin\varphi\cdot\sin\delta}{\cos\varphi\cdot\cos\delta}$

正午太阳高程角：$h=90°-(\varphi-\delta)$（$\varphi>\delta$）

$h=90°-(\delta-\varphi)$（$\delta>\varphi$）

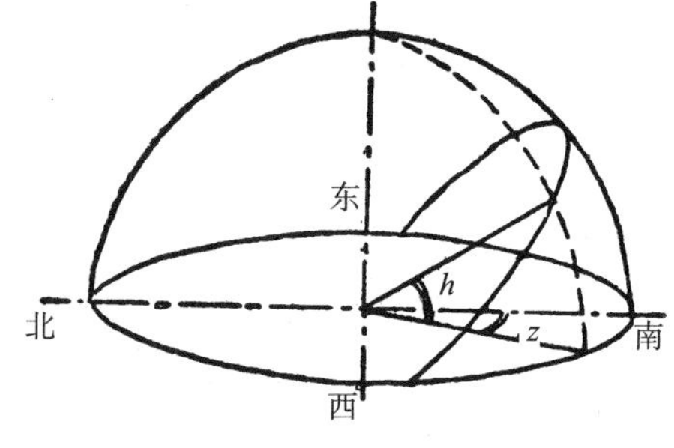

图 15-10　太阳高程角及方位角图

式中　φ——当地的纬度；

δ——太阳的赤纬，又称倾斜角，它是太阳和地面的相交角度，由于地球绕太阳公转，一年之中，在南北回归线之间往返移动一次，因而 δ 时刻都在变动，春分（三月廿二日），这天太阳直射在赤道上，$\delta=0°$，春分以后，太阳逐日北移，至夏至日（六月廿二日），这时 $\delta=23°27'$ 以后，太阳向南回移，秋分（九月廿三日）又直射赤道，$\delta=0°$，过后，继续向南，至 $\delta=23°27'$ 为止，时为冬至（十二月廿二日），冬至后，太阳又向北移。赤纬的角度逐日不同，计算时以某一天的赤纬为依据；

t——时间角，地球自转一周经时 24 小时，太阳每小时移动 15°，每分钟移动 15′，每秒钟移动 15″。正午 12 时 $t=0°$，上午 10 时 $t=30°$，下午 4 时 $t=60°$，余时类推。

在实际工作中为了避免繁琐的计算，常用作图法简化日照计算。

日照角度也可由现成图表查得，以节省时间（图 15-11）。

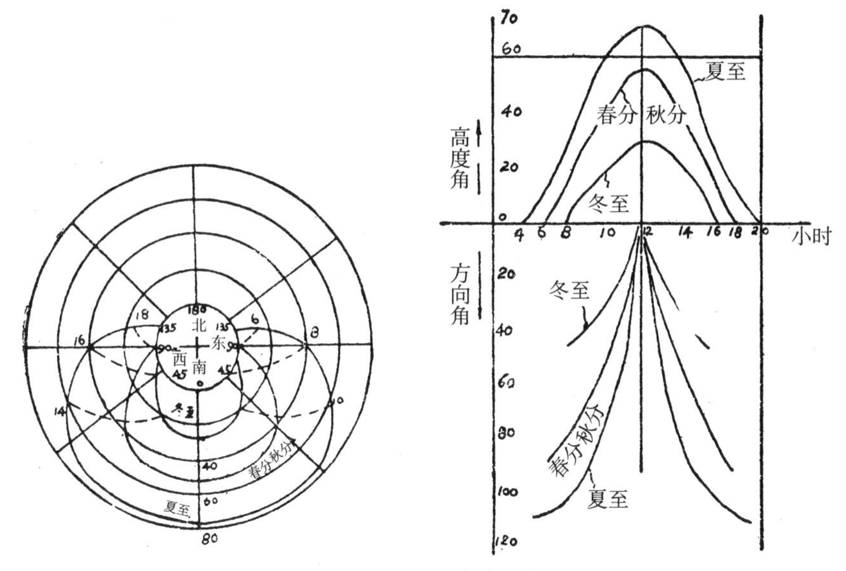

图 15-11　日照角度图表

日照间距的计算必须首先确定居室日照标准。以往，以全年太阳高度角最低的冬至日在中午前后保证 4 小时的日照为根据，来计算建筑物的日照间距。但是，单按照日照时间来说明居室阳光照射的方法，只注意了日照时间的“量”的要求，而忽视了阳光“质”的要求，因而用日照的时间和面积的乘积来衡量居室的日照标准更有实际意义。

日照间距的计算是以日照标准得到保证的条件下，冬至的日照时间内最低的太阳高度角来进行计算。如图 15-12 所示：

$$\mathrm{tg}h=\frac{H}{S'}，S'=\frac{H}{\mathrm{tg}h}，$$

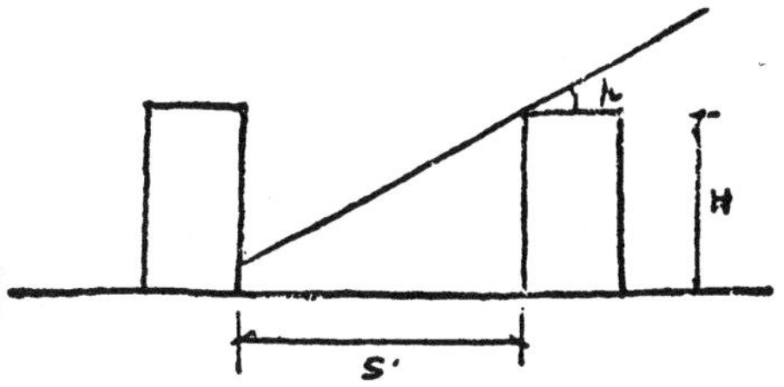

图 15-12

式中　h——太阳高程角；

H——前排房屋檐口与后排房屋窗台之间的高差；

S'——房屋主轴与太阳方位角一致时的日照间距。

当房屋主轴与太阳方位角不一致时日照间距 $S=S'\cos\alpha$。

在实用上常假设房屋主轴与太阳方位角一致，求得太阳高度角与房屋层高的图解关系来确定建筑物的间距。

当房屋布置在朝南的坡地上，利用前后房屋的高差可以缩减房屋的间距，当房屋布置在朝北的坡地上，由于前排房屋对后排房屋的遮挡，间距就要加大，当地形坡度太大，严重影响日照，就不适于修建居住房屋。

（2）房屋的阴影

小区和街坊用地的日照条件可以用编制建筑物阴影图的方法来确定。建筑物的阴影图是建筑物在一天每一小时内阴影的图解；合在一起的阴影外形表示一天之内阴影的全貌（图 15-13a）。

任何一个时间阴影产生的位置，就是在这时间内日照相反的方向上，也就是与日照

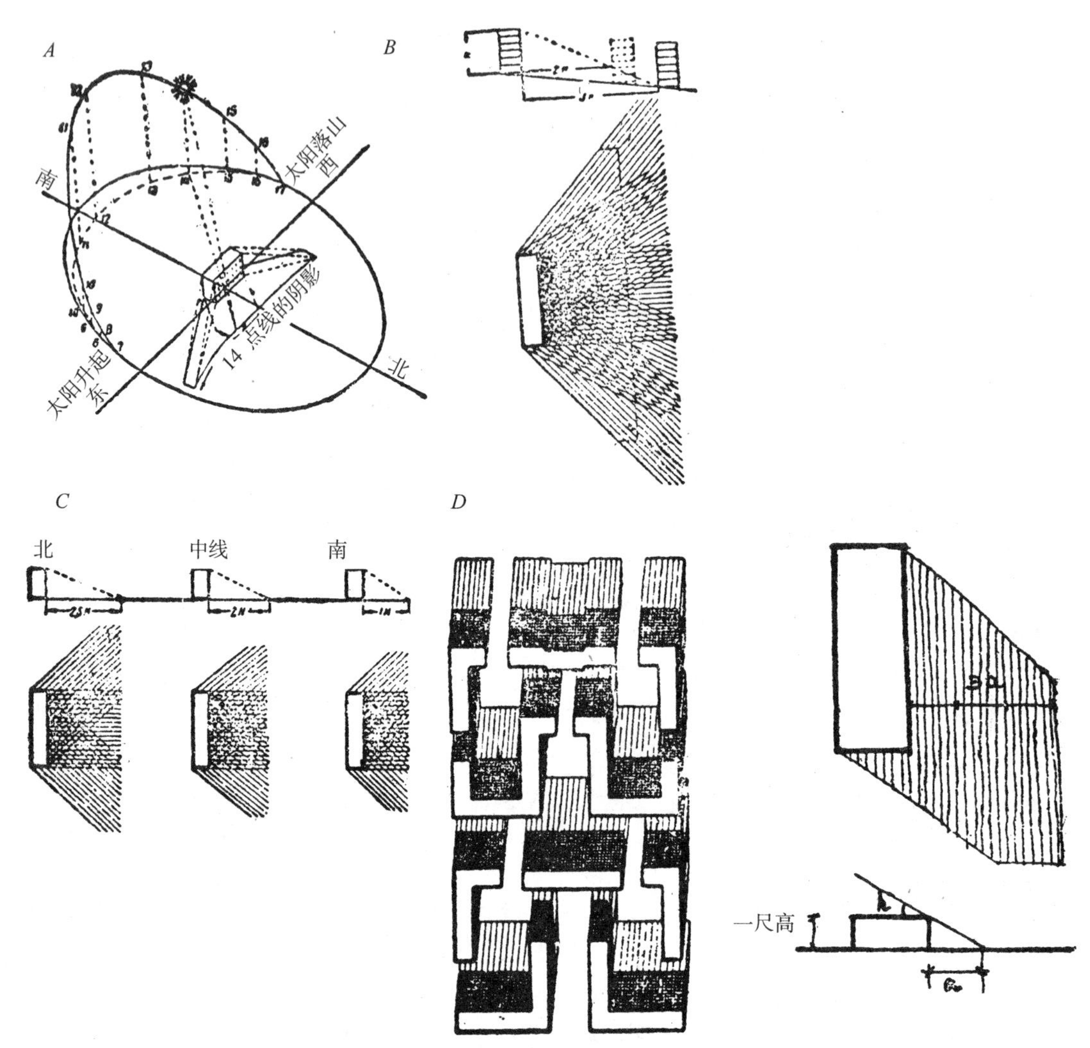

图 15-13*a*　建筑物阴影面的构成

A—阳光照射和建筑物阴影的构成；*B*—布置在坡度 15° 的朝北坡地上的房屋阴影图和建筑物采光所必需的间距；*C*—在不同纬度地区的春秋季建筑物阴影图；*D*—在不同纬度地区内的春秋季中午 12 时的建筑物阴影图

图 15-13*b*　用单位高度绘阴影图

的方位角相差 80°。

在绘制房屋平面阴影图时，首先要绘出单位高度在一天中的阴影图。为方便起见，根据不同的需要，可采取三种不同的单位高度，一是以单位的尺寸，如 10 米为单位高度，二是以层数为单位高度，三是用屋高为单位高度。然后根据单位阴影图中每小时的阴影方向线和单位影长绘出房屋平面在一天中的阴影图（图 15-13*b*）。

根据房屋在一天中的阴影面积图来检查街坊中房屋布置是否受到过多的阴影面积的影响，特别在布置幼儿园、托儿所时，要避免阴影的影响，如受到影响时，则需调整建筑的间距。

（3）居住房屋的朝向

运用全年太阳方位角的资料，可研究各个朝向的房间每年及各季节获得日照的时数，在冬季及春秋季获得日照时数较多的方位即为建筑良好的朝向。因此说居住房屋（居室）

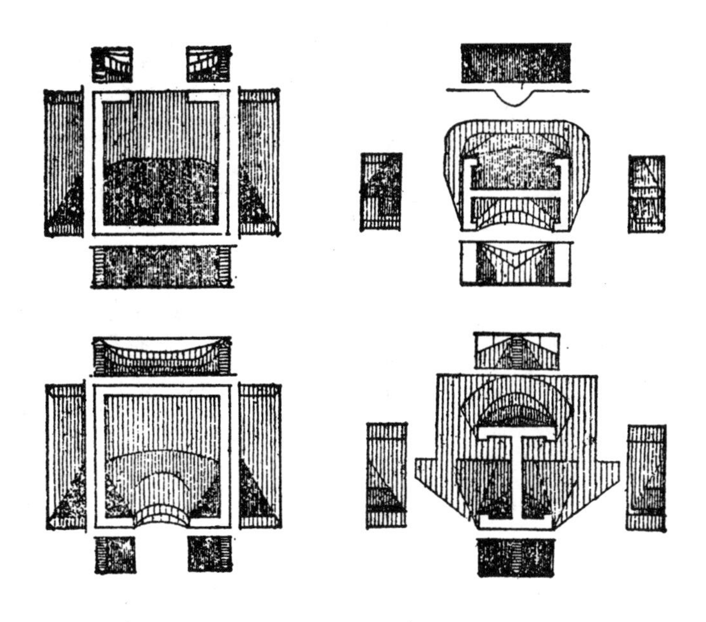

一昼夜的日照

0–1 小时 1–3 小时 3–5 小时 5–7 小时
7–9 小时 9 小时以上

图 15–14　不同形状的高层住宅的日照

的朝向与所在地区有关，在寒冷的地区，夏季西晒不致使房间过热，所以居室的朝向可朝东，朝西，朝南布置，避免朝北，以便获得必要的日照；而在温热地带，必须严格防止夏季的西晒，不宜朝西，居室朝南向或朝南而略偏东或略偏西为宜。

形体比较复杂的建筑（如 Π 形，H 形建筑）容易造成不良的日照。如需采用这一类的建筑时，应注意使其院落朝向良好（图 15–14）。

居住房屋的朝向，不仅与日照有关，同时还必须考虑通风的要求。

（二）保证良好的通风条件及避免有害风的影响

小区及街坊规划应保证良好的通风条件，主要是使居住建筑及院落获得良好的通风，以改善居住街坊或居住小区的小气候条件。特别在我国的南方地区或由于地区性气候特点而造成夏季气候闷热的地区，通风要求更为重要。

在规划布置中，必须使建筑的间距、体形及院落的组织有利于通风，院落应敞向夏季主导风向。如在我国许多地区，院落的南及东南方向不应过于封闭。在布置 Π 字形建筑时，院子应朝南，同时院子深度不宜大于宽度的一倍。

建筑物合适的间距，对保证获得良好的通风条件有重要作用。

要确定能保证通风良好的房屋间距，首先要了解建筑物与气流的关系，当气流与建筑物正面接触后，立即分几个支流，一为穿堂而过的穿堂风，一为向上绕屋面而过，一为分绕建筑物两侧而过，一为向下而成为旋风圈。

气流绕过建筑物，在其后部又产生三种风带，一为逆风带，在建筑物之后面直接形成逆向负压之后，随着上升；一为旋风带，即绕过房屋两侧及屋顶而过，气流在加速运动后约在 5 倍房高之空间相撞而成；一为直向风带，即已分开各支气流重新会合于约 10 倍房高空间，恢复原来速度继续向前运动。由于上述气流的运动情况，在街坊内的风速一般较空地上小约 2—3 倍，故建筑物间距过窄或街坊内空地面积过小时都不易发生穿堂风。

为了使街坊的通风要便于排除污浊的空气和保证街坊的卫生条件，要考虑下列要求：建筑物正面间距 2 倍于房屋高度以上；建筑物侧面相对间距 1.5 倍房高左右；建筑物长度最好为房高的 2—4 倍以利通风。

在气候炎热的地区，通风要求较高，因此，通风间距往往成为决定房屋间距的主要因素之一。

因此，综合建筑的日照，通风要求来看，建筑物长边之间的间距，一般不应少于建筑高度的 2 倍，在某些情况下不应小于建筑高度的 1.5 倍。建筑山墙之间的间距最好等于建筑的高度。没有居室窗户的山墙之间间距应根据防火标准来决定，有居室窗户的山墙之间间距应大一些。

在夏季闷热的地区，就满足良好的通风条件而言，建筑物的居室最好朝着夏季主导风向，如不能垂直主导风向时，其交角最好不大于 45°。

在某些地区，应使建筑的布置有利于免受暴风的袭击。

（三）防止噪声及空气污染

噪声对人的心脏血管系统等会发生一定的不良作用。规划布置中必须避免噪声的干扰。建筑布置在干道及次干道边上时应特别注意这一问题。一般认为居住房屋的噪声不超过 30—35 防为宜[1] 避免噪声干扰一般可采用建筑退后红线、用绿化隔离等措施，或通过建筑布置来减少干扰，如将本身喧闹的或不怕喧闹的建筑：商店、汽车库等沿街布置等。

除来自工业的污染以外，生活区中的废弃物、炉灶的煤烟、垃圾及车辆交通引起的灰尘均会不同程度地污染空气。在规划布置中应妥善地处理，避免污染，如将锅炉房等建筑与居住建筑保持适当的距离，垃圾箱的位置应考虑既便于收集运送垃圾，也不致影响环境卫生，在必要的地段上设置一定的隔离绿地等。

三、安全防火的要求

在规划布置中必须考虑如何防止火灾的发生及当火灾万一发生时，便于迅速扑灭，一般可以采取以下措施：

（1）限制建筑物的长度、面积、层数及保证建筑物之间适当的防火间距。

居住、公共、和工业辅助建筑的层数、长度与面积，应按下表规定：

表 15-2

建筑物的耐火等级	最多允许层数	有防火墙的建筑物		无防火墙的建筑物	
		最大允许长度（米）	最大允许占地面积（平方米）	最大允许长度（米）	最大允许占地面积（平方米）
一 二 级	不限	不限	不限	150	3000
三　级	1~5	不限	不限	100	2000
四　级	1	150	3000	75	1500
四　级	2	120	2400	60	1200
四　级	3	80	1600	40	800
五　级	1	120	2400	60	1200
五　级	2	80	1600	40	800

[1] 没有交通时平静的街道一般相当于 30 防；相距 15 米的沥青路面上行驶汽车相当于 50 防；相距 7 米处汽车的强声喇叭相当于 100 防。

注：1. 建筑物的长度：指建筑物各分段的中线长度的总和，如系不规则的平面，应以较长数字为准。

2. 如在主体建筑物旁附建耐火等级较低的门廊、日光室、杂用披屋等时，则整个建筑物的耐火等级仍按主体建筑物的耐火等级确定。

3. 防火墙间的允许长度与面积，不得超过上表同级无防火墙允许长度与面积的规定。

4. 建筑物的防火间距如符合规定，虽然在建筑物之间带有非燃烧体的走廊，在计算建筑物的长度时亦可不将此走廊计算在内（走廊包括明廊和带门窗的廊）。

两座建筑物之间的防火间距，应根据建筑物的耐火等级按下表规定：

表 15-3

防火间距（米）　建筑物耐火等级 / 建筑物耐火等级	一二级	三　级	四　级	五　级
一二级	6	8	10	10
三　级	8	8	10	10
四　级	10	10	12	15
五　级	10	10	15	15

注：1. 建筑物的防火间距应由其外部突出物（屋檐，阳台等）算起。如为非燃体时可由外墙算起。

2. 如两座或数座占地面积的总和，不超过前一表中一座无防火墙建筑的最大允许占地面积时，则一、二层的建筑与一、二层的公共建筑、工业辅助建筑之间的防火间距，可按上表中相应耐火等级的建筑减少 35%。

—组一、二层的居住建筑，如各幢建筑占地面积之和不超过表 15-1 中一座无防火墙建筑的最大允许占地面积 1.5 倍时，则各幢建筑之间的防火间距可不作规定，但不得小于 3.5 米。组与组之间的防火间距仍应符合上表的规定。

—组或数座建筑物的耐火等级，应按其中耐火等级最低的建筑确定。

3. 两座建筑的相对两面，如不带燃烧体屋檐且无门窗洞口时，其防火间距可按上表减少 50%，但不应小于 3.5 米。

4. 两座相邻建筑物如较高的一面有防火墙时，其防火间距可不作规定。

5. 独立的低压锅炉房在民用建筑群中可按本条规定决定防火间距，但三级耐火等级的锅炉房不适用本条注 2 的规定。

（2）保证有足够的消防车入口及足够宽度的消防车通道。街坊中可通消防车的道路间距不应超过 130 米，道路宽度不小于 3.5 米。Π 形或 T 形建筑的主体部分长度为 150 米，其突出部分的长度如超过 35 米时，应设置穿过建筑物的道路。通向街道的人行道之间距离不应超过 80 米。❶

四、经济上的要求

小区规划与修建必须与国民经济发展的水平、居民生活水平相适应。因此在建筑物类型的选择，公共建筑规模、项目的确定等方面，均需研究当时建设投资的状况及

❶ 以上有关防火安全的规定系 1960 年 9 月我国国家基本建设委员会及公安部《关于建筑设计防火的原则规定》中第四章第十四条、第十七条、第十八条。

居民的经济状况。

如何降低小区及街坊建设的造价，节约城市用地是规划设计工作重要的任务。小区及街坊的造价包括建筑及公用设施造价（给水排水、道路、绿化、场地、路灯等）。经济合理的建筑设计，是达到降低建筑造价的主要方面。公用设施造价的降低除依靠降低其本身的单位造价外应该考虑如何降低每一居民平均公用设施造价，这就要求规划中适当提高人口密度（或居住面积密度），将每一个居民占用的小区或街坊用地控制在一定的定额范围内，以达到经济地使用城市用地的目的。

因此小区及街坊有以下几项主要的技术经济指标：

建筑密度（亦称建筑百分比）：分居住建筑密度及总建筑密度。

居住建筑密度：指居住建筑基底总面积与居住建筑占地总面积之百分比。

总建筑密度：指全部居住及公共建筑基底总面积与小区或街坊总面积之百分比。

$$\text{居住面积密度} = \frac{\text{小区或街坊内总居住面积}}{\text{小区或街坊总用地面积}}（\text{平方米}/\text{公顷}）$$

此项指标决定于采用居住建筑的平面系数，建筑密度及建筑层数。因此要提高居住面积密度必须适当提高以上三项指标，但同时必须满足卫生等要求。

人口密度：指街坊或小区总人口与街坊或小区总用地之比（人／公顷）即居住面积密度除以每人居住面积定额。

以上各项指标是衡量规划的经济性合理性的重要指标。在旧城市中某些地段人口密度过高，改造时需设法适当降低。

为了满足小区、街坊的经济要求，一方面，要用一定的指标数据进行控制，另一方面，必须善于运用各种规划布局的手法（如建筑布局的紧凑、巧妙地结合地形等），为修建的经济性创造条件。

五、美观上的要求

在满足适用、经济要求的前提下，应运用各种构成基本生活区的物质要素（建筑道路、绿化等）组织完整丰富的建筑空间，创造明朗、优美、生动的建筑艺术面貌，为居民创造优美的生活环境。

小区规划应根据各地的具体条件，综合考虑以上各项要求。譬如在有的地区，建筑的日照间距很小，不能满足通风要求，则决定建筑间距时，通风要求成为主要因素，而在某些情况下，庭院绿化组织及建筑空间构图等对建筑的间距又有着重要的影响。一般在满足日照、通风及小区交通要求的同时，也能够满足防火的一般要求，但有时（例如某些旧居住街坊改建中），防火也会成为突出的问题。因此，在规划布置时，应研究分析各种要求中的主要矛盾，加以解决。

第三节　小区的规划布置

小区规划是对其中的居住建筑、公共建筑、绿地、道路及公用设施……进行综合的规划布置，使它们组成有机的整体。

以下分别阐述小区中各项物质要素的规划布置问题：

一、居住建筑的规划布置

（一）居住建筑的类型及选择

居住建筑可分为：公寓式、外廊式、中廊式、跃廊式、旅馆式、独院式、并列式等。

公寓式住宅，又称为单元式住宅，它是由若干个“单元”拼凑组成。每个“单元”由几个住户组成，每户有独立门户，而每个“单元”又有公共的出入口。这种住宅由于平面的紧凑灵活，一幢住宅中可容纳较多住户，而在立面处理，体型组合方面，也较灵活。因此在我国目前应用得较为广泛。

外廊式住宅，楼梯比较节省，造价经济（结构系数较低，平面系数较高），通风采光也都比较好。但在雨天、雪天，廊内行走不便，居室的安宁也比较难以保证。

中廊式住宅，通风采光条件较差，但房屋跨度大，楼梯利用率高，因而造价较经济。

跃廊式住宅，是一种单层有廊，双层无廊，单双层之间用内楼梯联系的一种住宅。这种住宅每隔两层才有一条廊，而廊与楼梯的利用率高。只要内楼梯造价和用料不致太费，那么跃廊式住宅是比较经济的。但这种住宅每家都有一楼一底，房间较多。因而不适于人口较少的家庭居住。

独院式住宅，是一种在独立地段布置的住宅，每幢住宅都带有宽敞的院子，所以居住环境安静，但用地不经济（如哈尔滨有些独院式住宅街坊人口密度低达 80 人 / 公顷）而且在组织居民的集体生活方面也不便。它不适于在城市中大量建造。

并列式住宅，又称联立式住宅，就是把两幢或若干幢独院式住宅并列成一幢较长的住宅。因此在用地方面比独院式经济。但它的平面是按每户一楼一底的形式组织的，它的层数只能限于两层，所以用地仍然很不经济，不适于城市中大量建造。

旅馆式住宅，除了每户有一套起居房间外，在一幢住宅内，还设有一组公共使用的房间，如公共食堂、洗衣房、托儿所、服务部、文娱室等。住宅中设有公共福利设施，便于组织居民的集体生活。这种住宅在我国目前还很少采用。

城市人民公社建立以后，随着生活集体化、家务劳动社会化，住宅平面在内容上和组合的形式上，将会有一定的变化，如各种公共使用房间的增设等。

在进行居住建筑的规划布置以前，首先应选择居住建筑的类型。

住宅类型选择直接影响到居民的生活。因此，在规划设计时，住宅类型选用应该考虑以下要求：

（1）要满足住户合理的居住的要求；首先要满足近期居民居住的要求

使住户中的男女老幼按照亲属关系合理居住，是住宅类型选用时的基本要求。因此，根据每户人口组成的资料确定小区或街坊中住宅的户室比，是一项很重要的工作，如果户室比定得不恰当，必然会影响到住户的合理居住的要求，造成房屋分配的困难。

（2）要考虑当地的自然气候条件

譬如，在我国南方亚热带地区，为了使每户有朝向好的居室，并能获得良好的穿堂风，采用外廊式和跃廊式住宅有一定好处；在我国北方严寒地区，夏季防热的问题不大，而冬季防寒却很重要，所以采用内廊式住宅或单元式住宅是比较适宜的。

（3）要符合当地的技术经济条件

住宅是大量性的建筑，在选择住宅类型时，应该考虑到当地的建设投资、施工技术力量及建筑材料等现实的条件，使住宅的修建能符合经济的原则。

（4）要考虑到居民生活习惯的要求

（5）要考虑建筑艺术布局上的要求

对于上述要求，当然不能孤立对待，而应该综合考虑，使居住区中住宅的修建符合适用、经济、在可能条件下注意美观的原则。

（二）居住建筑的规划布置

居住建筑布置受多方面因素的影响。各地气候条件提出的日照、通风等要求对居住有很大影响。地形及地质条件也会影响其布置，一般在平地上布置较整齐，而在丘陵地区需要结合地形，形式上的变化较多。地质条件影响着层数的选择及布置。小区或街坊用地划分的形状，周围道路走向不同，则它与居住建筑相互位置的关系不同，也会产生不同的布置方式。小区周围干道的性质对布置有重要的影响，沿市中心干道与交通运输干道或过境公路

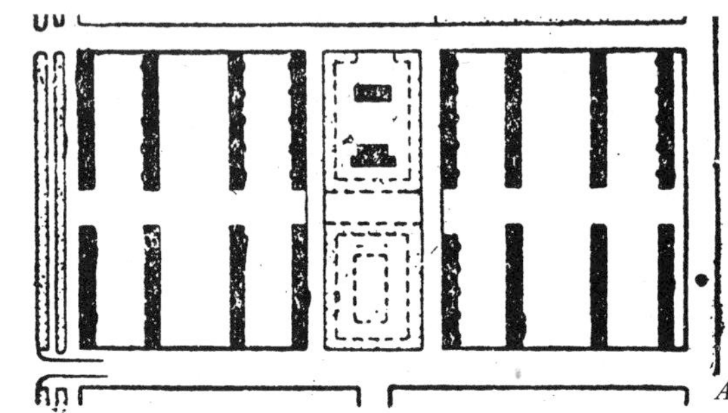

图 15–15　*A.* 行列式布置示意图

B. 上海曹杨新村总平面图

的建筑布局，无论在艺术处理及退后红线等要求上均会不同。现状的房屋及道路、公用设施也影响其布置，在规划中必须考虑如何利用、改造这些因素。此外所采用的建筑类型对布局也有着重要的影响。例如采用庭园式建筑与多层建筑布置形式当然完全不同。因此，居住建筑的布置必须因地制宜，因时制宜。

多层及少层的小区及街坊，其居住建筑布置通常有以下几种形式：

（1）行列式：建筑按最好的朝向，形成一排排行列的形式。这种形式能够使大多数居住房间获得良好的日照条件，也有利于通风。同时在地形起伏的地区，布置可以较灵活。但采用这种形式如艺术处理不当会出现一长列、单调的山墙头的沿街立面。但如善于运用各种手法处理，如利用短墙、绿化等，它仍然可以获得良好的艺术效果。另外行列式布置中绿地比较分散，不易组织院落，同时它又容易产生穿越交通的干扰。我国许多地区对建筑朝向要求较严格，因此采用行列式较多（图 15–15）。

（2）周边式：即房屋沿着街坊周边布置的形式。周边式布置的街坊内部空间较开阔集中，有利于布置绿地及设置街坊内的公共福利设施，其庭园比较封闭、安静。对于寒冷及风沙较严重的地区，周边建筑可起阻挡风沙，减少穿堂风及院内积雪的作用。

周边式布置可以节省用地，并有利于街道及街坊内部空间艺术的处理。但它在建筑朝向要求严格的情况下，不能使大多数居室获得良好的日照，通风易不够通畅；如采用转角单元过多，则建设不经济；在地形较复杂的地段如机械地采用这种形式，土方工程量较大，难于布置（图 15–16、图 15–4*A*）。

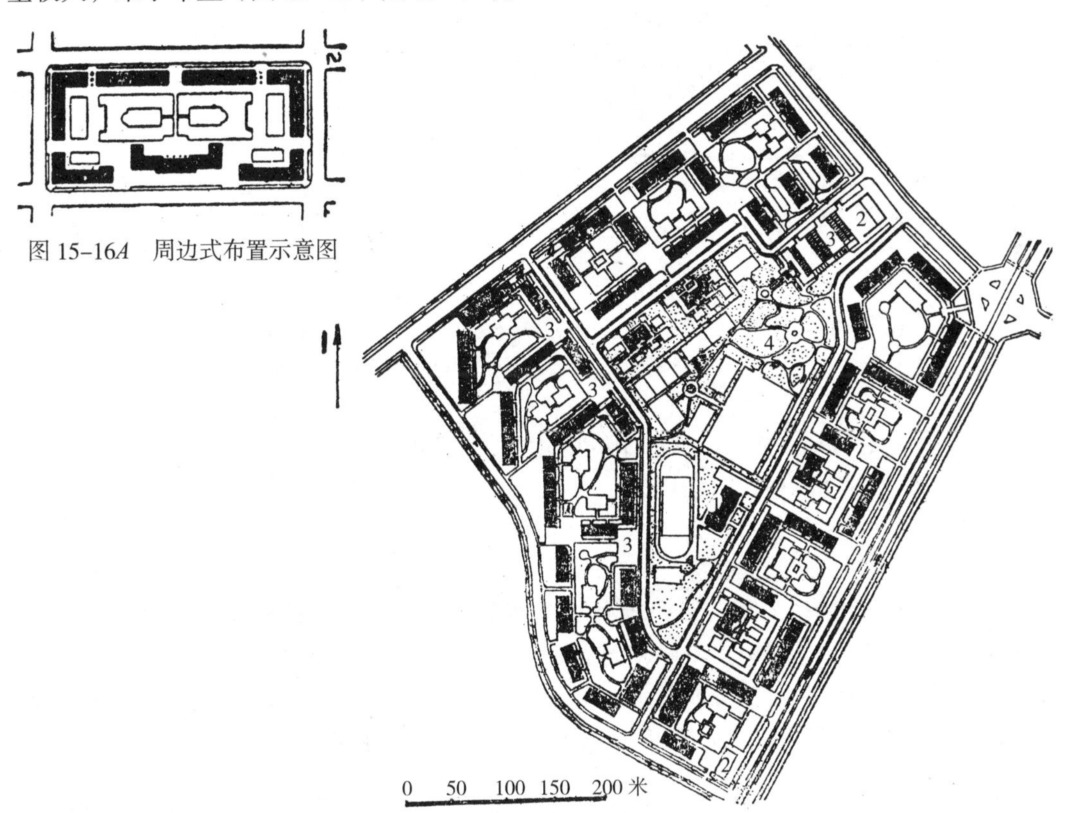

图 15–16*A*　周边式布置示意图

图 15–16*B*　小区规划图

1—学校；2—商店；3—车库；4—小区花园

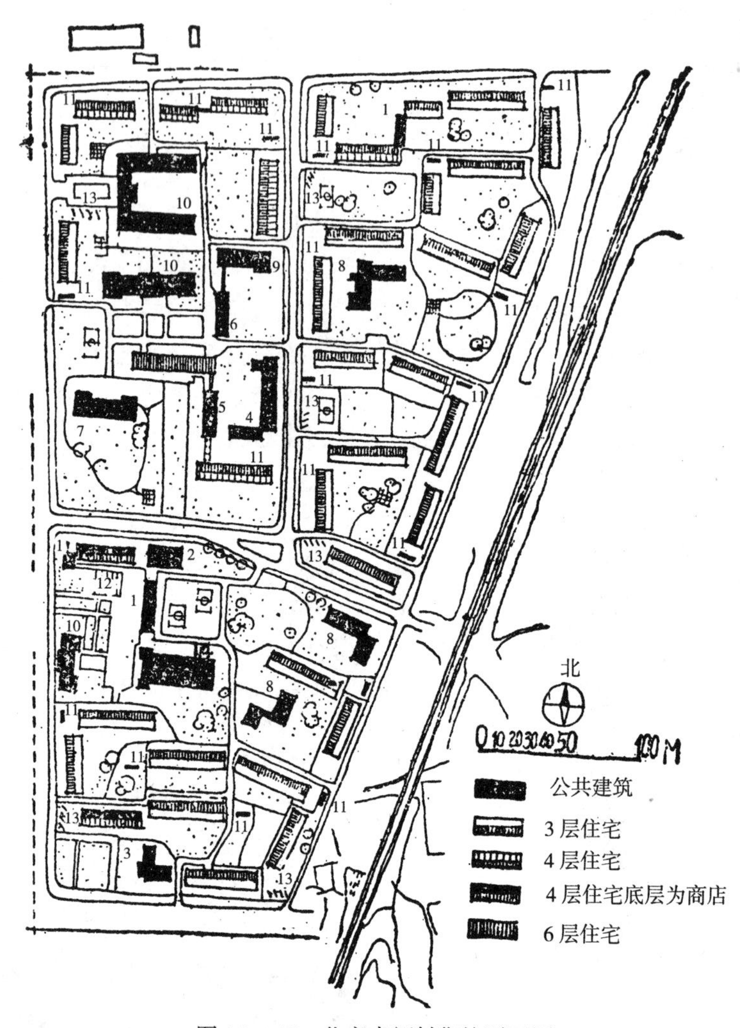

图 15-16*C*　北京幸福村街坊平面图

1—商店；2—食堂；3—诊疗所；4—锅炉房；5—洗衣房；6—汽车库；7—小学校；8—幼儿园；9—托儿所；10—原有办公楼；11—自行车棚、垃圾棚；12—露天茶座；13—停车场；14—原有礼堂

街坊总面积：11 公顷（其中原有办公用地约 1 公顷）

居住建筑密度：东区：21%

西区：19%

南区：25%

小区或某些大街坊采用若干个较小的周边式建筑群成组地布置居住建筑的形式也被称为集团式，其特点与周边式基本相同（图 15-17）。

居住建筑布局也往往采用周边式与行列式混合布置的形式。如果将以上两种形式巧妙地结合，可能既满足朝向、通风等要求，同时又有利于街道艺术及内部空间艺术的组合，结合地形也可比较灵活（图 15-18）。

在小区规划实践中也开始采用了成组布置居住建筑的方法，居住建筑混合地采用各种形式自由地成组布局。

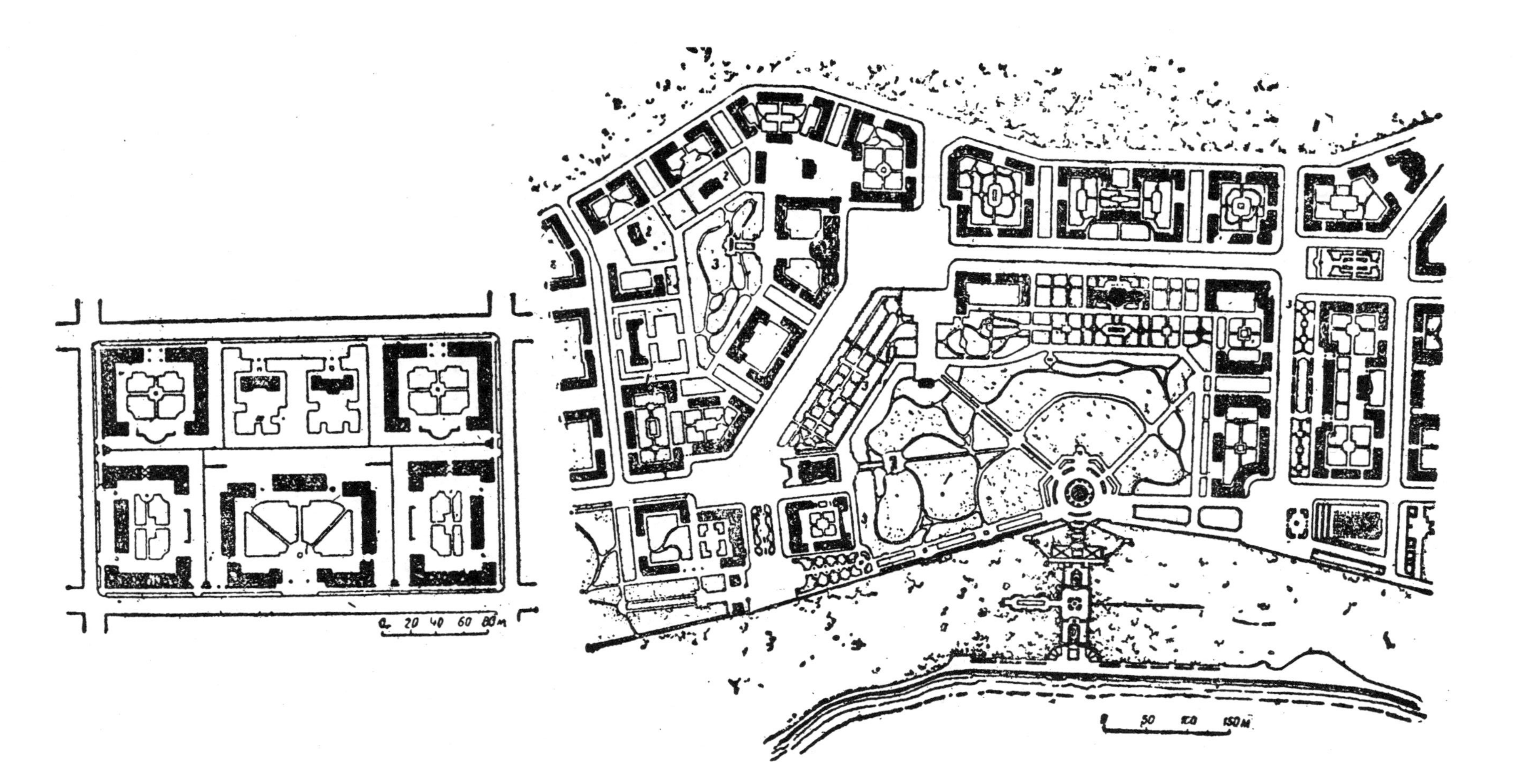

图 15-17　集团式布置示意图

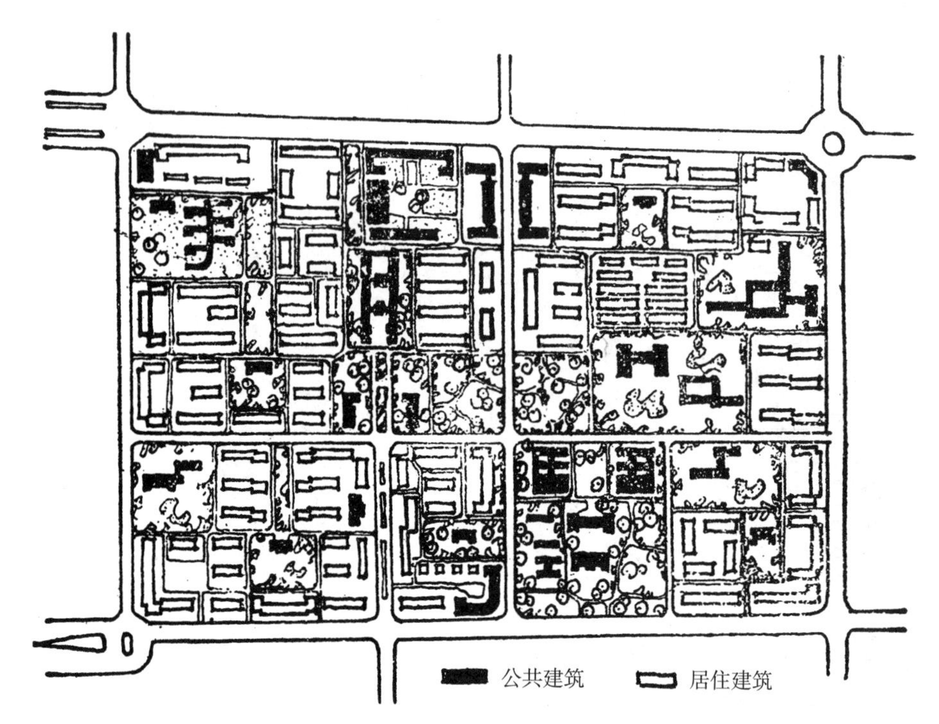

图 15-18　混合式布置的小区平面图北京白纸坊小区规划（第一方案）

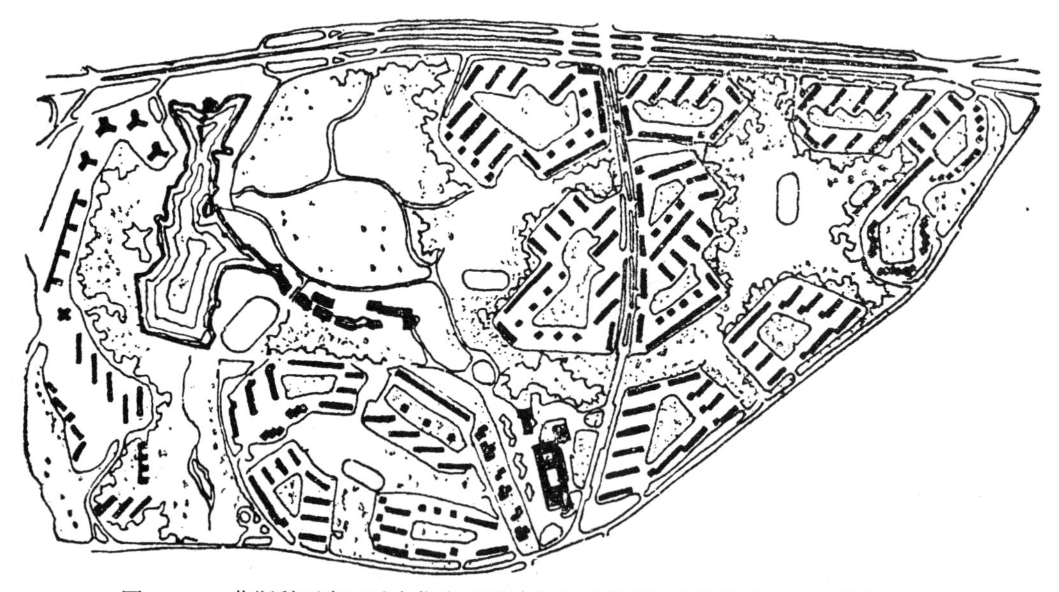

图 15-19　莫斯科西南区试点住宅区设计方案（莫斯科建筑学院方案总体布置图）

庭院式居住建筑可布置为单排、双排或布置在死胡同、环形路周围等多种形式（图 15-20）。它不是我国城市大量性居住建筑的发展方向。但在某些特殊地段如休养疗养地区等仍可考虑采用。

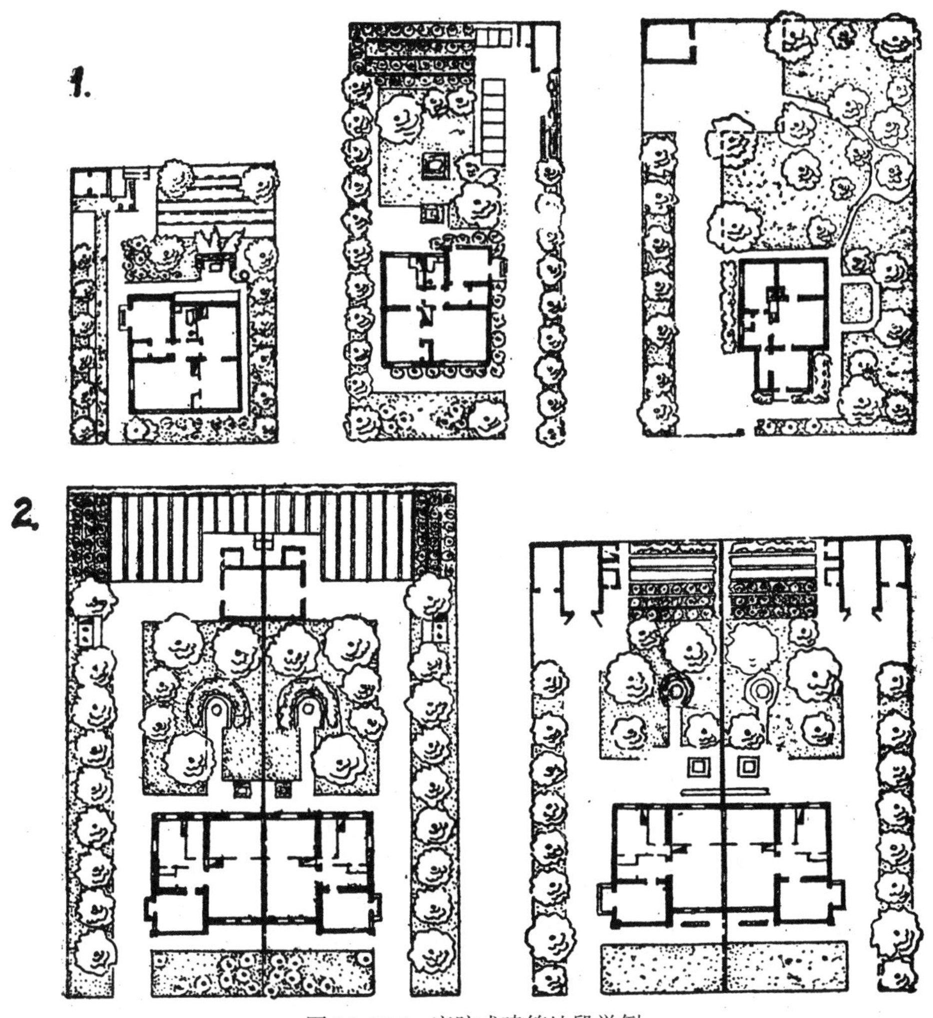

图 15-20*A*　庭院式建筑地段举例

1—单户住宅地段面积 300、450、600m²；2—双户住宅地段面积 900、1000m²

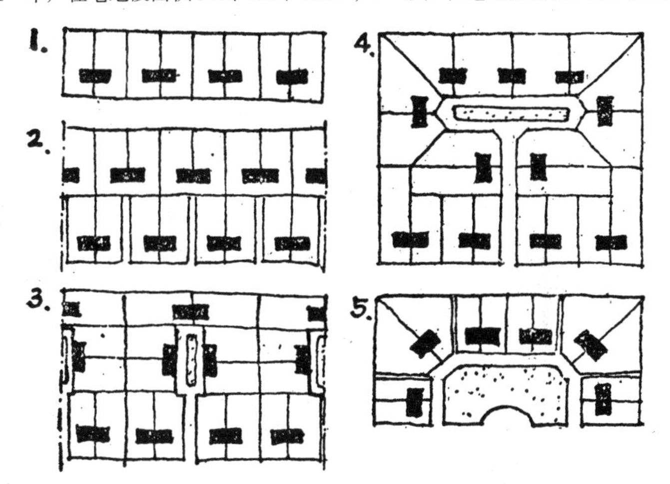

图 15-20*B*　庭院式建筑布置方式

1—单排布置；2—双排布置；3，4—围绕尽端路布置；5—围绕环状路布置

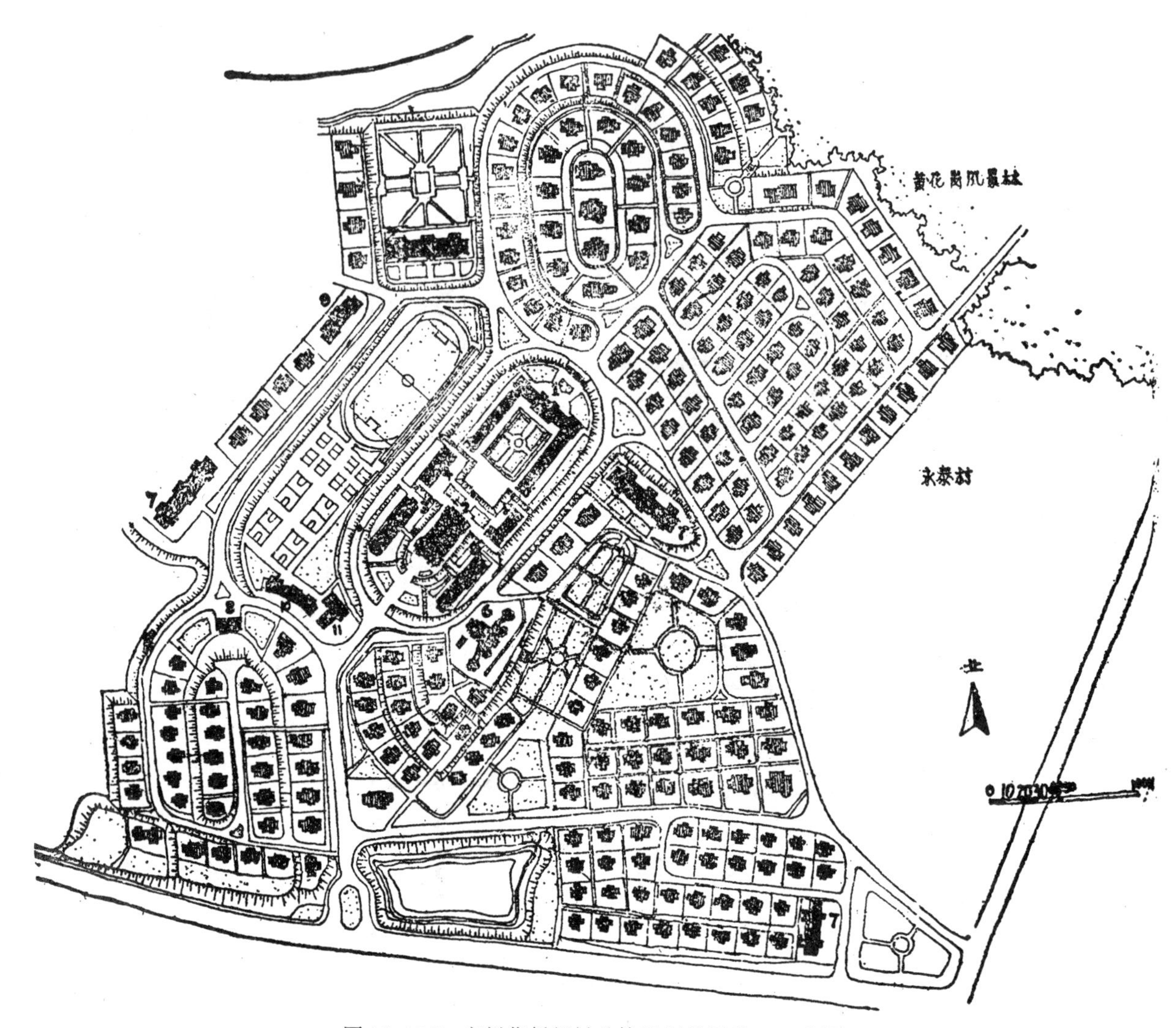

图 15-20C　广州华侨新村总体规划总用地 25.2 公顷

1—小学教室；2—礼堂；3—小学宿舍；4—小学厨房；5—小学图书馆；6—幼儿园；7—集体公寓；8—车库；9—保健站；10—商店、邮局、储蓄所；11—餐厅茶馆

大型公寓式的居住建筑布置另具有特点，我国个别城市在进行试点建造。其布局形式尚需研究（图 15-21）。

总之，居住建筑布局应根据该城市中该地段的地形、气候、与周围干道的关系、现状条件及采用建筑类型的特点等等具体布置。有时，在同一小区的不同地段亦可采用不同的布局。如果从形式出发，必然会给居民生活带来不便并造成浪费。

小区及街坊中居住建筑层数的布置应根据城市总体规划及近期建设规划中对建筑层数的要求来进行。小区及街坊中有时采用同一种层数住宅，有时采用不同层数的住宅，但应主要地采用某一种层数。当住宅层数完全相同时，建筑群轮廓线往往比较简单。规划时应根据可能利用不同层数住宅组织空间艺术。因此在小区或街坊的入口处沿城市干道处或小区中心附近，往往选择层数稍高的住宅。但不同层数的住宅不应过分混杂，以免造成管网的不经济及空间处理上的零乱。

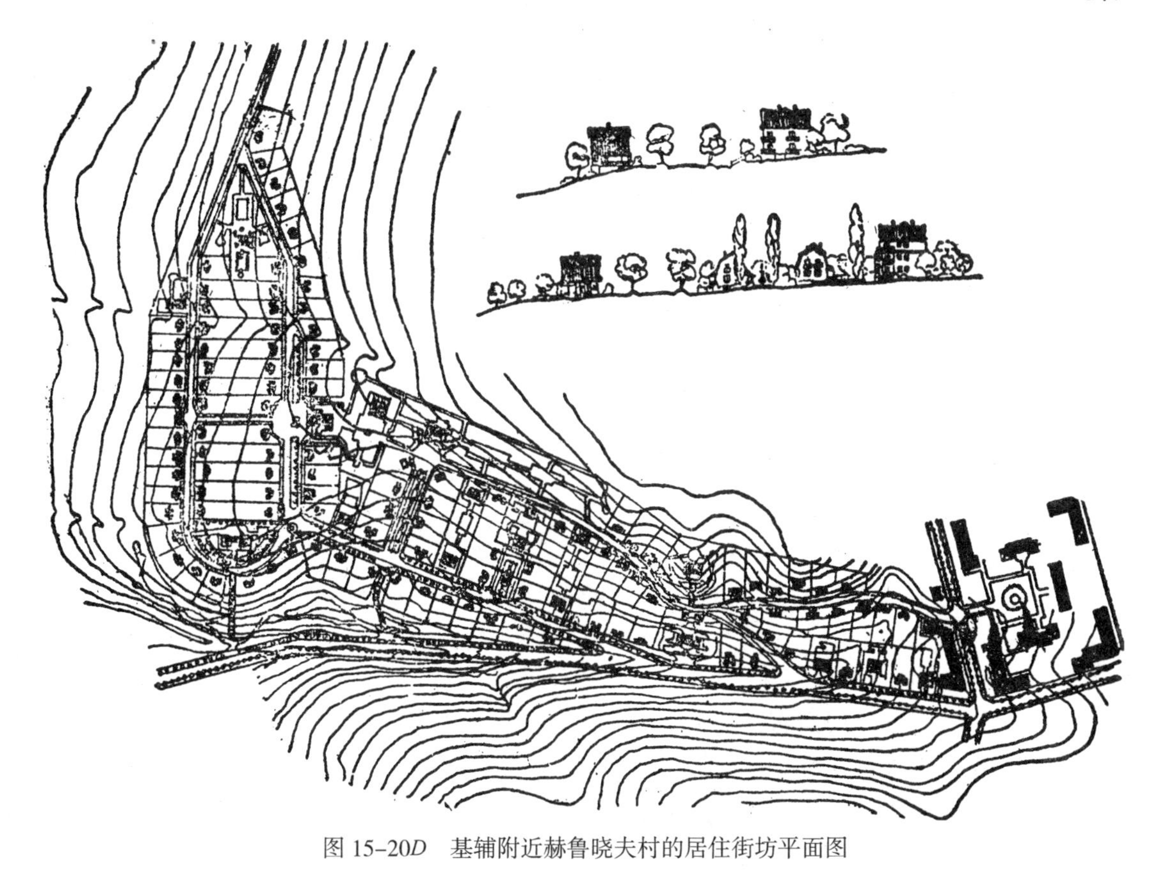

图 15-20*D*　基辅附近赫鲁晓夫村的居住街坊平面图

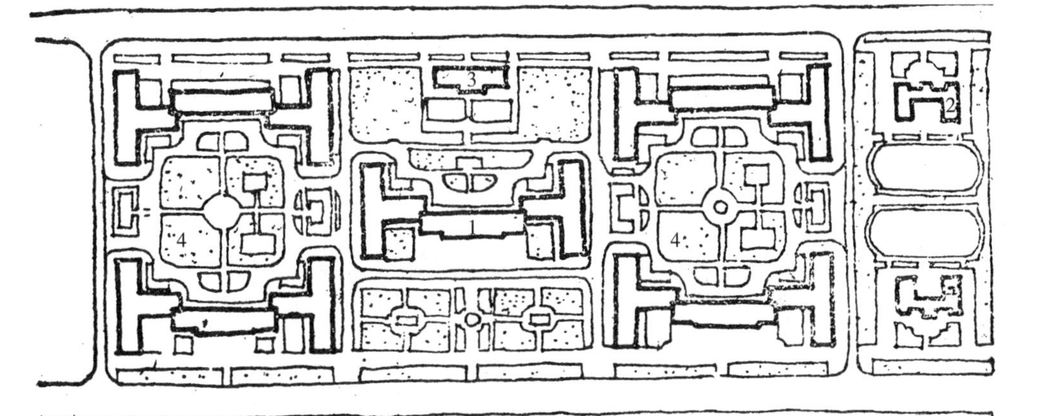

图 15-21　大型公寓街坊布置

1—住宅（底层带有幼儿园、商店）；2—学校；3—食堂；4—托儿所幼儿园活动地段

二、公共建筑的规划布置

小区内公共建筑按其服务范围分为小区及街坊二级。

小区一级公共建筑内容大致可包括：

（1）主副食品供应站及小综合商店；

（2）服务性行业（包括缝纫、洗染、修理业、理发、浴室、饮食等）；

（3）卫生保健机构；

（4）管理机构（如街道委员会办事处，派出所等）；

（5）银行储蓄所，邮电所；

（6）俱乐部；

（7）小学校（有时可设中学校、业余学校等）；

（8）体育场等。

生活单元一级公共建筑内容大致可包括：

（1）食堂；

（2）托儿所、幼儿园；

（3）商业点及服务点（站）等。

区内公共建筑项目及规模应考虑远近期的要求，及各地居民生活习惯的特殊要求。

规划布置公共建筑时一般须考虑以下因素：

（1）小区公共建筑与市、区一级或公社级公共建筑的关系。如紧邻生活区中心或市中心的小区，公共建筑项目可适当减少，位置应当离开市、区中心。

（2）各种公共建筑应有适当的服务半径，以便利居民。小区一级公共建筑服务半径最好在400—500米以内，街坊一级最好为150—200米左右。

（3）交通的要求。如商店，食堂的位置，均应有通入货运车辆的可能，小区中心必须设置在全小区居民易于到达的地点。

（4）满足各项公共建筑本身的特殊要求。如学校要求安静的地段，俱乐部最好接近良好的绿地。

（5）结合自然条件及组织建筑空间艺术的要求：公共建筑可以处理为小区中形体较丰富的建筑，应利用它丰富建筑艺术构图。亦可利用它打破大片居住建筑在布置上的单调。布置时应尽可能选用较突出的地段作小区中心，并尽量结合水面、绿化，使它更加吸引居民。

小区一级的公共建筑除学校外，一般来说应组织成为一组公共建筑群，构成小区中心，布置在较适中的地区。

有时也可布置于该区居民上下班方向较集中的某一方向，而设置在上下班出入口附近。有时，也可以沿街布置，以满足城市其他居民的需要，并丰富街景。（图15-22*A*、图15-22*B*）。

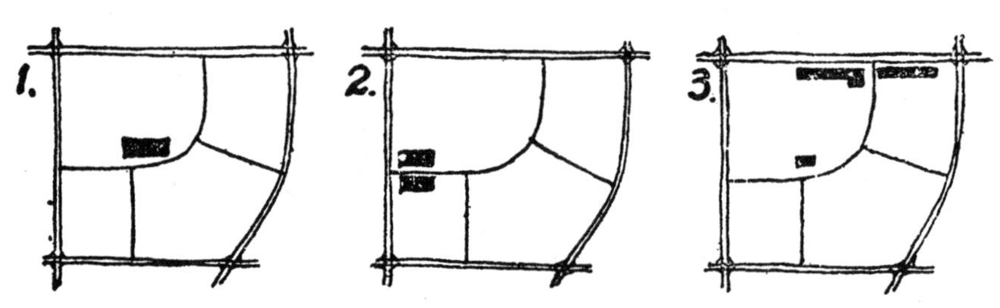

图15-22*A*　小区中心位置示意图

1—位于中心；2—位于上下班出入口；3—位于干道旁边

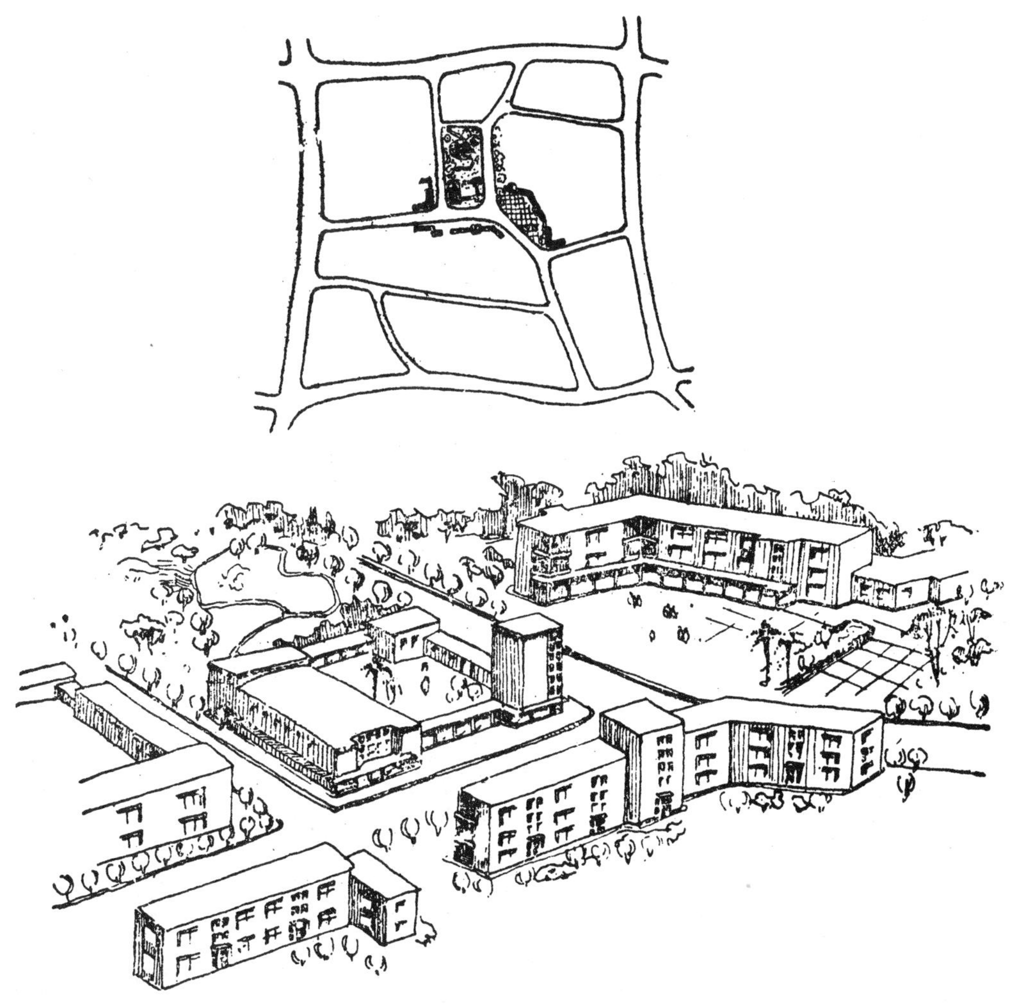

图 15–22*B*　上海某小区中心平面及透视图

为了充分利用自然条件，某些小区一级公共建筑也可以分散布置，而不组织在中心。如俱乐部有时可结合小游园分开布置。

对小区内燃料供应站必须有适当的安排，如有时需设煤球加工制造用房及场所。其布置应便于运输及居民使用，同时要适当注意污染问题。

学校一般不宜沿交通频繁的干道布置，以避免教学活动受街道噪声的影响，同时也不宜邻近住宅布置，以免学生户外活动的噪声影响居住安宁。因此一般沿次要街道布置，以便于学生上学。学校的布置形式见图（图 15–23）。

街坊中的食堂、商业点、服务站可组织在一起，布置在街坊的中心地段与绿地相结合，亦可与居住建筑拼联，或设置在居住建筑底层。

儿童机构，一般可有以下几种布置形式：

在街坊不大的情况下，可结合街坊的集中绿地布置；在大街坊或小区中，可布置在住宅群的中间地段，或生活单元间的绿地内；（图 15–3 ～图 15–5）在居住用地较少的情况下，可将儿童机构附设在住宅的底层或其他公共建筑内（图 15–24）。

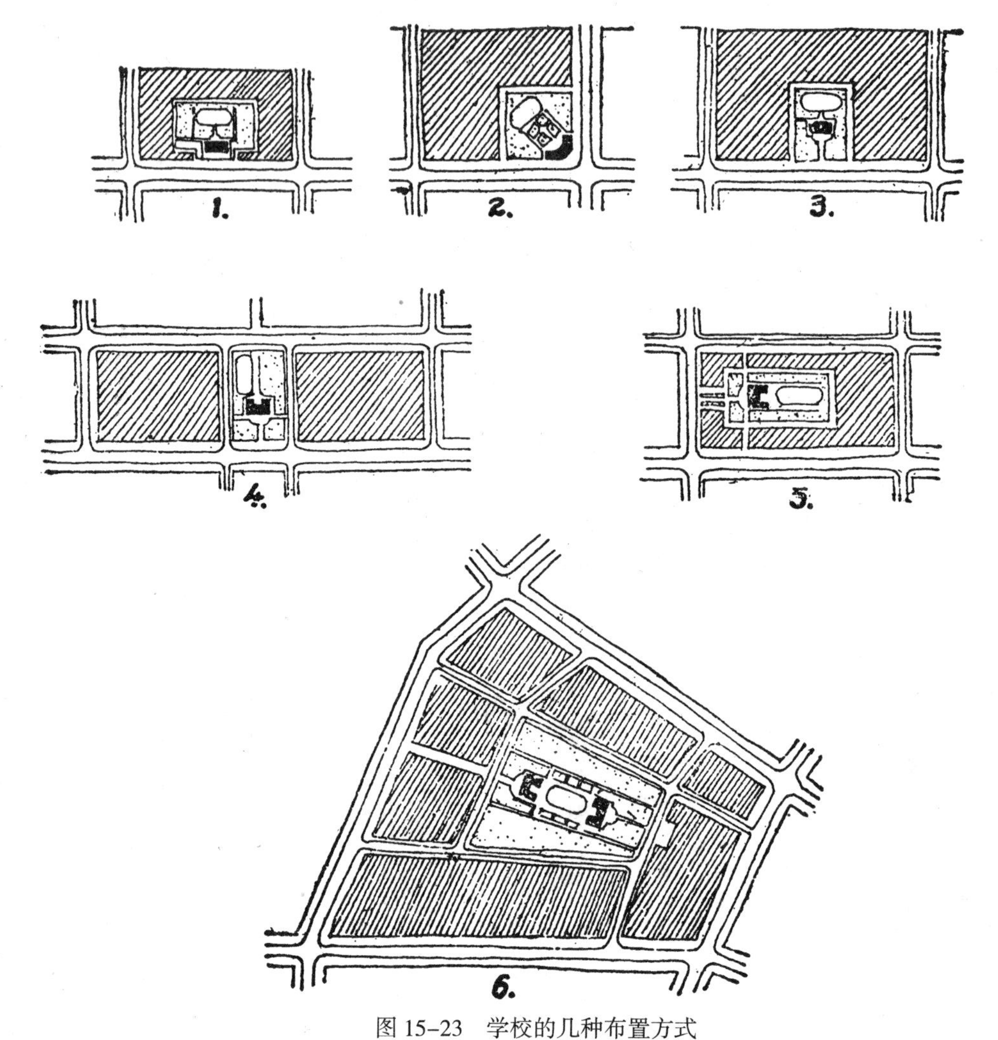

图 15–23　学校的几种布置方式

1—布置在街坊的行列建筑中； 2—布置在街坊的拐角处；3—布置在街坊建筑的凹入地段；4—布置在街坊之间；5—布置在街坊内部；6—布置在街坊群内单独地段上

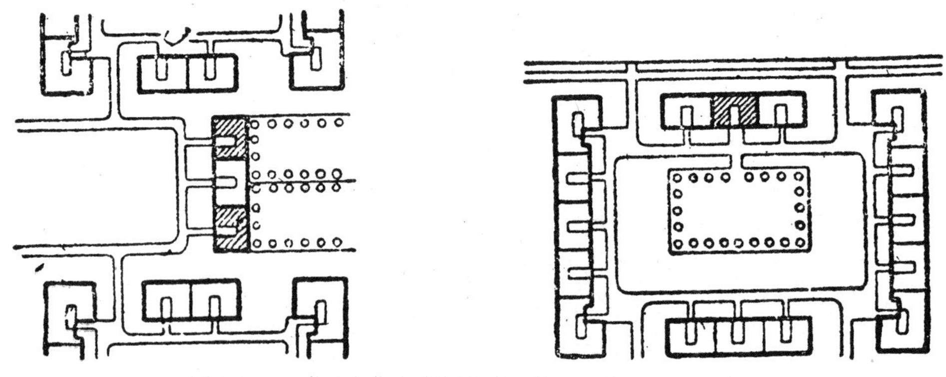

图 15–24　附设在住宅内的儿童机构的儿童用地段的布置

在设计附设在住宅内的幼儿园和托儿所时，儿童活动室的窗户应朝东或朝南，至邻近房屋的距离不应小于房屋的两倍高度。附设在住宅内的儿童机构应设有单独的出入口，而在出入口附近或距入口不远的地方，应以围栅划出一块儿童用的地段。有时也有例外，允许以街坊内道路将儿童用的地段同儿童机构建筑分开布置。

在住宅之间布置学校和儿童机构时，需要保持适当的间隔。

学校及儿童机构与住宅的间隔距离：[1]

（1）从教室和儿童活动室的窗户到相邻住宅的长边距离不应小于住宅高度的两倍。

（2）如果在儿童机构和学校的布局中办公室的窗户对着相邻住宅，那么可以减少上述间距，但不能少于20米。

（3）住宅同儿童机构和学校的地界之间的距离：住宅入口不对着该地段时不小于8米，住宅入口对着该地段时不小于12米。

（4）如果教室或小组活动室对着局部性街道，则学校和儿童机构的房屋至少退离红线15米；如果教室和小组活动室的窗户朝向地段内部，则退离红线的距离可缩减到6米（图15-25）。

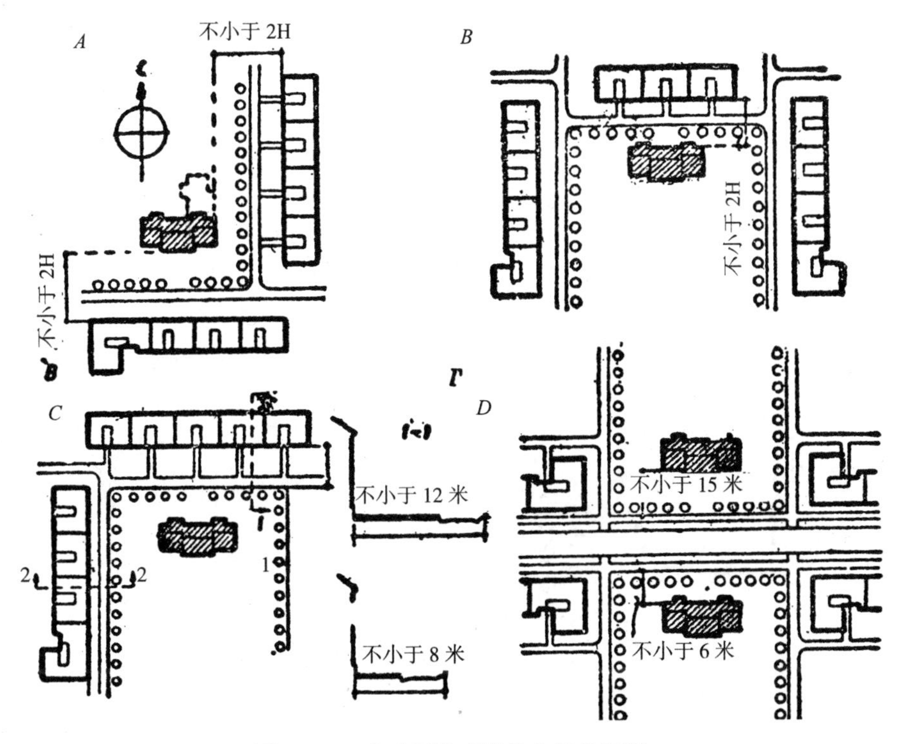

图15-25　住宅同儿童机构之间的间距

A、*B*—学校和儿童机构的建筑物同住宅之间的间距；*C*—住宅同儿童机构地界之间的间距；*D*—儿童机构同人行道的距离

三、道路的规划布置

小区道路规划应根据小区的规划结构所决定的交通方向、性质、数量、（如采用何种交通工具及交通的频繁程度等）小区周围干道的性质，小区与其外部各吸引交通点的联系（如与市中心、工厂、机关等），建筑朝向要求及地形条件，现状条件等。

小区内的交通包括居民参加生产工作（上下班）以及日常生活活动，（上俱乐部、买东西、到食堂、居民相互联系，搬运家具等）而产生的交通以及小区内生产建筑、公共

[1] 此资料引自《城市规划与修建》（B·B·巴布洛夫等著）一书中第四章第三节。

建筑与外部的货运交通（如商店送货、工厂运送原料、成品）消防、救护车及垃圾清理运送交通等。其中除人行交通外，目前有自行车、三轮车、小汽车、板车等交通。

小区道路网的规划布置应满足以下基本要求：

（1）道路网应满足上述各种交通要求。

（2）应使城市交通不致贯穿小区，而影响居民的安全及安宁。同时应使小区交通不妨碍城市交通，如不应有过多的车道出口，一般出口间距不应小于150—200米，干道两侧相邻两个小区的出口，应使之正对连通，以减少干道上交叉口。

（3）小区道路应充分结合地形，尽可能结合自然的汇水线以便于排除雨水。

（4）为建筑的布置及为小区建筑艺术布局创造良好条件。

（5）充分利用现状的道路和工程设施。

（6）应从近期出发，远近结合，满足分期建设的要求。

小区道路网的形式一般有：环通式、尽端式半环式等形式。有时采用以上几种道路系统混合的形式。

在地形起伏较多的地区，为使道路结合地形，很自然的产生了树枝状、螺旋状的形式（图15-26）。

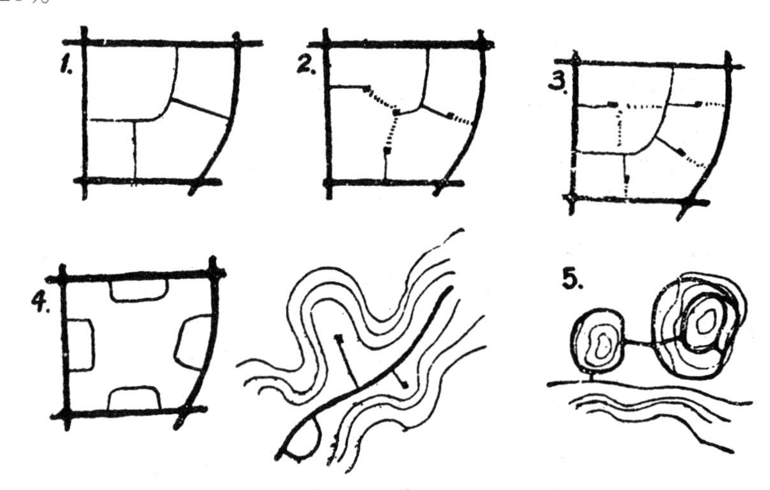

图15-26　小区道路网形式

1—环通式；2—尽端式；3—混合式；4—半环式，树枝状道路；5—螺旋状道路

环通式道路系统使小区内部车行、人行通畅，同时可较明确地划分街坊群，便于分期修建，也便于设置环通的工程管网。

国外近年来发展了尽端式道路系统。这是由于小区内汽车交通日益频繁，而环通式的道路系统使居民仍然受到汽车交通的干扰，尽端式道路系统可将机动车辆交通集中在几条尽端式的路上，另辟人行道系统，这样人行道与车行道分开，保证了安全及安静，同时还可以节省道路面积，降低造价。

在小区内非机动车交通较多的情况下，采用尽端式系统会感到不便利和不通畅。因此有时可采用混合式的系统。可见，在进行小区道路网规划时也必须根据交通工具逐步发展的条件，解决远近期结合问题。

为了充分满足小区内各种交通要求及道路修建的经济要求，必须使小区道路有明确的分工分级。

小区道路一般可分以下几级（图 15–27）：

（1）供双车行驶，人行道可视具体情况与车道分设，或不分设。

（2）供单车行驶及人行。

（3）通到各户门前的小路。

尽端式的道路不应过长，一般为 160—180 米，但不得超过 200 米，在尽端处设回车场，回车场不小于 12 米 × 12 米。

在单车行驶的支路上，每隔 70—100 米最好设宽 2—2.5 米，长 12 米的错车场（图 15–27）。

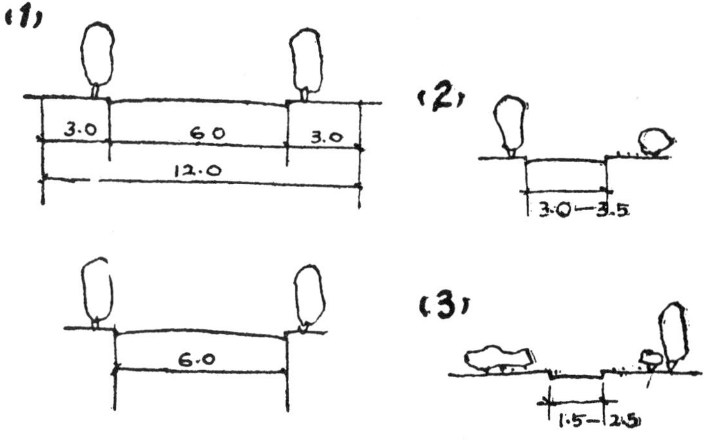

图 15–27　小区道路分级举例

并非每个小区内均需采用以上各级道路，各小区内近远期所采用的道路等级、宽度，应根据其具体的交通条件及建设投资可能性等来确定。

小区内车库及停车场的数量及位置应根据车辆交通发展的需要来确定。

国外的小区及街坊中往往布置私人汽车库（图 15–28）。

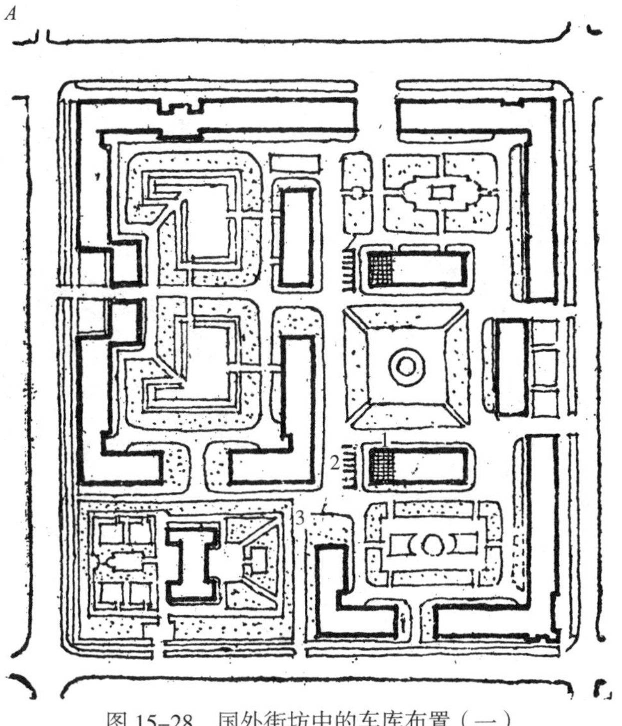

图 15–28　国外街坊中的车库布置（一）

A.1—杂用单元；2—车库；3—杂用院出入口

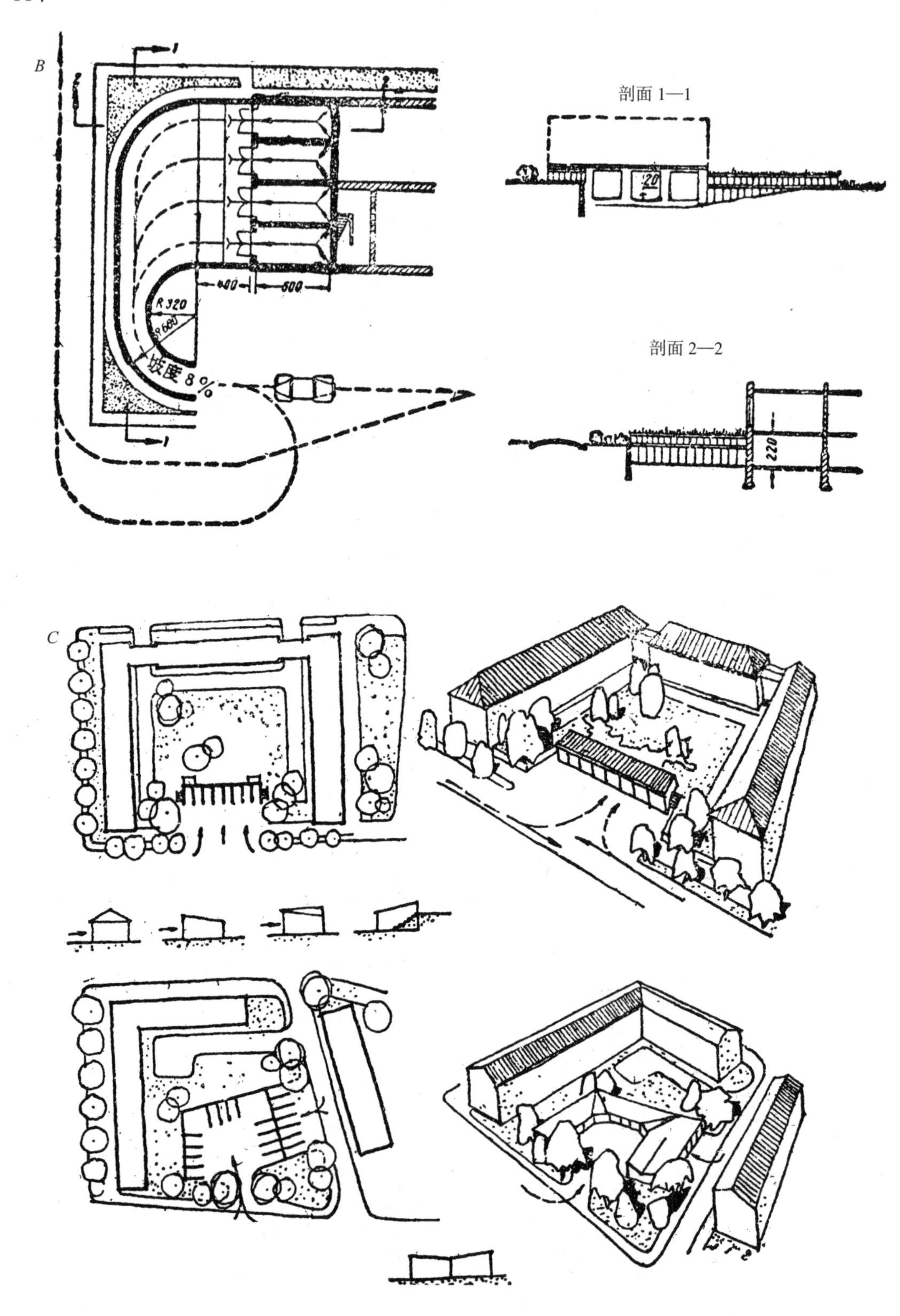

图 15-28　国外街坊中的车库布置（二）

B. 设在住宅尽端的汽车库平面图和剖面图；*C*. 设在街坊内的汽车库平面图和透视图示意

近期我国小区中机动交通车辆较少，将来会有所发展，规划中应适当估计发展的需要，同时要根据当前各小区中交通的实际状况进行规划，如在某些城市的某些街坊或小区内，可布置个别的车库、停车场。

目前我国居住街坊、小区内职工的自行车数量发展很快。自行车可停放在居住建筑底层或适当集中的室外自行车存放处。在建筑设计及规划布置中应予以安排（图 15-16）。

小区及街坊内的生产建筑，应根据其规模及性质，采取工业街坊、沿街或设于居住建筑底层等布置形式。详见第七章第四节第（二）段，本章内不详述。

四、小区的规划艺术

小区规划应遵循“适用、经济、在可能条件下注意美观”的方针。

组织基本生活区艺术面貌的主要因素包括建筑、道路、绿化等各种物质要素。可以利用居住建筑的形体、色彩、高低长短等组织艺术空间。公共建筑的形体较丰富而有变化，它是构成艺术空间的重要因素。附属性的小建筑如牌楼、围墙、路灯及亭子、花架、座椅、台阶等对组织艺术空间起着重要的作用。

绿化在组织完整的艺术空间中起着重要的联系、衬托、重点装饰、补充及分隔空间等作用。必须利用各种乔木、灌木、花卉、草地的形态、色彩，与建筑、道路紧密结合布置，以达到艺术上的效果。

道路的曲直、宽度，它与周围建筑、绿地的比例、角度等关系，对组织空间艺术也起着一定的作用。

不同地形的小区，其艺术面貌往往有显著的特点。起伏的地形往往可以使艺术处理多样化，景色变换较多。

在进行小区规划时，必须综合运用以上的要素，构成统一、完整而富有变化的建筑群体。

组织小区的艺术构图，首先必须使各种要素具有合适的比例尺度关系，建筑与建筑，建筑与绿化，建筑与道路……均应有合适的比例尺度关系。要使各要素之间有相互权衡对比的关系，运用它们的体量、色彩、线条……进行权衡对比，使空间组织匀称，同时破除单调、枯燥、使之生动、有变化。应使建筑群体所构成的具有一定的韵律、节奏。另外，小区艺术构图还应具有统一性，如应避免色彩、形体上的不调和及空间变换的零乱、复杂等。

由于居住建筑形体比较简单，同时它是大量性的建筑，必须重复使用设计图纸，因此建筑形式变化较少……这些特点，要求在组织小区艺术构图时，更充分地运用各种手法，运用多种物质要素，组织群体的空间构图。

基本生活区规划艺术处理举例（图 15-29）：

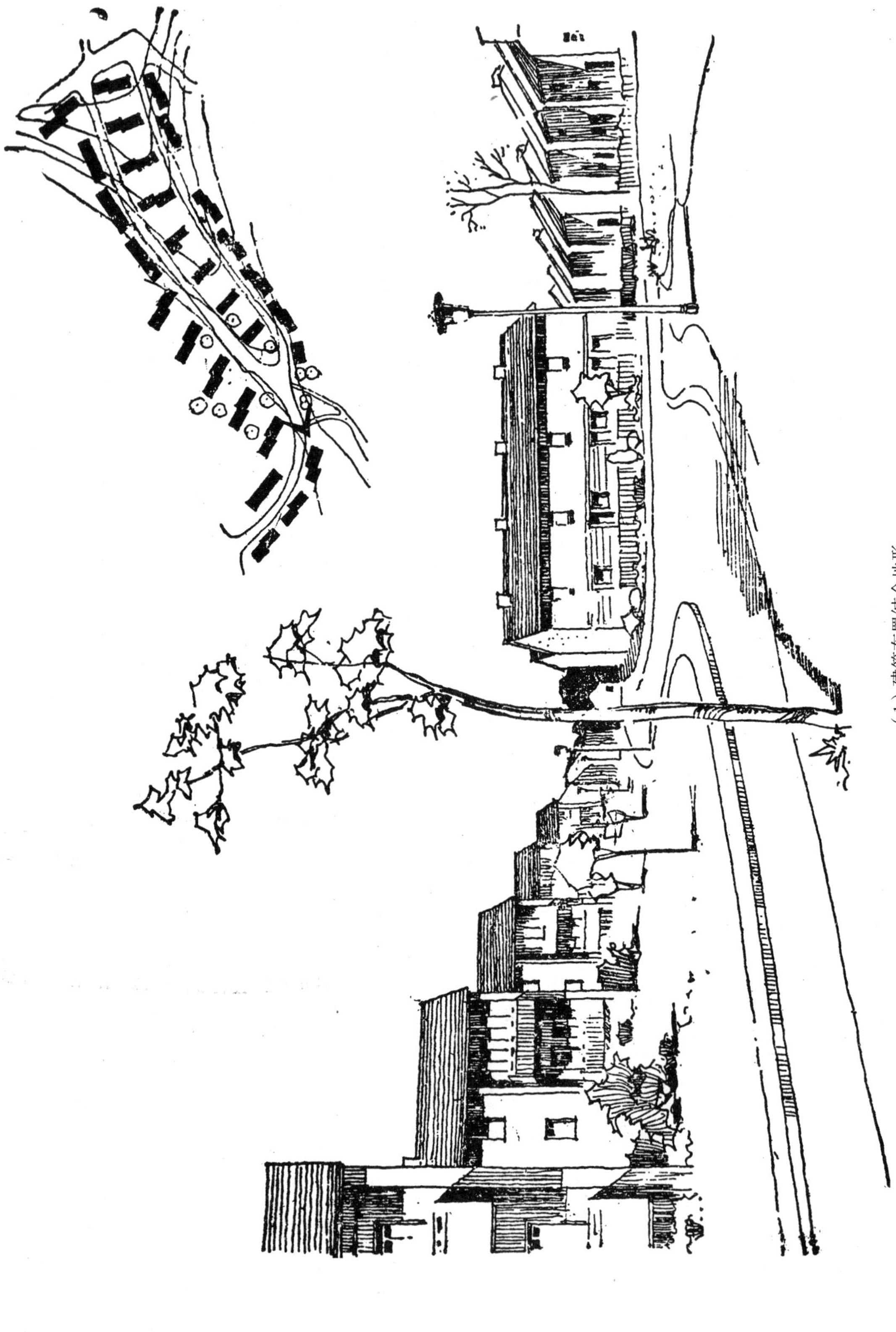

（1）建筑布置结合地形

图 15-29　基本生活区规划艺术处理（一）

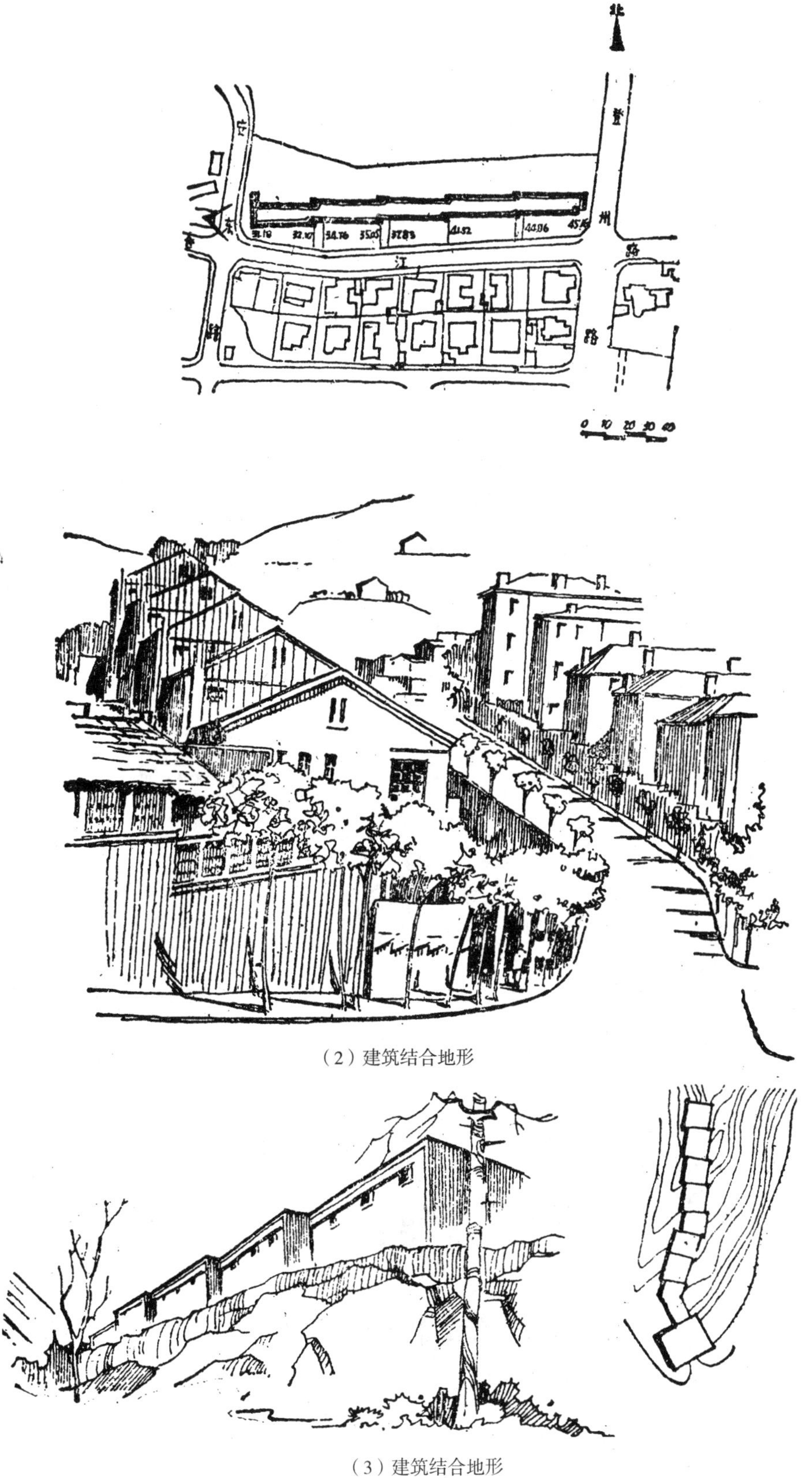

（2）建筑结合地形

（3）建筑结合地形

图 15–29　基本生活区规划艺术处理（二）

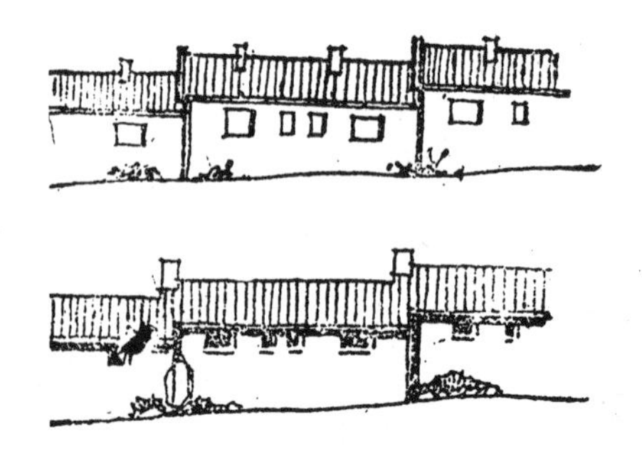

（4）建筑结合地形

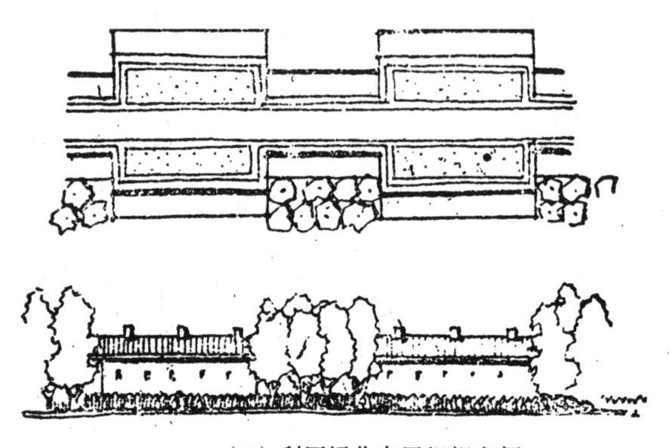

（5）利用绿化布置组织空间

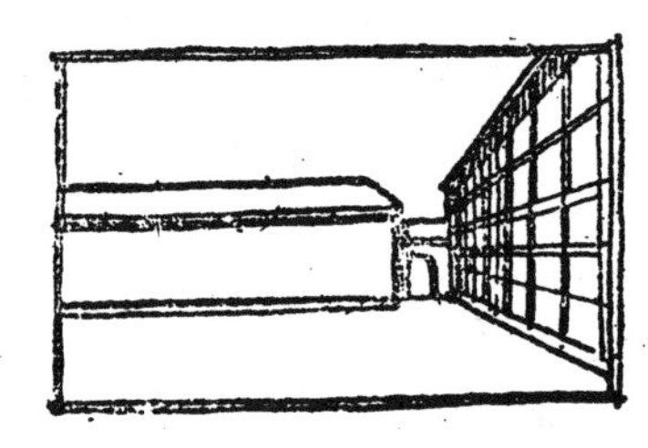

（6）没有绿化空间单调，经过绿化后空间有变化

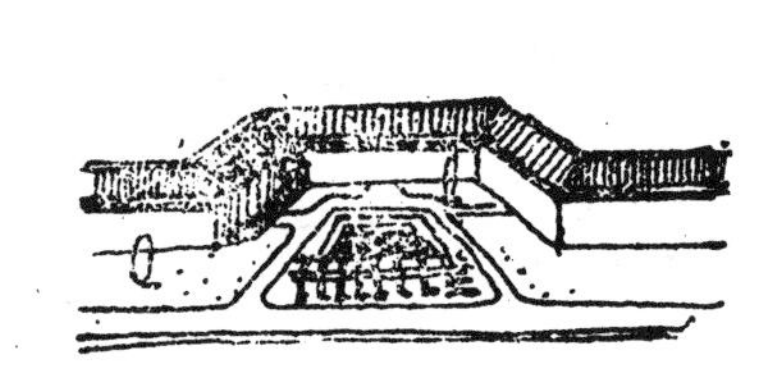

（7）利用水池花架

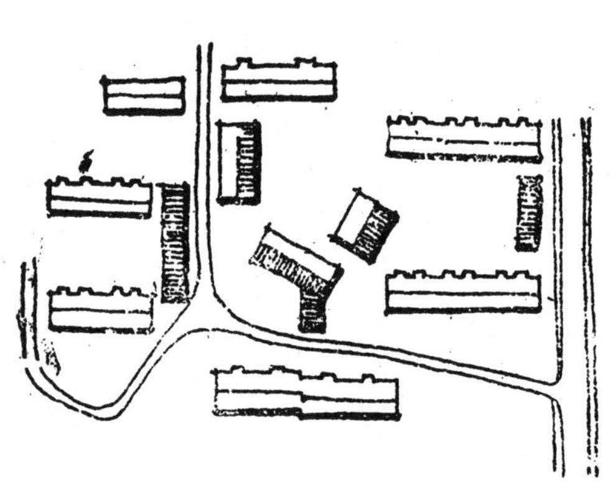

（8）利用住宅建筑与公共建筑组织空间

（9）利用建筑物高低的对比组织空间

图 15-29　基本生活区规划艺术处理（三）

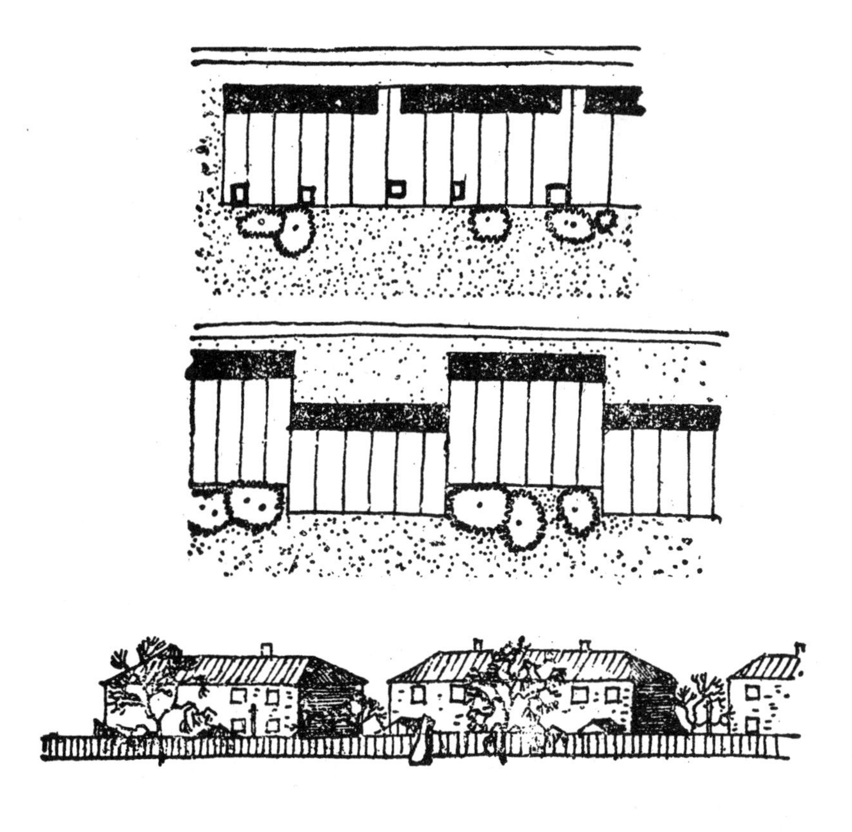

（10）利用建筑物的错落及公共建筑组织空间

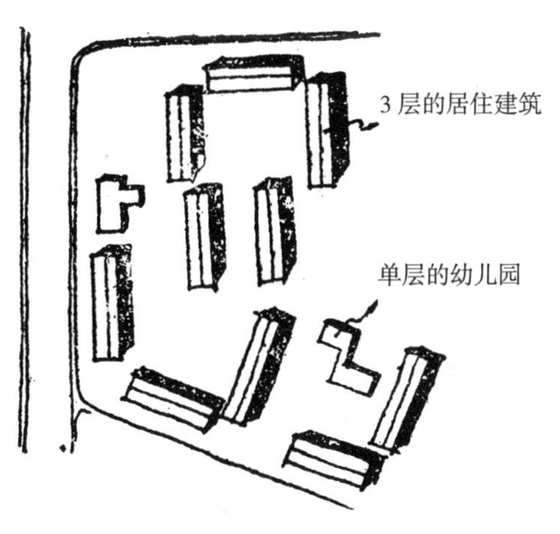

（11）利用建筑物的错落及公共建筑组织空间

图 15-29　基本生活区规划艺术处理（四）

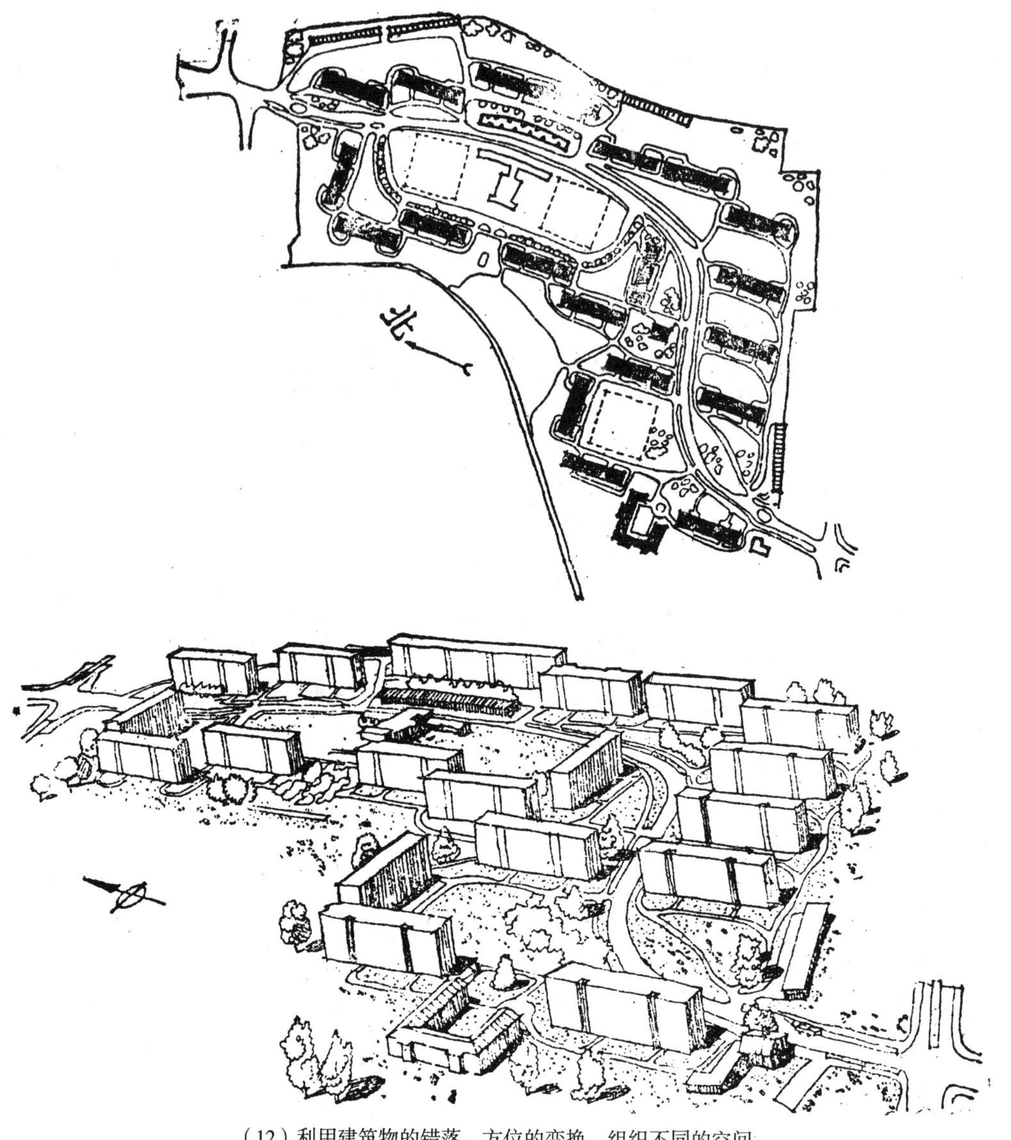

（12）利用建筑物的错落，方位的变换，组织不同的空间

图 15-29　基本生活区规划艺术处理（五）

第四节　城市旧居住街坊的改建

我国城市旧居住街坊是在封建社会及半殖民地半封建社会中形成的。新中国成立后随着国民经济的发展和人民生活水平的提高，不少城市对旧居住街坊进行了程度不同的改造工作，使居民的生活居住状况，得到很大的改善。

旧居住街坊中存在着一定的物质财富，而新中国成立以来又进行了不同程度的改造工作，因此它的建筑，道路，公共福利设施等对满足今天居民生活居住的需要支援新区的建设起着相当大的作用，必须加以充分利用。

另一方面，旧居住街坊由于历史的原因，一般还存在着以下的问题：建筑质量差、密度高，人口密度高；绿地少，道路狭窄弯曲，路面差；公用设施缺乏；公共建筑数量少或分布不均匀；有些居住街坊与有害工业混杂，影响了生活居住的安全及卫生。因此，旧居住街坊不能完全适应生产发展和生活水平不断提高的要求，须逐步加以改建。

旧居住街坊改建必须在勤俭建国的方针指导下，根据充分利用和逐步改造的原则，从实际出发，分别轻重缓急、有计划、有步骤地进行。

因此，改建旧居住街坊的标准、规模、速度以及所采取的技术措施。都必须以当时当地的经济条件（投资、建筑材料及施工技术力量、劳动力等具体条件）及人民生活水平的实际状况为依据。

旧居住街坊改建一般包括：对居住建筑进行维修、改造、加层、拆除、添建、新建等措施；增加绿地，改善及增设公用设施（上下水等）；调整公共建筑布局，扩建或增设某些公共建筑、调整布局；整理道路系统，改善路面、拓宽路幅等。居住街坊内如有严重影响居民生活的有害工业，应按总体规划的统一安排进行调整。

一、各类旧居住街坊的一般特点及改建的一般措施

由于各个城市的历史条件不同，同一城市各个地段的历史条件不同，居民的生活方式、生活水平亦存在差别，因此，旧居住街坊有许多类型：如以立贴式四合院住宅为主的街坊；以棚户、简屋为主的街坊；以里弄式住宅为主的街坊；以独立式（庭院式）住宅为主的街坊以及多种类型混合的街坊等。

因此，应根据各类旧居住街坊的特点采取与之相适应的改建措施。

棚户简屋为主的旧居住街坊一般均为旧城市改建的重点地区。它们多为国民党统治时期，城市劳动人民为求一席之地，在废墟或城市边缘、低洼地等处，用极简陋的材料搭建形成的。它的建筑质量很差，往往没有必要的公用设施，建筑密度高，路面质量极差。其改建方式一般须拆除或适当抽拆危险的草房破屋，有条件时对一般草房进行改造，同时需要修筑道路，敷设上下水道，安装自来水站，增加绿地，增加公共建筑等。

此种类型，有些新中国成立后已进行了较彻底的改造，或进行了初步改造，例如南京市已有五老村、汉府新村、双乐园等约150多个棚户区，依靠群众，自力更生进行了不同程度的改造。其中如汉府新村，新中国成立前绝大部分住户无固定职业，生活穷困村里布满了臭沟塘，蚊蝇成群，粪便满地，房屋几乎全为竹、木、纸板为墙，既不避风雨，也不避寒暑。新中国成立后，随着生产的发展，居民生活水平逐步提高，改造家园即成为群众的自觉要求。历年来，结合爱国卫生运动及街道办工业等中心工作，采用民办公助的办法，进行了群众性的改造家园工作，在不到两月时间内，将103户茅草棚改建成了瓦房，目前这个新村已改善了居住条件和环境卫生，房屋坚固整洁，道路平坦通畅，花卉满院，绿树成荫。

类似这样的旧居住街坊改建的实例很多，它们都证明了，只要切实贯彻勤俭办一切事业的方针，依靠群众，自力更生，采用实事求是的改建标准，就能更多的满足群众对住房的要求，较快地提高居住水平。

立贴式住宅类型的旧居住街坊（图15-1），多为封建社会中形成的。其建筑密度高，层数低，缺少开敞的内院，通风、采光、日照较差，绿地少，缺少卫生设备，道路狭窄，迂回曲折，路面差，不能适应交通要求；其商业、服务业往往沿街布置，经过若干年代的发展，项目较多，服务距离小，居民使用尚方便。这一类型的旧居住街坊改建中可根据实际需要及改建的可能性，采取维修，拆除危楼颓屋，进行建筑平面技术改造，开辟绿地等措施，对其原有的福利设施应充分利用，适当整顿、充实。

里弄式类型的旧居住街坊建成时期较近，一般比以上两种类型质量高，其中又有新式里弄及旧式里弄。新式里弄一般房屋质量较高，卫生设备齐全，居住条件较好，但绿地很少。旧式里弄，房屋质量较差，且无卫生设备，绿地几乎没有。其商业，服务设施多在街坊周围或深入里弄，服务距离较小，居民使用尚方便。里弄街坊往往有围墙分割，交通不便，空间狭窄。因此，里弄街坊的改建也必须根据具体条件，采取逐步拆除部分建筑，改善日照通风条件，进行建筑平面的技术改造。如打通楼梯间，增加卫生设备，拆除零星搭建的房屋，开辟宅前绿地及拆除围墙，结合干道的拓宽少量拆除沿街住宅，建以多层住宅等措施（图 15–30）。

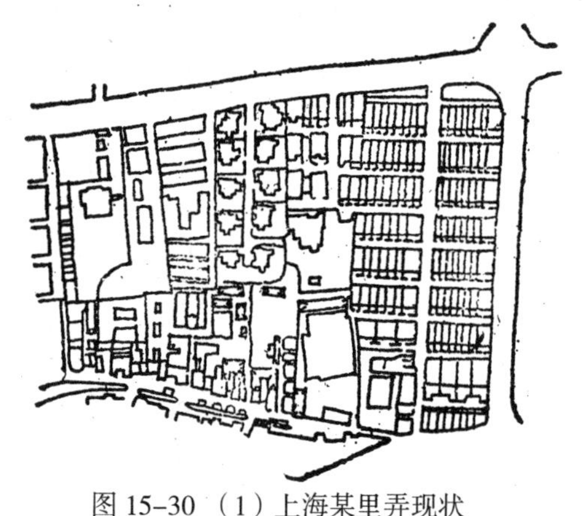

图 15–30 （1）上海某里弄现状

弄内住宅前的石库门及弄间围墙减少了弄内的空间，阻碍了弄与弄行人交通的联系。

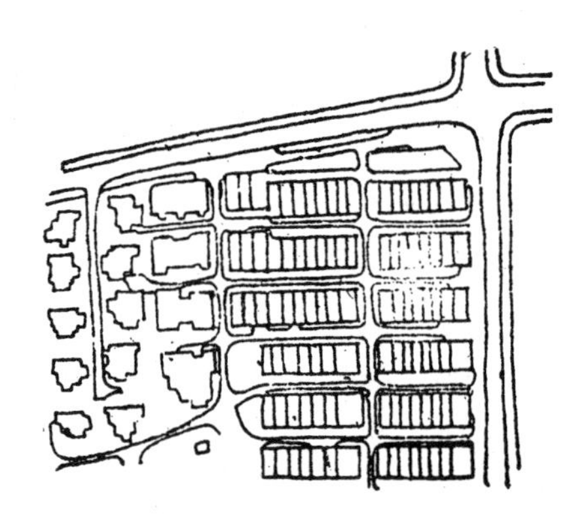

图 15–30 （2）上海某里弄初期改建规划

将石库门及围墙拆除，增加弄内的空间，使住宅连成一片，整顿街坊的行人交通步道，组织绿化及福利设施。

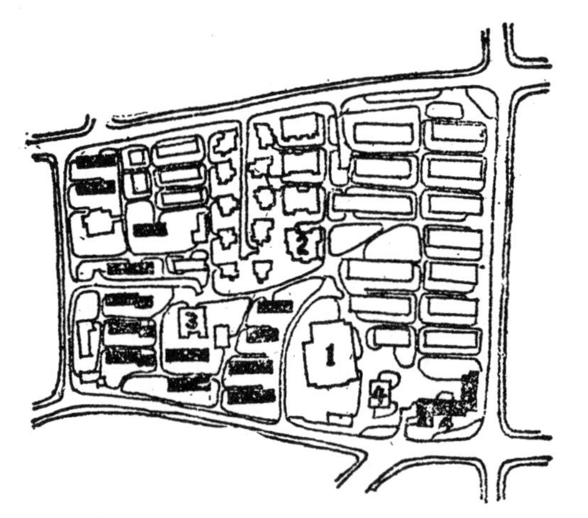

图 15–30 （3）上海某里弄的远期改建规划

全面组织道路系统，规划人行道路系统，新建筑和保留建筑配合成组，原来密集的里弄住宅部分拆除，增加空间，改建住宅的使用性质作为生活单元的生活中心。

1—小学；2—幼儿园、托儿所；3—食堂；4—书店

在混合式的旧居住街改建中，应对区内不同类型的建筑，分别采取不同的措施，进行改建。在某些情况下，在分期的改建中应逐步改善居住标准相差过分悬殊的情况（图 15–31）。

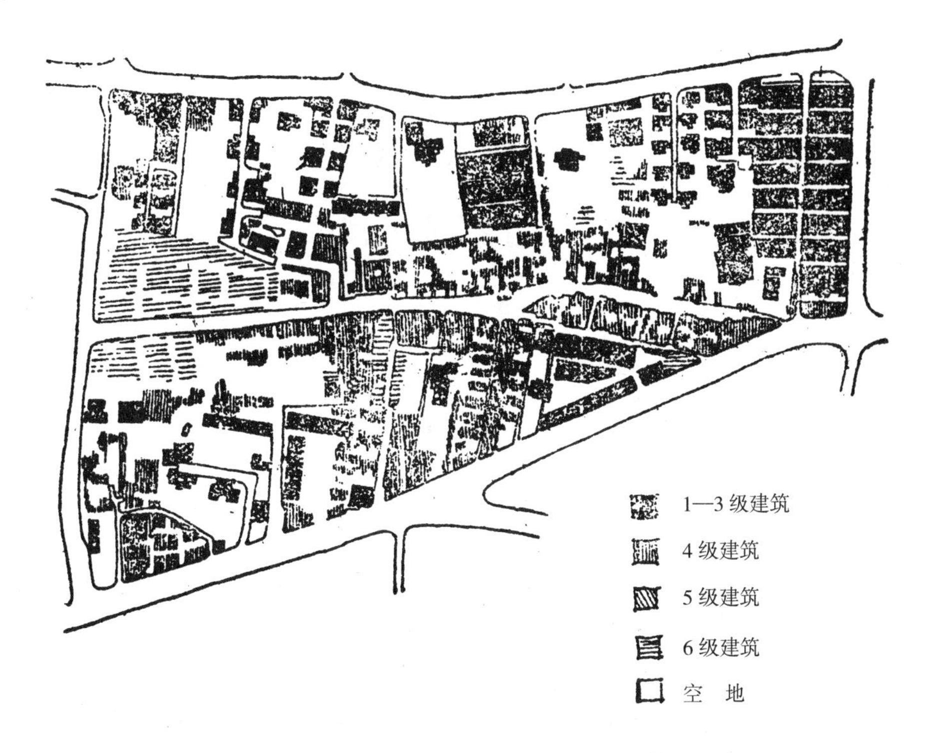

图 15-31　上海静安寺某居住地区现状图

区内有 1—3 级的独院式花园洋房及新式里弄，同时夹杂着 5—6 级的棚屋，强烈地反映了旧社会遗留下来阶级对立的烙印。

独立式的旧居住区，一般建成时期不长，房屋质量较高，房屋间距大，用地面积大，每家有庭院绿化，居住水平高，卫生设备齐全。各家常用围墙、竹篱等隔离。一般近期不要求改建。如需改建，一般可保持独立式住宅有小块绿化的特点，拆除某些围墙，尽量使建筑物与外界空间打成一片，其中层数不高，具有开放绿地的有时可改造为儿童机构，占地过大的也可插入建筑，适当提高密度。改建中还要注意建筑风格的统一问题。

二、旧居住区改建的方法、步骤

旧居住区改建的方式一般有三种。

第一种是从质量最差的点着手，填空补实地进行改建。当质量很差，迫切需要改建的地段分散分布在街坊内部，而改建的量较小，或某些旧街坊内有空地时可采用此种方式。

第二种是沿街改建。它往往是结合城市交通的发展，道路拓宽的要求，并且当沿街建筑质量较差，拆迁量不大，或经济条件有可能在沿街建造质量较好的建筑时可以采用。采用此种方式对于利用原有公用设施及道路，改变城市面貌比较有利。

第三种是成片成坊地改建。当质量差、迫切需要改建的地段较集中，而改建的投资量比较大时可采用这种改建方式。

因此，决定旧居住街坊改建所采用的具体方式，必须针对居民生产生活的迫切要求，从现实条件出发，并结合城市某些基本建设（如道路拓宽，桥梁的修筑等）的要求，而具体确定规划方案，分期实现（图 15-32）。旧居住街坊改建中，必须妥善地解决建筑的拆除、新建及由此而引起的人口迁移问题。

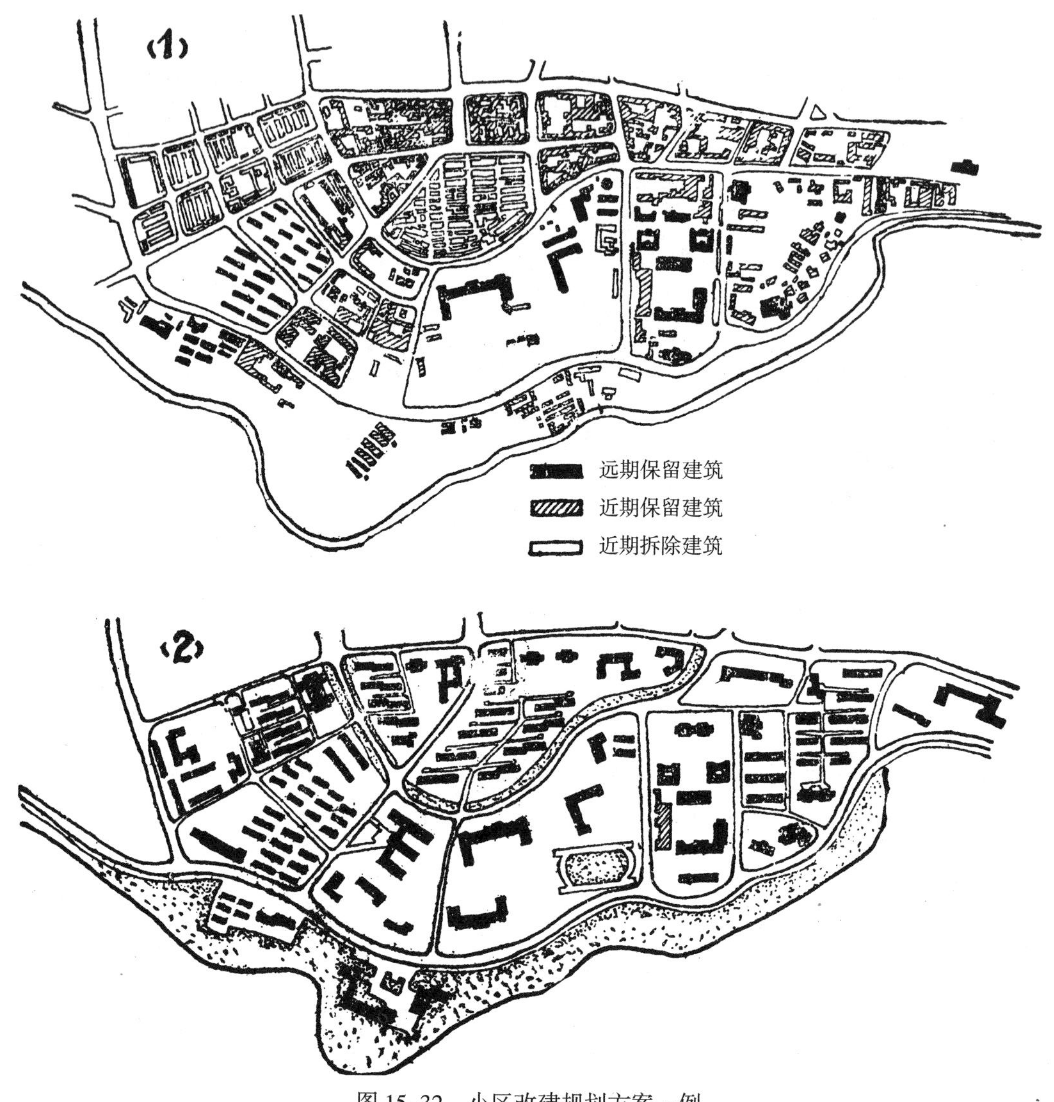

图 15-32　小区改建规划方案一例

（1）现状图；（2）规划图

居住建筑的拆除、新建是提高居民居住水平，降低人口密度，改善居住条件的重要措施。但拆除量与新建量的比例必须适应改建的具体经济条件。如果任意盲目的大量拆除房屋，则会造成浪费，甚至会带来生活居住的困难。另一方面，对于那些严重影响生产、生活、交通安全的现状，在可能改建的条件下也不应过于迁就，否则也不利于生产的发展及居民生活逐步提高的要求。当拆与建的数量相等时则居住水平（每人居住面积定额）未提高，但居住条件可得到改善。当拆少建多时，居住水平得到提高，居住条件亦能得到改善。当拆多建少时居住水平反会下降。因此在分期改建规划中，应根据具体的经济条件来调整拆与建的比例，以逐步提高居住水平，逐步改善生活条件。

必须妥善地解决拆迁居民的安排问题，以顺利地实施改建工作。一种办法是发给居民拆迁费，由居民自己安排，另一种是建周转房屋，安排拆迁居民。后一种办法一般又分两类：一是拆除旧房前，居民迁入周转房屋，改建完成后再迁回。当改建的地段内有空地时，可先就地修建周转房屋，安置本地迁移的居民；如本地段无空地，或保留的房屋居住水平低，不能插入拆迁户时，就必须在外地建周转房屋。另一种是居民迁入其他地段定居，不再迁回，原地段改建完成后再迁入其他居民。当居民迁至其他地段时，应注意对一些居民上下班距离的影响及某些居民职业变更问题。

在旧居住区改建规划是一项复杂的工作，必须首先作好调查研究工作，规划的合理性、经济性在很大程度上决定于调查研究工作的好坏。调查研究的内容包括：

（1）土地使用现状调查。在图纸上分别标出居住、工业、学校、医院、行政、经济、文化等机构用地，绿地及供建造用的空地等，绘制成土地使用现状图。

（2）建筑现状调查。将建筑分为若干等级，按结构类型、使用年限、破旧程度等因素来划分，绘制房屋级别图。

例如：上海把房屋分为六级，具体标准如下：

Ⅰ级房屋：内部结构和外形都完好无损，质量较高，作为永久保留。

Ⅱ级房屋：内部结构完好，外部稍有损坏，略经修理后，可使用22年以上者。

Ⅲ级房屋：结构有损坏，外部墙面有轻微裂开，经过修理仍可继续使用10—20年。

Ⅳ级房屋：结构和外形都有较大损坏，如开裂翘曲，经过修理后仍可维持5—10年。

Ⅴ级房屋：损坏严重，能维持2—5年。

Ⅵ级房屋：一般棚户及危险房屋。

必要时，需调查各级建筑的面积。

为了研究建筑本身改建的措施，可进行个别建筑的典型调查。

（3）建筑密度、人口密度、居住面积密度的调查。

（4）公共建筑服务设施调查。用图纸分别标出各种类型及性质的公共建筑，有时也用图表示各类公共建筑的服务半径。另外，还需调查公共建筑面积，服务人员数、房屋及设备的情况，目前存在的问题等。

（5）公用设施调查。在图上分别或同时表明各种地上地下的管网及设备的位置。

（6）人口调查，包括居民年龄分组，总人口及职业情况等。

（7）居民生活状况调查：如居民生活水平（平均工资收入）；居民生活组织的状况，以及居民参加食堂、儿童入托的比例，当地居民生活习惯等。

（8）改建经济条件调查：包括改建投资来源、投资量及材料、劳动力的状况。

必要时，也可作居民工作地点的调查。如居住街坊内有工厂，应调查该工厂的性质，对生活居住的影响及其本身发展的要求，工业调整后的变化等。

第十六章　城市街道规划设计

第一节　城市街道红线设计及纵横断面的设计

一、红线设计的任务和要求

道路红线设计是城市详细规划中的组成部分。在总体规划中道路系统及红线规划主要是解决城市中各主次干道的走向、位置、功能性质以及交叉口控制点的相对位置等问题，但还不能具体解决城市道路以及与道路相关的各项近远期建设问题。道路红线设计首先能使总图的道路系统的布置更加落实，并发现问题与修正某些不妥之处；其次，由于红线设计能确定主次干道的宽度、广场、路口等用地范围，从而更便于解决街道两侧建筑物近远期的修建；第三，道路红线是城市公用设施的各项管线工程设计、施工的主要依据，特别是旧城市各种管线设施多系随着原有不合理的道路系统布置的，红线设计对其调整和改建起了很大作用。因此道路红线设计能确定城市公用设施的地上地下管线的具体布置。此外，做了红线设计能确定道路、广场、路口等用地中的原有建筑拆迁量。并便于进一步研究道路改进的方法和步骤。

从其意义和作用来看，道路红线设计在深度上，不仅要从一个城市主次干道全面布局来考虑，还要提出各类街道的技术设计原则，既可以为有关建设部门特别是市政设施管线工程方面的单项规划设计提供具体的参考数据，也是为了具体解决局部地区建设方面各项修建设计的问题。

二、红线设计的基本内容

（一）定道路横断面宽度

根据道路的功能与性质，考虑适当的横断面形式和定出人行道、绿地、快慢车道等各组成部分的合理宽度。并应表示出由近期过渡到远期的方式，以适应近远期建设上的需要。

（二）定位

定位是在城市总图基本定案的基础上，选择道路中心线的位置，并按所拟定的道路横断面宽度划出道路红线。

（三）定控制点的坐标标高

道路红线的定位除表现在适当比例的图纸上外，还应在实地上定出控制点。对图纸上各道路中心线定出能在实地上易于测设的若干控制点，包括有幅度的平面位置和高程。所采取的方式一种是直接用测量仪器在实地中测定，然后绘于图上，使各点在实地与图纸上有准确的相关位置和高程。另一种是依据可靠的地形图纸计算其坐标和标高。采取直接用仪器测定的方式，虽较从图纸计算的可靠，但也仅是对少量能控制全局的主要地点加以施测，与设计定线或施工放样是不相同的。

红线设计定控制点，除道路中心线位置和标高外，凡道路的平曲线以及纵横坡度等亦要有幅度的控制数据。

（四）定交叉口型式

定交叉口的具体内容包括划分全市各路线主要及一般交叉口的性质和类型（如平面交叉和立体交叉等）；结合远景发展和当地具体要求，定出交叉口用地范围；路缘石转弯半径以及安全视距等。交叉口的型式和大小以红线方式表示在图纸上。

三、城市街道的一般技术要求

（一）街道平面线形：

街道平面形式往往是由该街道的功能、艺术以及自然地形决定的，通常它们有直线、曲线和折线三种形式（图 16–1 ～图 16–3）。

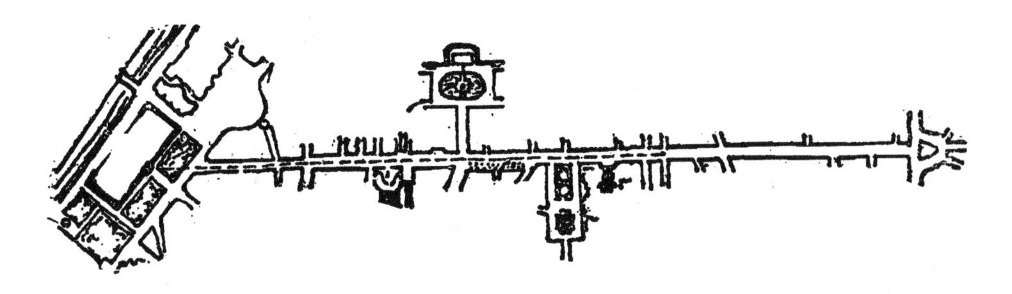

图 16–1　直线形

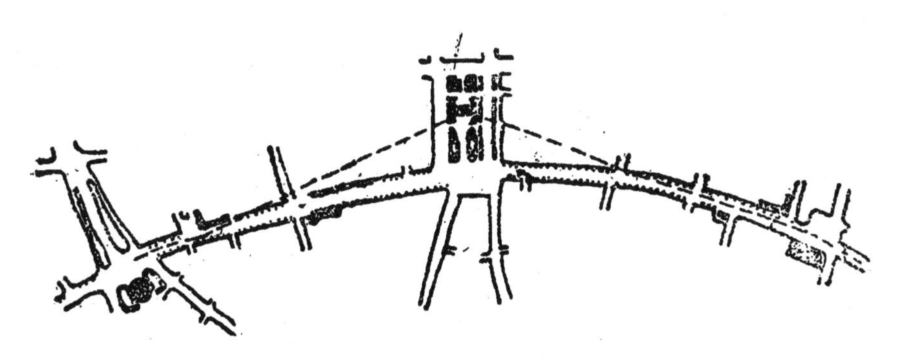

图 16–2　曲线形

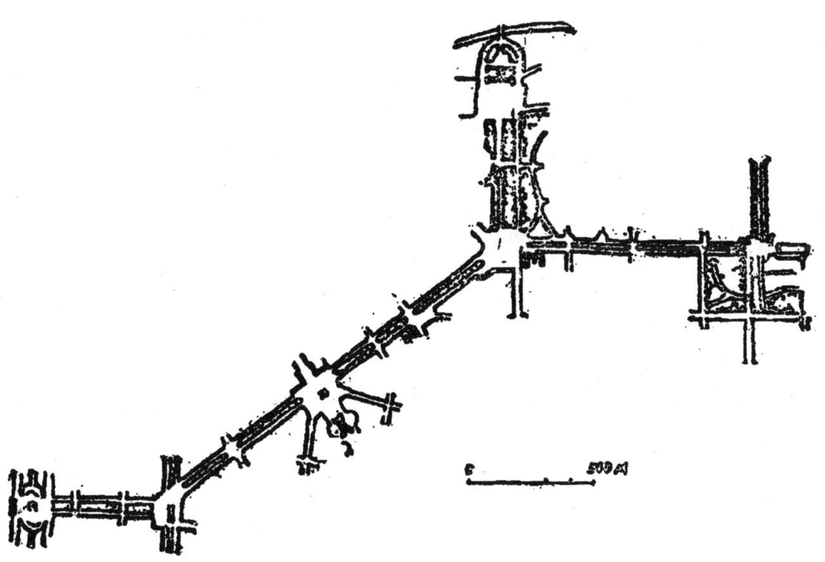

图 16–3　折线形

直线形的街道，从城市交通的角度来看，是最为简单合理，它可以保证车行交通的安全及较快的速度。在用地平坦的地区，可广泛采用这种形式，但对组织街景来说，过长的直线街道。一般比较容易单调。

曲线或折线形的街道平面组织街景富有变化，从交通运输方面看，通常不希望在街道平面中存有很大的曲折度，但由于旧城现状和自然条件的限制，不可能或不宜采用直线街道时，可以采用曲线形或折线形。

（1）道路平曲线

在地形起伏较大的地方，往往不能按直线方向定线，而需要设置曲线，这种平面曲线简称平曲线，通常称为弯道。道路不宜过于曲折或者曲线半径过小，否则会影响行车的速度和安全。因为车辆在曲线上高速度行驶时，由于离心力的作用，车辆有横向滑溜的危险，在路面上有冰雪时，甚至会引起车辆倾覆；行车速度愈高，曲线半径愈小时，由曲线所引起的上述影响就愈加厉害。因此，道路的平曲线应采用较大的半径。在城市中一般采用的平曲线半径数值如表 16–1 中所示。在地形复杂地区和山区城市，或者在受其他客观条件限制的情况下，假如采用一般的平曲线半径会增加很大的工程量和造成不经济时，可考虑采用表 16–1 中的最小半径数值。

道路平曲线半径 表 16–1

道路等级	道路类别	推荐半径（米）	最小半径（米）
Ⅰ	（1）全市干道	500	125
	（2）入城干道	1000	250
	（3）高速干道	1500	400
Ⅱ	（4）区域干道	200	40
	（5）工业区道路	250	50
	（6）游览大路	200	40
Ⅲ	（7）住宅区道路	125	25

为了使车辆行驶平稳，应尽量避免两个平曲线直接连接。在相邻两曲线间需插入一段直线，其长度最好不小于两曲线的切线长度之和。如果受条件限制，直线长度可缩短至 10 米或者不设直线。

在陡坡上应避免设置曲线半径小的弯道，如必须设置，则应将纵坡度减小。因为在坡度大的弯道上，若行车速度较大，易使车辆发生滑溜的危险。

（2）缓和曲线和曲线超高

在快速交通的道路上，为了使车辆平稳地从直线部分驶入曲线部分，当曲线半径小于 400 米时，常在直线与圆曲线之间插入一段缓和曲线（图 16–4）。同样，在快速交通道路

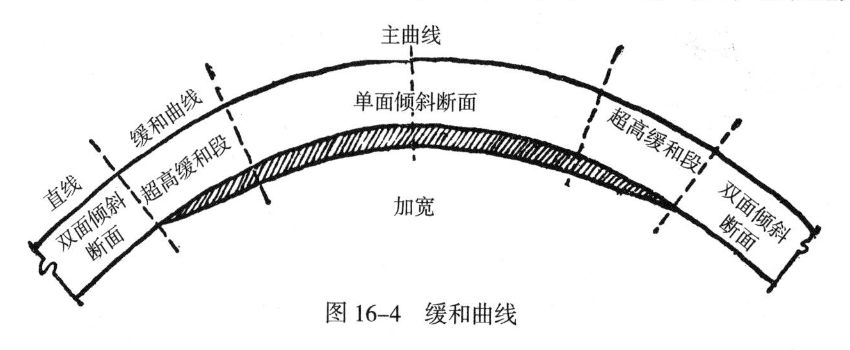

图 16–4 缓和曲线

的曲线部分，常需要设置超高。所谓超高，就是把曲线的外侧标高提高，使道路的凸形横断面逐渐变成一个向曲线内侧单向倾斜的断面（图16–5），以抵消车辆在曲线上行驶的离心力。设置缓和曲线和超高，都和行车速度有关，在城市道路上，由于行车速度受到一定的限制，通常都不设缓和曲线和超高，只有在高速行车的过境道路上才需设置。

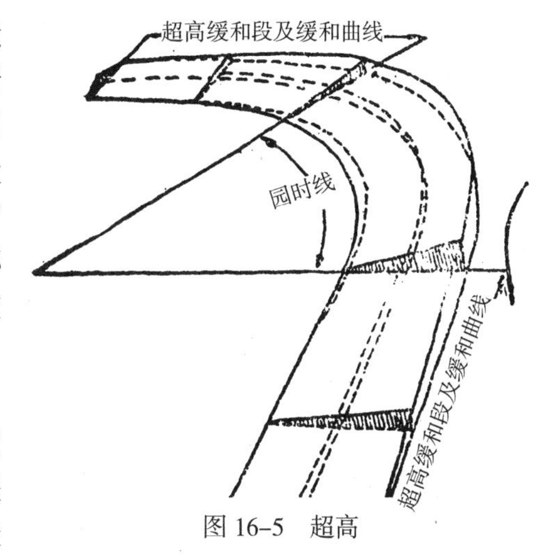

图 16–5　超高

（二）道路纵断面的形式和技术指标

城市街道的纵断面的设计，是由地形的坡度和设计的要求决定的。它应当不动大量土方工程和保证很快排除街道及邻近街坊的地面水，创造正常的交通运输条件及满足建筑艺术上的要求。

根据自然地形的不同特征，纵断面的结构可分为直的，凹形的，凸形的和锯齿（波浪）形的四种（图 16–6）。

锯齿形的纵断面，车辆在道路上行驶不如直线形的平稳，并且常常要调换排挡和使用刹车，增加燃料消耗，轮胎及机件易于磨损，也影响行车速度和增加城市的运输费用。因此道路纵断面起伏愈小，车辆行驶愈安全，也比较经济。

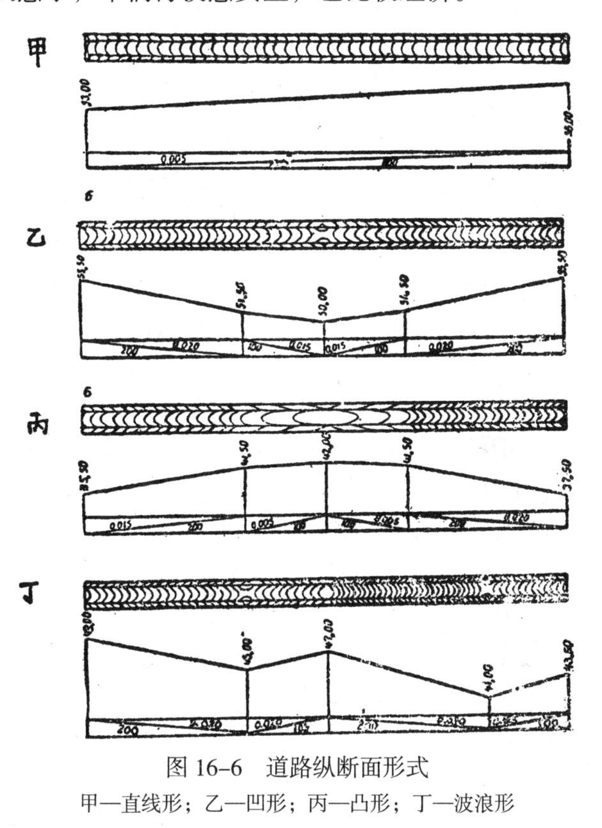

图 16–6　道路纵断面形式

甲—直线形；乙—凹形；丙—凸形；丁—波浪形

街道纵断面设计中最好将坡度的转折点设置在交叉口或道路转弯的地方，使人们不易觉察它的变化。

（1）纵坡度的大小

道路纵坡度的大小，与当地的地形特征有很大关系。在平原地区，道路的纵坡度与自然地面坡度易于接近，不需要大填大挖，土方工程量小。在丘陵地区和山区的城市道路，如果也选用较小的纵坡度会引起大量的填挖土方，增加土方工程量和建设费用，因此，在丘陵山区及工程困难的地段或受到其他条件限制的地区须用较大的纵坡度。一般纵坡度在0.01—0.02时，对交通运输或建筑艺术来说都是适当的。0.04—0.05或更大的坡度会使建筑物的勒脚增高，有时会在里面形成阶梯形，有时甚至使楼房及屋檐成阶梯形，这样就使标准设计进行的施工复杂化了，同时使得街道立面变得很分散。

选用道路纵坡度大小时，还应考虑到路面的不同影响。例如采用比较光滑的水泥混凝土或沥青混凝土路面时，道路纵坡度不宜大于5%，因为路面光滑，道路纵坡度过大时，车辆易于滑行。粗糙的碎石、砾石路面则可采用较大的纵坡度。

表 16–2

道路等级	道路类别	最大纵坡度（%）	特大纵坡度（%）
Ⅰ	（1）全市干道 （2）入城干道 （3）高速道路	3 4 3	4 5 4
Ⅱ	（4）区域干道 （5）工业区道路 （6）游览大路	4 5 6	6 7 8
Ⅲ	（7）住宅区道路	7	9

目前有些城市为了提高运输能力，采用了汽车列车来运输，为了保证汽车列车的行车安全，在有汽车列车行驶的道路上，纵坡度不宜大于4%。

在气候寒冷经常下雪和冰冻的地区，如我国的北方及海拔3000米以上的高原城市，虽然地形起伏较大，但为了防止在有冰雪的路面上车辆有滑行的危险，最大的纵坡度不宜大于4%—5%。

对于行车，道路的纵坡度愈小愈好，但是纵坡度太小，就不利于地面水的排除。如等于零的纵坡度就不宜采用。若道路是水泥混凝土或沥青混凝土路面，最小纵坡度一般应不小于0.4%；假如是粗糙的碎石或砾石路面，应不小于0.5%；若受条件限制，可小于0.4%，但在排水方面应采取适当的措施。

在平原地区，当自然地形太平坦时，常常会遇到坡度小于0.4%或者没有坡度的水平地段，这样的自然地形一般应予改造，以利于排水。一种方法是把道路中心线规划成锯齿形断面，这样虽保证了排水，但影响了汽车行驶的平稳性，而且要增加土方量；另一种方法是把道路的侧沟规划成锯齿形，其坡度为0.4%—0.5%，而分隔人行道与车行道的侧石（俗称道牙或缘石）顶面高度则保持与道路中心线平行，在锯齿形边沟的最低处设置排水进水口。

当采用锯齿形侧沟排水时，道路的横坡度（即垂直于道路中心线方向的坡度）应随侧沟的锯齿形而变化。横坡度可以在从侧石到路中线的整个宽度内或距侧石1.5—2.0米的宽度内变化。当车行道为抛物线形横断面时，横坡度在车行道范围内的变化是不显著的，而在接近侧石的地带就比较明显。由于车辆一般不在接近侧石的地带行驶，所以即使变化较显著，也不影响行车。

在有些情况下，使侧石顶面与锯齿形侧沟的纵坡平行，所形成的高度差用绿地或人行道的横坡度变化来调节。

（2）竖曲线

道路纵断面上两个不同坡度的连接处，形成了一个坡度转折点（图 16–7）。为了保证行车的平稳和安全，当相邻两坡度的代数差大于 0.07 时，在坡度转折点处需要设置竖曲线[1]。如果不设置竖曲线，驾驶员的视线会受到阻碍，容易发生事故；同时由于离心力的作用，车辆发生跳跃，使乘客感到不适，货物受震动，车辆的弹簧、轮轴及车胎等也易损坏。竖曲线一般常用圆曲线代替，在选择竖曲线半径时，如果不会因此增加大量土方工程，应尽可能采用大半径的竖曲线，若增加土方量很多，半径也最好不小于表 16–3 中的数值。

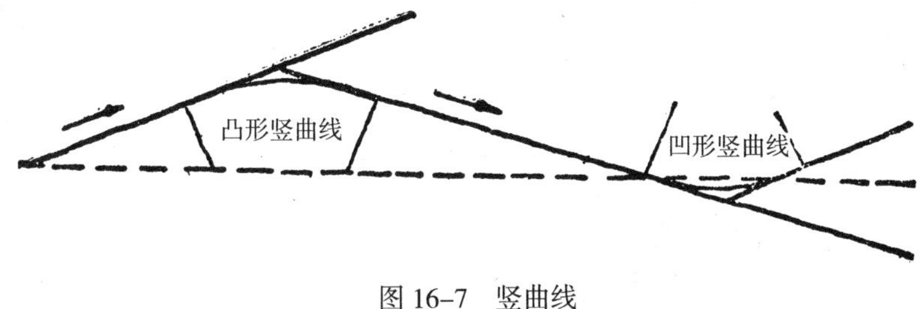

图 16–7　竖曲线

道路竖曲线的最小半径　　表 16–3

曲线形状	道路等级		
	Ⅰ	Ⅱ	Ⅲ
凸形曲线半径（米）	4000	2000	400
凹形曲线半径（米）	1000	600	200

四、街道各组成部分的宽度

（一）车行道

道路车行道是供城市各种车辆行驶的，车行道的宽度应保证来往车辆安全和顺利地通过，在运输车辆最多的时候也不致发生交通阻塞。车行道宽度的大小是以“车道”为单位。所调车道是指车辆单向行驶所需要的宽度。一个车道的宽度与车辆外廓尺寸、车辆与车辆间的侧旁安全间隔以及车辆与人行道间的安全间隔有关。

车辆外廓尺寸（宽度）一般按下列数值计算：

小汽车……1.4—2.0 米（第一汽车制造厂出产的红旗牌高级小客车宽 2000 毫米；东风牌 CA–1 型小客车宽 1755 毫米）。

载重汽车……2.1—2.5 米（解放牌 CA–10 载重汽车宽 2470 毫米；国外出产的载重车

[1] 在道路纵坡变化处，插入一段曲线（通常使用圆曲线）以减轻行车的振动，保证行车视距，这种曲线称为竖曲线。

有的宽达 2650 毫米）。

公共汽车和无轨电车……2.4—2.6 米（北京产的中华牌 3581 型及上海产的解放 57 型大客车 2570 毫米，天津产的 59 型无轨电车车宽 2400 毫米）。

若车流中有同类而不同型的车辆，计算时应以宽度大的车型为准。

车辆之间及车辆与人行道之间的安全间隔，决定于车辆速度、路面质量及司机技术等因素。根据理论计算和实际观察的经验资料，当车行速度为 40—60 公里 / 小时时，同向行驶车辆侧旁最小安全间隔约为 1.0—1.4 米；相向行驶车辆之间的最小侧旁间隔约为 1.2—1.4 米；行驶中的车辆与人行道之间的安全间隔约为 0.5—0.8 米。

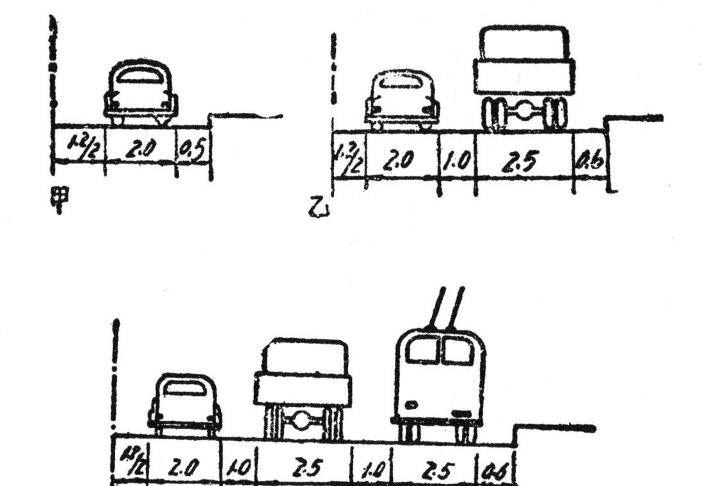

图 16-8　车行道宽度

甲—双车道宽度；乙—四车道宽度；丙—六车道宽度

图 16-8 甲所示为行驶小客车的双车道所需要的宽度：

$$\left(0.5+2.0+\frac{1.2}{2}\right)\times 2=3.1\times 2=6.2\text{ 米}$$

图 16-8 乙所示系四车道的道路，内侧行驶小客车，外侧行驶载重车，所需要的车行道宽度：

$$\left(0.6+2.5+1.0+2.0+\frac{1.2}{2}\right)\times 2=6.7\times 2=13.4\text{ 米}$$

图 16-8 丙为六车道，接近道路中心线的车道通行小汽车，接近人行道的车道通行公共汽车或无轨电车，中间的车道通行载重汽车，所需的车行道宽度：

$$\left(0.6+2.5+1.0+2.5+1.0+2.0+\frac{1.2}{2}\right)\times 2=10.2\times 2=20.4\text{ 米}$$

根据上面三种情况的分析，各车道的宽度约为：小汽车 3—3.2 米，载重汽车和公共汽车 3.5—3.7 米。城市主要道路的车行道应采用较宽的数字。车辆不多，行车速度较慢的次要道路的车行道可采用较小的数字。

各种不同车道数的车行道宽度，可参考表 16-4。

车行道宽度 **表 16–4**

车　道　数	车行道宽度（米）
2	6.5—7.0
4	13—14
6	20—22
8	26—28
10	32—35

在选用车道数时，一般系根据该路每小时的交通强度高峰和每条道路通行能力计算决定。下列各表可作参考：

选用车道数表 **表 16–5**

道路每小时通过汽车辆数	可采用车道数
500 以下	2 或 3
500—2000	4 或 6
2000—4000	6 或 8
4000 以上	8 或 10

交叉口道路通行能量折减系数表 **表 16–6**

交叉口间的距离（米）	行车速度（公里 / 小时）				备　考
	30	40	50	60	
300	0.63	0.52	0.47	0.41	汽车加速度或减速度平均用 2 米 / 秒 ^{2}
500	0.74	0.64	0.69	0.54	信号灯：全循环时间用 60 秒
800	0.82	0.74	0.70	0.65	绿色信号灯发觉时间用 25 秒

各种车道数通行能量折减系数表 **表 16–7**

双向交通每向车道号数	通行能量折减系数	备　考
第 1 车道（自中线起）	1.00	即双车道
第 2 车道（自中线起）	0.80—0.89	即 4 车道
第 3 车道（自中线起）	0.65—0.78	即 6 车道
第 4 车道（自中线起）	0.50—0.65	即 8 车道
第 5 车道（自中线起）	0.40—0.52	即 10 车道

每车道最大通行能量表 **表 16–8**

车　辆　类　型	每小时最大通行车辆数	备　考
小汽车	500—1000	交叉道口 500 米
载重汽车	300—600	最大时速 50 公里
无轨电车	90—120	红灯延续时间为 25 秒
公共汽车	50—60	黄灯延续时间为 4 秒
兽力车	120	

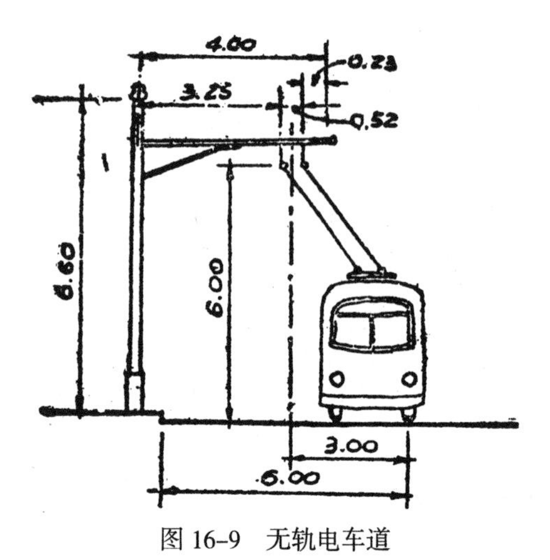

图 16-9　无轨电车道

我国目前对城市道路按类型规定可采用车道宽和车道数见表 10-5。

城市街道上的无轨电车路线，通常是设计在靠近人行道的地方，单向无轨电车车道的宽度采用 3.5 米。

无轨电车可以偏在悬挂的触线两侧各 3 米范围以内行驶（图 16-9）无轨电车通常是行驶在由侧面算起的车行道第二个车道上。因此通行无轨电车的车道宽度不应小于 6 米。

有轨电车道，我国的一些大城市如上海、天津的电车道都设在车行道同一断面上，这是因为道路的横断面较狭，不得不采用这样的布置，以免过多占用横断面的宽度，但是这种布置方式会妨碍交通，因此更合理的办法是将电车道与车行道分隔开来，敷设在专门的独立路基上，这样布置的优点是：

①改善交通。减少电车和其他车辆相撞的可能，提高电车的行车速度；

②简化电车道结构和铺装，比较经济；

③可避免破坏车行道路面；

④在电车道两侧植树可以减少噪声。

电车道宽度见下表（我国城市道路设计准则规定）。

有轨电车道宽度表　　　　**表 16-9**

目　次	电车道布置方法和特点	用地宽（米）	电车轴线距（米）
1	在轨道外有架空线杆与道路同一标高的双线路基	6.60	3.20
2	在轨道外有架空线杆与道路同一标高的单线路基	3.40	—
3	在轨道间隔内有架空电杆的双线独立路基	7.35	3.55
4	在轨道间隔内无架空电杆的双线独立路基	7.00	3.20
5	在轨道间隔内有架空电杆与道路同一标高的双线路基	6.95	3.55
6	单线独立路基	3.80	—
7	具有停车站台的双线独立路基	9.15	3.20

（二）自行车道

在我国城市中，自行车交通非常发达，但目前自行车都是在车行道上与汽车混合行驶，很不安全，因此有必要设立单独的自行车道。

（1）自行车道布置方法

①设在街道两侧车行道和人行道之间，自行车道的两边用绿带同车行道和人行道隔开，同车行道相隔的距离不小于 1 米，同人行道不小于 0.75 米。

②在街道一侧设一条双向交通的自行车道，其宽度不小于 3.75 米，这是在街道两侧不可能分设单向自行车道时才允许采用的方法。

③街道中线上林荫道的两侧。

④设在不集中全市性交通并没有频繁和复杂交叉口的次要街道上。

⑤完全与一般的街道系统分开，规划成独立的自行车道系统，瑞典的魏林比和英国的哈罗都采用这种布置方法。

（2）自行车道宽度和纵坡度：

根据实地观察结果，可规定如下：

单车道不小于 1.5 米。

单向双车道，不小于 2.5 米。

双向双车道，不小于 3.75 米。

我国目前城市街道上的非机动车交通很多，应和自行车道宽度综合考虑，设置综合性的辅助车道，其宽度不小于 4 米。

图 16–10　步行带宽度（米）

自行车道的纵坡度不得超过 0.05。

（三）人行道

（1）人行道宽度

人行道宽度取决于人流的规模、步行带的数量以及在人行道边上设置灯杆，电车架空线杆和绿化植树带等的布置情况。如果有远景人流的资料，则应通过计算来确定人行道的宽度。

为了确定人行道的宽度，以一个行人步行所占用的地带宽度为 0.75—0.90 米，作为计算单位（图 16–10）。

在城市干道上步行带一般规定为 0.75 米，它能保证每小时通过 750—800 人，最多通过 1000 人（若估计每小时步行 3.5—4 公里），但在火车站，大型百货公司，码头附近和全市性的主要道路上，可采用 0.85—1.0 米作为步行带的宽度。

在林荫道上一条步行带每小时通行能力 500 人。

定人行道宽度时，可参考下表（我国城市道路设计准则草案）。

人行道宽度表　　　　**表 16–10**

项　　目	宽　度（米）	项　　目	宽　度（米）
1. 普通步行带（每条）车站、剧场、	0.75	中灌木树	1.0
影院、大商店、全市干线广场中心	0.90	高灌木树	1.0—1.2
2. 装路灯杆、电线杆附加宽度	0.5—1.0	草　　地	1.0—1.5
3. 单行树宽度	1.25—2.0	4. 林荫带	7.50
双行树宽度	2.5—5.0	5. 地下管线	视情况而定
低灌木树	0.8		

但是远景的人流规模往往不能精确地估计出来，因此在确定人行道宽度时应以人行道的最小宽度为根据，见表 16–11（城市道路设计准则草案）。

（2）人行道布置方式

人行道的布置方式可参阅图 16–11 所示，一般都是布置在道路的两侧，个别的有布置在道路一侧的。人行道最好布置在绿带与建筑线之间，如图中Ⅰ，或布置在绿带之间如图中Ⅲ。这样布置可减少行人受灰尘的影响，并保证行人的安全。沿街有许多商店时，最好设置两条人行道，如图中Ⅳ和Ⅴ所示。

人行道最小宽度表　　表 16-11

人行道所在地	最小宽度（米）	铺砌最小宽度（米）
火车站公园市交通终点其他人行聚集地点	9—10	6.0
全市性干线有大商店及公共文化机构者	7.5—8.5	4.5
区域干线有大商店及公共文化机构者	4.5—6.5	3.0
住宅区街巷	1.5—4.0	1.5

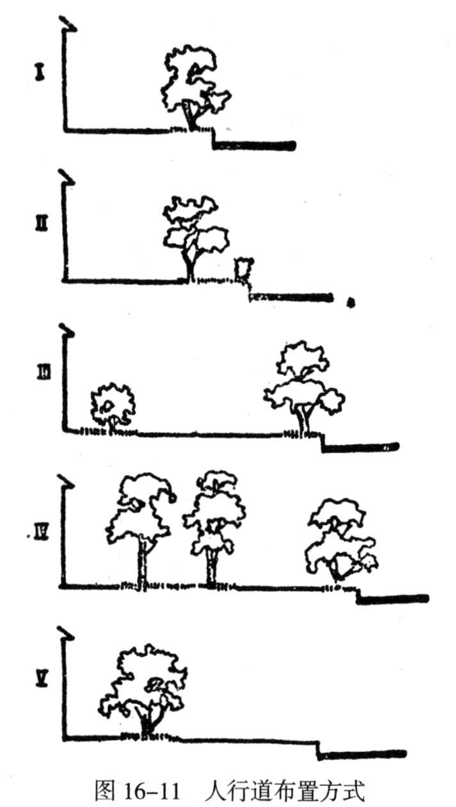

图 16-11　人行道布置方式

（四）道路绿带及分车岛宽度

道路绿带一般有下列几种：

（1）林荫带：在有足够宽度的道路上，布置有步行小路的林荫带。林荫带的总宽度不宜小于 10 米左右，如在林荫带中设有喷水池、邮亭等，则最小宽度不宜小于 15 米，其中步行小路宽度不宜小于 1.5—2.0 米。

（2）行道树：沿着车行道两侧种植树木，其用地宽度如图 16-12 所示。单行种植的宽度为 1.25—2.0 米，双行种植的宽度为 2.25—5.0 米。树木距建筑物的距离应根据树种、建筑物高度、气候等情况而定，最好不小于 4 米。若不能达到，可采用更小的数值。

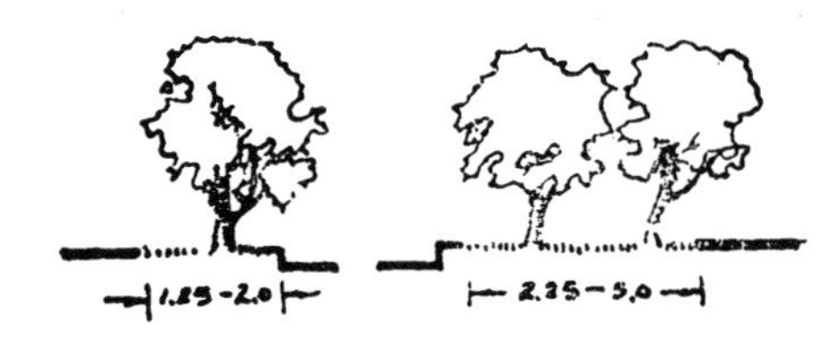

图 16-12　行道树种植宽度

（3）灌木丛和蔓延植物带：宽度不宜小于 0.8—1.5 米。

（4）绿化分车岛：分隔车道的分车岛上常常种植树木，或花草，不宜种植遮挡视线的灌木，其最小宽度不宜小于 1.0 米。如分车岛上有用作公共交通车辆的站台时，其宽度不宜小于 1.5—2.0 米。

五、街道横断面设计

垂直于道路中心线所作的截面叫做道路横断面。从道路横断面图上可以见到道路的整个宽度和地上地下各种设施的位置。如地面的车行道、自行车道、人行道、分车带、电杆等等；埋设在地下的给水管道、污水管道、电力电缆、电信电缆等各种管线。

（一）影响街道横断面设计的因素

（1）街道的性质（干路、支路、快速道等）；

（2）车行道的数量（一条、两条或更多的车行道）；

（3）街道横断面中各个部分的宽度——如车行道、自行车道、人行道、绿地带等的宽度；

（4）街道绿化的性质和程度；

（5）街道横断面中各个部分的相互位置，考虑到建筑物和绿化的日照条件，横断面有对称的和不对称的不同布置方式；

（6）当地的地形条件；

（7）在有河道的城市里布置横断面时，应考虑与河道结合。

（二）有关街道横断面设计的一些原则

干道横断面的规划及其各个组成部分（车行道、人行道、电车道、绿地等）的宽度，以及这些部分与建筑物之间的相互位置，与城市规划思想有密切关系，也牵涉到道路交通组织中的技术问题，同时也是艺术问题。在设计街道横断面时应考虑下列一些原则：

（1）在确定城市街道行车部分和整个街道宽度以及街道断面时，必须考虑到日益增长的机械化交通问题；

（2）如车流非常大（超过4—5条车道）或车种非常复杂，可将车行道分工，如快慢车分开，客货车分开，这样可提高街道通过量和交通安全程度；

（3）长距离的过境交通与地方性交通分开，例如在中央车行道上通行过境车辆，两侧车行道走地方性车辆；

（4）电车道与汽车道分开，电车道设在单独的路基上；

（5）当车速超过60公里/小时，车行道中间应设分车带，这样车行比较安全，行人过街可在分车带上停留，也较安全；

（6）自行车最好有专用车道行驶，如北京西颐路有一段自行车与汽车道分开，彼此不妨碍，非常便利安全；

（7）根据地形、建筑物及日照条件，以及建筑艺术上的要求，街道断面可以不对称，绿地也可以不对称；

（8）人行道的宽度也应当根据道路性质，行人集中程度和安全原则来确定。在主要大街和商业街上，人行道应该宽一些；

（9）我国在今后相当时期内，非机动车在城市交通运输中还占有一定比重，因此在街道横断面中应安排非机动车专用车道，并考虑它将来有过渡为机动车道的可能；

（10）在城市发展初期，如果交通量不大，可先开辟最低必需宽度的车行道，保留的车道可先进行绿化（种草皮、栽灌木），待将来交通量增大时，再铺筑路基路面改成车行道。

（三）街道横断面的基本形式

道路横断面可以分为凸形横断面，凹形横断面和单向倾斜横断面三种基本形式。

凸形横断面，是从路中心向道路两侧倾斜，雨水能迅速地流向两旁的侧沟，并沿侧沟流入进水口，以免街坊内的雨水流入车行道。城市道路通常采用凸形横断面。

凹形横断面，当道路布置在谷地或路中心低、两侧高的地方时，有时采用这种凹形横断面，以便和自然地形结合，减少土方工程量，降低城市道路建设费用。此外，由于雨水从道路两旁流入中间，车辆行驶时，车辆下不致飞出泥水溅污行人的衣服。而且只需在道路中间排水管上埋设一排进水口就能排水，可以减少管道的建设费用。但由于凹形断面成“V”字形，车辆向路中间倾斜，相向行驶的车辆内侧上角有碰撞的危险；同向行驶的车辆超车时，车辆需要从路中间低洼的排水沟或进水口上驶过，并使车辆发生强烈震动，给行车带来不便。凹形横断面的道路接近道路交叉口时，断面要逐步变化，以适应交叉口的立面规划，这种变化要比凸形横断面复杂得多。因此，凹形横断面一般在城市的主要道路上是不采用的，只用于次要道路和街坊内部的道路。

单向倾斜的横断面，当城市次要道路和街坊内部道路的自然地形是由道路一侧向另一侧倾斜时，可以结合自然地形适当改变其坡度，将道路规划成单向倾斜，并在道路的一侧埋设排水管和进水口，这样可节省土方和排水系统的建筑费用。但是，由于道路单向倾斜，地面的流水从道路的较高一侧流向较低的一侧，经过车行道的整个宽度，沾污整个路面，因此在城市的主要道路和较宽的道路上，不宜采用单向倾斜的横断面。为了便于迅速排除雨水，单向倾斜的车行道宽度一般不大于 9 米。

道路横坡度的大小根据路面状况而不同。表面愈不平整，地面水流愈困难，就需要有较大的横坡度。横坡度的数值可参考表 16–12。

道路纵横坡度表 表 16–12

	路面种类	纵坡度（%）			横坡度（%）	
		最小	最大	特大	最小	最大
1	道路路面					
	（1）水泥混凝土，水泥碎石	0.3	3.5	5.0	1.5	2.5
	（2）沥青混凝土	0.3	3.5	5.0	1.5	2.5
	（3）沥青结合碎石或砾石及表面处理	0.3	3.5	5.0	2.0	2.5
	（4）修正块料（炼砖，细琢石或嵌花式铺砌）	0.4	0.5	7.0	2.0	3.0
	（5）圆石及拳石铺砌	0.5	7.0	9.0	3.0	4.0
	（6）砾石碎石或矿渣（无结合料处理）	0.5	6.0	8.0	2.5	3.5
	（7）结合料稳定土壤	0.5	6.0	8.0	2.5	3.5
	（8）级配砂土	0.5	6.0	8.0	3.0	4.0
	（9）天然土壤粒料稳定土壤	0.5	6.0	8.0	3.0	4.0
2	广场行车路面	同 1 项	—	—	0.5	1.5
3	汽车停车场路面	同 1 项	—	—	0.5	0.5

一般常见的各类街道横断面如下：

（1）全市性干道

图 16–13 为全市性干道的几种横断面。

（2）区干路

图 16–14 为区干路的横断面。

（3）不同速度车辆分开行驶的干道横断面（图 16–15）

（4）结合地形的街道横断面形式

在自然地形起伏较大地区规划道路横断面时，如果道路两侧的地形高差很大，可将车行道、人行道、绿地等部分规划在不同的水平面上，即布置成阶梯形横断面。道路各组成部分之间可用土斜坡或挡土墙来分隔，采用挡土墙可以减小道路的总宽度，但造价比较昂贵。挡土墙通常用石料、水泥混凝土、钢筋混凝土或砖砌成。选用挡土墙或是采用土坡，要根据当地的地形和地貌情况、道路的允许用地宽度以及造价等进行技术经济比较。斜坡的大小视土壤种类不同而异，黏土、垆坶、砂土斜坡的坡度一般采用 1∶1.5（即在 1.5 米

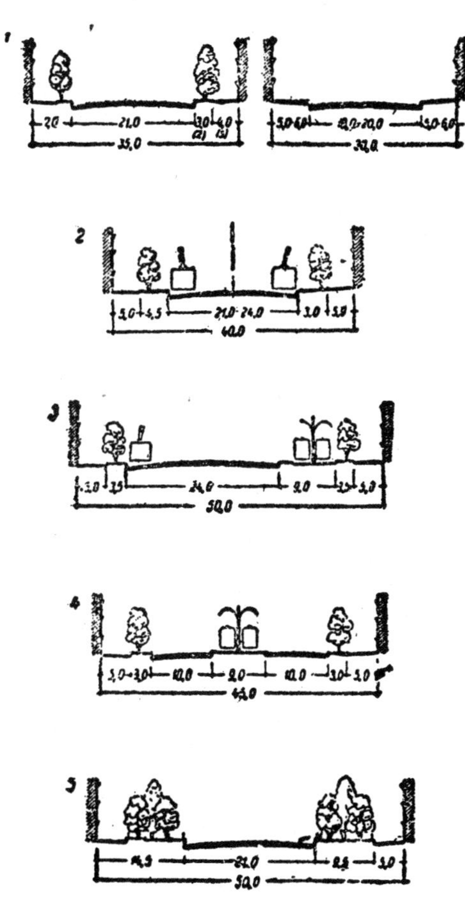

图 16-13　全市性干道横断面（单位：米）

1—供无轨交通通行；2—设有无轨电车；3—设有无轨电车和有轨电车（在专用路基上）；4—有轨电车（有专用路基）设在车行道中央；5—在沿人行道的单皮带上植树

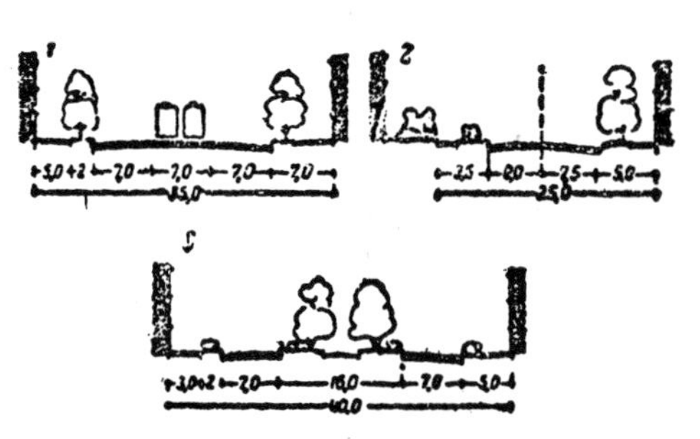

图 16-14　区干道横断面（单位：米）

1—设有有轨电车；2—供无轨交通通行，房屋前有园；3—在车行道中间设有林荫道

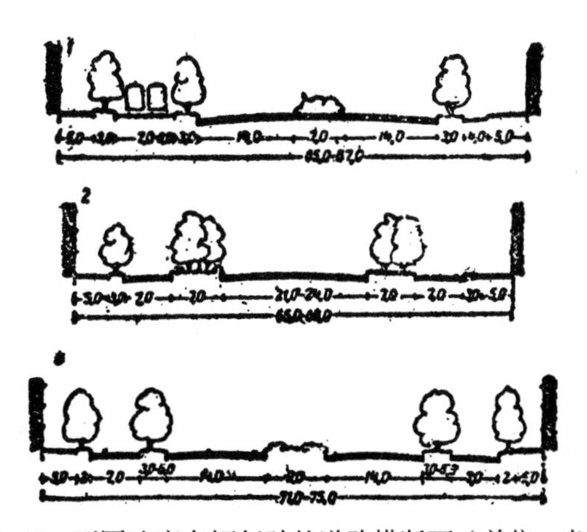

图 16-15　不同速度车辆行驶的道路横断面（单位：米）

1—有轨电车有单独路基；2—两侧有辅助性车道，中央车行道无分车带；3—两侧有辅助性车道，中央车行道设分车带

的水平距离内，升高 1 米所形成的坡度）；风化石质土壤 1：0.5 左右；未风化的岩石可以挖成 1：0。为了防止边坡土壤被水冲刷及边坡坍塌，在斜坡上应栽植树木或草皮加以保护。

由于在交叉口处不能将车行道分层设置，在修建阶梯形横断面的道路时应在接近交叉口处将不同高度的车行道逐渐地过渡到相同的高度上。

阶梯形横断面的道路，常需要敷设几套排水系统以排除各层道路的地面水。沿边坡有渗出水时，在坡脚应设置排水沟管排除之。

现将结合地形布置道路横断面的几种形式举例如下：

以上两图是结合地形将人行道与车行道设置在不同的高度上，人行道与车行道之间用斜坡隔开，或用挡土墙隔开。

图 16-18 是将两个不同行车方向的车行道设置在不同的高度上，其间分别用斜坡与挡土墙隔开。

图 16-19 是在两个不同高度的车行道的斜坡中设置一个供居民散步的林荫道。

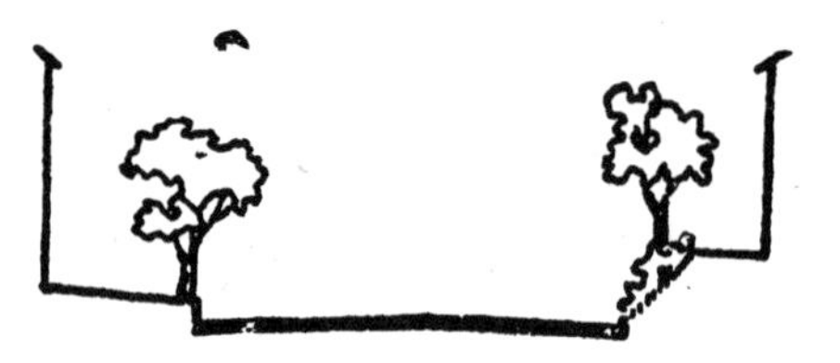

图 16-16　车行道和人行道分设在不同高度上之例一

图 16-17　车行道和人行道分设在不同高度上之例二

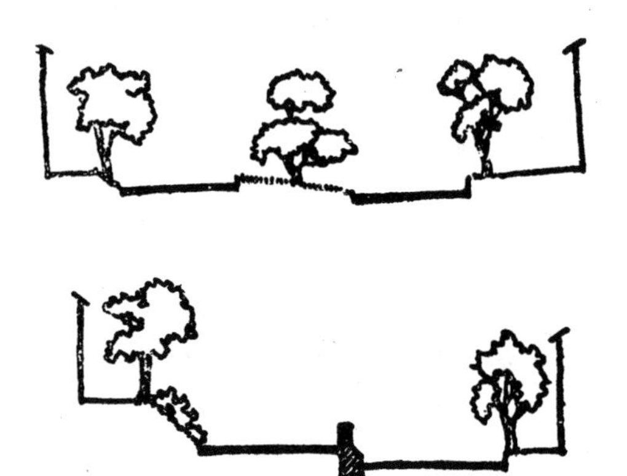

图 16-18　车行道分设在不同高度上之例一

图 16-19　车行道分设在不同高度上之例二

图 16-20 中只在道路的一边建有建筑物，而另一面是较大的斜坡，因此将绿地布置在接近建筑物的一面。

图 16-21 中是将电车道与车行道布置在不同的高度上，其间用挡土墙隔开。

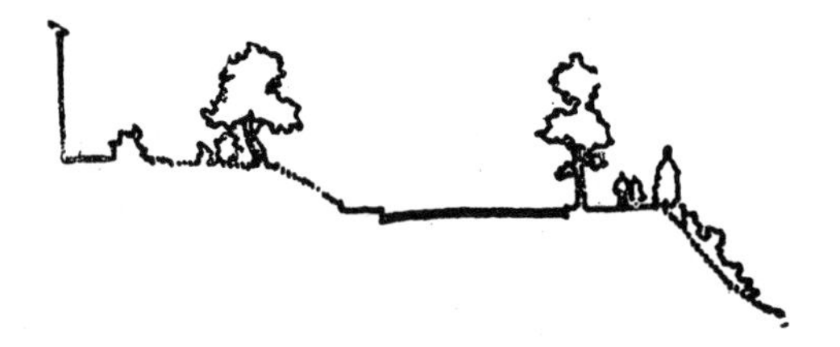

图 16-20　一边有建筑物的斜坡道路横断面

图 16-21　汽车道、电车道分设在不同高度上

在图 16-22 中是利用冲沟或改道了的河床或是改线了的铁路路堑，布置城市过境交通道路或快速交通道路，这样可利用地形布置交叉道路的旱桥，提高行车速度和保证行车安全。如果沟的宽度不大，在 2—3 米左右，可利用它作为排水明沟（图 16-23），将它布置在街道中间，两侧坡地上植树，布置人行道。

（5）街道横断面内地下构筑物的布置

当设计街道横断面时，必须考虑地下构筑物，地下交通线和地下工程管网等的布置（图 16-24）。

属于地下交通线的有：穿过街道的（横向）人行地道，在交叉口处供汽车通行用的地道，

图 16–22　利用铁路旧路堑的道路横断面

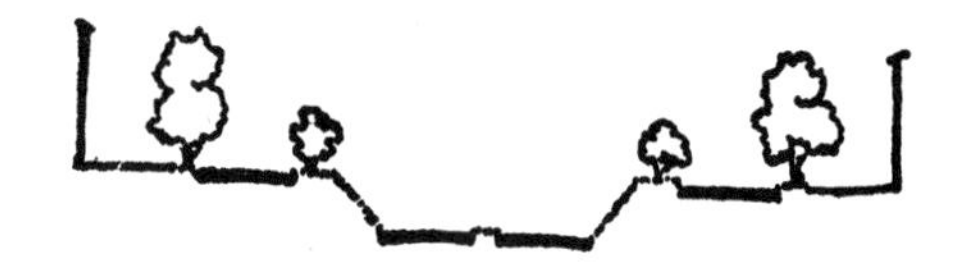

图 16–23　利用天然冲沟的道路横断面

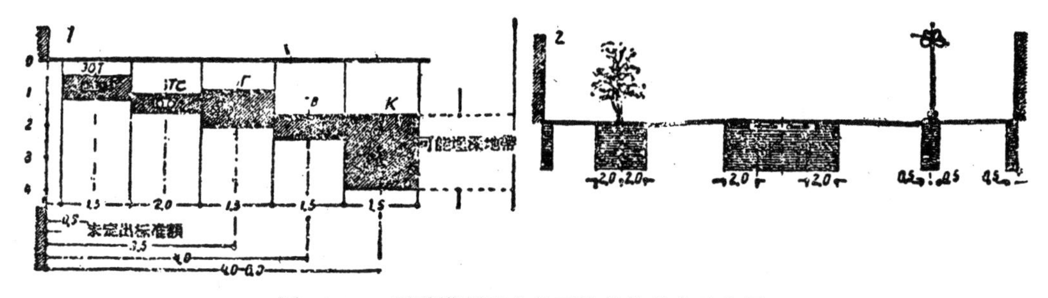

图 16–24　干道横断面中地下构筑物分布示意图

1—各种用途的地下管网的埋探和净距；*эСТ*—强电流，弱电流和运输用电的电缆；*ТС*—供热；*Г*—煤气；*В*—给水；*К*—排水。2—地下构筑物不能占用的干道横断面地带（单位：米）

地下铁道及深埋铁路引入线的隧道等。在街道下面的这些构筑物的位置以各种构筑物的特点和街道建筑的用途与特点为根据，以专门的规则和定额来确定的。

属于工程管网的地下构筑物有：埋设在地表面以下相当深的管道，深度是根据土壤冻结的深度和地形条件来决定的。

上述地下构筑物最好都布置在人行道和草坪下面，以便在修理管网时不必掘开街道的车行道。只有在没有其他办法的情况下；才允许在街道车行道下面埋设污水管和雨水管。所有干管和电缆，都应当与街道轴线平行敷设❶。

为了减少从街道引入建筑物和街坊去的地下管网支线的长度，在宽度大于 40 米的街道上，工程管网应铺设在街道的两边。在地下设施很发达的特大城市中，应设置专门的总管道。在这种管道内可以布置若干管道和电缆。这样的总管道埋设得不深，最宜建在草坪或人行道下面❷。修建总管道可以避免翻动干道的车行道。街道路面愈好，采用总管道就愈有利。在大城市干道上应当考虑设置这种管道❸。

（四）几类断面的使用比较

（1）快慢车混合行驶的一面车道式（图 16–13（1））

这种车道形式在我国旧城市中采用得很普遍，在城市交通工具不很发达的时代，各类车辆行驶速度相差不大时是较经济的，目前为了解决机动车和非机动车在行驶上的矛盾用油漆白线将机动车道和非机动车道分隔开来。断面多数是车行道两侧就是人行道，

---

❶ 地下构筑物的布置，应从埋得最深的构筑物开始。在设计街道纵断面时，必须使地下构筑物达到最小许可的埋设深度。

❷ 为了工人可以到总管道里面去，在街道的交叉口上和总管道转弯的地方，设置专用探井，其间距为 70—100 米。

❸ 第五章第一节的问题在 A·E· 斯特拉缅托夫著《城市规划的工程问题》一书中有详细的阐述，国家建筑书籍出版社，莫斯科 1955 年。

人行道以外就是建筑物，在人行道和车行道之间仅是以一行树和电线杆隔离，这种布置形式显得很单调，从提高交通速度和保证交通安全来看是不利的。

（2）快慢车分道式（图 16–15（2））

此种断面用分车带把机动车道和非机动车道分开。避免机动车和非机动车相互干扰。分车带可以种花栽树，配合周围建筑物进行绿化，在车行道和人行道之间采用多行树的绿化把车行道与人行道分隔开，人行道和建筑物之间的地段可以大量绿化。但此种街道断面占地较大。

（3）两面车道式（图 16–15（3））

此种横断面中每一车行道供一个方向的车辆行驶，在两个车行道之间设置绿化带，其形式可能为草地、花坛或树木，在这种情况下，车行道的宽度在每一个行车方向应不小于 7 米、草地的宽度应不小于 2 米，草地应该比车行道高 10—15 厘米。西安的长乐路即采取此种形式（图 16–25）。

图 16–25　西安长乐路

根据几年来的实践证明，此种断面缺点较多，综合起来有以下几点：

①街道占地范围大，用地浪费。

②路幅中间设绿带后吸引人流，横穿街道，经常与车辆交通发生矛盾，降低道路通过能力。

③中间绿化树叶影响视线，容易出交通事故。

④沿中心绿化侧边路面容易损坏，而由于车辆行驶时，尘土飞扬，树木花草亦难保持鲜艳。

综上所述，在一般交通干道最好采用快慢车分道式的横断面。

假使路幅中间布置绿地分隔带，其布置形式最好是：

①花草树木须离开花边边缘 0.8—1.0 米；

②树木纵横方向错开种植，中间密、边缘稀；

③边缘尽可能种乔木，如栽灌木，其高度不宜超过 0.8 米。

第二节　交叉口设计

一、干道交叉口与城市交通的矛盾

干道交叉口是街道交通发生矛盾的集中点。干道的通行能力受到交叉口通行能力很大的限制。一般说来，干道的通行能力到交叉口约降低 40%—50%，据统计，纽约有 50%的汽车停在交叉口等待前进，伦敦则有 27%的汽车等在交叉路口，纽约、伦敦汽车交通的平均速度只有 15 公里 / 小时，很大一部分原因是由于交叉口拥挤而造成的。再如莫斯科的高尔基大街宽达 80 米，但行车速度一般只达 20 公里 / 小时，原因之一就是交叉口的间距太近，车流经常被人行和相交的车流所阻挠。上海的南京东路交叉口的间距平均长 150 米，最短的一段只有 90 米，同时由于两边是全市性的商店和百货大楼，每到假日，人流拥挤，大大地妨碍了行车速度，有轨电车假日高峰小时行车速度在 10 公里 / 小时以内。因此，减少街道交叉口的数量和增加交叉口之间的距离是现代城市规划中的一个方向。为了适应现代化交通的需要，干道交叉口的间距最好不小于 600 米。

交叉口特别拥挤的原因如下：

（1）在交叉口行驶的车辆多；

（2）车辆在交叉口转弯时所需要的面积比直驶车辆需要的大；

（3）车辆在交叉口转弯时，车行速度比直驶车辆低；

（4）在交叉口车辆行驶的路线有的是互相冲突的，为了避免冲突，车辆行驶的速度更低；

（5）在交叉路上来往的车辆，到交叉口有周期性的停止；

（6）交叉口有行人横过街道。

从交通运输观点来看，理想的城市街道显然是那些没有造成撞车和阻滞车辆交通危险的交叉口的街道。但是由于建成这种街道是非常困难的，因此在设计时，须力求使交叉口为最少，并使能保证必要的行车速度，街道的最大交通量以及车辆和行人的安全。

在交叉口车辆交通的组织和管理，可以有下列几种处理方法：

（1）人工管理交通信号灯的平面交叉；

（2）按环形组织车流行驶的平面交叉；

（3）立体交叉；

（4）采取自动交通信号灯的平面交叉。

选择哪一种交叉口，应该根据下列各主要因素来决定：

（1）交叉口的城市街道的等级；

（2）通过交叉口的现有交通量和设计交通量；

（3）设计行车速度；

（4）交叉街道的设计纵坡度；

（5）交叉街道的横断面；

（6）交叉口的形状和大小；

（7）充分保证行人和车辆交通的安全；

（8）交叉口周围的房屋和其他建筑物的建筑特点；

（9）交叉口用地上各项市政设施的安排。

目前西欧国家的趋向是减少带有交通管制的交叉口，而在不得已时才设立这种交叉口。苏联的特大城市中，交通量较大的各干道交叉口要进行交通管制，而且有些交叉口的信号是自动的。我国在很多城市中还是普遍的采用有信号的交通管制。

二、交叉口设计要素

（一）视距三角形

交叉口的宽度是根据交通量的大小来决定的。宽度越大，对司机的视距条件越有利。为了保证一定的视距[1]条件，可以采用视距三角形的方法来确定交叉口转弯处的视距（图16-26）。

视距三角形内不应有建筑物，绿化高度亦不应超过0.65—0.70米，以免妨碍驾驶员的视线。视距的大小，视道路允许的行驶速度、道路坡度、路面情况等而定，大约为30—75米。

（二）转弯半径

交叉口的转角处必须按照各种车辆所要求的不同转弯半径进行设计，一般各种车辆转弯半径为（图16-27）：

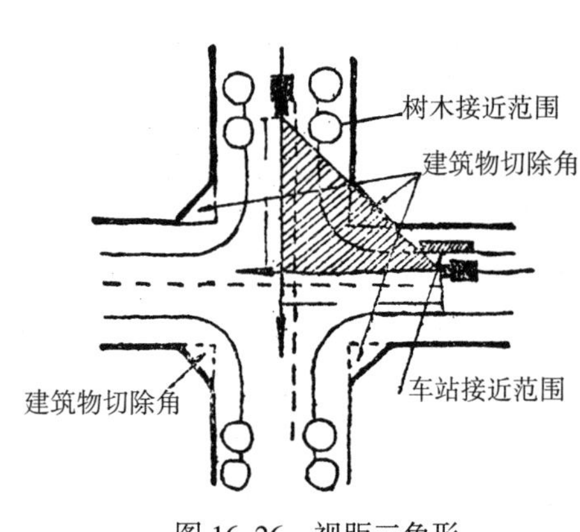

图16-26　视距三角形

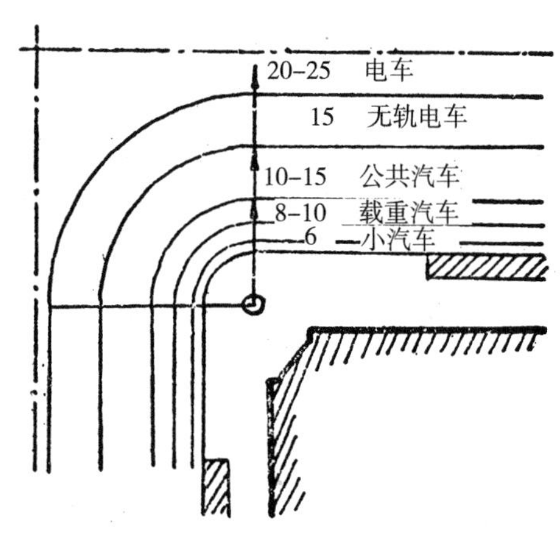

图16-27　各种车辆的转弯半径（单位：米）

（1）电车道：20—25米；

（2）无轨电车：15米；

（3）大型公共汽车：10—15米；

（4）载重汽车：8—10米；

（5）小汽车：5—6米。

相应地，各种交叉口上人行道应有的曲线半径：

（1）干道交叉口上：8—12米；

（2）干道与居住区街道交叉口上：6—8米，转弯处人行道的宽度不应小于两条会合的人行道中的宽度最大的一条。

---

[1] 司机从发觉交会车辆立即刹车而刚够停车的距离，称为最小视距。以最小视距在交叉口上组成的三角形称为最小视距三角形（图16-28）。

三、交叉口的类型

（一）平面交叉

1. 十字交叉

这是城市中最常见而且较简单的交叉口。这种交叉口一般都由交通警或信号灯来管理[1]。

交叉口右转弯车辆，不与其他车辆（直行的、左转弯的）发生冲突，因为它们没有重合点，但与行人过街有干扰。为了使右转弯车辆能自直向行驶的车道中分出，而不致阻滞直行车辆，可在交叉口设置右转弯车道，即喇叭形交叉口（图 16–28）。喇叭形交叉口的加宽部分长度，右侧采用 50—70 米，左侧为右侧长度之一半。

交叉口的冲突点主要是由于左转车辆与直行车辆和不同方向的直行和左转车辆所引起的（图 16–29）。妥善组织交叉口的左转车辆交通是解决交叉口交通的关键问题。下面列举几种方法：

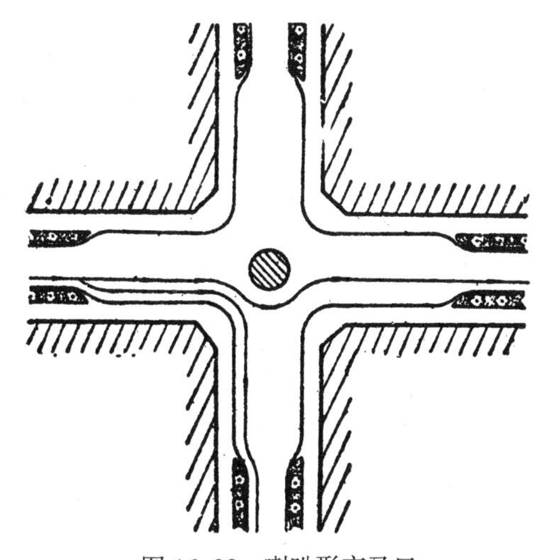
图 16–28　喇叭形交叉口

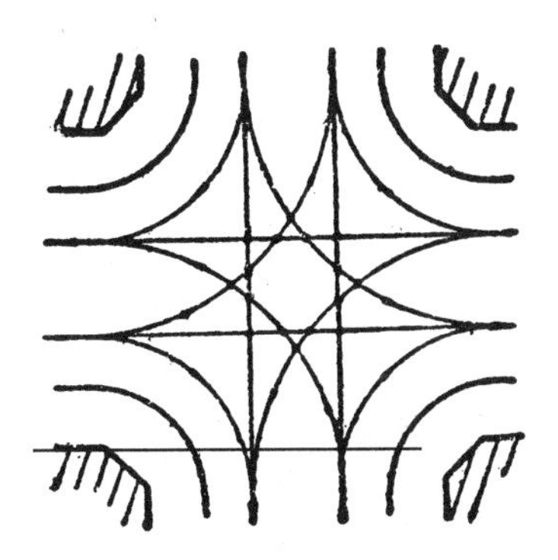
图 16–29　交叉口的冲突点

第一种：左转弯车辆在交叉口中心等候，等允许通行的交通信号发出后，再驶离交叉口折向左行（图 16–30）。

第二种：交叉口中央设有圆形交通岛（半径不小于 6 米），左转弯车辆环绕其周围等候通过，直行方向的车辆偏绕而过（图 16–31）。

第三种：当左转弯车辆较多时，则可采用远行转弯法，在路中央布置狭长的交通岛（图 16–32）。采用这种方法，左转弯车辆在交叉口无须等候，但街道宽度应不小于 40—50 米。因为交通岛的宽度一般要在 15—20 米左右。

第四种：使左转弯的车辆先环绕街角（可以布置在一角或四角，根据需要）的圆形岛行驶，等候相交道路上允许直向通行的色灯开放后再驶离交叉口（图 16–33）。这种方法在交叉口中心没有任何阻滞，缺点是交叉口的用地面积大，车辆绕行的距离也长些。

第五种：是使左转弯的车辆环绕街坊作右转弯行驶（图 16–34）。采用这种方法时，

---

[1] 按交通管理上的要求，用交通警或信号灯管制的交叉口，用地面积最宜在 $A=\pi R^2$=530−710 米 ^{2}（R=13−15 米）。

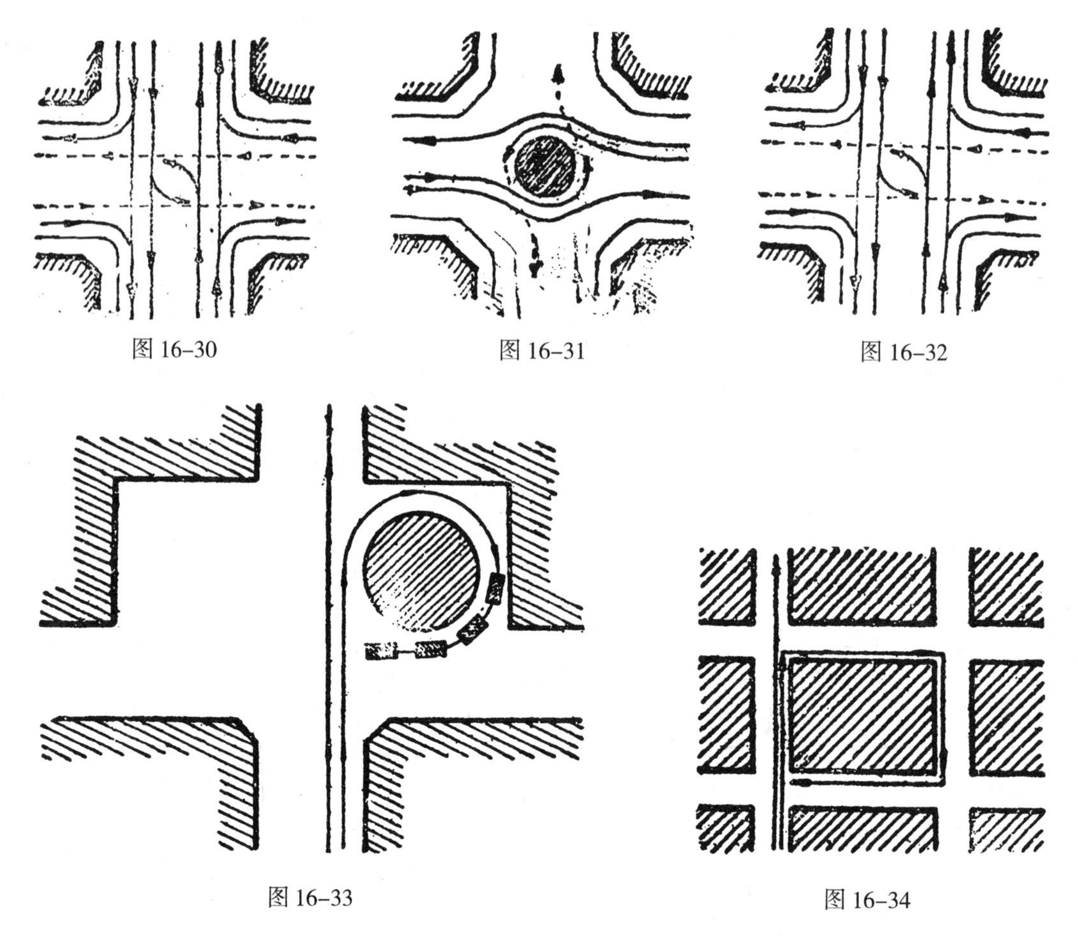

图 16-30　图 16-31　图 16-32

图 16-33　图 16-34

在交叉口不需要任何附加布置，但绕行距离却很长。若最小街坊的尺寸为 100 米 ×200 米时，则绕行达 2×（100+200）= 600 米之多。这种用于旧城，街坊小且无法拓宽道路的情况。

第六种：交叉口没有为左转弯附设任何布置，而增设左转弯行驶的信号，当允许转弯通行的信号开放前，左转弯车辆停在车道上等候，这种方法的主要缺点是左转弯车辆在停车等候时，往往影响了直行车辆的通过。

上述各种组织车辆左转弯行驶的方法，各有优点和缺点，并且受若干条件的限制（如道路宽度，交叉口可能使用的面积等）。因此，采用何种方式，必须根据具体情况作仔细的研究再确定。

2. T 形 Y 形的交叉

次干道与主干道的联系（住宅区街道连接于地区性干道，地区性干道连接于全市性干道等等）可用 T 形 Y 形交叉。

此种交叉口特点，使转弯车流在通过这个交叉口的总的交通量中占有很大的比重（在一般交叉路口右转弯和左转弯的交通量往往占较少的部分，而以直行车流占主要部分）。

T 形交叉口为了更好地提高直向主干道的通行能量与交通安全行驶，应注意下列两点：

（1）扩大横向的进入次干道的入口，限制次干道进入主干道的出口；

（2）在交叉口设置中心岛，不但车辆可以通行无阻，而且可以在没有交通警指挥交通时，也能使车辆安全行驶。

西安东郊公园南路的T形交叉设计即利用中心岛来组织车辆行驶的（图16–35）。

Y形交叉口（街道成斜角分岔）可视为T形交叉路口的特例。在Y形交叉路口三条有可能双向通行的路线中的一条路线上，实际上往往是没有交通的。在这种交叉路口上，只有交叉点的内侧路线是相互交叉的，如果保证车行道有足够的宽度，外侧路线上的车辆交通，便可以既无阻滞又无干扰地通行。

3. 环形交叉

（1）环形交叉的适用性

环形交叉口设有中央回车岛，车辆沿着回车岛不断环行。中央回车岛可以是圆形、椭圆形、圆角的矩形、多边形、三角形或扁形（图16–36）采用那种回车岛，应根据车辆的大小、车流的密度和行车速度来决定。

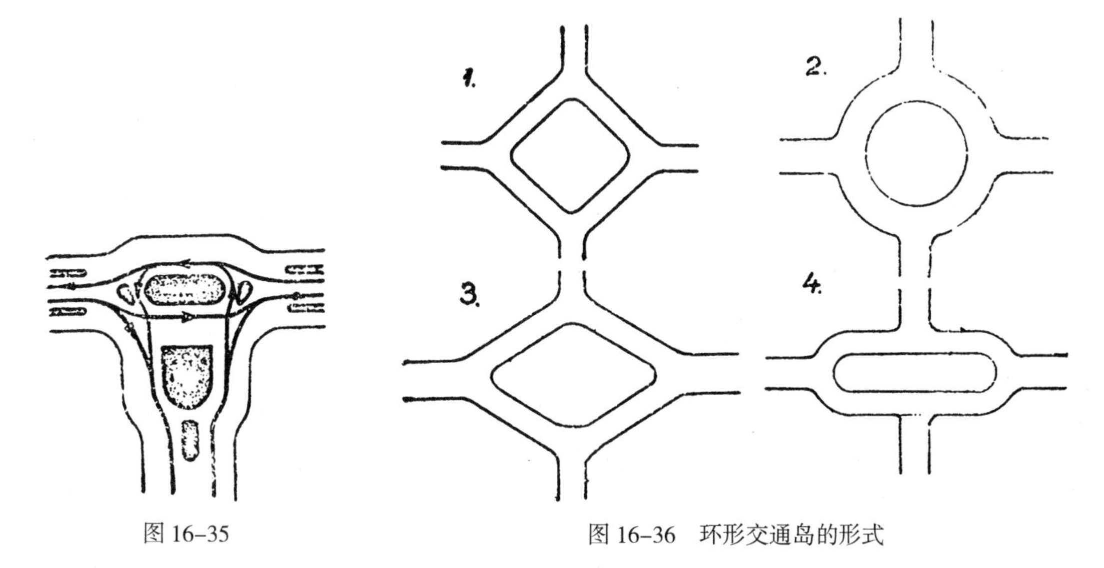

图16–35　　图16–36　环形交通岛的形式

一般，它适用于交叉口车道数较多，车辆种类较统一，交通流量各方向相近和交通密度平均的条件下，环形交通的效能比用交通灯管制的交叉口要高，对于车辆种类复杂或是某一方向交通量特别大的交叉口不宜采用环形交叉，在同一条道路上环形交叉不宜过多。

但具有圆角的矩形中央回车岛对车身长的车辆不很适宜，因为当车辆转弯时不得不占据相邻的车道，影响相邻车道上的车流，这样就需要有很宽的车行道。

使用椭圆形交通岛不但能提高主干道的通行能量，且因延长了交叉口车辆交织距离对交通安全起着很大的作用。

图16–37所示椭圆形交叉口的一般布置与车辆运行情况。

图16–38所示由于布置不当，使南北主干道受长轴的阻塞，车辆绕弯过长，而东西次干道车少，可是车辆几乎是直线通行，因此车辆多不绕圈行驶（图16–39）。所示为解决这一缺点的方案。

由此可见，椭圆交叉口布置原则为其长轴必须平行于交通量大的主干道，短轴平行于交通量少的次要干道，反之，既影响行车，亦造成浪费。

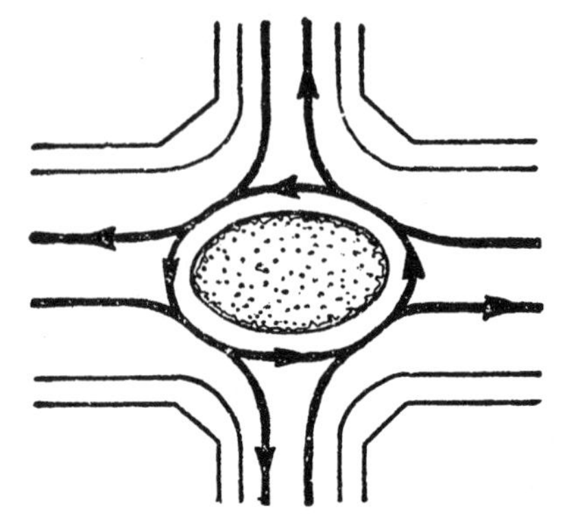

图 16–37　椭圆环形交叉口

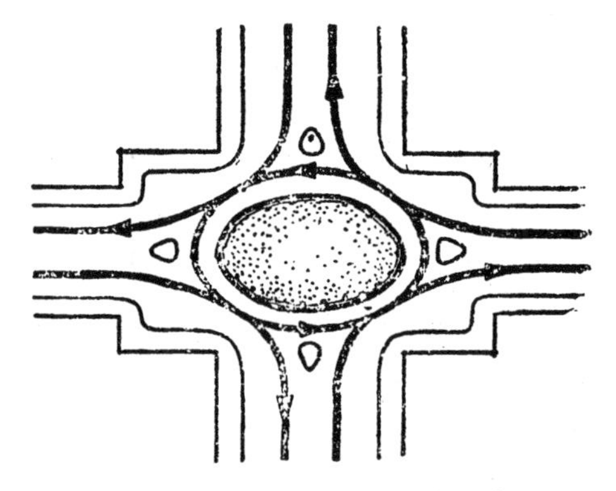

图 16–38　椭圆交通岛的不合理布置

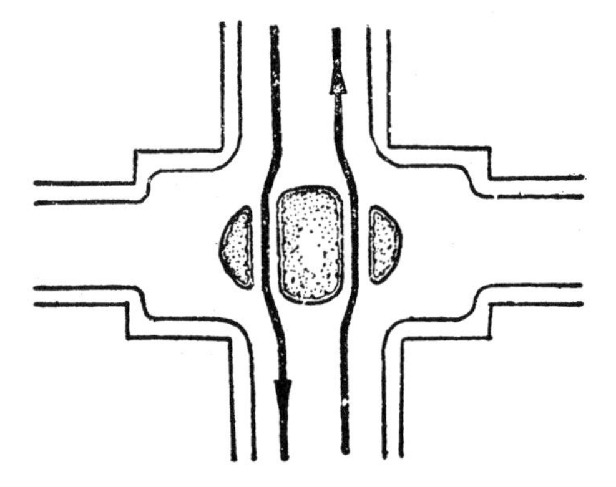

图 16–39　不合理布置使车辆将短轴方向切为两半

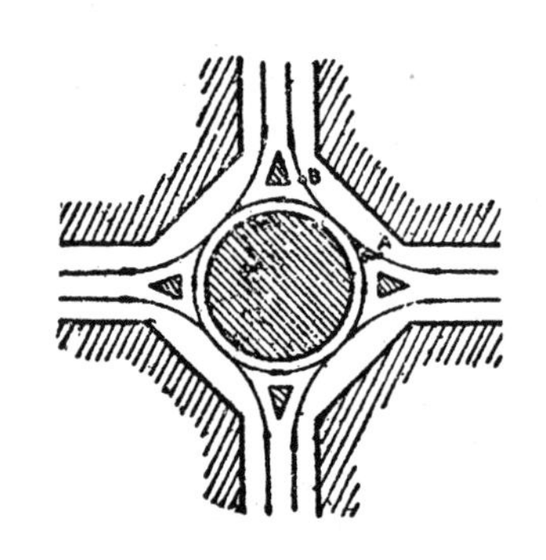

图 16–40　环形交叉口

认为环形广场能解决一切交通问题的看法是不够全面的。有时候往往在环形广场的四周布置许多大型的公共建筑物产生车流与人流间的矛盾，增加交通的复杂性，这样布置更不合理。

（2）环形交叉口的技术要求

要使环形交叉口有良好的行车效果，环形交叉口的设计必须符合如下的技术要求：

①有足够的面积来满足交通上的交织角的要求（图 16–40）。

交织长度（图中的 *AB* 段）。它是路口交接处与交接处之间车辆能够行驶的长度，是保障车辆进入绕道时，可以在该长度范围内同已在绕道行驶的车辆混合起来而无干扰，交织长度不可太短，否则车辆就不能完成交织的任务在路口安全分道。根据不同的设计行车速度，一般规定交织长度为 35—80 米[1]。车流的交织角（图中的 α 角）根据经验不应超过 40°。采用这种小角度交织方式，可使车辆驶出交叉口时避免平面交叉中的直角交叉，可以减少交叉口的交通阻碍。

②环形车道数：一般左转弯的车行道有 2—3 条，右转弯的车道 1—2 条，不应大迂回车道，过多车道影响内圈车辆驶出广场，造成交通混乱，不能达到交叉口提高效能的目的。

---

[1] 见建筑工程部城印建设局《城市道路设计准则试行草案》。

③ 中心岛的直径：中心岛的直径由下式求得：

$$D=\frac{ns}{\pi}$$

n =行车方向数；

s =两行车方向间的交织距离。

四条道路相交时，中心岛直径 60 米，广场 80 米，最大行车速度为 35 公里 / 小时；

五条道路相交时，交叉口直径 80 米，广场 110 米，最大行车速度 40 公里 / 小时；

六条道路相交时，交叉口直径 100 米，广场 140 米，最大行车速度 45 公里 / 小时。

环形广场的入口一定要有分车岛组织车流，保证行车及行人安全。

在第一个五年计划规划的某些城市中，有些街道的交叉曾采用了环形交叉，由于交通量还没有达到设计的要求，车辆交通并不十分频繁，而中心环形岛却及时修建起来。所以有很多车辆在通过交叉口时，不按照规划的路线绕行，这说明了环形交叉口在交通量不大的街道上是不适用的。

（二）立体交叉

立体交叉是用隧道或跨路桥的方法，使相交路线在不同的水平面上通过，这样可提高道路通过能力和保证交通安全，但需要较大的交叉口用地和建筑费用。在主要道路上具备下列条件之一者才考虑采用立体交叉。

（1）高速交通道路与其他道路相交，使用平面交通组织有困难而影响街道的通行能量时；

（2）干道与铁路相交，干道的交通量每个时超过 2000 辆时；或铁路行车密度每昼夜超过 20 次时；

（3）干道相交，交通每小时超过 5000 辆时；

（4）地形适合布置立体交叉；

（5）街道个别地段宽度不足，使行车速度不断降低，因此将交叉口设为立体交叉以增加平面交叉口之间的街道长度，从而提高街道的通行能量。

根据苏联经验，为了粗略地初步估算，以立体交叉来代替铁路专用线与城市干道的平面交叉，在国民经济上是否合理，可以从下面方法得出结论：即如果一昼夜内通过道口的列车数同双向通过道口的各种车辆数的乘积接近于 40000 辆火车一车辆（或者超过此数），那么设置立体交叉代替平面交叉在经济上便是合理的。当然，这只是粗略地初步估计，在具体的条件下仍要根据技术经济计算来确定。

街道立体交叉的一些主要参数为：

（1）直线路段上小汽车车速达 80 公里 / 小时或载重汽车和公共汽车车速达 60 公里 / 小时的情况下，车带宽 3.5—3.75 米。

（2）主要交通方向上的车道纵坡度建议不大于 3%特殊情况下不大于 5%，引道最大坡度 4%—5%。

（3）立体交叉街道的照度在市界内不得小于 6 个勒克斯。

1. 简单的立体交叉

在建成区一般采用简单的立体交叉，即修建隧道或高架桥。

选择高架桥或隧道的基本条件：

（1）用地的地形配合；

（2）水文地质条件的要求；

（3）车辆驾驶员视距的要求；

（4）工程经济条件；

（5）建筑艺术方面的要求（干道上的建筑透视）。

从交通方便和建筑艺术观点来看，高架桥比隧道更适用一些。高架桥是城市干道的继续部分，可以在不严重影响街道纵断面的条件下使干道具有完整的纵向街景。但在旧城区建高架桥对原有街道两旁建筑有妨碍，一般都建隧道。

建隧道的优点是，不破坏原有街道的街景，没有必要在现有交叉口范围内进行地面工程。但排水问题，出入口的建筑处理及隧道通行人流的问题比较复杂，特别是对交叉口地下管网的工程带来很大困难。

隧道仅能在宽度不小于 45 米的宽阔街道上修建。

隧道行车部分的最小宽度：12 米（每个方向为 6 米的双向交通）。

隧道内辅助性人行道宽度：1 米。

坡道最大纵坡度：4%。

隧道的净空高度或高架桥高出干道的行车部分的数值，要按照交通工具的净空来确定：

小汽车和卡车　最小净空 4.5 米

电车　　　　　最小净空 4.8 米

无轨电车　　　最小净空 4.8 米

用隧道的简单立体交叉见图 16–41。

2. 有匝道的立体交叉

这种交叉用地宽广，造价高昂，只有在城市干道与过境高速干道相交，1 级公路相交而且交通量特别大时，才有条件修建。在规划中可以在将来有可能修建这种立体交叉口保留立体交叉所需要的用地，初期还是用平面交叉。待将来交通发展到需要修建立体交叉时再行修建。

有匝道的立体交叉的主要形式见图 16–42。

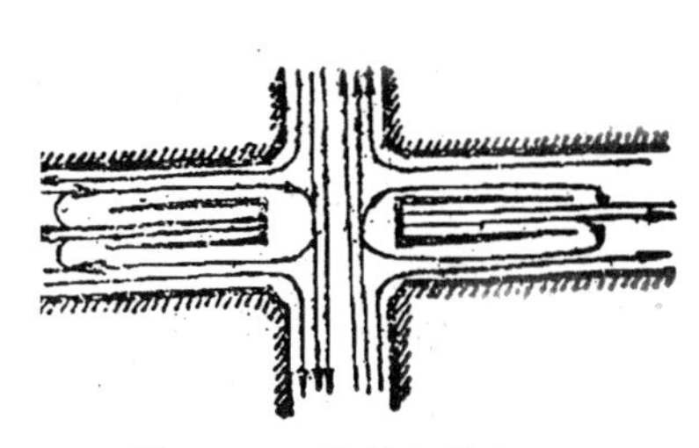

图 16–41　简单立体交叉

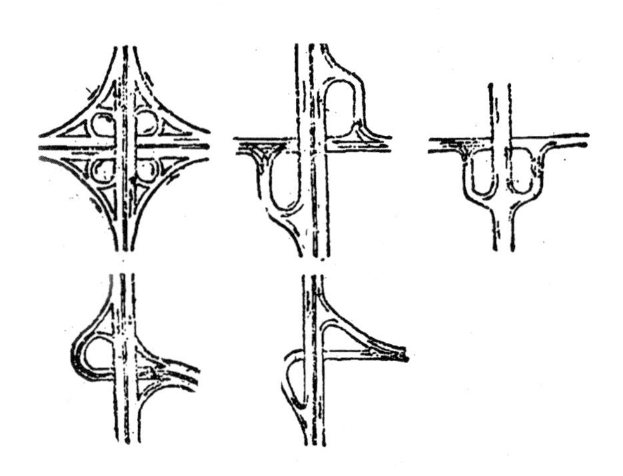

图 16–42　有匝道的立体交叉

四、交叉口的自行车道、人行道布置

自行车、人流与机动车要求有明显的分隔地带，它们在城市干道中，有自己独立的系统，因此如何在交叉口上合理组织机动车、自行车以及行人等问题是比较复杂的。目前国内尚没有较好的组织形式。根据国外经验：荷兰、瑞典等有几种解决方案，方案中在自行车与机动车交叉的地方，采用自行车自己的横跨车道线转入另一个方向的自行车道，此种方式能解决目前大量自行车辆与机动车辆的混乱情况，改变交叉口上自行车与机动车的互相影响。

此外，可作地下道来解决，自行车与人行地下道可以合并或单独修建。其尺度一般如下表：

表 16–13

	净　　空（米）	净　　宽（米）
行人地下道	2.1	2.25
自行车地下道	2.25	3.15（单向） 4.65（双向）
行人、自行车混合地下道	2.25	4.95（单向） 6.45（双向）

其布置方式有下列三例可供参考：

例一（图 16–43）：为两条干道交叉；

例二（图 16–44）：为干道与次要街道交叉；

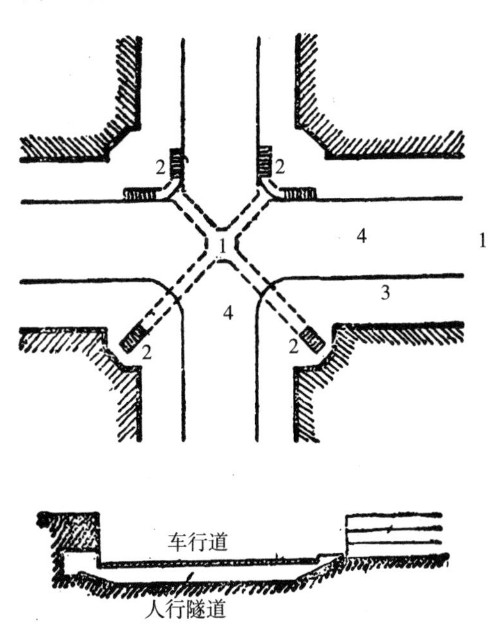

图 16–43

1—人行隧道；2—人行隧道出入口；3—人行道；4—车行道

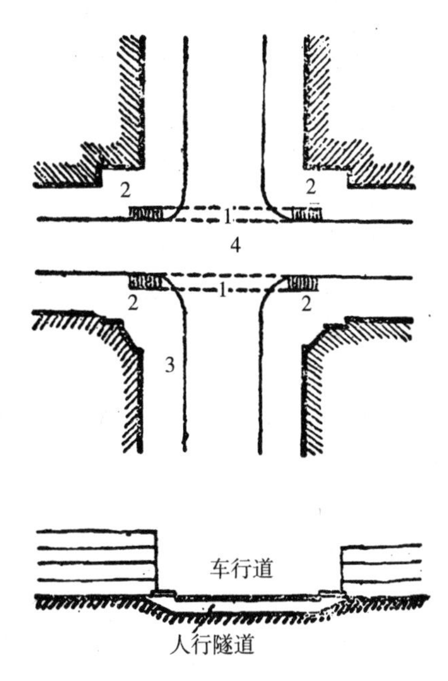

图 16–44

1—人行隧道；2—人行隧道出入口；3—人行道；4—车行道

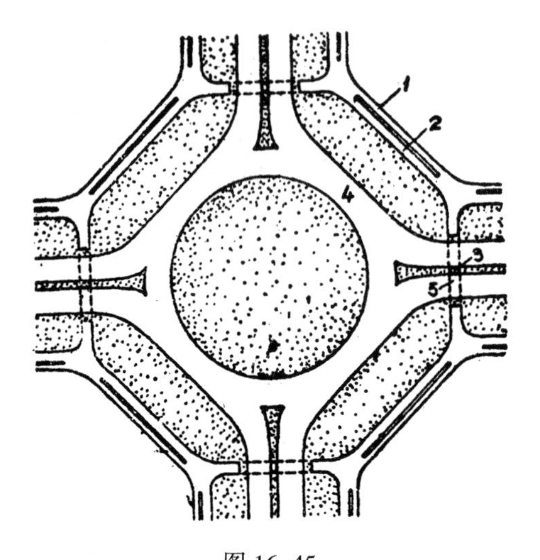

图 16-45
1—人行道；2—自行车道；3—采光井；4—车行道；5—地道

例三（图 16-45）：为设有人行自行车地道的环形广场。

第三节　汽车停车场、车库和加油站

一、停车场和车库的布置

由于现代城市汽车交通的发展，旧有城市不仅道路的线形和宽度不符合汽车交通的要求，而且在城市的建成区也没有足够的余地来容纳交通车辆的停放。如北京的政协礼堂停车场面积 3219 平方米，只能容纳 162 辆汽车，开大会时，小汽车数量却达 600 辆，再如北京饭店停车场面积 7410 平方米，只能容纳 213 辆汽车，而有一次最高峰时曾达 830 辆小汽车。前门饭店现有停车场面积 3426 平方米，可容纳 120 辆汽车，实际车辆曾达 600 辆。和平宾馆现有停车场面积 1602 平方米，可容纳 90 辆汽车，而实际最高车辆数曾达 300 辆。上面所举的例子，虽然都是大型公共建筑物前面的停车问题，但也足以说明了目前在某些城市中汽车停车场的用地是远远不能满足停车的需要。因此在城市规划中，不仅要规划现代化的道路系统，以适应现代化的交通要求，还要规划适当的场地来容纳大量汽车的停放，这就要求在城市中考虑停车场和车库的位置，按需要兴建适量的停车场和车库。

至于停车场或车库的选择，要看具体条件而定，除大型公共建筑物前停车场外，还要考虑一般市民或机关在市内各地区临时停放车辆的停车场和车库。停车时间较长的，为防止曝晒或雨淋，可以建造车库，如果在用地上受到限制的地方，可以建造多层车库和地下车库。一般的机关团体、学校大多数建立专用车库。车库的造价较贵，但对于保护车辆作用较大，造价费可以从养护的效果得到补偿。根据国外经验，一般在城市中停车场与车库的面积数大致是 70% 与 30% 之比。

（一）停车场与车库的分布

（1）汽车停车场与车库应根据城市各个地区和地点的需要，均匀布置在城市用地上，并用干道系统联系起来。

（2）露天停车场应有专用地段，并靠近广场和干道。

（3）私人小汽车、出租小汽车、出租载重汽车和公共汽车停车场应分开布置。

（4）出租小汽车停车场之间的距离，在市中心区应为 0.5 公里，约每平方公里 4 个停车场。人口密度较稀地区 1 公里，约每平方公里 1 个停车场。

（5）小汽车停车场应布置在下列人流集散点附近。

旅客站、运动场、公园、剧院、大型机构、俱乐部、展览馆、水滨浴场、大食堂等，距离不大于 300 米。

（6）在改建城市的情况下，露天汽车停车场可以放在下列地点。

①不准通行过境车辆的街道上和小巷内；

②位于车流之外的广场地段上；

③车行道宽度有多余的街道上，在这种情况下，应划出专门的地段来布置停车场。

（7）在工业区，货运站和仓库附近，旅客站行李房附近以及市场、大型商店和其他搬运货物有关的地点附近设置载重汽车停车场。

（8）如自行车摩托车交通发达，应按照需要在有关地点设置自行车摩托车停车场。

（二）停车场和车库的位置

（1）选择停车场时应考虑下列条件：

①在停车场的四周都有很方便的入口和出口。

②在不影响主要交通的条件下，保证汽车能在停车场上调车。

③保证步行交通的安全和最短的路程，在停车场附近应有一定的公共服务机关。

④停车场距目的地的距离愈近愈好，最远不超过 300—400 米。出租汽车的停车场地，应在步行距离 5—7 分钟的时间以内。

⑤在停车场上停放汽车时，应保证任何一辆汽车都有出入的方便。

⑥露天停车场应该用绿化地带同街道和街坊隔开。

⑦停车场与周围建筑应保持有一定距离。如下表：

停车场与建筑物的距离（米） 表 16–14

停车场所	＞100 辆	≤ 100 辆	≤ 50 辆	≤ 25 辆	≤ 10 辆
医院	250	100	50	25	25
学校、幼、托	100	50	50	25	25
公建	20	20	15	15	10
居住房屋	50	25	25	15	15

（2）车库的位置最好布置在下列地点：

①汽车交通频繁的城市，车库可环布于市中心外围，其功用就是在必要的时间拦阻车流，以减轻市中心的负担，这种车库也可根据居民点的规模和交通密度确定几个地区分区布置。

②如果市中心各种车库的需要量急剧增加，则车库尽可能布置在交通不太频繁的地区。

③在建筑密度大的居民点，通常因通道窄小建筑物拥挤，不能分散地布置车库，而在建筑密度较小的居民点，应特别强调车库的分散布置。

（三）停车场布置方式

停车场可分为沿街停车场和专用停车场。

（1）沿街停车场

在街道宽阔的情况下，可在交叉路口、停车站或街坊出入口等地带以外的直线地段上设置这类的停车场。

沿街停车场内的车辆可按下列方式来停放（图 16–46）：

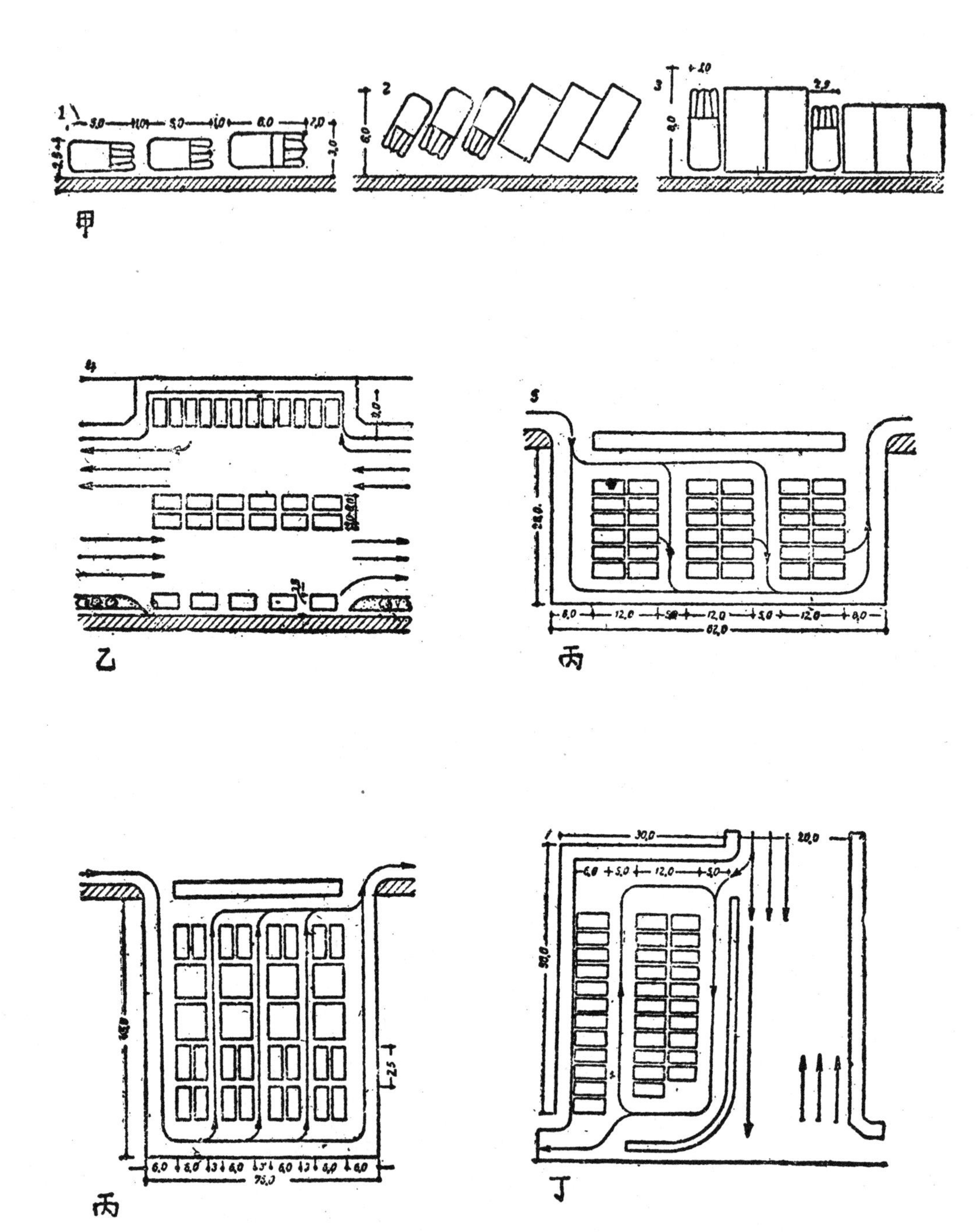

图 16-46 沿街停车场布置方式

甲—沿人行道布置，与人行道成一角度（大致是 60° 及 45° 或与人行道垂直）；乙—在街道中间排成一行或两行在快车道与慢车道之间的分车岛上挖出停车位置；丙—在街道的凹入部分，平行街道或垂直街道停放；丁—在道路的转角处

（2）专用停车场为在城市商业区，工业企业，文化休息公园、体育场、火车站、客运码头、剧院等附近的专门地段开辟的停车场。

其停放汽车的方式如下（图 16–47）：

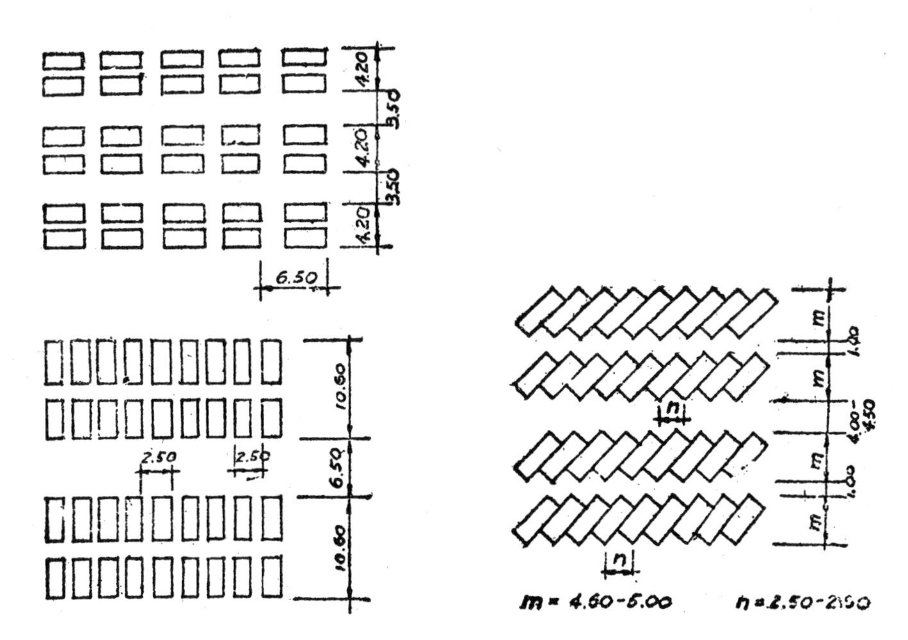

图 16–47　专用停车场布置方式

（四）停车场容量和面积

根据苏联城市规划法规，在初步计算时，汽车停车场容量大体采用下列指标：

（1）剧院和电影院附近—每 30 个观众厅座位平均一个停放汽车的位子。

（2）运动场附近—每 1000 个观众平均 20—30 个位子。

（3）大型商店和市场附近—每 3—5 个商店或市场的售货岗位平均 1 个位子。

（4）行政建筑附近—每 15—20 个工作人员 1 个位子。

停车场面积计算表[1]**（一）**　　　　**表 16–15**

停车场布置地点	计算单位	每个计算单位的停车场面积（平方米）
剧院、电影院附近	观众位子	1.25
运动场附近	观众位子	0.5—0.75
商店市场附近	售货岗位	5
车站附近	旅客远程	5
行政建筑附近	工作人员	1.25
工业企业附近	每班职工	0.5
旅馆附近	客房	2.5
专科大学、中等技术学校附近	教师	5.0
医院附近	病床	1.0

[1] 此表为苏联工程师 P · 留巴斯基根据苏联城市规划法规和 A · 斯特拉缅托夫教授的资料提出（原表载乌克兰建筑与建设 1959 年 10 期 11 页）。

停车场面积计算表（二）　　表 16–16

需要尺寸	停车方向		
	顺道路中线	垂直于道路中线	与道路中线成 45°—60° 角
单行停车的车道宽度（米）	2.5	7	7
双行停车的车道宽度（米）	6	14	14
单向行车时两行停车道间通行道的宽度（米）	4	5	5
一辆汽车所需面积（包括通行道）			
小汽车（平方米）	22	22	26
载重汽车和公共汽车（平方米）	40	36	38
100 辆汽车停车场的平均面积（公顷）	0.3—0.4	0.2—0.3	0.3—0.4

初步计算停车场面积时可按每辆小汽车 25 平方米的标准计算。

车库用地面积：

单层车库：25 平方米 / 车

二层车库：15 平方米 / 车

三层车库：10 平方米 / 车

四层车库：8 平方米 / 车

（五）自行车停车场

由于自行车交通的发展，在城市里有必要在自行车聚集的地点，如运动场，公园入口，游泳池，电影院，剧院等附近以及在职工乘自行车上下班的工业企业附近设置自行车停车场。

自行车停车场分露天和室内两种。

自行车停车场的布置方法最常见的是设车架。另一种办法是在地面上铺设特制的混凝土板，板的中央留有深槽，将自行车的前轮滚入槽内即可。

二、加油站

汽车在城市行驶中能够随时得到燃料的补给，就要在适当的地区分布一些加油站。城市主要交通道路上、入城干道上、在行政文化中心、在工业区、火车站、港口及机场附近都须有加油站的分布。在公路上每 10 公里应有 1 个加油站。每一加油站的规模，可视该地区每天通过的车辆而定，但一般至少为 300 辆左右汽车服务。

加油站的布置，须符合卫生、防火、交通安全要求。汽油是挥发性气体，有害于健康，因此，要求加油站设置在通风良好的地点。并须离邻近建筑适当的距离（至少 30 米）。四周布置良好的绿化，以达到防火和清滤被污染空气的目的。

为了汽车司机人员易于辨识和发现，加油站须布置在街道旁显著的地位，使加油车辆能在 100 米以外的道路上就能看见。出入口最好设在支路或次要道路上，以免出入加油站的车辆妨碍交通。沿街一面须加栏杆与行人道要有明显的分隔。另外，加油站的地下设备很多，是比较永久性的城市设施，须布置在城市中不易迁动的地点。其布置情况如图 16–48 所示。

由于我国对于液体燃料实行计划管理，在目前的条件下，一般城市均是分区集中几处供应。加油站的设置，虽也属城市公用设施之一，但与资本主义国家城市中“分街把口”的那样到处设置有根本区别。在我国较大城市内可能多设一些，而中小城市就可能比较少了。

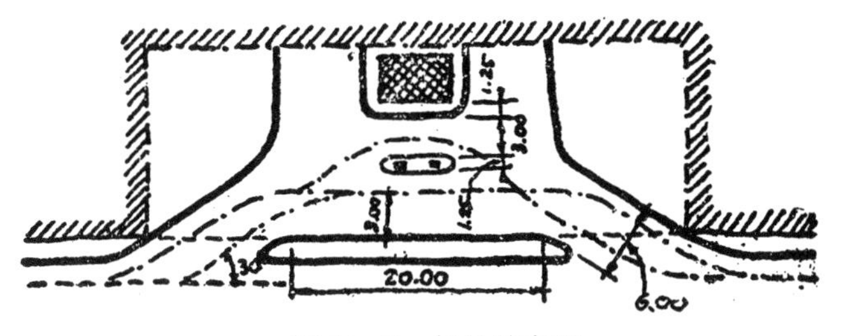

图 16–48　加油站布置

第四节　街道的建筑规划布局

街道是一个有机的建筑组合系统，这一系统是由沿街的房屋建筑、广场、绿地以及其他小型建筑物组成的。

街道的建筑规划布局，一方面要满足街道在功能上的要求，另一方面也要使它们组成一个空间艺术的整体。

一、沿街建筑艺术布局

街道的艺术布局是和街道两旁建筑布置、沿街绿化、道路的纵横断面设计密切相关的。

街道的宽度与沿街建筑物的高度，除了在满足交通、通风、日照等要求以外，还必须根据建筑艺术的要求，保持一定的比例关系❶。

进行沿街建筑布置时，应考虑到建筑艺术风格的变化和统一。在一条街道上，它的两旁建筑物体量应当大致相近建筑物之间有恰当的比例关系，个别的公共建筑可以增高或降低，以丰富街道的建筑轮廓线（图 16–49）。

图 16–49　上海闵行中心大街❷

❶ 见本章第一节二、（二）街道宽度的确定中第 3 点——街道宽度与建筑艺术的关系。

❷ 图片来源：建筑学报，1960（4）。

沿街建筑的色彩处理是非常重要的，它是沿街建筑艺术的一个有机组成部分。一条街道的色彩应有统一的色调，并结合建筑物的个性而具有变化。上海闵行一号路、张庙路的成街修建,在色彩处理上就是一个很好的例子,它大大地丰富了街道的建筑艺术面貌。

（一）沿街建筑布置的形式

沿街建筑布置通常有四种形式：

（1）间隔式

即沿街修建彼此间有一定间隔的成组房屋和独立的建筑物。它除了具有卫生方面的优点之外，在建筑艺术方面能显现出每一建筑物的体积。这就不限于在平面上，而且在立体空间方面来处理房屋的建筑艺术，可以在一条街道上形成完整的街道建筑艺术面貌。上海闵行一号路即为这种形式（图 16–50 及图 2–3）。

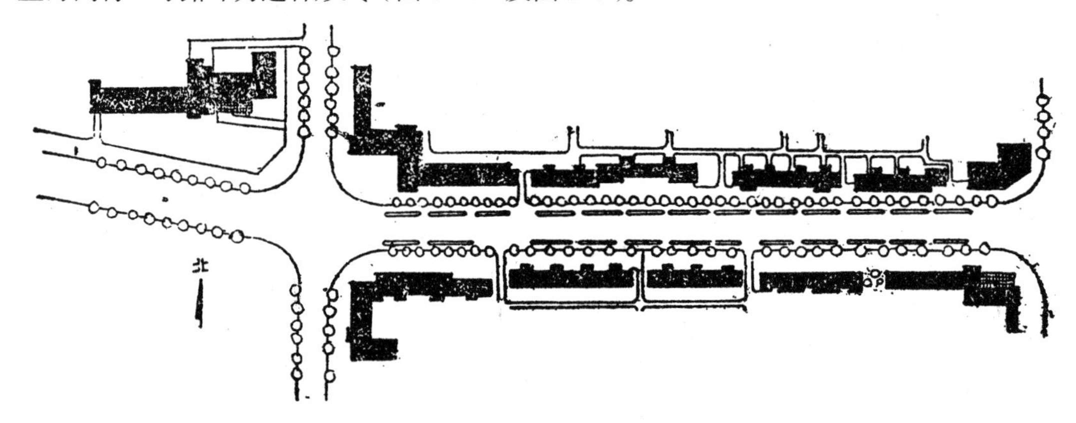

图 16–50　间隔式之一

这种形式特别是在东西向的街道上更便于布置，它可以使建筑的沿街正立面与良好建筑朝向取得一致。当在南北向街道上进行这种方式的布置，由于日照条件，居住建筑必须南北向时，为解决一幢幢居住建筑山墙朝街的缺陷，也有用底层商店或住宅建筑将几幢山墙沿街建筑连接起来。这样也能取得较好的艺术效果。上海西藏北路的改建即属此例（图 16–51）。

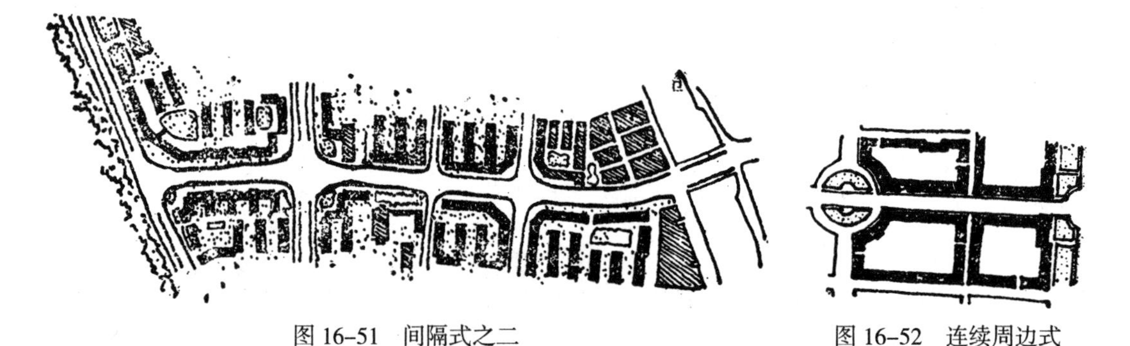

图 16–51　间隔式之二　　图 16–52　连续周边式

（2）连续周边式

即沿街构成一条不间断的建筑正面的周边式成片的布置方式（图 16–52）。这种方式，如果单从城市用地的观点来看，是最为简单而经济的。然而它只能用在长度不大的街道上，当街道长度很大，同时成片的房屋立面又缺乏必要的建筑艺术组织时，这种修建方法就会使街道变成一条走廊，非常单调，而且日照和通风条件也不好。

（3）开敞庭院式

即某些沿街建筑采取退后红线并设有向街道开敞的庭院的周边式布置方式（图 16–53）。这种形式在北京的很多街道上可以见到。它的优点很多，设开敞庭院可以增加街道建筑物前面的空间，可以绿化住宅周围环境，给住户更多的新鲜空气和阳光。它一方面可以有重点地突出某些建筑物，另一方面，如果设计得好，也可保持整条街道的统一性与整体性。在布置这种形式的沿街建筑时，可以使公共建筑物或居住房屋的阳台面向退后红线的绿化地段。沿街道红线亦可以设置勒脚不高的栅栏或种植茂盛整齐的灌木丛（图 16–54），当底层布置商店时，退后红线的距离不宜太大。另外，开敞的庭院和退后红线地段的位置应与街道交叉口和广场取得协调。在修建宽阔的街道时，不宜采用退后红线地段的深度很大和长度不大的房屋。

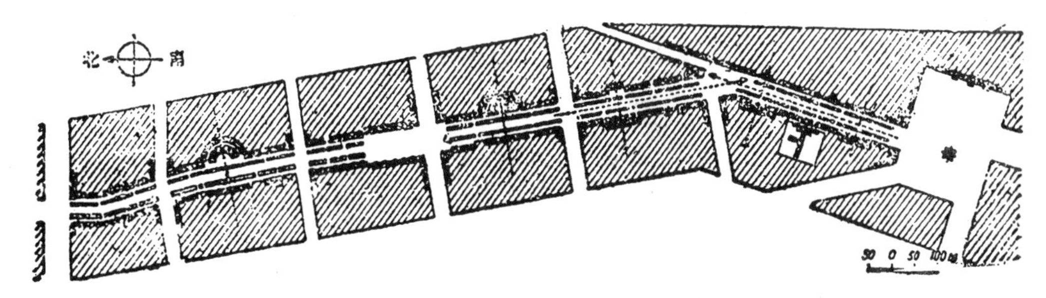

图 16–53　开敞庭院式

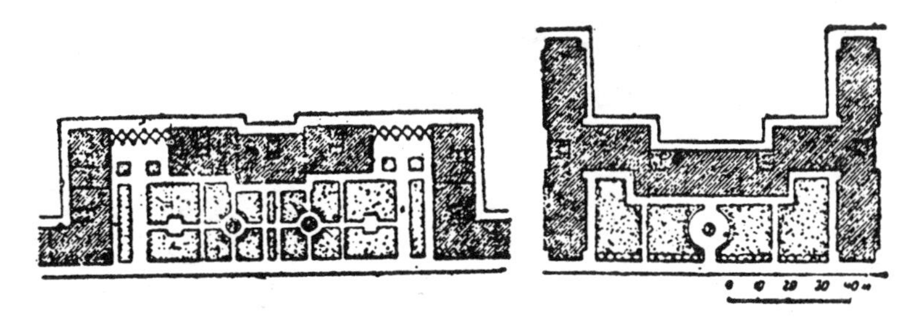

图 16–54　退后红线庭院布置

（4）自由式

即沿街建筑不按街道的方向，而自由的布置于街道两旁（图 16–55）。

沿街建筑自由式的布置方法主要适用在地势起伏地区和河湖沿岸一带。在这种情况下，房屋的布置主要是以最好的朝向、主要风向、地形条件等为先决条件的。采用这种方法可以使街道更加结合自然。

（二）沿街建筑艺术布局的手法

在具体的布置沿街建筑时，所采取的艺术布局手法是多种多样的。如强调突出街道上的某些主要建筑或建筑群，而整条街道是从属的；在布局方面最重要的地段采取均匀分布的方式，以及在街道上划分成若干组建筑群的布置等等（图 16–56）。不论采取哪一种手法，在具体设计时，都必须考虑到街道两边建筑物相对面的互相关系，特别是街道入口处和大型公共建筑群的相对一面的处理，两者要相互发生联系，有机统一和协调。

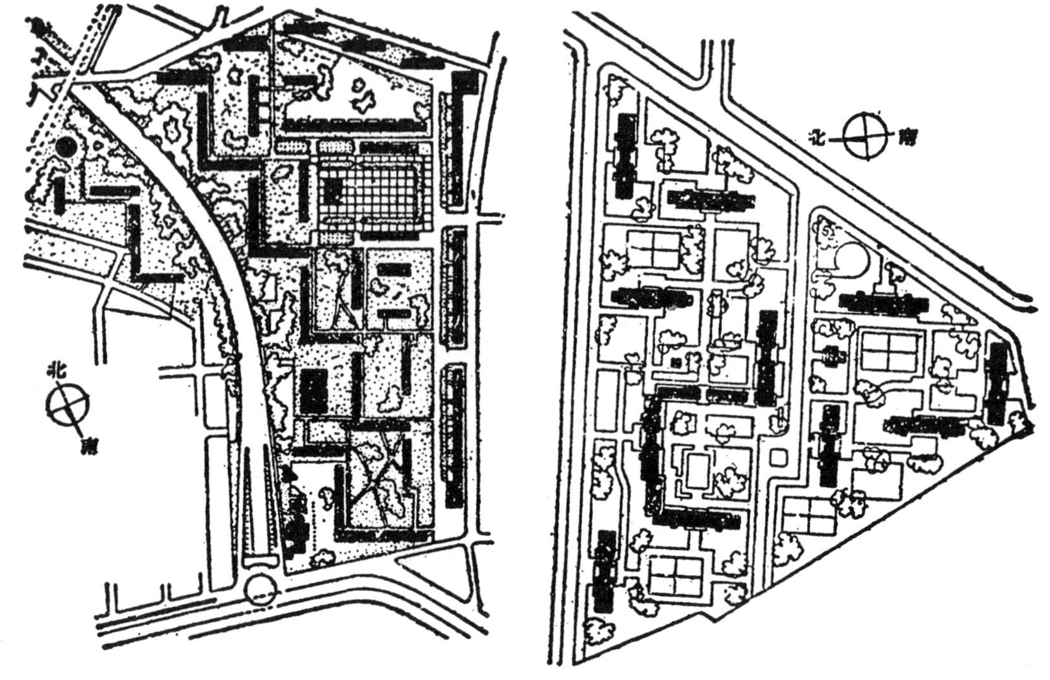

图 16–55　自由式

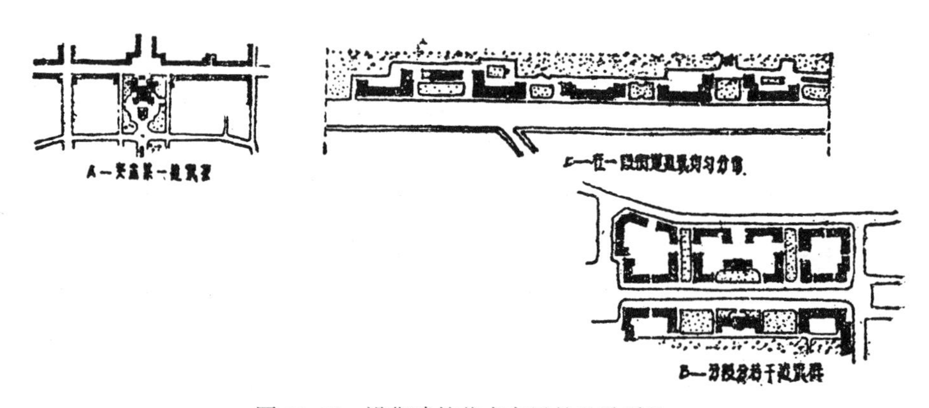

图 16–56　沿街建筑艺术布局的几种手法

在旧城街道改建时，对某些历史的古迹，如塔、楼等，最好能有意识地组织到城市街道艺术中去，如北京的景山后街、北海团城、南京鼓楼等，都以其独特的建筑艺术形象丰富了街景。

在组织街景时，还要将城市大片水面、山峰、绿地等自然景物组织进去，使城市与自然更加接近。

另外，可利用城市一些大型公共建筑物以及体型比较优美的建筑物作为街道的对景或借景，在不妨碍交通的情况下可利用街道的坡度或平面线型的转折把这些艺术形象组织到街道的视线中来（图 16–1 与图 16–57）。

南京的北京东路上的对景——鼓楼

西安旧街道以鼓楼做过景

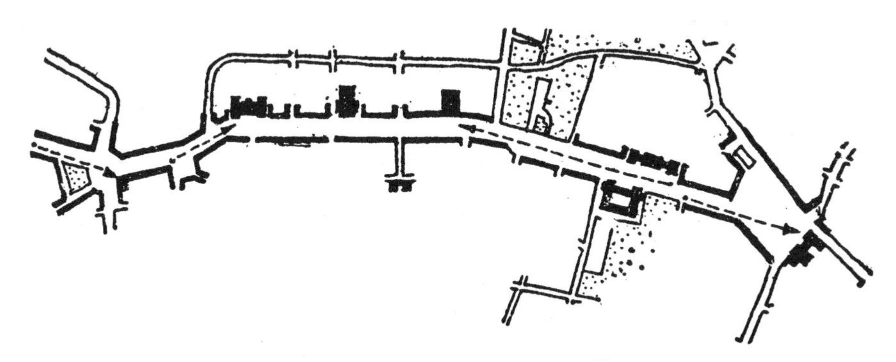
图 16-57　街道的对景与借景

二、滨河路的建筑艺术

（一）滨河路的特点

当城市靠近河岸、湖岸或海岸时，往往要修筑滨河路（或滨湖路、滨海路）。它不仅用来沟通沿岸的交通，而且对美化城市、组织城市建筑艺术有特别重要的意义，它可以将水面所构成的美丽如画的风景反映到城市中来。我国大部分城市都有水面，无疑将会有很多美丽的滨河路出现。如青岛，在沿海一带，通过滨海道路将沿岸建筑物、纪念物、绿化、自然地形等有机的和辽阔无际的海面组成了一幅丰富秀丽的城市轮廓图。

滨河路的功能与形式是和沿岸地形密切相关的。河岸由于受水的冲刷，形成各种倾斜的岸坡，如有的岸坡很明显，有的有宽阔的滩地。因此，结合各种不同的岸坡规划各种不同用途的滨河道路是一项复杂而细致的工作。河流、湖泊中水的深浅、河岸的高度以及岸坡上地形的特点，对决定城市滨河道路的用途有很大的影响。如河湖的水很深适于水上运输，滨河道路常成为水陆联运的货运道路。但是在居住区中的滨河道路，常常是城市中最美丽和最吸引居民的地方，在这些地段除了要敷设车行道和宽敞的人行道外，最好沿街再布置林荫道、滨河公园等作为居民经常散步和游玩的地方。

根据河岸的自然地面高度、形状和岸上用地的功能用途，滨河道路可规划成单层、双层和多层的各种不同的横断面（图 16-58）。

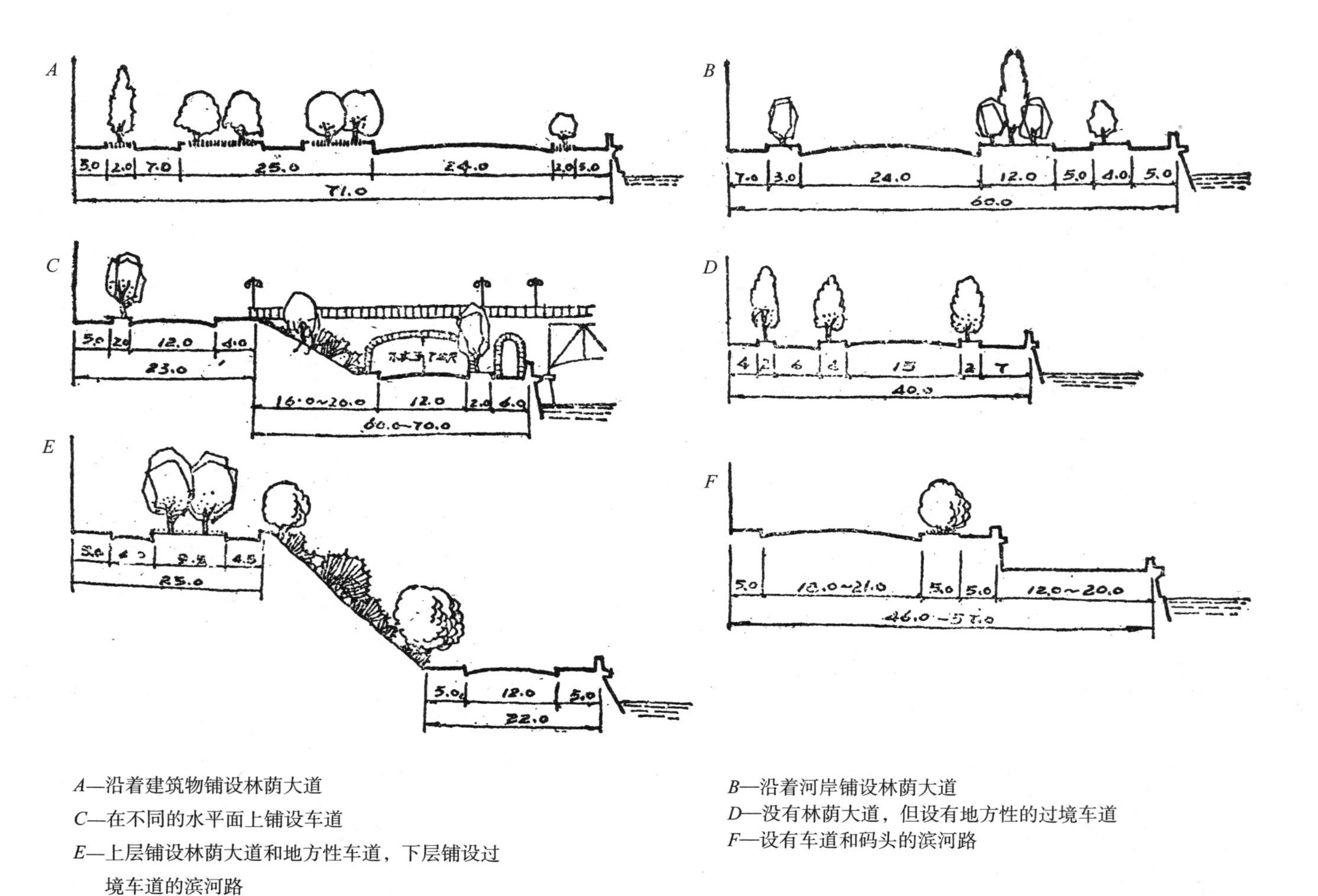

A—沿着建筑物铺设林荫大道
C—在不同的水平面上铺设车道
E—上层铺设林荫大道和地方性车道，下层铺设过境车道的滨河路

B—沿着河岸铺设林荫大道
D—没有林荫大道，但设有地方性的过境车道
F—设有车道和码头的滨河路

图 16-58　滨河路横断面形式
（单位：米）

结合岸坡的地形，可将沿河一边的人行道布置在较低的不受水淹的河滩上，供居民散步休息之用。车行道设在内侧以供沿河车辆通行。

滨河路大多在桥头与其他道路相交，因此交叉一般较少。假使与跨河桥的桥头车行道成立体交叉，那么，这条道路将成为运输所费时间较少、而运输能力较大的运输干道，这样的干道横断面可根据地形情况将河边地面较低的部分布置成快速车道，而将一般的车行道和供居民散步的林荫道布置在斜坡上面接近街坊的一边。

当江河的水较深，并有水运时，在所规划的横断面中则应考虑留出装卸货物的用地。若在河滩布置了供货物装卸用的场地，车行道和人行道可布置在斜坡的上面。当水位变化甚大时，可考虑结合河岸地形修建不同高度的装卸场地，低水位时使用低层的装卸场地，高水位时使用上层的装卸场地。

阶梯形横断面中的斜坡和挡土墙，往往对行人横过道路有所妨碍，因此每隔一定距离（一般在设有人行横道的地方）修建供行人过街的台阶。这种台阶可以是混凝土的或是砖石砌成的。

滨河路的宽度，不仅要保证能够设置车行路及宽阔的人行道，而且还要设置绿地，以它来镶饰河岸。它应根据自然地形条件及功能需要来确定。

滨河路所采用的标高，最好能高出最高计算水位 0.5 米。

为了防止滨河道路的岸坡被水冲刷，防止因行车震动而产生塌坡等现象，常用挡土墙或石砌护坡加固河岸。为了简单的加固河岸，可采用坡度为 1：1—1：1.5 的绿地或铺面的斜坡。

坡道、通道、码头、岸墙及栏杆等，都是滨河路重要的建筑要素。阶梯形坡道通常设在码头或水运站上，以便使码头与滨河路联系起来（图 16-59）。阶梯形坡道是根据滨河路的规划来分布的，它的轴线应与街坊、广场、滨河路上的建筑物或是公园建筑物的轴线取得一致。与滨河路挡土墙垂直的阶梯形坡道，设计时常常使它伸入河岸，而滨河路横断面的宽度就是根据这种情况来选择的。根据坡道伸入河岸的程度，可以在滨河路的挡土墙与车行道之间布置绿化地带。当河岸很高时，阶梯形坡道可以与滨河路的挡土墙平行，并设置好几个梯道。

坡道的宽度取决于该段滨河路的用途。宽阔而壮丽的阶梯，是设有公共建筑物的滨河路的特点，这种阶梯设在有大量旅客上下船的地方。码头的宽度要适应水运交通所使用的船舶大小，不应小于 1.5—2 米，码头的长度为 12—30 米。

滨河路可以用整片的岸墙（多半是用天然石块砌成）或用金属栏杆围起来。栏杆或岸墙的标准高度采取 90 厘米（从人行道表面算起）。在河道宽阔的滨河路上，通常采用大块花岗石砌成的整片岸墙（如列宁格勒的涅瓦滨河路及莫斯科河的滨河路就是这样）。河道较窄的滨河路比较适宜于采用石柱栏杆，“铸铁花纹”栏杆能使路上的行人看到河流，同时又美化了滨河路。

设计滨河路时应当和滨河路两旁的建筑物、构筑物（如码头、岸壁、栏杆、灯柱、坡道等等）结合起来。其中特别是码头的布置，要不使上下的客流、旅客站的位置和滨河交通、滨河路的线形产生很大矛盾。

（二）滨河路的建筑艺术布局

滨河路的建筑艺术布局是设计滨河路的一个重要因素。它取决于滨河路某一段在城市中的性质，该地区内所采用的房屋层数，河道的宽度，地形和河岸的形状。在进行河道不宽的滨河路建筑布置时，应该采用开敞式的布局，在空间上使建筑朝向河道展开。这种处理的手法可以使我们看到附近街坊内部的建筑群，并能构成多种多样的横向街景，从建筑之间的空隙中可以看到街坊内部的成组树木和灌木，增加景色的诱惑力。

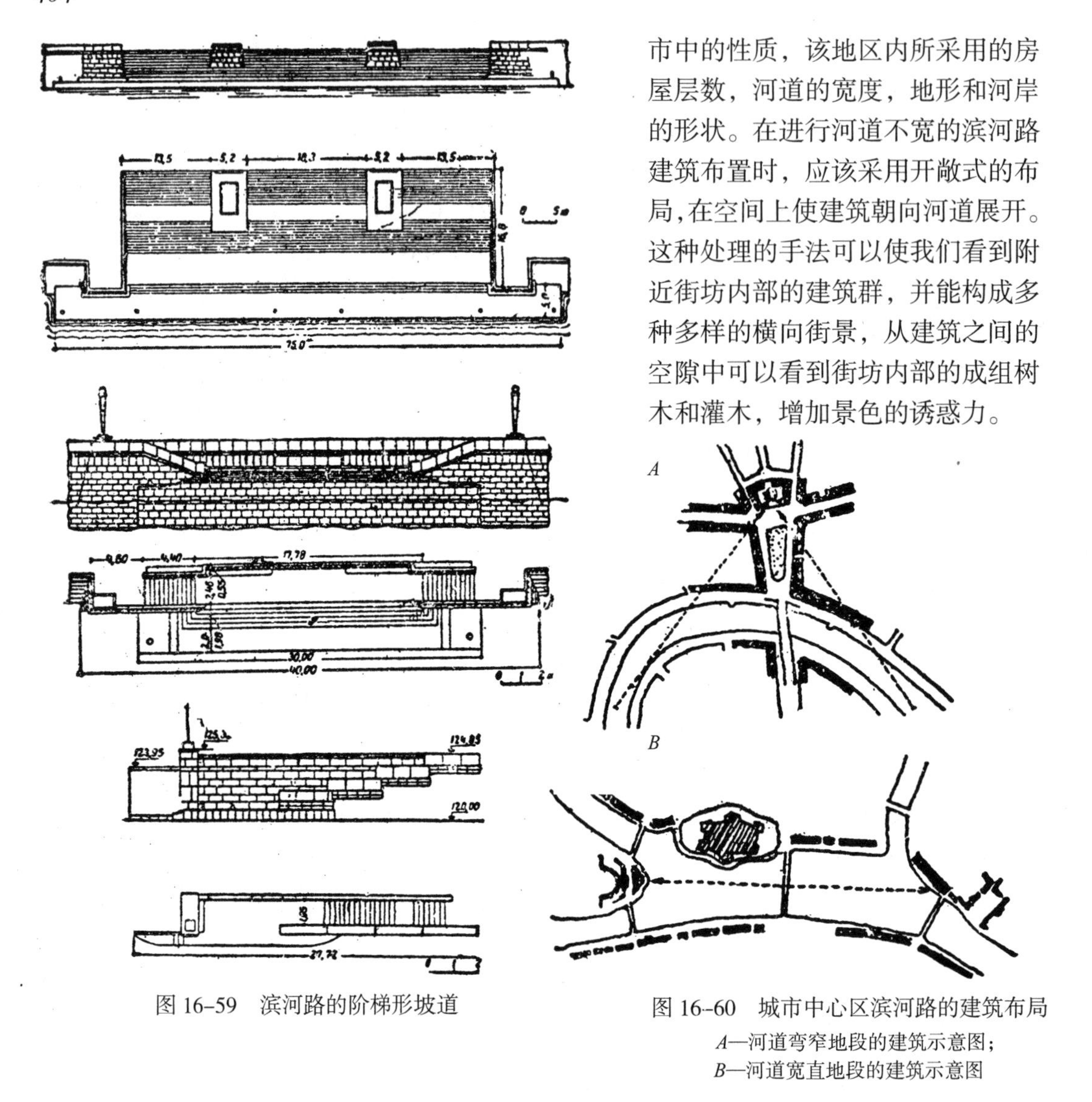

图 16-59　滨河路的阶梯形坡道

图 16-60　城市中心区滨河路的建筑布局
A—河道弯窄地段的建筑示意图；
B—河道宽直地段的建筑示意图

当修建滨河路时，必须力求使其各个独特地段的建筑艺术布局要富有表现力。例如在河湾处或桥梁之间，应将河流两岸的建筑构成一个整体来布置（图 16-60）。

河道两岸的建筑艺术互相联系的程度是依河道宽度为转移的。当河道不宽时，为了组成一个完整的建筑群，在河道两侧的建筑必须使其立面及细部能充分地协调一致。当河道很宽时，特别是在两岸的性质和岸面高度不相同时，以及建筑物的布置离水面相当远的情况下，采用一般的手法是感觉不到两岸的建筑能互相协调起来的，这种滨河路的建筑艺术组群则取决于街坊、桥梁及自由空间（广场或公园）的互相交错的布置和滨河路上主要建筑群布局的特点，这种情况下，重要的是风景上的联系。

在观察滨河路的建筑时，特别是朝南滨河路的建筑时，立面的建筑艺术有着很大的意义。由于滨河路上的一切都能映在水中，所以颜色的感觉就更重要。有明亮色调的建筑物以绿化的河岸作为背景就会鲜明地刻画出来，并很美丽的倒映在水中，所有这一切，在城市滨河路上，都能有助于形成诱人的景色。

滨河路建筑的立体轮廓取决于高耸的主要建筑物顶部的特点，同时也取决于这些建筑物在整个滨河路的立面中所处的地位，以及河岸的形状和地形。简洁、对比的立体轮廓能产生很好的印象。例如，在列宁格勒的冬宫滨河路上的建筑的平稳而严整的水平线同涅瓦河对岸的彼得巴夫洛夫城堡的教堂尖顶成了富有表现力的对比。建筑群总的立体轮廓与列宁格勒中心区平坦的河岸和建筑的总特点都取得了很好的协调。

形成滨河路建筑艺术的主要建筑物应该位于河岸上最有利的地方，放置在凹形或凸形河湾的岸上，把它们作为河道透视的对景。凹形河岸上的建筑要比凸形河岸上的建筑更容易看见。

在河岸高、坡度小的滨河路上的建筑艺术，可以用阶梯式的修建方法使它更丰富起来。例如，在莫斯科西蒙诺夫滨河路的设计方案中，在下层，平面是弯曲的滨河路上，布置了公园，而在上层，则是许多自由耸立着的高层建筑物，它们以其后面的漫长而密集的沿街建筑为背景，有效地被强调了出来（图 16–61）。

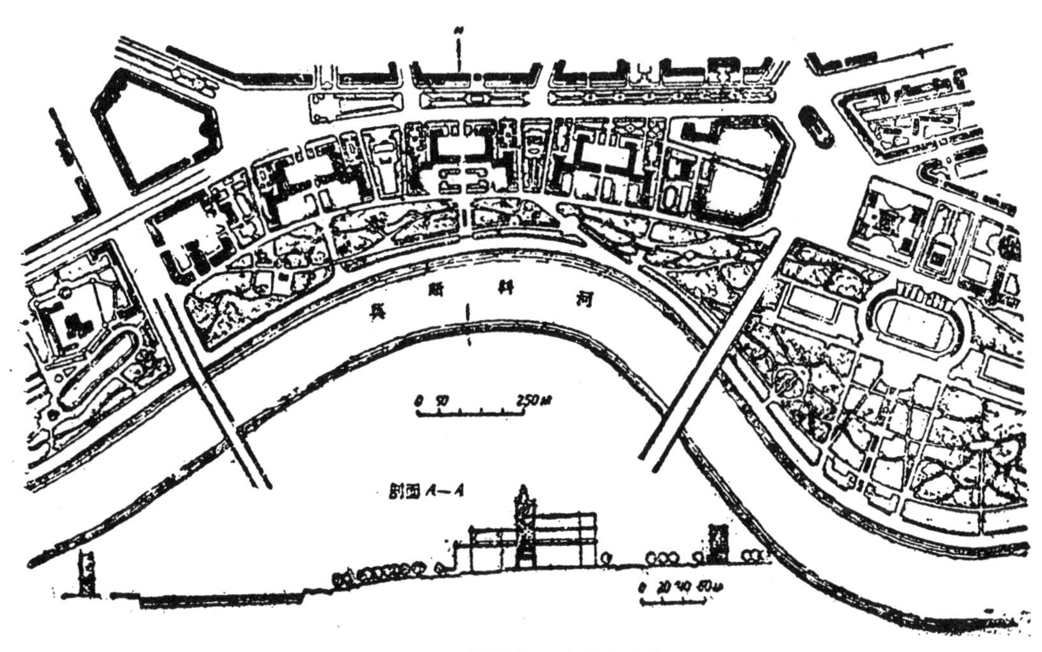

图 16–61　阶梯式的建筑艺术布局

第五节　城市桥梁规划

一、城市桥梁规划的特点

在城市中合理地分布桥梁对于保证各种街道交通的安全和方便是有很重要意义的。

桥梁是街道的组成部分，也是建筑艺术格局的组成部分。因此，桥梁的布置要满足城市交通便利的要求，同时它也应该有助于丰富城市的景色。

桥梁的布置要决定于桥梁的用途，被跨河流的大小，当地地形和水文地质条件。如果桥梁所连接的基本是公路交通，在这种情况下，由于城市交通规模不大，就要服从于过境交通，沿河车道的交通可能很少，引道上就可以建筑平面交叉。如果有通航的要求且沿岸有滨河交通时，就需要提高桥梁行车部分的位置，使桥梁引道和滨河路车行道成立体交叉，并且应使滨河路与桥梁之间有方便的联系。

二、城市桥梁的位置选择

大中城市中桥位的选择，最好要使通过桥梁的车流运输费用为最低。如果车流的运输量及其到达桥梁的距离之乘积为最小，那么通过桥梁的运输量和运输费用也将是最少的。当桥梁的位置布置在：从桥梁的一端和另一端（桥梁的上游和下游）所汇集的车流强度总数彼此相等时，则车流经过桥梁的运输量和运输费用最少，对于满足上述要求来说是最有利的位置。

根据一般考虑的城市干道网的合理密度指标，如果采取 2.5—1.5 公里 / 平方公里，则在城市居住用地内，设置桥梁的间隔距离，一般应不超过 0.8—1.3 公里，但亦应不小于 0.4 公里。

如果桥梁分布得较稀，只是一部分干线街道上有桥梁，则干线街道之间的运输负荷就会分配不均，没有桥梁的干道会失去干道的作用。并且有经常的运输流通（例如用河流对岸的城区部分），在出现强大的左转弯车流的桥头交汇点上组织车辆交通就相当复杂。此外，在桥梁布置过稀的情况之下，客货运的行程就要大大增加。所消耗的时间和资财也就增加。

苏联首都莫斯科，横在河上的许多桥梁，大部分都是位在历史上所形成的主要干线街道上。这些桥梁的间距在城市的中部地带为 0.9—1.5 公里。

在资本主义国家的大城市中，有不少桥梁分布得较密，而桥梁上车行道宽度较小的例子。如伦敦泰晤士河上桥梁的间距平均约为 0.7 公里；柏林普里河上桥梁的间距平均约为 0.35 公里；巴黎塞纳河上桥梁的间距平均约为 0.25 公里；由于平面交叉的桥梁这样密，因此对于滨河路上的交通是很不方便的。

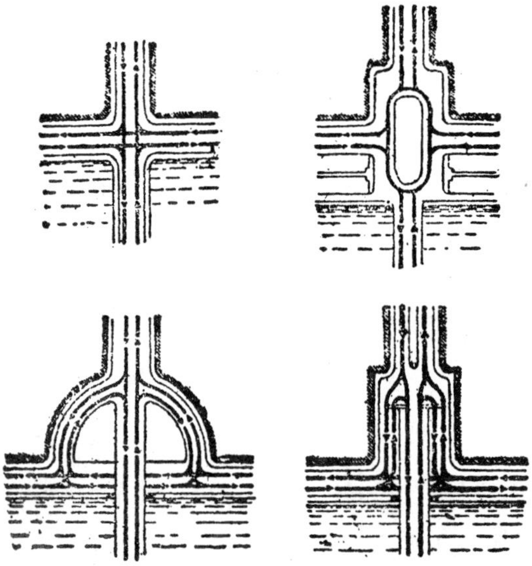

桥梁两端的交叉口的安排，在城市建设中也有着重要的意义。如果河岸与桥梁建筑和拱底线之间有足够和净空高度时，最好是不加高桥梁的标高，而是在桥座之间修建桥孔来解决滨河路上车辆通行的问题。如果净空高度不够，就要将桥梁建筑拱底线与滨河路之间和净空高度提高到 4.5—5.5 米，并架设相当长的栈桥或坡道，以便使滨河路上和车辆能在桥下通过。交叉口要安排在桥头广场上（图 16–62）。

图 16–62　桥头广场交通运输组织示意图

桥头广场的规划在很多情况下都取决于河岸的地形，以及城市中与桥梁相毗连部分的规划特点与建筑特点。桥头广场不只是起分配通向桥梁或滨河路上的交通的作用，而且还应该更好的组织向广场汇集的街道街景。桥头广场无论是布置在滨河路上也好，或者是因为桥梁的坡道缓长而布置在建筑的深处也好，它的形式都应该适应交通的主要方向，而交通的主要方向常常都是朝着桥梁的。

大城市中跨越小河的桥梁，有时为了适应交通流动上的方便，甚至有采取斜桥或曲线桥的，但在小城市或居民点中，因为地方性交通要求有限，桥位的选择应决定于当地地形和水文地质条件，亦就是首先要考虑到桥梁的造价。

从降低桥梁造价来看，桥梁通常都布置在河道最窄而且比较直的地段上，同时架桥的地段必须具有对这种建设有利的工程地质条件。

桥梁不宜架设得与河的流向成过大的角度，因为这样会使河水冲刷河岸，增加造价和使航运条件变坏，同时桥梁应顺着通向河岸的主要干道的方向来布置，它的轴线应力求与河的流向垂直。

城市桥梁的宽度包括车行道和人行道的宽度。决定城市桥梁车行道宽度的基本因素，同决定城市街道车行道宽度一样，都是按车流的大小和成分，使车流能顺利地通过桥梁。在大多数情况下，桥梁上的人行道与车行道没有隔离，车行道上通常也没有中央分车带。

三、城市桥梁的类型和建筑艺术问题

桥梁可分为两种主要类型：上承桥和下承桥（图 16–63）。

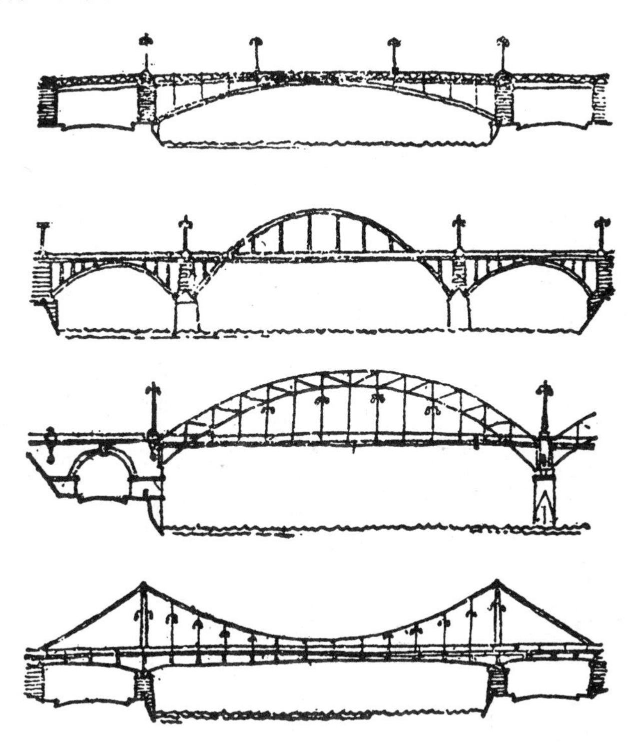

图 16–63　城市桥梁结构示意图

在城市里，最好采用上承桥，因为上承桥自然地会成为街道的组成部分、并且不会挡住河流与建筑的景色。在必要时也易于加宽。

但是在有巨大的通航河流通过城市时，就要有很大的桥孔，以便船只驶过，所以设置上承桥就不一定都合适，因为这样的桥梁高度很大，而桥梁高度大就会增加桥头引道长度，并使交叉口的布置复杂化，因此在这种情况下，就应该采用下承桥或旋开桥。

城市桥梁的立面布置应该与建筑艺术要求相适应，建筑艺术要求又是以河岸的规划和建筑物特点为前提的。

城市桥梁的分跨和个别桥孔大小的选择，应该考虑下列基本因素：

（1）河流的宽度和通航要求；

（2）河流的标高和外形；

（3）桥梁在城市交通网组成部分的作用；

（4）城市的规模，桥梁在城市建筑艺术格局中的地位。

在大城市中，修建跨越小河流的桥梁时，单跨桥梁是比较合理的，特别是与河流成斜交时，修筑单跨桥梁最为理想。

如果修建跨过宽河的桥梁，河流两岸的标高相差很大，而要把桥梁修成向一面倾斜的时候，桥孔向高岸一边逐渐增大是合理的，因为桥孔相等而支座高度有很大差别时，会使桥梁孔径和支座高度之间的比例不相称。在大城市中，如果有大型建筑物，桥孔尺寸应与这些建筑物的规模相协调。桥孔的数量及大小，还在很大程度上决定着桥梁应采用的结构与材料。桥座（岸边支承）及桥墩（中间的支承）根据桥的结构系统与材料有着不同的式样与尺寸。有的桥座直接是滨河路的一部分，所以它要与滨河路的建筑艺术特点一致。

桥梁上的栏杆、路灯以及常常还有些雕塑像是桥上建筑艺术中不可分割的部分。这些东西可以美化桥梁，并将桥梁组织到滨河路的建筑艺术中去（图 16–64）。

图 16–64　上海龙华巷桥

第六节　旧城街道改建

一、街道改建的意义、作用和任务

旧城街道的改建是根据城市总体规划时旧城道路网的改建调整方案来进行的。在进行街道的改建时，必须充分地考虑到街道的性质，容许的拆迁量以及近远期不同的要求。

旧城街道的改建不同于道路的新建，它的具体要求是，尽量利用与发挥原有道路的能力和做到最少的建筑物拆迁量，它的任务主要在于线形设计指标的提高与改善。

街道改建在线形上最重要的三个指标是最小转弯半径，最大路线纵坡度和路幅（红线间宽度）。这三个指标与车辆行驶的速度很有关系。车速要求提高，将影响最小转弯半径的增大，最大纵坡度的降低和车行道的加宽。它们都在城市街道改建中关联到房屋的拆迁量。车行速度与交通运输业的发展有关，从交通运输业的发展规律来看，对车速的要求逐步提高是肯定的，因为车速的提高有利于机动车有效功率的发挥，亦有利于运输工具的周转，而且城市生活活动面与生产的分配领域的扩大，对于交通运输在时间上缩短的要求感到日益迫切，目前各个城市的平均行车速度较低，主要是道路的条件限制了它们，同时城市居民对于公共交通车辆的要求，主要还是数量方面，但对速度的要求亦已提出来了，在货运方面，快速运输的要求已十分迫切，目前在城市中的实际车速一般还是低于汽车的经济速度，如果道路与交叉口条件改善，不仅汽油可节约，而且车速也能提高，在运输方面的获益亦能在相当短的时期内，收回在道路改建上的费用。

我国在过去几年中，为了将系统混乱、功能不分的旧城道路改建成为一个完整的道路系统，许多城市都针对原有道路的不同情况，采用了开辟、延伸、封闭、打通、拓宽和废弃等等方法，以使旧城的道路改建成为完整的、分工明确的干道系统。

二、旧城街道改建的几种方法

（一）基本上保留建筑现状进行局部改善

这种街道往往是旧城的一些主要干道，两旁建筑很密，但是质量较好。例如上海南京东路，是历史上遗留的最繁华的文化商业大街，两侧大都是较大型的高层的永久性建筑。虽然，目前交通问题比较严重，但要拓宽街道来解决是不可能的。因此，在这种情况下，主要从交通组织上着手，如减少分担该街道的车辆交通，限制车辆交通只供行人使用等办法。在建筑方面，可以进行一些局部的改善措施，如拆除瓶颈，在建筑底层拓宽骑楼式人行道等，以解决目前的一些矛盾（图 16–65 之 3）。

（二）展宽街道

旧城市街道的狭窄是一个普遍的现象，因此在改建道路中就常常带来了拓宽的问题。

展宽街道根据各种不同具体情况又有几种不同方法。当绝大部分的现状保留建筑都在街道一侧时街道应在对面进行展宽，同时红线也应该取决于这些现状保留建筑的位置（图 16–65 之 1）。无锡人民路即采取分段拓宽，分期逐步实现的方式。当两旁建筑都可拆除时，应该尽量保持原有道路的中线，充分利用原有路基，向两侧同时展宽（图 16–65 之 2）如果在展宽时遇到个别必须保留的建筑时，可以根据具体情况保留于原地，道路绕行，如北京景山前街上的北海团城，某些城楼古迹等；或者可以把保留建筑移建到新的建筑红线上去，例如在莫斯科高尔基大街的展宽时，即有此例，另外杭州白堤路上的“平湖秋月”一幢建筑也作过原封不动的移建（图 16–65 之 4）。

拓宽方式还需考虑投资，施工力量和建筑材料等条件，选择一次拓宽和分期拓宽等方法，贵阳延安中路车道过窄，但两侧建筑质量较好，不宜向两侧拓宽就取消了路中间的林荫带满足了交通上的需要。温州市将道路过窄、交通拥挤、两旁建筑质量不高的道路考虑近期拓宽，不易改建的又不严重影响当前交通的可暂时保留，有计划地将一些远景大型公共建筑布置在干道两旁以便于逐步改建。

当原街道两旁的建筑尚需暂时保留，而其后面建筑可以拆除（或者没有建筑现状）进行新建筑的修建时，即可在规划方案的红线外先建房屋，待将来再拆除沿街旧建筑展宽道路。在北京有些街道的改建即采用了这一方式。（图 16–65 之 6）

（三）在街坊内辟设新的街道

根据城市总体规划改建道路系统的必要，在街坊内拆除一些房屋，开辟新的街道（图 16–65 之 7）。如上海河南南路的辟建即属此例。河南南路地段原为上海封建时代的建成区，只有小巷没有大街，建筑质量也较差。由于交通运输，埋设管道，改善卫生的迫切需要，所以改建了这一街道。又如温州的五马街两旁建筑质量较好，拓宽有困难，因此拟在邻近街坊开辟新干道，五马街不作为主要交通干道。

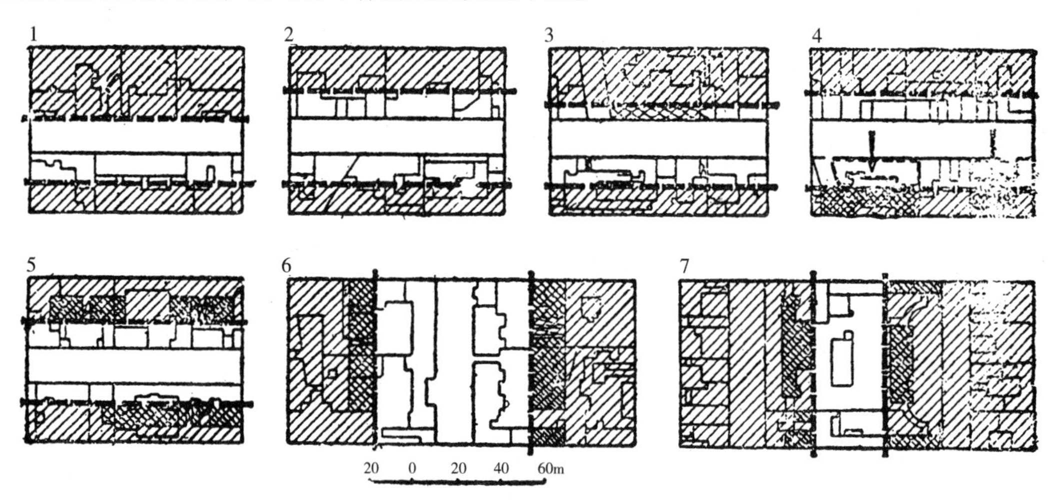

图 16–65　街道改建的主要方法

1——侧展宽；2—两侧展度；3—在建筑底层打通骑楼式人行道；4—平移原有保留建筑；5—在现状旁新添建筑；6—展宽新建；7—开辟新干道

因此综上所述，在改建街道时，对其两旁建筑物的处理，有以下几种情况：一种情况是保留现状建筑，亦即保留那些不应该拆除的永久性建筑，以及那些在建筑艺术上和历史上有很大价值的建筑物；另一种情况是虽可以添建些符合需要的设施的，但是它们的高度、长度和外貌应该加以改变的建筑物；第三种情况是有价值的建筑物，如果它们的位置不符合改建要求，就要将它们迁移到新的地方去；第四种情况是拆除价值很小和旧的建筑物，而在这些地方另外修建新的建筑或将空出来的用地供展宽街道和绿化等利用。在改建时，必须使保留的现状（旧的）建筑物与新的建筑物在艺术方面取得统一。这可以利用绿化。用新旧建筑物的建筑艺术的结合和对比，用规定建筑物的共同高度，使排列在一起的房屋水平线统一起来，使窗口有同样的位置，最后，用建筑物的颜色等来实现。

第十七章　城市中心与广场的规划设计

第一节　城市中心

在详细规划工作中，城市中心的规划设计任务主要是根据城市总体规划中所确定的市中心用地位置、规模、近远期修建的项目（建筑、道路、广场、绿地等），来具体地、综合地进行规划设计。

由于各类公共建筑修建时间有先后，不同时期的建筑功能及建筑技术与艺术的要求不同，修建的经济条件不同，城市道路交通的要求和条件亦会变化。因此，城市中心的规划设计也需要逐步修改，它既要满足分期建设的需要，又要达到完整、合理、统一的效果。

一、城市中心的组成

市中心的组成内容，按城市的性质、规模及现状特点有所不同。全市性公共建筑是组成市中心的主要内容，一般包括以下几部分：

（1）行政办公性建筑：如市及市以上党政和人民团体的领导机关，企业办公建筑，大会堂等。

（2）文娱体育性建筑：如全市性剧院、文化宫、展览馆、图书馆、体育馆、运动场等。

（3）商业服务性建筑：如全市性百货公司、书店、银行、邮电局以及旅馆、招待所等。

以上各种全市性公共建筑、服务设施与进行游行集会等政治、文化活动的广场、绿地、停车场等，组成一个有机的整体（图 17–1）。

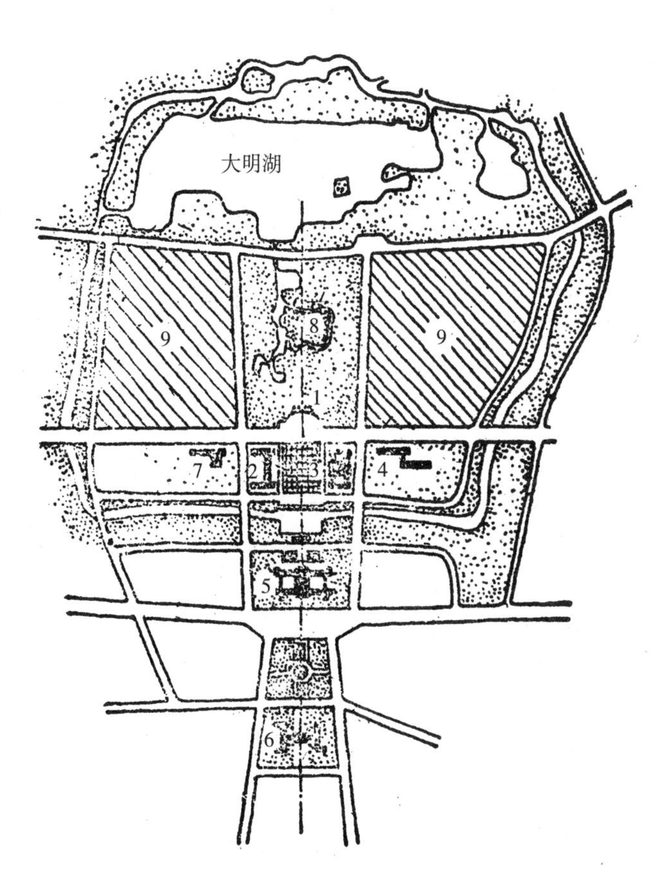

图 17–1　济南市中心规划方案

1—检阅台及公园入口；2—博物馆；3—文化宫；4—宾馆；5—展览馆；6—广播电视中心；7—百货公司；8—珍珠泉；9—行政办公用地

二、城市中心的规划布置

市中心的规划布置，首先应满足各类建筑在功能上的要求，正确处理它们的相互关系。

文化娱乐建筑吸引着大量集中的人流，它要求处于交通方便的地带，并应有足够的集散场地。在可能条件下，文娱建筑最好有优美的自然环境，布置时可考虑与绿地结合。人们进行文娱活动与购买商品的活动往往联系在一起，因此，布置时一般需要接近商业建筑。商业建筑吸引着大量的经常的人流，它也要求处于交通方便的地带。各类商业建筑（综合性商店及专业性商店）在布置时应尽量接近，以便于居民使用。但也不应过分集中。行政办公建筑要求有比较安静的环境，它需要与文娱、商业建筑及城市干道保持一定的距离，以利于工作。

市中心的规划布置，必须解决市中心交通合理组织问题。应充分估计城市交通发展的前景。如果估计不足，使市中心与交通干道的关系处理不妥，或市中心干道没有适当的宽度及适当的停车场地，将会造成不良的后果。

合理解决市中心的交通组织，首先应合理分布市中心的公共建筑。吸引大量人流、车流的公共建筑，不应过分集中，同时，公共建筑的布置应尽量避免人流与车流的交叉、干扰。如居民活动较频繁的建筑最好不要分布在交通干道的两侧。

正确处理市中心与交通干道的关系，是解决市中心交通的根本问题。因此，应在城市道路交通的总体规划的基础上，合理布置中心广场的位置、交通路线及停车场。在小城市中，由于机动车辆不多，市中心可以布置在干道两侧甚至交叉口上。在交通量较大的城市中，一方面要使市中心与城市各地区有方便的交通联系；另一方面，又要避免过多的车辆穿过市中心。因此往往避开交叉路口，把市中心的建筑布置在主要交通干道的一侧；交通不繁忙的主要街道两侧或分散布置在一组广场上。当交通量很大时，交通干道可在市中心区的周围绕过。如杭州市中心的规划方案，将主要公共建筑与中心广场布置在城市干道之间，以分散市中心过分集中的交通流量（图 17–2）。有些大城市的干道网规划特别是旧城市市中心改建规划，多采用在中心地区外围设环状路的方式，使车辆不穿过市中心地区。这对组织或改善市中心交通有一定效果（图 10–19）为了满足各种公共活动的需要，城市中心应有足够数量的停车场，它一般可结合广场进行布置，并避开交通频繁的干道，布置在市中心附近的次要街道上，但应与干道有方便的联系。

图 17–2　杭州市中心规划方案

1—中心广场及市级行政办公楼；2—歌剧院；
3—省级行政办公楼；4—工业展览馆；5—保俶塔

与城市主要街道平行的交通干道。

市中心的艺术布局是市中心规划布置的一项重要而复杂的任务。

市中心的艺术形象主要是通过建筑群的形象来体现的。市中心建筑群应与道路、广场、绿地及周围的环境连结为统一、完整的整体。呈现出和谐、明朗、生动的欣欣向荣的气氛。每个城市市中心的规划形式应具有一定的独特的格局，而不应千篇一律。必须利用该城市的特定条件，如充分利用不同的自然条件、现状条件等，使市中心的艺术形象具有特色。

三、不同规模、性质的城市中心的规划特点

一个城市市中心的具体内容和布局方式，是以该城市的性质、大小、自然和历史条件等因素而转移的。例如中、小城市的中心，由于各种公共建筑的规模小，设施比较简单，其布置方式通常只有一组简单的建筑群。如苏州市中心规划的公共建筑主要布置在一个广场和一段街道的两侧，并与公园绿地组合在一起。在小城市内，主要广场的面积不大，（甚至没有广场，集会可在运动场进行）其四周的建筑物即使采用一般的体积，也可以使广场中央的建筑群在大量的低层建筑中显得突出（图 17–3、图 17–4）。

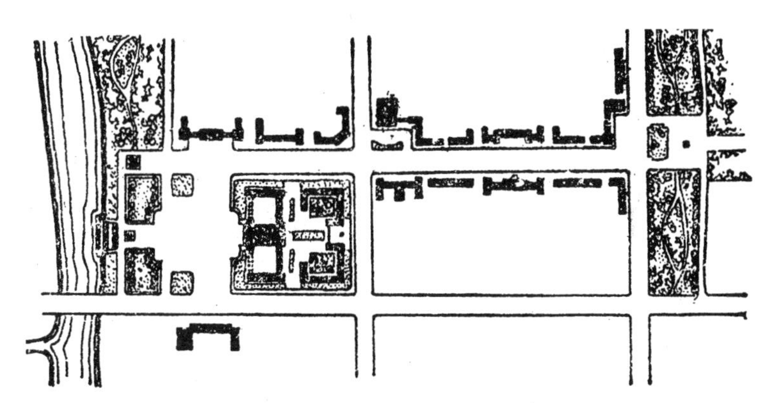

图 17–3 苏州市中心规划方案

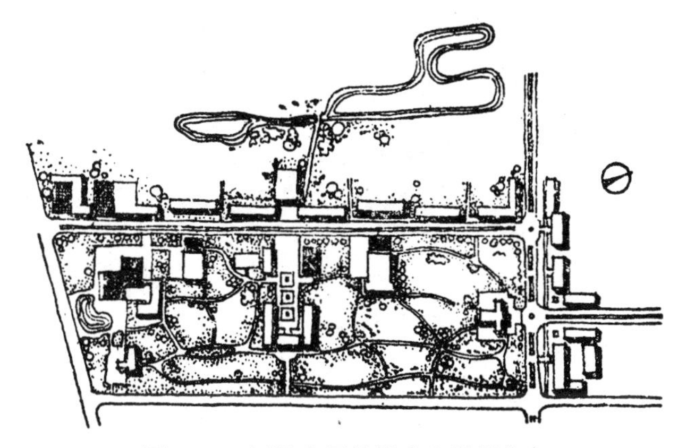

图 17–4 河北安国县城中心规划方案

在某些有一个大企业的小城市里，市中心甚至可以在厂前区附近，结合厂前公共福利建筑物布置。在个别情况下，小城市中心也可布置在车站广场附近。

大城市的情况比较复杂，在大城市将大量的全市性公共建筑物都布置在一个主要广场上，往往是不合理的。因为它们的规模和数量都超过中小城市，过分集中的布置，必将导致市中心交通紧张和使用不便。因此，大城市市中心通常是由二、三个广场组成广场群；这些广场可以通过城市干道主要大街，或步行道连接在一起。（图 17–5）在大城市内，如果主要广场附近有几个辅助广场，那就便于组织人数众多的节日游行和检阅。

大城市市中心有着各种建筑布局方法。如福州市中心的规划方案将行政办公和群众文化活动建筑分开布置成为三个广场，中间以林荫道和布置商业服务性建筑的干道

相连；这样可以保证行政办公的安静和公共福利建筑使用的便利，并适当分散交通流量（图 14–13）。

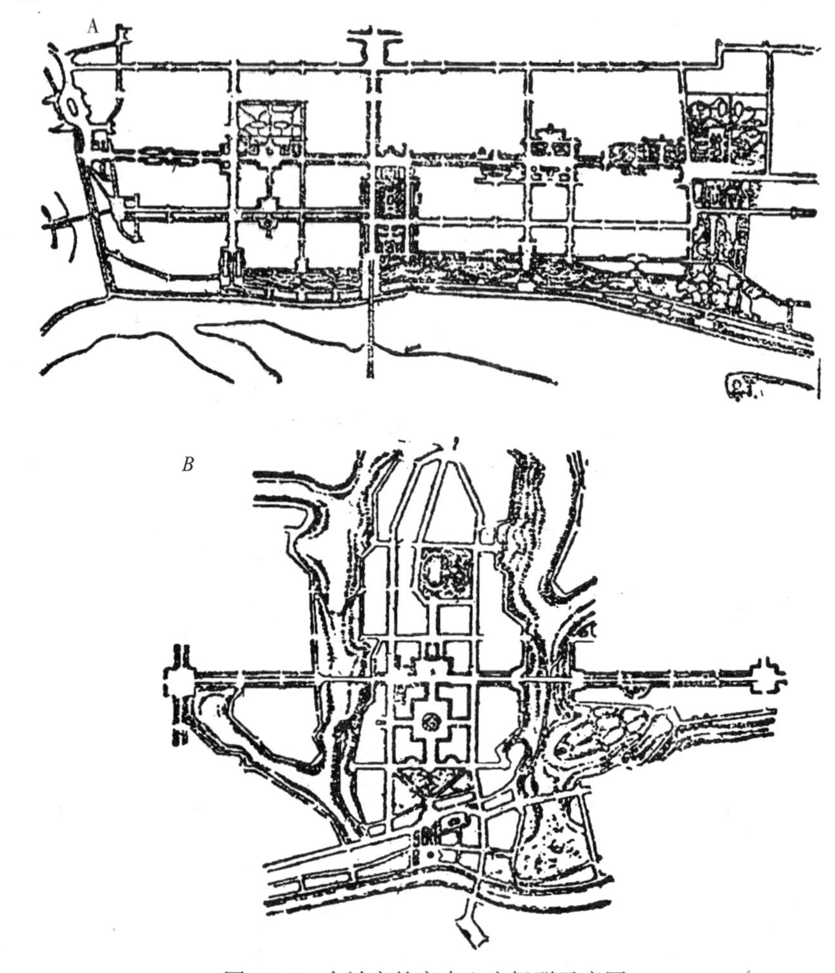

图 17–5　大城市的市中心广场群示意图

城市的生活区，应设有生活区中心；布置区级的公共设施，成为区的公共活动中心。在大城市中，几个生活区组成的市分区行政中心，往往和一个生活区中心结合设置。区中心应布置在区内适中的地段，最好是在建筑构图上突出的地方。区中心应与市中心及城市主要干道有方便的联系，但其交通问题比市中心简单（图 17–6）。

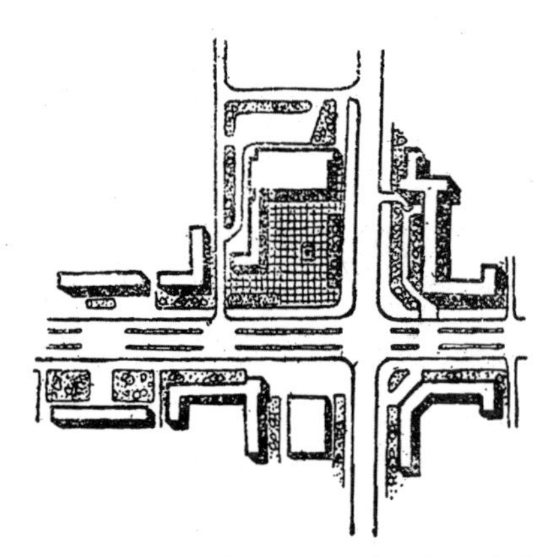

图 17–6　昆明市的一个区中心规划方案

在改建和大规模扩建的城市里，市中心的规划应尽可能利用旧有设施。如果在中心附近保留有有价值的建筑遗产，应尽可能组织成为新市中心区的有机组成部分。

休养疗养城市中，根据不同性质和特点可以设置休疗养区的中心。它通常由大公园或花园及其他供不同休疗养单位使用的建筑物组成。

第二节　广　　场

一、广场的类型

城市广场通常是城市居民社会生活的中心，即最重要的行政、文化、娱乐、商业及其他公共建筑的主要集中地。它可供人们进行各种活动，用以集散人流及车流。同时，广场又是城市艺术面貌的焦点。

在平面布置上，广场是一片周围建有公共建筑（有时建有住宅），或植有树木的城市用地，它与城市干道和街道相连接。

城市广场的分布决定于城市的规模和整个城市规划特点及广场的用途。

城市广场可分为下列几类：

（1）公共活动广场——主要有市、区中心广场。由于市、区中心广场有时供游行集会用，因此往往又称为“集会广场”（图17–7、图17–8）。

（2）集散广场——位于人流集散较多的地方，如旅客车站、码头、机场前的广场及剧院、展览馆、运动场、工厂、公园前的广场（图17–9）。

（3）市场广场——它是供给布置商业建筑及售货摊进行商业活动的广场。

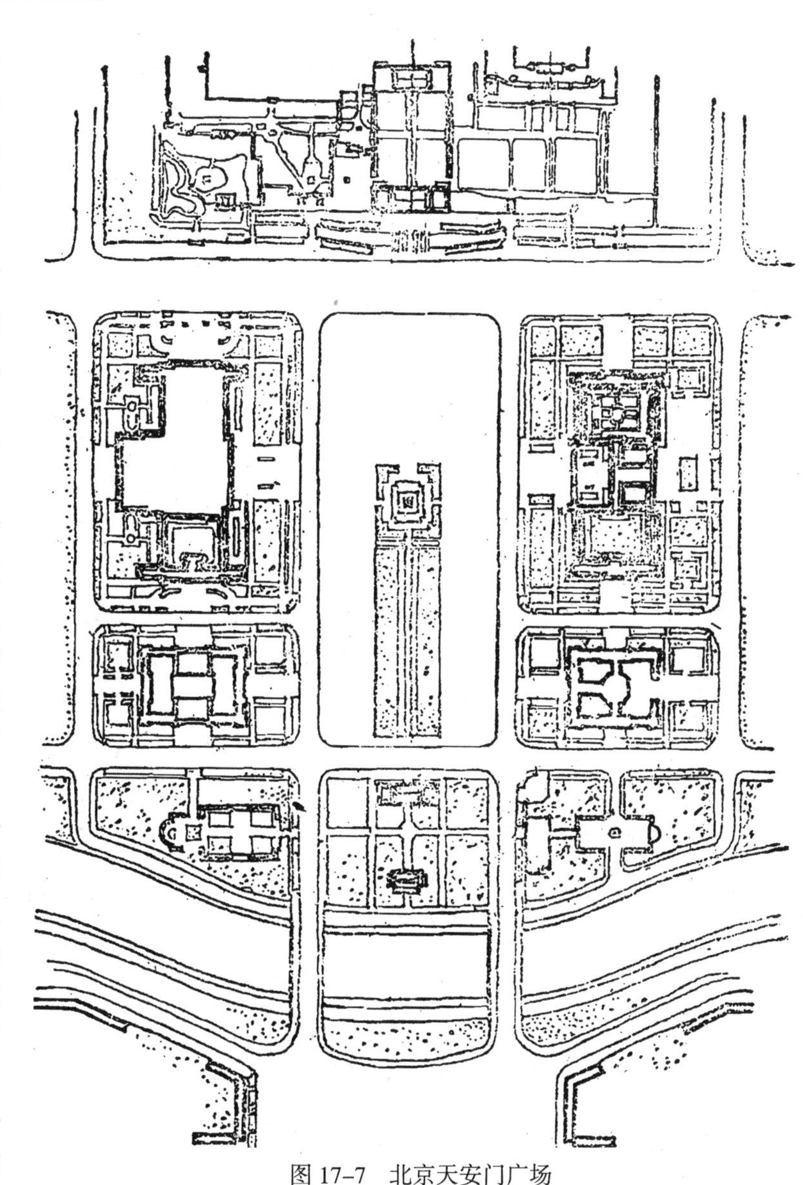

图17–7　北京天安门广场

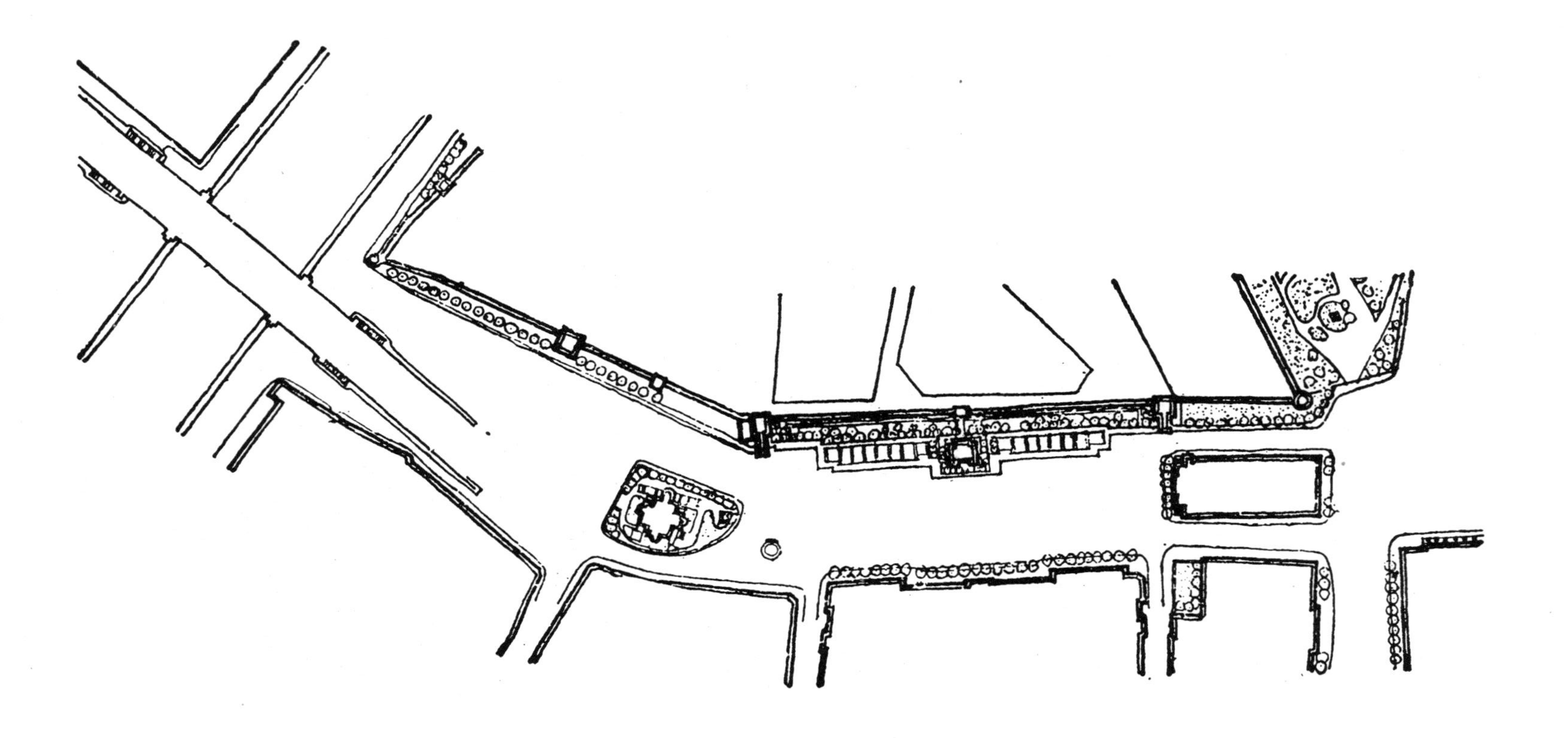

图 17-8　莫斯科红场

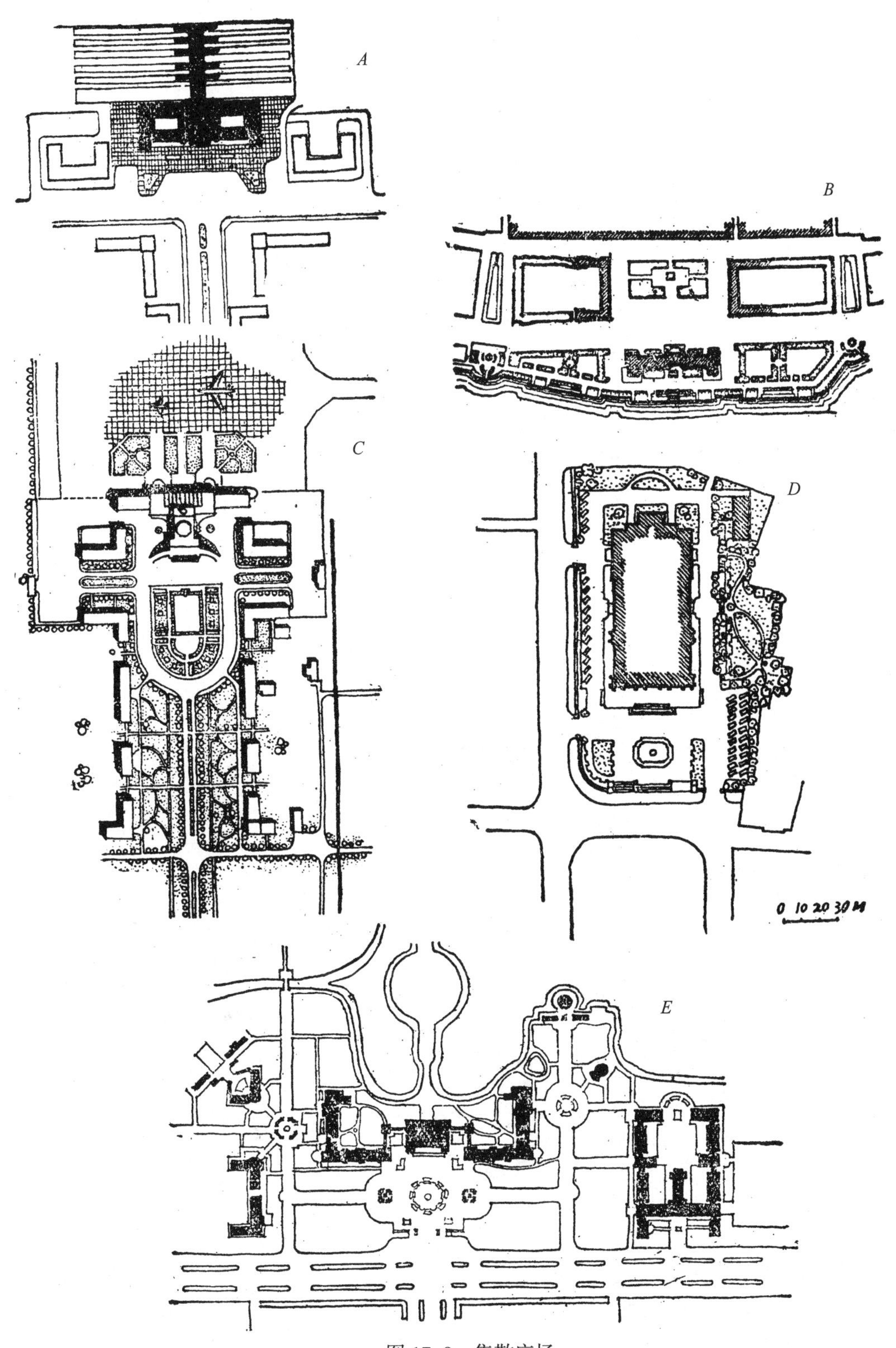

图 17–9　集散广场

A—北京车站广场；*B*—内河航运站站前广场；*C*—北京民用机场航站广场；*D*—乌鲁木齐市人民剧院广场；*E*—北京全国农业展览馆前广场

（4）纪念性广场——它是为了设置纪念物，供人们瞻仰与欣赏纪念物的广场。有时这一类广场是和其他类型的广场相结合的（图 17-10、图 17-11）。

（5）交通性广场—— 一般指有数条道路交叉的较大型的交叉口广场，主要用作组织交通（图 17-12）。

特大城市、大城市及较大的中等城市，往往具有几种类型的广场。小城市及某些中等城市广场类型就较简单，有时一个广场兼作数用，甚至不需设广场。

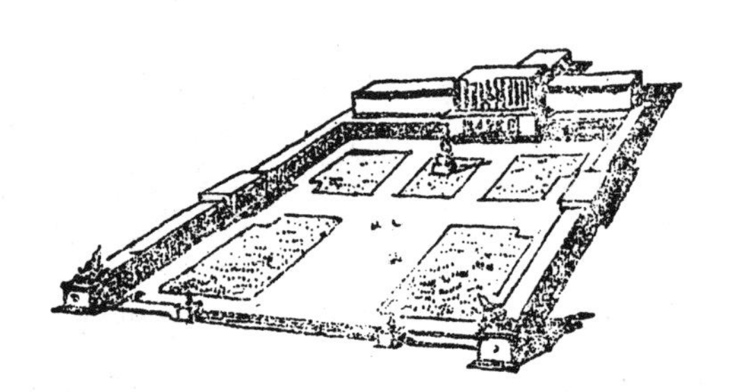

图 17-10　遵义会议纪念馆广场设计方案

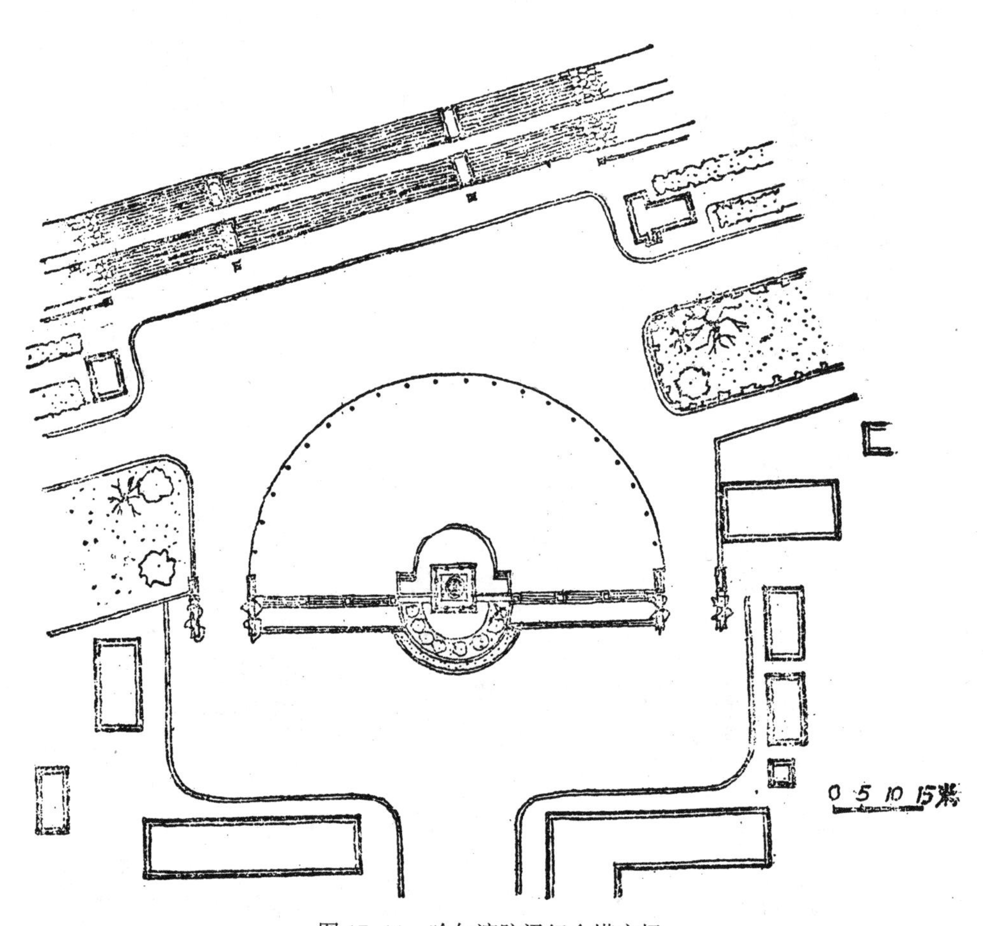

图 17-11　哈尔滨防汛纪念塔广场

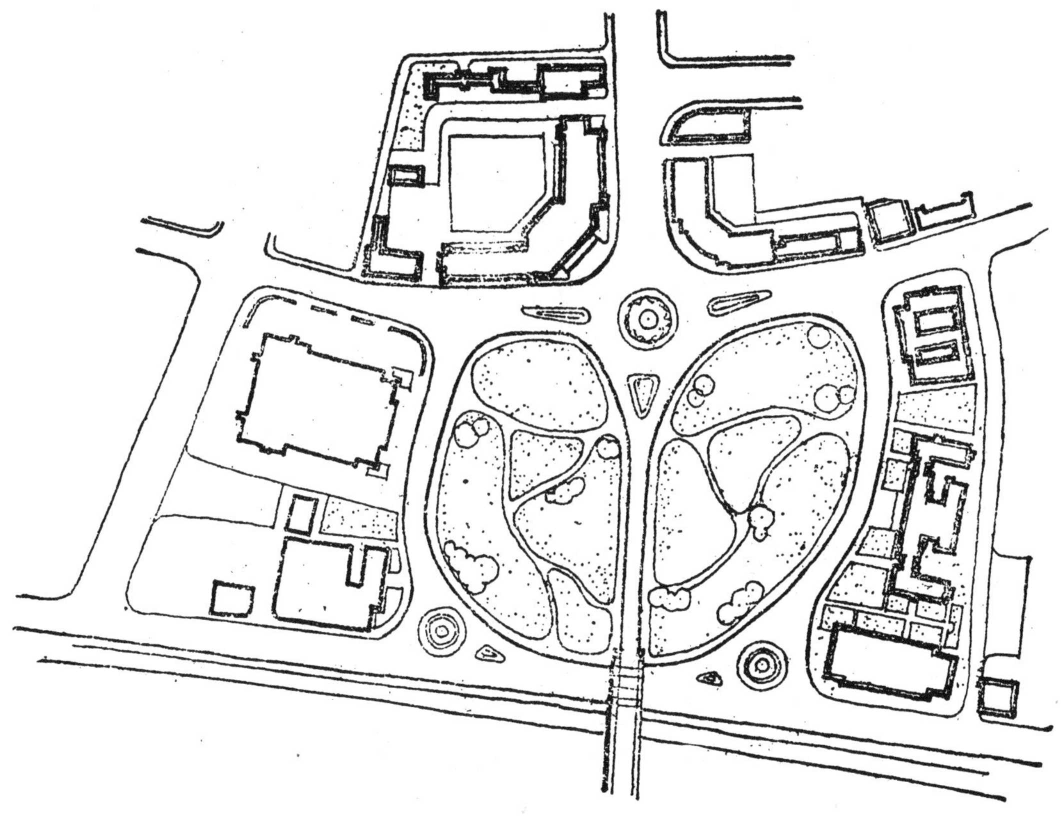

图 17-12　广州海珠广场（桥头广场）

二、不同类型广场的规划特点

（一）公共活动广场

它应满足集会、游行检阅、节日狂欢等需要。广场应有足够的集会面积。广场应合理地组织交通，以保证大量人流的迅速集散。广场应靠近城市干道，必要时对于通向广场的那些干道上的车流量应加以限制，而将货运交通引到广场外的干道上去。市、区中心公共活动广场的建筑群应该是丰富、明朗的，以形成构图的中心。

在进行市中心广场规划时，还必须注意到游行集会问题，应保证节日的游行队伍能方便地通过。在布置检阅台时要注意：

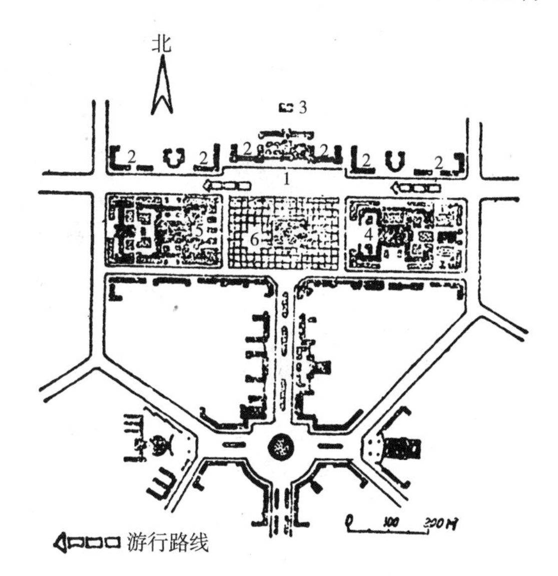

图 17-13　成都市中心广场规划方案

1—检阅台；2—办公楼；3—明远楼；4—人民大会堂；5—博物馆；6—集会广场

（1）检阅台一般设在广场和主要建筑物的中心轴线上，并应有良好的朝向。如成都市中心广场的检阅台布置在广场中心办公大楼的前面（图 17-13）。

（2）检阅台应位于游行队伍前进方

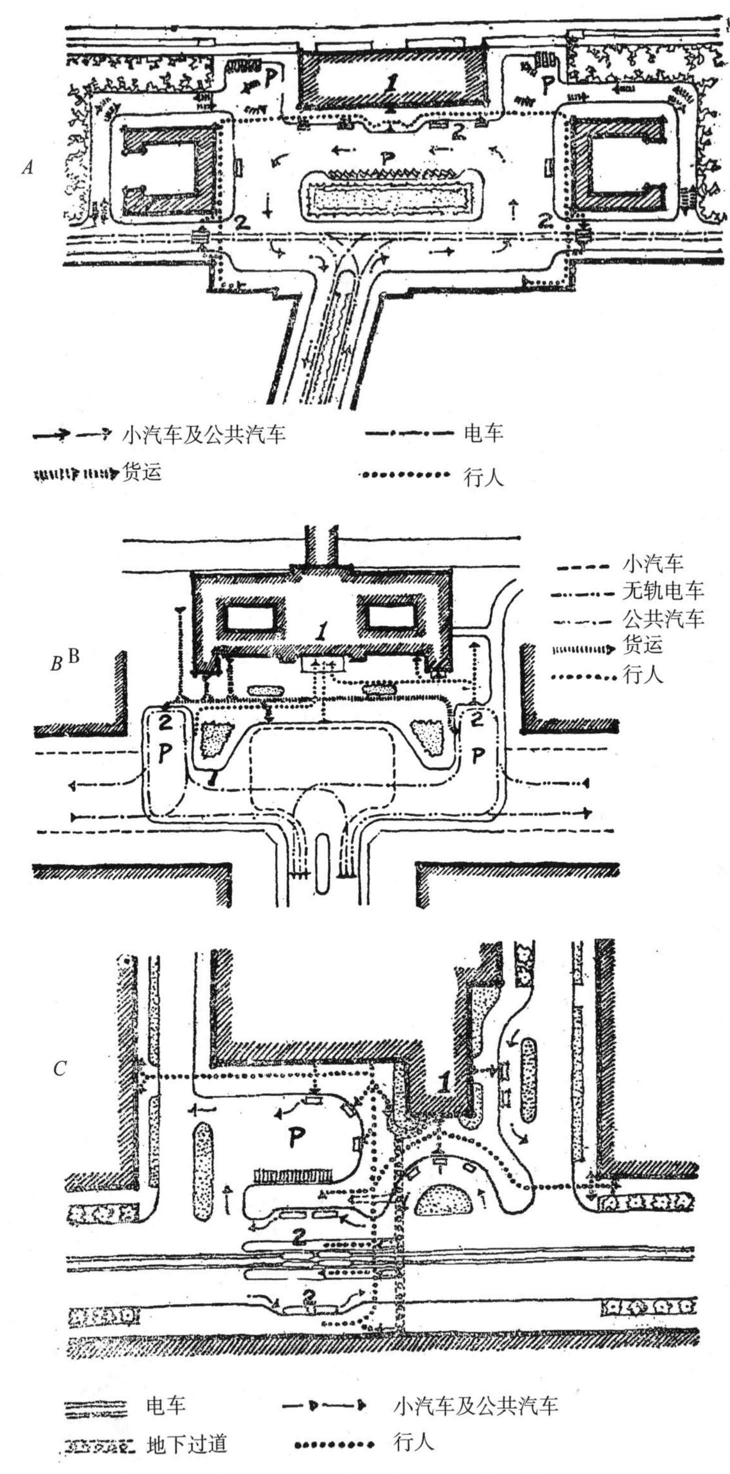

图 17–14　广场上的交通组织示意

A. 北京车站广场的交通组织；*B*. 苏联库尔斯克车站广场的交通组织；*C*. 临近干道的车站广场的交通组织
1—车站的主要出入口；2—电车与公共汽车站；*P*—停车场

向的右面。

（3）接近和通过检阅台的地段，应保证游行队伍能够直线通行。

（4）大城市或特大城市中如必要设固定的检阅台，可以与具有纪念性的建筑物相结合。如首都的天安门和莫斯科红场上的列宁——斯大林墓。

在大城市中为了供游行群众的集散的方便，在靠近市中心广场的地方有时可设辅助性广场，这种广场平时可作其他用途。

区中心广场的规划布置，原则上和市中心广场相同。它的位置应使居民来往方便，以便利用该区服务的公共设施，同时和市中心广场及市区的主要干道、公园绿地、河湖等有方便的联系。有时区中心广场可和其他性质广场合并组成。

（二）集散广场

集散广场城市车流和人流比较复杂，必须很好地加以组织，以保证广场上的车辆和行人互不干扰，畅通无阻。广场要有足够的行车面积，其大小根据广场上车辆及行人的数量决定。广场上建筑物附近需设置公共交通停车站、汽车停车场，其具体位置应和建筑物出入口协调，以免车流交叉过多，使交通阻塞。

大的交通枢纽前的站前广场特别当客货运站合设时，交通更为复杂，在这种情况下，应很好地解决人流、车流、货流这三大流线的相互联系及尽可能减少三者的交叉干扰，一般应为货运设通向站房的独立出入口和连接城市干道的单独路线。城市长途公共汽车站往往与火车站广场相接。为了合理组织站前交通，特别重要的是使站房出入口等城市公共交通车站和停车场的位置配合一致。以便在最少数量的流向交叉条件下，保证广场上的步行人流和车流通畅无阻。在某些特殊条件下，可考虑修建地下人行隧道或高架桥，使旅客直接从站房到达公共交通车站的站台或广场对面的人行道上去。（图 17–14）站前广场要与城市干道有通畅的联系。站前广场是城市的门户，其建筑面貌给旅客以城市的第一印象，因此应注意其建筑艺术的组织。码头、飞机场前的广场，其建筑布局原则上与车站广场相同。

剧院、电影院前的广场主要是解决人流集散问题，同时亦可衬托建筑物的体形。文化娱乐建筑（剧院、文化宫、俱乐部等）往往是城市中体型较美的公共建筑，它所在城市建筑群中一般都占着较重要的地位。剧院电影院在广场上的布置，一般采用纵深布置的方法，前面留出宽畅的空地，以便迅速地疏散人流。如新疆乌鲁木齐市人民剧院广场（见图 17–9*D*）、列宁格勒奥斯特洛夫斯基广场上的普希金剧院（图 17–15）均采用了此种布置方式。沿着干道红线或面临交通干道的交叉口来布置剧院或电影院是一种不合理的方式，一般应避免使用，小型娱乐场妨碍不大，不在此限。剧院、电影院广场上应布置等候、休息的场地，加以绿化。

大工厂企业的厂前广场也是集散广场之一种。城市干道往往由居住区一直通向厂前广场，其规模依据职工上下班的要求拟定，在这里可布置公共福利建筑（工厂管理机构、食堂、俱乐部、诊疗所等）。

三、广场的规划设计

进行广场的规划设计时，首先必须明确广场的性质和作用，及其在城市总图中的地位。进行广场规划设计需要着重研究下列问题：

（一）广场的形状与规模

城市广场的规模、形状，往往和广场的作用、建筑的高度及交通状况有关。如交通

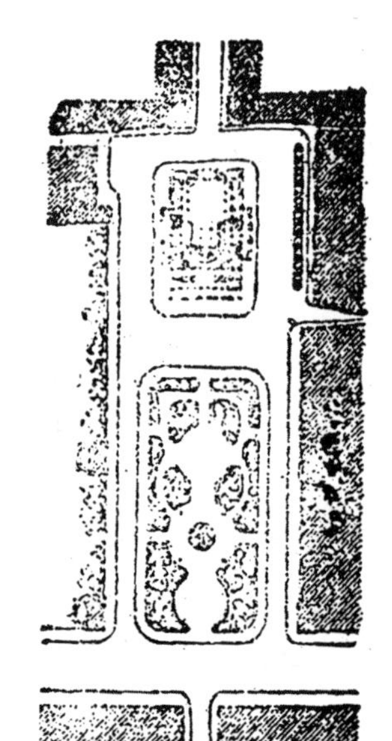
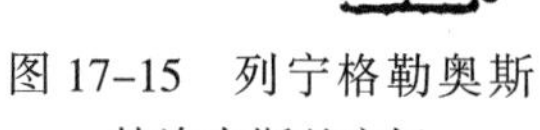
图 17–15　列宁格勒奥斯特洛夫斯基广场

广场的大小是取决于交通流量的大小和交通组织的方式；集会广场取决于集会容纳的人数；集散广场取决于公共建筑的集散人数和车流的组织。决定广场的大小时，还要同时考虑广场建筑艺术空间的比例尺度的要求。因此，广场的大小没有固定的尺寸。在苏联“城市规划与修建法规”中关于广场的规模提出下列建议，可供参考。

市和区的公共活动广场——供举行庆祝集会、游行示威和阅兵典礼用，其广场规模如下：

大城市	2—4 公顷
中等城市	1—2 公顷
小城市	0.75—1.5 公顷

娱乐建筑物前广场应根据建筑物的大小、建筑规划等要求确定。一般可采用 0.5 公顷。站前广场一般采用 0.5 ~ 2.5 公顷。具体确定时要根据通向广场的街道数目和宽度、交通量、旅客流量、车站的大小和广场上车辆交通组织情况，以及广场建筑和绿化的特点。

国外几个著名的历史上形成的广场的规模如下，可供研究参考：

莫斯科红场	4.96 公顷
列宁格勒冬宫广场	6.27 公顷
威尼斯圣马可广场	1.28 公顷
巴黎调和广场	4.28 公顷
佛罗伦萨的西诺里广场	0.54 公顷

我国城市中新建和规划设计的几个广场的面积如下，可供研究参考：

北京火车站广场	4.9 公顷
福建三明市中心广场（设计方案）	3.5 公顷
苏州市中心广场（设计方案）	6.3 公顷
济南市中心广场（设计方案）	7.5 公顷

广场的形状是多种多样的。按平面布置形式可分为：正方形、矩形、梯形、圆形及不规则形等（图 17–16）。

正方形广场——在平面上无明确的方向，不易强调广场的主要立面，所以如果需要突出主要建筑物就显得比较困难。

矩形广场——有一定方向，较容易强调出广场的主立面，能很方便的布置建筑物和组织交通及通过游行队伍。矩形广场两边长度应有合适的比例，根据历史上有名广场的分析，如 3 ∶ 4、2 ∶ 3 和 1 ∶ 2 等比例，会产生较好的效果。但这也不是绝对不变的。为了加强对比的感觉，在个别场合下，可以设计较长的矩形广场，但是一般认为宽与长的比例不宜大于 1 ∶ 3 或 1 ∶ 4。在这种广场的主要轴线上应布置主要建筑物，并可采用使轴线对着天然的风景点或其他重要建筑物等构图的手法。

梯形广场——由于广场两边的倾斜，所以广场的轴线有着很明显的方向，容易突出

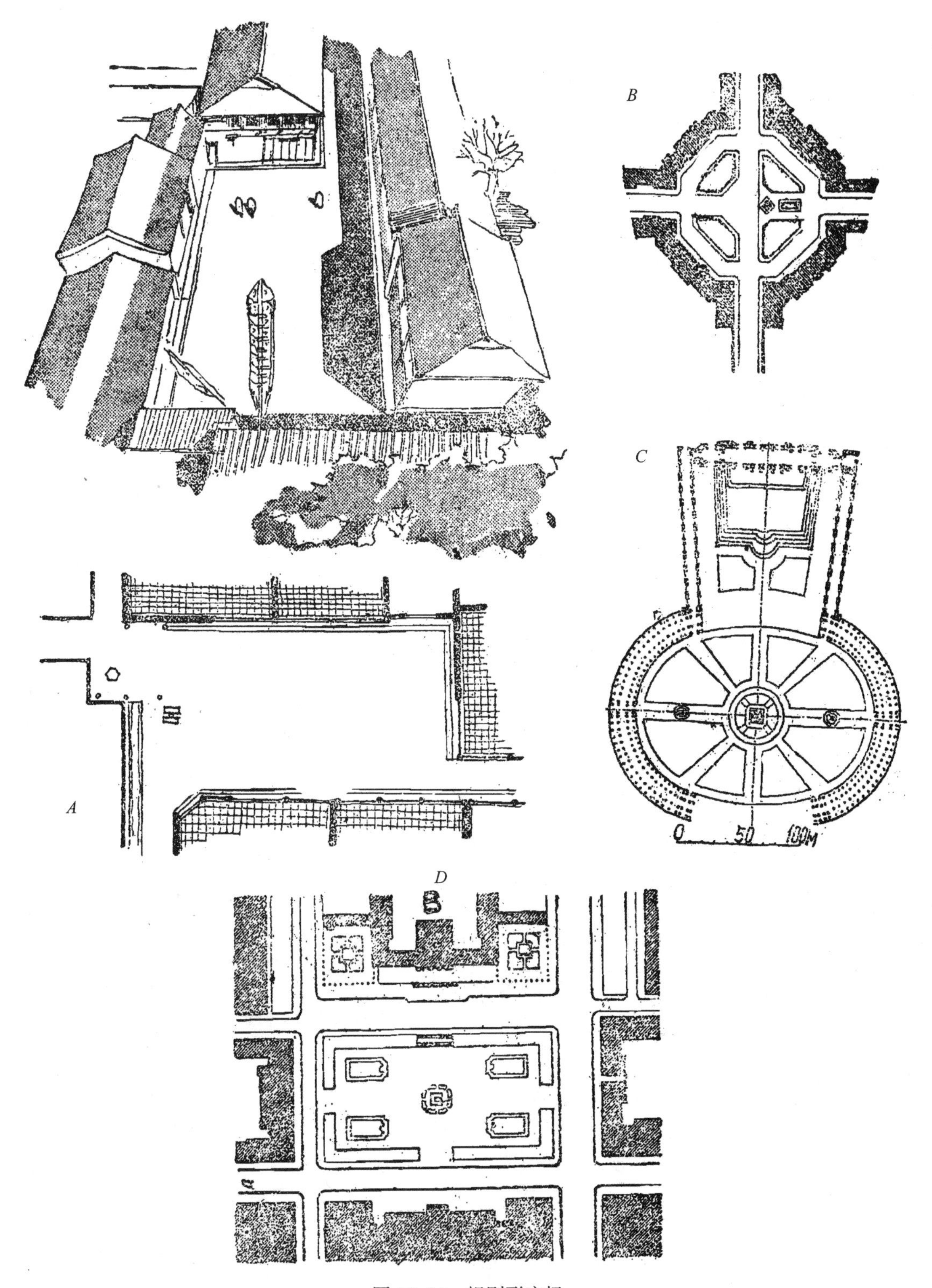

图 17–16 规则形广场

A. 江苏太湖洞庭东山镇石桥广场；*B.* 苏联加里宁城苏维埃大街上的广场；*C.* 罗马圣彼得教堂前的广场；*D.* 苏联布良斯克的中心广场

主题。这种中轴线的方向，总是预先决定了广场上主要建筑物的位置（沿梯形的长边或短边来布置）。如罗马的卡比托里广场和圣彼得教堂前的广场均为梯形广场，其主要建筑物沿着梯形的长边一面布置，梯形广场的斜边向广场的主要立面敞开。苏联斯大林格勒的阵亡战士广场上，主要建筑沿短边布置，梯形广场的斜边则向着主要建筑物相反的方向敞开，使广场展向伏尔加河岸的景色（图 17–19）。

圆形和椭圆形广场——当广场的半径不很大时（100 米以下），易于显示广场的形象，建筑效果较好。圆形广场周围的建筑往往建造为圆弧形，它给修建带来一些困难。

在广场的形式中还可有其他组合形式，如由圆形和长方形结合、椭圆形和梯形结合等。

还有一些广场是不规则形的。不规则形广场往往是由城市的自然条件和已有的建筑现状逐步形成的。如欧洲著名的意大利威尼斯圣马可广场就是一个著名的例子，我国苏南、浙东一些村镇中的某些小型广场也属于此例（图 17–17）。

广场的布置形状应综合考虑各种条件，如用地位置、干道网的布置形式、地形、建筑现状以及它本身的性质与规模等因素来进行规划设计。

（二）广场上主要建筑物的布置

建筑物是构成广场的重要因素，广场的性质往往是由广场上主要建筑物性质决定的。因此，主要建筑物的布置是广场规划设计中首要的任务。如前所述，广场的建筑布置首先应根据各种建筑功能上的相互关系、相互区别的要求及合理组织交通的要求，同时应对近期建设的实际条件及经济性等作综合考虑，并在研究上述问题的同时，来研究广场的空间艺术布局。主要建筑物的布置一般有下列几种方法：

（1）将主要建筑布置在广场中心。主要建筑布置在广场中心时，它的体型必须是从四个方面观看都是完整的。如华沙斯大林广场上的科学文化宫是直立在广场中心的一幢高大建筑，南北有两条城市干道对着建筑物的轴线，从城市的四个方面都能看到建筑物的全貌。苏联巴库的政府大厦广场、沈阳市中心广场的规划方案，也都是将主要建筑布置在广场中心。（图 17–18）但在采用此种布置方法时必须注意交通组织问题，如主要建筑四周均为交通频繁的车辆通路，则会使人们使用主要建筑时，感到既不方便又不安全。

（2）主要建筑物沿广场的主要轴线布置在广场周边或深处，建筑物的主要立面朝向广场。这是广场布置的最常用的方法。如天安门广场上的天安门、人民大会堂、革命历史博物馆均朝向广场（图 17–7）。苏联斯大林格勒的市中心广场，把主要建筑物布置在梯形广场的短边上，朝向广场，使主要建筑物在近处及远处都能看到建筑物的全貌（图 17–19）。

（3）广场轴线不明显时，可以根据建筑的朝向、广场四周的道路性质决定主要建筑的位置。在这种情况下，最好使主要建筑物比其他一般建筑物有更丰富或更突出的轮廓线，并用建筑材料之色彩、立面装饰来强调广场的主轴方向。在不对称的广场中，可将主要建筑物布置在广场的转角上，使其立面突出在广场之中（图 17–20）。

（三）广场与建筑物及纪念物的关系

广场和建筑的比例不是固定的，必须根据实际情况进行设计。在社会主义城市中，一方面由于城市交通的发展，广场上要增加通行车辆和停车场地的面积；另一方面由于人民群众游行、集会、公共活动的要求，需适当扩大广场面积。因此，对那些历史上形成的广场其建筑与广场的高宽比，只能作为设计者的参考。

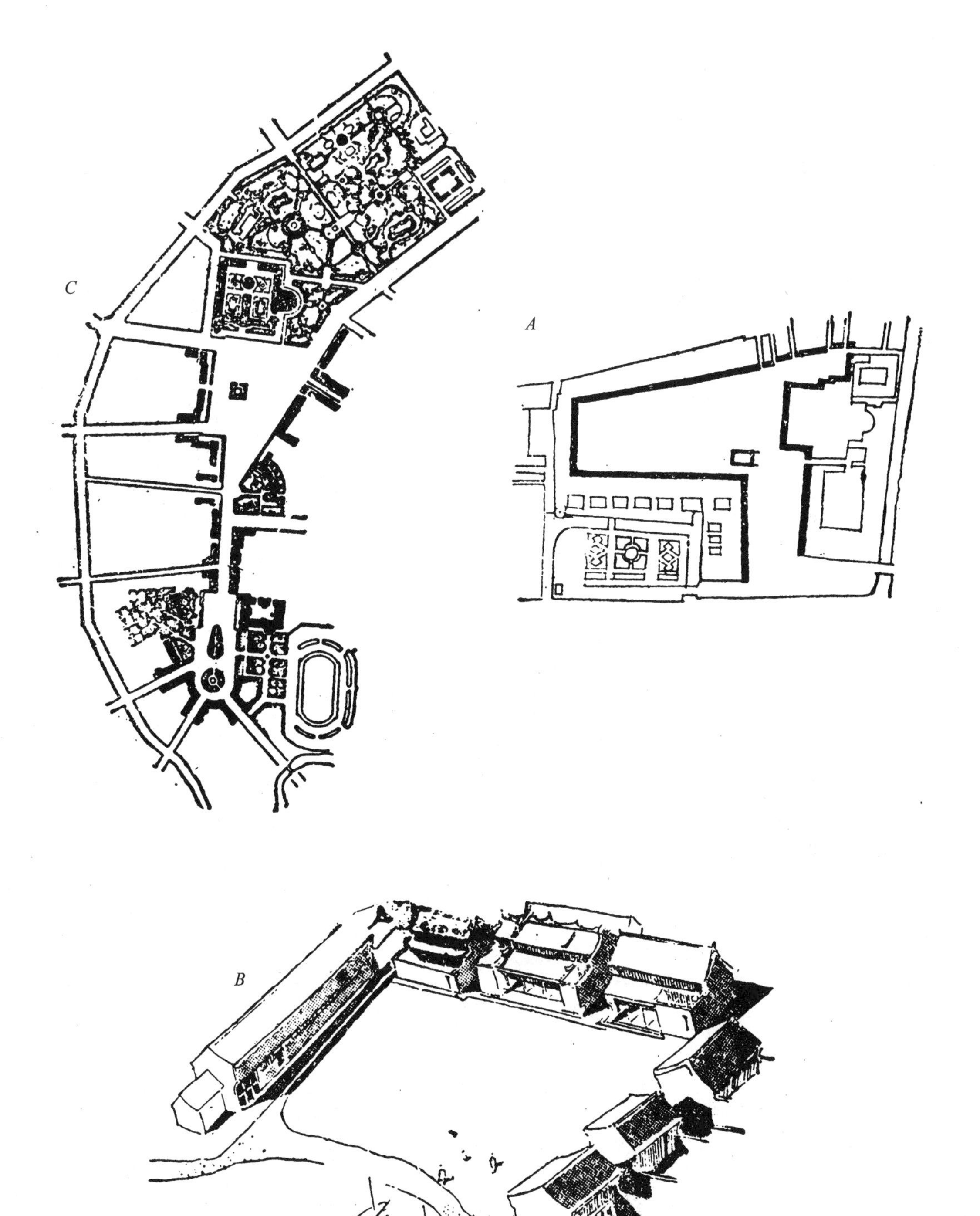

图 17–17　不规则形广场
A. 意大利威尼斯圣马可广场；*B*. 浙江鄞县大公乡某广场；*C*. 列宁格勒的基洛夫广场

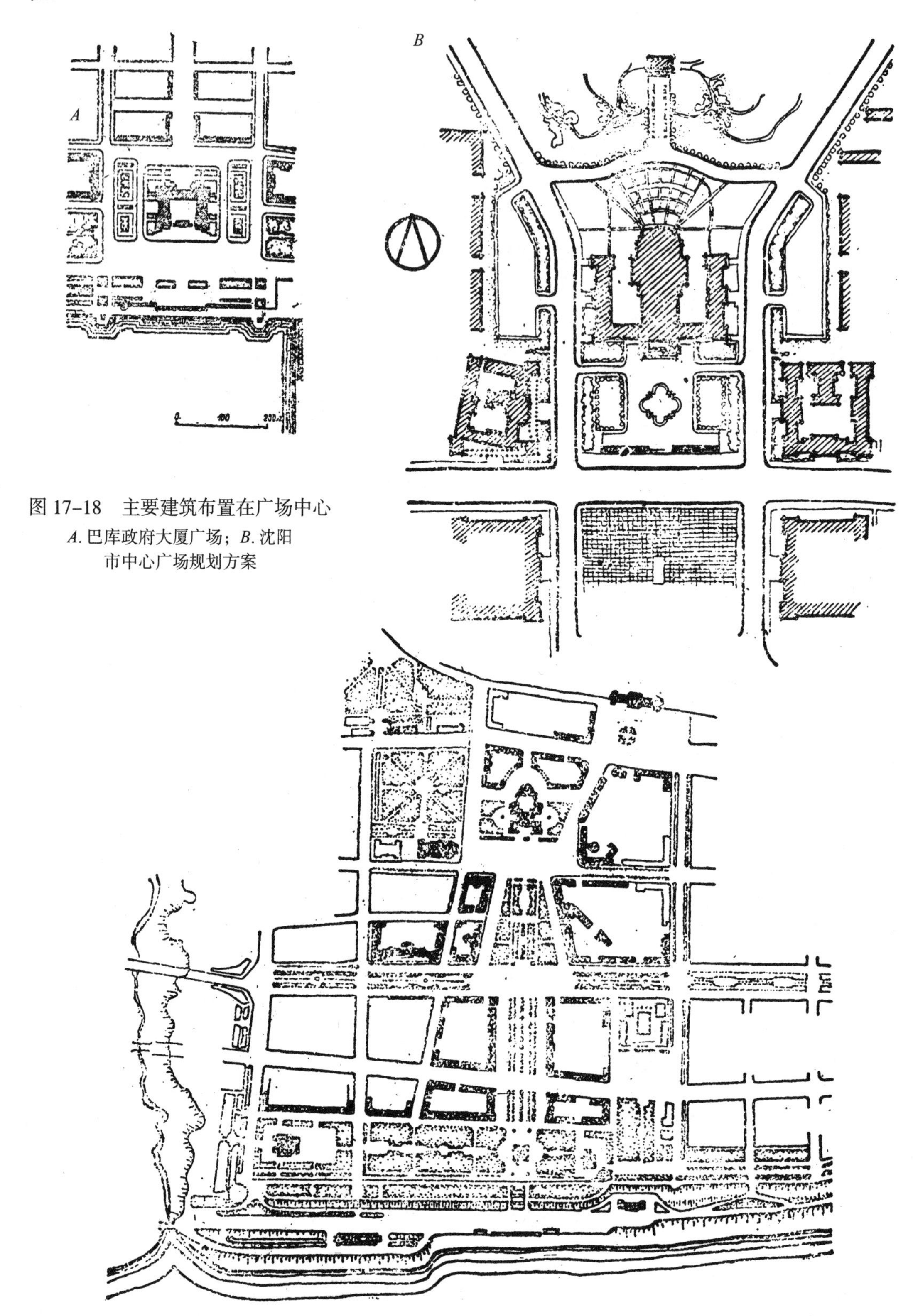

图 17–18　主要建筑布置在广场中心
A. 巴库政府大厦广场；*B*. 沈阳市中心广场规划方案

图 17–19　主要建筑布置在广场的中轴线上（斯大林格勒阵亡战士广场）

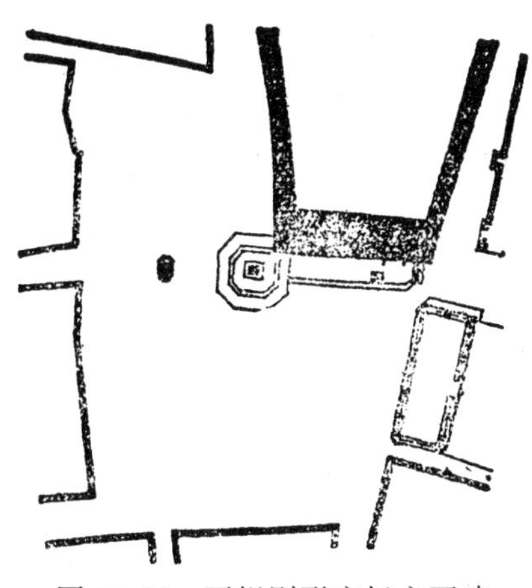

图 17–20　不规则形广场主要建筑物的布置（意大利西诺里广场）

建筑和广场的高宽之比，应与城市干道宽度和建筑高度的比例相协调。广场的宽度与建筑的高度，首先决定于使用的要求；其次，人的视点是我们研究建筑物和广场高宽比例的一个重要因素。应该使人们在经常通往或停留的地方能较全面地看到广场中的建筑物。根据视觉的分析，当人的位置与建筑物顶部成 45° 角时可以看清建筑细部；当人们距离两倍于建筑高度的位置时，可以看清建筑全貌，而周围的物体只起背景陪衬作用，此时视点与建筑物的高度成 27° 仰角；当距离增至建筑物高度的三倍时（成 15° 仰角）可以感觉到建筑物仍是主体，但它与周围环境处于相同的地位。（图 17–21）上述一些比例尺度在文艺复兴时期的广场上曾得到运用，今天，在设计广场时可作为参考。

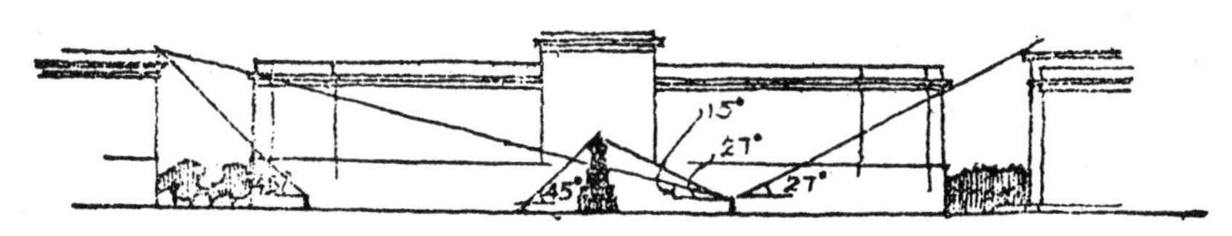

图 17–21　人的视角角度和建筑物、纪念物高度的关系

当广场的功能要求需有较大的面积时，不应单纯依靠加高建筑物高度来求得其比例协调，可以利用广场中的纪念物或其他小建筑、绿地等进行空间处理。如天安门广场两侧的人民大会堂及革命历史博物馆高度均在 30 ～ 40 米，广场宽为 500 米，其高宽比约为 1 ： 12，但由于广场中的人民英雄纪念碑以及灯柱、栏杆、台基、花坛等都采取了适合的尺度，使人们并不感到广场空旷，而是感到亲切近人（图 17–22）。总之，广场的尺度首先是由建筑及广场的功能要求提出的，同时，它也是组织广场空间构图的一个手段，因此它绝不是千篇一律、固定不变的，不应不顾条件地机械地搬用某一种比例。

图 17–22　天安门广场的建筑比例关系示意图

（四）广场上纪念物的布置

为了纪念某些历史事件或革命英雄人物，在城市广场上可以设置纪念物，它起着教育和鼓舞人民的作用。广场上的纪念物一般可以有：纪念碑、牌楼、雕像、纪念柱等。

纪念物在广场中的位置主要根据其造型与广场的形状来确定。当纪念物是纪念碑时，从四个方向来看它，都没有明显的正背面关系，可以布置在正方形、圆形或矩形广场的中心。如几条道路直通广场时，又可作为它们的对景(图 17–23）。当广场的入口是单向时，则纪念物应对着主要入口的一面。当广场是不对称的平面布局时，纪念物的位置与广场的关系也可以是不对称的。但在这种情况下，纪念物的位置应使广场的整个构图取得平衡。如苏联列宁格勒十二月党人广场上的彼得大帝骑马铜像，罗马的圣诺万尼广场上的雕像，都是些很好的例子（图 17–20，图 17–23）。雕像的布置应当考虑人流的方向，应使雕像与进入广场的人流取得密切的联系，但又不妨碍交通。

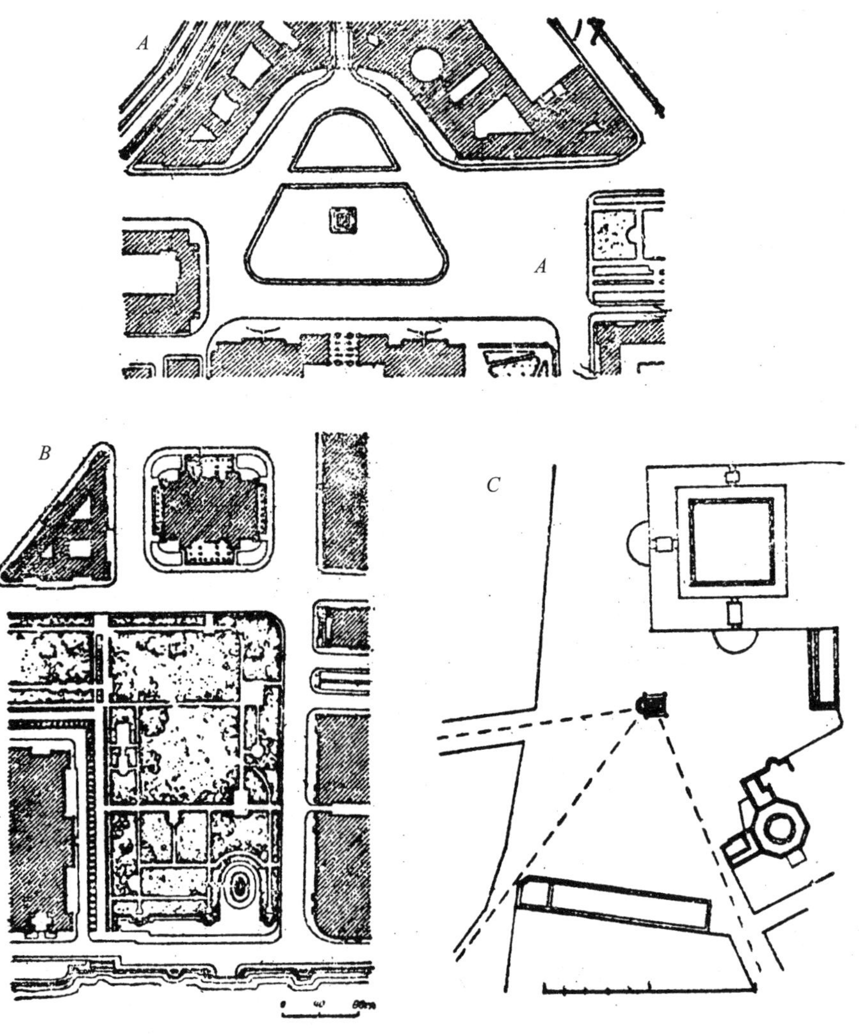

图 17–23　广场上纪念物的布置

A. 列宁格勒冬宫广场；*B.* 列宁格勒十二月党人广场；*C.* 罗马圣诺万尼广场

布置纪念物时需要考虑到它在广场上的背景。纪念物的轮廓线、色彩、材料的艺术效果都与背景的衬托有密切关系。当纪念物距离广场主要建筑物较远时，可以天空为背景，雕像可以用较深的色彩与明亮的天空形成对比，同时轮廓线应比较丰富、明确。浅色材料的雕像或纪念物则可以用绿化来衬托。当纪念物或雕像离建筑物较近时，则要考虑建筑的形体、墙面材料、色彩等因素应与纪念物取得对比和协调（图 17–24）。

图 17-24　纪念物与背景的关系（一）

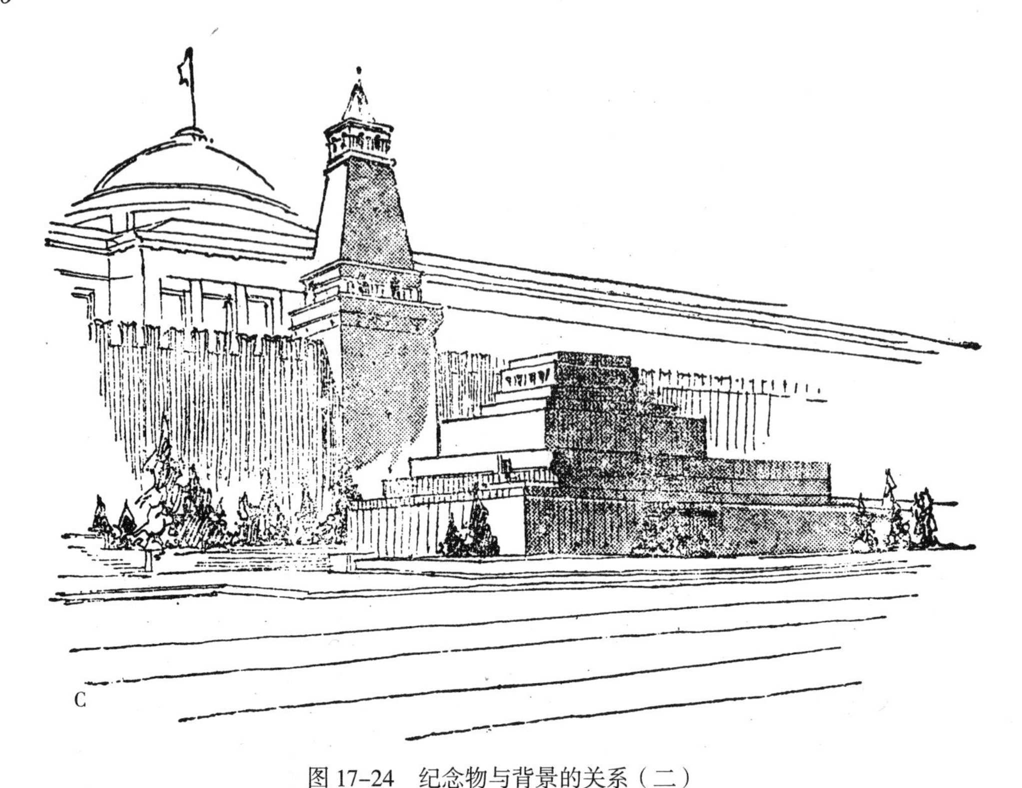

图 17-24　纪念物与背景的关系（二）

A. 哈尔滨防汛纪念碑；*B.* 列宁格勒十二月党人广场彼得大帝像；*C.* 莫斯科红场列宁—斯大林墓

第十八章　城市园林绿地规划

第一节　公园规划

一、公园的作用与内容

公园是城市园林绿地的一个重要组成部分，它是供城市居民游憩和进行群众性政治、文化、娱乐活动的场所，它对于改善城市卫生条件，丰富城市艺术面貌起着一定的作用。

为了充分发挥公园应有的作用，在公园中首先必须有足够的种植面积，以保证公园自然气氛的形成及有利于城市卫生、气候条件的改善。其次，公园的内容应尽可能满足游人多种需要与爱好，如文娱体育、文化科学、安静游憩、儿童游戏等设施，均可视需要而设置，并给以足够的活动场地。

二、公园规划的工作内容及须注意的问题

公园规划工作，是在城市总体规划的基础上，对公园用地进行全面的总体布置，为公园修建设计工作提供一定的依据。它的具体工作内容是根据城市规划的要求与用地的各种条件，确定公园应设置的项目，确定公园的出入口位置与进行公园用地的功能划分。

在公园规划工作中，除了应认真地贯彻城市园林绿地规划的原则外，还应注意以下几点要求：

（一）公园规划设计要正确地继承并发扬祖国造园艺术的优秀传统，同时吸取国外先进经验，以创造中国的社会主义的新风格

我国在造园方面有几千年的悠久的历史，从一些历史上遗留的园林可以看出，我国造园艺术具有高度水平。它们体现出我国劳动人民的智慧和当时我国人民所喜爱的民族艺术风格。当然，由于这些园林受封建社会的政治、经济制度和文化科学技术水平的限制，在许多方面不能适应现代新社会生活的要求，因此，我们在学习旧园林时，就不能脱离当时政治、经济条件和实际需要，机械模仿或生硬搬用，而必须经过认真的研究，批判地继承和发扬。

在旧园林中，必然存在许多适应剥削阶级生活享受，反映剥削阶级思想内容的布置形式，例如，处处窄径小桥，布置封闭狭隘，故意制造枯山弱水之类的景色，构成萧索凄怆的意境等等。这些只是满足少数封建统治者的东西，是必须加以批判抛弃的。另一方面，在这些园林中却融合了我国传统的优秀造园艺术技巧和手法，例如概括山水风景特点，在一定的空间范围内再现自然真实的创作方法；融会自然风景，诗情画意于一体的设计构思；配合自然因地制宜的艺术布局；分隔空间，创造空间，变化无穷的空间处理；借景、分景、对比等布置手法等等。这些技巧和手法，乃是我们今天所需要继承和学习的主要内容。

除了继承、发扬祖国造园艺术的优秀传统以外，国外的先进经验，特别是以苏联为首的社会主义国家的先进经验和优秀的公园设计，也是我们需要学习借鉴的。例如，公园必须具有合理的土地使用平衡，在公园内安置开展政治、文化、宣传教育与群众文化休息生活密切结合的设施等等。对于国外公园的一些具体布置形式，如规则式的花坛，修剪的绿篱，大面积的草坪等，只要符合于我国社会经济条件和人民生活需要的，也都可结合具体情况，有分析有选择地加以运用，这样更有助于创造我们自己的新风格新形式。

（二）充分利用现状，对于历史上遗留下来的名胜古迹，应按照利用与改造相结合、古为今用的原则慎重处理

尽量利用现有的树木和建筑是贯彻“勤俭建国，勤俭办一切事业”的重要手段。

另外，在规划设计公园时，又往往会接触到历史上遗留下来的园林古迹，应当根据其历史、艺术价值和保存的完整程度采取不同的处理方式。

对于遗迹比较完整，山水、建筑、绿化均有一定基础的园林可以稍加整理，充实新的能满足现代文化生活要求的内容。如北京颐和园就是利用原有基础加以修整、充实的例子。

有些园林虽然遗迹保留不全，但是具有较高的历史艺术价值，在群众中负有盛名者，应当加以恢复和改建。如扬州瘦西湖公园规划中，将公园中心小金山地段采取整理、修缮和充实新内容的方法，其他部分则按新内容、新要求进行规划。

对于荒芜残破，又没有历史、艺术价值的园林古迹，可以废弃或利用其原有绿地基础，完全按新内容和新要求重新规划建设。

总之，我们在规划设计公园时，必须有正确的设计思想，按照今天的需要和标准对园林遗迹按照利用与改造相结合，古为今用的原则来处理。

（三）综合考虑构成公园的各种要素，因时因地制宜

构成公园的要素是多种多样的。树木花草，建筑道路，山石地形等等皆是。在公园

规划时，要充分发挥各种要素的功能作用，全面综合地考虑各种要素。

绿地建设的主要素材——植物是不断生长变化的，在进行绿地设计时，不仅要考虑当时的造景构图，还应该充分考虑植物的生长规律——四季变化，使得公园里季季景色优美、月月有花观赏，并使公园在远期亦不致有杂乱拥挤的感觉。

因地制宜利用自然条件是我国传统的造园布局原则之一，在公园规划中如果做到了这一点，就不仅能达到以上的要求，而且也能降低公园建设的造价。就这方面说，过去的旧园林，如承德避暑山庄、苏州拙政园以及今天的新园林如上海杨浦公园、北京紫竹院等，都是良好的范例。

三、公园的用地选择

一个公园的好坏首先取决于公园用地的选择。因为用地选择不仅影响到公园的使用效能，而且影响公园的建设和经营。

公园用地选择应满足下列条件：

（1）公园用地应有足够的面积，以利于创造自然环境，安置一定建筑设施，组织游人活动。地形要富有变化，风景优美，最好具有山丘河湖，以及有一定绿化基础或名胜古迹的地段。

（2）排水良好，土壤适宜于植物的正常生长，某些不宜建筑而稍加改造即可进行绿化的地段，如多沟、土松、局部地下水位较高的地段，也可以作为公园用地。

（3）具有较好的小气候，通风流畅，与有害工业企业及其他污染来源地之间要有足够的距离，一般不应小于防护隔离规定。

（4）与城市交通网和公用设施方面（给水、排水、供电等等）有方便的联系。

（5）要便于分期建设,考虑近期开辟的可能和游人使用的方便,节约投资,不占良田。

四、公园入口的处理

公园入口的位置选择和处理是公园规划设计中一项主要的工作，它不仅影响居民能否方便地前来游息，影响城市干道的交通组织，而且在很大程度上还影响公园内部的规划结构和分区。

公园入口位置的选择与公园在城市中的位置，公园用地的自然条件以及公园内部用地组织有密切关系。

公园入口一般分为主要入口、次要入口和专用入口三种。主要入口是全园大多数的游人出入公园的地方，它一般直接或间接通向公园的中心和各区，它的位置要求面对游人主要来向，直接联系城市的客运干道，地位明显，但应避免设置于几条主要街道的交叉口上，以免影响城市交通组织。次要入口是为便利附近居民使用或为园内局部地区或某些设施服务。主、次入口都要有平坦的足够的用地来修建入口处所需安置的设施，如广场、停车场等。专用入口是为园务管理工作的需要而设的，不供游人使用，其位置可稍偏僻，以方便管理不影响游人活动为原则。

处理公园的入口既可以用造型优美的建筑、门廊、规则的花坛、草坪和铺装的地面构成美丽的外貌，也可以用大树、花廊使整个入口淹没在大片绿树丛中，使游人在到达入口时，就已经有置身于大自然之感觉。至于对某具体的公园入口如何处理，应该按照公园的需要，周围环境的特点，进行建筑创作（图 18-1）。

五、公园用地的功能分区

公园中的活动是多种多样的，每一种活动都有自己的特点，对于设施、用地条件、周围环境和公用设备均有不同的要求。为了替各种活动创造更好的条件，适应不同年龄、不同爱好的游人需要，就要求对公园用地按不同的活动性质进行功能分区。

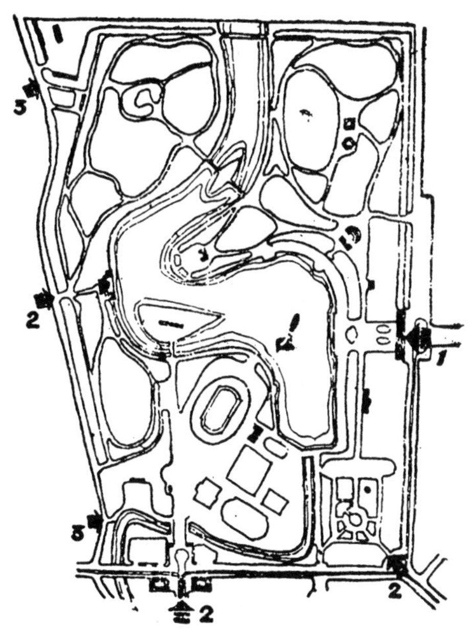

图 18–1　公园入口示意
1—主要入口；2—次要入口；3—专用入口

公园用地功能分区的内容与方法和公园的规模性质有很大的关系，需要根据具体情况灵活运用。一般大型公园可以分为文化娱乐、安静休息、少年儿童活动和体育运动等四个部分。

文化娱乐部分是供群众进行政治活动、文化教育和娱乐活动的地段，在这里一般集中了全园最大、吸引游人最多的建筑，如电影院、露天剧场、展览馆、音乐台、露天舞池等，设置有大片草坪、宽大的广场、完善的生活服务设施、工程设备以及丰富的建筑装饰物等，常常成为全园布局的构图中心。由于游人多而且集中，它最好布置在离主要入口不远，地形比较平坦的地段，既便利于游人的使用和集散，又可以节省土方工程的投资。安静休息部分一般在公园中所占的面积最大，这个部分要求环境安静，风景优美，空气新鲜，为游人的散步、谈心、观赏、阅览、垂钓、下棋等活动创造良好的条件。它最好布置在地形变化、风景优美、山水相映、绿树成荫的地段，并且可以离入口较远。少年儿童活动部分最好接近入口，选择自然卫生条件良好，地势稍有起伏的地段，以适应不同年龄儿童进行政治文化教育、科技活动、游戏娱乐和体育锻炼等各种活动的要求。少年儿童活动部分的规划布局要简单明确，符合儿童的特点。体育运动部分是为广大人民进行体育锻炼和运动竞赛而设的区域。比较完整的体育运动区往往根据需要和条件设有体育场、体育馆、游泳池、跳伞塔、划船俱乐部及各种运动场地和生活服务设施等。由于它经常有大量游客要在较短的时间内集散，而且容易干扰其他部分的活动，因此必须靠近城市主要客运干道布置，并且设专用的次要入口为它服务。此外，有些公园还要划出一定的地段作为办公管理、苗圃、仓库之用，这些用地一般布置在公园靠近交通道路的周边地带。公园中的各种活动有时是穿插进行的，因此在进行功能分区时，不能过于机械。在各个部分之间，可以布置大片树丛，加以分隔，但是又要使它们有方便而合理的联系，构成一个有机的整体。

公园中分区的内容、各部分设施的项目、数量应当根据公园的性质、规模、用地自然条件、传统习惯、在城市中的位置和附近公共设施的分布情况而定。例如，小型公园或者在公园附近已经有体育设施、儿童公园、剧院等情况下，就没有必要再另辟体育运动和少年儿童活动部分，设置剧院。而在有时候，如某些大城市或特大城市根据需要又可以增设动物园，专类观赏植物园，水上运动等项目。

公园中各部分的特点不同，它们的布置手法也就不同。文化娱乐和体育运动部分一般

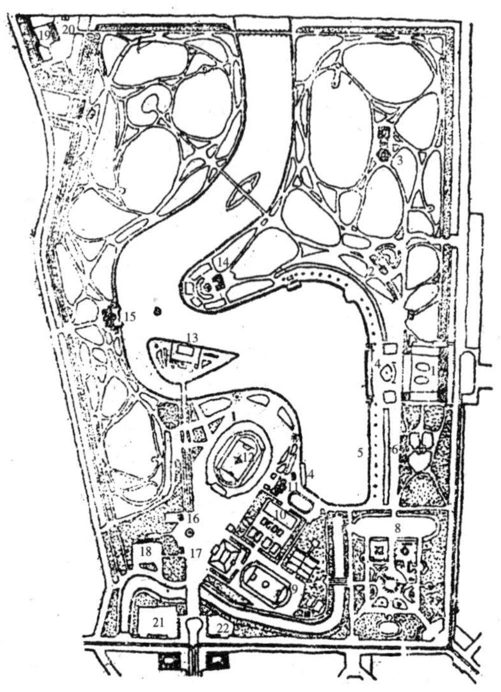

图 18-2 苏联明斯克文化休息公园设计

1—主要入口；2—露天剧场；3—游戏室；4—码头；5—浴场；6—有音乐台的咖啡馆；7—杂技游艺场；8—游戏场；9—足球练习场；10—篮、排球及体操场；11—体育馆；12—体育场；13—游泳池；14—阅览室；15—饭店；16—咖啡馆；17—公园管理处；18—仓库；19—储藏室；20—汽车房；21—汽车停车场；22—自行车停车场

称之为“闹区”，安静休息部分称为“静区”。“闹区”中建筑布置可比较富丽、明朗，道路宜平直宽大；而“静区”则宜道路曲折起伏，空间变化多样。如北京颐和园佛香阁一带，设施内容丰富，宜于群众活动，后山则河水曲折、环境幽静，适合于安静休息，在“静区”除了布置一些休息建筑物和设施外，还可以结合生产，种植油料、果树、芳香等有经济价值的植物。

公园用地功能分区应当很好地结合自然地形，使功能分区能够和公园设计的景色分区取得有机的结合。公园的景色在不同的部分要求是不同的。景色的组织往往是在局部地段上进行，它依赖于自然地形的起伏变化，树木花草的形态、色彩，建筑及其他要素的组合和布置来构成不同的境界。在安静休息部分，

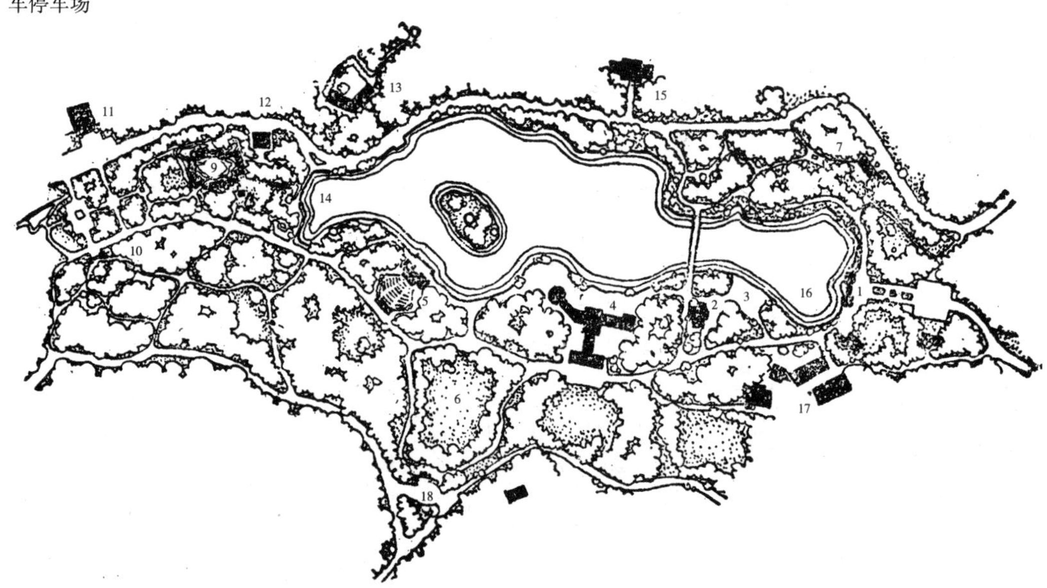

图 18-3 庐山花径公园规划设计

1—主要入口；2—小吃部；3—露天舞池；4—花卉展览馆；5—露天剧场；6—动物园；7—儿童游戏场；8—花径碑石；9—金鱼池；10—岩石园入口；11—餐室；12—摄影室；13—茶室；14—钓鱼区；15—大林寺；16—荷花区；17—办公室；18—次要入口

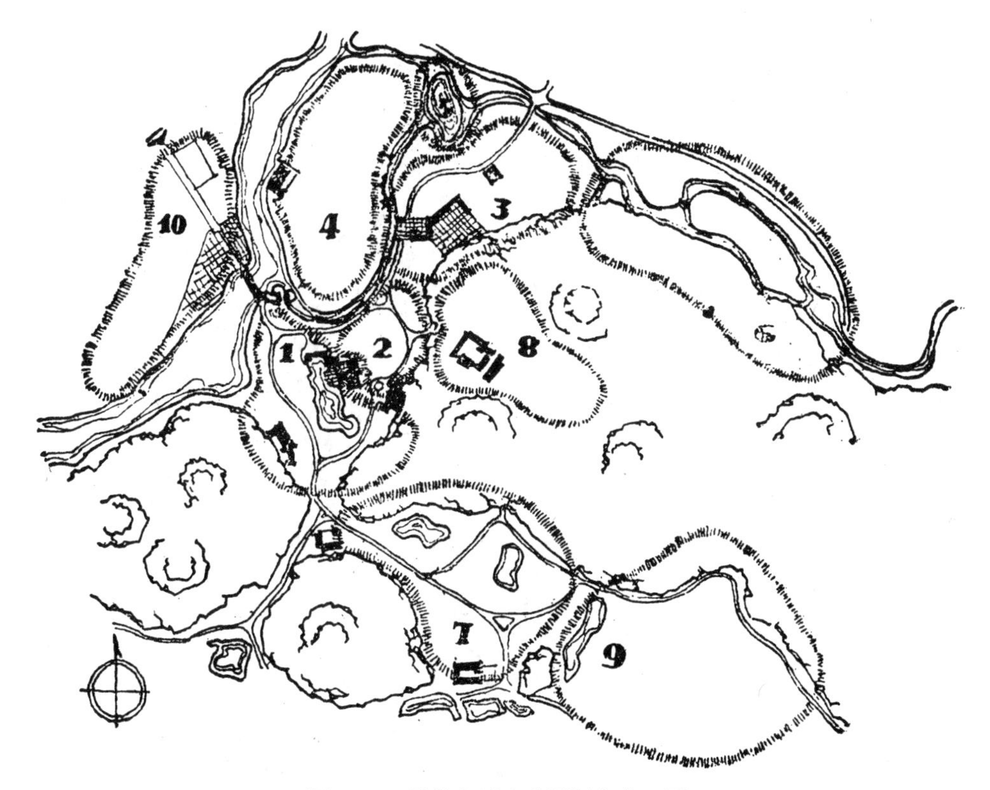

图 18–4　桂林七星岩公园绿色分区图

可以根据游人的爱好、设计者的构思，来组合不同的景色，树木花草配置自然柔和，可以创造幽静的境界；而某些要求开朗的地段，则要视野广阔、妆点丰富。如果利用特殊的地形如大山、瀑布，衬以恰当的树木、建筑，可以达到气势磅礴的感觉；在需要形成“深渊”气氛的地段，则树木配置要达到绿荫蔽天，道路曲折变幻，建筑空间富有层次。此外，在规划中还可以利用树木花草在不同季节的色彩变化，来进行景色分区。

第二节　小区的园林绿地规划

一、小区园林绿地的作用

小区绿地即通常所指的小区、街坊内的绿地，它是最接近居民，为居民经常使用的绿地，也是城市园林绿地系统的一个重要组成部分。

小区、街坊绿地对于改善住宅周围环境的卫生条件，为成年居民及儿童创造室外休息和游戏的场地，以及丰富建筑艺术面貌起着很大的作用。

由于小区、街坊绿地最接近居民，便于居民经常的管理，给绿化结合生产提供了有利的条件。

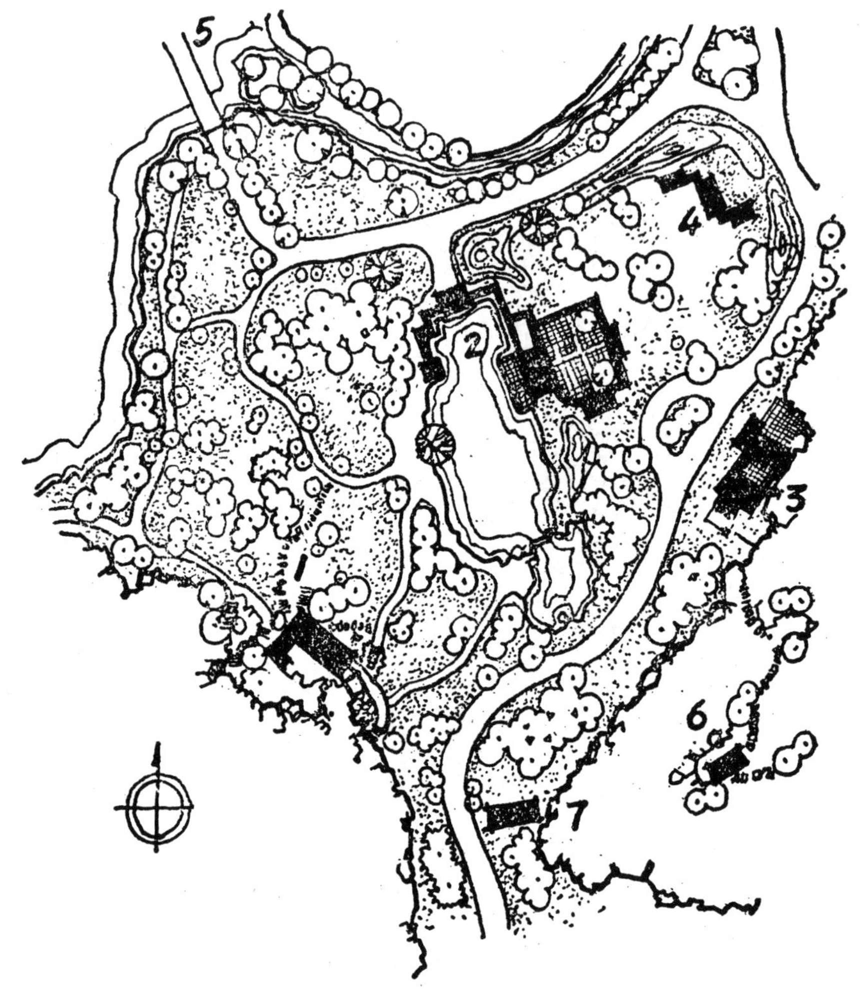

图 18-5　桂林七星岩公园第 1、2 景区局部放大图

1—月牙楼；2—金鲤池游艺厅；3—贵宾休息室；4—百花坞；5—花桥；6—博望亭；7—小卖部

二、小区园林绿地的组成

小区园林绿地通常由各种不同用途的地段组成。其中包括公共绿地、宅旁绿地、公共福利设施地段绿地、防护性的绿地等等。

（一）公共绿地

是小区居民公共使用的绿地，其中包括小区或街坊内的公共园地、儿童游戏场、成年人活动场地以及运动场等。其布置可根据具体条件采用集中或分散的办法，但以便利居民使用为原则。小区公共绿地为居民创造良好的休息环境，也可供居民进行一些小型集会，它可以结合运动场地、儿童游戏场地组成小区公园布置于小区中心，也可结合食堂等公共建筑，组成为生活单元的活动中心，适当分散于几处布置。这种绿地不要过分敞开，以免居民任意穿通而不便于经营管理及影响居民休息，但它也应与小区其他绿地有较好的联系，不一定采取完全封闭的形式。

儿童游戏场是供不同年龄的儿童进行游戏活动用的，它要求比较均匀分散地布置在几幢住宅之间，远离车行道，每个游戏场的面积不宜过大，一般可在 300 ~ 500 平方米以内。

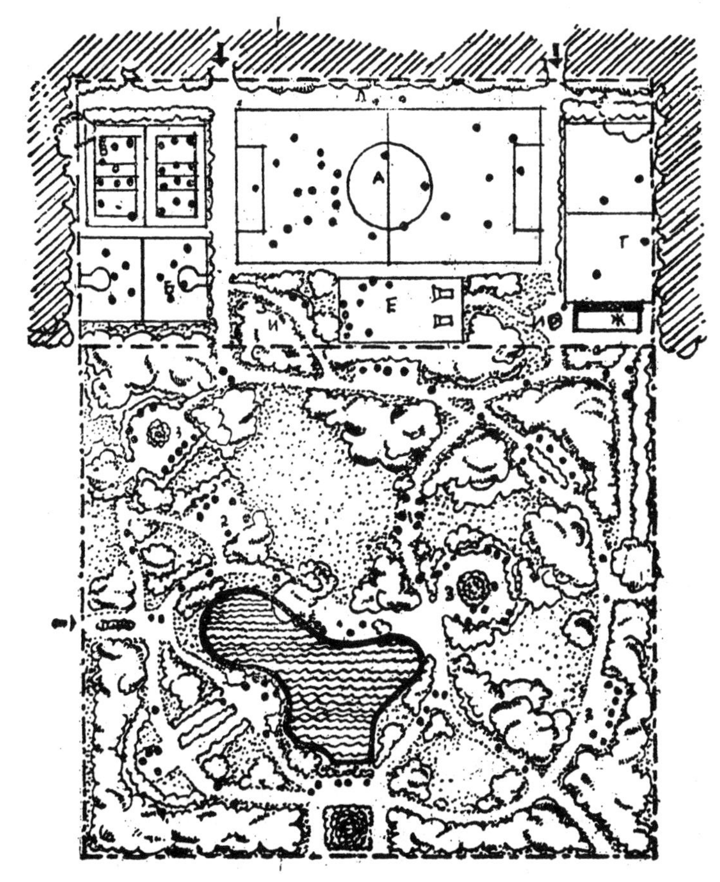

图 18-6　小区中心绿地平面图

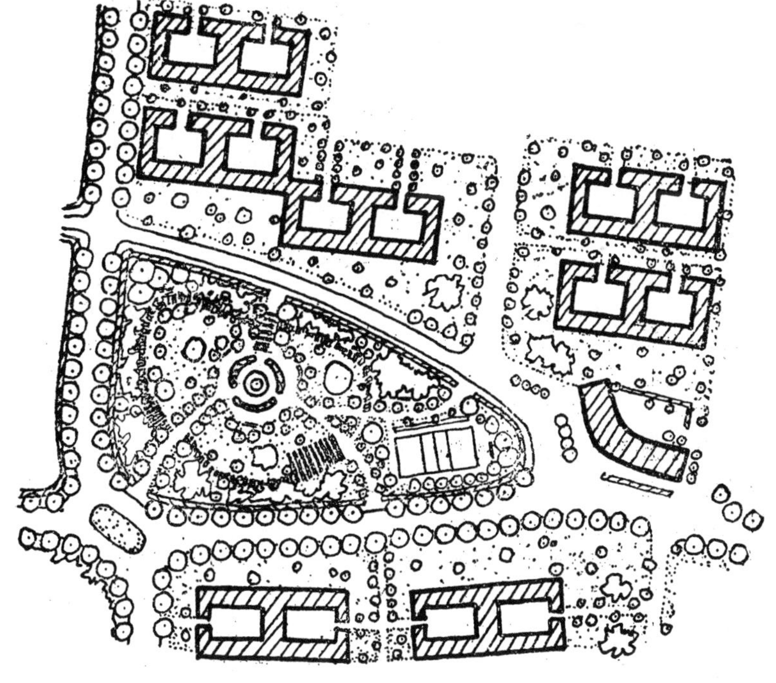

图 18-7　小区内的小游园

供成年居民活动的场地有时包括运动场，可以比较集中地设置于小区、街坊中心。运动场亦可设置于单身宿舍建筑群附近，但它与住宅应有适当距离，避免对周围居民有所干扰。

（二）宅旁绿地

其面积大小是随居住建筑布置的形式而定。一般来说面积不应过大，但它对美化环境改善小气候条件却有很大作用，有些地区还可以利用宅旁绿地，结合生产种植一些果树蔬菜。此外在住宅四周布置的晒衣场、垃圾箱也应用植物适当加以隐蔽。

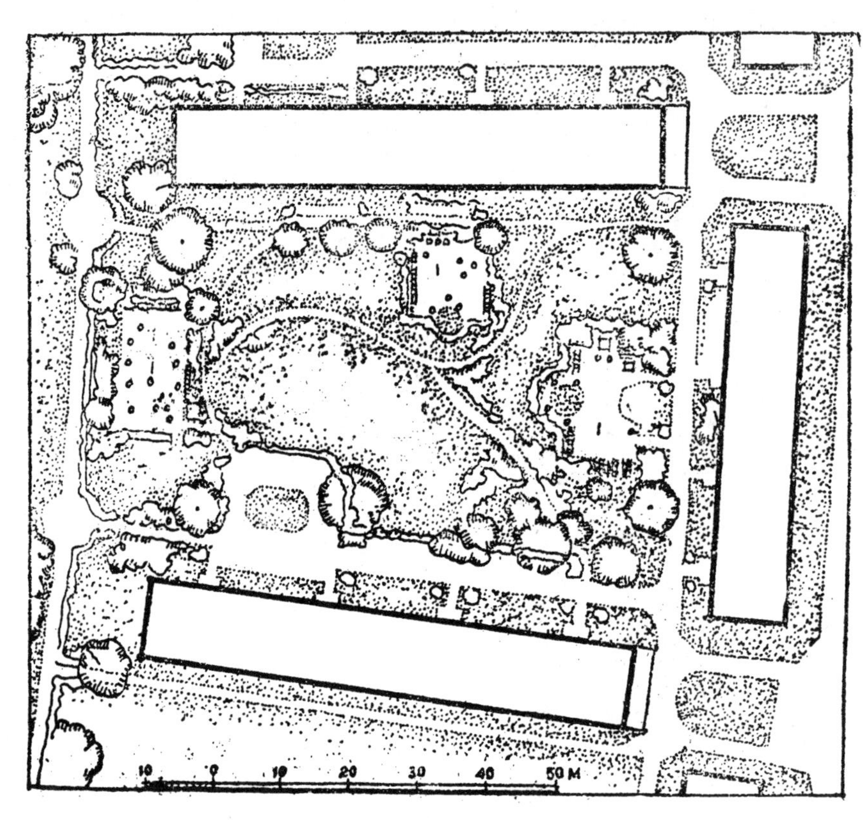

图 18-8　庭院宅旁的绿地

1—儿童游戏场地

（三）公共福利设施地段的绿地

包括托儿所、幼儿园和小学校等建筑地段的绿地，其布置应服从该地段的功能要求。一般来说，应充分利用植物将建筑地段与周围环境适当分隔，在选择植物种类时切忌用有刺有毒的植物。

三、小区园林绿地的规划布置

小区的绿地规划任务主要是在小区用地范围内对各种类型的绿地进行全面、统一的安排布置。在规划中应注意以下几个问题：

（1）小区及街坊绿地布置应尽可能与自然环境（如河湖、树丛等）相结合，以创造生动优美、景色宜人的环境。如福州的“五一”小区（图 18-10），其中水面较多，规划中将河湖沟通，与闵江相连，并填塞部分死水塘，适当保留一些水塘，使其与庭院绿化结合，为居民夏季乘凉和户外散步、休息创造了良好的环境。

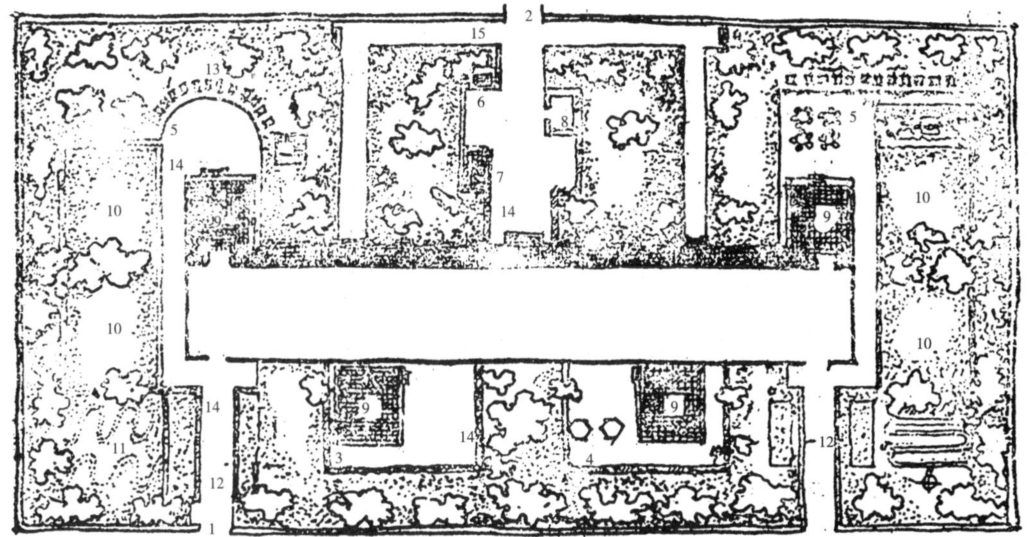

有 80 张床位的托儿所地段的规划和绿化图

图 18-9　幼儿园、托儿所地段的绿地规划

1—出入口；2—车辆出入口；3、4—婴儿游玩的场地；5—游戏场；6—行政建筑；7—夏季厨房；8—杂物室；9—游廊； 10—游戏和睡眠的场地；11—菜园；12—花坛；13—小桌；14—绿篱；15—围墙

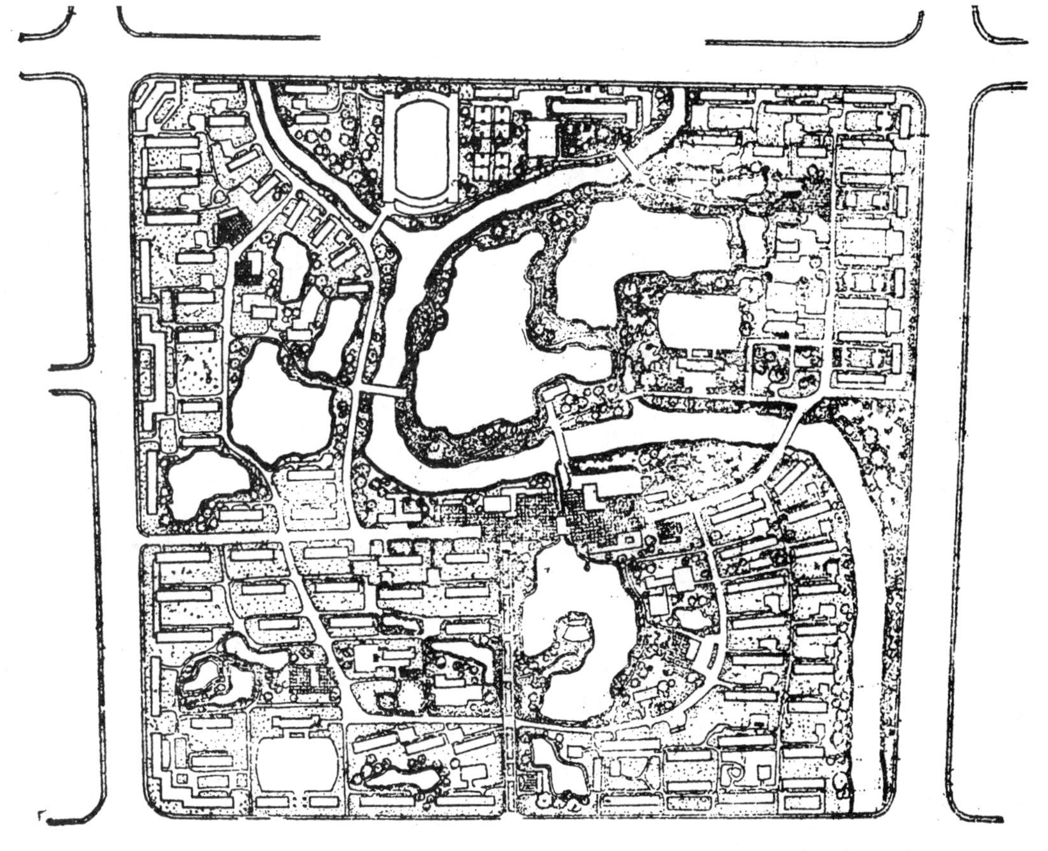

图 18-10　小区绿地规划图

（2）小区、街坊绿地布置应采取集中与分散相结合的形式。过分集中则不便于居民日常使用；过于分散零碎则不便于设置必要的设施和场地。如在马鞍山小区规划中，在保证日照通风的要求下，不过分加大建筑间距，而集中较大绿地，组成小区、街坊内的中心绿地，这样可提高绿地内的设施水平，又能使小区内有较大的游憩场所。另外，可以在每组建筑旁利用小块空地，进行绿化，作为儿童游戏场地，以便家长随时照顾，或者布置些小亭、座椅、供居民日常游憩之用。

在地形比较复杂的小区内，则可采用适当分散的绿地布置形式（见图 15-9*A*）。

（3）小区、街坊内部的绿地布置也应与相邻小区、街坊及干道绿化相联系。可将公共绿地适当地布置在边缘，与四周其他街坊相呼应，也可利用沿街建筑物退后红线的空地进行绿化，这样还能达到丰富街景的效果。

（4）小区、街坊内的庭院绿地，应使之既不影响居住建筑的通风和采光，又要起到组织儿童游戏场、家务院、小路等等的作用。

对于小区、街坊内的庭院绿地，在规划中不应规定过死，应在统一布置的原则指导下充分发挥居民的创造性与积极性。

（5）小区、街坊内的植物树种，应根据各种不同的自然特点及各种不同绿地的功能进行选择，并且要注意创造四时景色，丰富基本生活区的生活环境。

第三节　街道园林绿地规划

一、街道园林绿地的作用、组成与一般布置方法

街道园林绿地是城市园林绿地的重要组成部分。它对空气流通、调节温度和湿度都有良好作用，它能防止烟尘侵入街坊，在一定程度上它可降低街道噪声的影响，另外，还可美化街景，并满足行人及附近居民进行短期休息、活动的需要。

街道绿地的形式是多种多样的（图 18-11）。可以沿街种树，也可以在人行道边沿的草坪内，按照林荫小道的形式布置；可以在道路中央布置林荫带，也可以在人行道与建筑物之间铺设草坪，种植花木；可以在建筑物前面退后红线的地段内布置花园，也可以靠墙种植蔓生植物，装饰阳台和房屋立面。

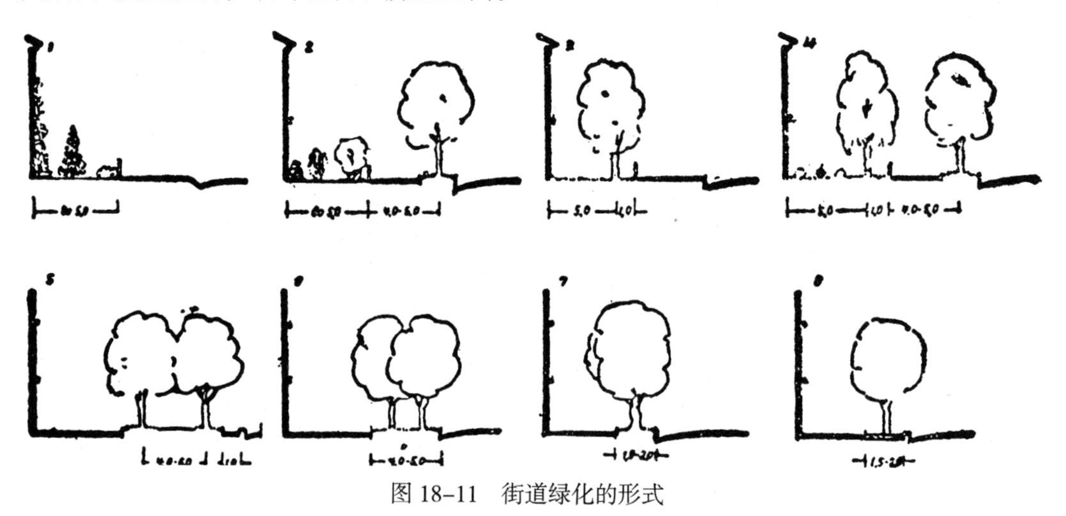

图 18-11　街道绿化的形式

街道绿地应该根据城市道路功能、走向、风向、日照和建筑群组织等因素进行规划。树木在道路横断面中的位置应与各种工程管线保持必要的距离，同时也必须注意选择树种并加以灵活布置，不使单调乏味。

在街道交叉处，可以配合种植较高或较低的树木，避免遮挡视线（图18-12）。

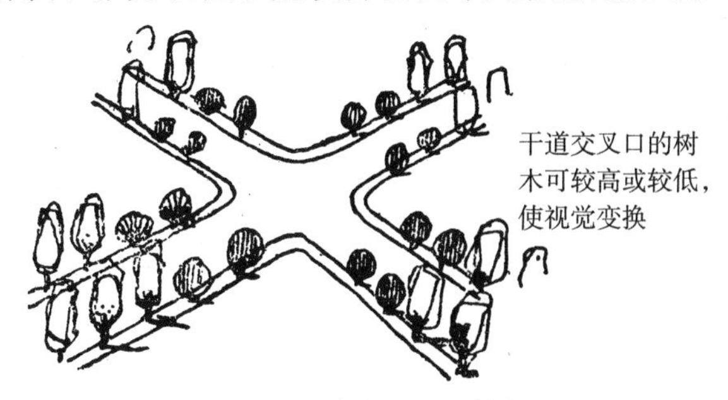

干道交叉口的树
木可较高或较低，
使视觉变换

图 18-12　街道交叉口的树木配置

沿街的较庄严的公共建筑物前面，一般多相应地采用整齐的树形树冠和整齐的布置形式，以达到组织空间、构成前景、衬托建筑物的目的。此外，在多层建筑的沿街地段，可以布置适当规模的前院绿地，既可丰富街景，还可保持建筑内部的安宁。

二、林荫带

林荫带是一种带状绿地，它除了可供人们散步、休息外，在隔离街道尘埃、噪声，联系城市其他各种绿地，以及丰富城市建筑艺术面貌等方面，都有一定作用。

林荫带的布置必须有一定的宽度，并配置一定数量的树木。此外，还应设置一些活动休息的场地，有时也可配合整个城市街道艺术布局，布置一些装饰性或纪念性的小型建筑。

林荫带的宽度是根据街道的功能以及建筑的规划布局来决定的。在苏联，一般规定不应小于 8 米，这是由一条 4 ~ 5 米宽的纵向林荫小径和两边各栽一行树木共需 4 ~ 5 米宽的用地所决定的。在我国，可参考这个数字，再根据具体情况加以考虑。

林荫带的布置形式可有规则与不规则二种（图 18-13）。但不论采用何种形式，在车行道与人行道之间，均应用植物材料作很好的隔离。其高度及种植方式应根据总用地的分配及通风等各种条件综合考虑。

林荫带的出入口可布置在两端，应该加以处理使之有明显的特点，以使人注意。一般在 70 ~ 110 米处隔断一下，以便利行人来往通过。

林荫带在道路上位置的选择，取决于道路性质、用地条件及周围环境，一般说来可分下列几种：

（一）设在道路中心部分的林荫带（图 18-14 甲）

这种形式可以用在交通不频繁的居住区，主要供人们散步休息。也可用于纪念性建筑或建筑群前面的一段林荫道上。如纪念碑或陵墓前的甬道部分，主要以衬托纪念建筑、组织前景为主，而交通是次要因素。至于在交通繁忙的干道中（如北京的复兴门外大街，上海的肇嘉浜路❶等）布置林荫带，在使用上是不便的。

（二）设在街道一边的林荫带（图 18-14 乙）

这种布置形式，能对公共建筑物前的人群起调节疏散和临时休息等作用；在居住区里则可以隔离行人和交通，改善居住环境。

---

❶ 上海肇嘉浜路是由于填浜埋管筑路，必须把林荫带放在中央（即原浜的位置），但种植的高度和密度却阻碍行车和行人视线容易发生事故，宜加改进以保证交通安全。北京复外大街的林荫带也为原有现状，由于交通运输的要求增辟了车行道而形成了在中央的布置。

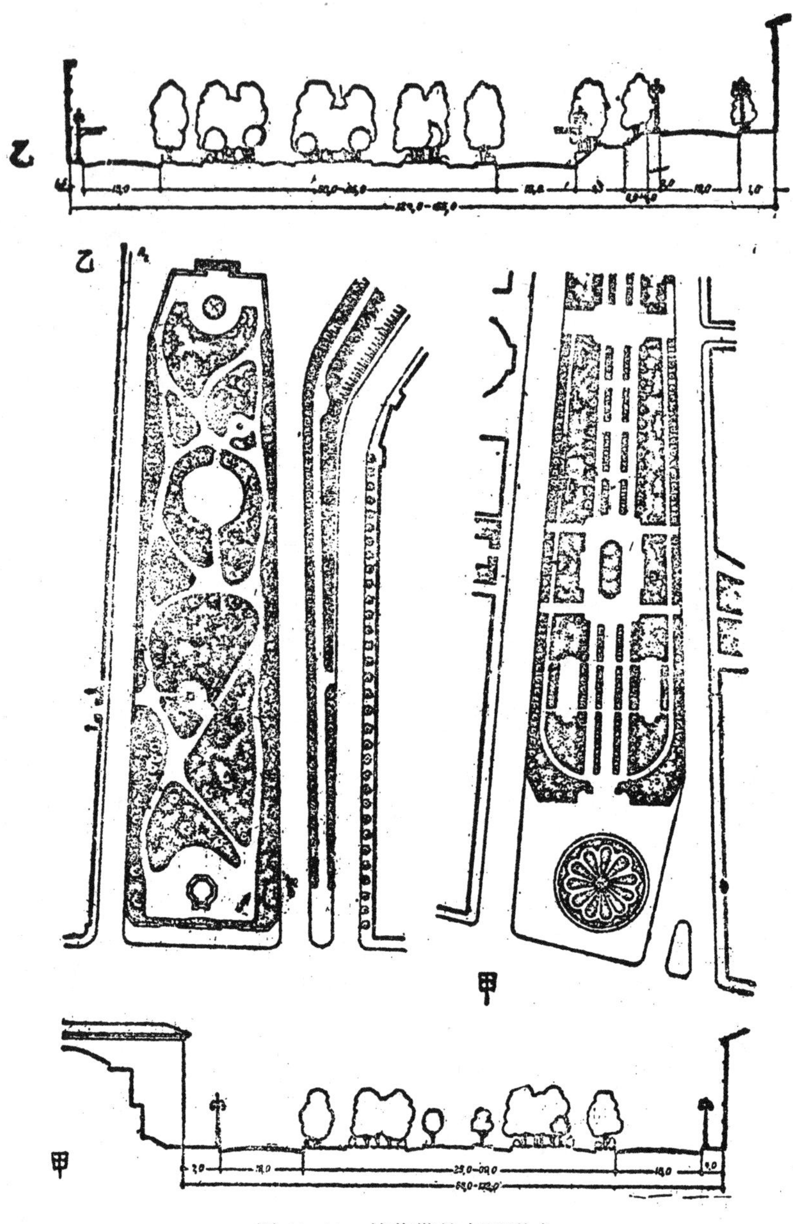

图 18–13　林荫带的布置形式

甲—规则式；乙—不规则式

（三）分设在道路两旁的林荫带（图 18–14 丙）

这种布置便于把种植物和建筑的前院组织起来丰富街景，同时也可把行道树和灌木成丛种植避免成行的单调，在使用上也较便利。

（四）布置在河岸的林荫带（图 18–14 丁）

这种形式更便于利用自然水面与沿江宽阔的人行道、小广场及带状花坛绿地相结合，造成居民散步休息眺望自然景色的良好环境，同时它还起着衬托沿岸建筑的作用。

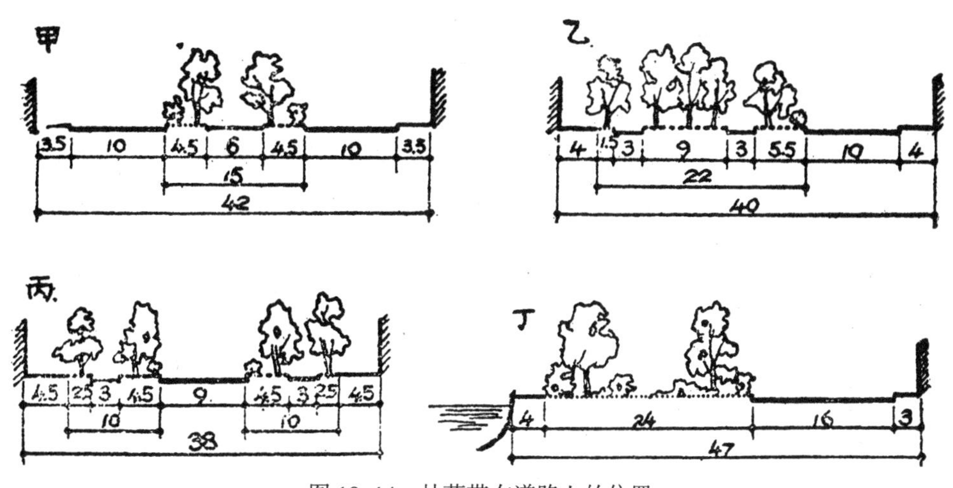

图 18–14　林荫带在道路上的位置

甲—设在道路中心部分的林荫带；乙—设在道路一边的林荫带；
丙—设在道路两旁的林荫带；丁—布置在河岸的林荫带

三、广场的绿化

广场的绿化布置形式取决于广场的性质和范围。一般来说，广场不同于花园，要求铺装面较大，以便于人们活动，不能强调扩大绿地面积而妨碍广场的功能。通常有以下几个类型。

交通广场的中心岛或大转盘位于交叉口中央，用来组织车辆交通，其面积应首先满足交通的要求。在这种情况下种植设计必须服从交通安全的条件绝不可阻碍驾驶人员的视线，所以多用矮生植物点缀中心岛，并且不允许行人进入以保证安全。

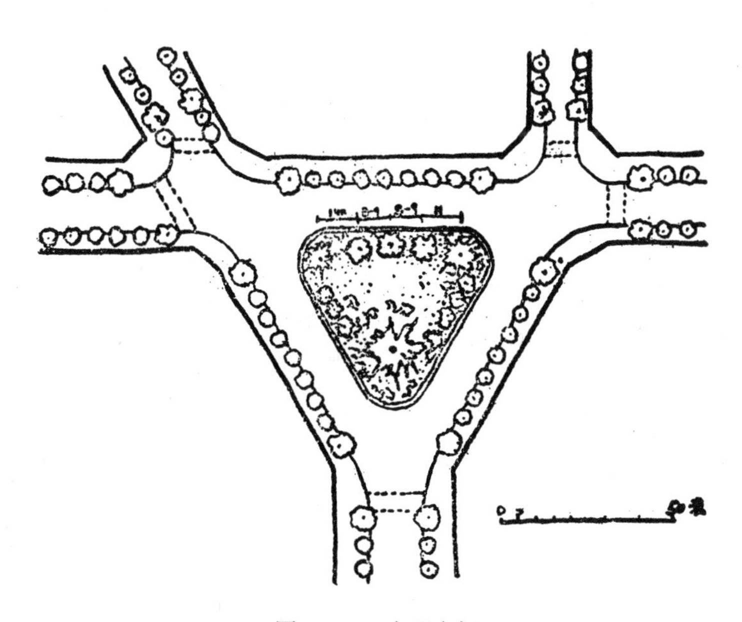

图 18–15　交通广场

车站广场主要为了便利集散来往的旅客，不是单纯为了壮丽市容。应该在这个前提下来考虑绿化布置。例如苏州市铁路车站广场规划方案中，中心部分，为欢迎贵宾集会之用，平常则在两侧花架下设公共汽车站分别由东西两路入城。中心广场除用花岗石铺装外，还用本地花砖瓦、马赛克做成虎丘景色地面花纹，并在中心广场南边置大型树桩两盆象征苏州盆景。东西两个三角形略种花木主要为了便利交通。另外南面树丛在目前阶段隐蔽着货运铁道线，准备将来改线后扩大广场绿地面积至护城河边与城内绿地呼应（图 18–16）。

公共建筑物前广场的作用为衬托建筑作为前景使人有足够视距来欣赏建筑立面，另外为集散人群。其铺装面积与种植地带的比例视功能要求的量配置；可以采取树坛、花坛、草坪、喷泉、花架等项点缀地面。

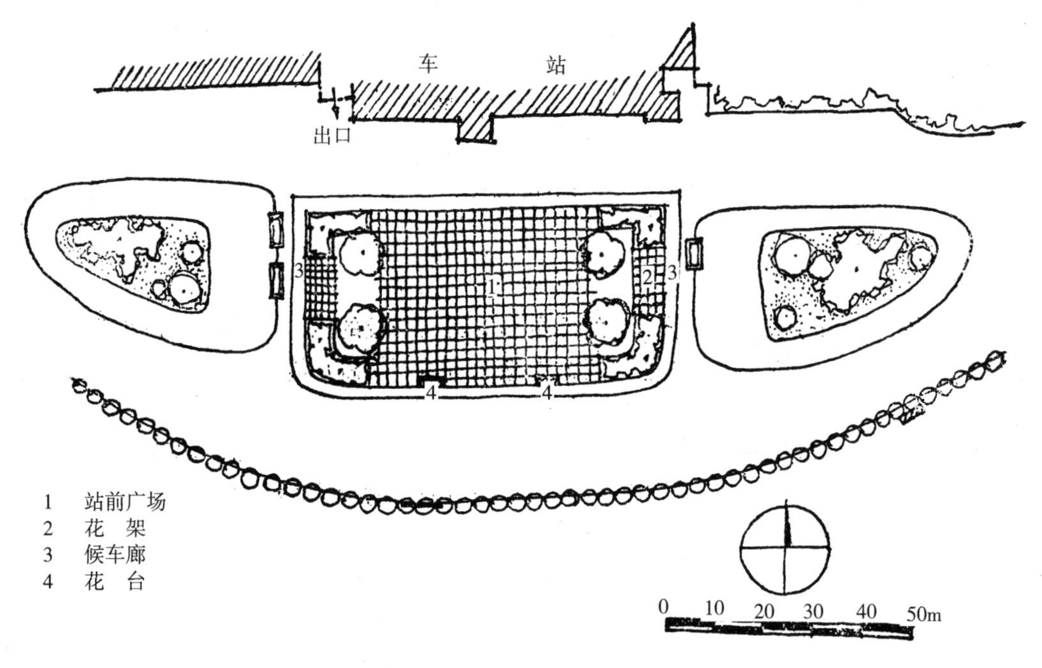

图 18–16 苏州车站广场规划图

公共活动广场的主要作用是进行群众集会等公共活动，必须保留足够铺装面积，不能在中心部分植树。例如天安门广场人民英雄纪念碑的附近是绿地集中点，东西两侧为人民大会堂和中国革命与历史博物馆前面的种植带。这里不能用大块草坪花坛点缀广场中心（见图 17–9）。

广场花园，是花园的一种形式。它不同于中心岛或大转盘，虽则也可位于几条道路的中间，不过面积较大，每每（三角形、方形、五角形都可）是一个道路交叉点，所以没有中心岛交会车辆问题。一般在旧城改建过程中可能采用这种形式，供行人休息，布置时可把人行路径按对角线穿过广场便利交通联系（图 18–17~ 图 18–19）。

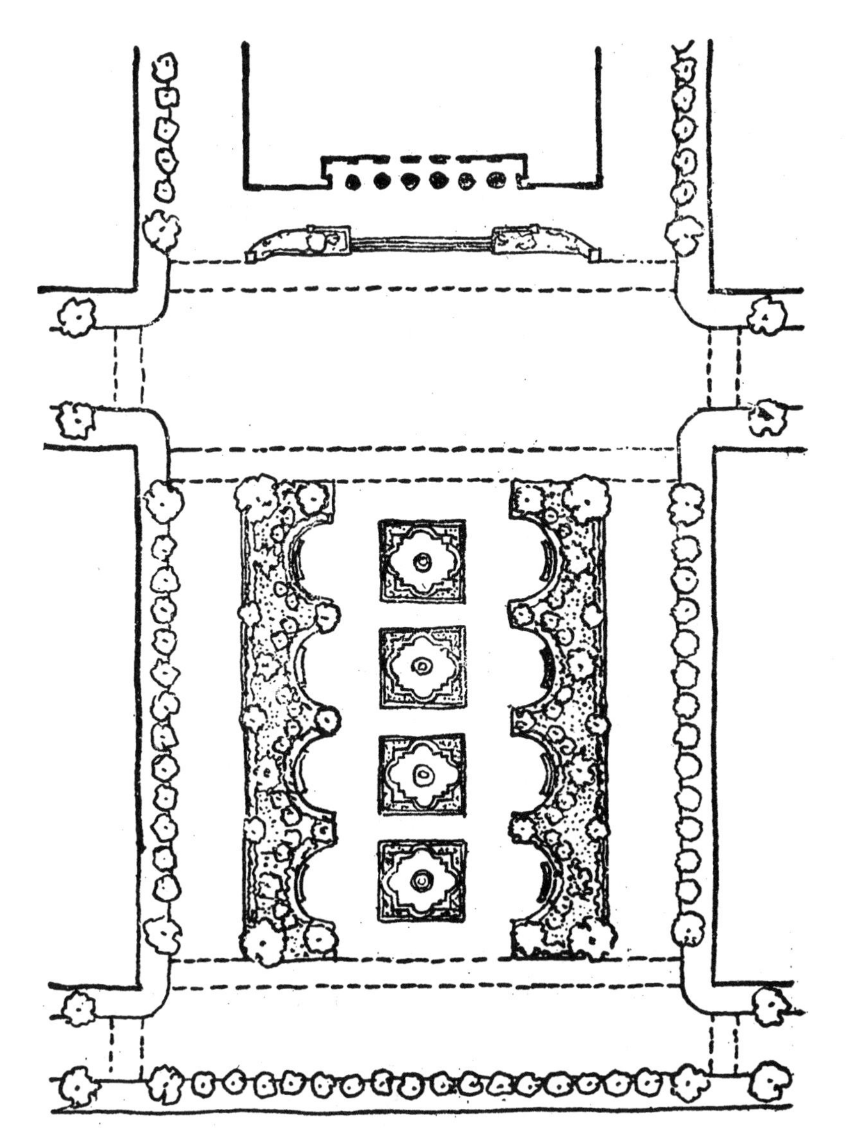

图 18-17　公共建筑前广场的绿地布置

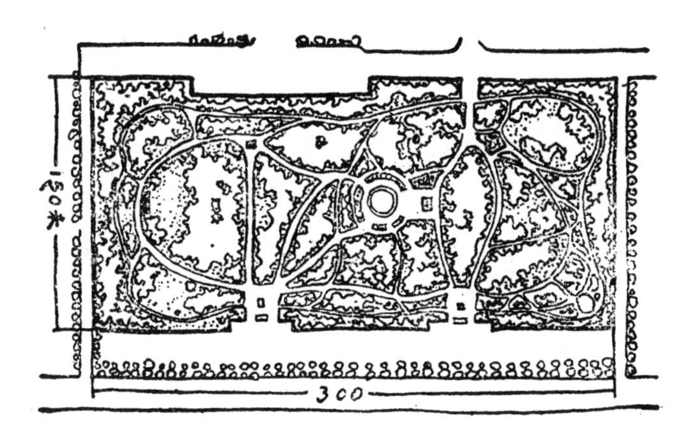

图 18-18　北京东单广场花园

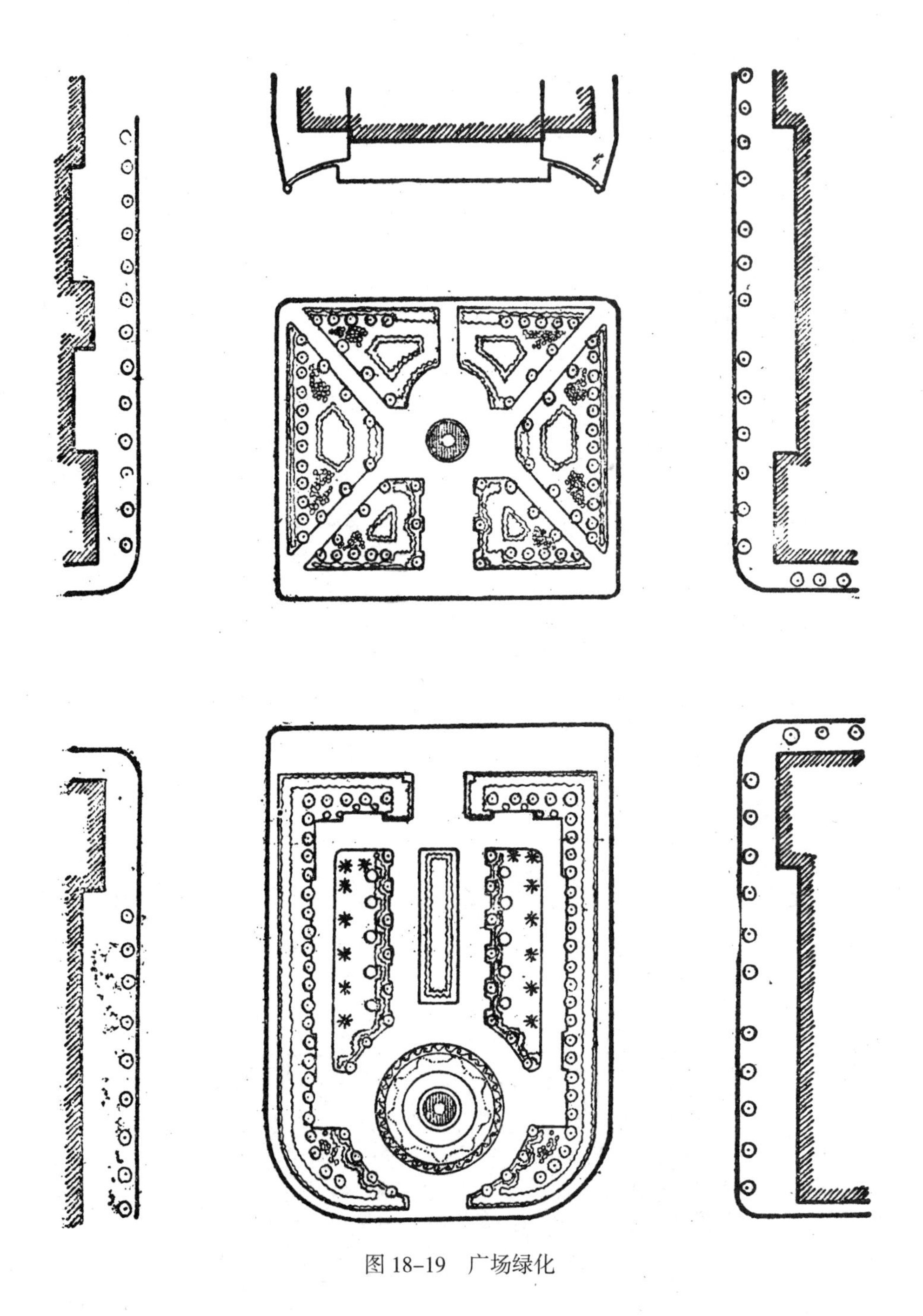

图 18-19　广场绿化

第十九章　详细规划中的工程问题

第一节　竖向规划

详细规划阶段的竖向规划是配合局部地区的详细规划工作进行的。它在总体规划阶段竖向规划所拟定的原则和要求的基础上，进一步具体地研究，充分利用和改善局部地区用地范围内自然地形，并确定其有关坡度和标高的问题。其主要任务是：

（1）结合街道规划，研究和确定局部地区各类街道与干道的连接，各小区之间在高程上的配置关系，小区、街坊内部管线出口的标高，以及各街道交叉口和广场的平面纵坡和四角标高等；

（2）结合建筑规划，研究局部地区内建筑物和构筑物更好地结合地形的布置问题；

（3）配合工程规划设计，确定桥梁、跨线桥和立体交叉的位置和标高；

（4）结合用地工程准备措施，确定土方工程较大的地段（如削截山丘、填平冲沟、填高淹没地段等）有关的标高和坡度，估算土方填挖量并提出调运的计划。

进行竖向规划时，一般要注意以下一些问题：

（1）街道和广场通常尽量选择低于周围的街坊用地，促使街道红线能稍高于街道中心线，以利街坊排水。个别地段由于地势低洼且降低街道标高有困难时，或者改建旧有街道须保留原有的建筑物，而原有街坊的地势又处于较低的情况下，应尽量迁就现状，用地等排水问题，另考虑由地下管道解决。

当街坊地面低于街沟标高时，为了不使地面水从街沟倒流入街坊，可在距街沟15～20米内的街坊入口道上设置凸形转折点，使街坊入口的纵坡一端倾向于街沟，另一端倾向于街坊内部。

（2）规划街道和广场的标高和纵横坡度时，应根据地形（要照顾两旁街坊的地形）、街道性质、所采用的路面种类等因素而定出红线的标高和坡度。

红线的纵坡度一般尽可能和街道纵坡度一致，但在地形起伏较大的路段，红线和街道的纵坡度也可互不一致。由此而产生的高差，可在适当地段修建缓坡、台阶或挡土墙等予以解决。

考虑街坊内部竖向设计时，发现原订红线的个别标高不合适时，可酌情修改。

（3）沿山坡布置的街道，多采取不对称横断面，其两侧红线要分别考虑有不同的规划标高。

（4）滨河的街道标高一般多高于河流的洪水位。

低于洪水位的用地，究竟采取大片填土以垫高原有地面，还是修筑防洪堤使堤内用地仍保持原有高度，须作方案比较，并结合工程准备措施研究确定。

（5）街道交叉口的竖向规划，要比较相交街道的重要性如何。次要街道一般应服从主要街道，小区街道服从干道，街坊道路服从干道和小区街道。

（6）城市广场的竖向规划，通常取决于与广场相衔接的街道的竖向规划。广场有凹形、凸形、单面坡、双面坡以及多面坡等数种形式，是根据地形情况结合广场周围建筑艺术要求全面研究而定。从外观和观瞻来看，广场具有微凹的形式较为适宜，这样可使人站在广场的任何一点都能欣赏到广场的景色。位于坡地上的广场,常规划成单面坡形状。在地形复杂的情况下，特别是在改建旧城中的较大广场时，广场常由几个规划坡面组成，并具有多面坡的形式，须与建筑规划反复研究，使广场和周围建筑相协调。

（7）小区和街坊的竖向规划，要为街坊内建筑物的布置和修建、小区和街坊内的交通、排水以及敷设地下管线工程等等创造有利的条件[1]。尽可能使填挖土方工程量就地平衡，同时要估计到周围街道的土方，从街坊建筑物和工程构筑物基坑沟槽中挖出的土方，以及施工后遗下的建筑垃圾。

（8）作小区和街坊的竖向规划时，应结合建筑物的布置方案考虑。在地面坡度较大的地段，最好不把大型建筑物的长边顺坡布置，因为建筑物长边顺坡布置（即与等高线垂直），将使它的两端发生较大的高差，需要建造较高的墙脚、建筑物入口处的梯级和台阶，或者需进行大量的土方工程。如果把大型建筑物的短边顺坡布置，则常因少动土方，或者不需建较高的墙脚而成为较好的布置方案。因此，在山坡上布置建筑物时，通常和在平原地段的布置方式有所差别，即前者大都随着地势的起伏而布置建筑物。进行竖向规划时，如发现建筑布置方案有不够结合地形的情况，一般往往改变原有布置方案，迁就地形，使其达到经济和合理。

位于山坡上的街坊，大多采取台地形式，台地的宽度又大多决定于山坡的陡峻程度。陡坡上的台地较狭于缓坡上的台地，这样既可减少土方工程量，又可减低台地间的土坡或挡土墙的高度。台地之间的联系，或用平缓的坡道，或者修建阶梯。

（9）根据街坊的自然地形和周围街道的竖向规划，规划后的街坊地面可能有各种形式：单坡式、双坡式、微丘式等等。其中以微丘式最为常见。很少把街坊地形规划成完全水平形状，因为这样将使地面排水困难。在不设置地下排水管道的情况下，力求避免把街坊地面规划成盆地式。

第二节　给水排水工程规划

详细规划中的给排水规划，是局部地区的具体设计，其深度相当于单项工程的初步设计阶段。它的主要任务是在总体规划阶段给排水工程规划的基础上，按小区或街坊人口计算相应的给排水量，并结合地形、小区建筑布置（建筑物最好有具体设计或参照定型的标准设计，以便掌握房屋内部卫生间的朝向）、道路坐标标高，来布置居住小区内给水、排水管道走向、出入口及其附属构筑物，最后提出所需材料设备、造价概算和说明书。现分述于后。

一、给水工程规划

（一）定线的要求

（1）根据建筑群的布置和建设的先后，选择经济、合理的管线走向，管网的建筑费用应尽可能为最小，并考虑到施工技术上的方便。

（2）管网的布置和计算，应满足各用水户在使用上的方便，即保证用水户有足够的

[1] 街坊内部道路的标高和坡度，以及建筑物的地坪、入口、街坊内的绿地、儿童游戏场地等等的具体标高和坡度，通常由街坊修建设计同时设计定出，本节中不予详述。

水量和水压。

（二）规划的内容

在一般情况下，小区详细规划，是不单独选择水源的，而是由邻近街道下的城市给水管道供水的，小区只是考虑其最经济的入口。小区内部的管道布置，通常根据建筑群的布置，组成环状、树枝网状和行列式状（图 19–1 ～图 19–3）。

有时所规划的地段远离城区或单独的工矿居民点规划，需单独设置水源时，应考虑就地打井取地下水源或取附近江河之水作净化处理，其选择原则和方案比较同总体规划阶段给水工程规划的水源选择一节（第十三章第三节）所述。

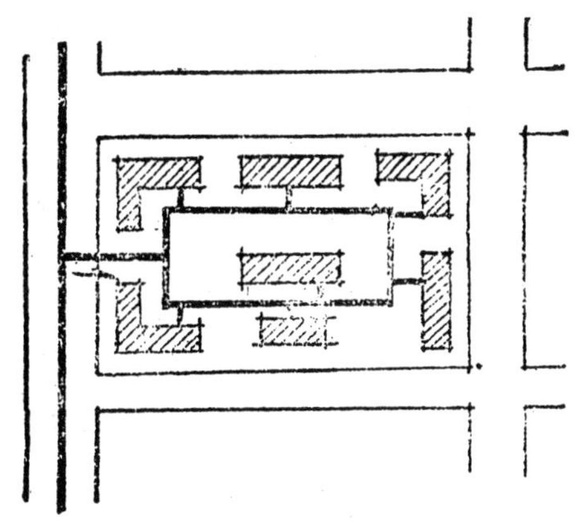

图 19–1　环状管道布置

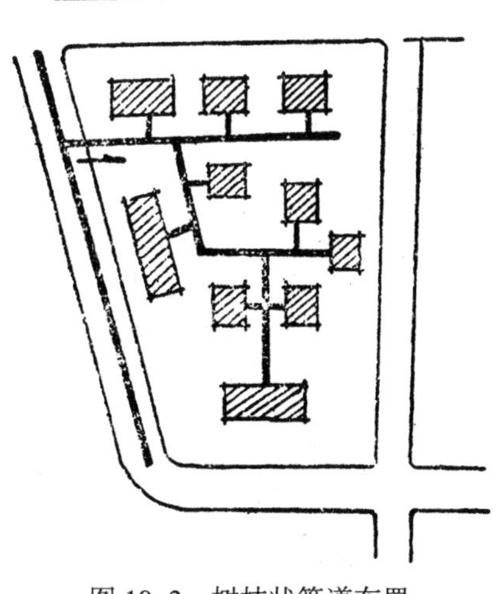

图 19–2　树枝状管道布置

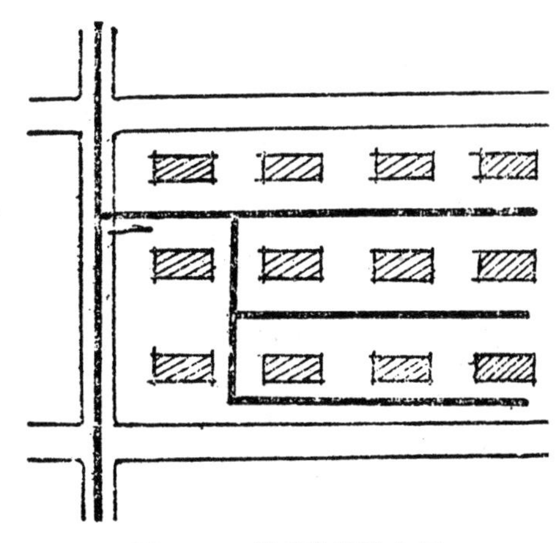

图 19–3　行列状管道布置

（三）规划的步骤

（1）计算用水量

计算每人每日的生活用水量时，可参考表 13–1。即使在同小区内，由于卫生设备水平的差异，用水量亦各不相同。小区内如有工业用水，应由厂方提出其用水量。

关于消防用水量，在总体规划的给排水规划中已统一考虑，为了减小小区内配水管径，节省投资，详细规划中一般不加入这部分用水量，遇消防时，允许暂时减少或停止各用水户的水量和水压，同时，结合城市管网中消火栓的服务半径，在小区中按 150 米的直线距离增添消火栓。

用户的水压问题，取决于城市管网中的供水压力，同时小区亦可从本区角度向水厂提出水压的要求，在城市水厂供压有困难的地区，则要考虑小区内设加压站的位置。区内个别较高的建筑，一般应自行加压，因为水厂远距离高压输水，漏水率大、耗电多。

上水道（铸铁管）水力计算表 表 19-1

D（毫米） Q（升/秒）	75		100		150		200		250		300	
	V（米/秒）	1000 i	V	1000 i	V	1000 i	V	1000 i	V	1000 i	V	1000 i
1.0	0.23	2.31										
1.5	0.35	4.77	0.20	1.17								
3.5	0.81	22.2	0.45	5.26	0.20	0.72						
5.0	1.16	43.0	0.65	10.0	0.286	1.35						
6.5	1.51	72.2	0.84	16.2	0.373	2.16	0.21	0.53				
8.0	1.86	109	1.04	23.9	0.46	3.14	0.257	0.76				
10.0	2.33	171	1.30	36.5	0.57	4.69	0.32	1.13	0.20	0.38		
12.5	2.91	267	1.62	57.1	0.72	7.07	0.40	1.70	0.26	0.57		
15.0			1.95	82.2	0.86	9.88	0.48	2.35	0.31	0.78	0.21	0.32
17.5			2.27	112	1.00	13.2	0.56	3.12	0.36	1.04	0.25	0.42
20.0			2.60	146	1.15	16.9	0.64	3.97	0.41	1.32	0.28	0.53
22.5			2.92	185	1.29	21.2	0.72	4.93	0.46	1.63	0.32	0.65
25.0					1.43	26.1	0.80	5.98	0.51	1.97	0.35	0.79
27.5					1.58	31.6	0.88	7.14	0.56	2.35	0.39	0.94
30.0					1.72	37.7	0.96	8.40	0.62	2.75	0.42	1.10
32.5					1.86	44.2	1.04	9.74	0.67	3.18	0.46	1.27
35.0					2.01	51.3	1.12	11.2	0.72	3.64	0.49	1.45
37.5					2.15	58.8	1.21	12.7	0.77	4.13	0.53	1.64
40.0					2.29	66.9	1.29	14.4	0.82	4.63	0.57	1.85
45.0					2.58	84.7	1.45	18.3	0.92	5.79	0.64	2.29
50.0					2.87	105	1.61	22.6	1.03	7.05	0.71	2.77
55.0							1.77	27.3	1.13	8.41	0.78	3.31
60.0							1.93	32.5	1.23	9.91	0.85	3.88
65.0							2.09	38.1	1.33	11.7	0.92	4.50
70.0							2.25	44.2	1.44	13.5	0.99	5.17
75.0							2.41	50.8	1.54	15.5	1.06	5.88
80.0							2.57	57.8	1.64	17.6	1.13	6.63
85.0							2.73	65.2	1.75	19.9	1.20	7.41
90.0							2.89	73.1	1.85	22.3	1.27	8.30
95.0									1.95	24.8	1.34	9.25
100									2.05	27.5	1.41	10.2
110									2.26	33.3	1.56	12.4
120									2.46	39.6	1.70	14.8
130									2.67	46.5	1.84	17.3
140									2.88	53.9	1.98	20.1
150											2.12	23.1
160											2.26	26.2
170											2.40	29.6
180											2.55	33.2
190											2.69	37.0
200											2.83	41.0

注：1. 表中 1000*i* 表示每 1000 米的压力损耗；

2. 一般选择管径时的流速（*V*）取用 0.7—1.0 米/秒是比较经济的。

给水管径简易估算表 **表 19–2**

管径（mm）	计算流量（r/cek）	使用人口数							几点说明
		用水标准 =50 公升 / 人日（K=2.0）	用水标准 =60 公升 / 人日（K=1.8）	用水标准 =80 公升 / 人日（K=1.7）	用水标准 =100 公升 / 人日（K=1.6）	用水标准 =120 公升 / 人日（K=1.5）	用水标准 =150 公升 / 人日（K=1.4）	用水标准 =200 公升 / 人日（K=1.3）	
1	2	3	4	5	6	7	8	9	10
50	1.3	1120	1040	830	700	620	530	430	1. 流速
75	1.3—3.0	1120—2600	1040—2400	830—1900	700—1600	620—1400	530—1200	430—1000	当 $D \geqslant 400$ 毫米
100	3.0—5.8	2600—5000	2400—4600	1900—3700	1600—3100	1400—2800	1200—2400	1000—1900	$V \geqslant 1.0$ 米 / 秒
125	5.8—10.25	5000—8900	4600—8200	3700—6500	3100—5500	2800—4900	2400—4200	1900—3400	当 $D \leqslant 350$ 毫米
150	10.25—17.5	8900—15000	8200—14000	6500—11000	5500—9500	4900—8400	4200—7200	3400—5800	$V \leqslant 1.0$ 米 / 秒
200	17.5—31.0	15000—27000	14000—25000	11000—20000	9500—17000	8400—15000	7200—12700	5800—10300	2. 本表可根据用水人
250	31.0—48.5	27000—41000	25000—38000	20000—30000	17000—26000	15000—23000	12700—14000	10300—16000	口数以及用水量标准
300	48.5—71.00	41000—61000	38000—57000	30000—45000	26000—28000	23000—34000	20000—29000	16000—24000	查得管径，亦可根据
350	71.00—111	61000—96000	57000—88000	45000—70000	28000—60000	34000—58000	29000—45000	24000—37000	已知的管径，用水量
400	111—159	96000—146000	88000—135000	70000—107000	60000—91000	58000—81000	45000—70000	37000—56000	标准查得该管可供多
450	159—196	146000—170000	135000—157000	107000—125000	91000—106000	81000—94000	70000—81000	56000—65000	少人使用。
500	196—284	170000—246000	157000—228000	125000—181000	106000—154000	94000—137000	81000—117000	65000—95000	
600	284—384	246000—332000	228000—307000	181000—244000	154000—207000	137000—185000	117000—157000	95000—128000	
700	384—505	332000—446000	307000—412000	244000—328000	207000—279000	185000—247000	158000—212000	128000—171000	
800	505—635	446000—549000	412000—507000	328000—404000	279000—343000	247000—304000	212000—261000	171000—211000	
900	635—785	549000—679000	507000—628000	404000—500000	343000—425000	304000—377000	261000—323000	211000—261000	
1000	785—1100	679000—852000	628000—980000	506000—780000	425000—595000	377000—529000	323000—453000	261000—366000	

（2）确定给水管径

根据管道布置中各管段所供应的人口数，乘以每人每日的用水定额和小时变化系数，得各管段的计算流量，根据这个流量再假定流速，即可计算管径。规划中为了简化计算手续，一般求管径可查表 19–1、表 19–2，只要根据人口数和用水定额可直接得出所需的管径。

（3）造价概算

详细规划中给水造价概算，主要系指配水管道（包括窨井等附属设备）的投资，而管材的选择，首先应考虑就地取材，尽量节约金属管道，并按照当地造价编制投资概算。如仍需采用铸铁管道或当地无造价可查时，可参照下列数值估算：

管径（毫米）	每 100 米造价（元）
50	541
75	753
100	1362
150	1734
200	2105
250	2356
300	3094
350	3685
400	4382

注：造价中包括配件及一切施工费用。

二、排水工程规划

（一）污水管道规划

1. 污水管道布置的要求

（1）污水管道的布置，一般都是树枝形的，要使全小区（街坊）的污水，以最短路程借重力流入城市污水管网中去。

（2）管线走向应尽量减少与其他管线（如给水、供热、煤气等）交叉。

（3）在流量、管径、坡度变化，管道交会处和管道转变方向时均应设置窨井。另外，管道超过直线距离 50 米时亦需设置窨井，以便检查和通风。

2. 污水管道的特点和要求

污水管道的计算内容比给水管道计算要复杂一些，因为污水管道是借重力流动的，所以在布置管线时，掌握污水管道的特点和要求是必要的。

（1）最小覆土深度（即地面至管顶的距离）

街坊内污水管道起始点的埋设深度，能决定其沿线的埋设深度，而整个管线的埋设深度，则又直接地影响着工程造价，所以关于起始点埋设深度的问题，有其重要的经济意义。污水管道在起始点及控制点的埋设深度，决定于下列两个条件。

①管道能否被地面上的荷重所损坏。

②管内的污水是否有结冻的可能。

根据一般规定，街坊内部起始点管道最小埋设深度，以 0.55 ～ 0.7 米为宜。如遇冰冻线较深的地区，小于 350 毫米的管道可埋在土壤冰冻线以上 0.3 米。在较大的小区中，由于污水管道借重力流动埋设过深，就得考虑是否用泵站提升及泵站位置选择问题。

（2）管道的最小坡度和最小管径

污水中含有各种不溶解的有机物和矿物质的混合物，当污水在管道中流动时，比重小于 1 的最轻物质（脂肪、油类物质和软木塞等）浮于水面，并随水漂去；较重的有机物和矿物质（纸、废布、剩菜、细砂等）分布于水流断面上，并在浮悬的状况下流动，比重大于 1 的沉重矿物质（砂、矿渣、煤、玻璃等），当流速小于自清流速时，则沉落于管底或形成混乱流动而磨损底部或在管和渠道的底上形成沙波（冲积土的“波状”运动）。

在设计污水管道时应考虑污水内所含的混合物，必须全部由水流带走，不允许混合物沉下淤塞管线，而减低管道的排泄能力。为使管道不致淤塞（自净），在污水管道设计规范中，规定了各种管径的最小坡度和最小流速（即自净流速），见表 19-3。

污水管道各种管径的最小坡度和自净流速　　表 19-3

管　径（毫米）	125	150	200	250	300	350	400	450	500
最小坡度	0.01	0.007	0.005	0.004	0.0033	0.0028	0.0025	0.0022	0.002
自净流速（米 / 秒）	0.60	0.65	0.70	0.75	0.80	0.83	0.87	0.90	0.92

从上表可见，管径愈大，需要的坡度愈小，因此在地形平坦地区，对采用小管径覆土深和采用大管径覆土浅，就要作方案比较。

为了污水管道的维护、冲洗、清除的方便，避免造成堵塞现象，规范中还规定庭院管网最小管径为 125 毫米，街坊管网最小管径为 150 毫米，街道管网最小管径为 200 毫米。

（3）管道的充满度

污水管内污水的深度和沟管直径或高度的比，称为充满度。雨水沟管在设计时一般是考虑满流的，但是污水沟管设计，为了考虑污水管中可能在一个短时间内污水流量会超过设计流量和便于通风起见，所以污水管是按不充满计算的。污水管的最大充满度规定如下：

管径在 150—300 毫米时，充满度 $\left(\frac{h}{D}\right)$ 不大于 0.7。

管径在 350—450 毫米时，充满度 $\left(\frac{h}{D}\right)$ 不大于 0.75。

拿 200 毫米管径的管道来说，在通过最大污水量时，污水的充满度，不允许超过 0.7，即水深不大于 $200 \times 0.7=140$ 毫米。污水管增大，允许充满度也可以大些。

3. 规划的步骤

（1）计算排水量

居住区的生活污水量和公共建筑污水量，一般可采取与用水量的相同定额，也可采用总体规划中表 13-10 的数值。但是在室内没有卫生设备时（有自来水公共龙头而无下水道时），生活污水倒入街坊污水井面流入街道污水管，则污水量就要比相应的用水量减少很多，一般约为用水量的 40%。

另外，污水排泄量的大小，是随居民在不同时间内用水量的大小而变化的（一般上午 10 时和下午 4 时左右用水量最大，而夜间的用水量最小）。所以在计算污水管时，不应采用平均污水量，而应考虑其最大污水量，即由平均污水量，乘以总变化系数（即日变化系数乘时变化系数）而得，而 $K_{总}$又与流量的大小有关，见表 19-4。

$K_{总}$表　　表 19-4

平均流量（公升 / 秒）	$K_{总}$	平均流量（公升 / 秒）	$K_{总}$
5 以下	2.2	340	1.5
13	2.0	530	1.4
30	1.9	815	1.35
50	1.8	1260	1.3
85	1.7	1900	1.25
180	1.6	2500	1.20

（2）管道布置

小区内街坊污水管道的布置和给水管道一样，要密切与街道上的城市污水管道配合。街坊管道的布置，一般有三种形式，即环绕式、贯穿式和低边式（见总体规划中第十三章第四节污水管网布置中所述）。

在小区内部，建筑群间的管道布置，根据所考虑的街坊管道布置，一般又有贯穿式集中出口和分散出口（图 19-4、图 19-5）。

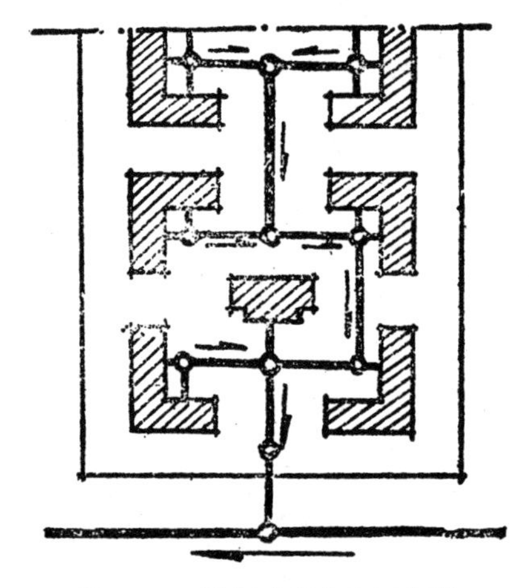

图 19-4　贯穿式集中出口布置

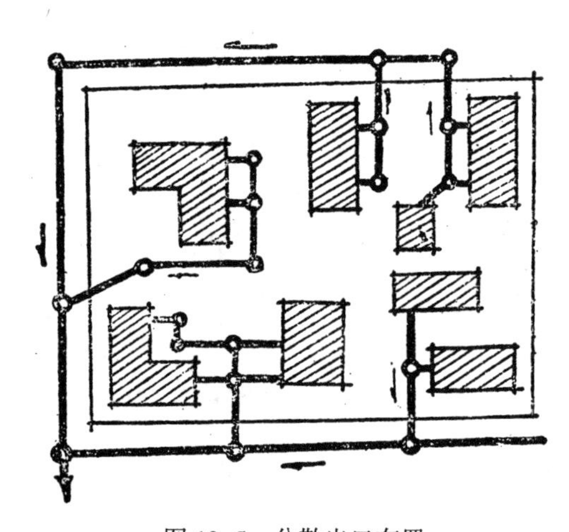

图 19-5　分散出口布置

贯穿式集中出口布置的投资最小，但是采用这种管道布置时，街坊内部的详细布置应先予确定，如当街坊分年逐步发展，而街坊布置不能全部确定时，可采取分散出口布置。

在城市污水管道尚未敷设或小区远离城区修建时，其污水出口应首先考虑用土沉淀池沉淀后，就近灌溉农田，如没有条件灌溉，才考虑修化粪池（污水腐化池）和地下过滤场（即渗井）作局部处理，见图 19-6 甲、乙所示。

用渗井过滤的处理方法，虽然简单，但须注意如下几点：

①渗坑与房屋、水井应保持适当的距离，避免污染居住地区的空气、井水及影响建筑物的地基。

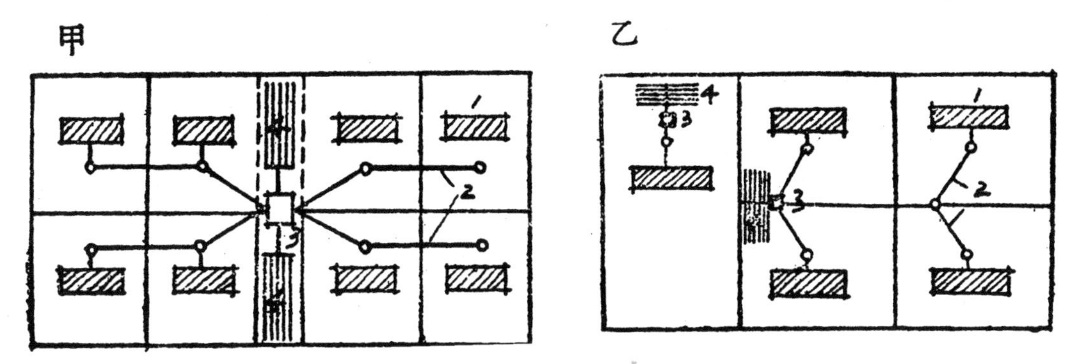

图 19–6　渗井局部处理

图中：1—建筑物；2—下水道；3—腐化池；4—地下过滤场

②地下水位的高度应低于地面 2.5 米，坑底距地下水面至少要有 0.6 米，否则便不宜挖坑。因为渗坑的底部如接近地下水源时，不仅污染地下水（一般用渗井的地段，大多亦是用土水井作水源的地段），而且污水也难下渗，甚至完全不能下渗。

③土质与渗水率有关，一般粗砂砾土和细砂的土质比较适于渗透。如果污水量多，必须多挖坑时，各坑之间的距离至少应有 6 米。

（3）确定管径

首先根据各管段所负担的人口计算污水量乘上 $K_{总}$，然后根据道路标高、地面设计标高、街道污水管道管底标高以及前述的最小坡度、最小流速、充满度等因素，求出各段管径。

①为了简化计算手续，可用图解法（图 19–7）求管径及流速等。

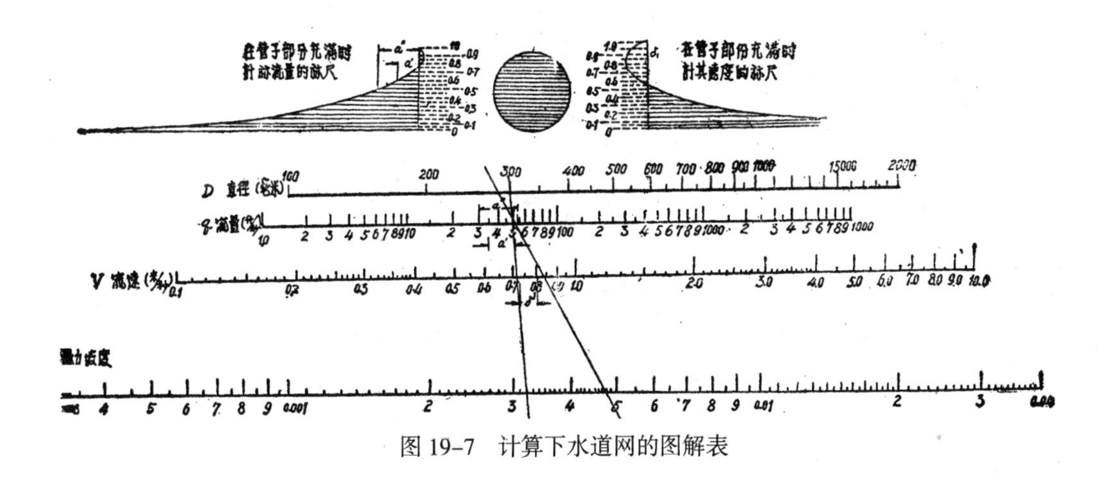

图 19–7　计算下水道网的图解表

图中四条线中若已知两值，则可建成直线，与其余两线相交，便可求得另两个值。部分充满的污水管道尚有两条辅助曲线，一条用以决定流速，另一条用以求流量。

②在规划中还可采取更简便的计算管径的方法，即以每人每日生活污水定额和人口数，参考表 19–5，直接求得污水管径。

污水管径简易估算表 表 19-5

管径（公厘）	流量		不同排水定额可供使用人数（单位：人）							坡度
	平均日 立方米 / 日	最大秒 公升 / 秒	50 公升 / 人日	60 公升 / 人日	80 公升 / 人日	100 公升 / 人日	120 公升 / 人日	150 公升 / 人日	200 公升 / 人日	
1	2	3	4	5	6	7	8	9	10	11
150	50—400	1.68—10.20	1000—8000	840—6700	630—5000	500—4000	420—3300	330—2700	250—2000	0.01—0.012
200	400—600	10.20—14.50	8000—12000	6700—10000	5000—7500	4000—6000	3300—5000	2700—4000	2000—3000	0.005
250	600—1100	14.50—25.20	12000—22000	10000—18500	7500—13800	6000—11000	5000—9200	4000—7300	3000—5500	0.004—0.0042
300	1100—1750	25.20—38.60	22000—35000	18500—29000	13800—22000	11000—17500	9200—14500	7300—11700	5500—8800	0.0028—0.0033
350	1750—3000	38.60—63.00	35000—60000	29000—50000	22000—38000	17500—30000	14500—25000	11700—20000	8800—15000	0.0028
400	3000—4500	63.00—91.00	60000—90000	50000—75000	38000—56000	30000—45000	25000—37500	20000—30000	15000—22500	0.0025—0.0028
450	4500—6000	91.00—110.20	90000—120000	75000—100000	56000—75000	45000—60000	37500—50000	30000—40000	22500—30000	0.0022
500	6000—8000	110.20—153.0	120000—160000	100000—133000	75000—100000	60000—80000	50000—67000	40000—53000	30000—40000	0.0020

几点说明：本表合乎下列条件：

1. 最大秒流量系由 $\frac{\text{平均日流量}}{86400} \times K_{总}$ 得出；
2. 流速不小于 0.1 米 / 秒；
3. 坡度采用各管径所允许的最小坡度；
4. 充盈度按所规定的允许数值。

（4）造价概算

小区内的污水管道，其管材一般以采用混凝土管和陶土管居多，其造价与地质条件、地下水位和管道埋设深度有关，如当地缺乏这方面概算指标，可参考下列数值估算。

管径（毫米）	每 100 米造价（元）
150	780
200	918
250	1062
300	1182
350	1431
400	1812
450	2029
500	2807

注：造价中包括附属设备及一切施工费用。

（二）雨水沟管规划

雨水如不和城市污水共同排除，需设置雨水沟管系统。

1. 雨水沟管布置的要求

（1）规划雨水沟管时，首先要从地形上划分排水地区，根据分散和直接的原则，雨水沟管应能尽快地把雨雪水排入就近的河流或其他水体。

（2）布置雨水沟管时，应尽可能使它和地形相适应，与小区道路的纵坡度一致。因此，作小区内部竖向规划、道路系统规划和工程准备措施时，要为排除区内雨水创造有利条件。另外，为了节约投资，小区内部的雨水，除个别地区外，一般可考虑采用明渠排除。

2. 雨水沟管的特点和要求

（1）管道的最小覆土深度

根据雨水井连接管的坡度、冰冻深度和外部荷载，雨水管的最小覆土深度可采用 0.5—0.7 米。

（2）最小坡度

①雨水管道的最小坡度规定如下：

大断面沟管的最小坡度不得小于 0.0004。

雨水管道各种管径的最小坡度 **表 19-6**

管　径（毫米）	200	300	350	400	450	500—600	700 以上
最小坡度	0.004	0.0033	0.003	0.002	0.0018	0.0015	0.001

②道路边沟的最小坡度不得小于 0.002。

③梯形明渠的最小坡度不得小于 0.0002。

（3）最小容许流速

①各种管道在自流条件下的最小容许流速，不得小于 0.75 米 / 秒。

②道路边沟不得小于 0.40 米 / 秒。

③各种明渠不得小于 0.4 米 / 秒（个别地区可酌减为 0.25 米 / 秒）。

（4）最小管径及沟槽尺寸

①雨水管最小管径不小于 200 毫米。

②梯形明渠，为便利维护和水流顺畅，其最小底宽为 0.2—0.3 米。

③铺砌梯形明渠边坡可采用 1：1，土明渠边坡应根据土质而定，通常碰到的黏质砂土，其边坡可采用 1：1.5。

关于雨水沟管的计算工作，是相当复杂的，因为它牵涉的因素很多，计算时需要一系列的图表，同时计算本地区的雨水量时，还得考虑降落在其他地区的雨水，顺着地形的坡度，流向本区的可能性。

通常在计算雨水沟管以前，需要作好下列工作：

（1）根据当地雨量记录推求雨量公式。

（2）根据本地区和附近地区的地形，结合远景发展计划，划分流域系域，布置雨水沟管走向，计算管段长度及其受水面积。

（3）绘制各种计算图表。

（4）计算径流系数及管线起始点的集水时间。

一般地说，在雨水沟管起点雨水径流量是比较小的，如果区内地形和道路有适当坡度，应该考虑让雨水在道路边沟内流泄，这样可以缩短雨水沟管的计算长度，减少沟管投资。

3. 规划的步骤

（1）计算雨水量（Q_p）

雨水沟管的设计，决定于雨水量的多寡，雨水量的多寡，是根据下列三个因素来决定的：

①降雨强度（q）是每一公顷地面上，每一秒钟内，平均降落几公升的雨；

②径流系数（ψ）是流到雨水沟管中的雨量和降到地面上的雨量的比较，决定于屋顶和地面铺装的种类和百分比；

③流域面积（F）是多少公顷的地面的雨水流向雨水沟管。

也就是说，雨水流量 Q_p=$g\psi F$（升／秒）。

在缺乏降雨资料的地区，规划雨水排除和考虑与污水分流合流系统时，需要推算降雨强度公式，推算方法取决于当地历年雨量资料的情况，这又是相当繁复的工作，一般在规划中可参照邻近城市的雨量公式或采用计算简便和所需资料较少的列宁格勒公用事业科学研究院的公式。

（2）计算管道的管径或沟渠的尺寸

根据设计的雨水量（Q_p）和流速（V）、坡度来求各管段所需的口径和沟渠的尺寸。见表 19–7、表 19–8。

雨水管道（满流情况下）水力计算表 **表 19–7**

管　径（毫米）	坡　度（以千分比计）							
	0.8		1.0		2.0		4.0	
	Q	V	Q	V	Q	V	Q	V
125	2.78	0.23	3.10	0.25	4.40	0.34	6.26	0.48
150	4.52	0.25	5.10	0.28	7.13	0.39	10.07	0.55
200	9.74	0.31	10.86	0.35	15.32	0.47	21.64	0.69
250	17.70	0.36	19.72	0.40	28.00	0.55	38.60	0.78
300	28.70	0.40	31.92	0.45	45.30	0.63	63.50	0.90

续表

管径（毫米）	坡度（以千分比计）							
	0.8		1.0		2.0		4.0	
	Q	V	Q	V	Q	V	Q	V
350	43.00	0.44	48.20	0.50	68.00	0.71	96.00	0.99
400	61.00	0.48	68.00	0.54	96.00	0.76	135.80	1.08
450	83.80	0.51	93.00	0.59	132.00	0.83	187.60	1.18
500	110.00	0.55	124.00	0.63	175.00	0.89	248.00	1.26
550	142.00	0.60	158.40	0.67	224.40	0.95	316.40	1.33
600	180.20	0.64	210.00	0.71	284.00	1.01	402.00	1.42

雨水明渠（底宽 0.4 米，边坡 1∶1.5）水力计算表 **表 19-8**

水深 h（米）	坡度（以千分比计）							
	0.8		1.0		2.0		3.0	
	Q	V	Q	V	Q	V	Q	V
0.2	33.8	0.24	37.7	0.27	53.3	0.38	65.4	0.47
0.4	145.6	0.36	162.0	0.40	230.0	0.57	282.0	0.70
0.6	370.0	0.47	414.0	0.53	581.0	0.75	712.0	0.91
0.8	720.0	0.56	803.0	0.63	1130.0	0.89	1388.0	1.08
1.0	1240.0	0.65	1380.0	0.73	1970.9	1.04	2400.0	1.26
1.2	1950.0	0.74	2180.0	0.82	3125.0	1.17	3775.0	1.43

（3）造价概算

雨水管道的管材和污水管道相同，造价亦相同。关于明渠的造价，则又分为土明渠、石砌明渠、砖砌明渠和砖砌加盖明渠，其投资可与采用暗管所需的造价折算。即以暗管造价为 100，得其他明渠的投资百分比，详见表 19-9。土明渠的造价，亦可按土方量和单价折算。

有时在小区详细规划中，对雨水排除问题，仅指出其排泄方向，而不具体规划管线和计算管径，则其造价概算，可参考表 19-10 的综合指标。

各种雨水沟管造价比较表 **表 19-9**

沟管种类	流量不超过 500 升 / 秒
混凝土及钢筋混凝土管	100
土明渠	2
石砌明渠	58.3
砖砌明渠	68.1
砖砌加盖明渠	279

雨水工程造价概算（元／公顷） **表 19-10**

排水分类	综合指标
50% 以上为管道排水	1100—1900
50%以上为明渠排水	400—600

第三节 供电规划

详细规划阶段中供电规划的内容是：计算各类用户的用电负荷；确定街坊降压配电站的数量、容量和形式；布置低压配电网络；规划户外照明系统；估算配电系统的造价；绘制低压电网布置图等。

一、负荷计算

详细规划中的用电负荷计算，可分为两大类：

（1）住宅部分用电负荷：由住宅照明用电及生活用电两项构成；

（2）公用事业部分用电负荷：包括机关和公共建筑物的照明、街道照明、小型电动机负荷及公用事工企业的负荷等。

住宅照明负荷，可以用单位容量计算的公式求得（即根据所选的照度求每平方米居住面积照明额定负荷瓦/米^{2}及瓦/人），或根据现状典型的调查资料分析来确定，也可根据用户及有关单位所提供的负荷或设计资料来计算。

公共建筑物和街坊内小工业的负荷，一般由各该单位提出，有时也可按其性质参考国家所制定的及当地有关部门所制定的综合定额（瓦/平方米）来计算。

其他的负荷，除街道照明负荷单独计算外，其余的如局部照明、生活用电及小型电动机等负荷，最好是通过典型的具体调查分析，根据当地的居民生活水平、设备条件、来制定。确定每人的用电指标（瓦/人)。

负荷是供电规划的基础，计算时必须结合现状、规划期内国民经济发展计划来进行分析。

当前民用负荷中，主要是住宅照明负荷。住宅照明、公共建筑物照明及生活用电器等三者负荷约占整个街坊用电的80%以上。

详细规划的负荷计算是以每幢建筑物为计算单位，分区分幢编号，列入负荷平衡表并归算到街坊降压配电站。

二、街坊降压配电站的布置

街坊降压配电站是一种变更电压的装置，分布在街坊内，担负着变更中压，而后向用户配电。

街坊变压站的容量、数量，影响着网络的结线方式。变压站数量多，缩短了低压线路，但延长了中压线路；反之，变压站数量少，容量就大，缩短了中压线路，增加了低压线路长度。因此选择的方式一般采用两种方法：一种是以公式计算。以负荷密度代入经验公式。另一种是方案比较法。

在选择变压站经济容量和数目时，应考虑以下几个方面：

（1）选择的变压器形式和规格应尽可能统一，以免增加不同形式的设备的备用量。

（2）建筑密度愈大，层数愈高，变压站的经济容量也就愈大，反之则愈小。

（3）变压站所在位置一般应选择在中压进线方便、低压侧又能向用户多方向配电的地点。

（4）尽可能利用原有设备，必要时可对原设备进行技术改造或改组。

三、低压配电网络

低压配电网络的结线方式有：①辐射式；②干线式；③环路式（或闭式)；④半环式（即

闭式网络开式运行）等数种。其中第 1、2 及 4 都是单侧电源供电，属于开式结线。它与闭式结线的优缺点比较如下：

开式结线的优点是简单、经济、需要的设备和有色金属量较少，缺点是供电可靠性较差，当线路及变压器发生故障时，将对部分用户停止供电。

闭式结线的优点是能减少网络中的功率损耗和能量损耗，改善电能质量，减少备用容量，供电可靠性高。其缺点是网络保护较复杂。

采用开式还是闭式网络的结线运行，与用户对供电的可靠性要求、城市干道网的布置、城市的布局和建设速度等因素有关。一般在可能的条件下，如增加投资不多、线路不长，为了保证供电可靠，应考虑联结为闭式网络的可能性。在旧城市中，因电网已基本形成，一般只要略加改变结线即可成为闭式网络。在新建的城市中，一般是从开式结线开始架设，等城市逐步形成时，线路也逐步联结成闭式网络。

低压配电网络通常采用三相四线制配电系统，但对某些负荷小的分支线路，也可采用二相三线或单相二线制供电。其网络配电电压为 380/220 伏。

对原有的 220 伏三相三线制、220/127 伏三相四线制等线路设备和器材，尽可能地加以改造利用。

除对有特殊要求的用户采用专用线路外，一般均由公用配电网络供电。对原有不合理的专用线应逐步改造与公用网络联结。

应考虑今后因负荷增长而有发展的可能性。

四、户外（街道）照明

街道照明负荷，应根据城市的性质、规模和街道的种类（如全市性、区域性、住宅区街道及街坊小道）、不同的广场、公园、绿地，以及交通量的大小等等特点制定照度指标及计算定额。

通常计算负荷的方法是采用逐点计算法或按单位长度耗电定额计算。

街道照明的特点是：线路的负荷一般不大，但沿全长均衡分布；需要集中控制；有时要求在深夜能熄灭部分照明。这些情况就决定了街道照明供电系统的建设和结构上的特点。

街道照明的布置方式有照明器沿街道单侧布置、悬挂在街道中心、沿街道两侧作对称或交错布置。一般的街道大多采用单侧或中心布置，在街道较宽及交通量较大的主干道上可能采用双侧布置。

街道照明的供电系统结线方式有：①独立系统（街道照明由自备的变压器和高压输电线路供给）；②非独立的、分开的系统（由公用的城市高压网络供电，但变压器为自备的）；③非独立的、不分开的系统（由全市性的变电站的低压母线供电）。独立系统建设费用 较高，有色金属消耗多，线路利用率不高，优点为运行、管理方便。具体选用何种方式需根据整个城市采用的供电系统和原有线路的情况而定。

照明系统的结线分为单相的、二相的和三相的供电线路。在负荷不大（指占公用变压器总负荷）而在深夜无需熄灭部分路灯时，可用单相结线（一根相线和中性线）；二相结线（两根相线和一根中线）可在深夜熄灭全部灯数的 50%；三相结线用于负荷较大的情况下，它可以在深夜熄灭全部灯数的 1/3 或 2/3。

街道照明线路的计算特点决定于：①沿线的分配负荷是否均匀；②各相线路的负荷是否平衡；③照明系统在深夜的工作方式是否改变及系统中的中性线是否可以与城市网

络共用一条线或采用钢导线。

街道照明线路有架空和电缆两种，目前我国大多采用架空架设。架空照明线路可与电力线路合杆架设。

五、估算造价

估算内容，包括所采用的街坊降压配电站的数目、形式和容量、中低压线路的结构、长度、敷设方式和导线截面，进行估算建设投资，以及设备和器材的数量。

第四节　管线工程初步设计综合

管线工程初步设计综合相当于详细规划阶段的工作，它以各项管线工程的初步设计资料来进行综合。初步设计综合不但要确定各项管线工程具体的平面位置，而且还要检查并解决管线在交叉处所发生的立面上的问题。这是它和示意综合在工作深度上的主要区别。由于各项管线工程的建设有轻重缓急之分，设计进度也先后不一，因此初步设计综合往往只能在大多数工程或者几项主要工程的初步设计的基础上进行编制，而不可能等待各项工程都完成了初步设计才着手进行。此外，编制管线工程综合，应引用单项工程最近设计阶段的资料。如编制初步设计综合时，个别工程已完成了施工详图，则应以该项工程的施工详图作为综合的资料。综合过程中所发现的问题，须随时和有关单项工程设计单位研究解决。

初步设计综合一般编制管线工程初步设计综合平面图、管线交叉点标高图和修订道路标准横断面图等三种图纸。

一、管线工程初步设计综合平面图（以下简称综合平面图）

图纸比例通常采用1：5000，图中内容和编制方法，基本上和综合示意图相同，但在内容的深度上有所差别。例如，编制综合平面图时，需确定管线在平面上的具体位置，并在工厂四周转角、道路中心线交叉点、管线的起讫点、转折点以及工厂管线的进出口注上座标数据❶，或者用管线距工厂厂边或建筑红线的平面尺寸来控制它们的位置，如图13–48❷所示。

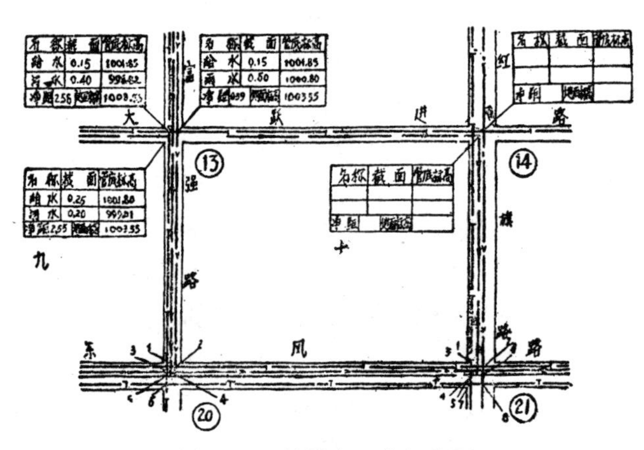

图 19–8　管线交叉点标高图

❶ 坐标可以控制物体在平面上的位置，因此，它在管线工程综合工作中用得很广泛。

❷ 图13–48为综合平面图的一部分。图中以$\frac{X}{Y}$表示各点的坐标，在实际工作中，应逐点注出坐标数据。

二、管线交叉点标高图

此图主要用以检查和控制交叉管线的高程——立面位置。图纸比例大小及管线的布置和综合平面图相同（在综合平面图上复制而成，可不绘地形，也可不注坐标），如图19-8❶所示。

管线交叉点标高的表示方法有以下几种：

（1）在每一个管线交叉点处画一垂距简表（表19-11），然后把地面标高、管线截面大小、管底标高以及管线交叉处的垂直净距等项❷填入表中（如图19-8中的第⑬和⑭号道路交叉口所示）。如果发现交叉管线发生冲突，则将冲突情况和原设计的标高在表下注明，而将修正后的标高填入表中。这种表示方法的优点是使用起来比较方便，缺点是管线交叉点较多时往往在图中绘不下。

垂距简表　　　　表19-11

<table>
<tr><td colspan="2">名　　称</td><td colspan="2">截　　面</td><td colspan="2">管底标高</td></tr>
<tr><td colspan="2"></td><td colspan="2"></td><td colspan="2"></td></tr>
<tr><td colspan="2"></td><td colspan="2"></td><td colspan="2"></td></tr>
<tr><td>净　　距</td><td colspan="2"></td><td colspan="2">地面标高</td><td></td></tr>
</table>

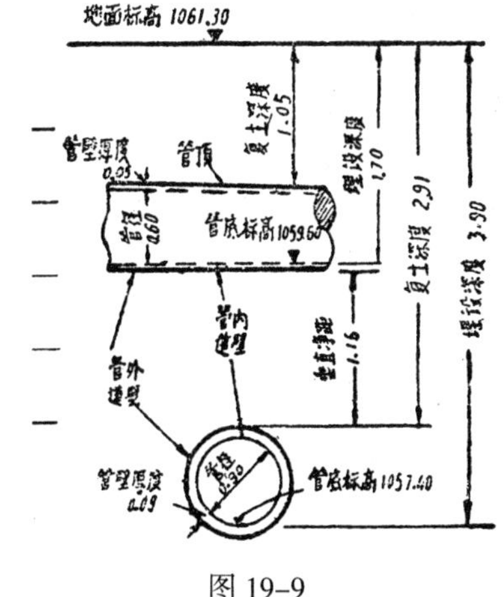

图 19-9

（2）先将管线交叉点编上号码，而后依照编号将管线标高等各种数据填入另外绘制的交叉管线垂距表（表19-12，以下简称垂距表）中，有关管线冲突和处理的情况则填入垂距表的附注栏内，修正后的数据填入相应各栏中。这种方法的优点是可以不受管线交叉点标高图图面大小的限制，缺点是使用起来不如前一种方便。

（3）一部分管线交叉点用垂距简表表示（如图19-8中的第⑬和⑭号道路交叉口），另一部分交叉点编上号码，并将数据填入垂距表中（如图19-8中第⑳和㉑号道路交叉口）。当道路交叉口中的管线交叉点很多而无法在标高图中注清楚时，通常又用较大的比例（如1：1000或1：500）把交叉口画在垂距表的第一栏内（表19-12）。采用此法时，往往把管线交叉点较多的交叉口，或者管线交叉点虽少但在立面上发生冲突等问题的交叉口，列入垂距表中。这就是说，用垂距简表表示的管线，它们的交叉点既少，而且都是没有问题的。

❶ 图19-8所举例子仅是管线交叉点标高图的一小部分，即图13-48中的第十号街坊的四周，在实际工作中，应全幅绘制。

❷ 管底标高是指管道内壁底部的标高；埋设深度是指由地面到管底（内壁）的距离，即地面标高减去管底标高就得埋设深度；复土深度指地面到管道顶（外壁）的距离，它和埋设深度是有差别的；垂直净距（简称垂距）是指当两个管道上下交叉埋设时，从上面的管道外壁最低点到下面的管道外壁最高点之间的垂直距离，上项关系可参看图19-9。

交叉管线垂距表 表 19-12

道路交叉口图	交叉口编号	管线交点编号	交点处的地面标高	上面				下面				垂直净距（米）	附注
				名称	截面（米）	管底标高	埋设深度（米）	名称	截面（米）	管底标高	埋设深度（米）		
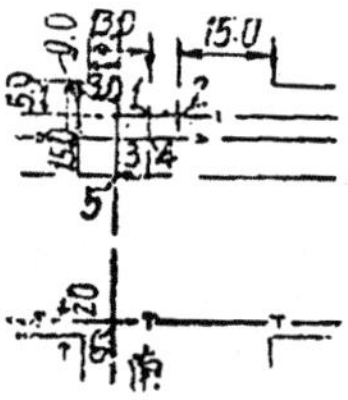	20	1		给水				污水					
		2		给水				雨水					
		3		给水				雨水					
		4		雨水				污水					
		5		给水				污水					
		6		电话				给水					
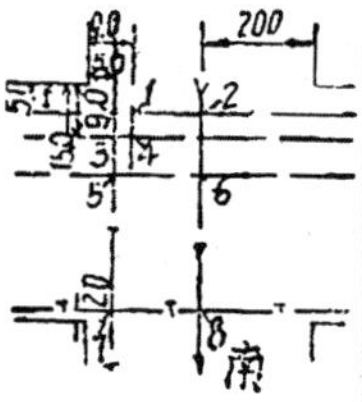	21	1		给水				污水					
		2		给水				雨水					
		3		给水				雨水					
		4		雨水				污水					
		5		给水				污水					
		6		雨水				污水					
		7		电话				给水					
		8		电话				雨水					
		1											
		2											

（4）不绘制交叉管线标高图，而将每个道路交叉口用较大的比例（1：1000 或 1：500）分别绘制，每个图中附有该交叉口的垂距表。此法的优点是由于交叉口图的比例较大，比较清晰，使用起来也比较灵活，缺点是绘制时较费工时，如要看管线交叉点的全面情况，不及（1）法方便。

表示管线交叉点标高的方法较多，采用何种方法应根据管线种类、数量，以及当地的具体情况而定，如管线较少且较简单的城市，通常采用（1）法；一般的城市，常采用（3）法。总之，管线交叉点标高图应具有简单明了、使用方便等特点，不拘泥于某种表示方法，表格内容可根据实际需要而有所增减。

三、修订道路标准横断面图

图纸比例和内容与示意综合时所绘制的道路标准横断面图相同。编制初步设计综合时，有时由于管线的增加或调整示意综合时所作的布置，需根据综合平面图，对原来配置在道路横断面中的管线位置进行补充修订。道路标准横断面的数量较多，通常是分别绘制，汇订成册。图 19-10 为综合平面图中的富强路的断面图。

在现状道路下配置管线时，一般应尽可能保留原有的路面，但需根据管线拥挤程度、路面质量、管线施工时对交通的影响以及近远期综合等情况作方案比较，而后确定各种管线的位置。同一道路的现状横断面和规划横断面均应在图中表示出来，表示的方法，或用

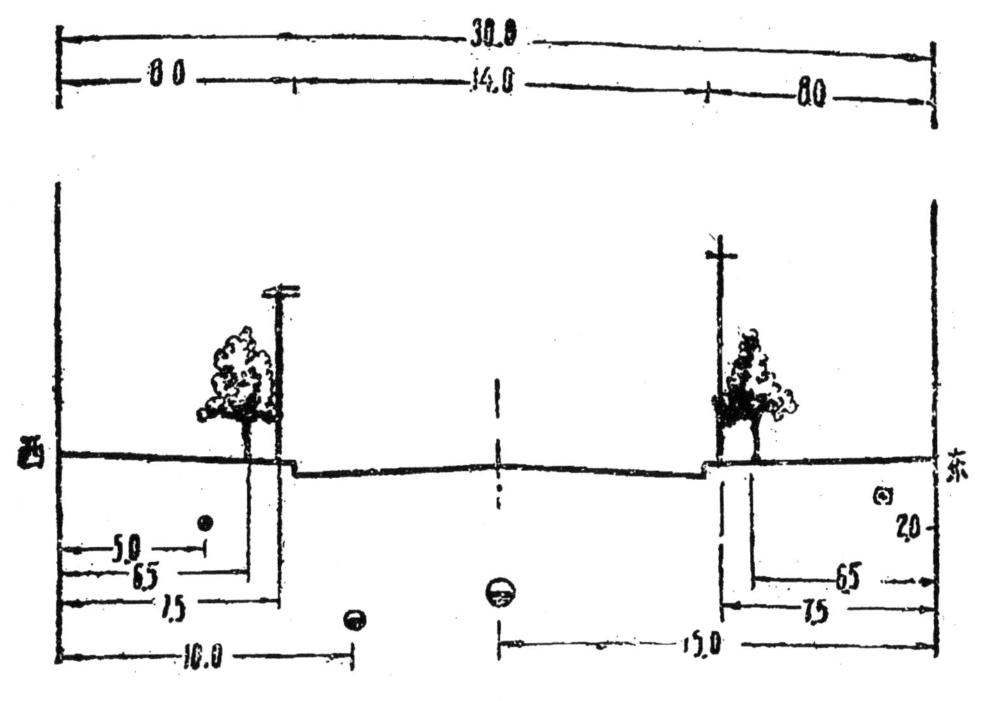

图 19-10　道路横断面图（一）

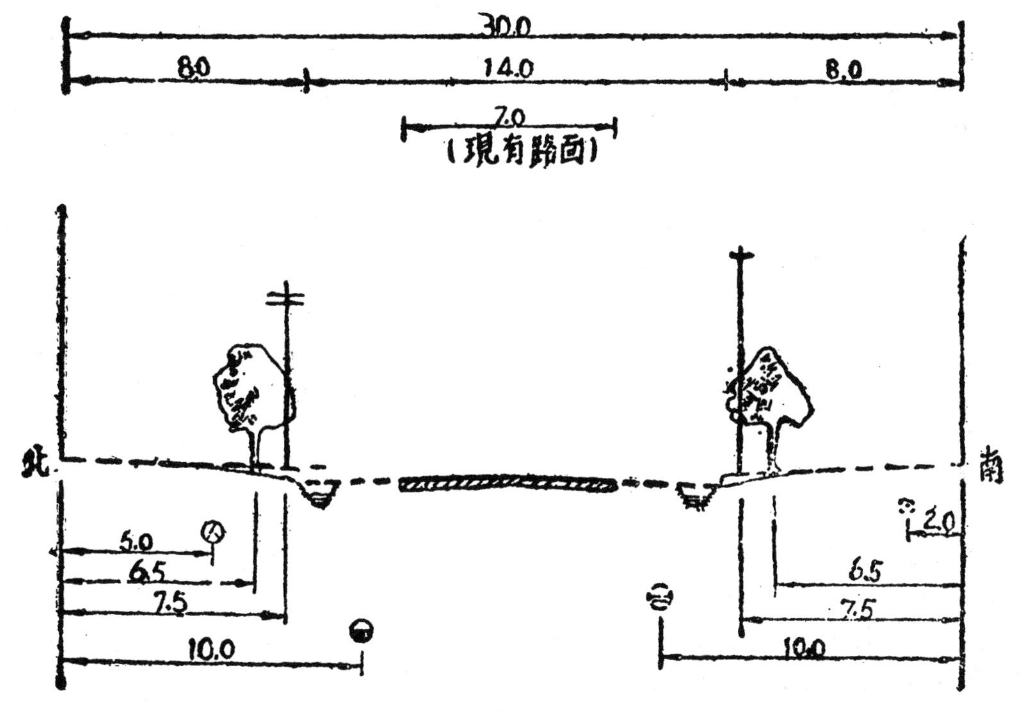

图 19-11　道路横断面图（二）

不同的图例和文字注释绘在一个图中（图 19-11），或将二者分上下两行（或左右并列）绘制。

初步设计综合的基本内容和方法，已如上述，关于所作图纸的种类，应根据城市的具体情况而有所增减，如管线简单的城市，或图纸比例较大，可将一、二两种图纸合并，甚至三种都绘在一张图上，如图 19-12 所示：管线情况复杂的，可增绘辅助平面图等。有时根据管线在道路中的布置情况，采用较大的比例尺，按道路逐条逐条地进行综合和绘制图纸。总之，应根据实际需要并在保证质量的前提下，尽量简化综合工作。

初步设计综合说明书的基本内容和示意综合说明书内容相仿，但综合过程中需对所发现的问题以及一些目前还不能解决、但又不影响当前建设的问题提出处理意见，并记入说明书。

管线工程经过初步设计综合后，对管线的平面或立面位置都已作了安排，设计中的矛盾也已解决，一般来说，各单项工程的施工详图之间不致再发生问题。但是，单项工程设计单位在编制施工详图过程中，由于设计又进一步深入，或者由于客观情况变化，施工详图中的管线位置还可能有若干变动。如此，需对单项工程的施工详图进行核对检查，以解决由于改变设计后所产生的新的矛盾。由于施工详图完成后往往就要进行施工，所以核对和检查工作通常只能个别进行，而难于集中几项工程的施工详图同时进行。在单项工程施工前，通常要先向城市建设管理部门申请，经许可后方可施工。核对和检查施工详图的工作一般也划入城市建设管理工作范围之内。

此外，规划设计阶段的管线工程综合完成以后，城市建设管理部门还要对这些工程加强管理。修建完工以后，应根据每项工程的竣工图编制管线工程现状图。编制管线工程现状图（以下简称现状图）是极其重要的，因为它反映了各种管线在实地上的情况；通过现状图就能对地上、地下的管线情况了如指掌。建设单位在已敷设管线的地段选厂，或进行修建，申请接管线时，城市建设部门可向他们提供现状资料，供设计和施工参考，以避免由于不了解情况而发生损坏其他管线等事故。对于后建的管线工程也要根据现状情况而安排它们的位置。

管线工程现状图并不是等各项工程都竣工后才着手编制，而是继每项工程（或一项工程某一段）竣工验收后，就将它绘到现状图上。现状管线改建完成后，也须根据竣工图修正现状图。现状图通常采用较大的比例尺来绘制，自 1：2000—1：500 不等，视城市大小、管线繁简等情况而定。如果城市较小，管线较简单，有时将现状建筑和现状管线合绘在一张图上。图中要详细表明管线的平面位置和标高、各段的坡度数值、管线截面大小、管道材料、检查井的大小和井内各支管的位置和标高、检查井间距离、相邻管线之间的净距……另外，还可制订一些表格，以记录图中无法详细绘入的必要资料。

（附　　录）

下附各种管线最小水平净距表（表 19-13）、地下管线交叉时最小垂直净距表（表 19-14）和地下管线的最小复土深度表（表 19-15），供读者参考。必须说明，这三个表不适用于沉陷性大孔土、地震、沼泽等地区。在一般的地区，由于各地具体情况不同，由于管线的性能、大小、所用材料、埋设深度、施工顺序和方法、建筑物的结构和基础，以及土壤、水文地质条件等等的不同，也必须因地制宜地加以采用。

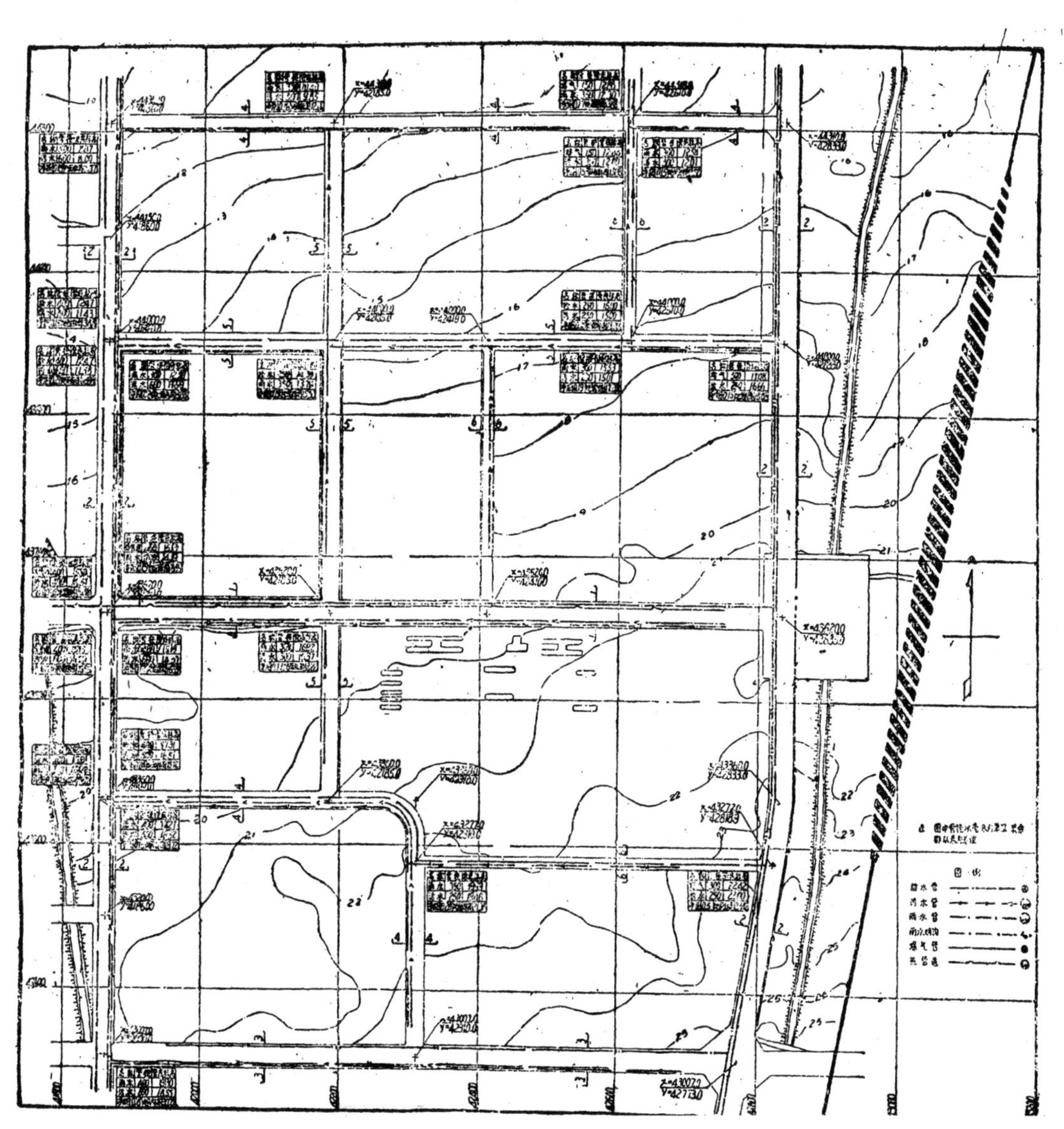

甲、管线工程综合平面图

图 19-12　管线工程综合图（一）

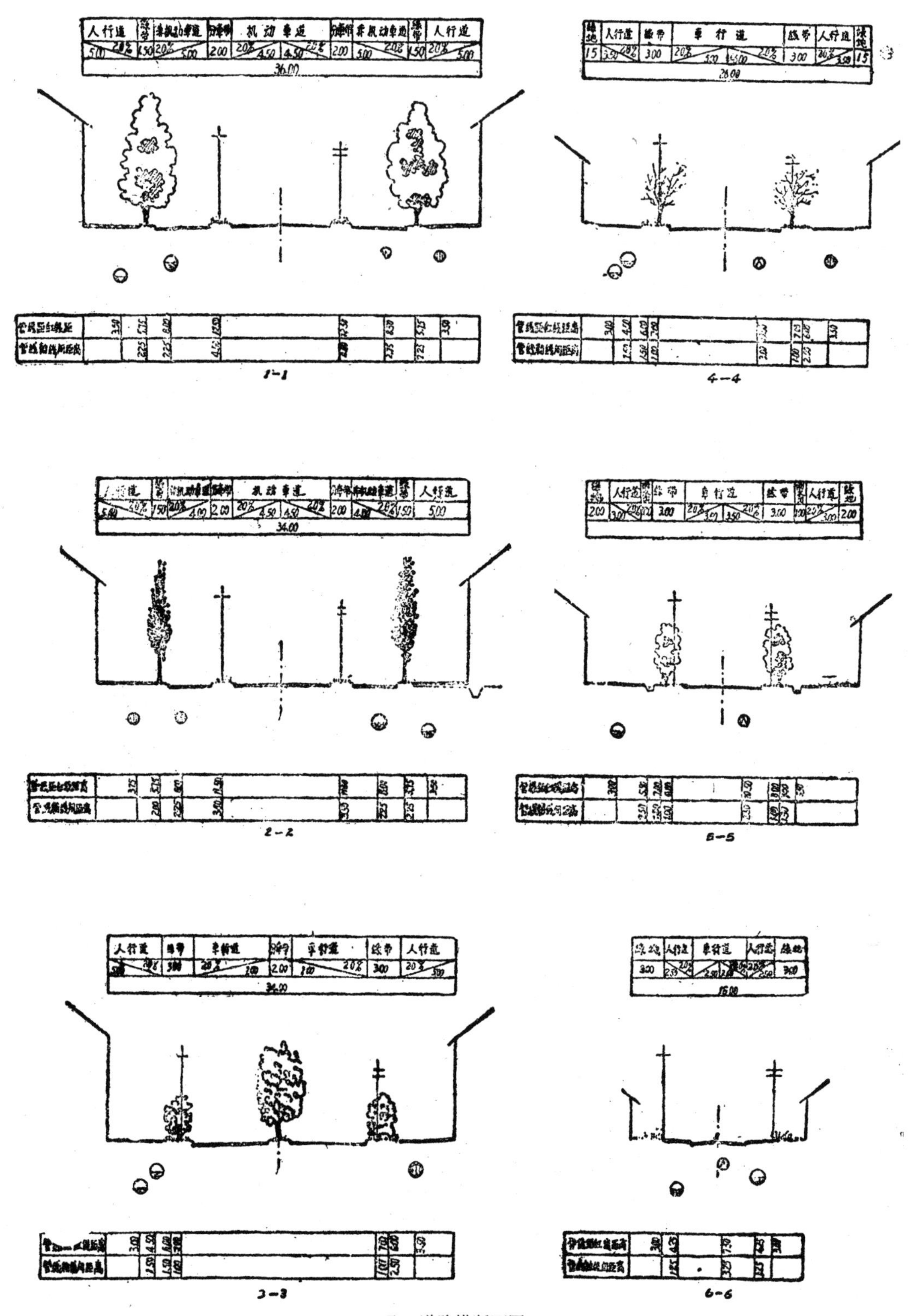

乙、道路横断面图

图 19–12　管线工程综合图（二）

地下管线交叉时最小垂直净距表（米） 表 19-13

净距 安设在上面的管线名称 / 埋设在下面的管线名称		给水管	排水管	热力管	煤气管	电讯		电力电缆		明沟（沟底）	涵洞（基础底）	电车（轨底）	道路（轨底）
						铠装电缆	管道	高压	低压				
给水管		0.15	0.15	0.15	0.15	0.50	0.15	0.50	0.50	0.50	0.15	1.0	1.0
排水管		0.15	0.15	0.15	0.15	0.50	0.15	0.50	0.50	0.50	0.15	1.0	1.0
热力管		0.15	0.15	—	0.15	0.50	0.15	0.50	0.50	0.50	0.15	1.0	1.0
煤气管		0.15	0.15	0.15	0.15	0.50	0.15	0.50	0.50	0.50	0.15	1.0	1.0
电讯	铠装电缆	0.50	0.50	0.50	0.50	0.50	0.25	0.50	0.50	0.50	0.50	1.0	1.0
	管道	0.15	0.15	0.15	0.15	0.25	0.15	0.25	0.25	0.50	0.25	1.0	1.0
电力电缆		0.50	0.50	0.50	0.50	0.50	0.50	0.50	0.50	0.50	0.50	1.0	1.0

附注：（1）表中所列为净距数字，如管线敷设在套管或地道中，或者管道有基础时，其净距自套管、地道的外边或基础的底边（如果有基础的管道在其他管线上面超过时）算起。

（2）电讯电缆或电讯管道一般在其他管线上面越过。

（3）电力电缆一般在热力管道和电讯管缆下面，但在其他管线上面越过。低压电缆应在高压电缆上面越过，如高压电缆用砖、混凝土块或把电缆装入管中加以保护时，则低压和高压电缆之间的最小净距可减至 0.25 米。

（4）煤气管应尽可能在给水、排水管道上面越过。

（5）热力管一般在电缆、给水、排水、煤气管道上面越过。

（6）排水管通常在其他管线下面越过。

地下管线的最小复土深度表 表 19-14

顺序	管线名称		最小复土深度（米）	附注
1	电力电缆	10 千伏以下 20 ~ 35 千伏以下	0.7 1.0	
2	电讯	铠装电缆 管道	0.8 混凝土管 0.8 石棉水泥管 0.7	电讯管道埋在人行道下时，可较式列数字减小 0.3 米
3	热管道	直接埋在土中 在地道中敷设	1.0 0.8（自地面到地道顶）	敷设在不受荷载的空地下时，自地面到地道顶之最小复土深度可采用 0.5 米，在特殊情况下（如地下水位很高或与其他管线相交情况很复杂时），可采用不小于 0.3 米的复土深度
4	排灰管			
5	煤气管	干煤气 湿煤气	0.9 应埋在冰冻线下，但不小于 1.0	
6	给水管		1. 不连续供水的给水管（大多为枝状管网），应埋设在冰冻线之下 2. 连续供水的管道，如经热工计算，在保证不致冻结的情况下，可埋设较浅	
7	雨水管		应埋在冰冻线以下，但不小于 0.7	1. 在严寒地区，有防止土壤冻胀对管道破坏的措施时，可埋设在冰冻线以上，并应以外部荷载验算； 2. 在土壤冰冻线很浅地区，如管子不受外部荷载损坏时，可小于 0.7 米
8	污水管	管径≤ 300 厘米 管径≥ 400 厘米	冰冻线以上 0.30 冰冻线以上 0.30 } 但不小于 0.70	当有保温措施时，或在冰冻线很浅的地区，或者排温水管道，如保证管子不受外部荷载损坏时，可小于 0.7 米

各种管线最

顺序	管线名称	1 建筑物	2 给水管	3 排水管	4 煤气管 低 中 高	5 热力管
1	建筑物		3.0	3.0(1)	2.0 4.0 6.0 15.0	3.0
2	给水管	3.0		1.5(2)	1.0 1.5 2.0 5.0	1.5
3	排水管	3.0(1)	1.5(2)	1.5	1.0 1.5 2.0 5.0	1.5
4	煤气管低压（压力不超过500厘米水柱高） 中压（压力0.051—1.0大气压） 高压（压力1.01—3.0大气压） 高压（压力3.01—12.0大气压）	2.0 4.0 6.0 15.0	1.0 1.5 2.0 5.0	1.0 1.5 2.0 5.0		1.0 1.5 2.0 4.0
5	热力管	3.0	1.5	1.5	1.0 1.5 2.0 4.0	
6	电力电缆	0.6	0.5	0.5	1.0 1.0 1.0 2.0	2.0
7	电讯电缆（直埋式）	0.6	1.0(4)	1.0	(5) 1.0 1.0 10.0 10.0	1.0
8	电讯管道	1.5	1.0(4)	1.0	(5) 1.0 1.0 10.0 10.0	1.0
9	乔木（中心）	3.0(6)	1.5	1.5(7)	2.0 2.0 2.0 2.0	2.0
10	灌木	1.5	—(8)	—(8)	2.0 2.0 2.0 2.0	1.0
11	地上柱杆（中心）	3.0	1.0	1.5(9)	1.5 1.5 1.5 1.5	1.0
12	道路侧石边缘	—	1.5(10)	1.5(10)	1.5 1.5 2.5 2.5	1.5(10)
13	铁路线路中心线	20.0(11)	4.0(12)	4.0(12)	4.0 4.0 6.0 10.0	4.0(12)
14	电车线路中心线	4.0(14)	2.5	2.5	3.0 3.0 3.0 6.0	2.5
15	架空管道支架（支架基础外边）	3.0(15)	3.0	3.0	3.0 3.0 3.0 3.0	3.0
16	排灰管	5.0	1.5	1.5	2.0 2.0 2.0 2.0	1.5

注：表中所列数字，除指明者外，均系管线与管线之间净距，所谓净距，系指管线与管线外壁间之距离而言。

附注：

（1）排水管埋深浅于建筑物基础时，其净距不小于2.5米。

排水管埋深深于建筑物基础时，其净距应根据下列公式（本公式也适用于其他深埋的管道）计算，但不小于3.0米。

$$L=\frac{H-h}{\mathrm{tg}\alpha}+l+\frac{B}{2}$$

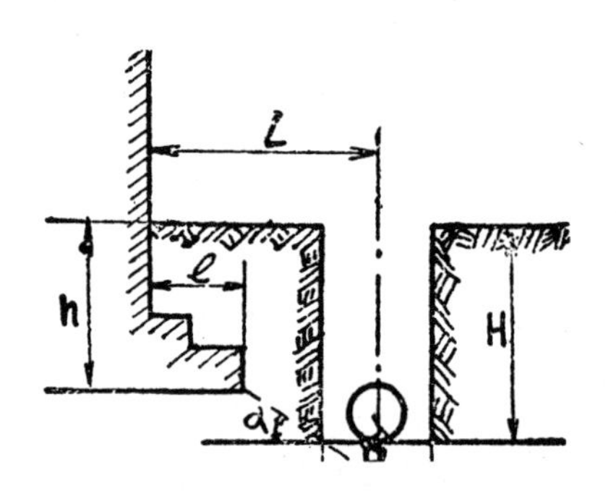

式中 L——管道中心距建筑物的距离（米）；

H——管道的埋设深度（米）；

h——建筑物基础的砌置深度（米）；

α——土壤的内摩擦角；

l——基础的突出部分（米）；

B——沟槽底宽度（米）。

如为压力排水管，则距建筑物的净距不小于5.0米。

（2）表中数值适用于给水管管径 $d \leqslant 200$ 厘米。

如 $d > 200$ 厘米时应不小于3.0米。

当污水管的埋深高于平行敷设的生活用给水管0.5米以上时，其水平净距，在渗透性土壤地带不小于5.0米，如不可能时，可采用表中数值，但给水管须用金属管。

（3）并列敷设的电力电缆互相间的净距不应小于下列数值：

①10及10千伏以上的电缆与其他任何电压的电缆之间——0.25米；

②10千伏以下的电缆之间，和10千伏以下电缆与控制电缆之间——0.10米；

③控制电缆之间——0.05米；

④非同一机构的电缆之间——0.50米。

小水平净距表（米） **表 19-15**

6	7	8	9	10	11	12	13	14	15	16
电力电缆	电讯电缆	电讯管道	乔 木（中心）	灌木	地上柱杆（中心）	道路侧石边缘	铁路线路（中心）	电车线路（中心）	架空管道支架	排灰管
0.6	0.6	1.5	3.0[6]	1.5	3.0	—	20.0[11]	4.0[14]	3.0[15]	3.0
0.5	1.0[4]	1.0[4]	1.5	—[8]	1.0	1.5[10]	4.0[12]	2.5	3.0	1.5
0.5	1.0	1.0	1.5[7]	—[8]	1.5[9]	1.5[10]	4.0[12]	2.5	3.0	1.5
1.0	1.0	1.0	2.0	2.0	1.5	1.5	4.0	3.0	3.0	2.0
1.0	1.0	1.0	2.0	2.0	1.5	1.5	4.0	3.0	3.0	2.0
1.0	10.0[5]	10.0[5]	2.0	2.0	1.5	2.5	6.0	3.0	3.0	2.0
2.0	10.0	10.0	2.0	2.0	1.5	2.5	10.0	6.0	3.0	2.0
2.0	1.0	1.0	2.0	1.0	1.0	1.5[10]	4.0[12]	2.5	3.0	1.5
—[3]	0.5	0.2	2.0		0.5	1.0[10]	3.0[12]	2.5	1.0	2.0
0.5		0.2	2.0		0.5	1.0[10]	3.0[12]	2.5	1.0	1.0
0.2	0.2		1.5		1.0	1.0[10]	4.0[12]	2.5	1.5	1.0
2.0	2.0	1.5		—	2.0	1.0	—	4.0	2.5	2.0
			—		—[8]	0.5	—	1.5	—[8]	1.0
0.5	0.5	1.0	2.0	—[8]		0.5	—[13]	2.0[14]	2.0	1.0
1.0[10]	1.0[10]	1.0[10]	1.0	0.5	0.5		4.0	2.0[14]	1.0[16]	1.5[10]
3.0[12]	3.6[12]	4.0[12]	—	—	—[13]	4.0		—	4.0	4.0[12]
2.5	2.5	2.5	4.0	1.5	2.0[14]	2.0[14]	—		—	2.5
1.0	1.0	1.5	2.5	—[8]	2.0	1.0[16]	4.0	—		3.0
2.0	1.0	1.0	2.0	1.0	1.0	1.5[10]	4.0[12]	2.5	3.0	

在上述①④两项中，如将电缆加以可靠的保护（敷设在套管内或装置隔离板等，则净距可减至 0.10 米。）

（4）表中数值适用于给水管 $d \leqslant 200$ 厘米。如 $d=250 \sim 500$ 厘米时，净距为 1.5 米；$d > 500$ 厘米时为 2.0 米。

（5）如煤气管接口用法兰盘或用加强套管的方法来焊接时，表中数值可减至 6.0 米。

（6）尽可能大于 3.0 米。

（7）与现状大树距离为 2.0 米。

（8）不需间距。

（9）先埋管后立杆时，可减至 1.0 米。

（10）距道路边沟的边缘或路基边坡底均应不小于 1.0 米。

（11）铁路与建筑物的距离，与建筑物的耐火等级有关。在工业企业范围内铁路距有出口的建筑物的距离不小于 6.0 米，建筑物没有出口时可采用 3.0 米。

（12）路基边坡底至管道沟槽边缘距离应不小于沟槽的深度。

（13）①架空供电线路柱杆距铁路车辆建筑界限不小于 3.0 米。

②架空供电线路柱杆距电气化铁路车辆建筑界限不小于 5.0 米。

③架空供电线路与铁路或电气化铁路平行架设时，柱杆距外侧路轨应不小于平行地段内最高电杆的高度加 3.0 米。

④架空电讯线路与铁路或电气化铁路平行架设时，柱杆距外侧路轨应不小于平行地段内最高柱杆的 $1\frac{1}{3}$ 杆高。

（14）表中数字适用在直线地段上；在转弯处，其净距应根据曲线半径的大小适当加大。

（15）可燃气体架空管道至可燃房屋及有爆炸危险性生产房屋或储存有爆炸危险性材料的房屋的距离不小于 5.0 米。

（16）距道路边沟的边缘或路基边坡底不小于 1.5 米。

第二十章　近期建设规划

一、近期建设规划的任务

近期建设规划是分期实现城市总体部署的必要步骤。它的任务是将某一期（根据计划确定其年限，可能是三年也可能是两年，在目前多半是一年）具体的计划建设项目进行通盘规划，正确的解决各建设项目的远近关系，局部和整体的关系，满足施工单位的施工组织设计并确定有关的施工顺序，使计划通过规划落实到建设，为管理、设计和施工提供确切的依据，保证建设工作顺利的、有次序的进行。

近期建设规划，它只能以落实的基本建设计划作为规划工作的基础。

近期建设规划包括下述三方面：

（1）根据计划项目，综合考虑全面安排，确定各建设项目的修建地段。

（2）对近期建设项目中所发现的问题进行平衡，对计划落实中发现的空白部分提出补充建议，对单项工程近远期矛盾的部分提出措施意见，为当前建设项目的设计，创造可靠的依据。

（3）安排施工基地、运输线路、临时工程以及保证施工所需的各种基本建设项目。

二、近期建设规划的内容及方法

（一）资料收集

近期建设规划所需要的主要资料是几年内的基本建设计划，此项资料来源于计划部门、业务主管部门和建厂单位。有时在新工业城市，只确定了骨干工业项目，厂外工程项目并不具体，或仅有投资数额，这种情况下，往往由城市建设、规划部门帮助主管部门，草拟市政工程或厂外工程的建设计划，然后报领导部门定案。

根据所收集到的资料可编制“建设项目表”，内容包括：

修建项目、修建单位、建设规模、用地、投资、施工进度要求、设计单位及施工单位等。

（二）近期建设项目的具体布置和安排

（1）基本建设项目中的永久性建筑，和为施工所需的临时建设工程，都应一并纳入规划，统一布置和安排。如果临时性建筑不纳入规划，将会出现建设的混乱状态，打乱统一的规划部署。

（2）工业建设项目的布署，在旧城市一般则应依扩建成区，按照计划、规模确定建设地段，并留有发展余地。在旧城区内，如建设项目分布很广，也应根据生产协作和建设的方便，适当集中分区分片的建设。但必须满足当前生产生活要求。只有在特殊情况下，才离开旧区另建独立的工人镇。在新建城市，近期应靠近拟建的工厂集中紧凑的建设，防止遍地开花“满天星”。

（3）近期住宅建设，在规划上从便利生产和生活出发，不论其标准如何，都尽可能靠近工作地点。

（4）公共建筑布置主要是按照当前生活急迫需要，根据计划分别研究确定建设性质、规模、标准、位置，并按具体情况考虑是首先集中市中心呢？还是分散各区呢？是建设专业性的呢？还是综合性的呢？是建设永久性的呢？还是建设临时性、半临时性的呢？如何对解决当前急迫问题更有利、更经济、更合理、作出方案比较、最后定案。

（5）道路交通规划，不只要满足今后生产建设要求，而且同时要满足当前施工要求，按照计划修建量、根据施工生产和生活要求，选定近期修建线段确定道路宽度和路面结构。施工运输线路，特别是建筑材料、运输线路必须纳入规划，统一考虑。旧城市道路改建也应以解决工业运输和职工上下班为重点。在确定近期道路的宽度时，主要以当前的实际需要作为依据，但在道路走向和坡度上应结合远景考虑，在道路远景规划的基础上分期分批分段建设。

（6）近期规划中的防洪工作应在保证近期生产和生活安全的同时确定经济合理的近期建设范围、建设标准、并照顾其他工程的要求，特别是要注意解决施工中的防洪问题，由于大规模建设，旧有地面排水规律被打乱，必须根据施工现场布置，进行排水措施，并且在雨季前做好准备，对一个城市来说，防洪工作往往只是其中一小部分，所以安排防洪措施时，应根据近期建设范围的具体情况采用不同的措施。

（7）给水排水规划的任务是根据计划投资、材料供应和势力安排的可能程度，结合远景要求，具体解决当前生产、生活的用水和污水排除问题。近期建设规划中，特别是在新建城市，主要解决工业用水，在工业用水解决时附带解决生活用水，而更迫切的还是解决施工用水。对这些用水水源必须及时解决，而施工水源在工程竣工后，往往用作生活用水，或工业第二水源，或工业冷却用水。一般旧城市都有一些供水设备，但是由于历史上形成，缺乏统一规划，有时一个城市几个水厂，各成系统，不能相互补充相互支援。其次在旧城市供水管径太小，管网系统陈旧杂乱和水压水量大量损耗问题。所以必须注意充分发掘设备潜力，以节约建设资金。

争取施工中的临时工程在保证满足施工要求的前提下，尽可能结合规划合理安排。

大工矿区建设时的很多勘察井，尽量争取利用为城市民用水源和施工水源。

在新工业城市中敷设管线由于近期和远期用水标准不同，经常遇到的是管径按远期还是按近期标准计算的矛盾，近期管线的走向，坡度原则上尽可能争取与远景要求相结合，但在计算管径时，主要以当前实际需要作为依据。

（8）排水工程的安排上同样存在着管径和污水处理厂位置与远景矛盾的情况，管径大小的决定像供水一样也应以近期要求来确定。污水处理问题，有些城市近期无条件修建污水厂或者污水厂距近期建设地段过远，只能就近解决或者采用临时性措施处理，但必须予以妥善安置。

（9）在供电问题上经常遇到变电所位置、高压线走向、线路电压和远期要求以及城市其他部分的矛盾，由于远近期用电量不同，所以线路电压也不一致，首先应从当前施工、生产、生活的实际需要考虑，适当的考虑远景的要求，例如某城市近期负荷小，采用电压为110千伏，远期负荷将增大，在线路架设上，采取了高压架设、低压运行的方法，负荷增大时再进行升压（220千伏），由于电压升高，输送功率相应增大也能满足远期负荷要求，而不须更换截面，另一些城市采用了先建一条开始运行，负荷增大后再考虑增建一条成双同路或构成环形供电以满足远期要求。

（三）进行平衡工作

在建设中，特别在大规模建设中，建设项目众多，往往会遗留一些必要的项目或者建设顺序不合理而造成矛盾，通过布置可以发现这些问题进行平衡，以保证建设进度和发挥各建设项目的作用，因此这是近期规划中很重要的一项工作。

平衡工作有下述几方面的内容：

（1）检查建设项目之间是否配套，保证及时发挥效能。

检查建设项目之间是否配套决定着建设项目能否及时投入使用，充分发挥效能，例如某处修建了桥梁和通向工业区的道路，而桥梁另一端通向市区的道路却未列入计划，经过平衡，增补了计划及时进行了修建，不然新建的道路即不能充分发挥作用。

（2）保证施工进度，平衡项目。

在计划中往往会遗漏一些必要的建设项目必须及时补上，例如某市在计划中遗漏了运输河沙的道路，直接影响施工的进行，最后补入了计划。

（3）调整建设顺序。

城市建设各项目之间相互影响，应妥善处理其间关系，以免造成矛盾。如洛阳第一期建设项目很多，但电源不足，经过平衡将电站建设列于首位；另一方面，大规模施工将破坏地面排水系统，为保证施工安全，提前建设了防洪沟。其他由于建设顺序不合理，产生矛盾甚至影响施工的情况也是经常碰到的，上海曹阳新村建设初期，管线和道路矛盾很大，以至于影响施工的进展，不得不重新调整建设顺序，在平衡时，合理的排定顺序，这样就可以避免像刨开新修的马路埋管道等重复返工的情况。

通过上述的平衡工作，再返回计划，订正其中不足之处，报计划部门研究定案，根据定案的计划，修订图纸，提供计划施工单位使用。

第四篇　农村人民公社规划

第二十一章　农村人民公社规划

第一节　新中国成立前后我国农村发展简述

旧中国的农村，由于长期受到封建统治的残酷剥削，生产力的发展受到严重的束缚，农业生产水平和农民生活水平都很低。解放以前，农村中70%—80%的土地集中在只占农村户数7%，人口10%的地主、富农手里。封建地主阶级把土地分散地租给农民以进行残酷的剥削。旧中国农村经济的特点反映在生产上是分散的、孤立的、单独进行的，反映在技术操作上是极其落后的。人力耗费极大，产量很低。到1949年新中国成立时，除少数农场使用极少量的拖拉机外，广大农村基本上完全是人力、畜力耕种。我国的农田水利建设虽然有几千年历史，但是到1949年新中国成立时，全国也只有灌溉面积3亿亩左右，占全部耕地的20%。新中国成立前，粮食产量最高的1936年，总产量只有2773亿斤，1949年新中国成立时，只有2161亿斤，但是，每年农民为租种地主的土地而付出的地租即达600亿斤。加之反动政权、高利贷者的掠取和小农经济本身的弱点，驱使农民陷入缺衣少食的深渊。毛泽东同志说："在农民群众方面，几千年来都是个体经济，一家一户就是一个生产单位，这种分散的个体生产是封建统治的经济基础，而使农民自己陷于永远的穷苦"❶。旧中国农村经济的特点反映在自然村的分布上是分散的。居住质量和居住水平都很低，且形成明显的阶级对立，地主阶级居住在建筑质量较高的宽庭广院之中，而广大农民则居住水平甚为低劣。

新中国成立以来短短的十几年中，在党和毛主席的正确领导下，农村的各个方面都起了根本的变化，不仅废除了封建地主的土地占有制，也改造了劳动农民的个体私有制，逐步实现了社会主义集体所有制。我国的农业发展可以概括地分为三个时期：

第一个时期：从1949年新中国成立到1952年，在这三年中，胜利地完成了封建土地制度的改革，迅速地恢复了长时期的战争的创伤，发展了农业生产。由于在全国范围的土地改革的基本完成（除一部分少数民族地区外），使3亿多农民分得了7亿亩左右的土地和大批的耕畜、农具等生产资料，彻底消灭了封建剥削制度，解放了农业生产力，因此生产水平空前高涨。1952年全国各种重要农产品的产量都比1949年有很大的增加。除了油料作物和蚕丝、茶叶以外，各种农产品的产量都已经恢复并且超过了抗日战争以前的最高年产量。

第二个时期：从1953年到1957年。在这五年中，提前实现了农业合作化，完成和超额完成了发展国民经济第一个五年计划的农业生产任务，反封建的土地改革任务已经彻底完成。但是，"孤立的、分散的、守旧的、落后的个体经济限制着农业生产力的发展，

❶ 引自毛泽东选集第三卷954页"组织起来"一文。

它与社会主义的工业化之间日益暴露出很大矛盾。这种小规模的农业生产日益表现出不能够满足广大农民群众改善生活的需要，不能满足整个国民经济高涨的需要”[1]。

因此，党中央在1953年2月公布了“关于农业生产互助合作的决议”，同年12月又公布了“关于发展农业生产合作社的决议”，展开了农业合作化运动。1955年下半年，党中央和毛主席又尖锐地批判了当时在农业合作化问题上的右倾思想，掀起了农村社会主义革命的高潮。到1956年提前完成了农业合作化的任务，基本实现了对农业的社会主义改造。由于农村生产关系的巨大变革，掀起了农业生产的高潮。因此，在1956年1月，党中央又及时地提出了“1956年到1967年全国农业发展纲要(草案)”。这对农业生产高潮又起了巨大的推动作用。1956年是第一个五年计划期间农业生产大发展的一年。1957年的粮食产量达到3700亿斤，比1952年增长19.8%。棉花产量达3280万担，比1952年增加25.8%，胜利完成和超额完成了第一个五年计划的农业生产计划。

第三个时期：从1958年起开始了农业生产的大跃进时期，同时也产生了农村人民公社化运动。1958年，在经济战线、思想战线和政治战线上取得了社会主义革命基本胜利的基础上，在党的社会主义建设总路线的照耀下，实现了农村人民公社化。加入公社的农户占全国农户总数的99%以上。农业生产从此开始展开了一个大跃进的局面。1958年的农副业总产值比1957年增加了25%，粮食产量达5000亿斤，比1957年增长35%，棉花达4200万担，比1957年增长28%。二者都大大超过第一个五年计划期间五年增长的总和。农业生产出现了史无前例的大跃进局面。1959年到1960年，农业生产遭到持续两年的特大的自然灾害。人民公社在抗灾斗争中发挥了巨大的作用，大大减低了灾害的影响，充分发挥了人民公社的优越性，取得了抗灾斗争的胜利。人民公社是我国劳动人民在党和毛主席英明领导下的伟大创举，自从它诞生以来，由于党中央和毛主席的正确领导和关怀，及时总结了经验与纠正了公社工作上存在的一些问题因而公社得到健康的发展和巩固。1960年全国各地农村又根据党的八届九中全会指示，掀起了轰轰烈烈的整风与整社运动。党中央对现阶段农村人民公社的体制、性质、规模以及在如何正确处理生产关系等问题上制订了一系列的方针政策。从而进一步调动了广大社员的生产积极性，并健全了公社工作的各项制度，更推动了生产力的发展。

新中国成立以来，在党和毛主席的正确领导下，我国农业发展的过程，是农村生产关系大革命的过程，也是农村生产力大发展的过程。农村的生产关系不断变革，促进了农业的生产力不断发展。

在农业生产发展的基础上，广大农民的物质生活和文化生活也有了显著的不断的改善。虽然目前我国农民的生活水平还不高，但是同新中国成立以前的悲惨境遇相比，真有天壤之别。1949年的粮食总产量按全部农村人口平均，每人每年不到480斤。1958年的粮食总产量，把增长的人口计算在内，每人平均达到八百九十多斤，增加了410斤，增长85%。1958年农村人口的生活水平，比1949年提高将近一倍。虽然农民生活比新中国成立前有了很大的提高，但是由于目前农业生产尚未过关，因此农村的生产和生活水平还是不高的。不过只要我们高举三面红旗，在党和毛主席的英明领导下，农村的前途是无限美好的。

[1] 引自“中共中央关于发展农业生产合作社的决议”。

在发展生产逐步改善生活的情况下，农村居民点的建设也随之有了很大的变化。这些变化首先表现在房屋建筑的修建数量有了增加。土改以后及农业合作化前后，由于生产的发展，社员收入水平的增加，各地农村都有部分社员自己投资建设了一些住宅。公社化后，各地区也进行了一些试点建设新居民点的工作，建筑了一批住宅和部分公共福利设施。其次在内蒙古新疆各地，旧社会没有固定住所的牧区牧民大部分也已定居下来。大大改善了生产生活条件。

在农村居民点的组成上，打破了过去单一的居住性建筑，而随着社会主义集体所有制的发展，出现了集体性的生产用房，如役畜舍、仓库、粮食加工厂、畜牧场等等。公共建筑也有了一定的发展。特别是1958年后，公共福利设施如食堂、托儿所、幼儿园、商店等等都有了较为显著的增加。随着农村建设的发展，农村规划工作也逐渐提到工作日程上来了。特别是1958年农业生产大跃进以来，各有关单位均组织了各种试点规划工作，获得了不少的宝贵经验。目前农村规划仍是一个新的课题，还需要不断地进行探索。

农村居民点建设的发展，主要是取决于社会生产方式的发展，必须与客观的生产力与生产关系相适应。规划工作者应以党在农村工作中的各项方针政策为指导，紧密地围绕发展农业生产这个中心环节进行各项规划工作，以促进农业生产的不断向前发展和社员生活的逐步提高。

第二节　农村人民公社规划的任务与内容

一、农村人民公社规划的任务

农村人民公社规划的任务取决于农村人民公社的性质及其职能。农村人民公社是政社合一的组织，是我国社会主义社会在农村中的基层单位。它是适应生产发展的需要，在高级农业生产合作社的基础上联合组成的，它将在一个很长的历史时期内，是社会主义的集体经济组织，实行各尽所能、按劳分配、多劳多得的原则。农村人民公社一般分为公社、生产大队和生产队三级。以生产大队的集体所有制为基础的三级集体所有制，是现阶段人民公社的根本制度。公社在经济上是各生产大队的联合组织，生产大队是基本核算单位。当前的任务就是要通过这样的组织形式，按照总路线的要求，高速度地发展农业生产，逐步地把我国建设成为一个具有现代工业、现代农业和现代科学文化的伟大的社会主义强国。现阶段农村人民公社规划的任务是：在党的关于农村人民公社方针政策的指导下，根据农村生产力和生产关系的特点，兼顾国家、集体与个人三者的利益，正确制订生产发展规划，合理地进行生产布局，相应地确定和安排农村建设项目，进行农村居民点规划，对原有自然村提出充分利用和逐步改造的措施。

城乡规划工作者应参与生产规划工作和进行农村居民点的规划。农村人民公社规划涉及的面很广，必须与有关部门人员密切配合进行，以便各项规划相互协调，相互补充，更切合实际。

农村人民公社的规划主要包括生产规划与居民点规划。居民点规划必须以生产规划为基础，应根据公社的生产规划来进行编制，脱离了生产规划，居民点规划就失去了依据，也不可能切合实际。但居民点规划的好坏，对公社或生产大队合理利用土地和资源以及对水利、交通道路、绿化林带的布置等方面均有一定的影响，同时它也影响到社员生产条件与生活条件的改善，因此，居民点规划反过来又可以丰富和充实生产规划的内容。它们二者之间有着密切的联系。

二、农村人民公社的生产规划

生产规划是人民公社规划的中心环节，其内容主要包括农业生产规划、工业生产规划及道路交通规划等。

（一）农业生产规划

农业生产规划，是农村人民公社生产规划的中心环节。农业生产规划应该考虑以发展粮食生产为主，根据自然条件和历史习惯积极发展棉花、油料和其他经济作物的生产；综合利用劳动力、自然资源和农作物的副产品，积极发展畜牧业，根据具体条件安排林业、渔业和其他副业生产。在城市郊区和工矿区附近的公社，应当按照国家计划，发展蔬菜、副食品生产，满足城市和工矿区居民生活的需要。

农业生产规划，应根据国家的计划任务，结合公社、生产大队和生产队的具体情况在兼顾国家和集体利益的条件下来制订。其内容一般包括：土地利用规划和在此基础上制订的各种农作物和经济作物的分布规划，林、牧、副、渔各业的分布规划及农业机械化、电气化、水利化、化学化规划等。

土地利用规划是合理利用土地、挖掘土地生产潜力、提高劳动生产率、促进农业增产丰收的一项重要措施。它是根据各个大队的土地条件，在现状调查的基础上按照生产计划来进行的。土地利用规划必须尊重生产队在生产上的因地种植的权利。

要使农村经济迅速得到发展，除大力解决粮食问题和增产工业原料作物外，同时还要根据各地区的特点，各个生产大队和生产队的不同情况，全面发展林、牧、副、渔各业。因此需要进行林、牧、副、渔分布规划。农业和林、牧、副、渔各业之间是互为依存、互相影响的。例如，农业生产需要耕畜和肥料，畜牧业的饲料也要依靠农副业生产，因此，如果只有农业生产而没有畜牧业的发展，便难于满足农业生产发展的需要。但是，综合发展农、林、牧、副、渔各项生产必须根据不同地区、公社和生产大队的不同特点，按照当地生产习惯与可能条件，如自然气候、土壤特性、地区资源、劳动力等来确定。

农业机械化、电气化、水利化、化学化规划在整个农村人民公社的生产规划中占有很重要的地位。实现农业技术改造，尽快地使农业生产实现“四化”是我国农村社会主义建设中头等重要的任务。但必须认识到，在我国目前条件下，实现农业“四化”需要一个相当长的过程，而农业“四化”的水平和农业的生产水平是相辅相成的。因此“四化”规划也必须和公社、各大队的生产发展水平相适应，必须从现实的可能条件出发，统一规划，分期建设，逐步实现。

（二）工业生产规划

（1）公社工业的性质与特点

我国农村实现了人民公社化后，公社工业普遍地发展起来了。农村人民公社的工业与国家大工业比较起来显然不同。它必须同农业生产密切结合，为农业生产服务。公社工业一般以农具的简单制造和维修为主，同时也对农副产品进行简单的加工，为社员生活服务生产当地的传统产品。

公社工业必须充分注意因地制宜，就地取材的原则，不办那些本地没有原材料的工业，并且不与国营工业争原料；除了一部分必须维持常年生产的以外，一般都应结合农业生产季节农闲多办、农忙少办、大忙停办，以免农村劳动力分散使用。

（2）公社工业布局

公社工业布局应当有利于发展生产，切合于三级所有制的经济制度。由于公社工业主要为农业生产服务，故其特点是小而灵活，布局分散。一般公社工业的布置可以根据下列条件进行：

①根据农业生产的需要及现阶段人民公社的管理体制分级设置、分级管理。例如公社办的小型农具修配厂等可以布置在公社中心居民点，或者在全公社比较适中的居民点内，能方便地为各大队服务。生产大队办的一般可设在生产大队居民点内。

②根据工业原料与动力资源的分布来布置。

③根据综合利用及生产协作要求来布置。如某些公社在有条件时可考虑以粮食加工为中心，组织淀粉、酿酒、熬糖等工厂，进行综合利用，这些项目可布置在一起。

④根据工业生产是否排出有害物质及其对居民的危害程度来决定工业的布置。

⑤工业布置要充分利用原有的基础(如原有房屋、设备和技术力量等)。

⑥工厂用地应尽量利用不宜种植的贫瘠土地、坡地等。

⑦工厂应有方便的交通运输，及足够的用水。

（三）道路交通规划

农村人民公社的交通运输网可分两大类，一类是陆上交通，一类为水上交通，它们都负担着公社内外的物资运输任务，使农田、仓库、码头、车站、林场、居民点等有机的联系起来。而农村运输的特点是时间集中、运输工具类别多，而且又是以短途运输为主，因此在规划时必须很好注意这些特点，因地制宜地妥善安排。

（1）陆上交通运输

陆上交通运输网由两部分组成，一种是主要街道，它是沟通公社与生产大队、主要生产队之间和公社以外的工厂、城镇、车站等的联系。一种是田间道路，它是沟通居民点与田间生产的联系，主要服务于田间生产，它负担着田间和居民点之间的粮食、棉花、油料及其他农副产品的运输，以及运送肥料、种子、农药及化肥等任务。因此田间道路的合理规划，对节约运输劳力，促进生产的发展是十分重要的，田间道路的规划要考虑下列几个因素：

①要结合现有河渠沟岔等排灌系统；

②为机耕道的修建创造便利条件；

③充分利用和改造现有田间道路。

在布置田间道路网时，尽可能使道路网、渠道网、林带网、地块界划分等互相结合，以便减少彼此配置上的矛盾，达到节省用地的目的。

（2）水上交通运输

在我国大部分农村，由于新中国成立后大兴水利事业，挖了不少的沟渠、河网，加之天然的湖泊、河流，为公社的水上交通运输创造了极为有利的条件。特别是我国南方的农村，大河小沟密布成网，更需要充分地加以利用。

对于可通航运输的河道，可以利用木船、竹筏等进行运输。不能通航的，亦可利用进行流放木材、竹筏等。一般河道除了运输以外，还要综合考虑排灌、捕捞、发电等各项建设，有条件的地方对公社范围内的水网进行综合规划。

三、农村人民公社居民点规划

党在“关于人民公社若干问题的决议”[1]中指出：“要逐步改造现有的旧式房屋，分期分批地建设新型的园林化的乡镇和村的居民点”，这给农村人民公社居民点的建设提出了方向和任务。

（一）农村人民公社居民点的类型

农村居民点在我国北方与南方、平原与山区都有很大不同，在农业、林业、牧业、渔业等地区亦有所不同。一般按行政性质可分为下列几类：

（1）社中心居民点：是公社政治、经济、文化的中心，在社中心居民点里，一般配置有公社工业，其规模较其他居民点大些。社中心居民点一般都与一个大队中心居民点结合在一起，这样不但可以减少基建费用，并且也便于公社与大队的联系。

（2）生产大队中心居民点：是生产大队管理委员会的所在地，大多设于全大队范围内交通联系方便、位置比较适中的地方。在规模上，要比一般的居民点大些。

（3）生产队居民点：一般情况下是公社居民点的基本单位。它的规模随生产经营性质、作物类型、现状自然条件的不同而变更。如在山区或丘陵地区，由于耕地的分散，居民点规模较小，往往是一个生产队分布成几个居民点。

（二）农村居民点分布规划应注意的问题

在居民点规划中首先碰到的问题就是如何在公社、大队的范围内进行居民点的分布问题，居民点的分布规划并不是放弃旧有居民点而完全重新分布，必须充分利用原有居民点。

农村居民点分布应考虑以下条件：

（1）居民点的分布，首先必须根据农业生产的需要，适应农业生产的特点，使农民出工方便。例如在目前大规模实行机械化作业条件尚不具备时，比较分散和小型的居民点一般对当前的农业生产还是适应的，如脱离时间、地点、条件进行并村定点是不切实际的，将不利于农业生产和社员生活。

（2）居民点的分布应结合生产大队、生产队土地界线的划分，因而居民点的人口规模往往与经营的土地规模是有联系的，同时，这样也便于生产管理。

（3）居民点的分布应有利于社员公共文化福利和生活的提高，在农村人民公社内，往往不可能在每一个居民点内都设立一套完善的公共文化福利设施，因此，在居民点分布时要使各点之间有一定联系，以便共同使用某些设施。

（4）居民点的分布应该考虑地理条件，一般在平原区由于地势平坦，耕地集中，道路网也较发达，故居民点分布较为大而集中，而在山区，由于耕地零散，一般地说，居民点比较小而分散。

（5）居民点的土质除了满足建筑要求外，还应适宜种植果树与蔬菜，因为社员必须利用房前宅后进行少量生产。

（6）居民点的用地选择要与周围的排灌渠道、水力发电站、护田林带的配置综合研究，以便相互利用，并不致造成矛盾冲突。

（7）要利用周围好的风景，并符合卫生要求。

---

[1] 1958年12月10日，中国共产党第八届中央委员会第六次全体会议通过。

（三）农村人民公社居民点的组成内容与用地要求

居民点的组成内容取决于居民点的不同性质、类型和规模，一般农村人民公社居民点由下列用地组成：

1. 生产用地：包括畜牧场、役畜舍、晒谷场、打谷场、粮仓、仓库及工业、手工业用地。农村人民公社居民点中的生产用地是居民点用地中的一个新的组成内容。

下面分别介绍几种生产用地布置的一般要求

（1）畜牧场和养殖场的布置：目前在农村人民公社内畜牧场的配置方式一般有以下几种：

①综合性的畜牧场和专业性的畜牧场。

②集中配置与分散的配置。

③居民点内配置与野外配置。

以上几类畜牧场的配置和分布要根据公养与私养并举的方针，结合当地经济能力、饲养习惯和管理水平而定。

（2）役畜舍的配置：农村人民公社中集体所有的耕畜、农具、归大队所有，固定给生产队使用。有些也可以归生产队所有。因此耕畜、农具的使用单位主要是生产队，故在布置役畜舍时最好结合生产队的居住情况分散布置。一般可设在生产队所出入的田间道路旁，使得出工方便。

（3）粮食仓库、打谷场、晒谷场等用地一般常常联系在一起，布置在交通方便（如公路、铁路或河流近旁）、地势高爽、通风良好的地方，并在工厂、畜牧场的上风方向，以免工厂的烟尘、畜舍的臭味吹入粮仓，污染了粮食。

2. 生活居住用地

由于农村和城市在生产方式、生活习惯、经济水平等方面的不同，所以生活居住用地有很多不同的特点，在规划中必须分别对待，不能机械地采用城市规划的一套方法。

根据使用性质的不同，可分为以下几种用地：

（1）居住用地：主要包括社员的住宅，房前屋后的杂务院，社员个人修建的猪圈、厕所及社员所种植的零星树木、果树等用地。

（2）道路和公共活动用地：居民点内的道路网，由于没有复杂的道路交通，一般形式都比较简单，随具体条件而变化。

公共活动用地主要为居民点内进行集会、集市贸易、堆积土肥和体育运动之用。占地的多少随居民点的大小和性质而定。

（3）公共建筑用地：包括行政、公共福利、文教卫生、商业服务等设施的用地。这些设施的用地不是每个居民点都有，主要根据居民点的大小、性质而异。

3. 现有居民点利用改造问题

我国原有的自然村，是在个体经济条件下发展而来的。新中国成立后，由于生产力与生产关系的发展，原有自然村之组成也增加了新的因素，不但出现了生产性建筑，而且也普遍兴办了学校，布设了银行、邮电与商业网点。特别是 1958 年人民公社建立后还出现了公共食堂、敬老院、托儿所、幼儿园等公共文化福利设施。因此目前的自然村与过去的自然村不仅性质不同而且其组成内容与面貌也有所不同。

在目前条件下，对原有自然村的充分利用，是极为重要的，原有自然村一般具有如下一些特点：

（1）大部分自然村的用地是合乎要求的，它们一般均分布在地势高爽、土质良好、水源充足之处（当然在个别地区也还存在着用地选择不当的问题）。

（2）原有的自然村一般与耕地邻近，社员出工方便。

（3）原有的自然村与周围的田间道路，或者是对外联系方面一般也尚方便。

（4）原有的自然村在长期的历史发展中基本形成了符合农民生活习惯，适应地区气候条件的建筑布局形式。例如前庭后院的布置形式，就当前而言，有利于社员经营家庭副业生产，大体符合农民的生活习惯。又如，在北方地区的三合院形式，有利于避风。

但是，随着农业生产力的发展及农民生活水平的逐步提高，原有的自然村也会显示出不能与之相适应的缺点。例如，自然村的分布过于分散，对机械化耕作有一定妨碍，同时，也不便于组织公共的生活活动；某些集体生产的用房及公共建筑不足；某些居住建筑质量和环境卫生较差，生活用水水源不卫生等等。这些，都将随着生产的发展及生活水平的提高，相应地逐步加以改造。

目前，在农业生产水平不高的条件下，对农村居民点中的居住建筑主要是充分利用，加强维修，同时，在勤俭节约的原则下，可以适当地改善居民点内的居住及卫生条件，例如，整修道路，改善路面以消除道路泥泞，或高低不平等现象，以及注意增植树木，普遍绿化，改善水源卫生条件和排水沟渠的疏通等，这些对于保护劳动力的健康，在可能条件下逐步改善生活条件都是有利的。

第三节　农村人民公社规划的几个问题

自从农村人民公社诞生以来，全国很多地方的很多部门做了不少公社规划工作，摸索了一些经验，同时也还存在一些问题。为了今后更好地研究和进行农村人民公社规划，有必要着重注意以下几个问题：

一、农村规划和建设要适应农业生产发展水平和经济水平

农村人民公社现阶段的根本制度是以生产大队的所有制为基础的三级所有制，它和全民所有制是不一样的。农村人民公社的各项建设主要是由公社和大队等集体单位投资兴办。因而建设的速度和规模，就必须取决于公社和大队的生产发展水平和经济水平，取决于公共积累资金的多少和从公共积累资金中能提取多少用之于建设。当前公社的生产发展水平还不高，公共积累一般是不多的，公社的公积金主要用于发展农业生产，如购买牲口、肥料、添置农具和搞一些生产性建设。从具有一般生产水平的陕西省某公社各个大队情况来看，公积金的90%以上用于购买牲口和农具，公益金的60%以上用于文教卫生、公共福利事业的经常性开支和对困难户的补助，用于建设的资金极少。如果脱离可能条件大搞建设，就会占用大批生产资金，影响生产发展和社员收入的提高。

因而，在农村人民公社规划和进行建设安排时，应该首先考虑下面几点：

（1）公社和大队的各项建设要服从生产发展的需要，适应生产和积累的水平。只有随着生产的发展，分别轻重缓急，分期分批地进行建设，才是切实可靠的。

（2）应该做到在不影响当年社员收入有一定提高的前提下进行适当的必要的建设，并且要尽量使建设在当年起到受益的效果。

（3）非生产性建设应该本着可办可不办的坚决不办，能缓办的尽量缓办，必须办的则一定要贯彻因陋就简、节约资金的原则。

目前我国农业机械化水平还很低，主要农事活动还靠人力和畜力操作，大搞建设必然会与农业生产争劳力，影响农业生产。人民日报社论明确指出："在农村举办各项事业和 进行各项活动都应该服从农业生产，围绕农业生产，绝不能影响农业生产。"❶

农村的住宅建设，主要是社员自己投资兴建，其资金来源主要依靠社员自己的劳动收入。因此，农业生产的丰收或歉收，直接影响到社员兴建住宅的数量、速度和标准。规划必须按社员的经济水平来安排建设，不顾社员当前的收入和各种可能条件，盲目追求高速度、高标准是错误的。有社员说的好"要想建房，要有三年余粮"，生动说明了农村住宅建设和生产发展及经济水平的关系。

二、农村人民公社规划和建设必须适应农村的特点

（1）农业生产是在大面积的土地上分散进行的，生产的季节性强，受自然条件的影响很大。因此在进行农村居民点规划和建设时，一定要适应农业生产比较分散的特点，避免不切实际地大搞迁村并点，以致在生产、管理、运输等方面造成很大不便。对于个别由于过分分散，影响生产发展的自然村，如果在生活上也确实感到不便的，可以根据可能条件逐步迁并。

（2）农村人民公社当前生产关系性质的特点是以生产大队为基础的三级所有制，规划中应该很好结合这个特点，如在生产规划中不能随意打破队界或未经试验的大生产方式；要考虑生产队所制订的种植计划的实现。同时也要保证不打乱生产队在劳力、土地、耕畜、农具等方面的使用权。又如农村中社员工分值的高低与生产集体的收入和在各方面花费的劳动量有密切的关系。因此，每年分配给社员的基本建设工不能过多，否则会影响整个队和社员个人当年收入的增加。在这样条件下，安排基建时就不能占用过多的劳动力。

（3）农村的生活习惯和城市有显著不同，如当前农村中的公共福利设施主要是以小型和流动性为主。这种方式深受广大社员的欢迎。主要有如下几种：

①流动货郎担：除了向农村社员供应日用小商品以外，还收购社员个人消费多余的农产品。社员不出门就可以卖掉自己多余的物品，买进需要的东西。

②集市贸易和物资交流大会：它的交易范围广、品种多、方式灵活，对活跃当前农村经济便利社员生活起很好的作用。

③农村的流动放映队、巡回演出剧团、艺人流动说唱组等，都是满足社员文化生活的好办法，深受社员喜爱。

对于以上这些流动性的设施，在居民点规划中应该做适当安排。另外还可以在一些较大的居民点搞一些固定的服务设施，如在公社中心居民点可以设置一些综合性商品、文化馆、医疗所、学校等，在一般较大的居民点则可设置一些小商店，为社员日常生活服务。使农村的服务设施做到流动的和固定的相结合；分散的和集中的相结合。但是，在设置时必须做到因陋就简，花钱少，效果大，决不能脱离当前的可能条件和社员生活上的要求，而盲目搞大型的公共福利设施。如辽宁省某公社搞了一个能容一千多人的俱乐部，平日闲置无用，而在演戏和放映电影时附近很多村庄几千社员都来看戏看电影，

---

❶ "合理使用劳动力，不断提高劳动效率"1961年12月18日人民日报社论。

俱乐部又容纳不下，满足不了社员的要求。而有的公社则利用打谷场等搭临时的露天戏台演戏、放电影，容纳的人很多，既满足社员要求，也不需花费大量资金和劳力，对于这些设施，在规划中应该很好结合农村的现实条件予以安排。

在农村居民点规划布局和住宅设计上，要很好地注意社员生产和生活的需要，决不能忘记农村的居住建筑是以广大农民为服务对象的，盲目地搬用城市的一套定额指标和布局形式是错误的。例如，农村中的住宅布置要考虑社员发展副业生产、养猪积肥和放置小农具等生产和生活上的需要。曾经有个别公社在居民点规划和建设中，盲目搬用城市街坊的布局方法，住宅建筑采用二、三层楼走道式的形式，农具没处放，家禽没处养，完全不合农村生活的实际需要。社员住进去后，在生产和生活上极感不便，这些都是应该引以为戒的。

三、农村人民公社规划工作要从生产规划入手

党的八届六中全会决议指出："发展生产是巩固和提高人民公社的中心环节。"农村人民公社规划的目的首先是要更好地为发展生产服务，在生产发展的基础上相应地改善社员物质和文化生活。因而规划工作只有从生产规划入手，全面了解各项生产的发展计划，进行土地、劳力、资金等各方面的综合平衡，才能在规划中解决各项矛盾，促进生产的发展。

同时，通过生产规划的综合平衡，能够更好地贯彻以粮为纲、多种经营、全面发展的生产发展方针。正确地处理农业生产和其他生产的关系，因地制宜地安排粮食和经济作物的生产，合理安排各部门的劳动力。只有从组织措施、经济措施和技术措施上进行全面综合的考虑，各项生产计划才能建立在切实可靠的基础上。

例如，青海乐都县的县城规划，就是从生产规划入手，首先抓住了生产中劳动力的平衡，保证农业生产有 80%的劳动力，在这个前提下，也同时分别轻重缓急地考虑了其他各项事业对劳动力的需要，使各项生产规划的实现和社员生活的提高都有了切实可靠的基础。

又如陕西王曲公社地形条件复杂，有山、有塬、有川，农忙时劳力畜力少，运输紧张。根据这个矛盾，公社首先采取建立田间生产点的措施，把饲养室、生产场所等设施从原来的村庄搬到田间，节省了大量的劳力和畜力，改变过去运输紧张状况，促进了农业与畜牧业的发展，由于建设是从生产出发，有利于生产，因而受到社员的欢迎。

有些规划，单纯进行居民点建设的安排，结果脱离实际的需要，和生产发生矛盾，反而影响生产发展。而居民点规划本身也不可能落实。

农村人民公社规划工作从生产规划入手，以生产规划为基础，是规划得以实现的重要保证。